光学系统设计

（原书第4版）

（美）Milton Laikin 著
周海宪 程云芳 译
周华君 程 林 校

机 械 工 业 出 版 社

本书内容丰富，非常实用。全书共分43章，几乎涵盖了所有的光学系统，既包括普通的光学系统，又有近代光学系统。此外还提供了150多种具体的光学系统设计实例。对每种光学系统，不仅提供了常规设计的结构布局图和评价像差的曲线图，而且还以列表形式给出了该系统的具体结构参数，包括表面曲率半径、透镜厚度、空气间隔、光阑位置、透镜（或反射镜）的直径（甚至合适的边缘厚度）和光学材料。这就意味着可以对该系统进行复算，在某种情况下，稍加修改，甚至可以直接使用。

本书可供光学领域中从事光学仪器设计和光学系统设计的研发设计师、光学技术工作者使用，也可作为大专院校相关专业本科生、研究生和教师的参考书。

图书在版编目(CIP)数据

光学系统设计：第4版/（美）莱金（Laikin, M.）著；周海宪,程云芳译.—北京：机械工业出版社，2011.12（2025.10重印）

书名原文：Lens Design, Fourth Edition

ISBN 978-7-111-36588-4

Ⅰ.①光… Ⅱ.①莱…②周…③程… Ⅲ.①光学系统—系统设计 Ⅳ.①TH740.2

中国版本图书馆CIP数据核字（2011）第242421号

机械工业出版社(北京市百万庄大街22号　邮政编码100037)

责任编辑：王　欢　版式设计：霍永明　责任校对：张晓蓉

封面设计：赵颖喆　责任印制：刘　媛

北京富资园科技发展有限公司印刷

2025年10月第1版第9次印刷

169mm×239mm · 27.5印张 · 579千字

标准书号：ISBN 978-7-111-36588-4

定价：98.00元

电话服务	网络服务
服务咨询热线：010-88361066	机　工　官　网：www.cmpbook.com
读者购书热线：010-88379833	机　工　官　博：weibo.com/cmp1952
010-68326294	金　书　网：www.golden-book.com
封面无防伪标均为盗版	机工教育服务网：www.cmpedu.com

精装版说明

非常高兴《光学系统设计（原书第4版）》中文精装版的出版，正如译者序中所述：本书内容丰富，非常实用。本书出版以来，倍受光学设计师的关注，很快成为热销书。

这次精装版的出版，是为了给正在从事光学设计或有意成为光学设计工程师的人们提供更有用的帮助。随书还提供配套实验程序，其中包括两类资料：

一类是“Lens”，给出书中所包含的所有光学系统的结构参数表；

另一类是“Optics”，其中包括可执行的ZEMAX文件，可以直接用来进行初始设计和光线追迹。同时，在玻璃目录下，根据原书作者的经验，给出了建议优先使用的玻璃。但要指出的是，光盘中提供的ZEMAX程序的参数与书中所提供的图例的参数有所出入，请读者注意。

相信，《光学系统设计（原书第4版）》中文精装版的出版能够为光机系统设计工程师提供更多的便利，希望能够在此基础上“洋为中用”，设计出更多、更优秀的光学系统。

译　者

2011年12月

扫描下载配套实验程序（原CD）：

进入“资源列表”，进行文件下载。

译 者 序

光学系统设计师最迫切的希望是什么?

在光学系统设计的初始阶段，设计师希望尽快能够有一个光学系统的初始结构参数。

随着科学技术的迅速发展，大容量、高运算速度计算机以及各种光学设计和分析程序的应用，光线追迹和像差计算不再是光学系统设计师的主要任务。从目前提供的各种光学设计程序来看，名义上都是光学系统自动设计程序，实际上只是一种优化程序，无法做到全自动设计，至少需要光学设计师根据不同的使用环境和技术条件确定光学系统的初始结构形式和参数。因此，光学设计师的重要任务是选择一个合适的初始光学系统，将之输入到程序中。经验不足，选择不当，可能会无法优化，甚至导致设计失败。

如何选择不同类型光学系统的初始结构，《光学系统设计（Lens Design, Fourth Edition)》第 4 版一书给出了答案。

《光学系统设计》一书的作者 Milton Laikin 先生在 1952 年获得马里兰大学物理学学士学位，1957 年获得罗彻斯特大学光学硕士学位，并分别在华盛顿大学和南加州大学学习过电子学专业。之后，曾在洛杉矶加州大学光学工程系教授过“光学工程绪论（Introduction to Optical Engineering)”课程。1967 年，创建了 Laikin 光学公司，较早地利用计算机和光学设计程序从事光学系统设计工作。他从事光学系统设计工作超过 50 年，在光学系统设计和成像质量分析方面有非常丰富和成熟的经验，设计和开发了多种类型的光学系统，包括军用红外成像系统、照相物镜、水下光学系统、防辐射物镜、激光光学系统、超广角照相机光学系统、摄影机专用潜望镜系统、70mm 摄影放映物镜、伽利略塑料双目望远镜、塑料放大镜系统以及门窥镜等，并获得多项美国技术专利。

Milton 先生是美国光学学会（Optical Society of America，OSA）和国际光学工程学会（International Society of Optical Engineering，SPIE）等举办国际会议的组织者和积极参与者，并担任过 SPIE 南加州分会主席，在光学专业技术刊物上发表了许多论文。

本书内容丰富、非常实用，全书共分 43 章，几乎涵盖了所有的光学系统：既包括普通的光学系统，又有近代光学系统，例如摄微物镜（第 32 章）和衍射光学系统（第 43 章)；既有民用光学系统，又有军用光学系统，例如平视（头盔）显示器物镜（第 25 章）和航空摄影物镜（第 30 章）等；既有常规环境条件下使用的光学系统，又有适合于特定条件下使用的光学系统，例如水下物镜（第 12 章）和抗辐射物镜（第 31 章）；既有可见光范围内光学系统的设计，又包括紫外和红外物镜的设计，是一本难得的光学工具书。

更为可贵的是，本书提供了 150 多种具体的光学系统设计实例，几乎囊括了所有类型的光学系统。对每种光学系统，不仅提供了常规设计的结构布局图和评价像差的曲线图，而且还以列表形式给出了该系统的具体结构参数，包括表面曲率半径、透镜厚度、空气间隔、光阑位置、透镜（或反射镜）的直径（甚至合适的边缘厚度）和光学材料。这就意味着可以对该系统进行复算。在某种情况下，稍加修改，甚至可以直接使用。正如本书作者所写：“即使在叙述比较详细的光学工程书籍中，没有一本书能够给出各种光学系统的详细设计信息或者设计方法”，但是，本书做到了这一点。

本书的另一个特点是成熟。本书自第 1 版出版以来，就受到光学设计师的极大关注，成为热销书，已经连续出版四次。在不断跟踪新技术和新方法的同时，也不断查实和修正其内容和有关数据，例如本书第 1 版，所有设计数据都是使用 David Grey 的光学设计和分析软件完成计算的，而在第 4 版，已经使用 ZEMAX 软件对所有设计重新进行了复算。由于 ZEMAX 软件要比早期的 Geay 软件更为成熟，计算精度更高，消除了早期版本中的错误和不准确之处。同时，它又可以完成偏心、倾斜系统，梯度折射率系统以及各种变焦系统的计算。另外，由于各种光学材料有了很大变化，例如目前生产的玻璃不同于早期的玻璃材料，已经消除了其中的铅、镉和砷等有害成分，材料性能也有不同程度的改变，本版图书在此方面都重新进行了更正。此外，还补充了一些新的章节，例如：第 40 章稳态光学系统、第 41 章正常人眼系统、第 42 章光谱摄像系统、第 43 章衍射光学系统。

全书由43 章组成：第 1 章，透镜的设计方法；第 2 章，消色差双胶合透镜系统；第 3 章，三分离物镜；第 4 章，改进型三分离物镜；第 5 章，匹兹伐物镜；第 6 章，准对称型双高斯物镜；第 7 章，摄远物镜；第 8 章，反摄远物镜；第 9 章，超广角物镜；第 10 章，目镜；第 11 章，显微物镜；第 12 章，水下物镜；第 13 章，无焦光学系统；第 14 章，中继转像系统；第 15 章，折反式和反射式光学系统；第 16 章，潜望镜系统；第 17 章，红外物镜；第 18 章，紫外物镜和光学平版印刷术；第 19 章，$F-\theta$ 扫描物镜；第 20 章，内窥镜；第 21 章，放大和复制物镜；第 22 章，放映物镜；第 23 章，远心系统；第 24 章，激光聚焦物镜（光盘）；第 25 章，平视（头盔）显示器物镜；第 26 章，消色差光楔；第 27 章，楔形板和旋转棱镜照相机；第 28 章，变形物镜附件；第 29 章，照明系统；第 30 章，航空摄影物镜；第 31 章，抗辐射物镜；第 32 章，摄微物镜；第 33 章，机械补偿变焦物镜的初级理论；第 34 章，光学补偿变焦物镜的初级理论；第 35 章，机械补偿变焦物镜；第 36 章，光学补偿变焦物镜；第 37 章，变倍率影印物镜；第 38 章，可变焦距物镜；第 39 章，梯度折射率物镜；第 40 章，稳态光学系统；第 41 章，正常人眼系统；第 42 章，光谱摄像系统；第 43 章，衍射光学系统。

4 个附录分别列出了胶片和 CCD 的格式、法兰距离、有关材料的热特性和机械性能以及光学设计软件程序的有关资料，非常方便于光学设计师应用。

在中文版《光学系统设计》的出版过程中，得到了 Milton Laikin 先生的大力支持，对原版英文书中的有关问题进行了及时和充分的讨论沟通，对书中有重要变动的内容增加了“译者注”。为了使读者更准确地理解和利用本书，保留了英文参考文献。

周海宪翻译了第 1 章到第 40 章，程云芳翻译了第 41 章到第 43 章及附录。在美国工作的周华君和程林先生对全书进行了认真的校对，赵妙娟研究员和程云芳高级工程师对本书做了专业校对和最终审核。

本书的出版得到了清华大学教授、中国工程院院士金国藩先生，美国 Milton Laikin 先生和北京理工大学王涌天教授的极大支持；刘永祥、郭世勇、潘新宇、金朝瀚、翟文军等高级工程师也从不同方面对本书的出版给予了关注；祖成奎、黄存新博士，以及仇志刚高级工程师对书中的光学材料进行了认真的核对；与吴建伟、曾威、张良和王希军高级工程师对书中的有关问题进行了有益的讨论，在此表示衷心的谢意。

机械工业出版社电工电子分社的牛新国社长和王欢编辑对本书的出版给予了非常大的鼓励和支持，在此特别致以谢意！

本书可供光电子领域中从事光学仪器设计、光学设计和光机结构设计的研发设计师、光学零件制造工艺研究的工程师阅读，也可以作为大专院校相关专业本科生、研究生和教师的参考书。希望本书提供的材料和例子能够对军事、航空航天和民用光学仪器应用中光学系统的设计提供有益的指导。

译　者

2009 年 9 月

原书前言

一些非常好的光学工程教科书都没有详细阐述各种光学系统的设计信息或设计方法。编写本书的目的是希望对正在从事或有意成为光学设计工程师的人们提供有用的帮助。

在编写本书时，作者假定读者比较熟悉光线追迹方法、近轴公式及三级像差理论，还假设读者已经在计算机上使用过光学设计和分析软件程序（对光学设计编程软件的有关资料，请参考本书附录D）。由于个人计算机非常流行，且计算能力大有提高，其科学计算能力已经超过了20世纪60~80年代的大型计算机。现在，许多优秀的光学设计软件程序都可以进行光学系统优化、光线追迹分析、绘制光学系统曲线图及调制传递函数计算等。然而，所有这些程序都是优化程序，设计师必须输入一个初始结构。

作者曾在洛杉矶加州大学教授过几年“光学工程绪论（Introduction to Optical Engineering）”课程，经常会自问：怎样才能有一个初始设计？本书的目的之一就是回答刚才提出的问题。

设计中列出的所有光学玻璃都源自Schott公司的玻璃目录（不包括图2.4和图7.5中使用的Ohara公司S-FPL53玻璃元件、图2.5中Ohara公司的S-LAL18玻璃元件以及第39章的梯度折射率材料），它与其它的玻璃生产厂商（Ohara、Hoya、Chance、Corning、Chengdu等公司）制造的玻璃类型几乎是一样的。在某些结构设计参数中，列出的材料SILICA是指SiO_2，CAF2是指氟化钙。

除了第41章对人眼的阐述内容外，所有光学系统结构参数表格中给出的尺寸单位都是英寸㊀，从而使每个实际系统代表着一种具体应用（或许，代表一种35mm反射式相机）。透镜的直径有合适的边缘厚度值。采用通常的符号规则：厚度是沿轴向到下一表面的尺寸；如果曲率中心位于表面的右边，则半径的符号为正；光线从左向右传播，并且从长共轭距传播到短共轭距。透镜直径不是指通光孔径，而是指光学图中所示的实际透镜直径。

可见光光谱区所有数据的中心光谱是e谱线，覆盖的光谱范围是F′~C′。两个红外光谱区对应着8~14μm（中心谱线在10.2μm）和3.2~4.2μm（中心谱线在3.63μm）的大气窗口。紫外光谱区的所有数据对应着中心谱线0.27μm，光谱范围0.2~0.4μm（由于氟化钙和熔凝石英两种材料在此短波长范围内吸收

㊀ 1英寸（in）=2.54cm。

能力强，所以需要格外注意，非常重要的是选择合适的等级）。视场（Field of View，FOV）的单位是度，并适用于全书所有内容。

本书第1版是使用David Grey光学设计和分析软件程序完成定焦距系统的设计。Grey于1966年详细阐述了正交技术，并由Walters于1966年以软件程序实现。之后，Grey于1980年又系统地提出利用正交多项式作为像差系数的方法。在本版本中利用了ZEMAX软件程序（Moore 2006）对所有设计重新进行了优化。出于环境保护的要求，需要消除玻璃中的铅、镉和砷，现在的玻璃成分有许多变化，所以重新优化是必要的。但可能最重要的是ZEMAX软件程序（与本书附录D中列出的其它光学设计程序一样）要比早期的Grey软件程序更为全面，除了提供系统的图形分析外，还可以完成偏心倾斜系统、梯度折射率以及变焦系统的计算。

在本版书（译者注：英文第4版原版书）中，还提供一张CD，其中包括两类资料。

一类是“Lens”：包括所有物镜系统的结构参数表，与书中列出的一样，直接使用计算机中的数据，避免早期版本中发现的某些错误。所列内容包括RADIUS（半径）、THICKNESS（厚度）、MATERIAL（材料）和DIAMETER（直径），文件与书中的图形相对应（并非表的顺序号）。

另一类是“Optics”：包括可执行的ZEMAX文件，与书中的图形相对应。在这些系统的初始设计阶段，一般要使用三种波长（当然，激光系统除外），并且只追迹很少几条光线。而计算评价函数时，要使用较多的光线（多数情况下，使用五种波长）。如果有二级色差，为了真实地评估物镜的MTF，还要使用更多不同波长的光线。所以，光盘上阐述的内容中包含有更多的光线和波长。在玻璃目录中，为许多设计专门列出了推荐使用的玻璃。PREFERED（译者注：注意该词的拼写有误，该单词的正确写法是PREFERRED），是作者根据价格合理性、实用性、透过率以及耐污染性所列写的，经常使用的Schott公司的光学玻璃的简单列表。可以简单地用Schott_ 2000文件代替该目录，或者将该光盘中的文件PREFERRED. AGF装入到你自己的玻璃目录中。遗憾的是，玻璃的实用性在不断变化，不断会研制出新型玻璃，例如，图4.1及其它一些设计使用的N－LLF6玻璃就不再适用，而应当代以OHARA S－TIL6玻璃。同样，图14.4的设计中的SK－18玻璃也不再适用，而使用OHARA S－BSM 18玻璃。

除变焦物镜移动量、二级色差图和增透膜外，图中的所有曲线都是使用ZEMAX软件程序绘制的。关于变焦物镜移动量曲线，要注意三条曲线代表两个移动透镜组的相对初级移动量，所以曲线的交叉点（见图35.9b）并不意味着移动镜组彼此相互干涉。交叉只是表现在曲线图上，是利用第33章和第34章中的公式初级计算的结果。首先计算出10个值，然后与一个三次方仿样方程相拟合，得到上述实际的曲线。

对于大多数系统，要给出四种曲线：MTF、光学布局图、光扇图和 RMS 光点尺寸图。在 MTF 图上，标出的角度是半视场角，单位是度，从第一透镜前表面方向观看。这些数据（在某些情况下，是物高或像高）已经考虑到衍射的作用、MTF 以及表 1.2 中列出的权重。

畸变定义为

$$D=\frac{Y_c-Y_g}{Y_g}$$

式中，Y_c 是全视场时的实际像高；Y_g 是对应的近轴像高。对于有焦系统，有

$$D=\frac{\tan\theta'/\tan\theta-m}{m}$$

式中，θ'是全视场时的出射角；m 是近轴放大率（Kingslake，1965）。

尽管作者已经尽了最大的努力保证设计数据的精确性，然而准备采用其中任何一种设计的用户都应当：

- 仔细分析结构参数，确信其可以满足具体的技术要求。
- 对可能的违背量，要进一步对专利文章进行核查。可以从美国专利和商标局得到专利的副本（每份 $ 3.00），其联系地址是：P. O. Box 1450，Alexandria，VA22313 –1450（http：//www. uspto. gov）。专利文章是有价值的详细设计数据的资源。由于专利局接受申请后 20 年内，专利都是有效的（以前是获得专利申请后 17 年），所以较早的专利现在已是公开，可以自由地利用（美国专利局，1999）。

也可以利用互联网搜索专利文章，通过对专利号或题目搜索专利，可以得到专利文章的内容和光学系统的结构参数（只对 1976 年后公布的专利），但没有光学系统图或其它插图，这些插图在打印出的专利版中才有。在《Optics and Photonics News》（译者注：杂志名称）中，Brian Caldwell 讨论每个月公布的专利设计。在《Applied Optics》（译者注：杂志名称）中，还会有关于专利的评述。

- 物镜结构参数的所有数据（本书中，不是 CD 上）都已四舍五入。如果读者希望核实光学数据，可能需要对后截距（BFL）稍作调整（特别是小 f 数的物镜系统）。

本版对前面 3 版进行了小部分修正，增加了一些新的设计和章节，例如稳定系统、人眼、光谱摄像系统和衍射光学系统。此外，前面设计中使用的某些型号的玻璃，目前不再使用，已经被替代。

参 考 文 献

Grey, D. S. (1966) Recent developments in orthonormalization of parameter space. In *Lens Design with Large Computers*, *Proceedings of the Conference*, Institute of Optics, Rochester, New York.

Grey, D. S. (1980) Orthogonal polynomials as lens aberration coefficients, *International Lens Design Conference*, *SPIE*, Volume 237, p. 85.

Kidger, M. (2002) *Fundamental Optical Design*, SPIE Press, Bellingham, WA.

Kidger, M. (2004) *Intermediate Optical Design*, SPIE Press, Bellingham, WA.

Kingslake, R. (1965) *Applied Optics and Optical Engineering*, Volume 1, Academic Press, New York.

Moore, K. (2006) *ZEMAX Optical Design Program*, *User's Guide*, Zemax Development Corporation, Belleview, WA.

US Patent Office (1999) *General Information Concerning Patents*, Available from US Govt. Printing Office, Supt of Documents, Washington DC 20402.

Walters, R. M. (1966) Odds and ends from a Grey box. In *Lens Design with Large Computers*, *Proceedings of the Conference*, Institute of Optics, Government Superintendent, Rochester, New York.

目　　录

光学系统图目录

图号　　　　光学系统类型

第 1 章　透镜的设计方法

已知光学系统的物距、像距、波长范围和校正程度，应用计算机和数学公式，采用解析方法就有可能确定系统的半径、厚度及其它参数。但是，如果不是非常简单的系统，例如一块或两块反射镜甚至单片透镜的系统，目前是不可能使用这种技术计算的。

目前所使用的光学系统的设计方法是迭代技术。该方法是以设计工程师的经验为基础的，首先选择一种基本的光学系统类型。之后，得出近轴薄透镜的解，然后再得到厚透镜的结构。在当初计算机优化改进的初始阶段，所要做的工作常常是校正三级像差（Hopkins etal. 1955）。现在，由于可以快速地进行光线追迹，所以，经常跳过这个步骤，直接通过光线追迹进行优化。

在任何计算机自动优化软件程序中（由于必须受设计人员经验制约，所以，实际上，还都是半自动化软件程序），需要有一个数值代表透镜的质量。由于一直在公开讨论透镜好坏的概念，因而有几种设立评价函数的方法（Feder 1957a，1957b；Brixner 1978）。比较理想的情况是设计评价函数时要考虑透镜和图像变形的边界条件，并保证下列各项不变：有效焦距（或放大率），$f^{\#}$（*f*-number，也称 *f* 数），中心和边缘厚度，总长度，光瞳位置，元件直径及材料在玻璃图上的位置，近轴角度及近轴高度的控制等。另外，还要能设法改变这些像差的权，使轴上像质与轴外像质有不同的权，以及改变图像基本结构的方法（Palmer 1971）。一些评价函数还包含违背量数据（Feder 1968）。

目前使用的大部分优化分析软件程序是通过光线追迹评价光学系统（Jamieson 1971）。然而，也有些软件程序是计算每个表面的像差系数（三级和更高级），然后求和（Buchdahl 1968）实现的。

在光学设计的初期，当追迹一条光线的成本较高（与今天相比）时，最常用的减少追迹光线数目的方法是只追迹中心波长的光线，使它通过每个表面，从而得到光路差乘以色散差的数据（Feder 1952；Conrady 1960；Ginter 1990）。

假设 d_I 是沿轴向从表面 I 到表面 $I+1$ 的距离，D_I 是任一条光线从表面 I 到表面 $I+1$ 的距离。对于有 J 个表面的系统，$(N_D)_I$ 表示第 I 个表面之后中心波长的折射率。

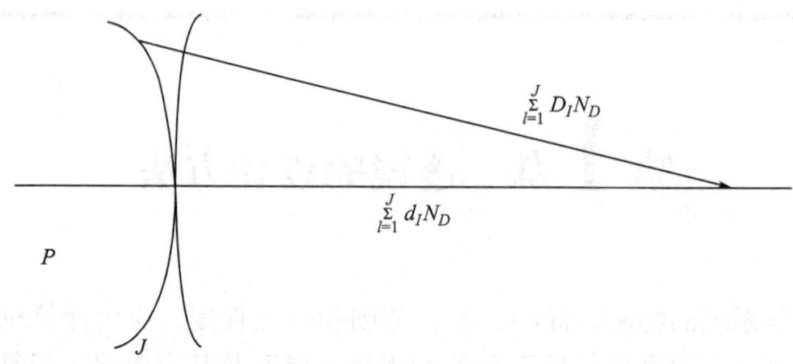
$\sum_{I=1}^{J} D_I N_D$
$\sum_{I=1}^{J} d_I N_D$
P
J

如果球面波前的中心在 P 点，则有

$$\sum_{I=1}^{J} (D-d)_I (N_D)_I = 0$$

同样，F 和 C 谱线对应的消色差波长也会聚于 P，有

$$\sum_{I=1}^{J} (D-d)_I (N_{\mathrm{F}} - N_{\mathrm{C}})_I = 0$$

作为评价函数的一个例子，假设 d 是一个像差项——像面上被追迹光线对其理想值或高斯值的偏离量（或其它确定图像中心的方法）。另一种方法，可以使用光路长度差作为像差项。这样在追迹光线时，相比来说只耗费特别短的时间就可以同时得到光路长度差。所以，理想情况是在评价函数中组合使用这两种方法。

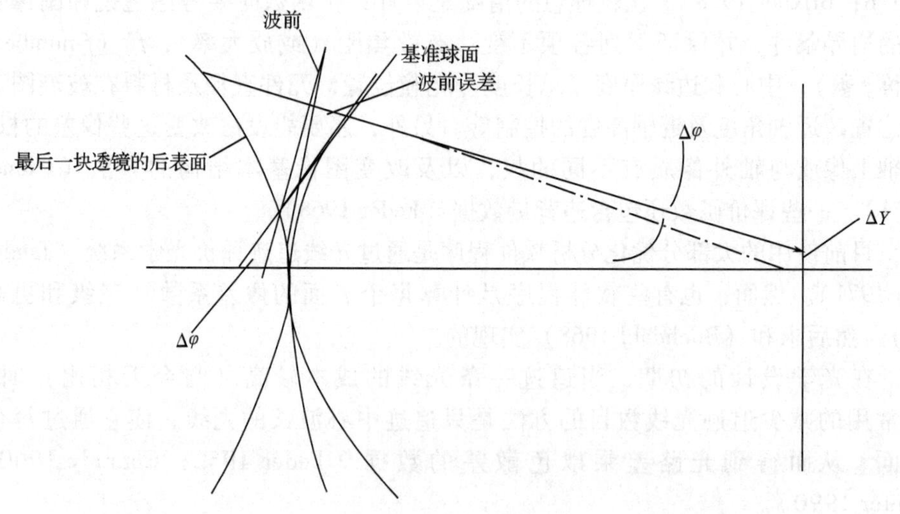
波前
基准球面
波前误差
最后一块透镜的后表面
Δφ
ΔY
Δφ

$$\Delta Y \approx k\Delta\varphi = k \times \text{（波前与基准球间的斜率差）}$$

式中，k 是比例常数。相交误差正比于长度误差的导数。有时，将微分误差增加到评价函数中是有用的。例如，如果在某一特定视场角和波长下追迹 J 根光

线，则

$$\text{微分误差} = \frac{\text{Pl}(J) - \text{Pl}(P-1)}{\text{Pl}(J-1)}$$

式中，Pl（J）是第 J 根光线的光路长度。优化的主要任务是追迹光线，所以在只稍微增加计算时间的同时，增加这些额外的计算项目有利于改进像质。为便于控制这类像质，将其像差项乘以权因子 W，如果有 N 个像差项，则

$$\text{评价函数} = \sum_{i=1}^{i=n} W_i d_i^2$$

实际上，大部分评价函数是“缺陷”函数，即等于各种成像误差的平方和，所以数值越大像质越差。输入被追迹的光线参数，可计算出评价函数。改变其中一种参数，会计算出新的评价函数值。创建一个评价函数变化量与参数变化量的变化表，之后，采用阻尼最小二乘法（有时采用相差正交法）得到一个性能改进后的系统。要记住该方法的四个重要特征：

1. 这种方法可以搜寻到一个局部极小值。也就是说，相对于所有变量的多维变化，只得到一个局部最小值（局部极小值）。只能根据已有经验确信是否已经得到了全局极小值。设计工程师可以使用各种“特技”跳出该局部极值，将评价函数的解移至有更小局部极值的范围内。这些“特技”包括少量改变透镜的参数，改变评价函数的权，以及将光线截距误差转换为光路长度误差（Bociort 2002）。优化程序进一步发展的趋势就是试图找到全局极小值（Jones 1992，1994）。为此，要对原始优化系统进行许多改动（Forbes 1991；Forbes and Jones 1992）。

正交化方法有时似乎可以突破这些潜在的障碍。一种比较好的方法是首先利用阻尼最小二乘法优化，然后再用正交化方法优化。

2. 无论什么情况下，这种方法都可以使评价函数有所改进，尽管有时改进得较小。若没有提供透镜厚度的精确范围，得到的解可能是 1/50（译者注：是透镜中心厚度与直径的比，只是一个例子）的薄透镜，或是 12in[⊖] 的厚透镜（解匹兹伐和）。同样地，当变换玻璃时，一个很小的改进可能会导致使用一块非常贵、已经不再生产的玻璃或者具有不合要求的缺陷或透过性能。这些计算程序可以追迹负厚度的透镜，或者透镜系统的长度可能相当长，以至不能放进已经定位好的镜体中，所以仔细确定边界控制就至关重要。

3. 计算时间正比于追迹光线的数目与可变化参量数目的乘积。缺乏经验的设计师相信，追迹较多的光线就能得到较好的物镜，但他们却是花费了较长的计算时间。理想的情况是在初期阶段追迹最少量的光线，只能在最后阶段增加

⊖ 1in = 2.54cm。

光线和视场角的数目。同样，为了提高计算速度，初始阶段计算像差也应当只涉及主光线。随着设计的深入，可以改变像心基准。由于慧差存在，以主光线还是以像心为基准来评价像质是有差别的。在此给出的大部分设计实例，初始是利用三种波长，最后是五种波长。

4. 该程序既不增加也不减少元件，所以，如果初始是一个 6 元件的物镜，将一直保持其为 6 元件。何时需要增加或减少物镜零件，的确是光学设计的艺术。

现在，在所有的光学系统成像质量评价中，最通常的方法是使用正弦波响应来表示衍射效应（MTF）。以正弦波响应作为构成评价函数的方法，主要难度是需要追迹太大数量的光线。另外，为了评价正弦波响应还要进行额外计算，从而造成计算时间特别长。最终的结果是，以衍射为基础的判断准则，特别是使用正弦波响应，还没有被用作光学系统的优化方法，而仅仅局限于透镜的质量评估方面。

优化方法

在最小二乘法中，上述的评价函数相对于单个变量（结构参数）进行微分，并使其等于零。通过真正地增加一个参数，并注意到评价函数的变化确定导数，这会形成 N 个关于参量增量的方程式。再利用矩阵法求解参量增量方程式（Rosen and Elder 1954；Meiron 1959）。

久已知晓，最小二乘法收敛非常慢（Feder 1957a，1957b）。为了加快收敛，引入一个量度 M（Lavi and Vogl 1966：15）。虽然这种方法过于简单，但由最小二乘法得到的梯度乘以 M 就可以加快收敛。这种以线性为基础计算出的步长通常太大，会造成其过程振荡。因此，在 M 中引入一个阻尼因子，当非线性比较大时阻尼因子也要较大（Jamieson 1971）。

上述方法能快速改进初始的粗设计。短时间内像差就会达到平衡。当继续改变其结构参数时，剩余像差就会变化得非常慢（Grey 1963）。因此，必须给结构参数一个无穷小的增量，当然这会降低评价函数的收敛速率。为避免该问题，必须考虑每一像差项相对于结构参数的变化率。任何一种自动微分校正方法存在的主要困难，不在于光学系统是非线性，而在于每一个结构参数都影响着各个像差项。

在正交方法中，建立一组参数与结构参数正交。每次变化开始时，建立一个变换矩阵，使古典像差与其正交对应项相联系。评价函数表示成一些量的平方和，每一个量都是古典像差系数的线性组合。无论其它系数如何，由于每一个量都会减小评价函数的值，所以这些量就是正交像差系数（Unvala 1966）。

边界违背

对光学系统，一定会有许多实际的约束，如：透镜厚度、组件总长度、最大直径、折射率范围、最小后截距、透镜元件间的间隔等。设计者将这些约束作为边界控制输入，并将偏离约束的量作为违背量输入到评价函数中，所以，如果透镜太长，不适合所要求的空间环境，这种缺陷量就要加到像差求和式中得以校正。要控制这些边界误差有如下几种方法：

1. 绝对控制法。使用绝对控制法不允许有边界误差。如果变化一个参数就造成了边界违背，这说明，改变该参数是不允许的。使用该方法存在的问题是：若其它参数可以变化，并由此消除该边界违背，从而得到比较好的解，但绝对控制法会禁止这样的优化。

2. 惩罚控制法。在惩罚控制法中，设计者指定一种边界违背作为加权的惩罚项，再将这种边界违背增加到含有像差的评价函数中。这是优化程序中最经常使用的方法。

3. 变约束控制法。变约束是比较复杂的边界控制方法。在这种方法中，要对所有的边界项规定上约束和下约束。只要约束项保持在其约束范围内，就不会把惩罚项增加到评价函数中。当约束项非常靠近约束边界时，会将惩罚项增加到评价函数中，稍微改变约束，加大惩罚项的权。最后，若约束项超出了约束范围，会将权增加到足够大，从而对系统产生一个阻尼，避免较大的边界违背情况发生。

光线图

一根光线可以看作是一个能量束的质心，所以，通常较好的办法是将入瞳分割成相等的面积，并将每根光线放置在每块面积的中心（见表 1.1）。对于共轴光学系统，只需要追迹入瞳的 1/2 即可。同样，如果是一个轴上物体，只需要追迹入瞳的 1/4。若是非对称系统，则需要追迹整个入瞳。

表 1.1　等面积分割入瞳的有关数据

N	2	3	4	5	6	7	8
	0.866	0.913	0.935	0.948	0.957	0.964	0.968
	0.500	0.707	0.791	0.837	0.866	0.886	0.901
		0.408	0.612	0.707	0.764	0.802	0.829
		0.353	0.548	0.645	0.707	0.750	
		0.316	0.500	0.598	0.661		
			0.289	0.463	0.559		
						0.267	0.433
							0.250

设计开始时，首先要追迹最少量的光线。光线数目 N 的合理值可能是3，第 J 条光线的对应值是

$$\sqrt{(2\ (N-J)\ +1)\ /2N}$$

目前，大多数光学系统设计的软件程序自动完成这一过程。一般地，是将光瞳（在某些情况中是孔径光阑）分成环状，规定每个环上的光线数目。因此，设计者只是简单地确定环数以及每个环上的光线数目即可。

如果是离轴物体，还需要追迹主光线及光瞳两侧的光线。对于非对称系统，需要在全瞳孔范围内追迹所有的视场。大部分先进的光学设计软件程序都能自动完成光线选择过程。入瞳被分割成许多环，每个环又分成许多段。所以，设计者只需要指定环数以及每个环上的光线数目即可。随着设计的深入，还应当密切关注光线的交点曲线图。如果光线相交的情况太差，就要额外增加光线。同样，若斜光线有问题，就增加斜光线数目。对视场角，以同样方式将图像进行等面积分割，像高的分配比例（第一个视场角是轴上，$N=1$）是

$$H\ (J)\ =\sqrt{\frac{J}{N-1}}$$

N	2	3	4	5	6
H (1)	1.0	0.7071	0.5774	0.5	0.4472
H (2)		1.0	0.8165	0.7071	0.6325
H (3)			1.0	0.8660	0.7746
H (4)				1.0	0.8944
H (5)					1.0

非球面

最新的计算软件程序能够控制非球面问题。为了数学上的方便，一般将表面分成三类：球面、锥面和一般的非球面。通常，将非球面表示成一个十次幂（或更高级幂）的多项式。令 X 表示表面的垂度，Y 为光线的高度，C 为表面在光轴上的曲率，则有

$$X=\frac{CY^2}{1+\sqrt{1-Y^2C^2\ (1+A_2)}}+A_4{}^{㊀}Y^4+A_6Y^6+A_8Y^8+A_{10}Y^{10}$$

（译者注：原文中 A_4 缺少下标）

该公式将表面表示成对一个锥面的偏离。A_2 是锥面系数，等于 $-\varepsilon^2$，而 ε 是偏心率，与大部分几何教科书的定义一样。

㊀ 原文中 A_4 的下标未写。——译者注

$A_2 = 0$	球面
$A_2 < -1$	双曲面
$A_2 = -1$	抛物面
$-1 < A_2 < 0$	椭球面，焦点在光轴上
$A_2 > 0$	椭球面，焦点在垂直于光轴的一条线上

锥面

椭球表面

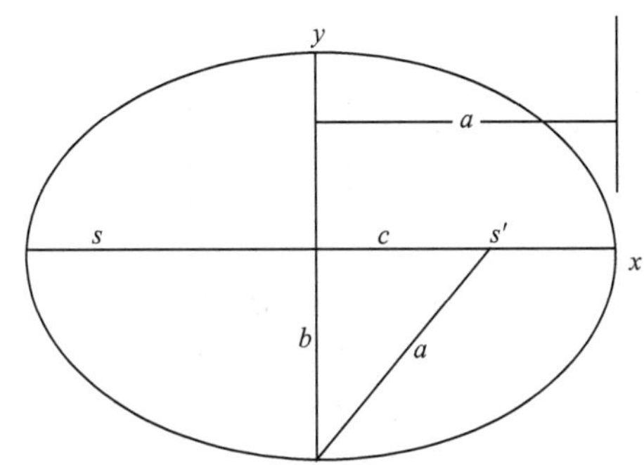
y
a
s
c
s′
x
b
a

$$\frac{X^2}{a^2} + \frac{Y^2}{b^2} = 1 \qquad a^2 = b^2 + c^2$$

$$y = 0\ 处的\ R = \frac{b^2}{a} \qquad M = \frac{S'}{S} = \frac{a + c}{a - c} \qquad b = \sqrt{aR}$$

令 V 表示从原点到椭球面的距离，θ 是与 X 轴的夹角，有

$$\frac{\cos^2\theta}{a^2} + \frac{\sin^2\theta}{b^2} = \frac{1}{V^2}$$

抛物面

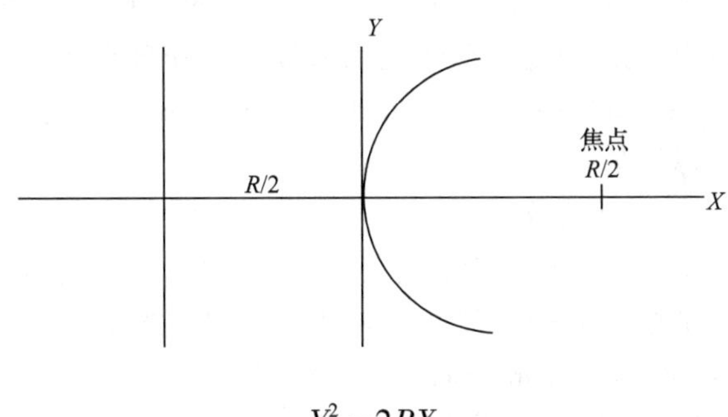
Y
焦点
R/2
R/2
X

$$Y^2 = 2RX$$

$$\varepsilon = 1$$

$$曲率半径=\frac{(Y^2+R^2)^{3/2}}{R^2}=R\ （当\ Y=0）$$

双曲面

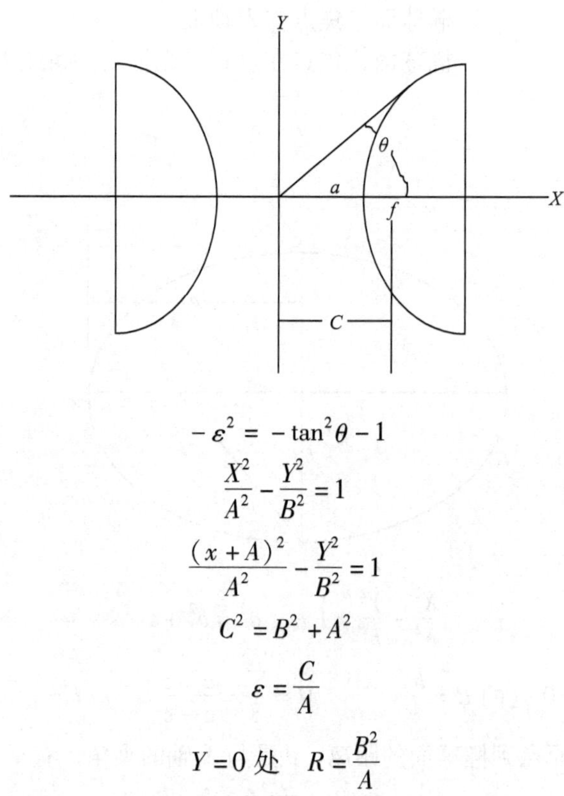
Y
θ
a
X
f
C

$$-\varepsilon^2=-\tan^2\theta-1$$

$$\frac{X^2}{A^2}-\frac{Y^2}{B^2}=1$$

$$\frac{(x+A)^2}{A^2}-\frac{Y^2}{B^2}=1$$

$$C^2=B^2+A^2$$

$$\varepsilon=\frac{C}{A}$$

$$Y=0\ 处\quad R=\frac{B^2}{A}$$

就目前的工艺技术，利用单刃金刚石切削方法有可能加工出非球面，这可以通过数控系统实现，并且这样的非球面正逐步应用于长波红外系统中。在可见光和紫外光谱范围，还必须对非球面进行单个抛光。其中有两个问题：

1. 大部分光学抛光机的各种动作是用来加工制作球形表面。最近，美国威斯康星州（WI），Germantown 的 LOH Optical Macninery 公司已经制造出适于粗磨、抛光和测试非球面的机床。

2. 非球面的测试非常困难。

设计非球面的最佳方案是：除非绝对需要，否则，不要使用非球面。当然，如果透镜是注模制造的，使用非球面比较实际。视频光盘的物镜和低成本数字相机的物镜就是这种情况（Yamaguchi 等人 2005）。

作为制造和测试非球面的一种辅助手段，作者编写了一个程序计算表面的坐标以及为加工出该表面刀具应当有的坐标。令非球面坐标是 X 和 Y，并由直径为 D 的刀具形成该表面，刀具中心的坐标是 U 和 V。刀具总是与非球面相切，如图 1.1 所示。

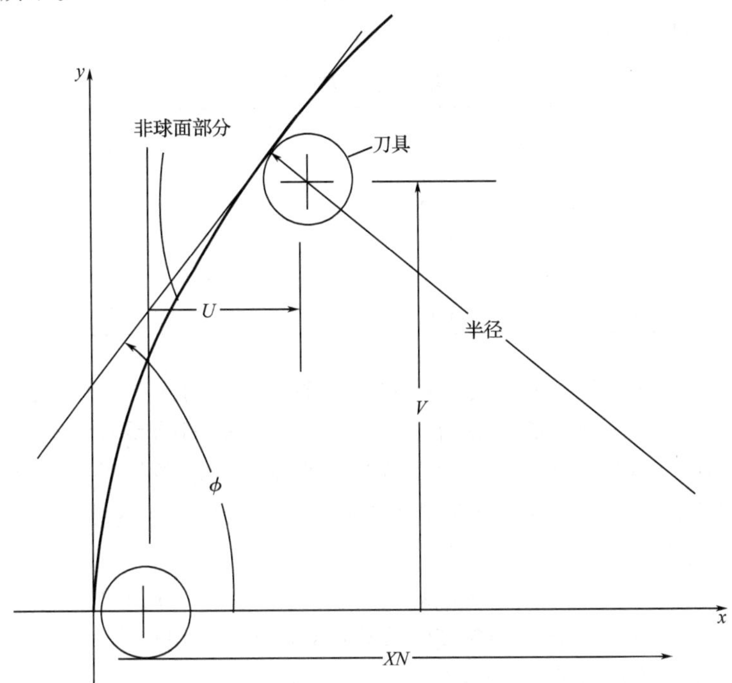

y
非球面部分
刀具
U
半径
V
ϕ
x
XN

图 1.1　非球面的形成

$$\tan\phi = \left| \frac{2CY}{1+\sqrt{1-C^2Y^2(1+A_2)}} + \frac{(1+A_2)C^3Y^3}{\left[1+\sqrt{1-C^2Y^2(1+A_2)}\right]^2\sqrt{1-C^2Y^2(1+A_2)}} + 4A_4Y^3 + 6A_6Y^5 + 8A_8Y^7 + 10A_{10}Y^9 \right|$$

$$X = \frac{CY^2}{1+\sqrt{1-Y^2C^2(1+A_2)}} + A_4Y^4 + A_6Y^6 + A_8Y^8 + A_{10}Y^{10}$$

$$U = X + 0.5D\cos\phi - 0.5D$$

$$V = Y - 0.5D\sin\phi$$

$$\mathrm{XN} = X + \frac{Y}{\tan\phi}$$

$$\text{半径} = \sqrt{Y^2 + (\mathrm{XN} - X)^2}$$

式中，XN 是非球面在光轴上的曲率半径（近轴曲率半径）。

折射率计算

有效光谱范围应按使其有几乎相等的折射率增量的方法来划分。由于典型光学材料的折射率是变化的，所以更愿意按照相等的频率范围，而非波长范围划分。也就是说，要划分成相等的波长增量的倒数。

为计算 MTF，使用了 5 种波长（见表 1.2）

表 1.2 波长和权重

权重	可见光	紫外	3.2 ~ 4.2μm	8 ~ 14μm
0.3	0.48	0.20	3.2	8.0
0.6	0.51	0.23	3.4	8.96
1.0	0.546	0.27	3.63	10.2
0.6	0.59	0.32	3.89	11.8
0.3	0.644	0.40	4.2	14.0

玻璃分类表只包含各种激光谱线的折射率值，使用 6 项插值公式可以完成任意波长折射率的计算，玻璃表给出了公式中各种玻璃的系数。本书作者（及大部分设计师）的个人计算机中除了有各种光学材料的数据外，还有整个玻璃类材料的系数。因此，惟一需要做的事情就是输入希望使用的波长。

典型的插值公式（Schott 方程）

$$N^2 = F_1 + F_2\lambda^2 + F_3\lambda^{-2} + F_4\lambda^{-4} + F_5\lambda^{-6} + F_6\lambda^{-8}$$

式中，F_1，F_2，…，F_6 是某种玻璃的系数；λ 是波长，单位为 μm。另一形式的公式是 Sellmeier 方程（Tatian 1984）

$$N^2 - 1 = \frac{F_1\lambda^2}{\lambda^2 - F_4} + \frac{F_2\lambda^2}{\lambda^2 - F_5} + \frac{F_3\lambda^2}{\lambda^2 - F_6}$$

式中，系数 F_4、F_5 和 F_6 代表材料的吸收带。

若是波长范围有限或数据不全，可以使用一种简单的计算公式，即 Cauchy 公式

$$N = A + \frac{B}{\lambda^2}$$

求解

大部分光学系统是由初级参数确定的，对无限共轭物镜来说是焦距，对有限共轭物镜来说是放大率。所以，一般地，解出一个表面要比迭代评价函数更有效（就计算用时而言）。举个例子，现在讨论一个应用在无限共轭条件下的物镜，希望的焦距和 f 数分别用 F 和 $f^{\#}$ 表示。如果确定该系统是由固定的入瞳直径（$D = F/f^{\#}$）确定，就可以解出最后表面上的边缘光线夹角（等于 $-0.5/f^{\#}$）。同样，对有限共轭系统，设定目标的数值孔径（NA），然后利用解出的最后表面上的边缘夹角近似地控制放大率（NA 是三角法计算的，而角度解是近轴计算的）。

求解时，需记住以下事项：

1. （对于大部分程序）从第一表面到最后表面顺序执行；

2. 孔径光阑之前的解可能会由于系统和具体的解而出现矛盾；
3. 如果该表面非常靠近像面，不要求解（特别是为了控制焦距求解曲率）；
4. 得到的解和确定的孔径必须是惟一的。

在本书的某些例子中，约束焦距而求解最后一个表面或许是较好的选择。

改换玻璃

近代的大部分光学系统优化程序都能够改变材料的折射率和色散。这就意味着假设的玻璃图是连续的，一般来说这种连续变化不适用于紫外或红外光谱范围。然而，在可见光光谱区，这是非常有效的变量。无论何种情况，只要可能，都应当利用这种变化。

为使变换玻璃的方法有效可行，计算程序必须将其约束到玻璃图的实际范围之内。也就是说，如果折射率是一个不受约束的变量，那么可能会得到折射率等于 10 的结果。

然而，设计师不仅必须仔细约束折射率和色散的值，而且还要认真选择玻璃。例如 N-LAK7 与 N-SK15（在玻璃图上彼此相当接近），按照 A 级玻璃计算，前者的价格是 $ 63/lb[⊖]，而后者是 $ 29/lb（2002 年的价格），对于大直径透镜，价格会有很大的差别。如果选择 A 级 LASF 类玻璃，其价格从 $ 111/lb（N-LASF45）到 $ 648/lb（N-LASF31）不等。

价格仅仅是开始要考虑的因素，设计师还必须考虑如下各方面：

• 实用性。某些玻璃比其它玻璃更实用。在玻璃目录表中会标出优先选用的玻璃。由于环保的考虑，特别是欧洲和日本，已经停止生产某些玻璃（例如 LAK6），另外一些玻璃重新配方生产。氧化铅材料正在被氧化钛替代，降低了密度，而折射率和色散与原先几乎一样（SF6 和 SFL6）。同样，玻璃中的氧化砷和镉已经去除了。

• 透明度。某些玻璃非常黄，特别是重火石玻璃，这是由于含有氧化铅材料的缘故。在这些玻璃的新型配方中，情况更糟糕，例如，24mm 厚含有氧化铅的旧型号玻璃 SF6，对 0.4μm 波长的透过率是 73%，而新型号玻璃 SFL6 的透过率是 67%。玻璃目录提供各种波长的透过率值，在简化目录表中，提供了 25mm 厚玻璃在 0.4μm 波长下的透过率值。

• 抗污染和环境适应性。在玻璃与水溶液接触时会受到各种形式的影响。一定条件下，玻璃会受到浸渍。开始时，先形成一种界面薄膜，随之变厚，慢慢变成白色。这种与水溶液的反应，可能会造成表面污染和侵蚀，特别在抛光期间。在玻璃分类表中列出了特别容易被侵蚀的玻璃。一定不要使用易受空气

⊖ 1lb（磅）≈0.454kg。

中水蒸气侵蚀的玻璃（列作气候抗蚀性）作最外侧透镜元件。

• 气泡。由于化学成分的原因，某些玻璃含有一些小气泡，这些玻璃不能在像面附近应用。

• 条纹。极少数玻璃会有非常细的条纹（导致折射率的变化），这些玻璃不能用做棱镜或厚透镜。

当最终选定玻璃后，用实际的目录值代替“虚构玻璃”值。为了保持表面的光焦度不变，可以通过改变表面的曲率实现。令 Φ 是第 J 个表面的光焦度，表面曲率是 C，虚构折射率是 N，则

$$\Phi = (N_J - N_{J-1})CJ = (N' - N_{J-1})C'J$$

式中，N'是目录中折射率的值；C'是调整后的曲率值。

玻璃目录

所有的折射率数据都来源于生产厂商的目录。大部分光学设计软件程序都包含这些目录，并保持最新数据值。正如上面所述，当应用于可见光光谱区域时，这些玻璃中的许多种类在蓝光区的透过率较差，并易于侵蚀、有条纹或气泡，或者价格昂贵。因此，在需要的设计中，已经将玻璃的选择局限在某些“推荐使用”的玻璃中。

可以通过互联网（Internet）得到材料目录，下面列出了其中一些材料。

公　司	网　址	材　料
Hoya optics	http：//www. hoyaoptics. com	光学玻璃
Schott glass technologies	http：//www. us. schott. com	光学玻璃
Ohara glass	http：//www. oharacorp. com	光学玻璃
Hikari glass	http：//www. hikariglass. com	光学玻璃
Heraeus	http：//www. heraeus - quarzglas. com	熔凝石英
	http：//www. heraeu - optics. com	熔凝石英
Corning	http：//www. corning. com	熔凝石英
		硼硅酸盐耐热玻璃 派热克斯耐热玻璃
Morton	http：//www. rohmhaas. com	红外材料
Dynasil	http：//www. dynasil. com	熔凝石英
Dow	http：//www. dow. com/styron	聚苯乙烯

胶合表面

一般地，胶合的厚度小于 0.001in，所以，在透镜设计中都忽略不计胶合层。最新研发的胶合层可以承受的温度范围是 -62 ~ 100℃（Summer 1991；Norland 1999）。这些胶合层的折射率约为 1.55，虽然在胶合层界面处仍有一些反射损失，但是，胶-玻璃界面很少镀增透膜。对某些非常重要的应用，胶合之前可以在每个玻璃表面镀上 $\lambda/4$ 的膜层，这将大大减少这种反射损失（Willey 1990）。

由于胶层的透射率问题，所以只限于在可见光区域应用。

增透膜

如果光束垂直入射到一个未镀膜的表面上，其反射率由下式给出

$$R=\left[\frac{N_0-N_S}{N_0+N_S}\right]^2$$

式中，光束位于介质 N_0 中，并被折射率为 N_1（$S=1$）的介质反射。对于空气，N_0 是 1，如果 $N_1=1.5$，则 $R=4\%$。

现在讨论光学厚度是 $\lambda/4$ 的膜层。若在折射率为 N_S 的基板上镀一层折射率为 N_1 的单层膜，则反射率是

$$R=\frac{\left[1-\frac{N_1^2}{N_S}\right]^2}{\left[1+\frac{N_1^2}{N_S}\right]^2}$$

当 $N_1=\sqrt{N_S}$时，反射率变为零。

最早的一种增透膜就是光学厚度为 $\lambda/4$ 的氟化镁单层膜。这种材料的折射率为 1.37（在波长 $\lambda=0.55\mu m$ 处）。

对于氟化镁和 N-LASF31，其 $N_e=1.88577$，是理想的增透膜材料（参见图 1.2 中的曲线 A，并与 N-BK7 的曲线 D 相比较）。

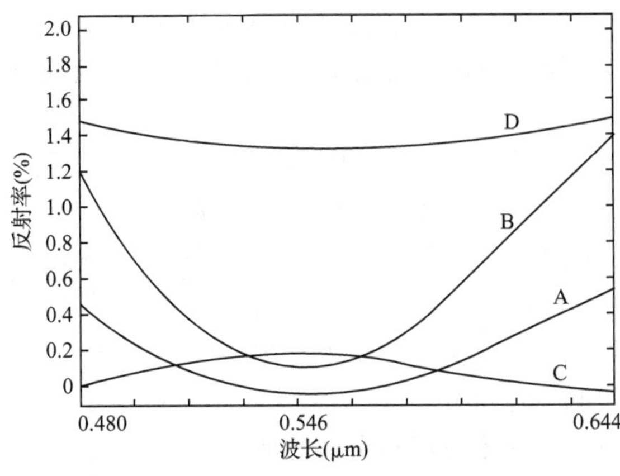

反射率(%)
2.0
1.8
1.6
1.4
1.2
1.0
0.8
0.6
0.4
0.2
0
D
B
A
C
0.480
0.546
0.644
波长(μm)

图 1.2　增透膜

现在讨论双层膜（V 形膜）。这种膜系对于激光系统以及只使用一种波长的装置非常有用。如果要求零反射，则 $N_1^2N_S = N_2^2N_m$。如图 1.2 所示的曲线 B 表示这种 V 形膜系，使用的氟化镁为 N_1，Al_2O_3 为 N_2，基板玻璃是 N-BK7（N_S），光束在空气中为 $N_m = 1$（见图 1.3）。

N_m

N_1

N_2

N_S

图 1.3　双层增透膜

为了在可见光谱区实现非常低的反射率，需要镀三层膜。这样整个光谱区域内的反射率会低于 0.5%。采用下面的膜系可以得到以下结果：

- 第一层是 $\lambda/4$ 的氟化镁（MgF_2）
- 第二层是 $\lambda/2$ 的二氧化锆（ZrO_2）
- 紧靠玻璃基板的膜层是 $\lambda/4$ 的氟化铈（CeF_3）

图 1.2 中的曲线 C 表示这种膜系，基板玻璃是 BK7。对薄膜方面的更优秀的论述，请参考 Rancourt（1996）的著作。

一般来说，光学系统设计者没有必要给出增透膜的详细内容。必须给出的是波长范围及最大反射率，这是因为所有的光学车间都有自己专用的镀膜方法。

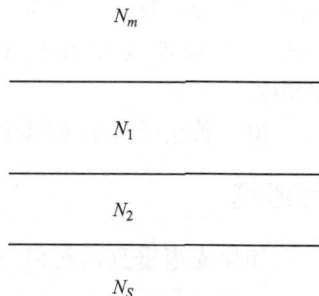

渐晕和光瞳漂移

渐晕是由于受到透镜实际直径的限制而造成轴外目标通过入射光瞳时的尺寸减小。根据该定义可知，轴上没有渐晕。轴上入瞳的大小取决于系统的 $f^\#$（相对孔径的倒数）或数值孔径。

对轴外目标，假设入瞳垂直于主光线。入瞳是孔径光阑带有像差的像，所以，第一步是追迹一条上边缘轴上的光线来确定孔径光阑的直径。对于轴外目标，反复追迹通过孔径光阑的上、下边缘光线和主光线，就可以确定有渐晕的入瞳大小。在某些系统中，不可能对整个无渐晕入瞳进行追迹。在这种情况下，可以将这种渐晕和入瞳移到孔径光阑上。也就是说，改变光线坐标数据，使渐晕发生在孔径光阑上。

对于所有的波长（在任意具体的视场角下），渐晕几乎是一样的。因此，为方便起见，上述方法只对中心波长完成计算即可。然而，一般地来说，对所有的轴外视场和结构布局（变焦物镜）都有不同的渐晕和光瞳漂移。在典型的计算软件程序中，按如下方式控制渐晕和光瞳漂移：

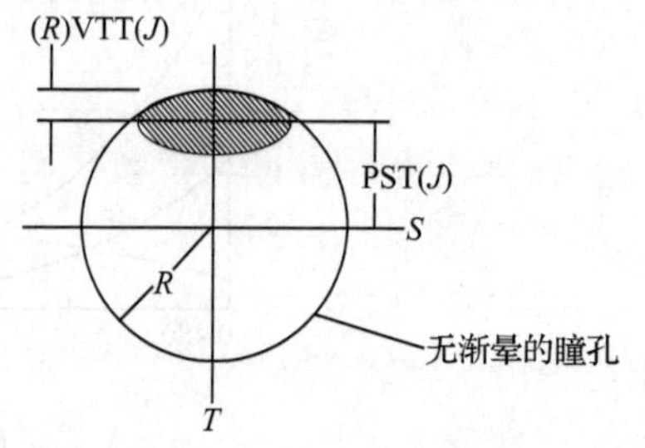

(R)VTT(J)
PST(J)
S
R
无渐晕的瞳孔
T

图 1.4　有渐晕的入瞳

- VTT（J）是一个具体视场和布局的渐晕。它表示为有像差入瞳直径的分数，只能应用在子午方向（见图 1.4）。

• VTS（J）与上述一样，但是在弧矢方向。对于旋转对称的共轴光学系统，这两项是一样的。

• PST（J）是与上述项对应的有渐晕的光瞳漂移。

• PSS（J）与上述项一样，但是在弧矢方向。对于旋转对称的共轴光学系统，这两项是一样的。

• 如果没有任何光瞳漂移或渐晕，则设置所有 VTT（J）和 VTS（J）项都等于1，所有 PST（J）和 PSS（J）项都等于0。

• 为追迹光瞳的最上端，令 PST（J）+VTT（J）=1。

改变入瞳坐标，并乘以适当的渐晕系数，这种方法可以应用于所有的光线追迹：MTF 数据、点列图、透镜出图等。由于所有光线都是在有渐晕的情况下追迹，所以采用该方法时，MTF 和点列图的计算精度没有进行折中。如果必须限制透镜的直径，设计者可以有意在系统中引入渐晕。

光学设计师对有较大渐晕的光学系统必须小心，要注意系统中一定有一些透镜的直径限制着渐晕光瞳最上面和最下面的边缘光线。现在，孔径光阑已经不是约束表面，在优化过程中被追迹的光线一定能够通过光学系统。

零件数目的变化

在设计过程中，有时设计师会注意到：一个零件正在变得非常薄，并且光焦度非常小。在这种情况下，软件程序调用曲率和厚度变化范围，使它成为一个光焦度几乎为零的零件，而可以将该零件从系统中去除。

比较难办的设计是光学系统的像质还没有得到满足的情况。有效方法是增加光学零件。但是，将该零件增加到何处、如何增加，有几种选择：

1. 放在系统的前面或后面。这种方法是比较容易的：只增加一块平板玻璃，估计给出一种材料。首先，只改变新增加零件的曲率以及其它零件的曲率和厚度。然后，改变新零件的折射率和色散（对红外或紫外光谱区，是绝对不可能的）。

2. 在系统中有较大空气间隔的地方安插一块平板。记住要重新调整空气间隔，从而使 $D=D_1+D_2+T/N$。其中，D 是原来的空气间隔，D_1 和 D_2 是新的空气间隔，平板厚度是 T，折射率是 N。

3. 将一块非常薄的透镜分裂成一块双胶合透镜。如果系统中有大量色差，该方法可能是符合逻辑的选择。可以变化两块新元件的折射率和色散。

4. 将一块非常厚的透镜分裂成两块透镜，中间有一个非常小的空气间隔。在这种情况中，若入射角比较大，可能会导致光线追迹有困难。如果考虑到当今的镀膜技术，那么请记住，两块分离透镜的成本几乎与胶合双透镜的成本一样。一般来说，采用中间有一个非常小空气间隔的一对平面来实现这种透镜分裂。

变量参数

刚参加工作的设计师经常会问“我应当改变透镜的什么参数?”，答案是让它们全部变化——但不是马上。作者采用的一般方法如下：

1. 第一轮。变化所有的半径、大的空气间隔和正透镜的厚度。对非球面，应当使第二个系数（指非球面表面公式第二个系数）变化。半径和非球面系数是最有影响力的透镜参数，所以应当从设计的初始阶段就变化。必须控制正透镜的边缘厚度，所以应变化正透镜的厚度。检查所有的约束条件，保证透镜可以制造，并且符合对直径、总长度、后截距等方面的要求。

2. 第二轮。增加负透镜的厚度以及剩余的空气间隔到上述的变化参数中。如果某些间隔出现问题（接近其最大值或最小值），最好将该参数固定下来，不再变化（至少暂时固定不变）。

3. 第三轮。增加玻璃的折射率和色散到上述的变化参数中。如果是紫外或红外光谱区，可以跳过这一步。然后，将玻璃固定下来。作者发现，这是光学系统设计最“触及灵魂”（或者最重要）的部分。因为，设计师这时就要做出重要决定，其中涉及玻璃的价格和实用性、抗腐蚀性和气泡等级，当然还有性能。

4. 第四轮。采用确定后的玻璃，重新变化所有的参数（很明显，折射率和色散除外）。

对于这几轮设计过程，设计师应当注意：

1. 进行 MTF 计算时，确信设计能满足像质要求。

2. 检查畸变。

3. 画出透镜，保证可以加工。

4. 检查光线交点图、光程差图以及三级表面像差贡献量，常常使设计师发现其中的设计问题。以此为基础，设计师可以采取分裂透镜、增加透镜等方法（对于三级像差的讨论，请参考 Born and Wolf 的论著（1965））。

对边缘和中心厚度的约束

为了使透镜零件的生产比较经济，要注意以下内容：

• 负透镜的直径-中心厚度比应当小于 10。这是因为要避免从抛光盘下盘时透镜变形，需要满足该项要求。直径-厚度比可能会高达 30，这会增加生产成本。在红外光谱范围，相应材料非常昂贵，并有很大的吸收和散射特性，通常都会采用高厚度比。

• 直径小于 1in 的小孔径正透镜的边缘厚度至少是 0. 04in，对于孔径较大的正透镜，边缘厚度至少是 0. 06in。为避免加工过程出现破边情况，必须满足这个要求。

符合光学样板

在抛光过程中，所有球面都要在单色光源下与一块光学样板进行比较（Malacara 1978：14）。测试样板由一对凹/凸球面组成，一般地，由耐热玻璃组成，或者有时由熔凝石英玻璃组成。加工过程中与工件比较时，观察牛顿环，来观察工件偏离球面的半波长轮廓。这是一种较粗但非常实际，又能够确定工件精度和不规则度的方法。它可以分辨 1/4 和 1/8 个条纹的偏离量。这种方法的缺点是：

1. 工件表面与光学样板接触，可能出现擦伤。现在，由于 HeNe 激光器在此方面的实用性，所以有各种可以采用的干涉仪（例如 Zygo），使得测试过程中表面不必接触。

2. 对于每一个半径值，需要一对光学样板。

所有光学车间都有大量的光学样板目录。这些样板目录是希望使设计者从中挑选半径值。每块光学样板的成本大约是＄400。这样，如果设计者使其设计与光学车间的样板目录相吻合，就可以大大降低原理样机光学系统的总成本。遗憾的是，所有光学车间的样板目录并不一样，没有标准统一的目录表。

作为编制这种目录表的基本原则，可以考虑一种编制体系：所有的半径都是下一个最小半径的常倍数，例如，$R_j = cR_{j-1}$[㊀]；对于 1 和 10 之间的 100 个半径值，$c = 1.02329$。

但实际上来讲，从来都不会有一个有理数体系。因此，设计者必须使自己的设计与光学车间光学样板的无理数值相吻合。作者采用如下相当粗糙的技术：

1. 扫描每个表面上的三级像差贡献量，并计算半径公差。

2. 将位于光学样板值限定公差范围内的表面半径明确设定为光学样板值。

3. 对系统进行优化。当然，要保持与光学样板值相一致的表面半径不变（其它的半径和厚度可以变化）。

4. 重复第 2 和第 3 步骤。随着后续的不断优化，先前没有落在某块光学样板公差范围内的半径值常常会变化到一个新值，现在就可以进行拟合。

其它的设计者提出了另一种不同的技术，他们首先拟合其中最为敏感的半径。他们认为，即使是最不敏感的半径总也是可以拟合的。

无论哪种方法，如果不能使每个半径都与光学样板目录拟合，也不用着急，因为其中大部分拟合了，就已经为你的客户节约了大量资金。

㊀ 原书中为 $R_j = cR_j - 1$，有误。——译者注

熔炼数据拟合

某些光学系统，特别是长焦距、高分辨率类型的物镜，对实际使用材料的折射率和色散的微小变化（与标称值或目录表中的值相比）比较敏感。对于诸如石英（熔凝石英）、氟化钙、硅和锗之类的材料，折射率是这些化学成分的本征特性。而对诸如光学玻璃之类的混合材料，各批次之间的折射率会稍有变化。玻璃生产商会认真地控制折射率，供应玻璃的典型公差 N_d 在 ±0.001 范围内，V_d 在 ±0.8%。

一般地，玻璃生产商会向光学车间提供每炉玻璃的熔炼数据表，包括实际测量出的每炉玻璃几条光谱线下的折射率。如果测量值偏离透镜公差较多，就必须调整半径值、透镜厚度以及空气间隔。这种过程称为熔炼数据拟合。幸运的是，这种拟合只需要应对很少几种玻璃。

如果光学设计师需要某波长下的折射率，而玻璃生产商没有给出测量值，拟合过程就变得比较复杂。例如，生产商提供的是谱线 e、f、c 和 g 的折射率数据，而设计师需要 0.52μm 波长下的数据，那么就需要采用插值技术。似乎非常有效的一种方法（与 D. Grey 的私下交流中得到）是，通过最小二乘法根据下面公式对熔炼厂商测量出的数据与对应计算出的数据差值进行拟合

$$R(\lambda) = A\lambda^{-3} + B\delta\lambda^{-2} + C\lambda^{-1} + D$$

然后，将该值加到计算出的折射率值上（正如前面所讨论的，根据玻璃目录中给出的多项式系数得出计算值）。

热问题

热问题分成两类情况：

- 整块透镜或反射镜的温度已经升高（或降低），且温度均匀
- 在透镜或反射镜上有温度梯度

如果一个光学系统的温度均匀变化，那么，主要问题是像面位置漂移。当然，这样有效焦距会变化，并且，像质会有恶化。通过各种热补偿技术可以减小这些变化。

在卡塞格林系统中，一种非常有名的技术是采用无膨胀钢杆控制主镜与次镜的间隔。虽然整个系统安装在铝结构件中，其随温度变化会有较大的尺寸变化，但最关键的间隔——主镜到次镜的距离——与温度变化无关。

另外一种技术是整个系统用同一种材料制造。由于目前金属反射镜的制造是很平常的事情，所以对于全反射镜系统来说，这种方法实现起来很方便。对于铝反射镜，通常是先使反射镜粗略成型，化学镀镍，然后将该表面抛光到所希望的形状，最后真空镀铝。

如果是一个透镜系统，由于半径、透镜厚度和材料的折射率都随温度变化，所以，所有的隔圈都采用无膨胀材料是没有用的。幸运的是，目前大部分光学玻璃目录都给出折射率随温度的变化率 dn/dt，以及热膨胀系数 α。利用这些数据可以得到一组由于温度变化而形成的新的半径、厚度和折射率。由于轴向间隔的变化和隔圈与透镜边缘的接触方式有关，所以它是一个复杂过程。然后，对系统进行分析，如果像质或后截距（最可能）有变化，那么要替换不同的隔圈材料。例如，两块透镜用铝合金（6061）隔圈（$\alpha=216\times10^{-7}/℃$）隔开，如果替换成黄铜隔圈（$\alpha=189\times10^{-7}/℃$），或者增加一个镁材料（$\alpha=258\times10^{-7}/℃$）制成的隔圈，就可以减小透镜之间的间隔。遗憾的是，这是一个非常冗长乏味的过程，已经有编写好计算程序来解算这些热扰动问题。

第二种情况的温度梯度会造成旋转对称型透镜变形，不再有对称性。关于此问题，除了尽可能使用熔凝石英玻璃，或者使用膨胀系数非常低的材料来制造反射镜，例如硅酸钛材料（Corning 7971，参考本书附录 C）外，光学设计师能够做的事非常少或者很少能再有作为。由温度变化 ΔT 造成的光路长度变化（Reitmayer and Schroder 1975）为

$$\Delta W = d[\alpha(n-1) + dn/dt]\Delta T$$

式中，n 是折射率；d 是零件厚度；α 是热膨胀系数。

遗憾的是，几乎所有材料的 dn/dt 都是正值。也就是说，折射率是随温度变化而增大。只有几种材料的 dn/dt 是负值，就是 FK 系列的玻璃：PK53，PK54，SK51，LAKN12 和 LANKN13。

光学公差

或许，光学设计过程最容易忽视的部分是确定公差及后续的制图。可以相信，这是因为该部分工作是设计任务中最缺少创造性的部分。然而，如果没有合适的公差和正确的制图，之前完成的所有光学系统设计工作最终可能就会生产出一个质量很差，甚至不可接受的产品。

最简单的方法是利用光学优化程序中的评价函数。也就是说，如果系统设计中评价函数得到足够优化，为什么不能用它为透镜确定公差呢？对确定的曲率、厚度、折射率和色散的公差，这是一个很简单的任务：将这些参数变化一个很小的量，并进行一系列计算，通过计算评价函数所允许的增加量，就可以确定上述参数的公差。

然而，如果在光学系统设计中准备引入倾斜、偏心及表面不规则度时，这种方法就会变得复杂。在确定光学系统公差时，下面几个方面需要特别加以考虑：

1. 必须使用统计方法对每个参数确定公差（Koch 1978；Smith 1990），加工

制造的每件东西都要依据标准设计。

2. 除了实际的像质随加工技术变化外，某些初级参数，例如有效焦距（或放大率）和后截距必须保持不变。基于这点，打印出一张初级参数相对于透镜曲率、厚度和折射率的变化表格是非常有用的。

3. 可以利用一个参数来补偿图像或初级参数误差。最简单的方法是改变后截距。在这种情况下，经常是在制造过程中通过调整法兰盘作为最后的补偿步骤。此外，在远摄镜头（长焦镜头）中，利用前后组之间的大空气间隔可以保持有效焦距。

4. 精确度和不规则度公差：精确度表示表面偏离光学样板的总干涉条纹数目；不规则度表示两个相互垂直方向上观察到的条纹数目之差。不规则度会使轴上物体的像有像散。为了探测到不规则度，精确度不应当大于不规则度的 4 ~ 6 倍。然而，精确度与半径公差有关，特别是当曲率半径大于孔径 10 倍时更是如此。

令 Y 为半孔径，Z 为表面弧高，则近似地有，$Z=-Y^2/2R$，求导数，$\Delta Z=-Y^2/2R^2\Delta R$。下面举例讨论 4 条干涉环的精度，$R=100\text{mm}$，$Y=5\text{mm}$，而 $\Delta Z=1.1\times10^{-3}\text{mm}$。$\Delta R$ 是 0.88mm，或许，该值比半径公差大（半径公差可能是 0.2mm）。正如前面讨论的，该透镜的折射率或色散变化应当小于目录中的值，因此，要使用熔炼数据拟合。当设计师准备制图时，实际公差综合包括了两类公差：保持像质的公差和保持初级性能的公差，Ginsberg（1981）讨论过这种综合公差的概念。

图 1.5a 是一个焦距为 F、折射率为 N 的偏心透镜元件。光轴包含有透镜表面的两个曲率中心。但实际上，该透镜是绕着一条轴线（表示为透镜中心线）定中心的，偏心（DEC）是指光学中心与透镜中心之间的距离。像的径向跳动指透镜转动时图像跳动形成圆环的直径［参考 Kimmel and Parks 著书的第 6 章（1955）］：

$$\text{像的径向跳动}=2\text{DEC}$$

$$\text{DEC}=F\ \text{偏离量}$$

$$\text{边缘变化}=E1-E2=\frac{D\ (\text{偏离量})}{N-1}=\text{TIR}\ (\text{总的径向跳动示值})$$

该情况假定：对零件的第二表面进行了正确加工，并绕着透镜中心轴转动。D 是 1 表面的通光直径，也是放置千分表测量 TIR 的位置。透镜旋转时，一个远距离目标的像将依直径为 2DEC 的圆转动。

楔形（以弧度表示）是指透镜直径两端的厚度差。如图 1.5b 所示是关于一块透镜磨边时如何装卡。在图的左边，用蜡将透镜安装在真实的转轴上，准备磨边（对中心）。这里注意，与转轴相接触的表面曲率中心位于转轴的旋转中心上。图的中间，看到一个亮目标是来自透镜外表面的反射。透镜旋转时，该像在空间划出一个圆环。由于蜡仍然比较软（可能需要加热一些），可以推一推透镜，使其更接近同心的位置，圆环逐渐变小，直到观察不出有图像跳动。另外一种方法，可以将千分表放置在外表面的边缘附近（该方法可能会划伤已抛光的透镜表面）。在图的右面，光束透过透镜，并发现到其产生偏离。再次调整透镜，直到没有偏离为止。由于透镜已经与转轴对准中心，因此，利用金刚石轮对透镜磨边，确保得到正确的直径。

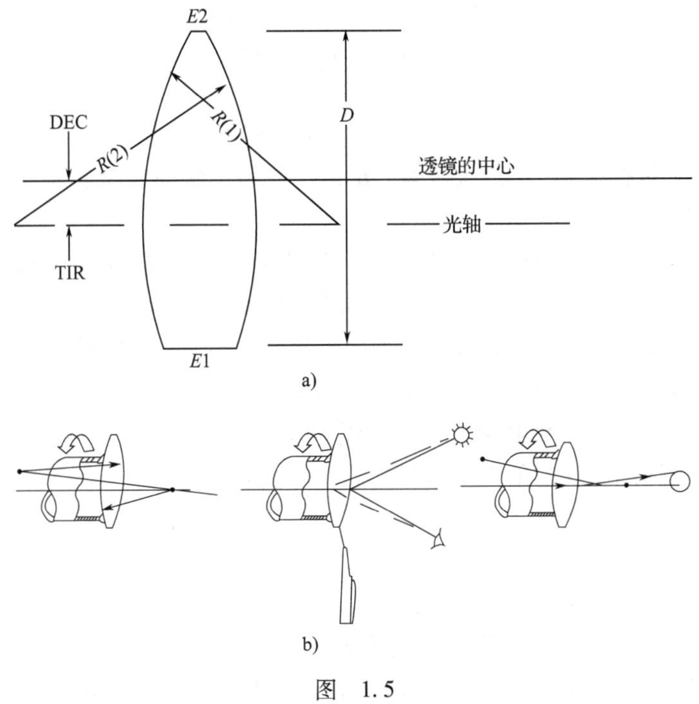
E2
DEC
R(2)
R(1)
D
透镜的中心
光轴
TIR
E1
a)
b)

图　1.5

a）透镜的偏心　b）一个零件的对中心（磨边）

重要的是要创造出一个对结构参数不过分敏感的设计。通常的优化方法是在“同心”参数条件下设计出一个有局部最小值的透镜，这些参数包括：厚度、曲率、折射率和色散（假设，所有这些参数是可变的）。然而，优化并不能设计出倾斜和偏心条件下具有最小值的系统。减小这些影响的一种方法是设计师应当避免大角度入射以及有大量的初级（三级）表面贡献量。

在 POP 程序（译者注：由 David Grey 编写的一种比较早期的光学设计软件程序）中，给出了一个可以降低倾斜和偏心灵敏度的范围（Grey 1970，1978）。但使用时必须小心谨慎。施加约束的项是由倾斜或偏心产生的 RMS OPD（光程差）的路程长度误差（参考下面关于波前扰动的讨论）。此外，在计算运行结束时，打印出每个表面和每块透镜的公差数据。分别是每 0.001in 横向位移上的

RMS OPD（单位为 μm）以及通光孔径边缘处 0.001in 的 TIR。这提醒设计师把该面作为可能的敏感表面。其它的光学优化程序有类似的特性。

目前，业内认为 MTF（调制传递函数）或 OTF（光学传递函数）是评价光学系统的“最佳”方式。所以，尽管大部分评价函数并不是以衍射 MTF 为基础，但最终是利用以衍射为基础的 MTF 来完成对光学系统的分析。因此，一些公差分析程序（如 CodeV，见附录 D）采用一系列步骤计算 OTF 随结构参数的变化（Stark and Wise 1980）。为了减少光线追迹的时间，一种方法（Rimmer 1978）是将 OTF 展开为有关参数的幂级数。另一种技术是将波前扰动看作参量变化的函数（Hopkins and Tiziani 1966）。令 τ 代表扰动造成的路程长度误差

$$\tau = (N\cos I - N'\cos R)\Omega$$

式中，N 和 N' 是折射率，I 是入射角，R 是折射角，Ω 是表面沿垂直于光线传播方向的移动量。

现在，讨论一块折射率为 N 的透镜，位于空气中，表面的不规则厚度为 t。在法线附近入射，$\tau=(N-1)t$；对于反射面，$\tau=2t$。

将反射系统与透镜系统相比较，如果折射率是 1.5，则反射镜对表面不规则度的敏感度是等效透镜的 4 倍。初始，均匀分配公差，即

$$\text{每种参数的波前误差} = 0.25\lambda\sqrt{M}$$

式中，M 是承担加工误差的参量数目。总的波前误差是

$$\sqrt{\sum_{i=1}^{M} T_i^2} = \frac{\lambda}{4}$$

式中，T_i 第 i 个参数的波前误差。绝大部分光学系统并不是衍射受限系统，所以，每种参数的波前误差可能会由此而增大。

公差的变化与制造费用有着密切的关系。也就是说，如果一块透镜的厚度公差为 ±0.020in，那么，因为不会造成成本变化，它应当变为 ±0.005in。这有助于光学设计者使用较好的公差范围。

反之，设计师应当考虑公差要求较严格的零件对装配、调校和测试时间所造成的成本问题。在这方面，作者曾为海下应用而设计和制造了几种复杂的物镜。其为电动机驱动物镜，并要批量装配和进行一系列测试。在制造了几个物镜之后，作者认为装配和调整时间过长。于是对许多透镜及机械零件，重新给出更严格的公差。这样大大减少了装配和调校时间。增加的零件成本明显少于节约下来的劳动力成本。

透镜出图

一旦完成透镜的公差分配，就要对所有透镜元件准备出图。设计师要记住，

出图大多由绘图员完成。但设计师要审核图纸和公差是否正确。为了便于出图人员之外的人员能够理解图纸，作者发现再递交一份表格清楚列出表述透镜的各项内容，并作为设计包的一部分是非常有用的。这也有助于机械工程师准备透镜的隔圈以及镜座的工作。图 8.1 反摄远物镜的相应内容列在表 1.3 中，所有数据的单位为 in（若将光学系统的数据转交给其它国家，单位为 mm）。表中的英文“sum”（译者注：已经翻译成轴向总厚度）表示轴向总厚度，从第一表面开始，边缘厚度是指到下一表面的边缘厚度。

表 1.3　*f*/3.5 反摄远物镜的参数描述　　（单位：in）

	半　径	厚　度	轴向总厚度	直　径	弧　高	玻　璃	边缘厚度
1	4.5569	0.100	0.000	0.940	0.024	N-PK51	0.222
2	0.7040	0.825	0.100	0.860	0.147	空气	0.912
3	0.5900	0.120	0.925	0.940	0.233	SF1	0.079
4	0.5329	0.592	1.045	0.820	0.192	空气	0.428
5	3.8106	0.302	1.637	0.940	0.029	LF5	0.227
6	-2.4206	0.438	1.939	0.940	-0.046	空气	0.484
7	光阑	0.015	2.378	0.646	0.000	空气	0.037
8	5.0596	0.070	2.393	0.940	0.022	SF1	0.167
9	0.7648	0.241	2.462	0.820	0.119	N-LAK21	0.070
10	-1.6496	2.225	2.703	0.820	-0.052	空气	2.280

注：有效焦距为 1.18in，第一块透镜表面到像面的距离是 4.928in。

如图 1.6 表示一张典型的双胶合透镜图，如图 2.2 所示为双胶合消色差透镜。这也是光学工厂认可的剖面图（符合 MIL - STD - 34 和 ISO 10110）但不是供机械工程师使用的真实视图。

对这张图需要做几点说明。某些公司愿意将该图分成三张图：透镜 A、透镜 B 以及胶合组件图，而大部分光学车间更愿意使用一张图样。直径、中心厚度和曲率半径都要给出公差。精确度表示成利用光学样板测量表面时观察到的条纹总数，不规则度是两个垂直方向间的条纹差别。所有的光学技术要求只在通光孔径内有效。

对于胶合组件，一些设计师愿意使正透镜的直径（冕玻璃）要比负透镜的直径稍微小一些（可能是 0.005 ~ 0.010in）。胶合过程中，为了保证同心，可以使较小的冕玻璃透镜移动。因此，就由负透镜定位双胶合透镜组件。关于透镜制图，特别指出下面几点：

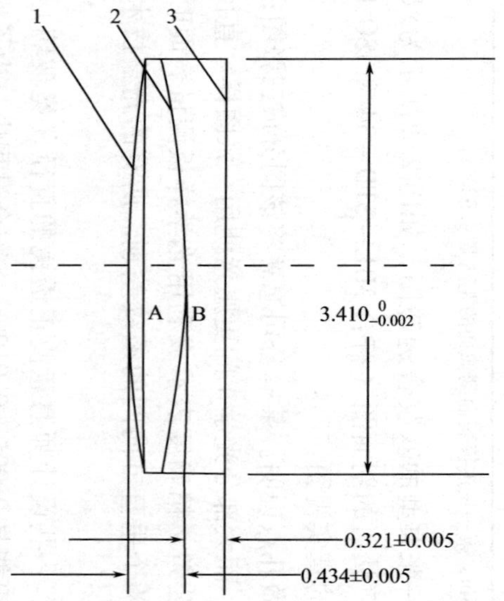

1 2 3

A B

$3.410^{\ 0}_{-0.002}$

0.321±0.005

0.434±0.005

表面	1	2	3
半径	12.802 ±0.015	9.0623 ±0.010	37.655 ±0.03
精度	4 条纹	5 条纹	4 条纹
不规则度	1 条纹	2 条纹	1 条纹
质量	60 ~ 40	80 ~ 50	60 ~ 40
通光孔径	3.33	3.32	3.30

1. 破边的最大端面宽度：0.03
2. 最大的边缘厚度变化：0.0003
3. 在 0.5461 μm 波长下测量条纹
4. 用防水墨水涂黑侧边
5. 涂黑后满足所有的尺寸要求
6. 有效焦距（0.546μm）20.00
7. 所有的尺寸单位：in；
8. 所有尺寸不含公差——仅供参考；
9. 表面 1 和 3 镀有高增透膜：
   在可见光光谱范围内（0.44 ~ 0.66μm）最高反射率是 0.6%
10. 光学玻璃的等级，不均匀度为
    透镜 A　　BAK-1　　573575
    透镜 B　　SF-8　　689312
11. 使用标号 M-62 的 Summers 胶胶合表面 2
12. 表面的最大光焦度差：2.5 个条纹

所有的技术要求满足 ISO 10110

Laikin optical	
日期：1999 年 9 月 4 日　比例：1.000	
望远物镜	
透镜 A/B	零件号：1234

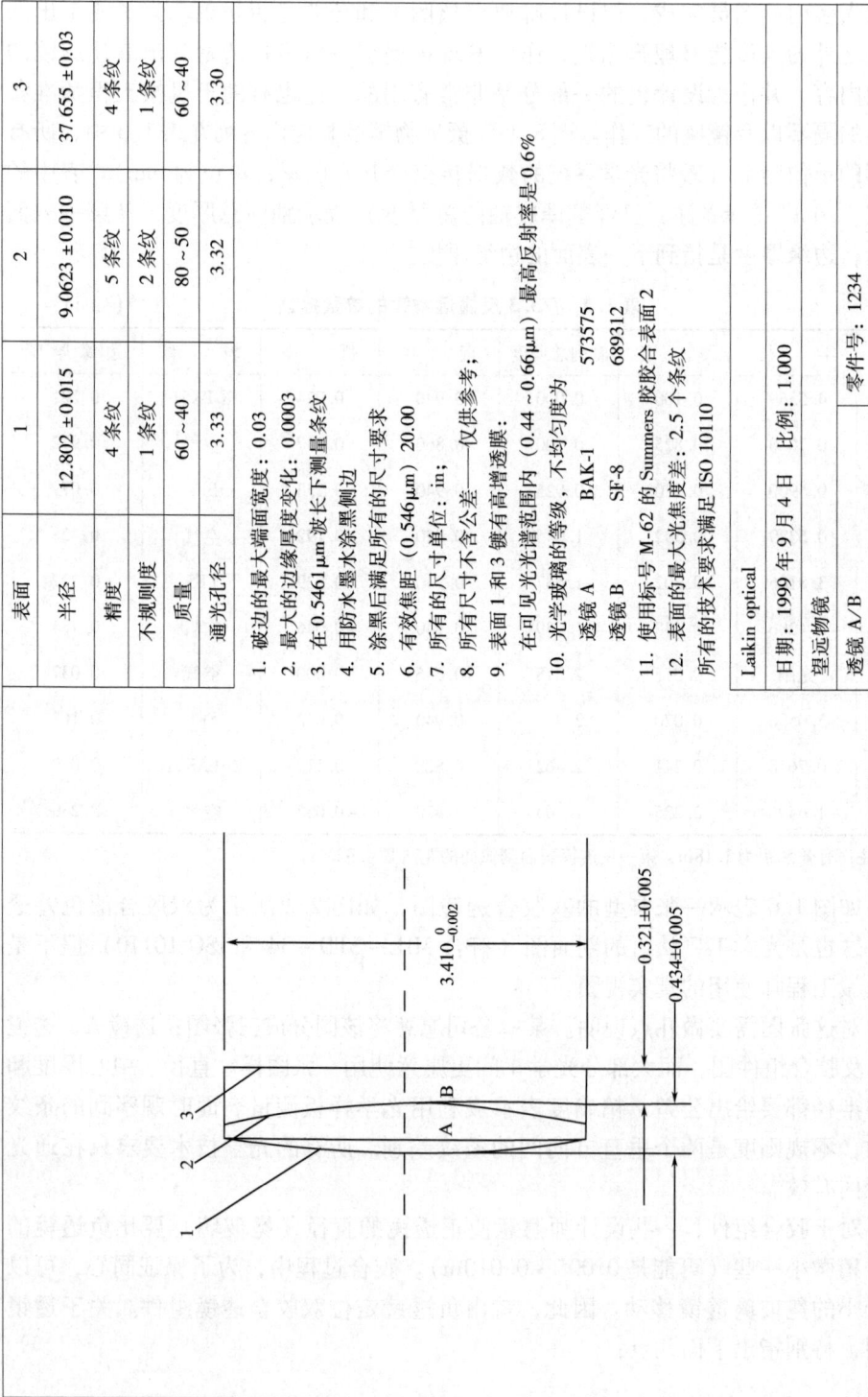

图 1.6　透镜的光学图

1. 所有的边棱都应当倒边，避免制造及后续的装配期间造成破边。

2. 有时候，最大偏离量以（角度）弧分给出，或者以弧分表示最大楔形角。

3. 透镜经常应用在非可见光光谱范围内（例如红外光谱），所以，确定精确度和不规则度所适用的波长范围是非常重要的。此外，许多光学车间都应用氦氖激光器（0.6328μm）进行测量。

4. 经常要把侧边涂黑，以减少系统中的杂散光（漫射眩光），并避免边缘凸起变形。对于超高能激光器系统，无需这样。

5. 这一条是为了避免边缘凸起变形，如果使用一种墨水涂黑就没有必要考虑该项要求。

6. 有效焦距（EFL）非常容易测出，有助于测量整个元件（性能）。它作为参考之用，不给出公差。

7. 美国的大部分工厂都使用英制单位。如果光学系统在美国之外制造，可能要选择米制单位。

8. 从测试和制造的目的出发，给出参考尺寸可以带来方便。有时候，还要标出透镜的边缘厚度。

9. 对于镀膜，必须标出某个光谱范围内的最大反射率。使用现代镀膜技术，氟化镁 1/4 波长单层增透膜技术已经过时了。

10. 按照技术规范 MIL－G174，光学玻璃指标会表示成 6 位数字编码，前三位数字表示折射率，后三位数字是色散。对于透镜 A，$N_d=1.573$，$V_d=57.5$。如果不是光学玻璃（例如石英、氟化钙、硅、锗等），必须提供更多的材料信息（可以参考与 MIL－O－13830 技术规范有同等效力的 ANSI（1980）规范）。

11. 这是由 Summers Labs 公司和 Norland Products 公司生产的热固胶。

12. 要避免胶合面上出现较大的光焦度差。

计算机的应用

1965 年，我负责主管位于帕萨迪纳（Pasadena）的 EOS 部门（Xerox 公司的一个分部）中的光学设计小组。那时我们在 CDC6600 计算机上使用 Grey 的设计软件程序。由于这台计算机（位于 EI Segundo）离我们较远，我们要用键盘在卡片上打出数据组穿孔，并通过隔夜快递服务送交这些数据。次日早晨再进行计算，同时会穿孔给出新系统的数据卡片。每天只能运算一次，所以我们都会仔细地设计每次运算。

1968 年，我已开创公司，并在计算中心拥有了一间计算机办公室。我要做的就是把数据组交给计算机管理员，所以每天都可以完成许多次运算。尽管我的生产效率提高了，但计算机的账单金额也非常之高。

现在，随着个人计算机的使用，我可以完成许多许多次运算。这在以前对我来说只是一个梦想。由于多年的经验与智慧积累，我感觉到，在进行下一次运算之前，非常值得对该次运算进行认真分析。大部分光学设计软件程序除了给出透镜的有关结构参数，还会打印出一些非常有用的数据：初级数据、三级像差分布、倾斜和偏心灵敏度数据、光线交点和光路长度数据、MTF 等。

在设计师准备进行下一轮计算之前，应花费一些时间分析计算结果，这一点对许多光学系统都是非常有用的。要注意潜在的一些问题，其中包括：

- 表面上的入射角太大
- 透镜太厚
- 透镜边缘太薄
- 透镜的总厚度太厚以至于无法满足系统要求
- 后截距太短

但有些情况下，可进行多次运算而不必调整思路。其中有两种分别是由于$f^{\#}$或视场角的原因使光线追迹难以进行的情况。这时，可以使用的方法是利用所有的曲率、大部分空气间隔（大的间隔）和正透镜的厚度作为变量，在最大孔径和可能的视场角下进行光线追迹。在下一轮优化时，只简单地增大视场或孔径即可。按照这种方法，光学系统“被展开”了，可以追迹到最大孔径和视场。

照相物镜

下面讨论设计照相物镜时的一些考虑。请读者注意，这里只作一般性描述，并且针对的是单透镜反射式（SLR）相机的照相物镜（还可以参考 Betensky 编著的书（1980））。照相物镜具有如下特性：

1. 畸变。通常，畸变应当小于 2%。对于非建筑目标，允许畸变高至 3%。
2. 调焦。大部分物镜是满孔径调焦的，所以当从全孔径变化到最小孔径时，移动量应当小于 0.02mm。
3. 渐晕。全孔径时允许有 20% 的渐晕，在最大半孔径时不允许有渐晕。
4. 杂散光。小于 1% 比较好，3% 可以接受，6% 是较差的。
5. 光谱范围。大部分胶片对蓝光敏感，所以，重要的是从 h 谱线（0.4046μm）追迹到长波 C 谱线（0.6563μm）。然而，一般地，映像艺术产业所用的照相物镜配合使用正色感光胶片（Kodak#2556）。所以，较好的是选择 0.4047μm 的 h 谱线、0.48μm 的 F′谱线和 0.5461μm 的 e 谱线作为光谱。
6. 空间频率在 10 ~ 40 周/mm 内具有高对比度。
7. 从无穷远调焦到 10 倍焦距时，像质好可以接受。

正如前面给出的（见表 1.2），虽然所有的“可见光”（光谱范围内使用的）物镜的 MTF 数据都有波长和加权问题，但确实用于照相的光学系统（考虑到蓝光的灵敏度）应当满足表1.4的要求（Betensky 1980）。

表1.4 照相物镜的波长及权重

波长/μm	权 重
0.4358	0.3
0.474	0.6
0.52	1.0
0.575	0.6
0.6438	0.3

- 可变光阑。所有的照相物镜都安装有一个可变光阑（与没有可变光阑的投影物镜相比）。必须留有足够间隔：一般地来说两侧的间隙大约为0.12in。
- 空间频率在10~40周/mm内有高对比度。
- 能够完成从无穷远到12倍焦距范围内的调焦。对于小$f^{\#}$的物镜，常常使用一个“宏”系统（或低倍系统）。“宏”系统中是让一块“移动（浮动）元件”运动来减小球差和慧差使物镜调焦的。

电视物镜

一般来说，这些系统中的探测器都是摄像机或CCD。它们的光谱响应曲线常常不同于“可见光”系统或照相系统，所以设计师应当调整其设计的光谱范围。

这类系统的分辨率一般都低于照相系统。还要注意，在电子数据表中，其分辨率经常表示为“TV线”。这代表着实际的扫描线数，并不是光学标准中的线对数[㊀]/mm。例如，一个典型的1in摄像机（摄像管外围直径是1in，所以称为1in摄像机），垂直方向的高度是0.375in，525TV线时，其分辨率应当是

$$\frac{525}{2\times 0.375}\text{lp/in}=28\text{lp/mm}.$$

所以，就需要在低空间频率时有高MTF响应。通过降低图像闪烁可以实现这一要求，因此，调整光线图，以便在光瞳较外侧追迹更多的光线。

有时，需要系统具有较大动态范围。一般地，这类物镜都设计有可变光阑。该光阑与光阴极相耦合，环境（光）变化时可以保持不变的响应。遗憾的是，实际的最小可变光阑直径约为1mm。为了增大动态范围，可紧靠着可变光阑放置一块中性密度板（Busby 1972）。在典型的系统中，该密度板只能遮蔽孔径光阑面积的1%。如果透过率是0.5%，就使动态范围提高了200倍。

㊀ lp：line pairs，线对数。

与 CCD 配合使用的物镜

现在，动态的电影和静态相机都可以使用胶片或 CCD 作为探测器。与胶片相比，以 CCD 作探测器有下面几个优点：

- 动态范围大。对最小的可探测信号有最大的动态范围，典型值大于 65 000。
- 波长灵敏区较大。波长范围一般是 0.3 ~ 0.9μm。
- 输出数字信号，适合直接观看、数字编辑和处理。

红外系统

少数设计软件程序的评价函数，可以计算光线交点误差和光路长度误差。为使这些误差间实现平衡，将其加以不同的权重。一般来说，这种平衡方法是以可见光范围内的校正为基础。而对于更长的波长，更重要的问题是能够控制评价函数以减小光路长度误差的权重。

冷反射是红外系统需要重点考虑的问题（见第 17 章）。根据 Howard 和 Abbel 的论述（1982），并参考图 1.7，这时要追迹两条毫无联系的近轴光线：一条由探测器反射的光线，另一条是向探测器传播的光线。拉格朗日不变量 Ψ 为

$$\Psi = H_r N' U - HN' U_r$$

由于 $H_r = H$，因此，$\Psi = HN' \left[U - U_r \right]$，并且

$$U_r = U + 2I' \qquad \Psi = -HN'2I' = 2HNI$$

在探测器面上，$\Psi = H_r N' U'$。因此，探测器面上圆形鬼像的半径 H_r 为

$$H_r = \frac{2HNI}{N'U'}$$

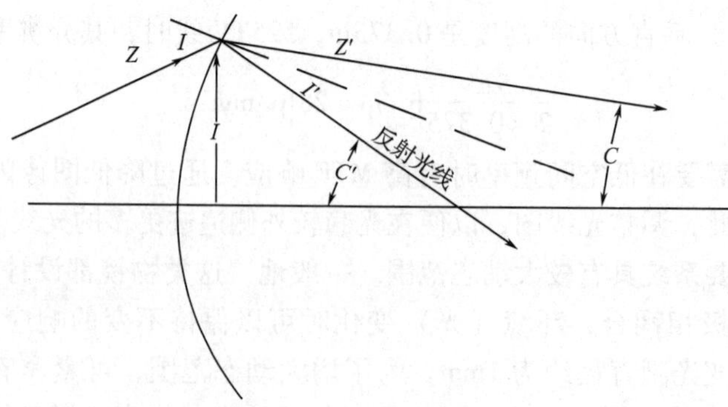
Z
I
Z'
I'
I
反射光线
C'
C

图 1.7　冷反射的反射光线

为了确定每个表面对冷反射的贡献，逐面打印出 *HNI* 值是非常有用的。冷反射效应——探测器自身的后反射——只对扫描反射镜之前的表面很重要。也

就是说，扫描反射镜之前的表面所形成的反射会造成 AC 信号，而之后的表面形成的反射只造成 DC 信号，并叠加在探测器上。

UV（紫外线）系统

在此也应用上面对光路长度误差及光线交点误差的讨论加以理解。但其中应加大光路长度误差的权（见第 18 章）。

二级色差

最困难的像差控制可能是二级色差控制。对于长焦距大$f^{\#}$系统，这是比较实际的问题。在典型的可见光系统校正中，F′和 C′谱线的交点重合，并位于 e 谱线交点之后，其纵向距离约等于焦距/2000，其中，作为系数的 2000 是考虑到玻璃化学特性而给出的结果值。

$$V=\frac{N_{\mathrm{e}}-1}{N_{\mathrm{F'}}-N_{\mathrm{C'}}},$$

$$P=\frac{N_{\mathrm{F'}}-N_{\mathrm{e}}}{N_{\mathrm{F'}}-N_{\mathrm{C'}}}$$

如果绘出所有玻璃的 V 和 P 的数值，几乎就是一条直线。如图 1.8 所示是一些常用玻璃及其它光学材料的曲线。为了减小二级色差，Conrady（1960；

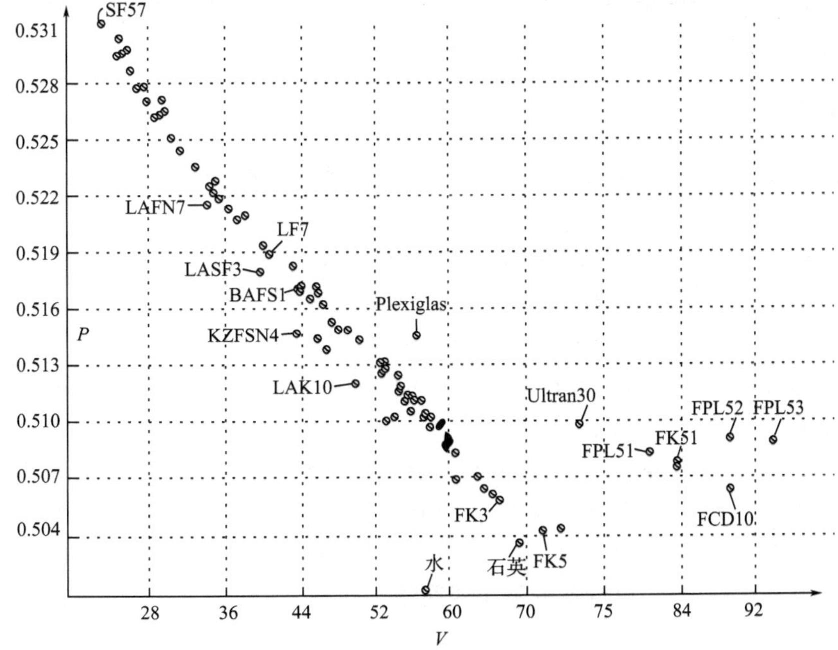
SF57
0.531
0.528
0.525
0.522
0.519
0.516
0.513
0.510
0.507
0.504
P
LAFN7
LF7
LASF3
BAFS1
Plexiglas
KZFSN4
LAK10
Ultran30
FPL52
FPL53
FK51
FPL51
FCD10
FK3
FK5
石英
水
28
36
44
52
60
70
75
84
92
V

图 1.8　二级色差图

158）指出，必须使用这条“玻璃线”之外的材料。

遗憾的是，只有下列很少几种材料是偏离该玻璃线的：

KZFS 类玻璃：　N-KZFS4；

FK 类玻璃：　N-FK51（Schott 公司）；

S－FPL51，S－FPL52，S－FPL53（Ohera 公司）；

FCD1，FCD10（Hoya 公司）；氟化钙（不是玻璃而是一种立方晶体）。

选择使用这些材料时，一定要特别小心。因为这些材料并不总是适用，并且价格高，易腐蚀，有较高的热膨胀系数。为了利用 N-KZFS4 玻璃降低二级色差，像玻璃线左边的所有材料一样，该材料要制造成负透镜应用。很遗憾，该材料偏离玻璃线的程度还不能非常有效地减小二级色差。

从图 1.8 看到，某些 FK 类玻璃以及氟化钙材料偏离玻璃线较远。氟化钙是一种非常透明的立方晶体，比较贵（与光学玻璃相比）、脆、软，有轻微的吸水性以及很高的热膨胀系数。由于这种材料应用于小口径之处，对总体价格而言无关紧要，所以大量地用于显微物镜（萤石）。N-FK51、S－FPL51、S－FPL52、S－FPL53、FCD1、FCD10 和 FCD100 都是有高热膨胀系数的玻璃。有些光学工厂感觉这些玻璃非常难抛光。一些 FK 材料容易出路子。其中任何一种材料都不应当用作光学系统最靠外面的元件。由于这些材料位于玻璃线的右侧，所以在用于校正二级色差时要设计成正透镜。S－FPL53 被认为是一种减小二级色差最有效的较新材料，与 CaF_2 的 V 和 P 值非常接近。

衍射极限

对于均匀照明（非相干）、具有圆形入瞳的光学系统：

$$焦深 = 2\lambda\,(f^{\#})^2\,(1+m)^2$$

$$分辨率 = \frac{1000\text{lp/mm}}{\lambda f^{\#}(1+m)} = \frac{1818\text{lp/mm}}{f^{\#}(1+m)},\quad \lambda = 0.55\mu\text{m}$$

$$瑞利斑半径 = 1.22\lambda f^{\#}(1+m)$$

式中，λ 是波长，单位为 μm；m 是放大率的绝对值（对无穷远物体，放大率等于零）；$f^{\#}$㊀是焦距与入瞳直径之比。

这是分辨率 Raleigh（瑞利）判据的基础。瑞利认为，他这样可以分辨相距一个瑞利斑半径的两个物体。按照 Sparrow 判据，设计师可以得到稍微优于瑞利判据的结果。利用该判据得到

$$可分辨的最小线间隔 = \lambda f^{\#}\,(1+m)$$

㊀ 原书此处为 f，有误。——译者注

若不是衍射受限系统，并且分辨率是 R，单位是 lp/mm，则有

$$焦深 = 2\lambda f^{\#}(1+m)/R$$

景深

如果一个物镜焦距是 F，入瞳直径是 A，并对距离 D 之外的物体聚焦，那么，由下式给出超焦距 H

$$H = \frac{F^2}{f^{\#}B}$$

假设 $H \gg F$，其中 $f^{\#}$㊀ $= F/A$，B 是可接收图像的光斑尺寸。对大部分电影拍摄术，有 $B = 0.025\text{mm}$。

物镜清晰成像的最近距离（Smith 2000），有
若 $D \gg F$，则

$$\frac{HD}{H+D-F} \cong \frac{F^2 D}{F^2 + f^{\#}BD}$$

最远距离有
若 $D \gg F$，则

$$\frac{HD}{H-D+F} \cong \frac{F^2 D}{F^2 - f^{\#}BD}$$

当 $H \gg F$，并且 $D = H$（超焦距）时，则从 $H/2$ 到无穷远图像的清晰度都是可以接受的。对普通的照相物镜，这种最近距离和最远距离的值都刻在物镜镜筒上，以便摄影者设置光圈时能注意到这些限制。

衍射受限 MTF

如果一个物镜的入瞳受到非相干光的均匀照射，那么 MTF 的响应 T 为

$$T = \frac{2\left[\arccos(K) - K(1-K^2)^{1/2}\right]}{\pi}$$

式中，K 是归一化空间频率（$K = S\lambda f^{\#}$），S 是要确定响应的空间频率，单位为 lp/mm；K 是 0～1。

为便于计算衍射受限 MTF 响应，表 1.5 给出了 K 与 T 的对应值。例如，如果是一个 50mm 焦距、相对孔径 $f/2.8$ 的照相物镜（$\lambda = 0.55\mu\text{m}$），则

$$\frac{1.0}{\lambda f^{\#}} = 649\text{lp/mm}$$

这是衍射极限的情况。所以，当 $S = 100\text{lp/mm}$，$K = 0.15$ 时，从表 1.5 可知，响应是 0.81（大部分照相物镜在 $f/2.8$ 时并非是衍射受限的）。

㊀ 原书此处将 $f^{\#}$ 印为 $F^{\#}$，有误。——译者注

表 1.5 衍射受限 MTF 的响应

K	T
0.02	0.97
0.04	0.95
0.06	0.92
0.08	0.90
0.10	0.87
0.12	0.85
0.14	0.82
0.16	0.80
0.18	0.77
0.20	0.75
0.22	0.72
0.24	0.70
0.26	0.67
0.28	0.65
0.30	0.62
0.32	0.60
0.34	0.58
0.36	0.55
0.38	0.53
0.40	0.50
0.42	0.48
0.44	0.46
0.46	0.44
0.48	0.41
0.50	0.39
0.52	0.37
0.54	0.35
0.56	0.33
0.58	0.31
0.60	0.28
0.62	0.26
0.64	0.24
0.66	0.23
0.68	0.21
0.70	0.19
0.72	0.17
0.74	0.15
0.76	0.14

（续）

K	T
0.78	0.12
0.80	0.10
0.82	0.09
0.84	0.07
0.86	0.06
0.88	0.05
0.90	0.04
0.92	0.03
0.94	0.02
0.96	0.01
0.98	0.00

激光光学

一束严格的以基横模形式出现的高斯光束的形状满足下列公式（O’Shea 1985；Siegman 1971）

$$I = I_0 e^{-2R^2/W^2}$$

式中，I_0 是光束中心的强度；R 是远离光束中心的距离；W 是光强度下降到 $1/e^2 I_0$ 时的光束半径。该光束形状如图 1.9 所示。

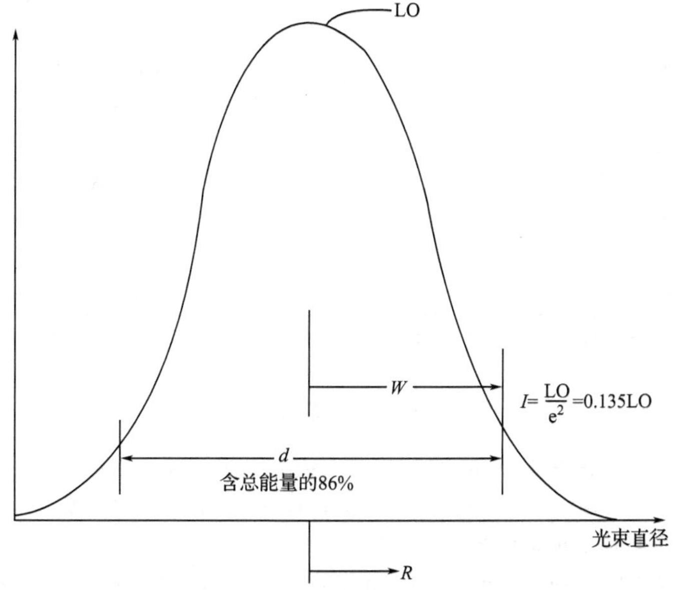
LO
W
$I=\frac{LO}{e^2}=0.135LO$
d
含总能量的86%
光束直径
R

图 1.9　高斯光束的光强度与光束直径的分布图

大部分气体激光器系统都有这种高斯光束分布形状。当激光器生产商列出光束直径为 d （$d=2W$） 时，对应的是 $1/e^2$ 的光强度值（0.135）。该直径范围内的能量占总能量的86%，1.5d 范围内的能量是总能量的99%。因此，设计激光器光学系统（聚焦物镜，扩束镜等）能满足1.5d 范围的能量值这一点是比较实际的（对非常高能量的系统，常常使用2d，其中包含有99.97%的总能量）。

非常近似于激光高斯光束分布形状的位置是在激光的束腰部位。束腰之外的光束会变宽（双曲线形状），离束腰一定距离处的光束发散全角是 $1.27\lambda/d$ （Kogelnik and Li 1966）。

表1.6列出了常用的激光谱线。

表1.6 常用的激光谱线

激 光 器	最强的谱线/μm
F_2	0.157
Xe_2	0.172
ArF 受激准分子激光器	0.1934
KrCl	0.222
KrF 受激准分子激光器	0.248
XeCl 受激准分子激光器	0.308
XeF 受激准分子激光器	0.351
氦镉激光器	0.4416
氩离子激光器	0.4880，0.5145 （谱线从0.45~0.53）
氦氖激光器	0.6328
氪离子激光器	0.6471，0.6764 （谱线从0.46~0.68）
红宝石激光器	0.6943
Nd：YAG	1.064
铒光纤激光器	1.550~1.567 可调谐
铒/YAG 激光器	2.94
二氧化碳激光器	10.59

资料来源：Weber，MJ. Handbook of Laser Wavelengths，CRC Press，New York，1998。

参 考 文 献

American National Standards Institute (1980) Definitions, methods of testing, and specifications for appearance of imperfections of optical elements and assemblies, PH3.617, American National Standards Institute, New York.

Betensky, E. (1980) Photographic lenses, In *Applied Optics and Optical Engineering*, Volume 8 (R. Shannon and J. Wyant eds.) Academic Press, New York.

Bociort, F. , Serebriakov, A. , and Braat, J. (2002) Local optimization strategies to escape from poor local minimum, *International Lens Design Conference 2002*, *SPIE* Volume 4832, p. 218.

Born, M. and Wolf, E. (1965) *Principles of Optics*, Pergamon Press, New York.

Brixner, B. (1978) The merit function in lens design, *Appl. Opt.* , 17: 715.

Buchdahl, H. A. (1968) *Optical Aberration Coefficients*, Dover Publications, New York.

Busby, E. S. (1972) Variable light transmitting filter for cameras, US Patent #3700314.

Conrady, A. E. (1960) *Applied Optics and Optical Design*, Part 2, Dover Publication, New York, p. 659.

Cox, A. (1964) A *System of Optical Design*, Focal Press, London.

Eastman Kodak Co. , *Optical Formulas and Their Application*, Kodak Publication AA-26, Eastman Kodak.

Feder, D. (1957a) Automatic lens design methods, *JOSA*, 47: 902.

Feder, D. (1957b) Calculation of an optical merit function and its derivatives, *JOSA*, 47: 913.

Feder, D. (1962) Automatic lens design with a high speed computer, *JOSA*, 58: 1494.

Feder, D. (1968) Differentiation of ray traceing equations, *JOSA*, 52: 1494.

Fischer, R. E. , ed. (1978) *Computer Aided Optical Design*, *Proc. SPIE*, Volume 147, Bellingham, WA.

Fischer, R. E. , ed. (1980) *International Lens Design Conference*, *Proc. SPIE*, Volume 237, Bellingham, WA.

Forbes, G. and Jones, A. (1991) Towards global optimization with adaptive simulated annealing, *SPIE*, 1354: 144.

Forbes, G. and Jones, A. (1992) Global optimization in lens design, *Opt. Photonics News*, 3: 22.

Forbes, G. and Jones, A. (1995) An adaptive simulated annealing algorithm for global optimization over continuous variables, *J. Global Optim.* , 6: 1.

Ginsberg, R. H. (1981) An outline of tolerancing, *Opt. Eng.* , 20: 175.

Ginter, H. (1990) An enhancement of Conrady's D-d method, *1990 International Lens Design Conference*, *Proc. SPIE*, volume 1354, p. 97.

Grey, D. (1963) Aberration theories for semi-automatic lens design by electronic computers, *JOSA*, 53: 672 – 680.

Grey, D. (1970) Tolerance sensitivity and optimization, *Appl. Opt.* , 9: 523.

Grey, D. (1978) The inclusion of tolerance sensitivities in the merit function for lens optimization, *Proc. SPIE*, 147: 63.

Herman, R. M. (1985) Diffraction and focusing of gausian beams, *Appl. Opt.* , 24: 1346.

Hopkins, H. H. and Tiziani, H. J. (1966) A theoretical and experimental study of lens centering errors, *Br. J. Appl. Phys.* , 17: 33.

Hopkins, R. , McCarthy, C. A. , and Walters, R. M. (1955) Automatic correction of third order aberrations, *JOSA*, 45: 365.

Howard, J. W. and Abel, I. R. (1982) Narcissus; reflections on retroreflections in thermal imaging systems, *Appl. Opt.*, 21: 3393.

Institute of Optics (1967) *Lens Design with Large Computers*, *Proceedings of the Conference*, Rochester, NY.

International Lens Design Conference (1985) at Cherry Hill, NJ, Technical Digest SPIE, Bellingham, WA.

ISO Standard 10110 (1995) American National Standards Institute, 11 West 42nd Street, New York, NY 10036.

Jamieson, T. H. (1971) *Optimization Techniques in Lens Design*, American Elsevier, New York.

Kimmel, R. and Parks, R. E. (1995) *ISO 10110*, *Optics and Optical Instruments*, American National Standards Institute, New York, NY 10036.

Kingslake, R. (1978) *Lens Design Fundamentals.* Academic Press, New York.

Kingslake, R. (1983) *Optical System Design.* Academic Press, New York.

Kingslake, R. (1989) *History of the Photographic Lens*, Academic Press, New York.

Koch, D. G. (1978) A statistical approach to lens tolerancing, *Proc. SPIE*, 147: 71.

Kodak, *Optical Formulas and Their Application*, Kodak Publication AA-26.

Kogelnik, H. and Li, T. (1966) Laser beams and resonators, *Proc IEEE*, 54: 1312; see also *Appl. Opt.*, 5: 1550.

Lavi, A. and Vogl, T. P. eds. (1966) *Recent Advances in Optimization Techniques*, Wiley, New York.

Lawson, L. L. and Hanson, R. J. (1974) *Solving Least Squares Problems*, Prentice Hall, Englewood Cliffs, NJ.

Malacara, D. (1978) *Optical Shop Testing* Wiley, New York.

Meiron, J. (1959) Automatic lens design by the least squares method, *JOSA*, 49: 293.

Military Standard, Preparation of Drawings for Optical Elements, MIL-STD-34.

Military Standardization Handbook, MIL HBK-141 (1962) Govt. Printing Office, Washington, DC 20402.

Noffke J. W., Achtner, B., Gangler, D., and Schmidt, E. (2001) The new ultra-primes, *Proc. SPIE*, 4441: 9

Norland Products Inc. (1999) *Products catalog.* New Brunscoick, NJ, Norland Products.

O'Shea, D. C. (1977) *Introduction to Lasers and Their Application*, Addison-Wesley, New York.

O'Shea, D. C. (1985) *Elements of Modern Optical Design*, Wiley Interscience, New York.

O'Shea, D. C. and Thompson, B. J. eds. (1988) *Selected Papers on Optical Mechanical Design Proc. SPIE*, Volume 770, Bellingham, WA.

Palmer J. M. (1971) *Lens Aberration Data*, American Elsevier Publishing, New York.

Rancourt, J. D. (1996) *Optical Thin Films*, *User Handbook*, SPIE, Bellingham, WA.

Reitmayer, F. and Schroder, H. (1975) Effect of temperature gradients on the wave aberration in a thermal optical systems, *Appl. Opt.*, 14: 716.

Rimmer, M. P. (1978) A tolerancing procedure based on modulation transfer function, *Proc.*

SPIE, 147: 66.

Rosen, S. and Eldert, C. (1954) Least squares method for optical correction, *JOSA*, 44: 250-252.

Siegman, A. E. (1971) *Introduction to Lasers and Masers*, McGraw-Hill, New York.

Smith, W. (1990) Fundamentals of optical tolerance budget, *1990 International Lens Design Conference*, *Proc. SPIE*, Volume 1354, p. 474.

Smith, W. (2000) *Modern Optical Engineering.* McGraw-Hill, New York.

Starke, J. P. and Wise, C. M. (1980) MTF based optical sensitivity and tolerancing programs, *Appl. Opt.*, 19: 1768.

Summers Laboratories. (1999) *Summer Laboratories Catalog*, Fort Washington, PA, Summer Laboratories.

Tamagawa, Y. and Tajime, T. (1996) Expansion of an athermal chart into a multilens system, *Opt. Eng.*, 35: 3001.

Tamagawa, Y. and Wakabayashi, W. (1994) System with athermal chart, *Appl. Opt.*, 33: 8009.

Tatian, B. (1984) Fitting refractive index data with the Sellmeier dispersion formula, *Appl. Opt.*, 23: 4477.

Tuchin, G. D. (1971) Summing of optical systems aberrations caused by decentering, *Sov. J. Opt. Technol.*, 38: 546.

Unvala, H. A. (1966) The orthonormalization of aberrations AD- 640395, Available from NTIS, Springfield, VA.

Wang, J. (1972), Tolerance conditions for aberrations, *JOSA*, 62: 598.

Weber, M. J. (1998) *Handbook of laser wavelengths*, CRC Press, New York.

Welford, W. T (1986) *Aberrations of Optical Systems*, Adam Hilger, Bristol.

Willey, R. R. (1990) Anti-reflection coating for high index cemented doublets, *Appl. Opt.*, 29: 4540.

Yamaguchi, S., Sato, H., Moil, N., and Kiriki, M. (2005) Recent technology and usage of plastic lenses in image taking objectives, *Proceedings of SPIE*, Volume 5874, p. 58720E.

第 2 章　消色差双胶合透镜系统

现在讨论两块薄透镜对一个远距离的真实物体成像，有效组合焦距为 F。假设 F_a 是透镜 a（面对长共轭距离）的焦距，用 V_a 表示其 V 值，以同样方式表示透镜 b 的有关参数。因此有（Kingslake 1978：80）

$$F_a = \frac{(V_a - V_b)F}{V_a}$$

$$F_b = \frac{(V_b - V_a)F}{V_b}$$

利用薄透镜高斯求和（G - sum）公式（Smith 2000：338；Ingalls 1953：208）可以得到一个没有三级球差和慧差的光学透镜系统。对于消色差薄双透镜系统，有下面的计算公式：

- 选择材料：V_a、N_a、V_b、N_b 及系统焦距 F
- 由上面公式确定 F_a 和 F_b
- $C_a = \dfrac{1}{F_a(N_a - 1)}$；$C_b = \dfrac{1}{F_b(N_b - 1)}$
- $H = (G8b)(C_b^2) - (G8a)C_a^2 - (G7b)C_b/F$
- $XI = (G5a)C_a/4$；$XK = (G5b)C_b/4$
- $A = (G1a)C_a^3 + (G1b)C_b^3 - (G3b)C_b^2/F + (G6b)C_b/F^2$
- $B = -(G2a)C_a^2$；$E = (G4a)C_a$；$XJ = (G4b)C_b$
- $D = (G2b)C_b^2 - (G5b)C_b/F$；$P = A + H(XJ * H/XK - D)/XK$
- $Q = B + XI(2XJ * H/XK - D)/XK$，$R = E + XJ(XI/XK)^2$
- $ROOT = Q^2 - 4P * R$　（检验负的 ROOT 值）
- $C1 = \dfrac{-Q + \sqrt{ROOT}}{2R}$，（King1993）
- $C4 = -(H + XI * C1)/XK$；$C2 = C1 - C_a$；$C3 = C_b + C4$

式中，$G1a$ 是透镜 a 的高斯求和值（$G1$），$G8b$ 是透镜 b 的高斯求和值（$G8$）（参考 Smith［2000］），即 $G8 = N(N-1)/2$ 等（译者注：N 是利用高斯求和公式计算出的材料折射率）；符号 * 是大多数编程语言中使用的乘号；$C1$、$C2$、$C3$ 和 $C4$ 是表面曲率。重要的是，许多作者（Buchdahl 1985；Robb 1985；Sigler 1986）已经为校正近轴薄透镜在几种波长下的色差提供了选择玻璃的数据。为校正色差，要求使用“玻璃线之外”的材料，例如N-FK51。在优化过程中，为在一个恰当的视场范围内合理校正色差，并使透镜厚度适于加工，常常要使复消色差校正与几何像差相平衡。

作者已经将该设计方法在个人计算机上编制成设计程序，从而可快速得到一个薄双透镜，其初级（三级）解作为物镜优化的起始点（见表2.1）。Reidl（1981）讨论过类似方法。R. Massimo（参考附录D）编写的ATMOS软件程序介绍了一种设计望远物镜的简单方法。下面就阐述几个例子，焦距都是10in。

表2.1 一个消色差薄双透镜系统的初级解

N_a	V_a	N_b	V_b	C1	C2	C3	C4
4.0031	701.4	2.4054	34.20	0.1005	0.0655	-0.0378	-0.0341
1.5187	63.96	1.6522	33.60	0.1646	-0.2415	-0.2404	-0.0707
1.5712	55.70	1.6241	36.11	0.1573	-0.3405	-0.3376	-0.0422
1.5749	57.27	1.6522	33.6	0.1567	-0.2642	-0.2631	-0.0454
1.4610	8.648	1.4980	6.195	0.1726	-0.5921	-0.5835	-0.0764
3.4313	420.2	4.0301	188.4	0.1046	0.0300	0.0241	0.0509
2.2524	233.1	1.3572	29.53	0.1123	0.0209	-0.0500	-0.0094
1.7125	128.53	1.5183	101.24	0.2551	-0.4058	-0.4573	0.2583

第一种情况使用的材料是锗和硒化锌，波长范围为8~14μm。可见光范围有三种组合：N-BK7和SF2玻璃、N-BAK4和F2玻璃以及N-BAK1和SF2玻璃。紫外双胶合物镜则使用氟化钙和石英玻璃（硅玻璃）。对3.2~4.2μm中红外光谱范围，有两种情况：其一是硅-锗组合材料，其二是IRTRAN2-IRTRAN1组合材料的双胶合物镜。在1.8~2.2μm光谱范围，是SF4和N-BAK2组合材料。最后一种组合材料的优化结果如图17.5所示。

第二种情况是将一个*f*/8、视场为1.5°的望远物镜的焦距按比例放大至48in，优化后的结果表示在图2.1中，该物镜的数据见表2.2。

表2.2 焦距48in、*f*/8的望远物镜 （单位：in）

表面	半 径	厚 度	材 料	直 径
1	29.32908	0.7000	N-BK7	6.100
2	-20.06842	0.0320	空气	6.100
3	-20.08770	0.5780	SF2	6.000
4	-66.54774	47.3562	空气	6.100

注：透镜第一表面到像面的距离=48.666。

图2.2是一个双胶合消色差物镜，有*f*/6、焦距20in、视场1.5°。该物镜的数据见表2.3。

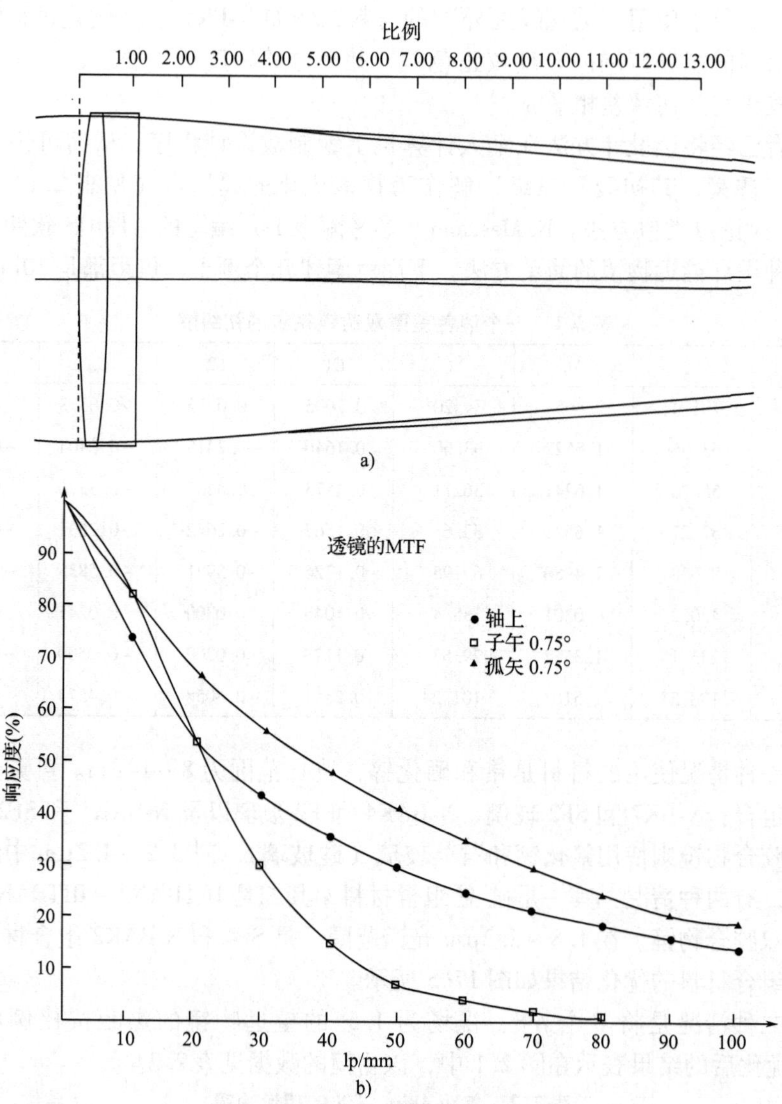
比例
1.00 2.00 3.00 4.00 5.00 6.00 7.00 8.00 9.00 10.00 11.00 12.00 13.00
a)
透镜的MTF
轴上
子午 0.75°
孤矢 0.75°
响应度(%)
lp/mm
b)

图 2.1 焦距 48in 的消色差物镜

表 2.3 焦距 20in、*f*/6 的双胶合消色差物镜 （单位：in）

表面	半 径	厚 度	材 料	直 径
1	12.38401	0.4340	N-BAK1	3.410
2	−7.94140	0.3210	SF2	3.410
3	−48.44396	19.6059	空气	3.410

注：透镜第一表面到像面的距离 = 20.361in。

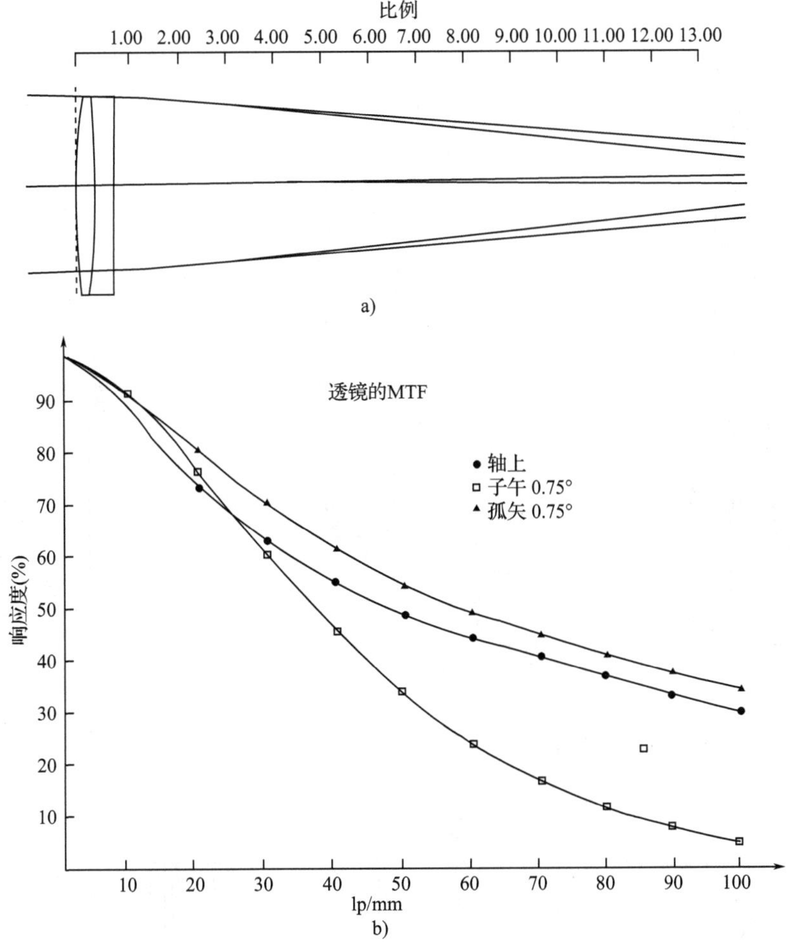
比例
1.00 2.00 3.00 4.00 5.00 6.00 7.00 8.00 9.00 10.00 11.00 12.00 13.00
a)
透镜的MTF
轴上
子午 0.75°
弧矢 0.75°
响应度(%)
90
80
70
60
50
40
30
20
10
10 20 30 40 50 60 70 80 90 100
lp/mm
b)

图 2.2　焦距 20in 的双胶合消色差物镜

在这两种设计中，入瞳紧贴物镜第一表面。这种设计的典型特点是轴外弧矢 MTF 优于子午 MTF。由于视场较小及 $f^{\#}$ 较大，因而主要像差是二级色差和场曲，纵向二级色差近似等于焦距/2000。

匹兹伐（Petzval）面半径（对单薄透镜）等于 $-NF$，如果是上述双透镜的情况，则 $R_{\mathrm{P}}=-1.45F$。由于存在像散，所以最佳像面半径比该值小许多，近似是 $0.48F$。

用这些方程式可以得到一个负焦距的物镜，称为巴洛（Barlow）物镜（Ingalls 1953）。对焦距是 -10in 的消色差物镜，最简单的方法是改变表 2.1 中曲率半径的符号。如图 2.3 所示为焦距是 10in 的双胶合消色差物镜，$f^{\#}$ 是 $f/5$，视场角为 3°，该物镜的数据见表 2.4。

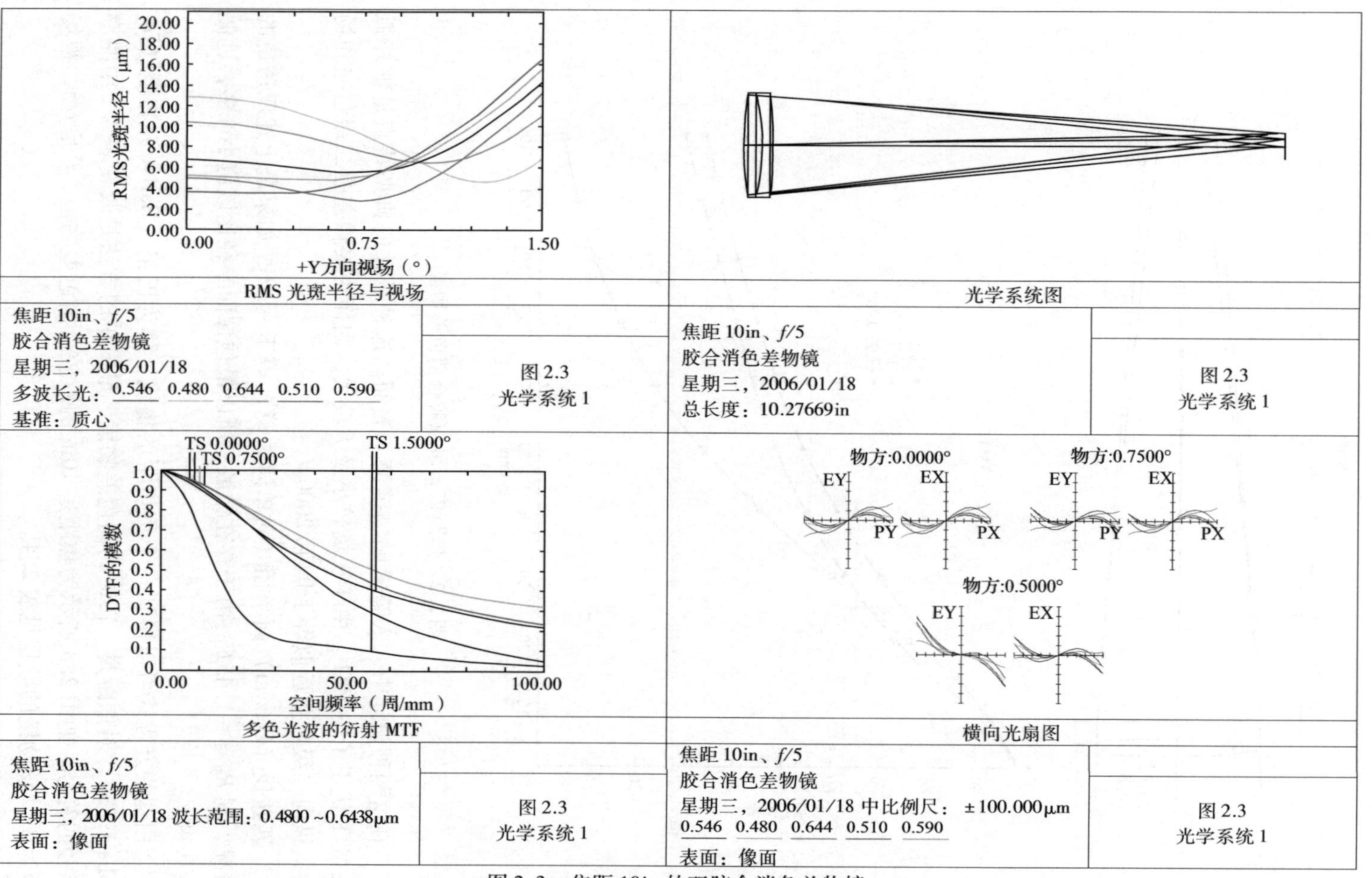
RMS光斑半径（μm）
20.00
18.00
16.00
14.00
12.00
10.00
8.00
6.00
4.00
2.00
0.00
0.00
0.75
1.50
+Y方向视场（°）
RMS 光斑半径与视场
焦距 10in、f/5
胶合消色差物镜
星期三，2006/01/18
多波长光：0.546 0.480 0.644 0.510 0.590
基准：质心
图 2.3
光学系统 1
光学系统图
焦距 10in、f/5
胶合消色差物镜
星期三，2006/01/18
总长度：10.27669in
图 2.3
光学系统 1
TS 0.0000°
TS 0.7500°
TS 1.5000°
DTF的模数
1.0
0.9
0.8
0.7
0.6
0.5
0.4
0.3
0.2
0.1
0
0.00
50.00
100.00
空间频率（周/mm）
多色光波的衍射 MTF
焦距 10in、f/5
胶合消色差物镜
星期三，2006/01/18 波长范围：0.4800～0.6438μm
表面：像面
图 2.3
光学系统 1
物方:0.0000°
EY
PY
EX
PX
物方:0.7500°
EY
PY
EX
PX
物方:0.5000°
EY
EX
横向光扇图
焦距 10in、f/5
胶合消色差物镜
星期三，2006/01/18 中比例尺：±100.000μm
0.546 0.480 0.644 0.510 0.590
表面：像面
图 2.3
光学系统 1

图 2.3 焦距 10in 的双胶合消色差物镜

译者注：图中，T 代表子午方向的量值；S 代表弧矢方向的量值；EX 代表 X 面（弧矢面）内光线的分布曲线；EY 代表 Y 面（子午面）内光线的分布曲线；PX 代表弧矢面（X 方向）内入瞳坐标；PY 代表子午面（Y 方向）内入瞳坐标　在后面的图表中所代表的意义是一样的

表 2.4　*f*/5（译者注：原文错印为 *f*/6）、焦距 10in 的双胶合消色差物镜

（单位：in）

表面	半　径	厚　度	材　料	直　径
1	6.4971	0.3500	N-BAK1	2.100
2	-4.9645	0.2000	SF1	2.100
3	-17.2546	9.7267	空气	2.100

注：透镜第一表面到像面的距离 = 20.361in。

正如前面所讨论的，为降低二级色差，必须选择玻璃线之外的材料。对于密接三薄透镜，其：

$$\sum \frac{\varphi_i P_i}{V_i} \text{ 必须是零}$$

式中，φ_i 是透镜的光焦度，并且（Knetsch 1970）

$$V_i = \frac{N_e - 1}{N_f - N_c}$$

$$P_i = \frac{N_f - N_e}{N_f - N_c}$$

McCarthy（1955）给出了一种非常有效的方法，利用两种普通玻璃就可以大大降低二级色差。该专利给出的两个双胶合透镜（N-BK7 和 F4）有一个很大的间隔。第一块双胶合透镜几乎是无焦透镜，因而第二块双胶合透镜承担着系统的全部光焦度。两块透镜之间的间隔是后双胶合透镜的焦距。Blakley（2003）论述了分离透镜系统横向色差的校正问题。

图 2.4 是一个胶合三透镜物镜系统，二次色差已经降低了许多，该系统的数据见表 2.5。

表 2.5　消二次色差物镜　（单位：in）

表面	半　径	厚　度	材　料	直　径
1	7.28125	0.4500	N-SSN5	3.400
2	4.76851	0.6600	S-FPL53	3.400
3	-18.53124	0.6000	N-BAK1	3.400
4	-47.21180	18.7923	空气	3.400

注：透镜第一表面到像面的距离 = 20.502in。

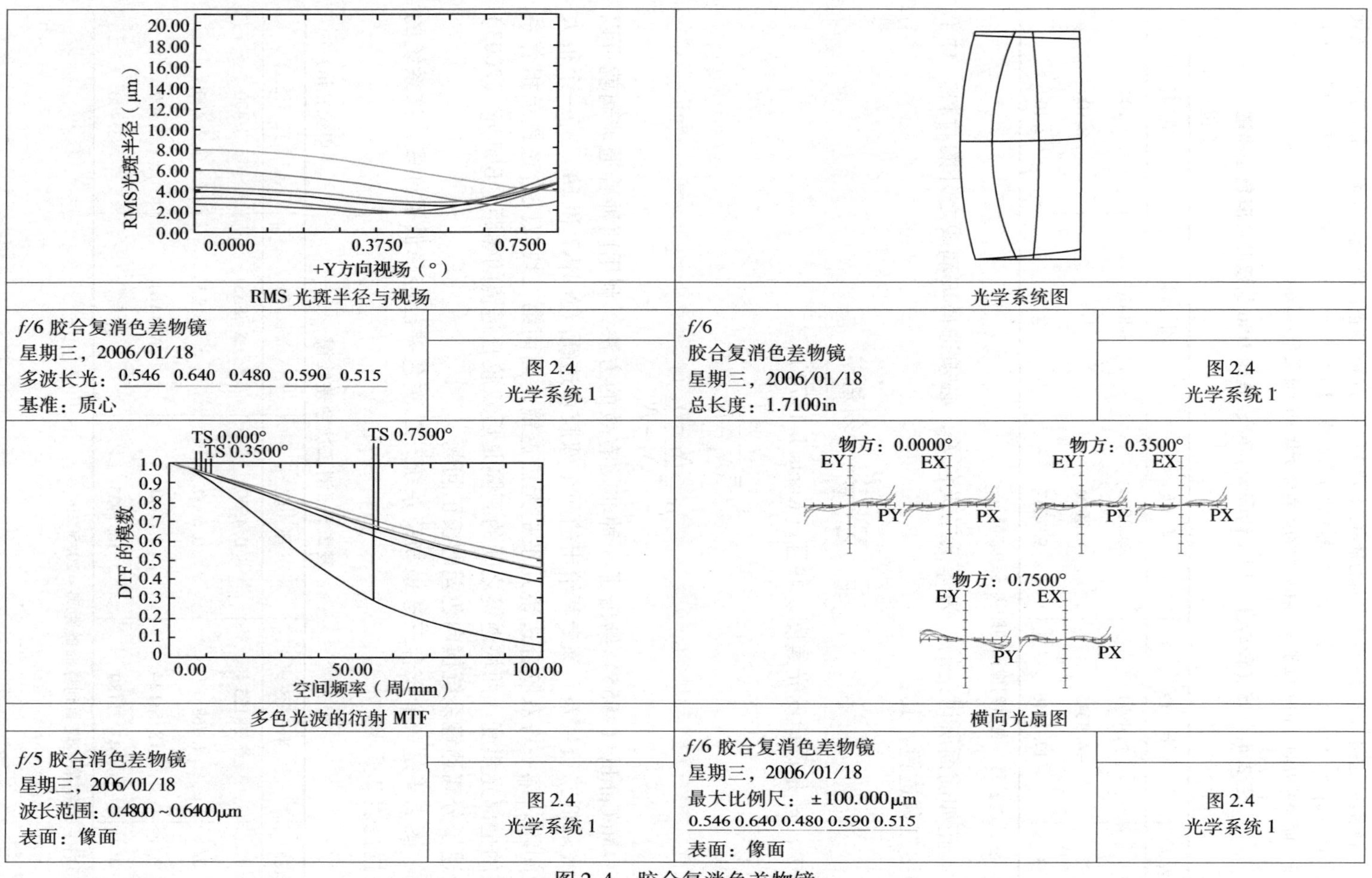
RMS光斑半径（μm）
20.00
18.00
16.00
14.00
12.00
10.00
8.00
6.00
4.00
2.00
0.00
0.0000
0.3750
0.7500
+Y方向视场（°）
RMS 光斑半径与视场
f/6 胶合复消色差物镜
星期三，2006/01/18
多波长光：0.546 0.640 0.480 0.590 0.515
基准：质心
图 2.4
光学系统 1
光学系统图
f/6
胶合复消色差物镜
星期三，2006/01/18
总长度：1.7100in
图 2.4
光学系统 1
TS 0.000°
TS 0.3500°
TS 0.7500°
1.0
0.9
0.8
0.7
0.6
0.5
0.4
0.3
0.2
0.1
0
DTF 的模数
0.00
50.00
100.00
空间频率（周/mm）
多色光波的衍射 MTF
f/5 胶合消色差物镜
星期三，2006/01/18
波长范围：0.4800 ~0.6400μm
表面：像面
图 2.4
光学系统 1
物方：0.0000°
EY
PY
EX
PX
物方：0.3500°
EY
PY
EX
PX
物方：0.7500°
EY
PY
EX
PX
横向光扇图
f/6 胶合复消色差物镜
星期三，2006/01/18
最大比例尺：±100.000μm
0.546 0.640 0.480 0.590 0.515
表面：像面
图 2.4
光学系统 1

图 2.4　胶合复消色差物镜

入瞳与物镜第一表面是重合的。与上述消色差物镜（见图2.2）一样，其焦距为20in、f/6、视场是1.5°，纵向二级色差近似等于图2.2所示物镜的1/3，因而大大提高了轴上MTF。然而，轴外调制传递函数受到像散限制，与上述消色差物镜（见图2.2）一样。

如图2.5所示是适合业余天文爱好者使用的望远物镜，其焦距48in、f/6、视场为0.75°，像质几乎达到了衍射受限。为适于照相，在0.436～0.707μm光谱范围内进行像差校正。该物镜的有关数据见表2.6。

表2.6　焦距48in的望远物镜　（单位：in）

表面	半　径	厚　度	材　料	直　径
0	0.0000	0.100000E+11		0.00
1	-12.7172	0.8000	N-PSK3	7.960
2	-18.5430	0.0148		8.400
3	光阑	0.0150		8.181
4	15.7580	1.6701	CaF_2	8.400
5	-13.0390	0.0487		8.400
6	-12.8310	0.8000	S-LAL18	8.240
7	-18.5430	1.1799		8.400
8	9.8197	0.8000	N-SK16	8.400
9	8.0010	44.3502		7.320
10	0.0000	0.0000		

注：透镜第一表面到像面的距离=49.678in。

遗憾的是，由于该光学系统中有大孔径的氟化钙元件，所以制造费用较高。令人惊讶地是，一个消色差物镜（实际上，是“假”消色差）只用一种类型的玻璃就能加工而成。

现在，讨论两块薄透镜 F_1 和 F_2，透镜间隔距离是 D，后截距（BFL）为

$$\text{BFL}=\frac{F_1-D}{F_1+F_2-D}$$

微分以确定∂ BFL/∂ λ，并令其等于零

$D=F_1\pm\sqrt{-F_1F_2}$（译者注：该公式原书误为 $D=F_1\pm\sqrt{-F_1}F_2$）

例如，如果 $N=1.5$，$F_1=20$，$F_2=-10$，则 $D=5.8578$in，EFL=-48.284in，BFL=-34.142in。要注意，由于两种波长不会聚在同一个焦点上，因而不是一个真正的消色差物镜。这里，后截距随波长的变化最小，所以这仅仅是在一个有限波长范围内的值。此外，若EFL和BFL是负的，说明存在着问题（还可以参考 Malacara and Malacara［1994］的著作）。

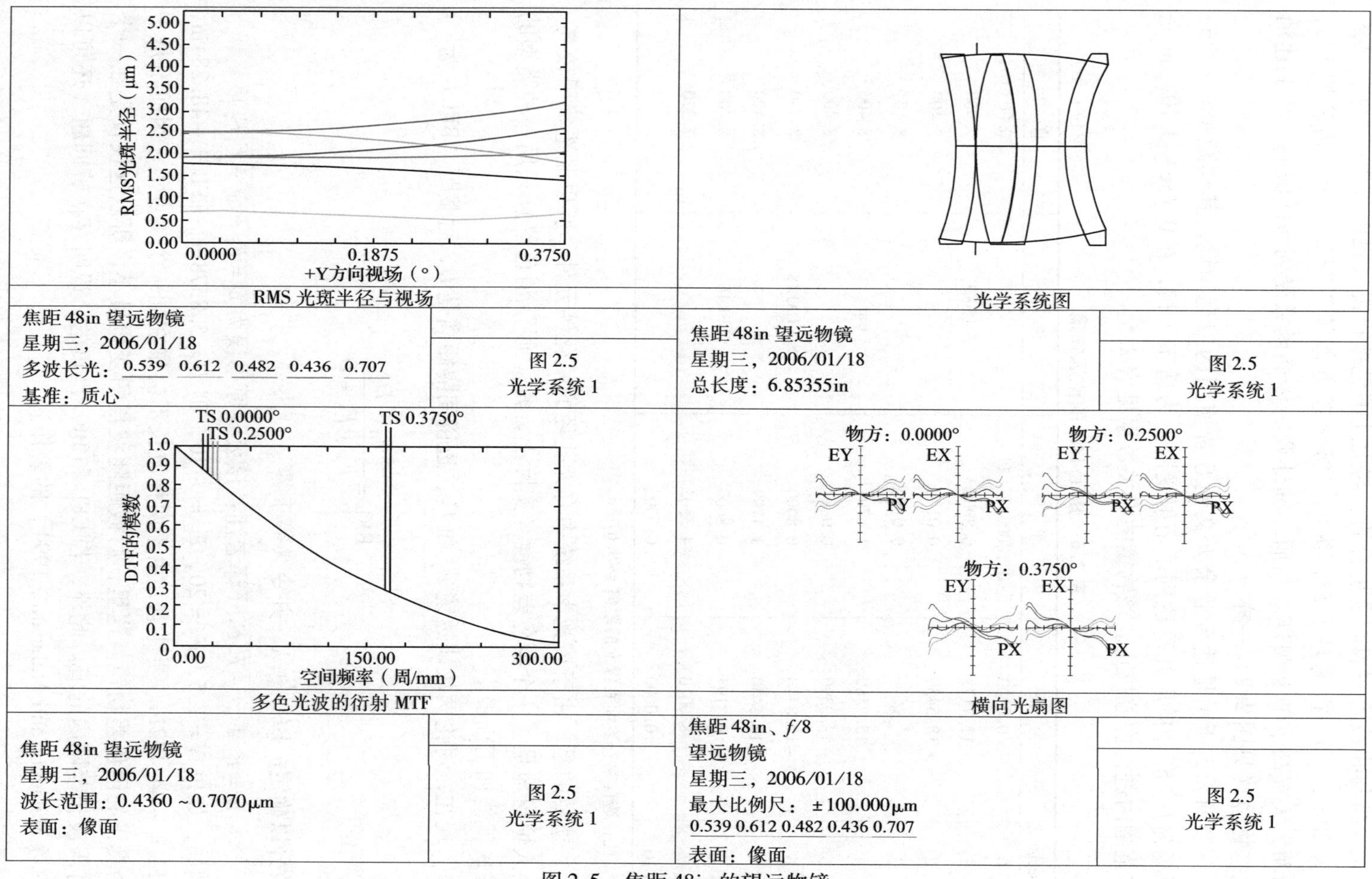
5.00
4.50
4.00
3.50
3.00
2.50
2.00
1.50
1.00
0.50
0.00
RMS光斑半径（μm）
0.0000
0.1875
0.3750
+Y方向视场（°）
RMS 光斑半径与视场
焦距 48in 望远物镜
星期三，2006/01/18
多波长光：0.539 0.612 0.482 0.436 0.707
基准：质心
图 2.5
光学系统 1
光学系统图
焦距 48in 望远物镜
星期三，2006/01/18
总长度：6.85355in
图 2.5
光学系统 1
TS 0.0000°
TS 0.2500°
TS 0.3750°
1.0
0.9
0.8
0.7
0.6
0.5
0.4
0.3
0.2
0.1
0
DTF的模数
0.00
150.00
300.00
空间频率（周/mm）
多色光波的衍射 MTF
焦距 48in 望远物镜
星期三，2006/01/18
波长范围：0.4360 ~0.7070μm
表面：像面
图 2.5
光学系统 1
物方：0.0000°
EY
PY
EX
PX
物方：0.2500°
EY
PX
EX
PX
物方：0.3750°
EY
PX
EX
PX
横向光扇图
焦距 48in、f/8
望远物镜
星期三，2006/01/18
最大比例尺：±100.000μm
0.539 0.612 0.482 0.436 0.707
表面：像面
图 2.5
光学系统 1

图 2.5　焦距 48in 的望远物镜

参考文献

Blakley, R. (2003) Dialyte refractor design for self-correcting lateral color, *Opt. Eng.*, 42: 400.

Buchdahl, H. A. (1985) Many-color correction of thin doublets, *Appl. Opt.*, 24: 1878.

Hariharan, P. (1997) Apochromatic lens combinations, *Opt. Laser Technol.*, 4: 217.

Hastings, C. S. (1889) Telescope objective, US Patent #415040.

Hopkins, R. E. (1955) Automatic design of telescope objectives, *JOSA*, 45: 992.

Ingalls, A. G., ed., (1953) *Amateur Telescope Making*, Book 3, Scientific American, New York, p. 208.

King, S. (1993) Personal correspondence. I would like to thank him for pointing out a subtle error in the first edition.

Kingslake, R. (1978) *Lens Design Fundamentals*, Academic Press, New York.

Knetsch, G. (1970) Three Lens Objective with good correction of the secondary spectrum, US Patent #3536379.

Kutsenko, N. I. (1975) The calculation of thin three lens cemented components, *Sov. J. Opt. Technol.*, 45: 82.

Lessing, N. W. (1957) Selection of optical glasses in apochromats, *JOSA*, 47: 955.

Malacara, D. and Malacara, Z. (1994) Achromatic aberration correction with only one glass, *Proc. SPIE*, 2263: 81.

McCarthy, E. L. (1955) Optical system with corrected secondary spectrum, US Patent #2698555.

Rayces, J. L. and Aguilar, M. R. (1999) Differential equation for normal glass dispersion, *Appl. Opt.*, 38: 2028.

Rayces, J. L. and Aguilar, M. R. (2001) Selection of glasses for achromatic doublets, *Appl. Opt.*, 40: 5663.

Reidl, M. (1981) The thin achromat, *Electro-Opt. Syst. Des.*, Sept: 49.

Robb, P. N. (1985) Selection of optical glasses, 1: two materials, *Appl. Opt.*, 24: 1864.

Sigler, R. D. (1986) Glass selection for air spaced apochromats using the Buchdahl dispersion equation, *Appl. Opt.*, 25: 4311.

Smith, W. (2000) *Modern Optical Engineering*, McGraw-Hill, New York.

Szulc, A. (1996) Improved solution for the cemented doublet, *Appl. Opt.*, 35: 3548.

Uberhagen, F. (1970) Doublet which is partially corrected spherically, US Patent #3511558.

第 3 章 三分离物镜

有时候，三分离物镜也称为 Cooke 三分离物镜，是 Harold Dennis Taylor 在 1894 年（在英格兰约克市 T. Cooke and Sons 公司工作时）设计的。设计消像散物镜要有足够的自由度。如图 3.1 所示，对于三片薄透镜系统（注意，虽然透镜较薄，但透镜间的空气间隔相当大），在控制系统光焦度时，令匹兹伐和、纵向色差和横向色差为零。假设，第一块和第三块透镜的材料一样，光阑位于第二块透镜上，并且面对一个远距离物体，有

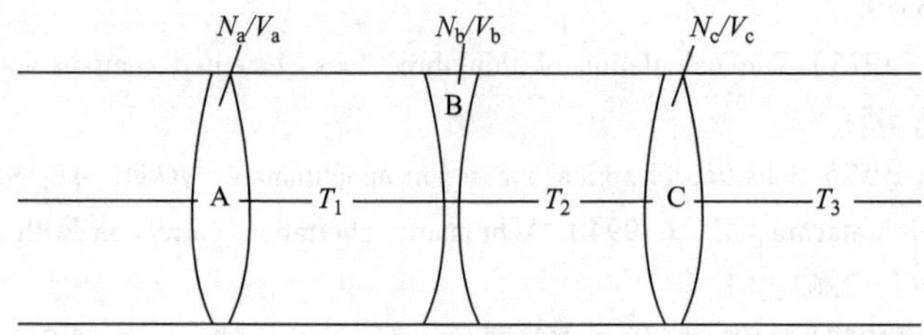
N_a/V_a
N_b/V_b
N_c/V_c
A
B
C
T_1
T_2
T_3

图 3.1　三分离物镜

- $F_a = 1/P_a$，式中，P_a 是第一块透镜的光焦度，同类表示以此类推
- $\mathrm{TR} = T_2/T_1$
- $T_3 = \dfrac{[(F_a - T_1)F_b - (F_a + F_b - T_1)T_2]F_c}{(F_a - T_1)F_b + (F_a + F_b - T_1)(F_c - T_2)}$ (3.1)
- $X = T_3 P\mathrm{TR}$（式中，P 是物镜组件的光焦度）
- $P_b = \dfrac{1}{F_b} = -P_c N_b \dfrac{X+1}{N_a}$ (3.2)
- $P_a = XP_c$ (3.3)
- $P = P_a + P_b + P_c - T_1 P_a(P_b + P_c) - T_2 P_c(P_a + P_b) + T_1 T_2 P_a P_b P_c$ (3.4)
- $P_c = \dfrac{1/X - \sqrt{[(X/\mathrm{TR}^2 + 1)\ V_b N_a/(V_b N_a/(V_a X N_b(X+1)))]}}{T_1}$ (3.5)

该算法是一种迭代技术。令 E 是一个很小的数（迭代误差）。给出 N_a、V_a、N_b、V_b、TR 和系统 P 的值。

- 开始，令 $T_1 = 0.1/P$，$X = 0.8$
- 然后，$T_2 = \mathrm{TR}T_1$
- 运行 7J = 1，10

- 由方程式3.5，计算 P_c
- 由方程式3.2，计算 P_b
- 由方程式3.3，计算 P_a
- 由方程式3.1，计算 T_3
- 由方程式3.4，计算 P
- $X1 = T_3 P\mathrm{TR}$
- 若（ABS（$X1 - X$）$- E$）小于零，那么转移到8，否则转移到6
- 6　$X = X1$
- 7　继续
- 8　$S = P/\phi$
- $P_a = P_a/S$
- $P_b = P_b/S$
- $P_c = P_c/S$
- $T_1 = T_1 S$
- $T_3 = T_3 S$
- $T_2 = T_1\mathrm{TR}$

作者已经在计算机上将该算法编成了程序，并且通常用作三薄透镜系统的初始解。表3.1列出了6个这样的解，$F = 100$，并假定 $T_2 = T_1$（TR = 1）。

表3.1　三薄透镜系统的初始解

P_a	P_b	P_c	T_1	T_3	材　料
0.02244	-0.04804	0.02556	12.203	87.797	N-SK16，F2
0.03364	-0.06556	0.03495	3.751	96.249	N-SK16，N-LLF1
0.02088	-0.04913	0.02514	16.938	83.062	树脂玻璃，聚苯乙烯
0.03505	-0.07391	0.03703	5.327	94.673	氟化钙，石英
0.01873	-0.05124	0.02490	24.788	75.212	硅，锗
0.00938	-0.03296	0.04315	78.262	21.737	IRTRAN2，IRTRAN3

前三个解适合于可见光光谱范围，第四个解适合于紫外光谱区，后两个解适合于3.2～4.2μm的红外光谱区。这种算法不适合诸如锗和硒化锌材料（Vogel 1968）。该表说明利用三级像差技术作为初步设计工具的优越性。注意到，减小第二个解中间元件的折射率（与第一个元件相比），可以得到更为紧凑、具有较长后截距的系统。

优化开始时，使透镜弯曲从而减小球差、慧差和像散，同时保持光焦度和零件间的间隔距离不变，接着将零件加厚，并使所有参数变化。优化第一组解产生的设计如图3.2所示。系统的 $f^{\#}$ 是 $f/3.5$，该系统用于投影24mm×36mm格式的胶片（有效焦距EFL = 5），其参数见表3.2。

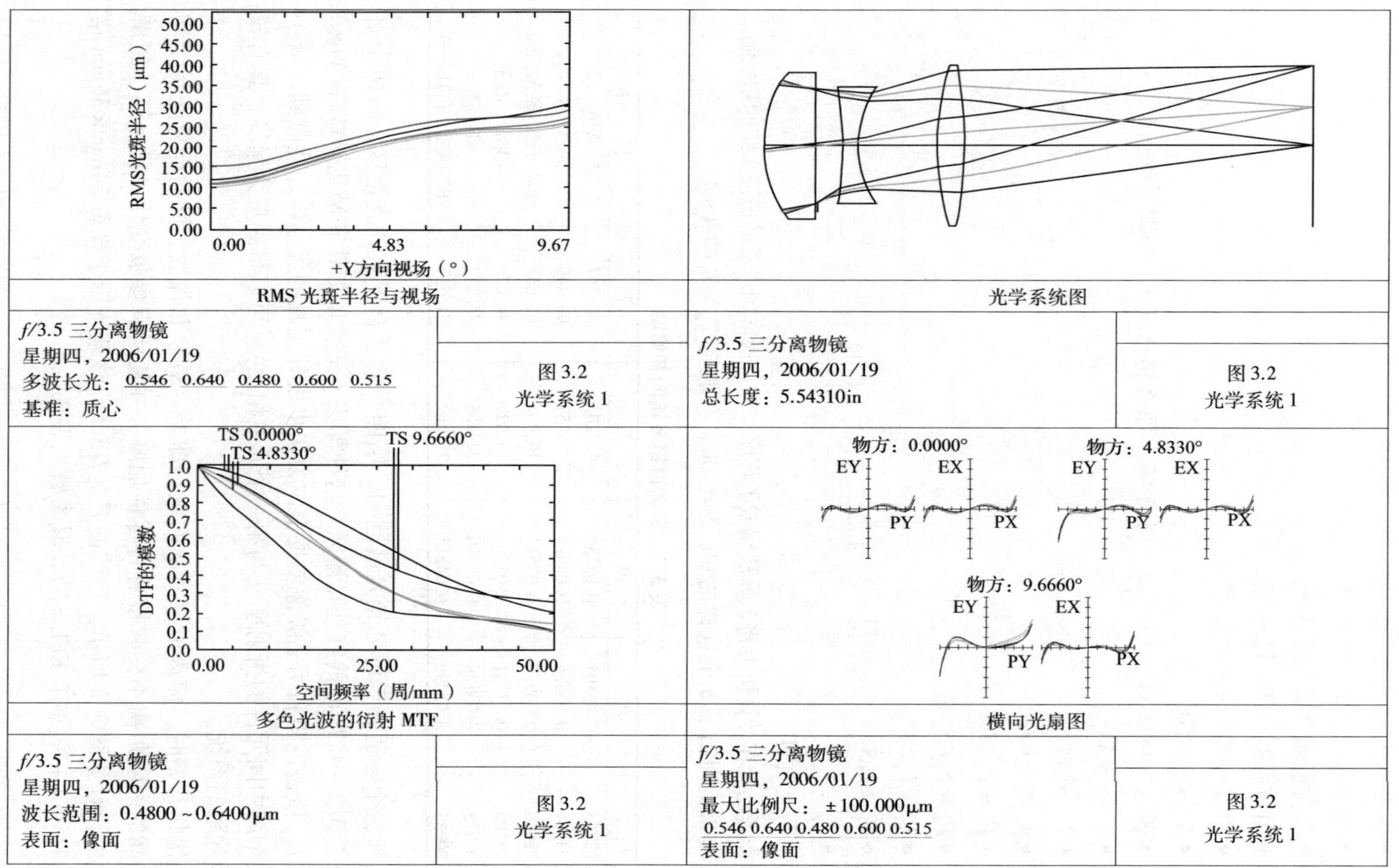
RMS光斑半径（μm）
+Y方向视场（°）
RMS 光斑半径与视场
光学系统图
f/3.5 三分离物镜
星期四，2006/01/19
多波长光：0.546 0.640 0.480 0.600 0.515
基准：质心
图 3.2
光学系统 1
f/3.5 三分离物镜
星期四，2006/01/19
总长度：5.54310in
图 3.2
光学系统 1
TS 0.0000°
TS 4.8330°
TS 9.6660°
DTF的模数
空间频率（周/mm）
物方：0.0000°
物方：4.8330°
物方：9.6660°
EY
EX
PY
PX
多色光波的衍射 MTF
横向光扇图
f/3.5 三分离物镜
星期四，2006/01/19
波长范围：0.4800～0.6400μm
表面：像面
图 3.2
光学系统 1
f/3.5 三分离物镜
星期四，2006/01/19
最大比例尺：±100.000μm
0.546 0.640 0.480 0.600 0.515
表面：像面
图 3.2
光学系统 1

图 3.2 焦距 5in、f/3.5 的三分离物镜

表 3.2　*f*/3.5 的三分离物镜　　（单位：in）

表面	半　径	厚　度	材　料	直　径
1	1.3214	0.5250	N-SK16	1.540
2	0.0000	0.0200	空气	1.540
3	光阑	0.2541	空气	1.197
4	-3.5136	0.1500	F2	1.220
5	1.0975	0.8056	空气	1.220
6	3.0243	0.2710	N-SK16	1.700
7	-4.5153	3.5174	空气	1.700

注：从前面透镜的顶点到像面的距离 = 5.543in，畸变 = 0.84%。

为了降低匹兹伐和，在设计这类物镜时，前后透镜都使用高折射率冕牌玻璃，中间元件采用低折射率火石玻璃（Sharma 1982）。

对 Vogel 的设计稍做变化，并进行优化，就可以得到红外物镜（8 ~ 14μm）的设计结果，如图 3.3 所示。表 3.3 列出物镜的有关结构参数。

表 3.3　8 ~ 14μm 红外三分离物镜

表面	半　径	厚　度	材　料	直　径
1	10.4578	0.5901	锗	5.100 光阑
2	14.1079	4.3909	空气	5.000
3	-15.8842	0.5900	ZnSe	3.800
4	-18.2105	5.6218	空气	3.900
5	2.5319	0.3918	锗	2.400
6	2.4308	1.3065	空气	2.100

注：从第一块透镜的前表面到像面的距离 = 12.891in，畸变 = 0.24%

该物镜的入瞳紧贴第一块透镜的前表面，有 *f*/2、焦距是 10、视场是 8°。你会注意到，实际上，后透镜是一个负透镜，起着平场镜的作用。对长波长，该物镜几乎达到衍射极限的成像质量。

如图 3.4 所示是第五个解（硅-锗组合，3.2 ~ 4.2μm）的优化结果，EFL = 4in。表 3.4 列出了该物镜的结构参数，有 *f*/4、视场 7°。

表 3.4　焦距 4in、*f*/4、光谱范围 3.2 ~ 4.2μm 红外三分离物镜　　（单位：in）

表面	半　径	厚　度	材　料	直　径
1	2.0721	0.1340	硅	1.120
2	3.5488	0.2392	空气	1.120
3	光阑	0.6105	空气	0.830
4	13.7583	0.1000	锗	0.720
5	1.7491	0.8768	空气	0.680
6	0.0000	0.1462	硅	1.180
7	-3.5850	2.8386	空气	1.180

注：从第一块透镜的前表面到像面的距离 = 4.945in，畸变≤0.17%。

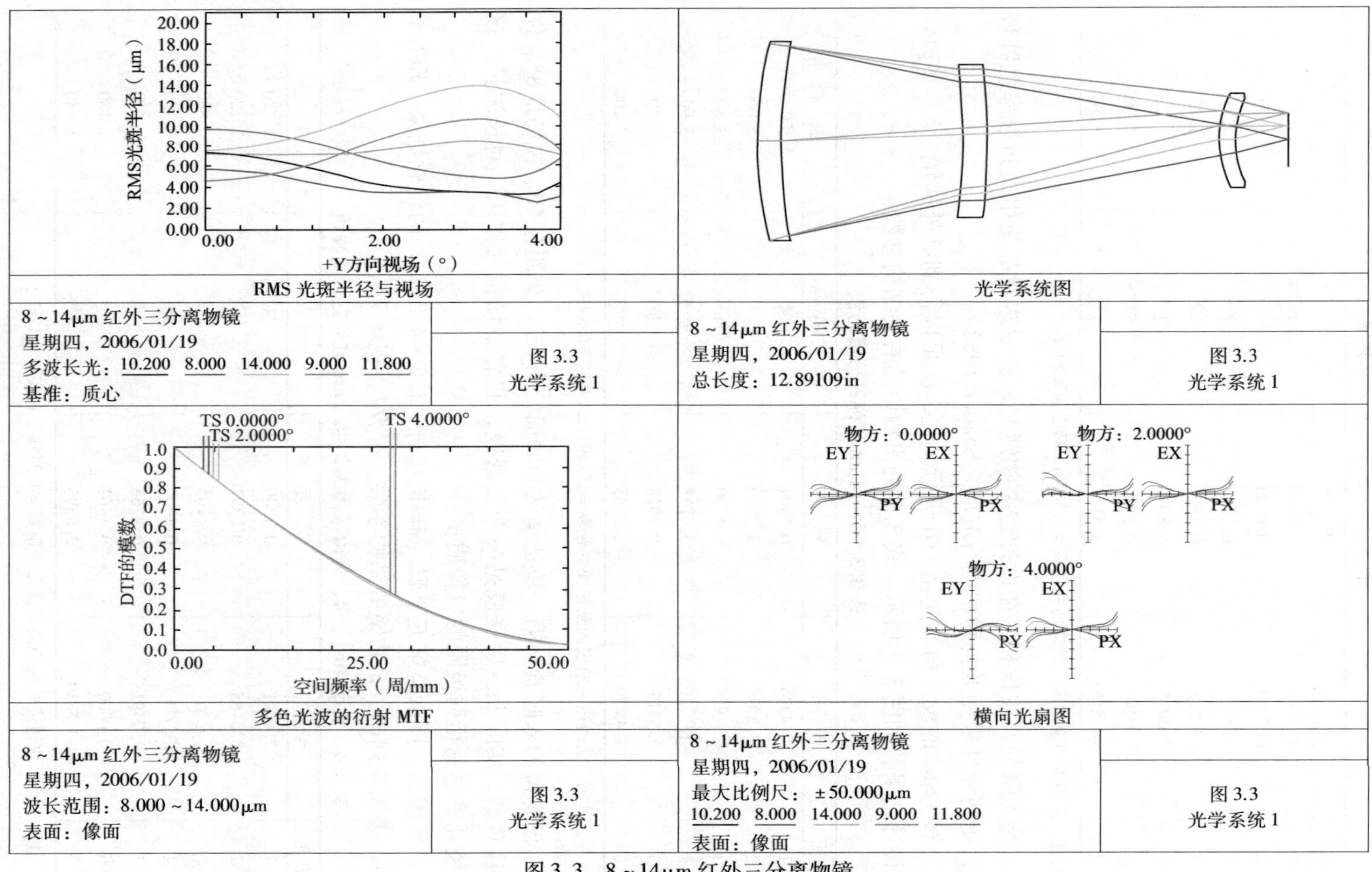

RMS光斑半径（μm）
20.00
18.00
16.00
14.00
12.00
10.00
8.00
6.00
4.00
2.00
0.00
0.00
2.00
4.00
+Y方向视场（°）
RMS 光斑半径与视场
8～14μm 红外三分离物镜
星期四，2006/01/19
多波长光：10.200 8.000 14.000 9.000 11.800
基准：质心
图 3.3
光学系统 1
光学系统图
8～14μm 红外三分离物镜
星期四，2006/01/19
总长度：12.89109in
图 3.3
光学系统 1
TS 0.0000°
TS 2.0000°
TS 4.0000°
1.0
0.9
0.8
0.7
0.6
0.5
0.4
0.3
0.2
0.1
0.0
DTF的模数
0.00
25.00
50.00
空间频率（周/mm）
多色光波的衍射 MTF
8～14μm 红外三分离物镜
星期四，2006/01/19
波长范围：8.000～14.000μm
表面：像面
图 3.3
光学系统 1
物方：0.0000°
物方：2.0000°
物方：4.0000°
EY
PY
EX
PX
横向光扇图
8～14μm 红外三分离物镜
星期四，2006/01/19
最大比例尺：±50.000μm
10.200 8.000 14.000 9.000 11.800
表面：像面
图 3.3
光学系统 1

图 3.3 8～14μm 红外三分离物镜

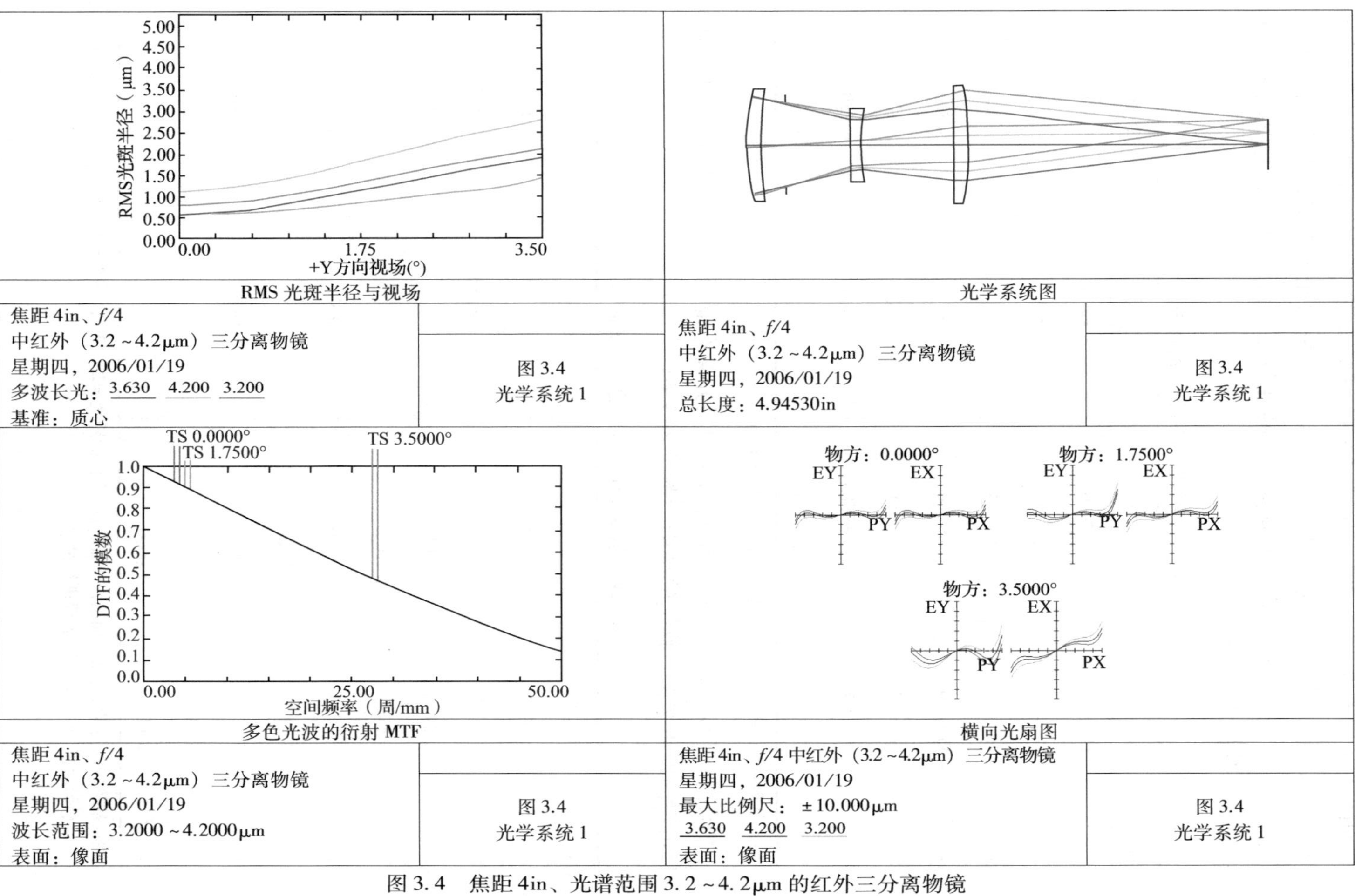
RMS光斑半径（μm）
5.00
4.50
4.00
3.50
3.00
2.50
2.00
1.50
1.00
0.50
0.00
0.00
1.75
3.50
+Y方向视场(°)
RMS 光斑半径与视场
焦距 4in、f/4
中红外（3.2～4.2μm）三分离物镜
星期四，2006/01/19
多波长光：3.630　4.200　3.200
基准：质心
图 3.4
光学系统 1
光学系统图
焦距 4in、f/4
中红外（3.2～4.2μm）三分离物镜
星期四，2006/01/19
总长度：4.94530in
图 3.4
光学系统 1
TS 0.0000°
TS 1.7500°
TS 3.5000°
DTF的模数
1.0
0.9
0.8
0.7
0.6
0.5
0.4
0.3
0.2
0.1
0.0
0.00
25.00
50.00
空间频率（周/mm）
多色光波的衍射 MTF
焦距 4in、f/4
中红外（3.2～4.2μm）三分离物镜
星期四，2006/01/19
波长范围：3.2000～4.2000μm
表面：像面
图 3.4
光学系统 1
物方：0.0000°
物方：1.7500°
物方：3.5000°
EY
PY
EX
PX
横向光扇图
焦距 4in、f/4 中红外（3.2～4.2μm）三分离物镜
星期四，2006/01/19
最大比例尺：±10.000μm
3.630　4.200　3.200
表面：像面
图 3.4
光学系统 1

图 3.4　焦距 4in、光谱范围 3.2～4.2μm 的红外三分离物镜

如图 3.5 所示是一个焦距 50in、$f/8$ 的三分离物镜，使用的胶片幅面是 2.25in×2.25in（对角线尺寸是 3.18in）。该物镜是为业余天文爱好者摄影用所设计的。表 3.5 列出了物镜的结构参数，畸变忽略不计。有影响的像差是纵向二级色差，其值为 1.4mm。

表 3.5 焦距 50in 的三分离物镜 （单位：in）

表面	半 径	厚 度	材 料	直 径
1	11.4909	0.7006	N-SK16	6.320
2	51.4450	0.1436	空气	6.320
3	光阑	2.0023	空气	6.066
4	-45.4740	0.6000	LF5	5.800
5	12.3302	3.2981	空气	5.700
6	98.2327	0.6998	N-SK16	6.180
7	-22.9598	45.5079	空气	6.180

注：从第一块透镜的前表面到像面的距离 =52.952in。

如图 3.6 所示为一个焦距 18in、$f/9$ 的三分离物镜，适用于投影尺寸（8.5in×11in）的纸质文件，物镜的结构参数见表 3.6。

表 3.6 焦距 18in、$f/9$ 的三分离物镜

表面	半 径	厚 度	材 料	直 径
0	0.0000	0.100000E±11		0.00
1	3.5121	1.0035	N-LAK33A	2.500
2	4.3116	0.1109		1.880
3	光阑	0.0382		1.736
4	-9.0210	0.3500	LF5	1.740
5	3.7834	0.2192		2.080
6	5.6958	1.0001	N-SK16	2.840
7	-6.5950	16.4135		2.840
8	0.0000	0.0000		

注：从第一块透镜前表面到最后一块透镜后表面的距离 =2.722in，畸变 =0.45%。
（译者注：作者对此段数据进行过修正）

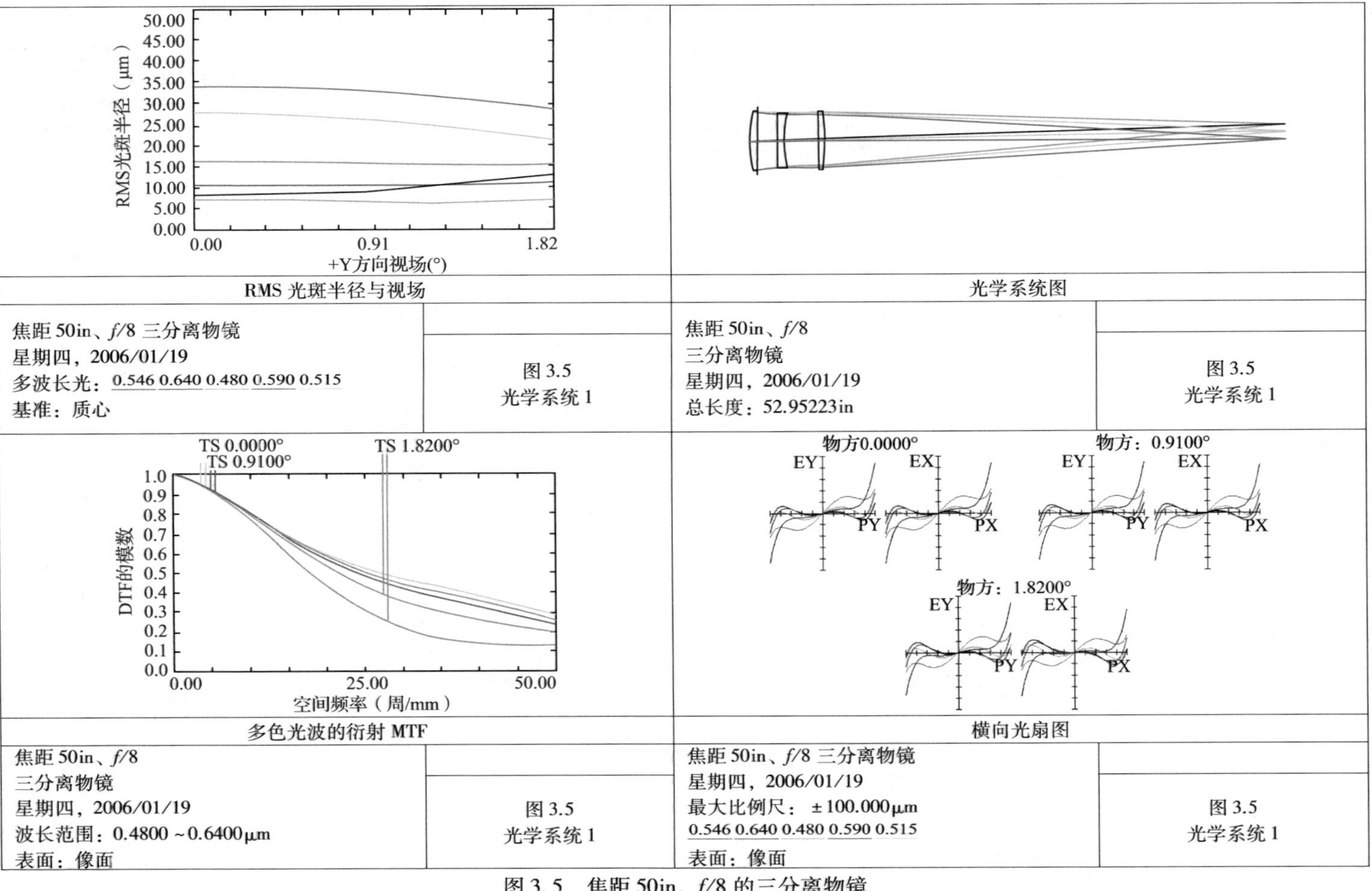

RMS光斑半径（μm）
50.00
45.00
40.00
35.00
30.00
25.00
20.00
15.00
10.00
5.00
0.00
0.00
0.91
1.82
+Y方向视场(°)
RMS 光斑半径与视场
焦距 50in、f/8 三分离物镜
星期四，2006/01/19
多波长光：0.546 0.640 0.480 0.590 0.515
基准：质心
图 3.5
光学系统 1
光学系统图
焦距 50in、f/8
三分离物镜
星期四，2006/01/19
总长度：52.95223in
图 3.5
光学系统 1
TS 0.0000°
TS 0.9100°
TS 1.8200°
DTF的模数
1.0
0.9
0.8
0.7
0.6
0.5
0.4
0.3
0.2
0.1
0.0
0.00
25.00
50.00
空间频率（周/mm）
多色光波的衍射 MTF
焦距 50in、f/8
三分离物镜
星期四，2006/01/19
波长范围：0.4800 ~ 0.6400μm
表面：像面
图 3.5
光学系统 1
物方0.0000°
物方：0.9100°
物方：1.8200°
EY
EX
PY
PX
横向光扇图
焦距 50in、f/8 三分离物镜
星期四，2006/01/19
最大比例尺：±100.000μm
0.546 0.640 0.480 0.590 0.515
表面：像面
图 3.5
光学系统 1

图 3.5　焦距 50in、f/8 的三分离物镜

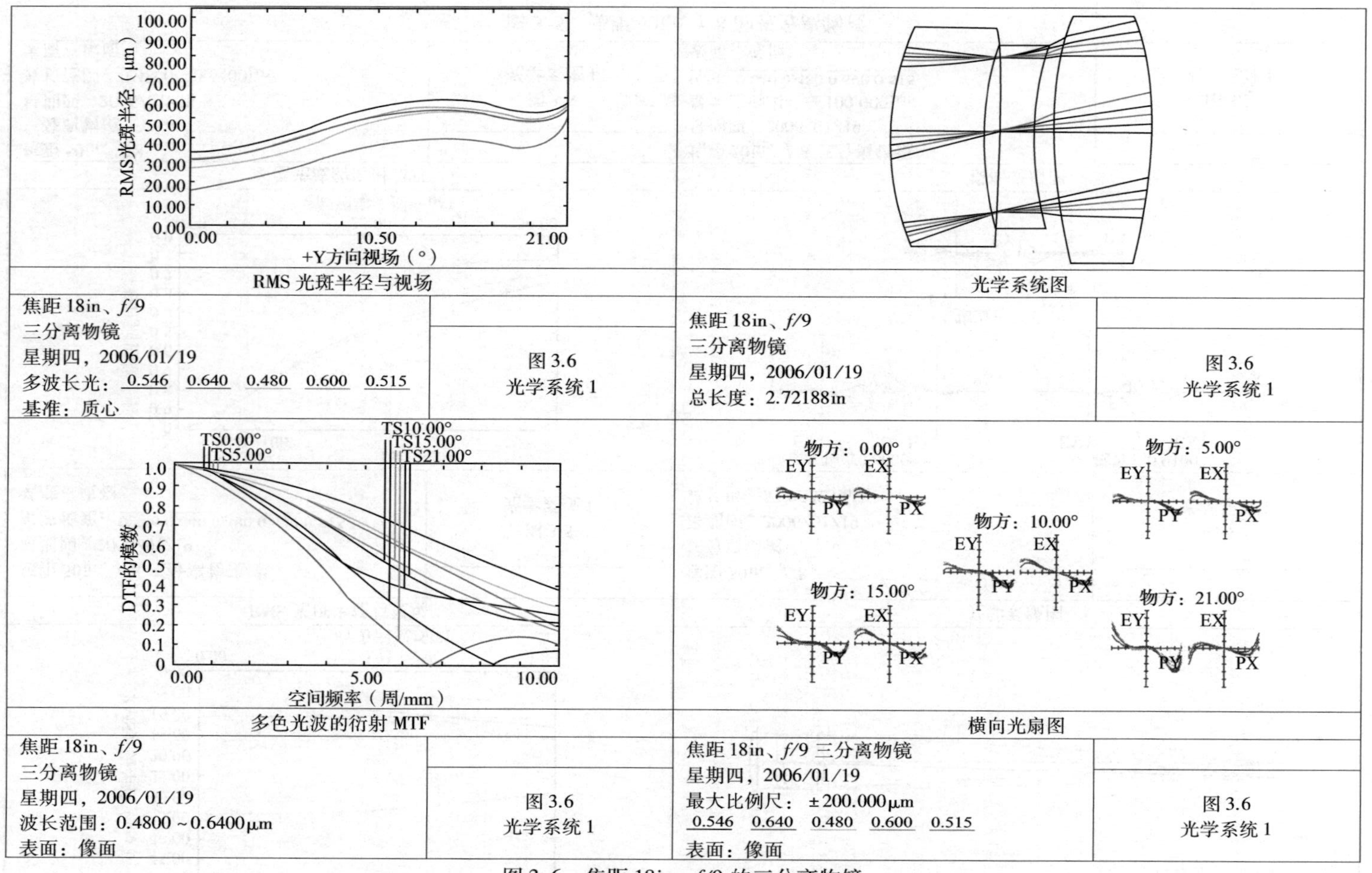

RMS光斑半径（μm）
+Y方向视场（°）
RMS 光斑半径与视场
焦距 18in、f/9
三分离物镜
星期四，2006/01/19
多波长光: 0.546 0.640 0.480 0.600 0.515
基准：质心
图 3.6
光学系统 1
光学系统图
焦距 18in、f/9
三分离物镜
星期四，2006/01/19
总长度：2.72188in
图 3.6
光学系统 1
TS0.00°
TS5.00°
TS10.00°
TS15.00°
TS21.00°
DTF的模数
空间频率（周/mm）
多色光波的衍射 MTF
物方：0.00°
物方：5.00°
物方：10.00°
物方：15.00°
物方：21.00°
EY
EX
PY
PX
横向光扇图
焦距 18in、f/9
三分离物镜
星期四，2006/01/19
波长范围：0.4800～0.6400μm
表面：像面
图 3.6
光学系统 1
焦距 18in、f/9 三分离物镜
星期四，2006/01/19
最大比例尺：±200.000μm
0.546 0.640 0.480 0.600 0.515
表面：像面
图 3.6
光学系统 1

图 3.6 焦距 18in、$f/9$ 的三分离物镜

参考文献

Ackroyd, M. D. (1968) Wide angle triplets, US Patent #3418040.

Ackroyd, M. D. (1969) Triplet type projection lens, US Patent #3443864.

Arai, Y. (1980), Achromatic objective lens, US Patent #4190324.

Conrad, L. H. (1972) Three element microphotographic objective lens, US Patent #3640606 and #3640607.

Eckhardt, S. K. (1997) Fixed focus triplet projection lens for overhead projectors, US Patent #5596455.

Kallo, P. and Kovacs, G. (1993) Petzvzl sum in triplet design, *Opt. Eng.*, 32: 2505.

Kingslake, R. (1968) Triplet covering a wide field, US Patent #3418039.

Kobayashi, K. (1969) Ultra-achromatic fluorite silica triplet, US Patent #3486805.

Sharma, K. D. (1982) Utility of low index high dispersion glasses for Cook triplet design, *Appl. Opt.*, 21: 1320.

Sharma, K. D. and Gopal, S. V. (1982) Significance of selection of Petzval curvature in triplet design, *Appl. Opt.*, 21: 4439.

Stephens, R. E. (1948) The design of triplet anastigmat lenses, *JOSA*, 38: 1032.

Tronnier, E. (1965) Three lens photographic objective, US Patent #3176582.

Vogel, T. (1968) Infrared optical System, US Patent #3363962.

第4章 改进型三分离物镜

为了减小$f^{\#}$，常把前透镜组件分为两个正透镜。另一种改进型是将后透镜组件分裂成负-正双胶合透镜。天塞（Tessar）物镜就是这种改进型物镜。在这种物镜中，前后两块透镜都被分成双胶合负-正组合透镜。Heliar 物镜是另外一种改进型物镜，如图 4.1 所示，其详细的结构参数见表 4.1。该物镜适用于可见光光谱，视场为 20°，$f^{\#}$是$f/5$，焦距为 10in。如图 4.2 所示为焦距 4in、$f/4.5$ 的天塞物镜，像面直径是 3.0in，表 4.2 列出了详细的结构尺寸。

表 4.1 *f*/5 的 Heliar 物镜的结构参数 （单位：in）

表面	半 径	厚 度	材 料	直 径
1	4.2103	0.9004	N-SK16	2.860
2	-3.6208	0.2999	N-LLF6	2.860
3	29.1869	0.7587		2.320
4	-3.1715	0.2000	N-LLF6	1.780
5	3.2083	0.1264		1.660
6	光阑	0.2629		1.555
7	43.0710	0.2500	N-LLF6	2.240
8	2.4494	0.8308	N-SK16	2.240
9	-3.2576	8.5066		2.240

注：从前透镜的第一表面到像面的距离 = 12.136in，畸变 = 0.12%。

表 4.2 *f*/4.5 天塞物镜的结构参数 （单位：in）

表面	半 径	厚 度	材 料	直 径
1	1.3329	0.2791	N-SK15	1.400
2	-9.9754	0.2054		1.400
3	-2.0917	0.0900	F2	0.940
4	1.2123	0.0709		0.820
5	光阑	0.1534		0.715
6	-7.5205	0.0900	K10	1.260
7	1.3010	0.3389	N-SK15	1.260
8	-1.5218	3.4025		1.260

注：从第一透镜前表面到像面的距离 = 4.630in，畸变 = 0.34%。

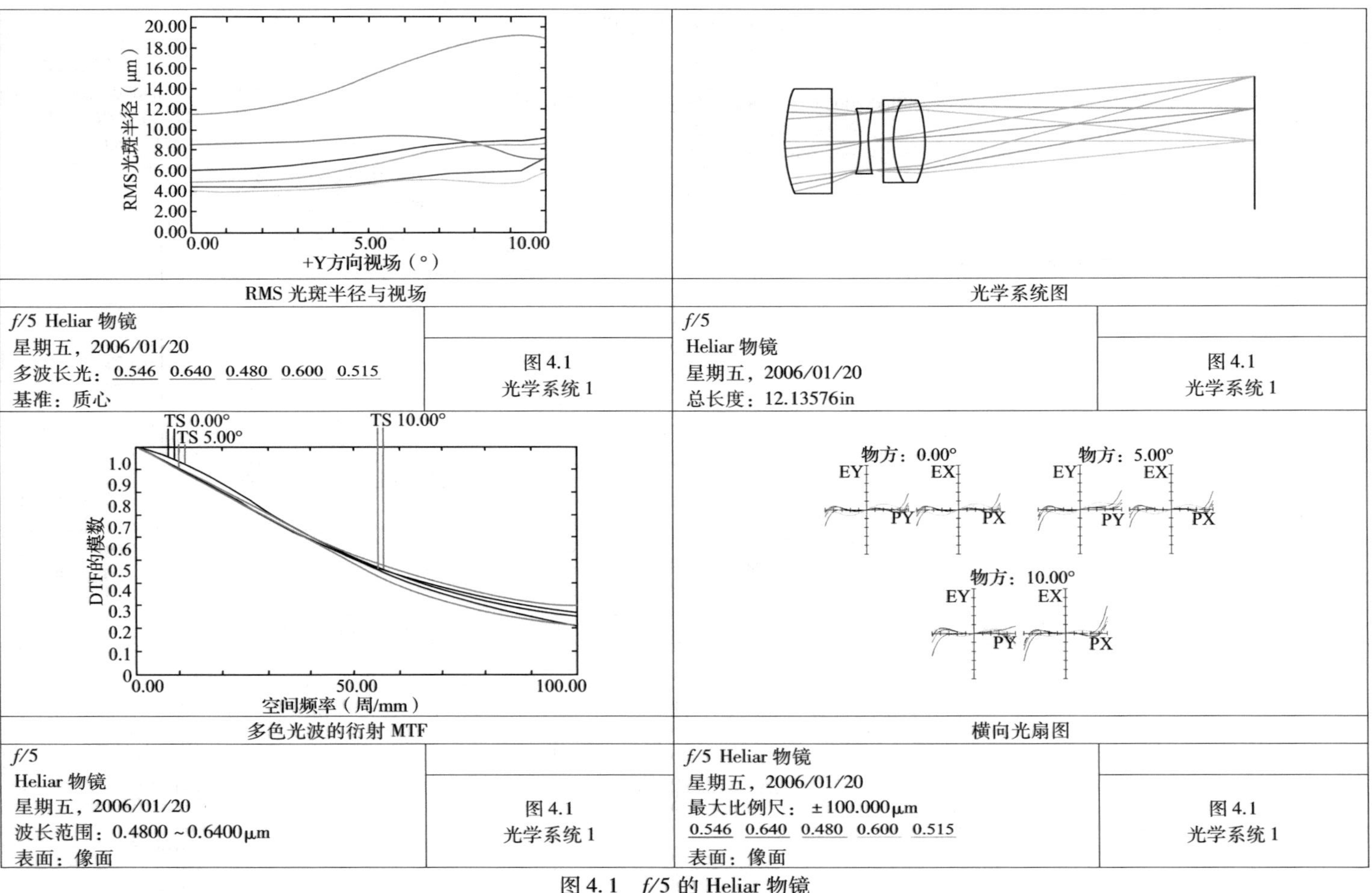
RMS光斑半径（μm）
20.00
18.00
16.00
14.00
12.00
10.00
8.00
6.00
4.00
2.00
0.00
0.00
5.00
10.00
+Y方向视场（°）
RMS 光斑半径与视场
f/5 Heliar 物镜
星期五，2006/01/20
多波长光：0.546 0.640 0.480 0.600 0.515
基准：质心
图 4.1
光学系统 1
光学系统图
f/5
Heliar 物镜
星期五，2006/01/20
总长度：12.13576in
图 4.1
光学系统 1
TS 0.00°
TS 5.00°
TS 10.00°
DTF的模数
1.0
0.9
0.8
0.7
0.6
0.5
0.4
0.3
0.2
0.1
0
0.00
50.00
100.00
空间频率（周/mm）
多色光波的衍射 MTF
f/5
Heliar 物镜
星期五，2006/01/20
波长范围：0.4800～0.6400μm
表面：像面
图 4.1
光学系统 1
物方：0.00°
EY
PY
EX
PX
物方：5.00°
EY
PY
EX
PX
物方：10.00°
EY
PY
EX
PX
横向光扇图
f/5 Heliar 物镜
星期五，2006/01/20
最大比例尺：±100.000μm
0.546 0.640 0.480 0.600 0.515
表面：像面
图 4.1
光学系统 1

图 4.1　f/5 的 Heliar 物镜

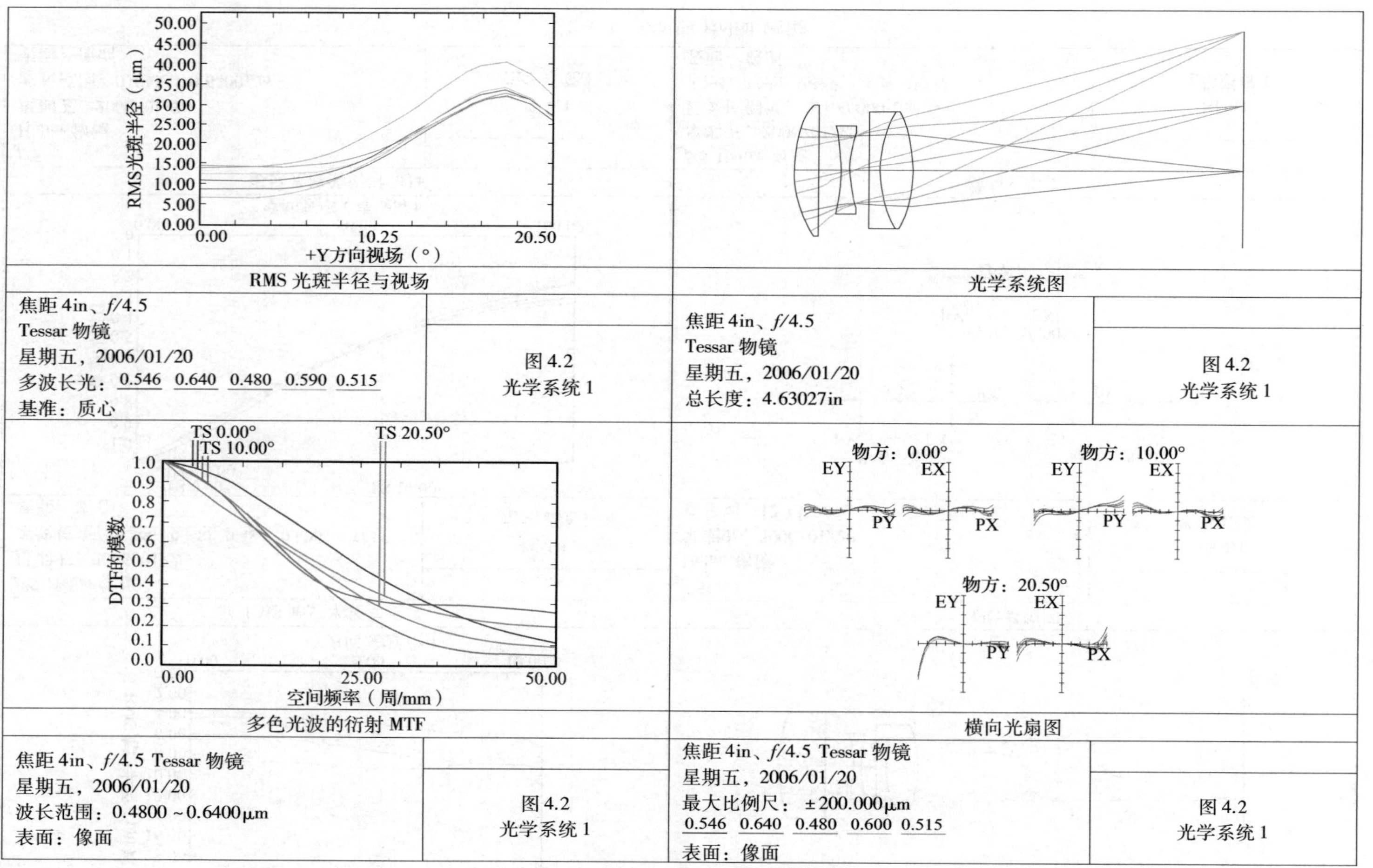
50.00
45.00
40.00
35.00
30.00
25.00
20.00
15.00
10.00
5.00
0.00
RMS光斑半径（μm）
0.00
10.25
20.50
+Y方向视场（°）
RMS 光斑半径与视场
焦距 4in、f/4.5
Tessar 物镜
星期五，2006/01/20
多波长光：0.546 0.640 0.480 0.590 0.515
基准：质心
图 4.2
光学系统 1
光学系统图
焦距 4in、f/4.5
Tessar 物镜
星期五，2006/01/20
总长度：4.63027in
图 4.2
光学系统 1
TS 0.00°
TS 10.00°
TS 20.50°
1.0
0.9
0.8
0.7
0.6
0.5
0.4
0.3
0.2
0.1
0.0
DTF的模数
0.00
25.00
50.00
空间频率（周/mm）
多色光波的衍射 MTF
焦距 4in、f/4.5 Tessar 物镜
星期五，2006/01/20
波长范围：0.4800 ~ 0.6400μm
表面：像面
图 4.2
光学系统 1
物方：0.00°
EY
EX
PY
PX
物方：10.00°
EY
EX
PY
PX
物方：20.50°
EY
EX
PY
PX
横向光扇图
焦距 4in、f/4.5 Tessar 物镜
星期五，2006/01/20
最大比例尺：±200.000μm
0.546 0.640 0.480 0.600 0.515
表面：像面
图 4.2
光学系统 1

图 4.2　焦距 4in、$f/4.5$ 的天塞物镜

应注意到，在上面给出的例子中，前后元件使用高折射率的冕牌玻璃，中间元件采用低折射率火石玻璃。天塞物镜经常用作放大物镜，该设计类似于 Velesik 的专利（1975）。在两种情况中，后胶合组件有小量的 V_d 差，元件之间有较大的曲率。

如图 4.3 所示是幻灯机的物镜，使用的胶片是 35mmSLR（单透镜反射式相机）胶片，物镜的结构参数见表4.3。从附录 A 中可以知道，胶片的对角线尺寸是 1.703in。由于该物镜的焦距是 4.0in，所以视场是 24°，$f^{\#}$是$f/2.8$。

表 4.3 幻灯机物镜的结构参数 （单位：in）

表面	半 径	厚 度	材 料	直 径
1	21.8985	0.2488	N-SK4	2.600
2	-6.2473	0.0239		2.600
3	1.5677	0.5763	N-SK4	2.200
4	3.5212	0.3969		1.800
5	-3.0936	0.1000	SF5	1.440
6	1.2744	0.6424		1.260
7	光阑	0.0222		1.030
8	4.6891	0.1740	N-SK4	1.200
9	-1.6590	2.8954		1.200

注：从第一透镜前表面到胶片的距离 =5.080in，畸变 =0.08%。

如果使用该物镜投影一个 33lp/mm 的靶标，对于投影物镜处的观察者来说，这些线条形成的屏幕图像对应着 1′（弧分）的张角。由于观察者在投影幻灯片的暗室中不能分辨 1′张角的物体（大约 2′~3′比较现实），所以该物镜的性能相当优秀。

在图 4.4 中，在普通三分离物镜设计基础上增加了一个双元件场镜校正系统。$f^{\#}$和视场与图 3.2 中的一样。然而，由于减小了慧差，因而分辨率得到很大提高，该物镜的结构参数见表 4.4。

表 4.4 含有场镜校正系统的三分离物镜系统的结构参数，焦距 5in、$f/3.5$

（单位：in）

表面	半 径	厚 度	材 料	直 径
1	1.9863	0.5000	N-SK16	1.860
2	6.2901	0.4878		1.640
3	光阑	0.1016		1.134
4	-2.5971	0.1843	F5	1.280
5	2.4073	0.0719		1.340
6	5.8147	0.3153	N-SK16	1.460
7	-2.1926	2.6845		1.460
8	1.9071	0.5020	N-SK16	2.000
9	2.3148	0.0150		1.840
10	1.1907	0.2000	N-SK4	2.000
11	0.9911	1.1590		1.680

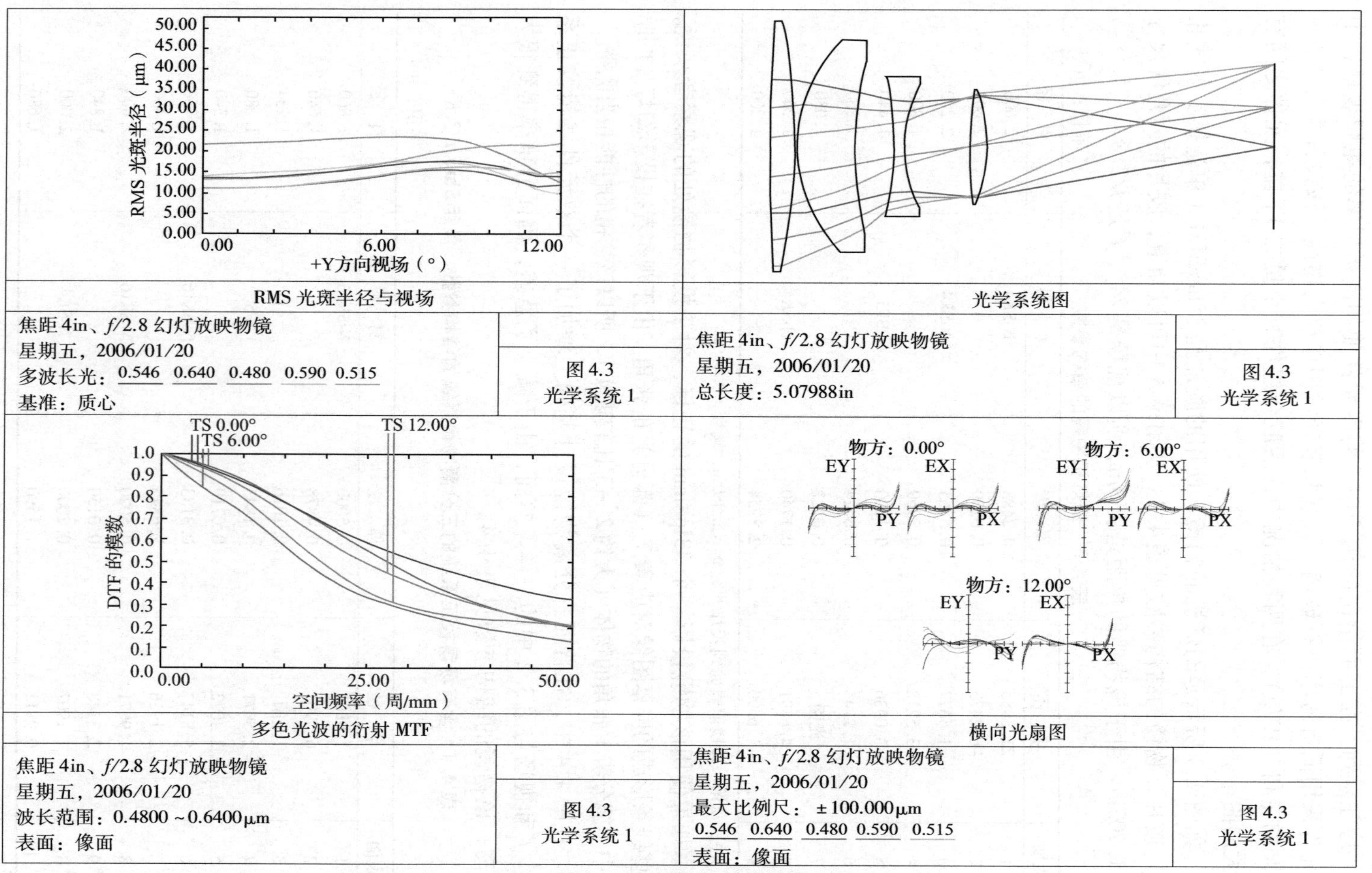
RMS 光斑半径（μm）
+Y方向视场（°）
RMS 光斑半径与视场
焦距 4in、f/2.8 幻灯放映物镜
星期五，2006/01/20
多波长光：0.546 0.640 0.480 0.590 0.515
基准：质心
图 4.3
光学系统 1
光学系统图
焦距 4in、f/2.8 幻灯放映物镜
星期五，2006/01/20
总长度：5.07988in
图 4.3
光学系统 1
TS 0.00°
TS 6.00°
TS 12.00°
DTF 的模数
空间频率（周/mm）
多色光波的衍射 MTF
焦距 4in、f/2.8 幻灯放映物镜
星期五，2006/01/20
波长范围：0.4800 ~ 0.6400μm
表面：像面
图 4.3
光学系统 1
物方：0.00°
物方：6.00°
物方：12.00°
EY
EX
PY
PX
横向光扇图
焦距 4in、f/2.8 幻灯放映物镜
星期五，2006/01/20
最大比例尺：±100.000μm
0.546 0.640 0.480 0.590 0.515
表面：像面
图 4.3
光学系统 1

图 4.3　幻灯机的物镜

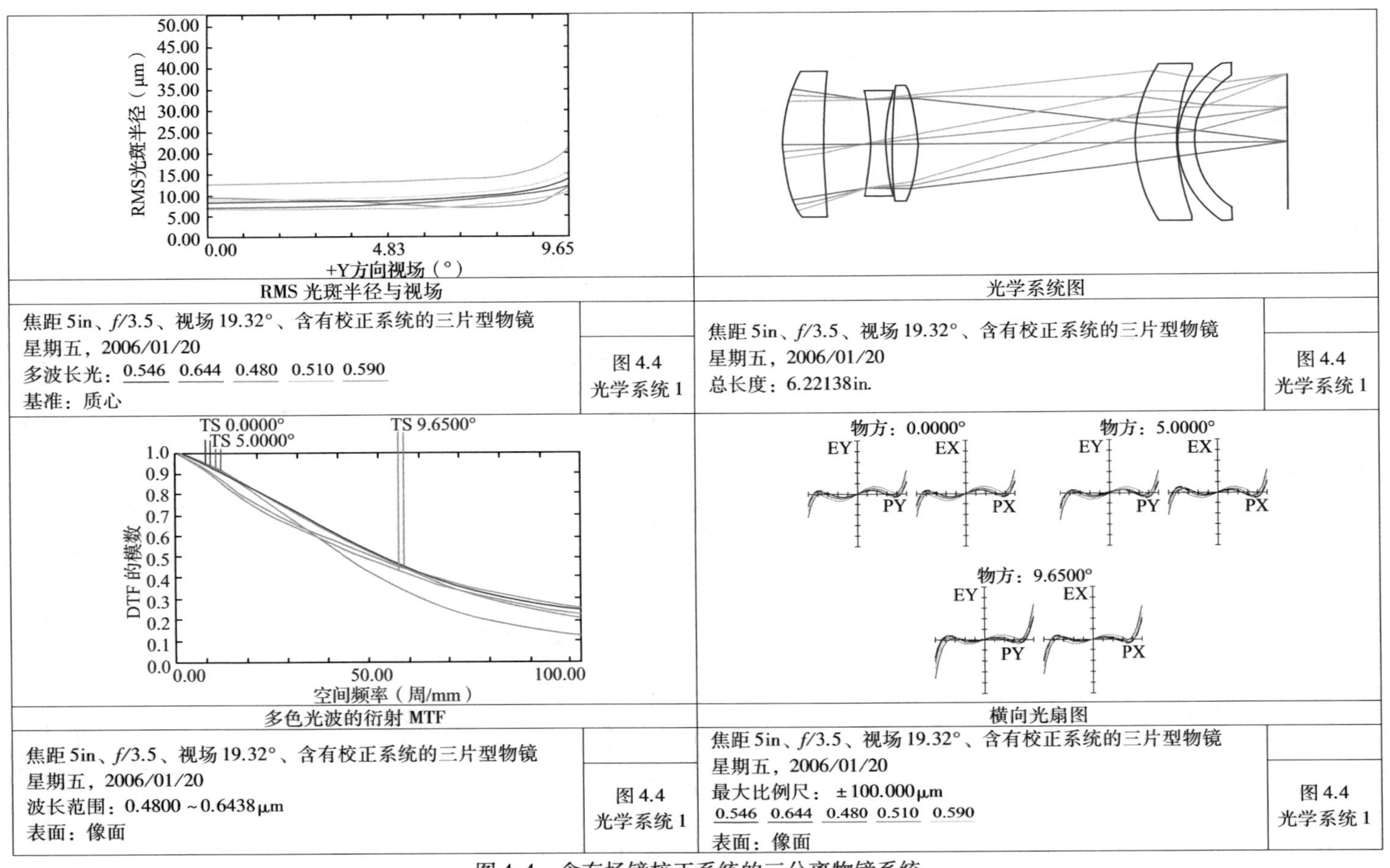
RMS光斑半径（μm）
50.00
45.00
40.00
35.00
30.00
25.00
20.00
15.00
10.00
5.00
0.00
0.00
4.83
9.65
+Y方向视场（°）
RMS 光斑半径与视场
焦距 5in、f/3.5、视场 19.32°、含有校正系统的三片型物镜
星期五，2006/01/20
多波长光：0.546 0.644 0.480 0.510 0.590
基准：质心
图 4.4
光学系统 1
光学系统图
焦距 5in、f/3.5、视场 19.32°、含有校正系统的三片型物镜
星期五，2006/01/20
总长度：6.22138in.
图 4.4
光学系统 1
TS 0.0000°
TS 5.0000°
TS 9.6500°
DTF 的模数
1.0
0.9
0.8
0.7
0.6
0.5
0.4
0.3
0.2
0.1
0.0
0.00
50.00
100.00
空间频率（周/mm）
多色光波的衍射 MTF
焦距 5in、f/3.5、视场 19.32°、含有校正系统的三片型物镜
星期五，2006/01/20
波长范围：0.4800 ~ 0.6438μm
表面：像面
图 4.4
光学系统 1
物方：0.0000°
物方：5.0000°
物方：9.6500°
EY
EX
PY
PX
横向光扇图
焦距 5in、f/3.5、视场 19.32°、含有校正系统的三片型物镜
星期五，2006/01/20
最大比例尺：±100.000μm
0.546 0.644 0.480 0.510 0.590
表面：像面
图 4.4
光学系统 1

图 4.4　含有场镜校正系统的三分离物镜系统

（第一透镜到像面的距离 = 6.221，畸变 = 1.0%）

如图4.5所示是一个焦距100mm、$f/2.8$的物镜，最后两个元件之间的间隔增大了许多，详细结构参数见表4.5。该结构非常类似于图4.2中天塞物镜的反转形式，视场为15.24°。此物镜可以用作照相物镜或35mm电影放映物镜。

表4.5 焦距100mm、$f/2.8$物镜系统的结构参数 （单位：in）

表面	半 径	厚 度	材 料	直 径
1	1.3502	0.6245	N-SK4	1.580
2	-4.1565	0.2000	SF1	1.580
3	0.0000	0.0200		1.580
4	光阑	0.4384		1.072
5	-1.7713	0.2000	F5	1.040
6	0.9780	0.4267		1.040
7	2.0072	0.3199	N-SK4	1.440
8	-2.0072	2.2338		1.440

注：第一透镜前表面到像面的距离=4.463in。

如图4.6所示是CCD相机的物镜，焦距为10mm，$f^{\#}$是$f/2.8$，使用的芯片为1/2in（对角线为8mm）。表4.6列出了物镜的详细结构参数。

表4.6 焦距10mm，$f/2.8$相机物镜的结构参数 （单位：in）

表面	半 径	厚 度	材 料	直 径
1	0.1664	0.0495	N-LAK33	0.200
2	0.4557	0.0215		0.170
3	-0.3066	0.0200	N-LAK33	0.164
4	-0.1459	0.0200	F5	0.164
5	0.1459	0.0184		0.120
6	光阑	0.0027		0.111
7	0.2829	0.0250	N-LAK33	0.140
8	-0.3529	0.3063		0.140

注：第一透镜前表面到像面的距离=0.463in，畸变=0.95%。

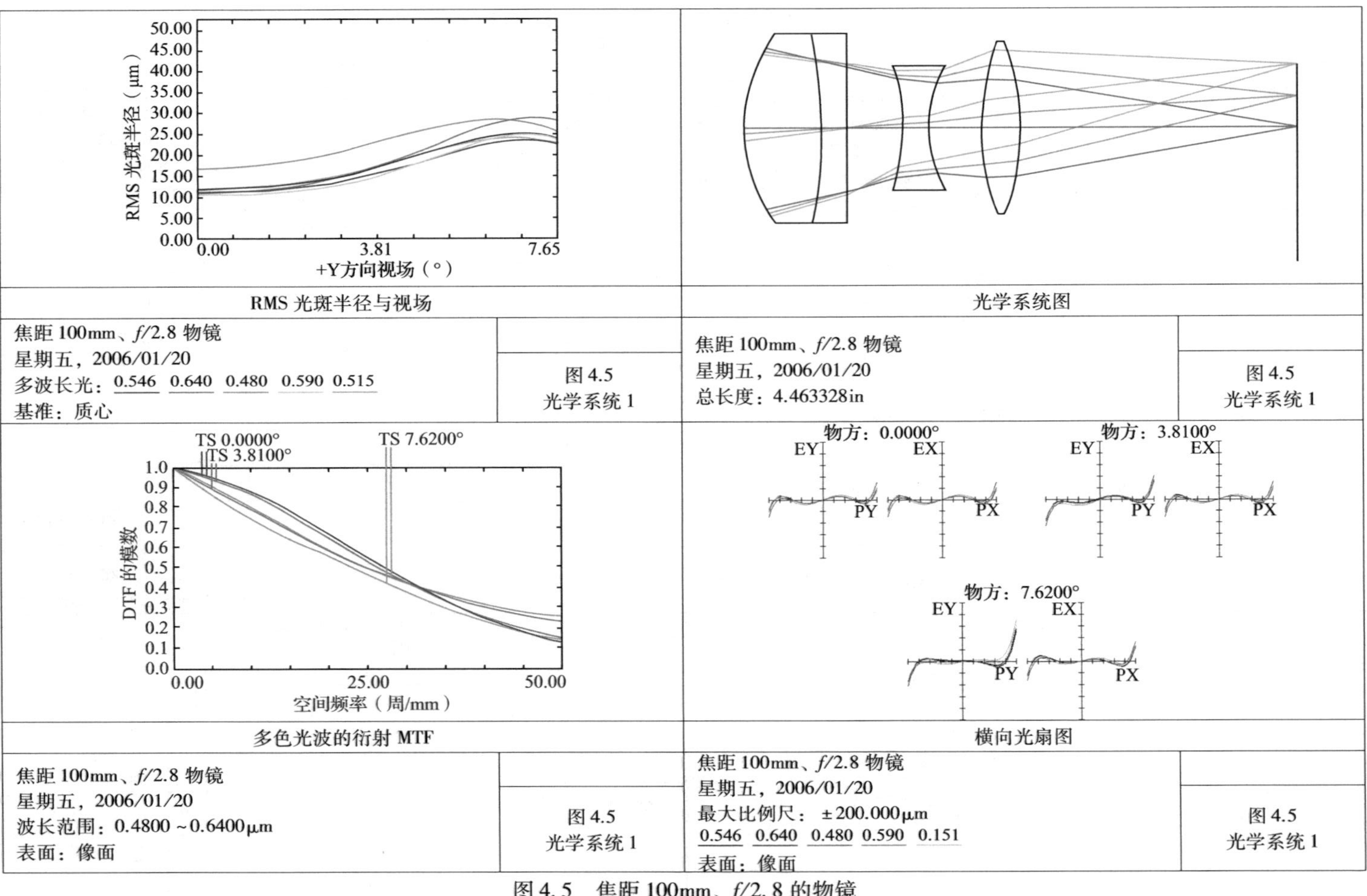
RMS 光斑半径（μm）
50.00
45.00
40.00
35.00
30.00
25.00
20.00
15.00
10.00
5.00
0.00
0.00
3.81
7.65
+Y方向视场（°）
RMS 光斑半径与视场
焦距 100mm、f/2.8 物镜
星期五，2006/01/20
多波长光：0.546 0.640 0.480 0.590 0.515
基准：质心
图 4.5
光学系统 1
光学系统图
焦距 100mm、f/2.8 物镜
星期五，2006/01/20
总长度：4.463328in
图 4.5
光学系统 1
TS 0.0000°
TS 3.8100°
TS 7.6200°
DTF 的模数
1.0
0.9
0.8
0.7
0.6
0.5
0.4
0.3
0.2
0.1
0.0
0.00
25.00
50.00
空间频率（周/mm）
多色光波的衍射 MTF
焦距 100mm、f/2.8 物镜
星期五，2006/01/20
波长范围：0.4800 ~ 0.6400μm
表面：像面
图 4.5
光学系统 1
物方：0.0000°
物方：3.8100°
物方：7.6200°
EY
EX
PY
PX
横向光扇图
焦距 100mm、f/2.8 物镜
星期五，2006/01/20
最大比例尺：±200.000μm
0.546 0.640 0.480 0.590 0.151
表面：像面
图 4.5
光学系统 1

图 4.5　焦距 100mm、$f/2.8$ 的物镜

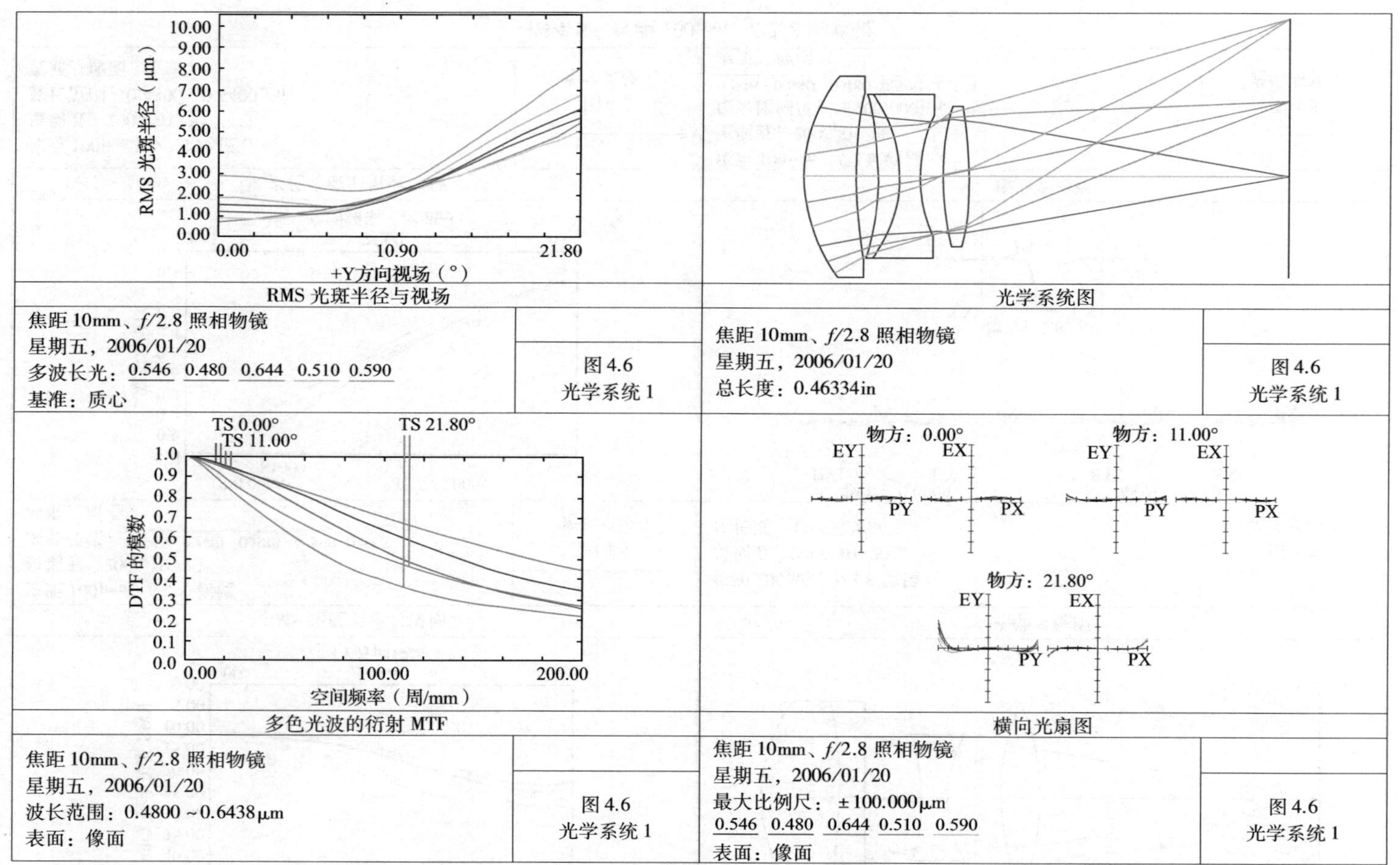
RMS 光斑半径（μm）
+Y方向视场（°）
RMS 光斑半径与视场
焦距 10mm、f/2.8 照相物镜
星期五，2006/01/20
多波长光：0.546 0.480 0.644 0.510 0.590
基准：质心
图 4.6
光学系统 1
光学系统图
焦距 10mm、f/2.8 照相物镜
星期五，2006/01/20
总长度：0.46334in
图 4.6
光学系统 1
TS 0.00°
TS 11.00°
TS 21.80°
DTF 的模数
空间频率（周/mm）
多色光波的衍射 MTF
焦距 10mm、f/2.8 照相物镜
星期五，2006/01/20
波长范围：0.4800～0.6438μm
表面：像面
图 4.6
光学系统 1
物方：0.00°
物方：11.00°
物方：21.80°
EY
EX
PY
PX
横向光扇图
焦距 10mm、f/2.8 照相物镜
星期五，2006/01/20
最大比例尺：±100.000μm
0.546 0.480 0.644 0.510 0.590
表面：像面
图 4.6
光学系统 1

图 4.6 焦距 10mm、$f/2.8$ 的物镜

（第一透镜前表面到像面的距离 = 0.463in，畸变 = 0.95%）

参考文献

Cook, G. H. (1950) Highly corrected three component objectives, US Patent #2502508.

Doi, Y. (1981) Rear stop lens system, US Patent #4298252.

Edwards, G. (1972) Four component objective, US Patent #3649104.

Eggert, J. (1965) Objective lens consisting of four lens units, US Patent #3212400.

Guenther, R. E. (1970) Four element photographic objective, US Patent #3517987.

Hopkins, R. E. (1965) Optical lens system design, AD 626844 Defense Documentation Center.

Mihara, S. (1984) Compact camera lens system with a short overall length, US Patent #4443069.

Sharma, K. D. (1979) Design of new 5 element Cook triplet derivative, *Applied Optics*, 18: 3933.

Sharma, K. D. (1980) Four element lens systems of the Cooke triplet family, *Applied Optics*, 19, 698.

Tateoka, M. (1983) Projection lens, US Patent #4370032.

Tronnier, A. W. (1937) Unsymmetrical photographic objective, US Patent #2084714.

Velesik, S. (1975) Reproduction lens system, US Patent #3876292.

第 5 章 匹兹伐物镜

这类物镜由两个正的透镜组组成。透镜组之间有一个很大的空气间隔，大约是物镜焦距的一半。该光学系统有较大的负匹兹伐和值，呈现向内弯的像场，因而只适合用于小视场的情况。匹兹伐物镜结构非常经济，并且 $f^{\#}$ 较低。

如图 5.1 所示是为 16mm 电影胶片设计的 *f*/1.4 投影物镜的基本结构形式，详细的结构参数见表 5.1，视场为 14°，焦距是 2in，在瞳孔边缘有较严重的闪烁。

表 5.1　*f*/1.4 匹兹伐物镜的结构参数　（单位：in）

表面	半 径	厚 度	材 料	直 径
1	1.3265	0.4000	N-LAK12	1.560
2	-2.6919	0.0600		1.560
3	-2.0028	0.1600	SF4	1.380
4	5.4499	0.1000		1.220
5	光阑	0.8999		1.087
6	1.1724	0.3000	N-LAK12	1.040
7	-2.4602	0.2221		1.040
8	-0.8615	0.0800	LF5	0.740
9	3.0039	0.3921		0.700

注：第一透镜的前表面到像面的距离 =2.614in，畸变 =0.17%。

如图 5.2 所示为一个改进型匹兹伐物镜，是对 Angenieux 专利（1953）的修改，详细的结构参数见表 5.2。因为这些匹兹伐物镜一大特点就是有较严重的内向像场弯曲，所以在紧贴像面之前的地方放置一个将像场致平场镜。该物镜系统的焦距是 2.433in，$f^{\#}$ 是 *f*/1.15，视场为 9.9°。对应的像的对角线尺寸是 0.42in，适合于使用 0.67in 的 CCD（对角线 11mm）。

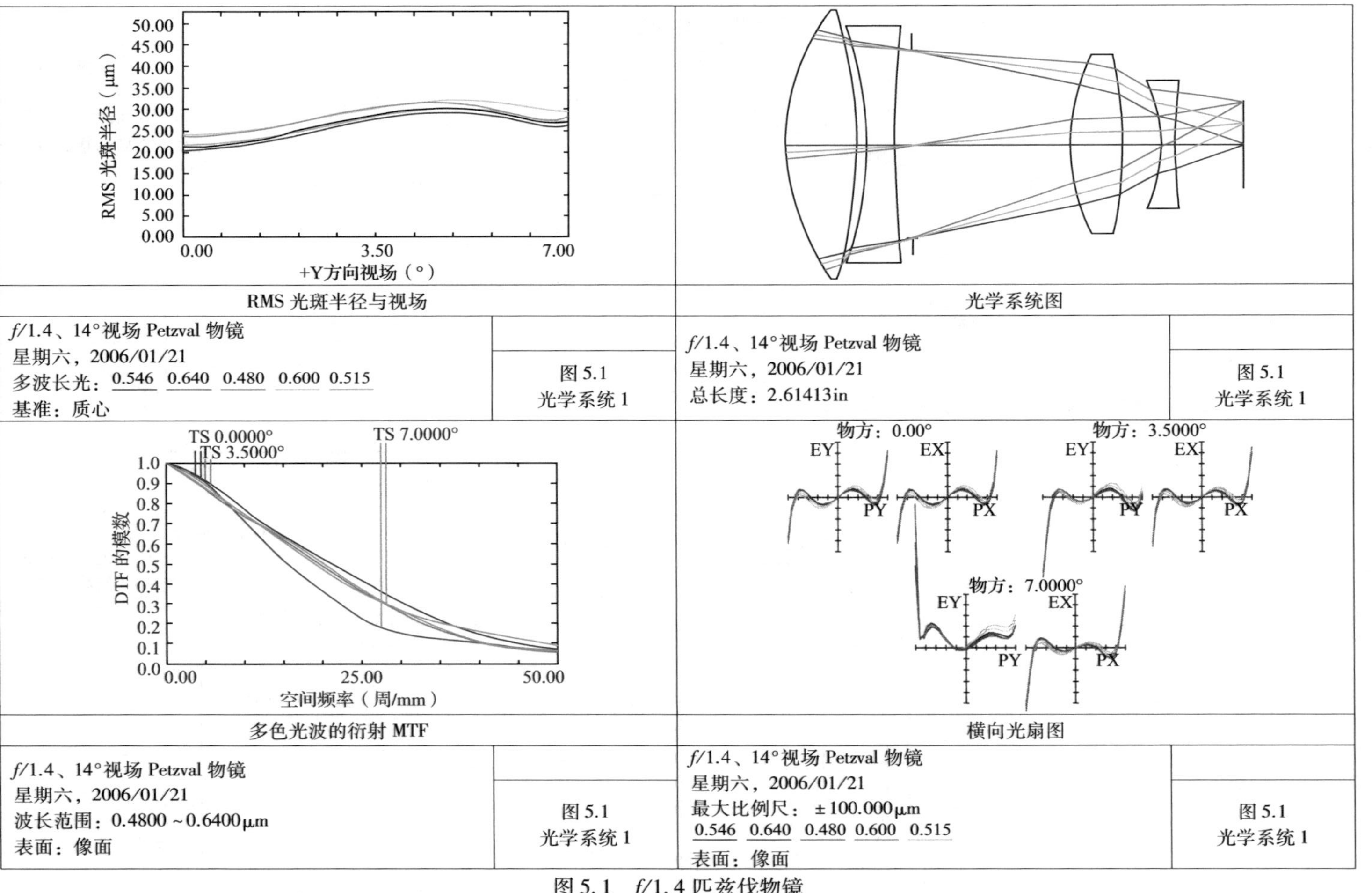

RMS 光斑半径（μm）
50.00
45.00
40.00
35.00
30.00
25.00
20.00
15.00
10.00
5.00
0.00
0.00
3.50
7.00
+Y方向视场（°）
RMS 光斑半径与视场
f/1.4、14°视场 Petzval 物镜
星期六，2006/01/21
多波长光：0.546 0.640 0.480 0.600 0.515
基准：质心
图 5.1
光学系统 1
光学系统图
f/1.4、14°视场 Petzval 物镜
星期六，2006/01/21
总长度：2.61413in
图 5.1
光学系统 1
TS 0.0000°
TS 3.5000°
TS 7.0000°
DTF 的模数
1.0
0.9
0.8
0.7
0.6
0.5
0.4
0.3
0.2
0.1
0.0
0.00
25.00
50.00
空间频率（周/mm）
多色光波的衍射 MTF
f/1.4、14°视场 Petzval 物镜
星期六，2006/01/21
波长范围：0.4800～0.6400μm
表面：像面
图 5.1
光学系统 1
物方：0.00°
物方：3.5000°
物方：7.0000°
EY
EX
PY
PX
横向光扇图
f/1.4、14°视场 Petzval 物镜
星期六，2006/01/21
最大比例尺：±100.000μm
0.546 0.640 0.480 0.600 0.515
表面：像面
图 5.1
光学系统 1

图 5.1 *f*/1.4 匹兹伐物镜

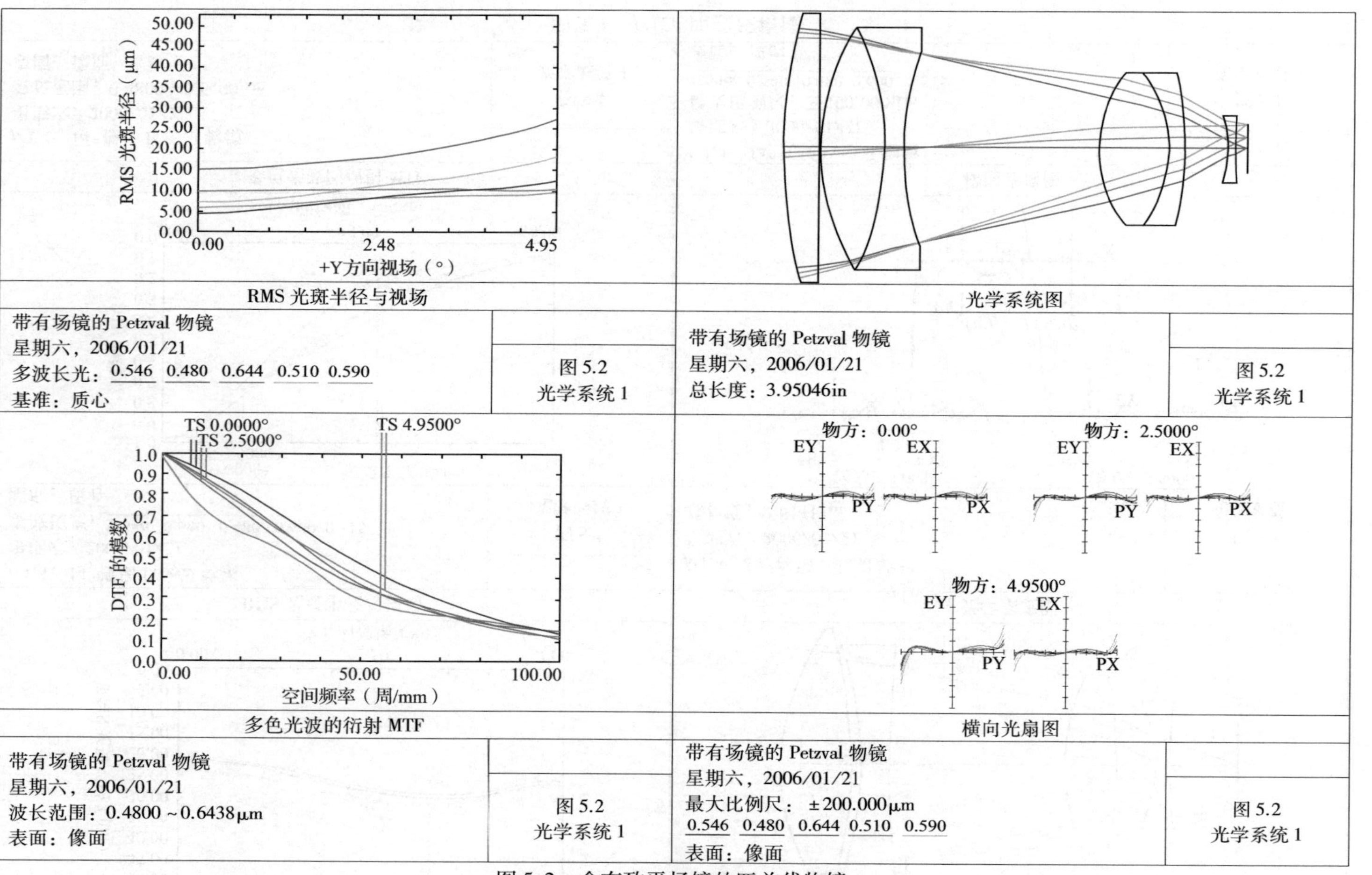
50.00
45.00
40.00
35.00
30.00
25.00
20.00
15.00
10.00
5.00
0.00
RMS 光斑半径（μm）
0.00
2.48
4.95
+Y方向视场（°）
RMS 光斑半径与视场
带有场镜的 Petzval 物镜
星期六，2006/01/21
多波长光：0.546 0.480 0.644 0.510 0.590
基准：质心
图 5.2
光学系统 1
光学系统图
带有场镜的 Petzval 物镜
星期六，2006/01/21
总长度：3.95046in
图 5.2
光学系统 1
TS 0.0000°
TS 2.5000°
TS 4.9500°
1.0
0.9
0.8
0.7
0.6
0.5
0.4
0.3
0.2
0.1
0.0
DTF 的模数
0.00
50.00
100.00
空间频率（周/mm）
多色光波的衍射 MTF
带有场镜的 Petzval 物镜
星期六，2006/01/21
波长范围：0.4800 ~ 0.6438μm
表面：像面
图 5.2
光学系统 1
物方：0.00°
物方：2.5000°
物方：4.9500°
EY
EX
PY
PX
横向光扇图
带有场镜的 Petzval 物镜
星期六，2006/01/21
最大比例尺：±200.000μm
0.546 0.480 0.644 0.510 0.590
表面：像面
图 5.2
光学系统 1

图 5.2　含有致平场镜的匹兹伐物镜

表5.2 含有致平场镜的改进型匹兹伐物镜的结构参数 (单位：in)

表面	半 径	厚 度	材 料	直 径
1	4.6627	0.3000	N-LAK33	2.380
2	0.0000	0.0150		2.380
3	2.0799	0.5391	N-PSK3	2.140
4	-2.6476	0.1700	F2	2.140
5	2.6476	0.1470		1.760
6	光阑	1.5182		1.663
7	1.1028	0.6000	N-PSK3	1.360
8	-1.1028	0.1300	F2	1.360
9	-3.3330	0.3712		1.360
10	-1.0400	0.0600	SF2	0.600
11	3.8085	0.1000		0.600

注：第一透镜的前表面到像面的距离 =3.95in，畸变 =0.12%。

参考文献

Angenieux, P. (1953) Large aperture photographic objective, US Patent #2649021.

Rogers, P. J. (1980) Modified petzval lens, US Patent #4232943.

Shade, W. (1951) Objectives of the petzval type with a high index collective lens, US Patent #2541484.

Smith, W. J. (1966) Objective of the petzval type with field flattener, US Patent #3255664.

Werfeli, A. (1956) Photographic and projection objective of the petzval type, US Patent #2744445.

第 6 章 准对称型双高斯物镜

这类物镜源自 C. F. Gauss（Kingslake 1951）最初设计的望远物镜，是消像散照相物镜的基本形式之一。该物镜的光学元件以光阑为中心，形成几乎是对称的结构布局。光阑周围是两个消色差透镜，火石玻璃元件靠近光阑（Brandt 1956），且其凹面对着光阑。在大孔径和中等视场范围内可以使像差得到较好校正。

一般来说，该物镜的孔径可以达到 $f/2.8$ 或更小，视场至少是 30°，后截距是焦距的 0.5～0.9 倍，是 35mm 单物镜反射式（SLR）相机及电影摄像机的基本镜头（50mm 焦距）。为了降低 $f^{\#}$，一般是在该物镜的前面或后面额外增加一些光学元件。

如图 6.1 所示是应用于电影摄像机（35mm 胶片）的双高斯物镜，焦距为 1.378in（35mm），$f^{\#}$为 $f/2.5$。有关的结构数据见表 6.1。

表 6.1 $f/2.5$ 双高斯物镜的结构参数 （单位：in）

表面	半 径	厚 度	材 料	直 径
1	0.9377	0.1258	N-LAK33	0.960
2	2.3033	0.0150		0.960
3	0.5241	0.1185	N-LAK33	0.760
4	0.9235	0.0783	SF1	0.760
5	0.3714	0.1466		0.520
6	光阑	0.1109		0.368
7	−0.6206	0.0600	F5	0.500
8	1.5225	0.1311	N-LAK33	0.680
9	−0.9137	0.0175		0.680
10	3.6353	0.2956	N-LAK33	0.860
11	−2.0103	0.7500		0.860

注：第一块透镜前表面到像面的距离 = 1.849in，畸变 = 1.6%。

该设计中采用高折射率的镧冕玻璃（N-LAK33）有利于减小球差。从布局图还会发现，全视场存在着渐晕，使边缘的相对照度降低到约 80%（参看对图 6.2 所示物镜的评论）。

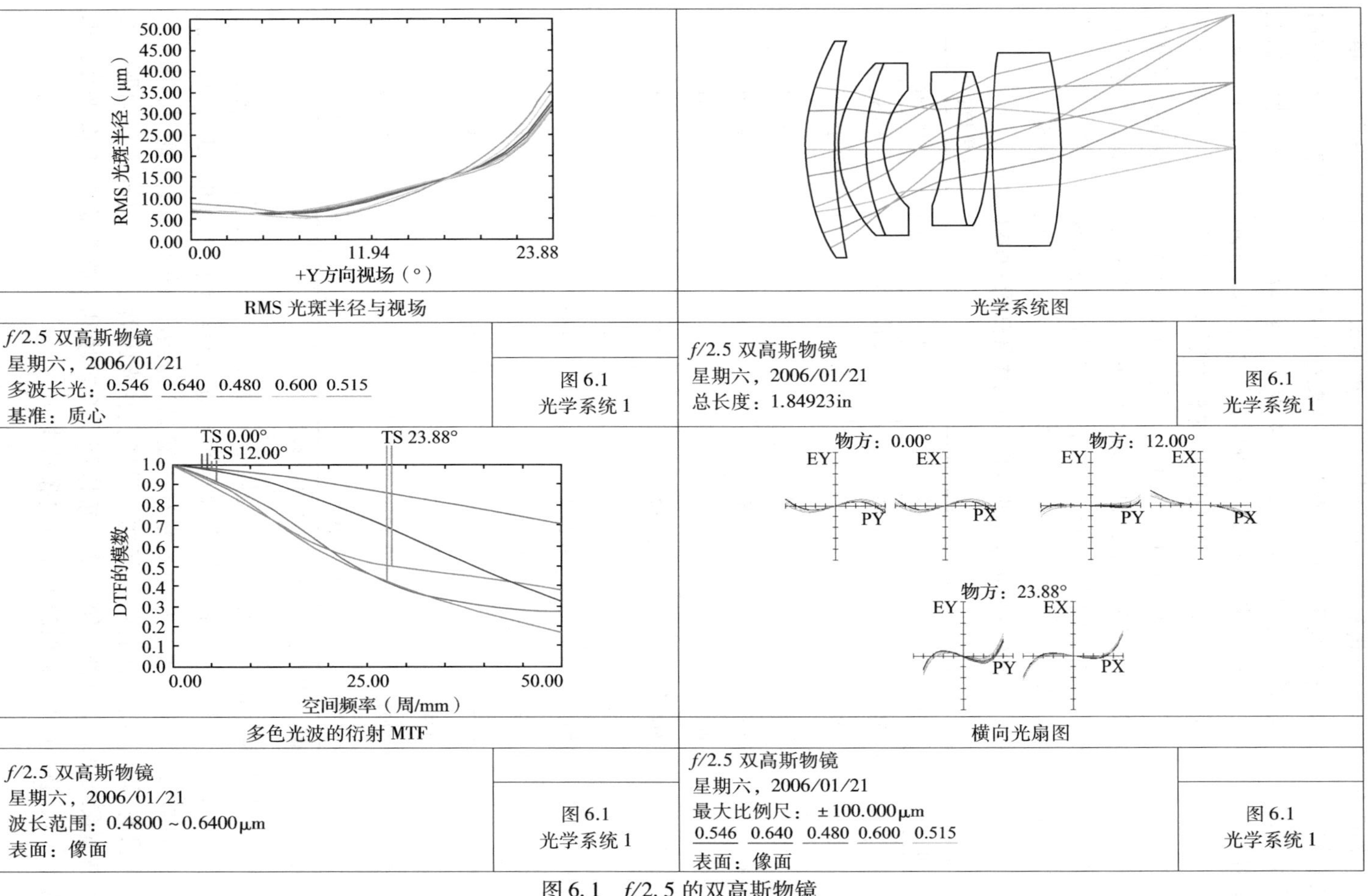

RMS 光斑半径（μm）
50.00
45.00
40.00
35.00
30.00
25.00
20.00
15.00
10.00
5.00
0.00
0.00
11.94
23.88
+Y方向视场（°）
RMS 光斑半径与视场
f/2.5 双高斯物镜
星期六，2006/01/21
多波长光：0.546 0.640 0.480 0.600 0.515
基准：质心
图 6.1
光学系统 1
光学系统图
f/2.5 双高斯物镜
星期六，2006/01/21
总长度：1.84923in
图 6.1
光学系统 1
TS 0.00°
TS 12.00°
TS 23.88°
1.0
0.9
0.8
0.7
0.6
0.5
0.4
0.3
0.2
0.1
0.0
DTF的模数
0.00
25.00
50.00
空间频率（周/mm）
多色光波的衍射 MTF
f/2.5 双高斯物镜
星期六，2006/01/21
波长范围：0.4800～0.6400μm
表面：像面
图 6.1
光学系统 1
物方：0.00°
物方：12.00°
物方：23.88°
EY
EX
PY
PX
横向光扇图
f/2.5 双高斯物镜
星期六，2006/01/21
最大比例尺：±100.000μm
0.546 0.640 0.480 0.600 0.515
表面：像面
图 6.1
光学系统 1

图 6.1　f/2.5 的双高斯物镜

如图6.2所示为单透镜反射式照相物镜，焦距50mm、*f*/1.8，是35mm单透镜反射式照相机使用的基本镜头。要求其后截距较大是为了在相机中安装快门和反射镜装置。为研发这种照相物镜，使其紧凑、轻型，并有良好像质，已经花费了大量的精力，有关该物镜的详细资料，可参看Wakamiya的著作（1984）。

该物镜系统有渐晕，23°和16°视场角的相对照度分别是66%和91%，$f^{\#}$为*f*/4时没有渐晕。一般来说，由于调焦是在全孔径中心视场完成，因而，曝光时要缩小物镜的光圈。为避免缩小物镜光圈时有焦移，非常重要的是物镜要有较小的球差。表6.2列出了图6.2的相关数据，该物镜是在Wakimoto系统（1971）的基础上做了少量修改的改进型。专利所涉及的是一个*f*/1.4的物镜系统。

表6.2 焦距50mm、*f*/1.8单透镜反射式照相物镜的结构参数

（单位：in）

表面	半 径	厚 度	材 料	直 径
1	1.3517	0.1746	N-BASF2	1.480
2	3.1073	0.0150		1.420
3	1.0848	0.2934	N-LAK8	1.260
4	23.3464	0.0800	SF2	1.260
5	0.6617	0.2770		0.900
6	光阑	0.3652		0.772
7	-0.6679	0.0800	SF2	0.940
8	2.7336	0.2911	N-LAK33	1.260
9	-1.0096	0.0150		1.260
10	0.0000	0.2358	N-LAK33	1.520
11	-2.3087	0.0150		1.520
12	3.1206	0.1318	N-LAK8	1.620
13	27.5356	1.3006		1.620

注：第一块透镜前表面到像面的距离=3.275in，畸变=5%。

由于该物镜有渐晕，所以重要之处是设计师要调整物镜直径使系统实际可行。这是因为大部分设计软件程序都是通过适当调整不同视场的入瞳直径以满足设计师对渐晕的要求。物镜的直径一定只让被追迹的光线真正通过该物镜。如果没有渐晕，就不会有任何问题，设置孔径光阑就是防止出现这种问题。参考物镜系统图，注意到，第一块透镜限制了全视场和中视场最低边缘光线，而最后一块透镜和第9面限制了最高边缘光线。

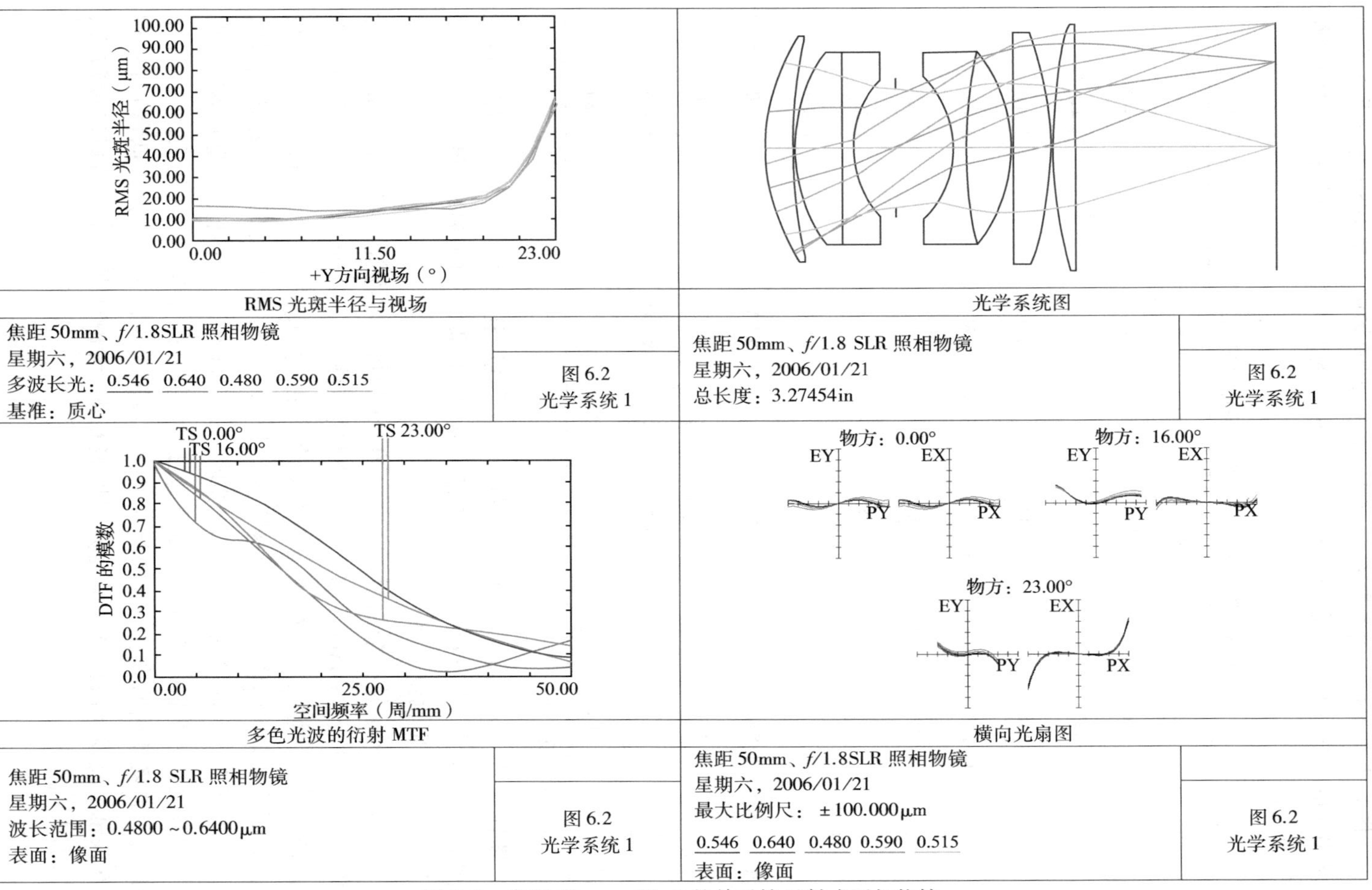
RMS 光斑半径（μm）
+Y方向视场（°）
RMS 光斑半径与视场
焦距 50mm、f/1.8SLR 照相物镜
星期六，2006/01/21
多波长光：0.546 0.640 0.480 0.590 0.515
基准：质心
图 6.2
光学系统 1
光学系统图
焦距 50mm、f/1.8 SLR 照相物镜
星期六，2006/01/21
总长度：3.27454in
图 6.2
光学系统 1
TS 0.00°
TS 16.00°
TS 23.00°
DTF 的模数
空间频率（周/mm）
多色光波的衍射 MTF
焦距 50mm、f/1.8 SLR 照相物镜
星期六，2006/01/21
波长范围：0.4800 ~ 0.6400μm
表面：像面
图 6.2
光学系统 1
物方：0.00°
物方：16.00°
物方：23.00°
EY
EX
PY
PX
横向光扇图
焦距 50mm、f/1.8SLR 照相物镜
星期六，2006/01/21
最大比例尺：±100.000μm
0.546 0.640 0.480 0.590 0.515
表面：像面
图 6.2
光学系统 1

图 6.2　焦距 50mm、f/1.8 的单透镜反射式照相物镜

如图 6.3 所示是一个焦距 4in、f/1、视场 5°的物镜，是 1980 光学系统设计会议递交的论文中某物镜系统（Juergens1980）的改进型，稍有修改。物镜的结构参数见表 6.3。

表 6.3　焦距 4in、f/1 的双高斯物镜的结构参数　（单位：in）

表面	半　径	厚　度	材　料	直　径
1	3.5519	1.3991	N-LAF2	4.440
2	0.0000	0.0088		4.440
3	1.7043	0.9385	N-PSK3	2.960
4	-16.2382	0.2522	SF1	2.960
5	0.9860	0.4336		1.660
6	光阑	0.2777		1.654
7	-1.6424	0.2702	SF1	1.660
8	1.8028	1.1586	N-LAF2	2.080
9	-2.3336	0.4472		2.080
10	1.6593	1.0438	N-LAF2	1.880
11	14.4112	0.8128		1.880

注：第一块透镜前表面到像面的距离 = 7.042in，畸变 = 0.3%。

遗憾地是，该物镜系统有几个厚透镜，后截距比较短，没有空间放置可变光阑机构。然而，应当看到，该系统有较小的 $f^{\#}$ 和非常好的像质。另外，可以参考图 22.1 中投影物镜的例子。

如图 6.4 所示是一个焦距 25mm、f/0.85 的物镜。物镜系统是 Kitahara 设计（1999）的，并经 Caldwell 评论过的一种改进型物镜（1999）。前弯月透镜的作用是校正系统的慧差。遗憾的是，该设计采用了大量的高折射率玻璃，但为校正大数值孔径系统的像差，必须这样做。此外，LASF 玻璃比较贵，在蓝光区有一些吸收（对 25mm 厚的 N-LASF45 玻璃，0.4μm 光谱处的透过率是 0.68）。在优化大数值孔径物镜系统时，一定要追迹足够数量的光线。在利用 ZEMAX 程序设计时，作者使用的光线分布图是在半瞳孔范围内（由于对称性，见表 1.1）使用 6 根轴上光线。该物镜的详细数据见表 6.4。考虑到视场小，所以畸变较大，值为 5.4%。

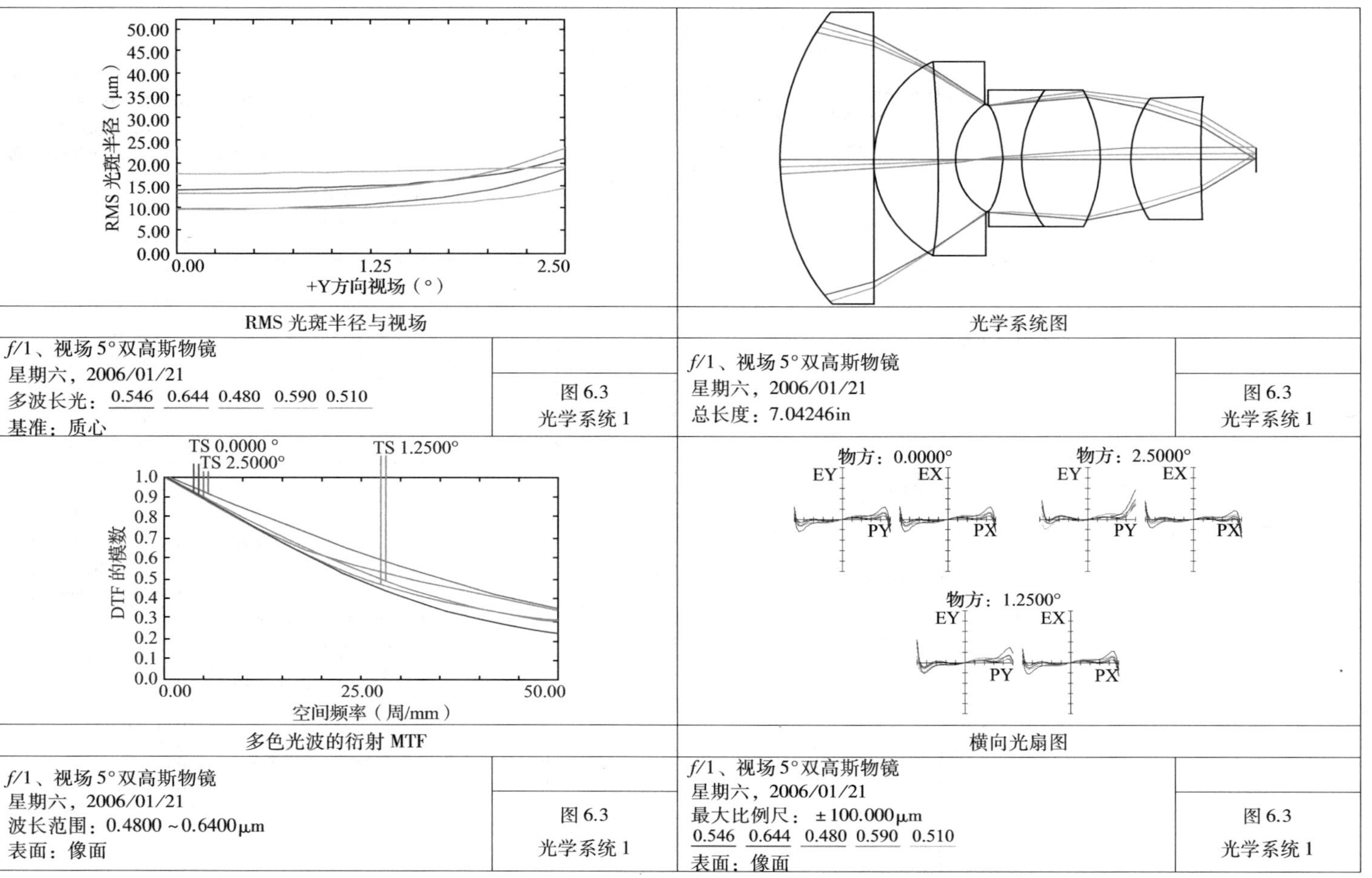

RMS 光斑半径（μm）
50.00
45.00
40.00
35.00
30.00
25.00
20.00
15.00
10.00
5.00
0.00
0.00
1.25
2.50
+Y方向视场（°）
RMS 光斑半径与视场
f/1、视场 5°双高斯物镜
星期六，2006/01/21
多波长光：0.546 0.644 0.480 0.590 0.510
基准：质心
图 6.3
光学系统 1
光学系统图
f/1、视场 5°双高斯物镜
星期六，2006/01/21
总长度：7.04246in
图 6.3
光学系统 1
TS 0.0000 °
TS 2.5000°
TS 1.2500°
DTF 的模数
1.0
0.9
0.8
0.7
0.6
0.5
0.4
0.3
0.2
0.1
0.0
0.00
25.00
50.00
空间频率（周/mm）
物方：0.0000°
物方：2.5000°
物方：1.2500°
EY
EX
PY
PX
多色光波的衍射 MTF
f/1、视场 5°双高斯物镜
星期六，2006/01/21
波长范围：0.4800～0.6400μm
表面：像面
图 6.3
光学系统 1
横向光扇图
f/1、视场 5°双高斯物镜
星期六，2006/01/21
最大比例尺：±100.000μm
0.546 0.644 0.480 0.590 0.510
表面：像面
图 6.3
光学系统 1

图 6.3　f/1、视场 5°的双高斯物镜

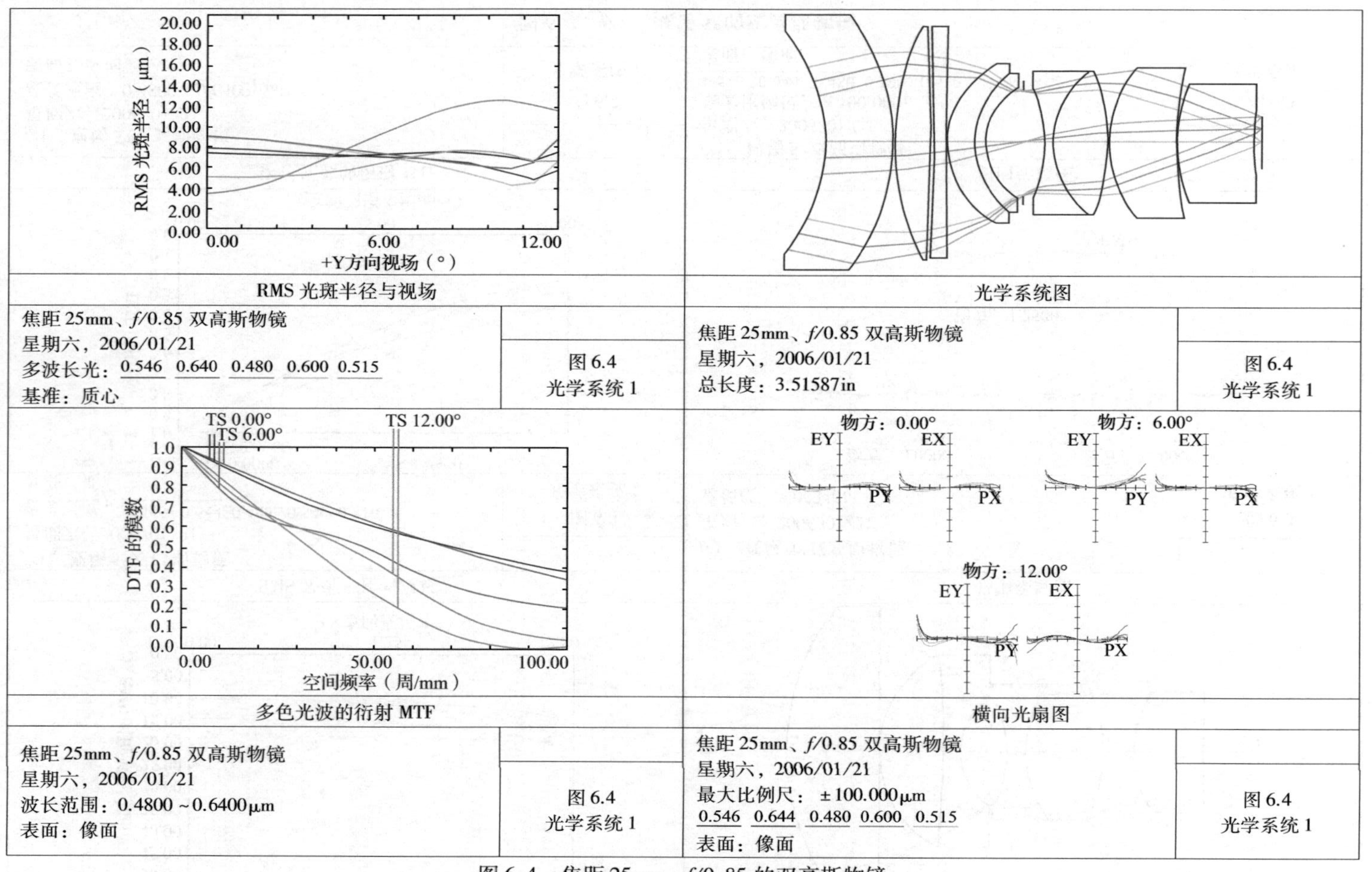

RMS 光斑半径（μm）
+Y方向视场（°）
RMS 光斑半径与视场
焦距 25mm、f/0.85 双高斯物镜
星期六，2006/01/21
多波长光：0.546 0.640 0.480 0.600 0.515
基准：质心
图 6.4
光学系统 1
光学系统图
焦距 25mm、f/0.85 双高斯物镜
星期六，2006/01/21
总长度：3.51587in
图 6.4
光学系统 1
TS 0.00°
TS 6.00°
TS 12.00°
DTF 的模数
空间频率（周/mm）
多色光波的衍射 MTF
焦距 25mm、f/0.85 双高斯物镜
星期六，2006/01/21
波长范围：0.4800～0.6400μm
表面：像面
图 6.4
光学系统 1
物方：0.00°
物方：6.00°
物方：12.00°
EY
EX
PY
PX
横向光扇图
焦距 25mm、f/0.85 双高斯物镜
星期六，2006/01/21
最大比例尺：±100.000μm
0.546 0.644 0.480 0.600 0.515
表面：像面
图 6.4
光学系统 1

图 6.4 焦距 25mm、$f/0.85$ 的双高斯物镜

表6.4　焦距25mm、$f/0.85$ 的双高斯物镜　　（单位：in）

表面	半　径	厚　度	材　料	直　径
1	-1.3208	0.5000	N-LASF45	1.680
2	-1.5870	0.0100		1.920
3	1.9289	0.2672	N-LASF43	1.760
4	-14.4115	0.0208		1.760
5	-13.5126	0.0900	SF6	1.700
6	31.7442	0.0100		1.760
7	0.6799	0.2000	N-LASF43	1.200
8	0.6526	0.0808	SF6	1.040
9	0.4889	0.2791		0.840
10	光阑	0.1576		0.788
11	-1.0226	0.0600	SF57	0.840
12	0.6805	0.4000	N-LASF31	1.080
13	-1.5009	0.0100		1.080
14	0.8688	0.5000	N-LASF31	1.140
15	2.5004	0.0100		1.140
16	1.1817	0.5585	N-LASF43	0.900
17	1.1430	0.0603		0.480

注：第一块透镜前表面到像面的距离 =3.214in，畸变 =5.4%。

参考文献

Brandt, H. M. (1956) The Photographic Lens, Focal Press, New York.

Caldwell, B. (1999) Fast double Gauss lens, Optics and Photonic News, 10, 38-39.

Fujioka, Y. (1984) Camera lens system with long back focal distance, US Patent#4443070.

Imai, T. (1983) Standard photographic lens system, US Patent#4396255.

Juergens, R. C. (1980) The sample problem: a comparative study of lens design programs and users, *1980 International Lens Design Conference Proc. SPIE*, 237: 348.

Kidger, M. J. (1967) Design of double Gauss systems, *Applied Optics*, 6, 553-563.

Kingslake, R. (1951) Lenses in Photography, Garden City Books, Garden City, NY.

Kitahara, Y. (1999) Fast double gauss lens, US Patent#5920436.

Mandler, W. (1980) Design of basic double Gauss lenses. *Proc. SPIE*, 237: 222.

Momiyama, K. (1982) Large aperture ratio photographic lens, US Patent#4364643.

Mori, I. (1983) Gauss type photographic lens, US Patent#4390252.

Mori, I. (1984) Gauss type photographic lens, US Patent#4426137.

Wakamiya, K. (1984) Great aperture ratio lens, US Patent#4448497.

Wakimoto, Z. and Yoshiyuki, S. (1971) Photographic lens having a large aperture, US Patent #3560079.

第 7 章 摄远物镜

摄远物镜由一个前正透镜组（F_a）和一个后负透镜组（F_b）组成，中间间隔是 T（见图 7.1）。远距照相比（摄远比）定义为 L/F（Cooke 1965）。

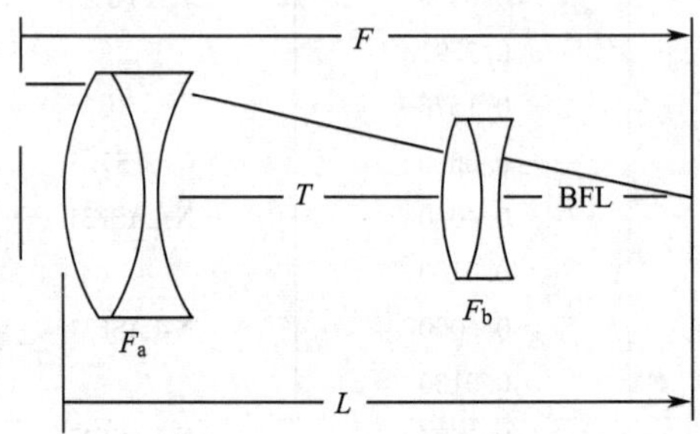
F
T
BFL
F_a
F_b
L

图 7.1 摄远物镜示意图

假设为薄透镜系统，则

$$\frac{1}{F}=\frac{1}{F_a}+\frac{1}{F_b}-\frac{T}{F_aF_b}$$

$$\mathrm{BFL}=\frac{F(F_a-T)}{F_a}$$

求解上述公式，得

$$F_a=\frac{TF}{F-L+T}$$

和

$$F_a=\frac{T(T-L)}{F-L}$$

当 $T=L/2$ 时，F_b 的绝对值最大。

如图 7.2 所示是 Aklin 设计的摄远物镜（1945），有效焦距为 5.0in，$f^{\#}=f/5.6$，视场为 20°。物镜的详细结构参数见表 7.1。

表 7.1 有效焦距 5.0in、f/5.6 摄远物镜的结构参数 （单位：in）

表面	半 径	厚 度	材 料	直 径
1	0.8589	0.2391	N-BK7	1.020
2	−2.6902	0.0900	N-BASF2	1.020
3	3.0318	0.0481		0.880

（续）

表面	半 径	厚 度	材 料	直 径
4	光阑	1.0347		0.766
5	-0.5715	0.0900	N-ZK7	0.860
6	-0.7423	0.1005	N-LAF33	1.000
7	-1.1433	0.0156		1.080
8	-17.0388	0.0793	SF1	1.100
9	-2.7695	2.4796		1.100

注：第一透镜前表面到像面的距离 =4.177in，畸变 =0.47%（枕形畸变），远比值 =0.835。

如图7.3所示是单透镜反射式相机（胶片对角线尺寸是1.703in）使用的*f*/2.8摄远物镜。物镜的有关结构参数见表7.2。

表7.2 焦距180mm、*f*/2.8摄远物镜的结构参数 （单位：in）

表面	半 径	厚 度	材 料	直 径
1	3.6349	0.3036	N-BK7	2.640
2	-24.7282	0.0895		2.640
3	-7.6566	0.2374	F5	2.580
4	41.9314	0.1000		2.640
5	光阑	0.1000		2.370
6	1.9097	0.4879	N-BK10	2.500
7	4.5888	0.2200	SF1	2.500
8	2.6494	0.8101		2.240
9	4.8821	0.3426	N-KF9	2.120
10	-11.3966	0.7696		2.120
11	-2.1864	0.2998	K10	1.700
12	-1.4618	0.1500	SF1	1.740
13	-3.1274	0.7330		1.740
14	-1.4059	0.1600	N-K5	1.620
15	5.1640	0.2494	SF5	1.800
16	-2.9315	1.7146		1.800

注：第一透镜前表面到像面的距离 =6.767in，畸变 =0.57%（枕形畸变），远比值 =0.955。

如图7.4所示是焦距400mm、*f*/4的摄远物镜，有关的结构参数见表7.3，所成图像直径是1.07in，因而适于35mm电影摄像。

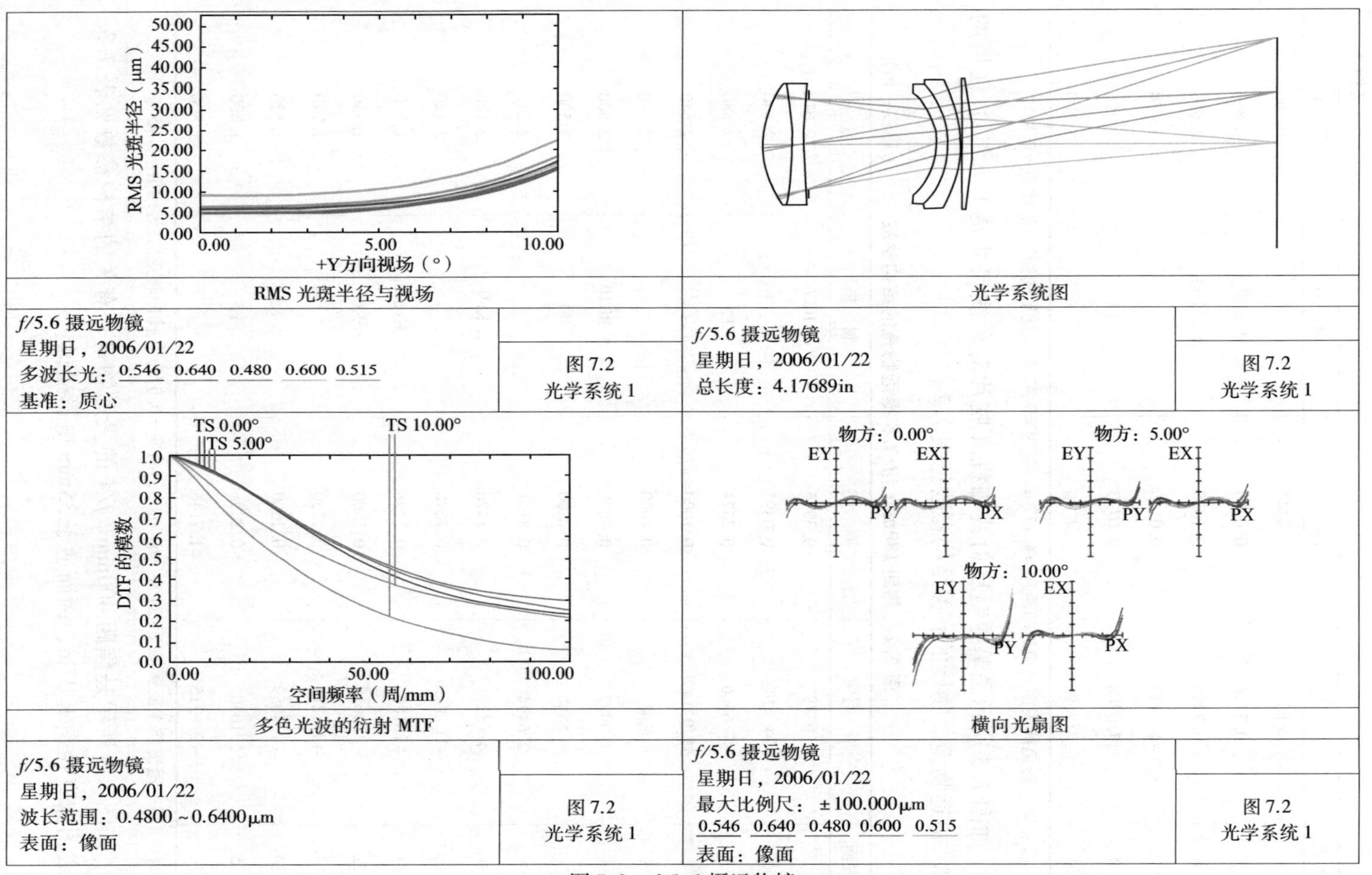

RMS 光斑半径（μm）
+Y方向视场（°）
RMS 光斑半径与视场
f/5.6 摄远物镜
星期日，2006/01/22
多波长光：0.546 0.640 0.480 0.600 0.515
基准：质心
图 7.2
光学系统 1
光学系统图
f/5.6 摄远物镜
星期日，2006/01/22
总长度：4.17689in
图 7.2
光学系统 1
TS 0.00°
TS 5.00°
TS 10.00°
DTF 的模数
空间频率（周/mm）
多色光波的衍射 MTF
f/5.6 摄远物镜
星期日，2006/01/22
波长范围：0.4800～0.6400μm
表面：像面
图 7.2
光学系统 1
物方：0.00°
物方：5.00°
物方：10.00°
EY
EX
PY
PX
横向光扇图
f/5.6 摄远物镜
星期日，2006/01/22
最大比例尺：±100.000μm
0.546 0.640 0.480 0.600 0.515
表面：像面
图 7.2
光学系统 1

图 7.2　f/5.6 摄远物镜

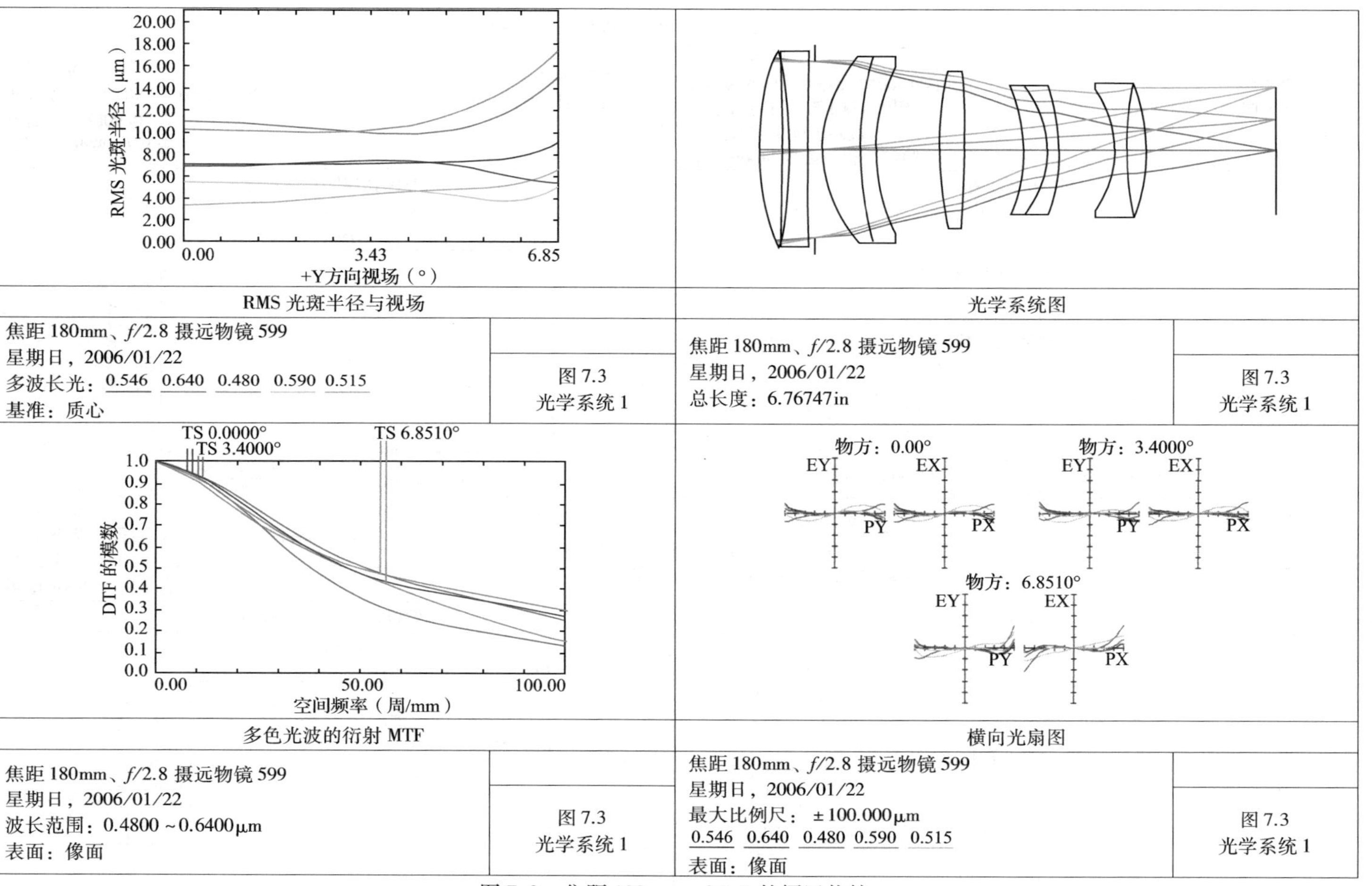

RMS 光斑半径（μm）
20.00
18.00
16.00
14.00
12.00
10.00
8.00
6.00
4.00
2.00
0.00
0.00
3.43
6.85
+Y方向视场（°）
RMS 光斑半径与视场
焦距 180mm、f/2.8 摄远物镜 599
星期日，2006/01/22
多波长光：0.546 0.640 0.480 0.590 0.515
基准：质心
图 7.3
光学系统 1
光学系统图
焦距 180mm、f/2.8 摄远物镜 599
星期日，2006/01/22
总长度：6.76747in
图 7.3
光学系统 1
TS 0.0000°
TS 3.4000°
TS 6.8510°
1.0
0.9
0.8
0.7
0.6
0.5
0.4
0.3
0.2
0.1
0.0
DTF 的模数
0.00
50.00
100.00
空间频率（周/mm）
多色光波的衍射 MTF
焦距 180mm、f/2.8 摄远物镜 599
星期日，2006/01/22
波长范围：0.4800 ~0.6400μm
表面：像面
图 7.3
光学系统 1
物方：0.00°
物方：3.4000°
物方：6.8510°
EY
EX
PY
PX
横向光扇图
焦距 180mm、f/2.8 摄远物镜 599
星期日，2006/01/22
最大比例尺：±100.000μm
0.546 0.640 0.480 0.590 0.515
表面：像面
图 7.3
光学系统 1

图 7.3 焦距 180mm、$f/2.8$ 的摄远物镜

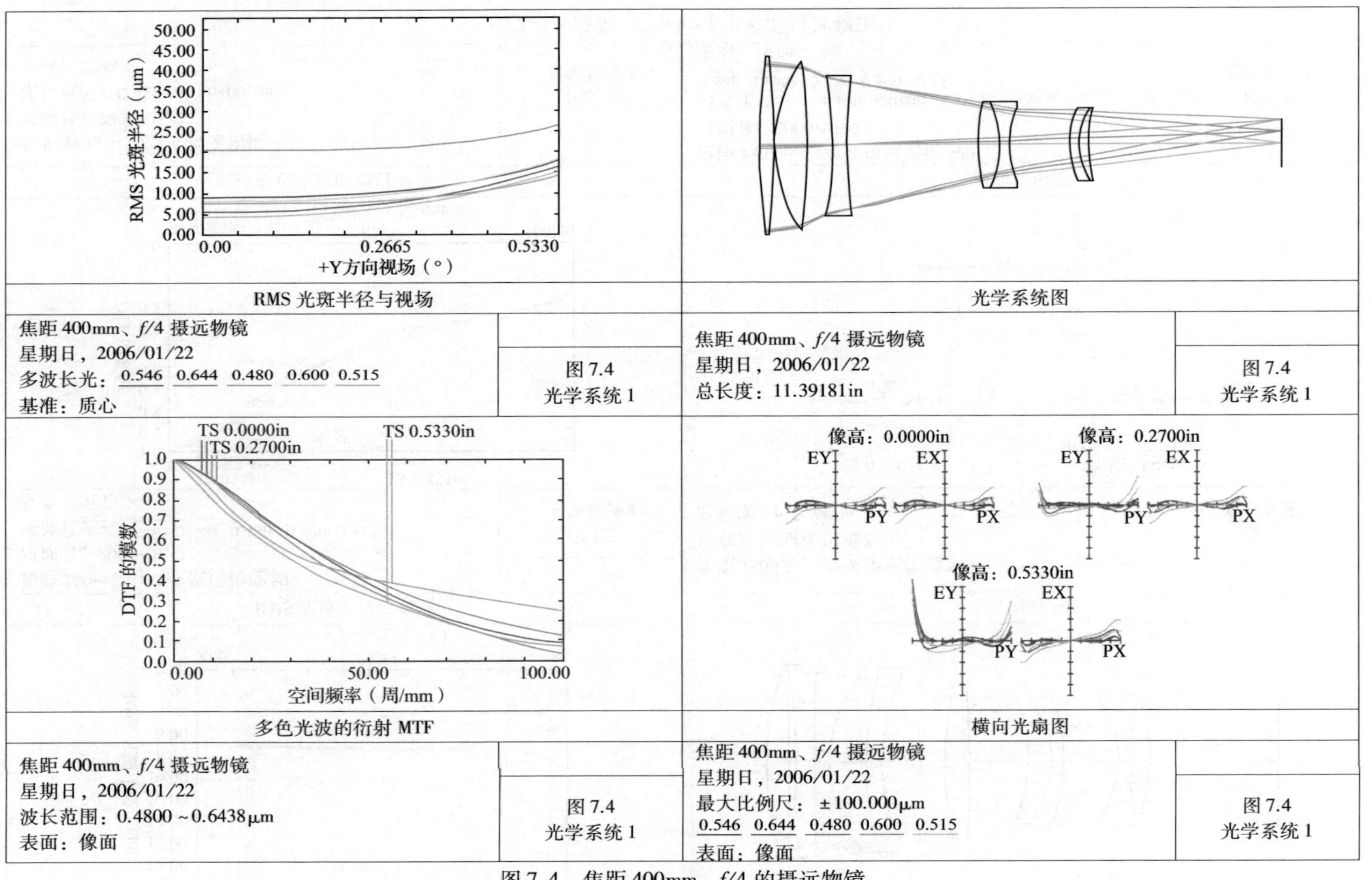
RMS 光斑半径（μm）
50.00
45.00
40.00
35.00
30.00
25.00
20.00
15.00
10.00
5.00
0.00
0.00
0.2665
0.5330
+Y方向视场（°）
RMS 光斑半径与视场
焦距 400mm、f/4 摄远物镜
星期日，2006/01/22
多波长光：0.546 0.644 0.480 0.600 0.515
基准：质心
图 7.4
光学系统 1
光学系统图
焦距 400mm、f/4 摄远物镜
星期日，2006/01/22
总长度：11.39181in
图 7.4
光学系统 1
TS 0.0000in
TS 0.2700in
TS 0.5330in
DTF 的模数
1.0
0.9
0.8
0.7
0.6
0.5
0.4
0.3
0.2
0.1
0.0
0.00
50.00
100.00
空间频率（周/mm）
多色光波的衍射 MTF
焦距 400mm、f/4 摄远物镜
星期日，2006/01/22
波长范围：0.4800～0.6438μm
表面：像面
图 7.4
光学系统 1
像高：0.0000in
像高：0.2700in
像高：0.5330in
EY
EX
PY
PX
横向光扇图
焦距 400mm、f/4 摄远物镜
星期日，2006/01/22
最大比例尺：±100.000μm
0.546 0.644 0.480 0.600 0.515
表面：像面
图 7.4
光学系统 1

图 7.4　焦距 400mm、$f/4$ 的摄远物镜

表 7.3　焦距为 400mm、f/4 摄远物镜的结构参数　（单位：in）

表面	半　径	厚　度	材　料	直　径
1	16.2665	0.3042	N-FK5	4.020
2	-19.9912	0.0150		4.020
3	3.4920	0.7067	N-FK51	3.820
4	-15.0735	0.5468		3.820
5	-9.8613	0.3000	SF1	3.180
6	9.7403	0.2610		2.960
7	光阑	2.6245		2.791
8	4.0679	0.4635	SF1	1.980
9	-2.4971	0.2000	N-LAF3	1.980
10	1.8699	1.3277		1.680
11	2.1187	0.2000	SF1	1.660
12	1.5200	0.2011	N-FK5	1.660
13	3.0828	4.2414		1.560

注：第一透镜前表面到像面的距离 = 11.392in，畸变 = 0.35%（枕形畸变），远比值 = 0.72。

针对较长的此类物镜系统，一般采用内调焦方法。就机械方面来说其优点是，整个物镜都安装固定在相机上，只移动内调焦元件即可。这方面的例子，可参考 Kreitzer（1982）或 Sato（1994）的著作描述。在这种情况下，当从远距离目标调焦到近距离目标时，最后面两块双胶合元件就移向胶片平面，表 7.4 给出了其调焦运动量。

表 7.4　400mm 摄远物镜的调焦运动　（单位：in）

物距	T（7）	T（13）
无穷远	2.624	4.241
1500	2.706	4.160
750	2.789	4.077
500	2.874	3.992

该工作可以使用具有多布局结构的计算程序完成。由于调焦时应（最好）保持孔径光阑直径不变，所以要利用近轴像高度而非视场角和 $f^{\#}$。此时，改变第 7 个厚度而使所有结构布局的总长度不变。

如图 7.5 所示是焦距 1000mm、f/11 的摄远物镜，相关结构参数见表 7.5。其覆盖的像面直径是 1.704in，所以可以用于单透镜反射式照相机。总长度是 20.00in，远比值是 0.508。前面三胶合透镜的中间元件较厚，所以该物镜系统是“前重”型结构。将该设计与如图 15.4 所示的卡塞格林（Cassegran）物镜进行比较，读者一定会大有收益。

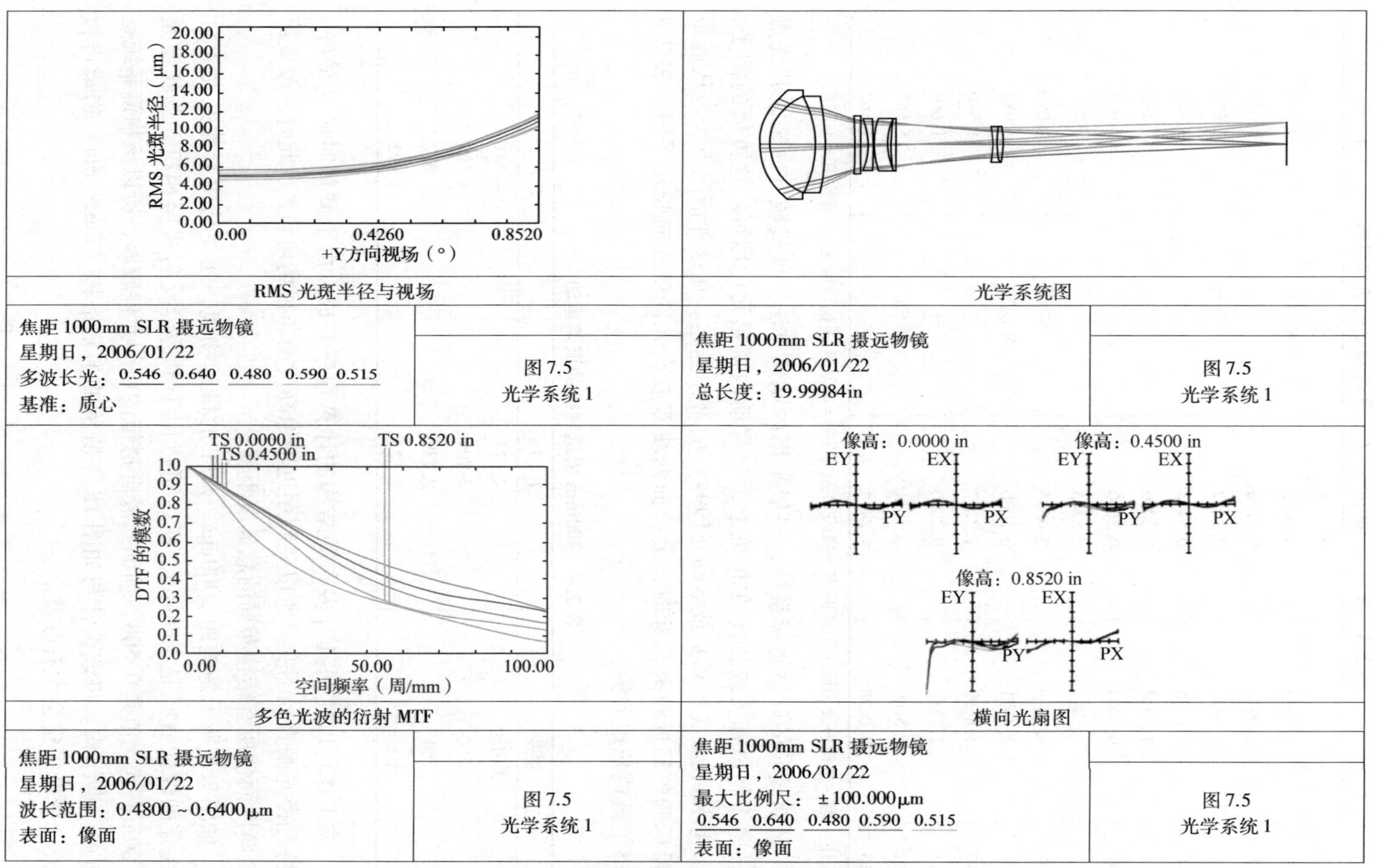
RMS 光斑半径（μm）
20.00
18.00
16.00
14.00
12.00
10.00
8.00
6.00
4.00
2.00
0.00
0.00
0.4260
0.8520
+Y方向视场（°）
RMS 光斑半径与视场
焦距 1000mm SLR 摄远物镜
星期日，2006/01/22
多波长光：0.546 0.640 0.480 0.590 0.515
基准：质心
图 7.5
光学系统 1
光学系统图
焦距 1000mm SLR 摄远物镜
星期日，2006/01/22
总长度：19.99984in
图 7.5
光学系统 1
TS 0.0000 in
TS 0.4500 in
TS 0.8520 in
DTF 的模数
1.0
0.9
0.8
0.7
0.6
0.5
0.4
0.3
0.2
0.1
0.0
0.00
50.00
100.00
空间频率（周/mm）
多色光波的衍射 MTF
焦距 1000mm SLR 摄远物镜
星期日，2006/01/22
波长范围：0.4800～0.6400μm
表面：像面
图 7.5
光学系统 1
像高：0.0000 in
像高：0.4500 in
像高：0.8520 in
EY
EX
PY
PX
横向光扇图
焦距 1000mm SLR 摄远物镜
星期日，2006/01/22
最大比例尺：±100.000μm
0.546 0.640 0.480 0.590 0.515
表面：像面
图 7.5
光学系统 1

图 7.5 焦距 1000mm、$f/11$ 的摄远物镜

表 7.5 SLR 复消色差摄远物镜结构参数

表面	半 径	厚 度	材 料	直 径
1	2.6332	0.3730	N-LAK12	4.260
2	2.0674	1.7336	S－EPL53	3.800
3	－4.4324	0.3730	N-SK16	3.800
4	－9.5362	1.1269		3.800
5	－13.7333	0.1976	SF1	2.300
6	62.0769	0.3173		2.200
7	－2.3374	0.1980	N-LAK10	2.040
8	－13.6459	0.0150		2.040
9	3.0957	0.5227	S－FPL53	2.040
10	2.6268	0.1092		1.880
11	5.2901	0.1876	SF1	2.040
12	48.8360	0.9234		2.040
13	光阑	2.7584		1.496
14	－2.9733	0.1463	N-LAK10	1.360
15	3.1113	0.2491	F5	1.420
16	－3.4606	10.7685		1.420

注：畸变＝＋0.27%（枕形）。

移动后组双胶合透镜可以实现调焦。与前面设计一样，对不同物距调焦时保持孔径直径不变。此外，调焦时必须保持总长度不变。调焦移动量的数据见表 7.6。

表 7.6 焦距 1000mm 摄远物镜的调焦移动量 （单位：in）

物 距	T（13）	T（16）
无穷远	2.758	10.768
5000	2.847	10.680
2000	2.983	10.544
1000	3.216	10.311

很多时候，都希望通过增加一个负的消色差透镜（F_a）以增大现有物镜（F_b）的焦距，物镜与消色差负透镜间的距离是 T。这除了能够形成一个摄远物镜外，还可用作双模式系统，即通过在物镜与消色差负透镜之间插入一块反射镜，可以得到一个双焦距系统。以如图 2.2 所示的双胶合消色差透镜为例，如果希望该物镜具有双焦距，由上面公式得出 $T=8.0$，负透镜的焦距就需要是－24.0。

使用与物镜同样的材料，N-BAK1 和 SF2，并利用薄透镜消色差公式得到初始解（见表 2.1）。然后，只改变负透镜的参数对系统进行优化。如图 7.6 所示是优化结果，有效焦距是 40，视场为 1.5°。对应的结构参数见表 7.7。该系统有大量的横向色差，在均方根（RMS）光点曲线图中几乎是一条水平线。

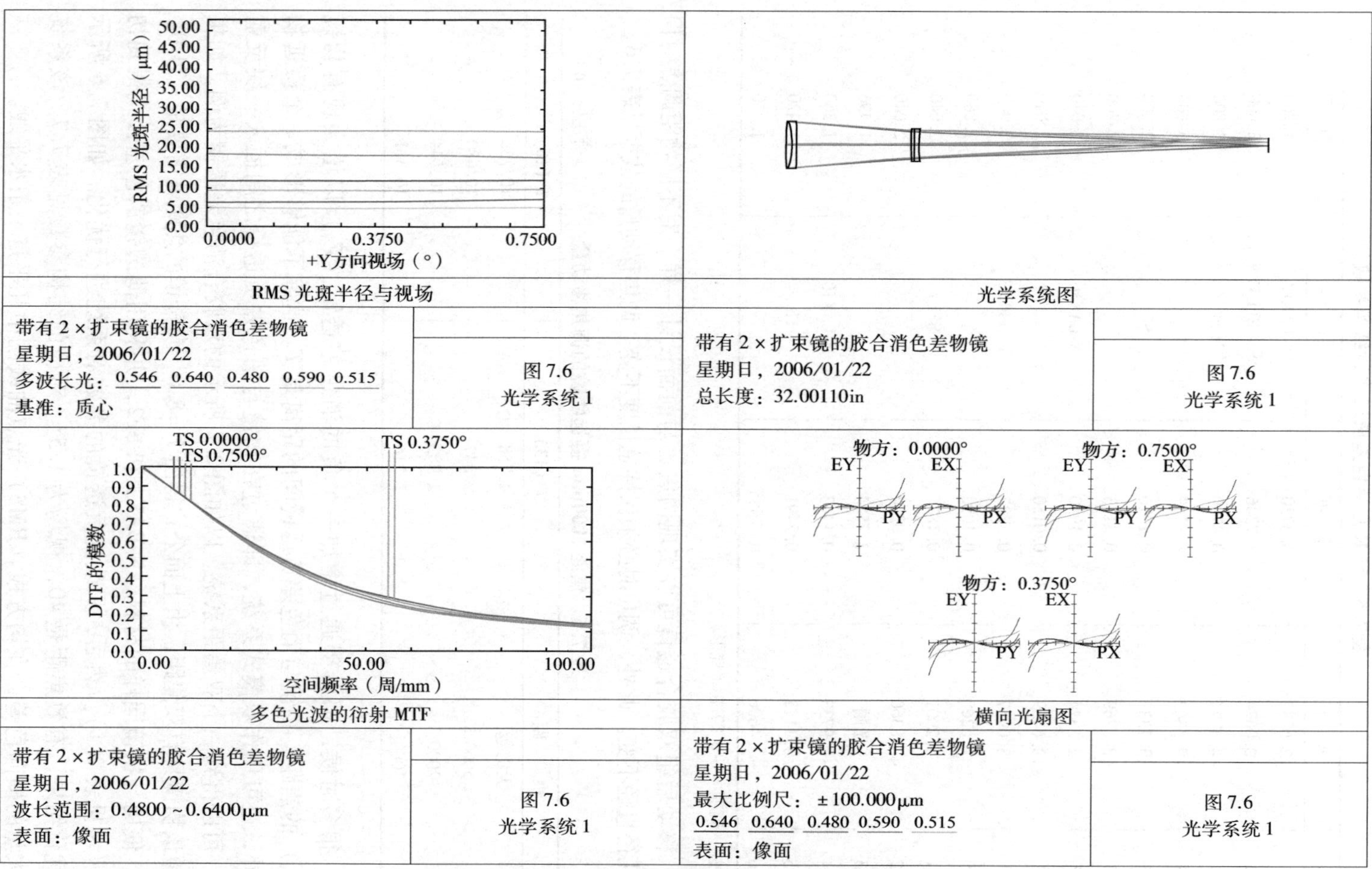
RMS 光斑半径（μm）
+Y方向视场（°）
RMS 光斑半径与视场
带有 2 × 扩束镜的胶合消色差物镜
星期日，2006/01/22
多波长光：0.546 0.640 0.480 0.590 0.515
基准：质心
图 7.6
光学系统 1
光学系统图
带有 2 × 扩束镜的胶合消色差物镜
星期日，2006/01/22
总长度：32.00110in
图 7.6
光学系统 1
TS 0.0000°
TS 0.7500°
TS 0.3750°
DTF 的模数
空间频率（周/mm）
多色光波的衍射 MTF
带有 2 × 扩束镜的胶合消色差物镜
星期日，2006/01/22
波长范围：0.4800～0.6400μm
表面：像面
图 7.6
光学系统 1
物方：0.0000°
物方：0.7500°
物方：0.3750°
EY
PY
EX
PX
横向光扇图
带有 2 × 扩束镜的胶合消色差物镜
星期日，2006/01/22
最大比例尺：±100.000μm
0.546 0.640 0.480 0.590 0.515
表面：像面
图 7.6
光学系统 1

图 7.6 具有 2 × 扩束能力的双胶合消色差物镜

表7.7 具有2×扩束能力的双胶合消色差物镜的结构参数

表面	半 径	厚 度	材 料	直 径
1	12.3840	0.4340	N-BAK1	3.410 光阑
2	-7.9414	0.3210	SF2	3.410
3	-48.4440	7.5706		3.410
4	17.9546	0.2500	SF2	2.320
5	-32.0067	0.2500	N-BAK1	2.320
6	6.8946	23.1755		2.240

注：第一透镜前表面到像面的距离=32.001in，畸变=0.02%。

参考文献

Aklin, G. (1945) Telephoto objective, US Patent #2380207.

Arai, Y. (1984) Large aperture telephoto lens, US Patent #4447137.

Cooke, G. H. (1965) *Photographic Objectives*, *Applied Optics and Optical Engineering*, (R. Kingslake, ed.) 3: 104 Academic Press, NY.

Eggert, J. (1968) Photographic telephoto lenses of high telephoto power, US Patent #3388956.

Horikawa, Y. (1984) Telephoto lens system, US Patent #4435049.

Kreitzer, M. H. (1982) Internal focusing telephoto lens, US Patent #4359272.

Matsui, S. (1982) Telephoto lens system, US Patent #4338001.

Sato, S. (1994) Internal focusing telephoto lens, US Patent #5323270.

Tanaka, T. (1986) Lens system, US Patent #4575198.

第8章　反摄远物镜

反摄远物镜或反长焦物镜由前负透镜组和后正透镜组组成。其特点是，与其有效焦距（EFL）相比，该物镜有长的后截距。这种结构形式广泛用作单透镜反射式相机的短焦距广角物镜。在这种系统中，需要有一个长的后截距以安装移动反射镜和快门机构。因此，非常重要的是，在优化程序中设定评价函数时要正确约束后截距的最小允许值。如图8.1所示是一个反摄远物镜系统，要求该系统的后截距至少是1.8F（Laikin 1974），详细的结构参数见表8.1。

表8.1　*f*/3.5反摄远物镜的结构参数　（单位：in）

表面	半　径	厚　度	材　料	直　径
1	4.5569	0.1000	N-PK51	0.940
2	0.7040	0.8254		0.860
3	0.5900	0.1200	SF1	0.940
4	0.5329	0.5916		0.820
5	3.8106	0.3022	LF5	0.940
6	−2.4206	0.4382		0.940
7	光阑	0.0150		0.647
8	5.0596	0.0695	SF1	0.940
9	0.7648	0.2412	N-LAK21	0.820
10	−1.6496	2.2253		0.820

注：第一透镜前表面到像面的距离＝4.928in，畸变＝2.39%，物镜焦距＝1.181in。

注意，这里所有的透镜都具有相同的直径，可以装配在具有同样内径的镜座中，视场是28.5°；第二块元件为弯月形透镜，并与孔径光阑几乎同心，有助于降低系统球差。

如图8.2所示是一种广角反摄远物镜，是Albrecht专利（1962）的改进型，相关结构参数见表8.2。该物镜焦距是10mm，$f^{\#}$为$f/2.5$，视场为70°，可以用作16mm格式的电影摄影物镜（胶片对角线尺寸是0.5in）。

表8.2　广角反摄远物镜的结构参数　（单位：in）

表面	半　径	厚　度	材　料	直　径
1	−3.6590	0.0874	N-LAF2	1.520
2	0.8260	0.4851	N-PSK3	1.310
3	−1.6509	0.2232		1.310

（续）

表面	半 径	厚 度	材 料	直 径
4	1.0609	0.1716	SF4	0.840
5	-1.7274	0.0649	N-BK7	0.840
6	0.2416	0.4439		0.500
7	光阑	0.1263		0.255
8	-7.2279	0.0604	SF1	0.440
9	0.7971	0.2495	N-SK16	0.610
10	-0.6222	0.0150		0.610
11	4.3097	0.1058	N-LAK12	0.660
12	-0.9908	0.0150		0.660
13	0.9191	0.1721	N-PSK3	0.660
14	-0.6616	0.0600	SF1	0.660
15	2.8942	0.6069		0.620

注：从第一透镜前表面到像面的距离 = 2.887in，畸变 = 105%（10%渐晕）。

该物镜系统的色差相当小，主要像差是轴外球差，造成子午 MTF 响应下降。然而，由于入瞳在视场边缘变大，所以相对照度是轴上的 0.99。另外要注意的是，对于有渐晕的物镜，重要的是采用机械方法约束轴外光束。该系统中，第1表面和第12表面起着这种作用。

如图8.3所示是一个反摄远物镜，也适合于16mm电影摄影物镜，有关数据见表8.3中。胶片对角线是0.5in，焦距为0.628in（16mm），总长度为3.357in，视场为43.28°。该物镜是 Miles 专利（1972）的改进型。

表8.3 *f*/2.0 反摄远照相物镜结构参数 （单位：in）

表面	半 径	厚 度	材 料	直 径
1	1.4027	0.2969	N-LAF2	1.460
2	-5.1486	0.1162	N-LLF6	1.460
3	0.4868	0.9329		0.930
4	0.4912	0.0600	SF5	0.640
5	0.3357	0.4606		0.580
6	光阑	0.0150		0.526
7	2.0683	0.3041	N-LAK10	0.700
8	-0.6738	0.0150		0.700
9	2.2926	0.2256	N-BK7	0.700
10	-0.4527	0.0600	SF1	0.700
11	-1.3877	0.0150		0.700
12	0.7873	0.1445	N-ZK7	0.640
13	-0.7873	0.0600	N-BAF4	0.640
14	0.5847	0.6508		0.580

注：畸变 = 2.1%。

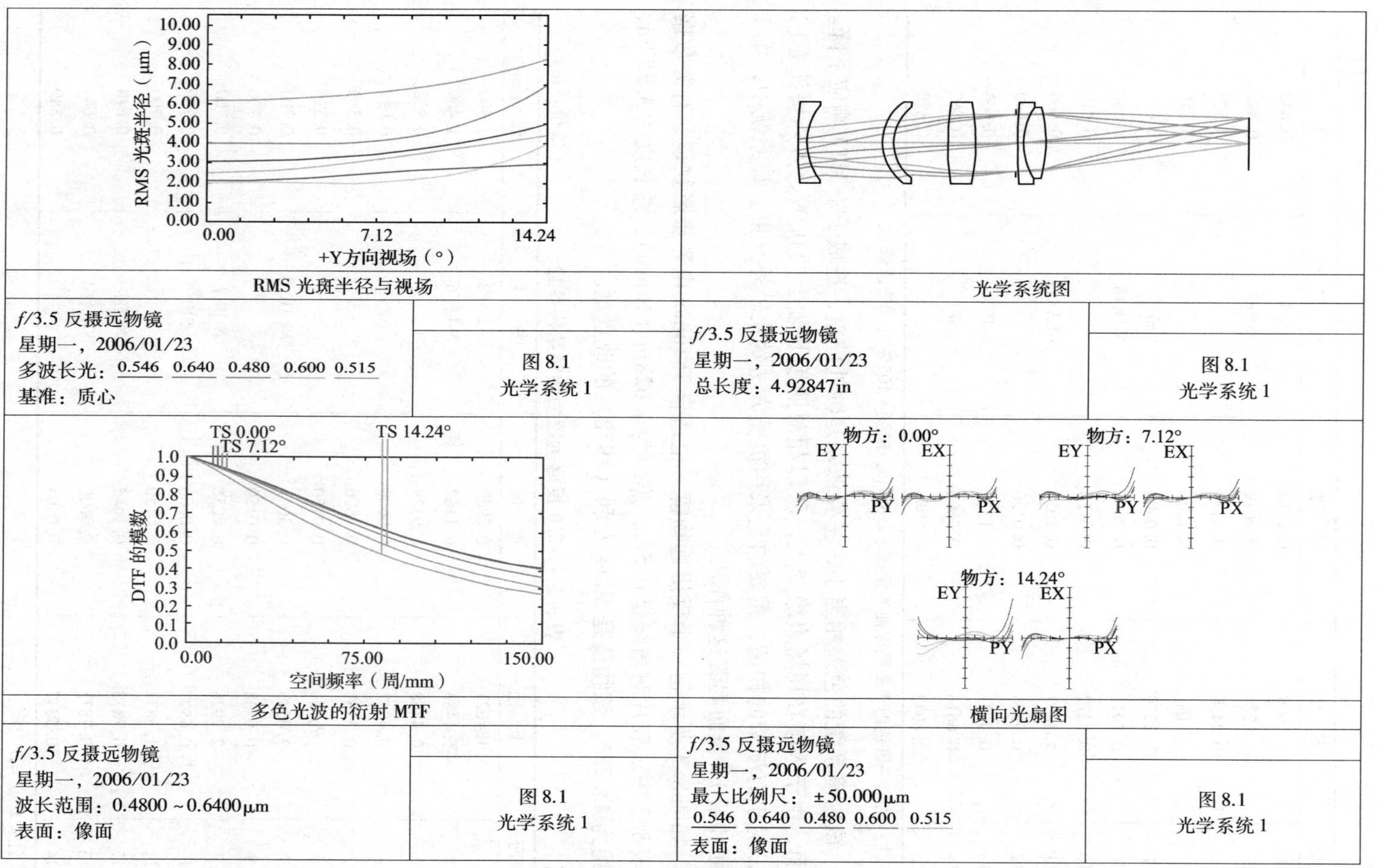
RMS 光斑半径（μm）
+Y方向视场（°）
RMS 光斑半径与视场
f/3.5 反摄远物镜
星期一，2006/01/23
多波长光：0.546 0.640 0.480 0.600 0.515
基准：质心
图 8.1
光学系统 1
光学系统图
f/3.5 反摄远物镜
星期一，2006/01/23
总长度：4.92847in
图 8.1
光学系统 1
TS 0.00°
TS 7.12°
TS 14.24°
DTF 的模数
空间频率（周/mm）
多色光波的衍射 MTF
物方：0.00°
物方：7.12°
物方：14.24°
EY
EX
PY
PX
横向光扇图
f/3.5 反摄远物镜
星期一，2006/01/23
波长范围：0.4800～0.6400μm
表面：像面
图 8.1
光学系统 1
f/3.5 反摄远物镜
星期一，2006/01/23
最大比例尺：±50.000μm
0.546 0.640 0.480 0.600 0.515
表面：像面
图 8.1
光学系统 1

图 8.1 $f/3.5$ 的反摄远物镜

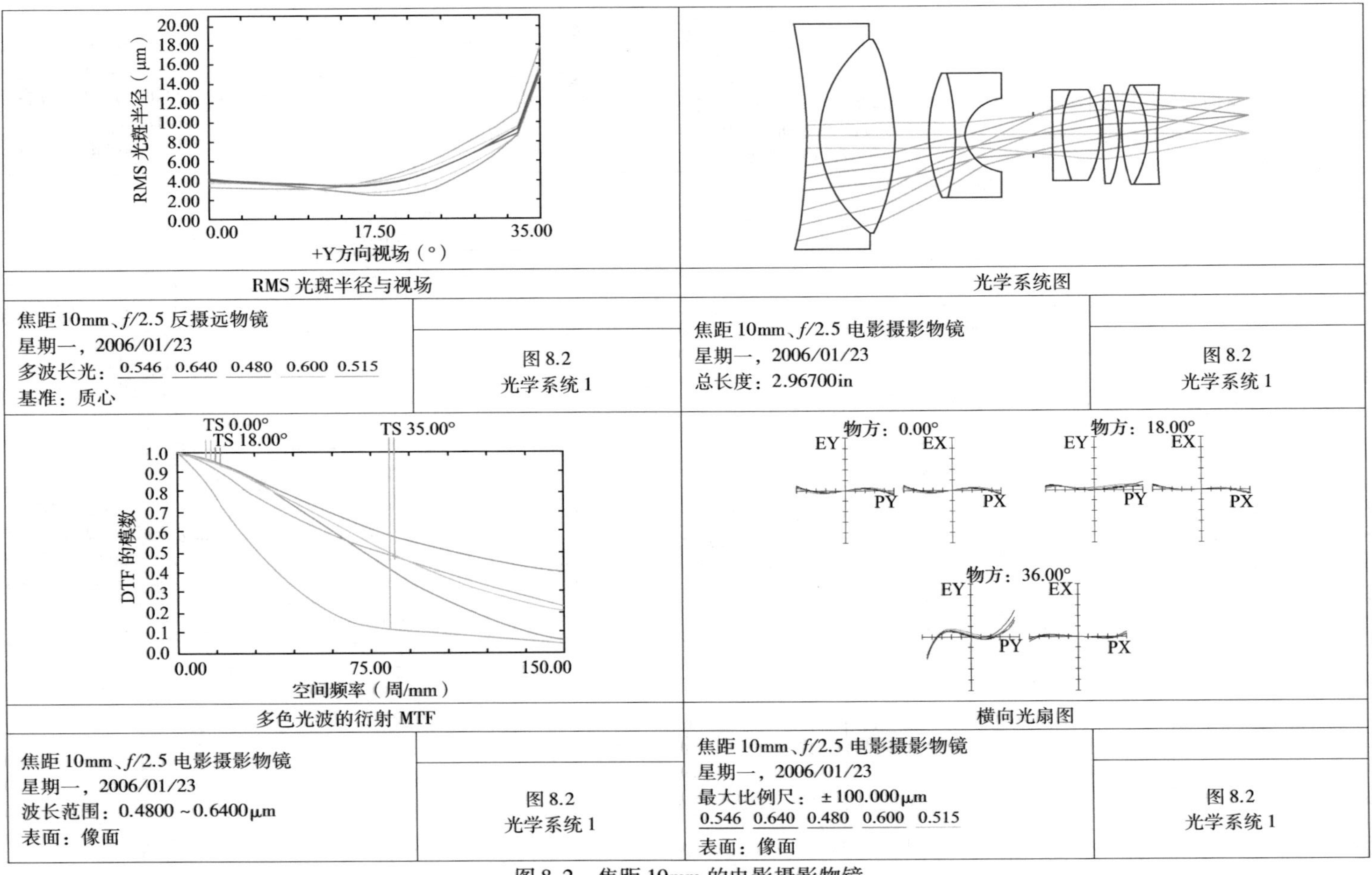
RMS 光斑半径（μm）
20.00
18.00
16.00
14.00
12.00
10.00
8.00
6.00
4.00
2.00
0.00
0.00
17.50
35.00
+Y方向视场（°）
RMS 光斑半径与视场
焦距 10mm、f/2.5 反摄远物镜
星期一，2006/01/23
多波长光：0.546 0.640 0.480 0.600 0.515
基准：质心
图 8.2
光学系统 1
光学系统图
焦距 10mm、f/2.5 电影摄影物镜
星期一，2006/01/23
总长度：2.96700in
图 8.2
光学系统 1
TS 0.00°
TS 18.00°
TS 35.00°
DTF 的模数
1.0
0.9
0.8
0.7
0.6
0.5
0.4
0.3
0.2
0.1
0.0
0.00
75.00
150.00
空间频率（周/mm）
多色光波的衍射 MTF
焦距 10mm、f/2.5 电影摄影物镜
星期一，2006/01/23
波长范围：0.4800 ~0.6400μm
表面：像面
图 8.2
光学系统 1
物方：0.00°
EY
EX
PY
PX
物方：18.00°
EY
EX
PY
PX
物方：36.00°
EY
EX
PY
PX
横向光扇图
焦距 10mm、f/2.5 电影摄影物镜
星期一，2006/01/23
最大比例尺：±100.000μm
0.546 0.640 0.480 0.600 0.515
表面：像面
图 8.2
光学系统 1

图 8.2　焦距 10mm 的电影摄影物镜

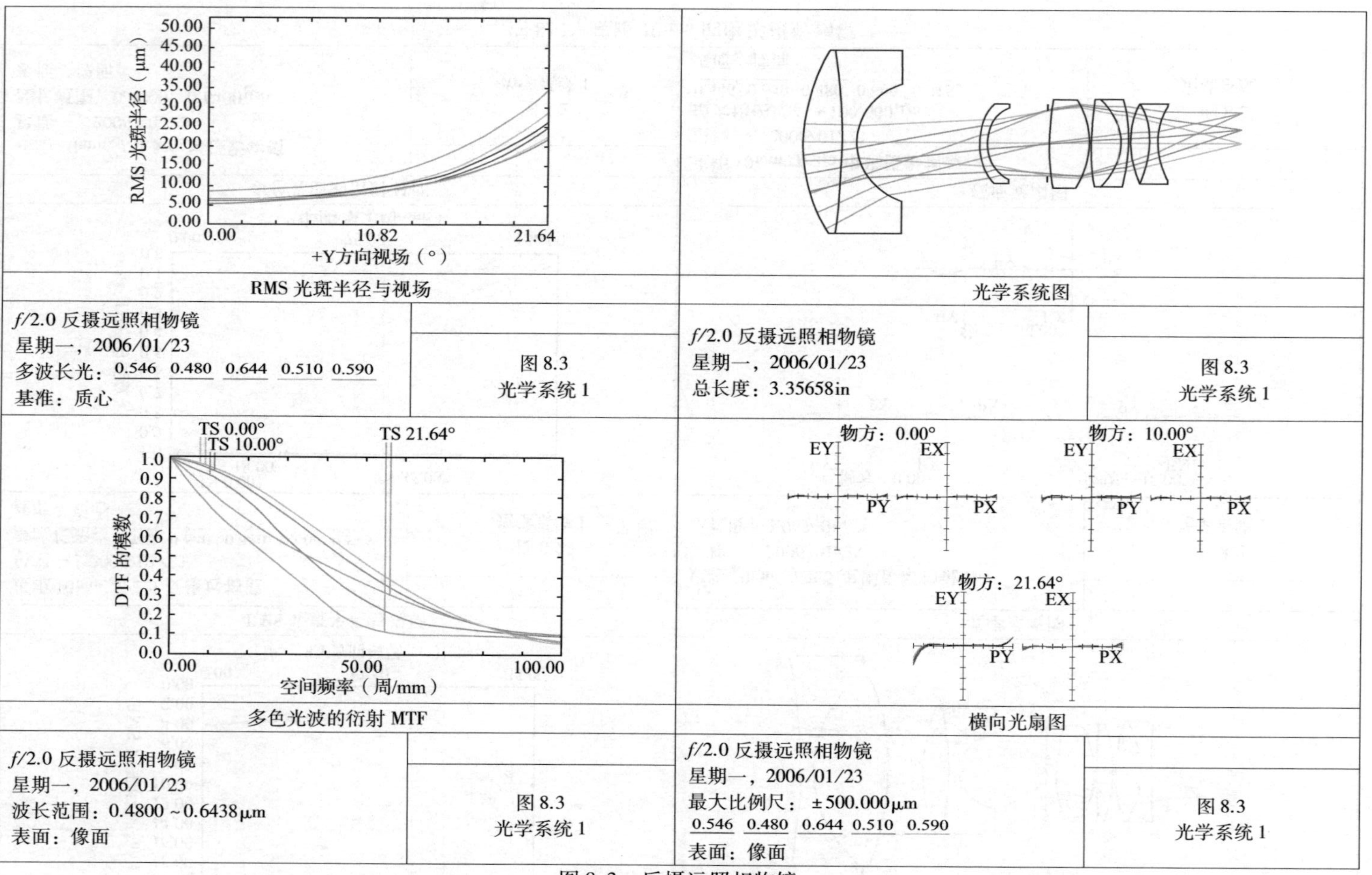

RMS 光斑半径（μm）
50.00
45.00
40.00
35.00
30.00
25.00
20.00
15.00
10.00
5.00
0.00
0.00
10.82
21.64
+Y方向视场（°）
RMS 光斑半径与视场
f/2.0 反摄远照相物镜
星期一，2006/01/23
多波长光：0.546 0.480 0.644 0.510 0.590
基准：质心
图 8.3
光学系统 1
光学系统图
f/2.0 反摄远照相物镜
星期一，2006/01/23
总长度：3.35658in
图 8.3
光学系统 1
TS 0.00°
TS 10.00°
TS 21.64°
DTF 的模数
1.0
0.9
0.8
0.7
0.6
0.5
0.4
0.3
0.2
0.1
0.0
0.00
50.00
100.00
空间频率（周/mm）
多色光波的衍射 MTF
物方：0.00°
物方：10.00°
物方：21.64°
EY
EX
PY
PX
横向光扇图
f/2.0 反摄远照相物镜
星期一，2006/01/23
波长范围：0.4800～0.6438μm
表面：像面
图 8.3
光学系统 1
f/2.0 反摄远照相物镜
星期一，2006/01/23
最大比例尺：±500.000μm
0.546 0.480 0.644 0.510 0.590
表面：像面
图 8.3
光学系统 1

图 8.3 反摄远照相物镜

反摄远物镜非常有意义的用途是用作拍摄人物肖像的软焦点物镜。由于人物肖像摄影师不需要使用特别高分辨率的物镜显示目标的面部缺陷，所以有时候使用有球差的摄影物镜。（另一种窍门是在前面透镜上涂一些油脂，使图像柔和些）Caldwell 在其专利评述（1999）中，阐述过 Hirakawa 专利（1999），讨论过这种系统。

参考文献

Albrecht，W.（1962）High speed photographic objective with wide image angle，US Patent #3045547.

Caldwell，B.（1999）Wide angle soft focus photographic lens，*Opt. Photonics News*，10：49.

Cooke，G. H.（1955）Optical objectives of the inverted telephoto type，US Patent#2724993.

Fischer，H.（1977）High speed wide angle objective lens system，US Patent#4025169.

Fujibayashi，K.（1980）Compact retrofocus wide angle objective，US Patent#4235519.

Hirakawa，J，（1999）Wide angle soft focus photographic lens，US Patent#5822132.

Hopkins，R. E.（1952）Wide angle photographic objective，US Patent#2594021.

Hudson，L. M.（1960）Photographic objective，US Patent#3064533.

Kingslake，R.（1966）The reversed telephoto objective，*SMPTE*，76：203.

Kubota，T.（1979）Small retro-focus wide angle photographic lens，US Patent#4134945.

Laikin，M.（1974）High resolution reverse telephoto lens，US Patent#3799655.

Miles，J. R.（1972）Objective lens for short focal length camera，US Patent#3672747.

Momiyama，K.（1984）Inverted telephoto type wide angle objective，US Patent#4437735.

Mori，I.（1972）Retrofocus type lens system，US Patent#3635546.

Tsunashima，T.（1979）Wide angle photographic objective，US Patent#4163603.

第9章 超广角物镜

超广角物镜的视场都大于100°，并且属于反摄远物镜设计。如此大的视场角会产生很大的畸变——以至于使设计师都无法把这么大的畸变作为像差考虑。当然，在大畸变条件下考虑该物镜的焦距也没有太大的意义。根据照度的$\cos^4$定律（Reiss 1945，1948；Ray 1997），光学系统的照度可以由公式$E=k\cos^4\theta$计算出。然而，该公式是在假设没有畸变，并且入瞳直径不随视场角变化条件下才成立的。所以，当半视场角超过90°时，服从该“定律”的物镜就没有照度。

如果Y是像的高度（从光轴测量到像的质心），θ是半视场角，在没有畸变的情况下，对于远距离目标，$Y=F\tan\theta$。对于鱼眼物镜，$Y\approx0.015F\theta$（Laikin 1980），即像高几乎是视场角的线性函数。

随着视场角的增大，入瞳就从物镜内向物镜前方移动，并且尺寸明显增大。这类物镜的瞳孔移动特别明显，设计时必须考虑瞳孔像差，不断对各种视场角调整光线的初始数据。在分析和计算 MTF 时，也必须对不同的波长调整光线初始数据。

在设计初期阶段，确定初始瞳孔漂移值是非常困难的。与其它光学系统设计软件程序一样，在 ZEMAX 设计程序中，是自动确定瞳孔漂移。此外，计算程序应当允许有效焦距随意变化，不考虑畸变，只保证不同视场角时的像高。

由于焦距非常短，轴上二级色差将不是问题。而大的视场角不可能消除横向二级色差。大畸变则产生一个特有问题，即物镜像差对目标的距离变化较敏感。为方便起见，作者设计投影物镜时，首先从无限远共轭位置开始，然后，在最后几次计算循环中，加入有限远共轭及屏幕弯曲。下面给出的所有设计都是对无限远共轭位置，并在可见光光谱范围内进行校正。

如图9.1所示是视场100°的照相物镜，为35mm标准格式的胶片设计（对角线尺寸1.069in），焦距为0.656in，$f^{\#}=f/2$，结构参数见表9.1。

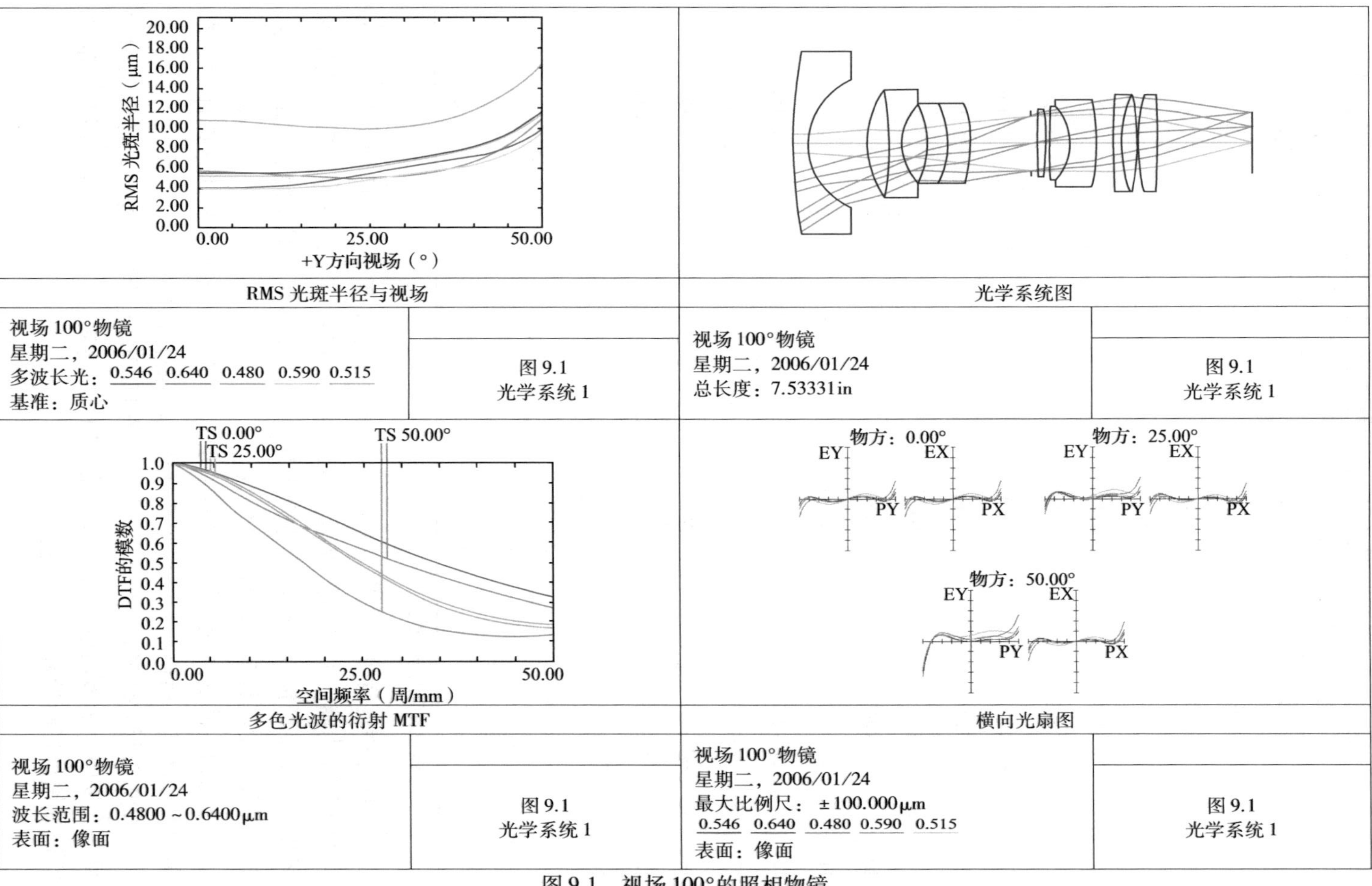
RMS 光斑半径（μm）
+Y方向视场（°）
RMS 光斑半径与视场
视场 100°物镜
星期二，2006/01/24
多波长光：0.546 0.640 0.480 0.590 0.515
基准：质心
图 9.1
光学系统 1
光学系统图
视场 100°物镜
星期二，2006/01/24
总长度：7.53331in
图 9.1
光学系统 1
TS 0.00°
TS 25.00°
TS 50.00°
DTF的模数
空间频率（周/mm）
多色光波的衍射 MTF
视场 100°物镜
星期二，2006/01/24
波长范围：0.4800 ~ 0.6400μm
表面：像面
图 9.1
光学系统 1
物方：0.00°
物方：25.00°
物方：50.00°
EY
EX
PY
PX
横向光扇图
视场 100°物镜
星期二，2006/01/24
最大比例尺：±100.000μm
0.546 0.640 0.480 0.590 0.515
表面：像面
图 9.1
光学系统 1

图 9.1　视场 100°的照相物镜

表 9.1 视场 100°照相物镜的结构参数 (单位：in)

表面	半 径	厚 度	材 料	直 径
1	8.0107	0.2500	N-SK4	3.100
2	1.1856	0.9613		2.160
3	1.6747	0.3578	SF1	1.840
4	-7.5157	0.2136	N-SK4	1.840
5	0.9411	0.4146		1.320
6	-1.7688	0.3333	SF1	1.320
7	-1.5531	0.3863	N-SK4	1.380
8	-2.2281	0.9842		1.380
9	光阑	0.1000		0.917
10	13.6803	0.1400	N-SK4	1.140
11	-3.4279	0.0605		1.140
12	20.0257	0.3332	N-SK4	1.240
13	-0.9258	0.4374	SF1	1.240
14	-3.2233	0.2679		1.460
15	10.3847	0.1400	SF1	1.640
16	2.4272	0.2609	N-SK4	1.640
17	-3.8828	0.0150		1.640
18	3.3650	0.3167	N-SK4	1.640
19	-14.7547	1.5604		1.640

注：第一透镜前表面到像面的距离 =7.533in。

从光线图中注意到，该物镜系统有一个准远心出瞳。作为照相物镜，此出瞳是非实质性出瞳。如果用作投影物镜，则必须在片门（或片窗）和电弧光源之间放置一块负场镜以正确形成电弧光源的像（见图 9.3 对出瞳位置的注释），或者重新设计使其具有正确的出瞳位置。

由于该物镜系统只使用了两种普通的玻璃材料，没有本节其它设计中经常使用的镧系玻璃，所以，是一种非常有意义的设计方案。

如图 9.2 所示是 70mm 焦距、$f/2$、视场 120°的电影放映物镜，详细结构参数见表 9.2 中，物镜焦距是 1.123in，使用的玻璃与上述设计一样。但对标准放映物镜系统，正确设置了出瞳位置。

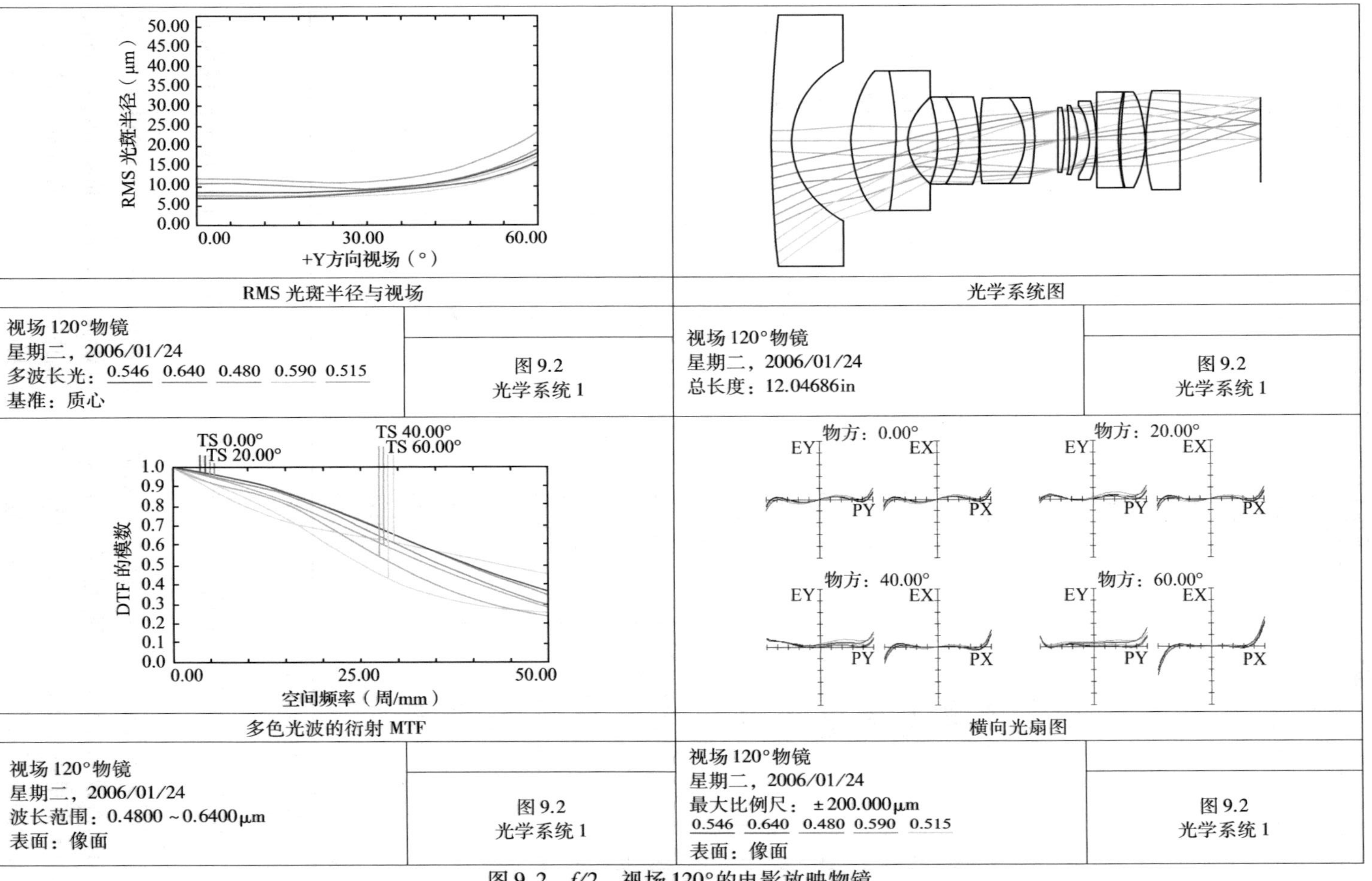
RMS 光斑半径（μm）
50.00
45.00
40.00
35.00
30.00
25.00
20.00
15.00
10.00
5.00
0.00
0.00
30.00
60.00
+Y方向视场（°）
RMS 光斑半径与视场
视场 120°物镜
星期二，2006/01/24
多波长光：0.546 0.640 0.480 0.590 0.515
基准：质心
图 9.2
光学系统 1
光学系统图
视场 120°物镜
星期二，2006/01/24
总长度：12.04686in
图 9.2
光学系统 1
TS 0.00°
TS 20.00°
TS 40.00°
TS 60.00°
DTF 的模数
1.0
0.9
0.8
0.7
0.6
0.5
0.4
0.3
0.2
0.1
0.0
0.00
25.00
50.00
空间频率（周/mm）
多色光波的衍射 MTF
视场 120°物镜
星期二，2006/01/24
波长范围：0.4800 ~ 0.6400μm
表面：像面
图 9.2
光学系统 1
物方：0.00°
物方：20.00°
物方：40.00°
物方：60.00°
EY
EX
PY
PX
横向光扇图
视场 120°物镜
星期二，2006/01/24
最大比例尺：±200.000μm
0.546 0.640 0.480 0.590 0.515
表面：像面
图 9.2
光学系统 1

图 9.2　$f/2$、视场 120°的电影放映物镜

表 9.2 *f*/2、视场 120°电影放映物镜的结构参数 （单位：in）

表面	半 径	厚 度	材 料	直 径
1	28.2482	0.5000	N-SK4	6.300
2	2.2027	1.4379		4.000
3	2.7819	1.1174	SF1	3.500
4	-10.4886	0.3022	N-SK4	3.500
5	1.2417	0.7247		2.080
6	-2.8768	0.5088	SF1	2.080
7	-2.0989	0.4998	N-SK4	2.180
8	-4.2448	0.0150		2.180
9	8.4162	1.1279	N-SK4	2.140
10	-1.6294	0.2486	SF1	2.140
11	-4.5056	0.5412		2.140
12	光阑	0.0200		1.452
13	0.0000	0.1689	N-SK4	1.620
14	-3.8691	0.1065		1.620
15	-6.6827	0.2007	N-SK4	1.720
16	-2.2167	0.2822		1.720
17	-1.6444	0.1827	SF1	1.760
18	-3.3466	0.0149		1.960
19	-36.4599	0.5235	SF1	2.260
20	5.3765	0.0373		2.400
21	6.4204	0.6243	N-SK4	2.400
22	-2.7537	0.0150		2.400①
23	5.1875	0.8475	N-SK4	2.500
24	0.0000	2.0000		2.500

注：第一透镜前表面到像面的距离 = 12.047in。

①原数据为 0.4，有误。——译者注

出瞳设置在距胶片平面 -5.32in 的位置，该位置正是将电弧光源成像的位置。

如图 9.3 所示是 70mm 电影放映物镜，*f*/2、视场 160°、焦距 0.943in，有关的结构参数见表 9.3。该物镜是在 Omni 国际电影院（Omni Films International，美国佛罗里达州萨拉索塔）放映物镜的基础上稍作改进，专为 Cinema 180 电影院设计的。可以看出，第二与第三块透镜完全一样。

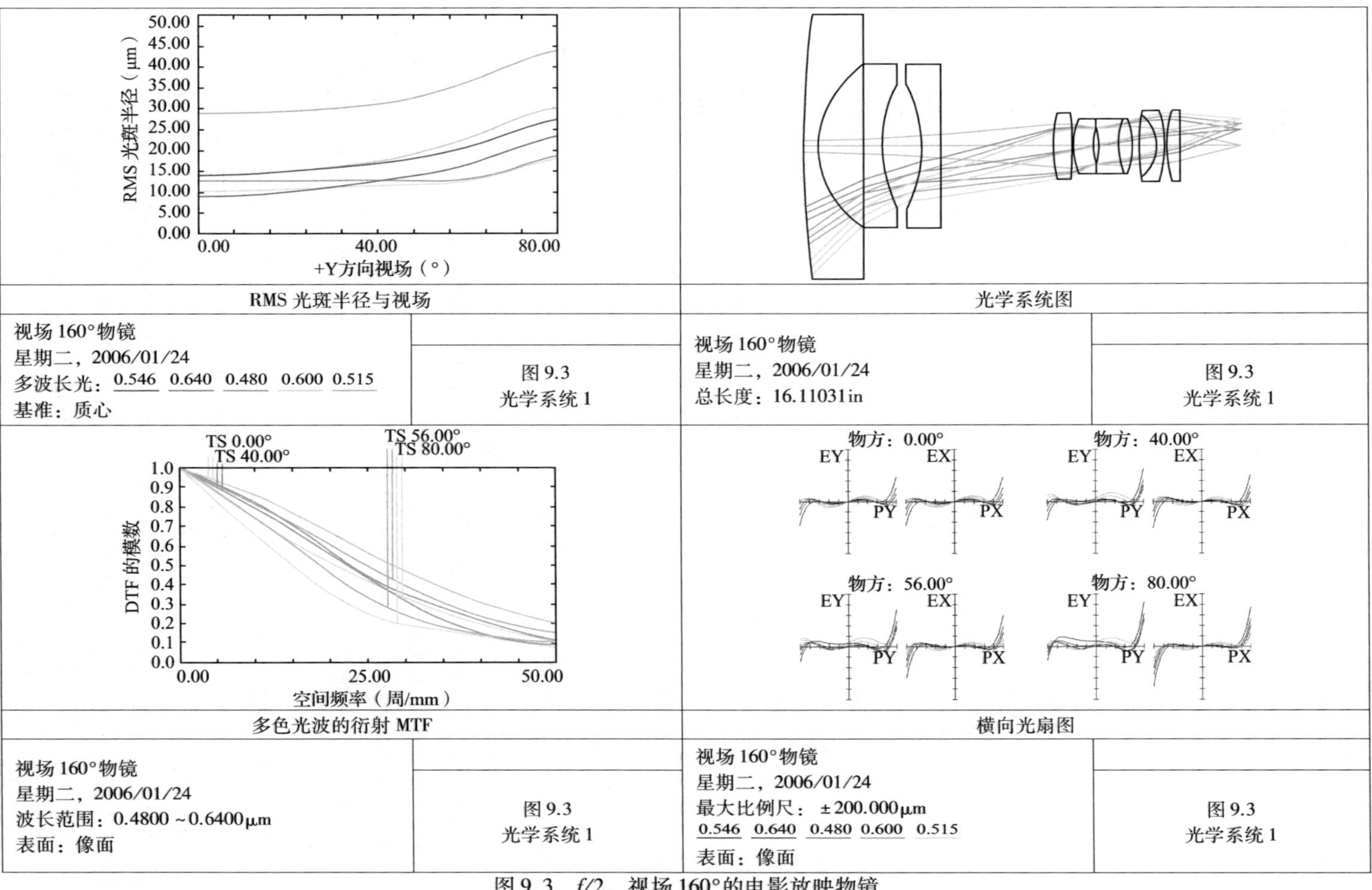

RMS 光斑半径（μm）
+Y方向视场（°）
RMS 光斑半径与视场
视场 160°物镜
星期二，2006/01/24
多波长光：0.546 0.640 0.480 0.600 0.515
基准：质心
图 9.3
光学系统 1
光学系统图
视场 160°物镜
星期二，2006/01/24
总长度：16.11031in
图 9.3
光学系统 1
TS 0.00°
TS 40.00°
TS 56.00°
TS 80.00°
DTF 的模数
空间频率（周/mm）
多色光波的衍射 MTF
视场 160°物镜
星期二，2006/01/24
波长范围：0.4800～0.6400μm
表面：像面
图 9.3
光学系统 1
物方：0.00°
物方：40.00°
物方：56.00°
物方：80.00°
EY
EX
PY
PX
横向光扇图
视场 160°物镜
星期二，2006/01/24
最大比例尺：±200.000μm
0.546 0.640 0.480 0.600 0.515
表面：像面
图 9.3
光学系统 1

图 9.3　*f*/2、视场 160°的电影放映物镜

表 9.3 *f*/2、视场 160°电影放映物镜的结构参数 （单位：in）

表面	半 径	厚 度	材 料	直 径
1	38.9150	0.5459	N-BK7	10.000
2	3.6152	1.6595		6.080
3	0.0000	0.6927	N-BK7	6.200
4	5.2515	1.4576		4.720
5	-5.2515	0.6927	N-BK7	4.720
6	0.0000	4.1494		6.200
7	5.1075	0.7000	SF4	2.520
8	-10.8385	0.0162		2.520
9	2.3897	0.7443	SF4	2.100
10	2.2789	0.1136		1.400
11	光阑	0.1040		1.333
12	-2.3536	0.7038	SF1	1.400
13	2.7829	0.5423	N-LAK7	2.100
14	-2.8287	0.2506		2.100
15	13.1578	0.6350	N-LAK7	2.300
16	-1.4944	0.2922	SF4	2.300
17	-4.8082	0.0688		2.680
18	4.3447	0.5059	N-LAK21	2.680
19	72.8673	2.2376		2.580

注：第一透镜前表面到像面的距离 = 16.110in。

由于该物镜是针对大功率氙弧放映灯设计（与图 9.2 和 9.5 所示的物镜一样），所以下面列出的技术要求必须满足（还可参阅第 22 章）：

1. 为安装胶片传送机构，要求后截距至少为 2in；
2. 如果使用胶合面，为能承受起大功率光密度，必须使用专用光学胶；
3. 出瞳应位于片门前面约 4 ~ 6in 处。对大多数放映物镜，弧光灯就成像在该位置。

对广角放映系统，80°视场角的响应与轴上响应相比有所下降，但不一定有害。观众的注意力主要在屏幕中心，对其周围的视觉灵敏度大大下降。标准视觉范围限制在水平方向 160°，垂直方向 120°。可以看到，前端透镜的孔径较大。实际情况中，选择材料非常重要，要既经济又实用，因此选择 N-BK7 玻璃。当视觉范围大于上述值时，观看者需要转动头部（或整个身体）。

如图 9.4 所示是为 16mm（对角线 0.500in）胶片照相物镜设计的 *f*/1.8、视场 170°的物镜，结构参数见表 9.4。

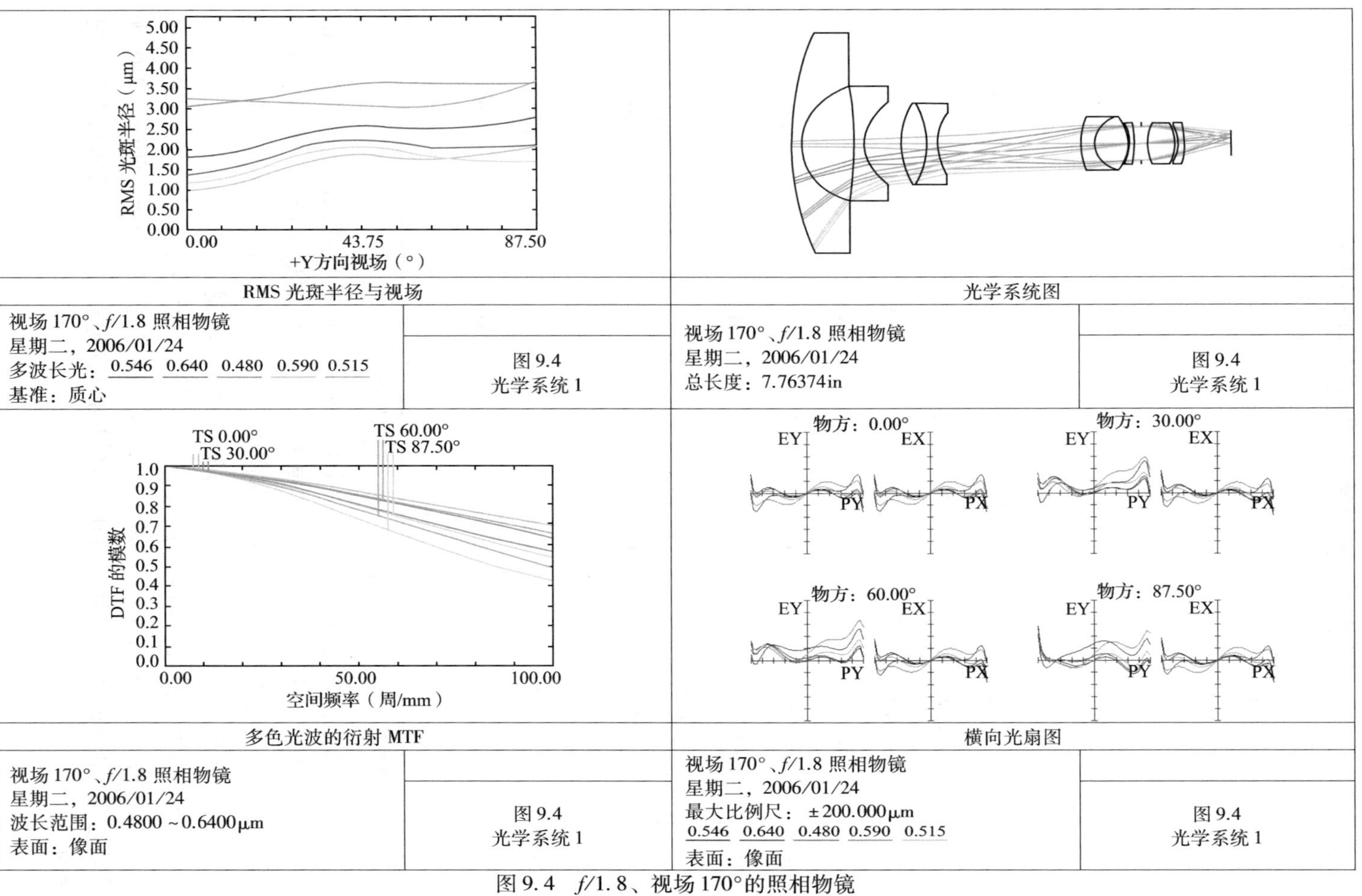
RMS 光斑半径（μm）
+Y方向视场（°）
RMS 光斑半径与视场
视场 170°、f/1.8 照相物镜
星期二，2006/01/24
多波长光：0.546 0.640 0.480 0.590 0.515
基准：质心
图 9.4
光学系统 1
光学系统图
视场 170°、f/1.8 照相物镜
星期二，2006/01/24
总长度：7.76374in
图 9.4
光学系统 1
TS 0.00°
TS 30.00°
TS 60.00°
TS 87.50°
DTF 的模数
空间频率（周/mm）
物方：0.00°
物方：30.00°
物方：60.00°
物方：87.50°
EY
EX
PY
PX
多色光波的衍射 MTF
视场 170°、f/1.8 照相物镜
星期二，2006/01/24
波长范围：0.4800 ~ 0.6400μm
表面：像面
图 9.4
光学系统 1
横向光扇图
视场 170°、f/1.8 照相物镜
星期二，2006/01/24
最大比例尺：±200.000μm
0.546 0.640 0.480 0.590 0.515
表面：像面
图 9.4
光学系统 1

图 9.4　$f/1.8$、视场 170°的照相物镜

表 9.4 *f*/1.8、视场 170°照相物镜的结构参数 （单位：in）

表面	半 径	厚 度	材 料	直 径
1	6.0515	0.1796	N-BK7	4.400
2	1.2087	0.9182		2.300
3	-9.4697	0.1939	N-SK5	2.260
4	1.0053	0.6402		1.620
5	1.6634	0.4518	SF1	1.600
6	-1.6712	0.1825	N-LAK9	1.600
7	1.1206	2.5272		1.220
8	1.3895	0.2500	N-LAK9	1.060
9	0.5522	0.6047	N-PSK3	1.060
10	-0.8844	0.0196		1.060
11	-0.8804	0.0800	SF1	0.780
12	-2.1545	0.1200		0.820
13	光阑	0.1200		0.684
14	1.0354	0.4830	N-PSK3	0.820
15	-0.8443	0.0546		0.820
16	-0.7386	0.1076	SF1	0.700
17	-1.5285	0.8308		0.820

注：第一透镜前表面到像面的距离 =7.764in，焦距 =0.205in。

要注意的是，第二表面几乎是一个半球面。目前的计算软件程序应当有能力避免其成为超半球面。在某些软件程序中，这种约束是（设置）表面弧高减去该表面的半通光孔径。在 ZEMAX 程序中，避免近半球面的方法是先形成透镜直径与表面弯曲的乘积，然后对该操作数设置一个限制。

如图 9.5 所示是视场 210°、*f*/2 的放映物镜，结构参数见表 9.5，适用于具有 10 孔幅面的 70mm 胶片。根据附录 A，这种格式是 1.912in ×1.808in。210°视场对应着 1.849in 的圆形图像。利用该物镜可以在垂直方向上将像投影在球形穹面内。

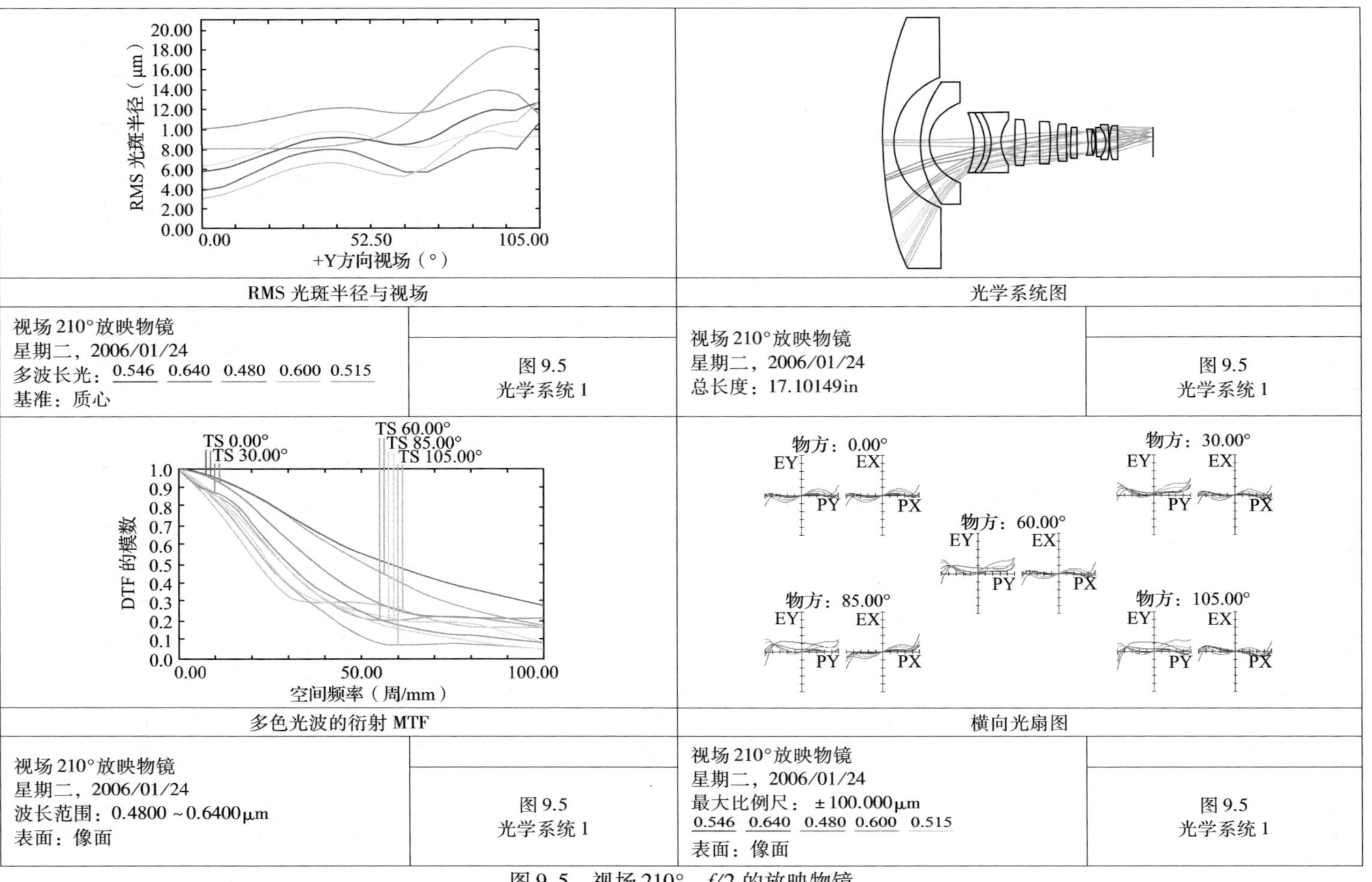

RMS 光斑半径（μm）
20.00
18.00
16.00
14.00
12.00
1.00
8.00
6.00
4.00
2.00
0.00
0.00
52.50
105.00
+Y方向视场（°）
RMS 光斑半径与视场
视场 210°放映物镜
星期二，2006/01/24
多波长光：0.546 0.640 0.480 0.600 0.515
基准：质心
图 9.5
光学系统 1
光学系统图
视场 210°放映物镜
星期二，2006/01/24
总长度：17.10149in
图 9.5
光学系统 1
TS 0.00°
TS 30.00°
TS 60.00°
TS 85.00°
TS 105.00°
DTF 的模数
1.0
0.9
0.8
0.7
0.6
0.5
0.4
0.3
0.2
0.1
0.0
0.00
50.00
100.00
空间频率（周/mm）
多色光波的衍射 MTF
视场 210°放映物镜
星期二，2006/01/24
波长范围：0.4800 ~0.6400μm
表面：像面
图 9.5
光学系统 1
物方：0.00°
物方：30.00°
物方：60.00°
物方：85.00°
物方：105.00°
EY
EX
PY
PX
横向光扇图
视场 210°放映物镜
星期二，2006/01/24
最大比例尺：±100.000μm
0.546 0.640 0.480 0.600 0.515
表面：像面
图 9.5
光学系统 1

图 9.5　视场 210°、$f/2$ 的放映物镜

表 9.5　视场 210°、$f/2$ 放映物镜的结构参数　　　（单位：in）

表面	半　径	厚　度	材　料	直　径
1	21.1576	0.7000	N-K5	16.080
2	4.4088	1.6598		8.320
3	6.1240	0.6000	N-K5	7.800
4	2.6351	2.8079		5.080
5	-4.9887	0.6898	N-K5	3.880
6	-2.9312	0.4000	SF4	3.880
7	-3.0217	0.6229	N-PSK3	3.880
8	2.3857	0.8744		2.880
9	22.0209	0.7000	SF4	2.960
10	-8.2506	0.8566		2.960
11	101.6268	0.7000	N-SSK5	2.700
12	-12.9224	0.4212		2.700
13	7.5022	0.5714	SF4	2.360
14	29.4757	0.2557		2.180
15	7.6940	0.4131	SF5	2.000
16	19.1201	0.5462		2.000
17	光阑	0.1681		1.340
18	-3.7912	0.2042	SF5	1.500
19	4.1070	0.2330	N-LAK7	1.720
20	-3.5074	0.0496		1.720
21	9.6933	0.6446	N-LAK7	1.920
22	-1.6179	0.2000	SF4	1.920
23	-6.4878	0.0150		2.140
24	3.5035	0.5518	N-LAK7	2.140
25	-68.3415	2.2162		2.140

注：第一透镜前表面到像面的距离 = 17.101in。

为避免第 2 表面和第 4 表面成为超半球面，遵照上面所述，对这些表面设置约束。此外，由于前端透镜的孔径较大，所以对前端表面直径设置上限。前面两块透镜的材料是 N-K5，它虽然没有 N-BK7 经济，但相当实用，价格中等。遗憾的是，第 3 块透镜组件是一块三胶合透镜，用来改善视场边缘的色差。

如图 9.6 所示是一个全景照相机系统（可以参阅 Powell（1995）；Kweon（2005）的类似系统），详细的结构参数见表 9.6。显示出的第 1 表面（参数表中的第 2 表面）是一块双曲面反射镜，锥形系数是 -2.97286，偏心率 $\varepsilon = \sqrt{2.97286} = 1.7242$。

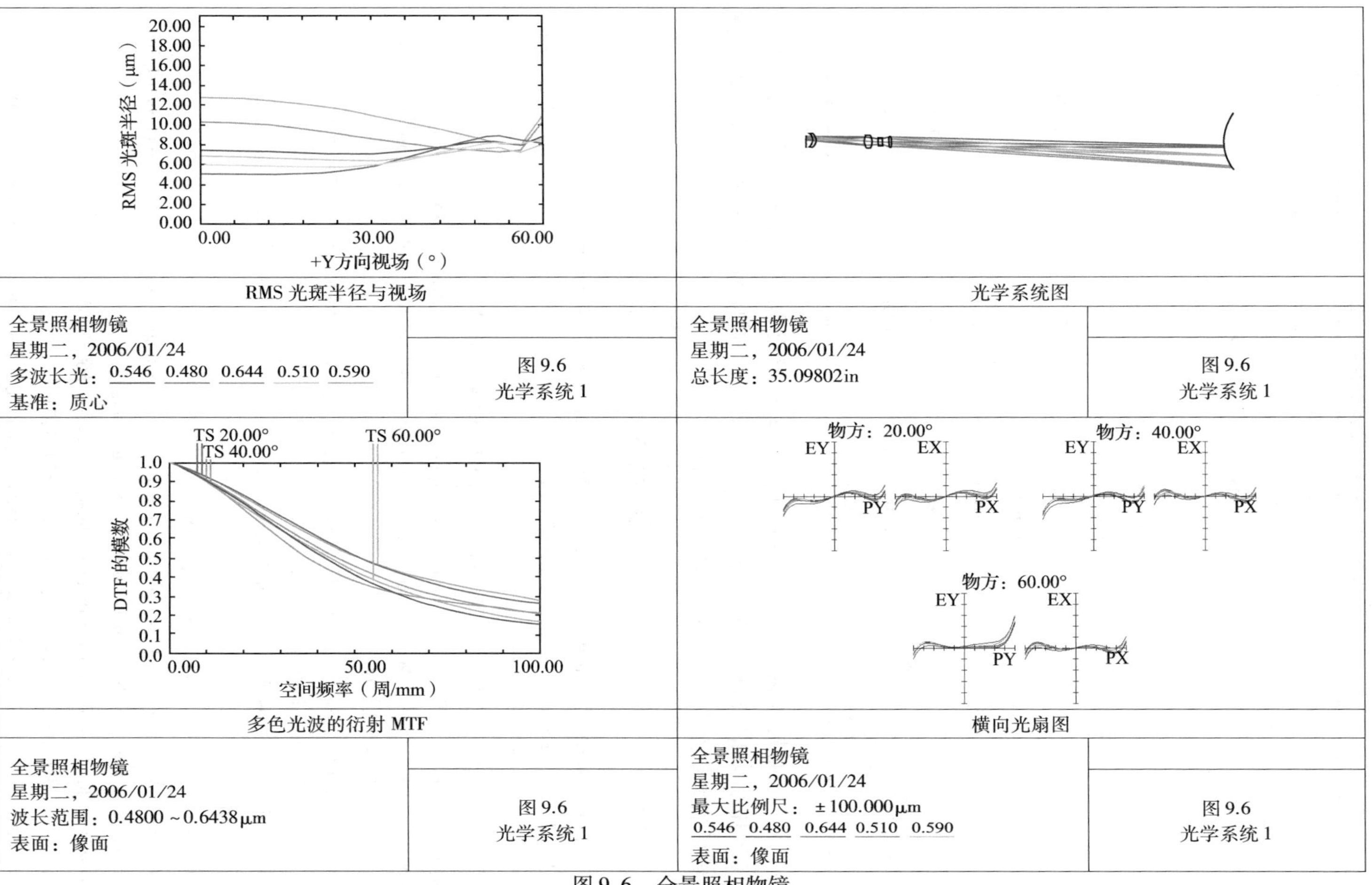
RMS 光斑半径（μm）
20.00
18.00
16.00
14.00
12.00
10.00
8.00
6.00
4.00
2.00
0.00
0.00
30.00
60.00
+Y方向视场（°）
RMS 光斑半径与视场
全景照相物镜
星期二，2006/01/24
多波长光：0.546 0.480 0.644 0.510 0.590
基准：质心
图 9.6
光学系统 1
光学系统图
全景照相物镜
星期二，2006/01/24
总长度：35.09802in
图 9.6
光学系统 1
TS 20.00°
TS 40.00°
TS 60.00°
DTF 的模数
1.0
0.9
0.8
0.7
0.6
0.5
0.4
0.3
0.2
0.1
0.0
0.00
50.00
100.00
空间频率（周/mm）
多色光波的衍射 MTF
全景照相物镜
星期二，2006/01/24
波长范围：0.4800 ~ 0.6438μm
表面：像面
图 9.6
光学系统 1
物方：20.00°
物方：40.00°
物方：60.00°
EY
EX
PY
PX
横向光扇图
全景照相物镜
星期二，2006/01/24
最大比例尺：±100.000μm
0.546 0.480 0.644 0.510 0.590
表面：像面
图 9.6
光学系统 1

图 9.6 全景照相物镜

表 9.6 全景照相物镜的结构参数 (单位: in)

表面	半 径	厚 度	材 料	直 径
1	0.0000	23.8353		90.313
2	3.1104	-27.2424	反射镜	5.040
3	-1.0371	-0.2512	N-LAK7	1.000
4	-7.1456	-0.0157		1.000
5	光阑	-0.5387		0.800
6	1.5402	-0.3000	SF5	0.760
7	-0.9317	-0.6287		0.760
8	-7.5302	-0.5090	N-LAK7	1.160
9	1.7559	-4.0030		1.160
10	-0.7849	-0.3000	N-LAK21	1.220
11	-0.6634	-0.4976		1.040

第 1 表面是基准面，以圆环形（甜面圈）形成 360°全景像。圆环像的外径是 0.94in，对应着 60°轴外物体；内径是 0.20in，对应着 20°轴外物体。该物镜系统的有效焦距是 0.3075in，$f^{\#}$是 $f/6.41$。

参 考 文 献

Brewer, S., Harris, T., and Sandback, I. (1962) Wide angle lens system, US Patent #3029699.

Chahl, J. S. and Srinivasan M. V. (1997) Reflective surfaces for panoramic imaging, *Appl. Opt.*, 36: 8275.

Horimoto, M. (1981) Fish eye lens system, US Patent #4256373.

Hugues, E. (1969) Wide angle short photographic objective, US Patent #3468600.

Kumler, J. and Bauer, M. (2000) Fisheye lens designs and their relative performance, *Proc. SPIE*, 4093: 360.

Kweon, G., Kim, K. T., Kim, G., and Kim, H. (2005) Folded catadioptric lens with an equidistant projection scheme, *Appl. Opt.*, 44: 2759.

Laikin, M. (1980) Wide angle lens systems, *Proc. SPIE*, 237: 530 (1980 Lens Design Conference).

Miyamoto, K. (1964) Fish-eye lens, *JOSA*, 54: 1060.

Momiyama, M. (1983) Retrofocus type large aperture wide angle objective, US Patent #4381888.

Muller, R. (1987) Fish eye lens system, US Patent #4647161.

Nakazawa, K. (2000) Super wide angle lens, US Patent #6038085.

Powel, I. (1995) Panoramic lens, US Patent #5473474.

Ray, S. F. (1997) *Applied Photographic Optics*, 2nd ed., Focal Press, Oxford, p. 120.

Reiss, M. (1945) The $\cos^4$ law of illumination, *JOSA* 35: 283.

Reiss, M. (1948) Notes on the $\cos^4$ law of illumination, *JOSA* 38: 980.

Shimizu, Y. (1973) *Wide angle fisheye lens*, US Patent #3737214.

Yamada, H. (1998) *Wide angle lens*, US Patent #5812326.

第10章 目 镜

目镜是入射光瞳在系统之外的光学系统。使用时，眼睛应放置在该入瞳位置。入瞳位置到目镜第一块透镜前表面的距离称为眼距。眼距至少应当是10mm（保持足够距离以留出睫毛的位置）；而为使观察更舒服，需要设为15mm；对于戴眼镜的人，需要设为20mm。如果是用于步枪瞄准的目镜，考虑到步枪的反冲作用，眼距至少是3in（见图14.4和图35.4）。如图35.11所示是变焦目镜的例子，其有效焦距的变化范围40~20mm。

眼睛虹膜直径可以从2mm（明亮太阳光）变化到8mm（暗观察环境）。眼睛的焦距约为17mm（Luizov 1984）。虹膜直径D（单位为mm）的近似经验公式为$D=5.3-0.55\ln B$［可参考Alpern著作中的公式3（1987）］，式中，B是场景亮度，单位是fL[⊖]。表10.1列出了一些有代表性的B值。

表10.1 场景亮度与眼睛瞳孔的直径

环 境	场景亮度/fL	D/mm
清澈夜空	0.01	7.8
黎明/黄昏	1.0	5.3
室 内	100.0	2.7
晴 天	1000.0	1.5

一般要求目镜的入瞳直径是3~6mm。如果观察的是运动车辆（例如军事设备），有时需要10mm的入瞳直径，以避免观察者的头部从一侧移动到另一侧时丢失视场。

人眼的视网膜（锥状细胞）中央凹视力可以分辨1弧分间隔的物体。对于杆状细胞，在5°离轴角时，可以分辨的物体大约是3弧分，20°离轴角时，是10弧分。这种分辨能力是在比较高的照明条件下——约100fL才能达到。随着照明水平下降，视觉灵敏度也会降低。

设计一个双目仪器时，要保证有足够的双目间隔调整，典型值是51~77mm（对某些儿童，可能小到45mm）。双目放大率差（两眼物像不相等）应当小于0.5%。按照下面要求将两套系统调准（不一致性）：

⊖ fL：ft. Lamberts，英尺朗伯。

水平	会聚度	8 弧分
	发散度	4 弧分
垂直		4 弧分

目镜应当能够在纵向（调焦）移动4个屈光度。

根据牛顿公式，$F^2 = -XX'$，式中，X 是表观像距，X' 是目镜移动量，单位为 in（见图 10.1）；D 是单位为屈光度的等效移动量。

大部分目镜中，从眼睛到主面的距离约等于焦距。目镜形成一个像，到眼睛的距离是 X，如图 10.1 所示，则

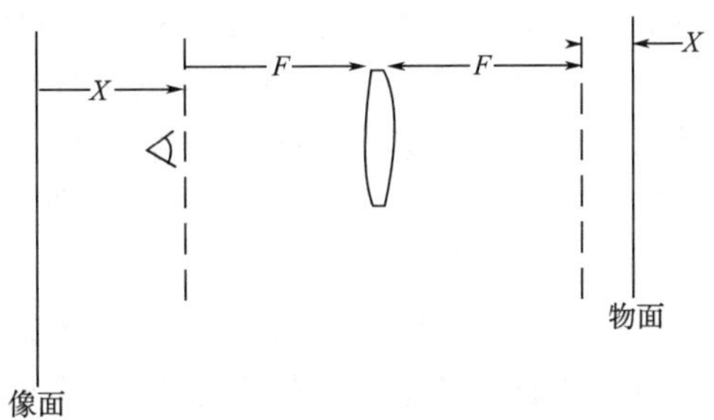
X
F
F
X
物面
像面
图 10.1 调焦物镜的正屈光度

$$F^2 = \frac{39.37}{D}X'$$

目镜移离眼睛，是负屈光度，在眼睛前面形成一个虚像。

目镜放大率 M，等于通过目镜观察到的表观像尺寸与物体尺寸之比。由于物体一般成像在距离眼睛 10in 的位置（最明视距离，因此是标准的阅读距离），所以

$$M = \frac{F_e + 10}{F_e}$$

式中，F_e 是目镜的有效焦距。

当目镜与显微物镜组成复式显微镜时，组合放大率是物镜放大率与目镜放大率的乘积。由于可分辨的最小物体 Z 受衍射限制（参考第 11 章）

$$Z = \frac{0.61\lambda}{\mathrm{NA}}$$

所以，目镜观察到的最小角分辨率是

$$\frac{ZM_0}{F_e}$$

使该公式与眼睛的极限分辨率（1 弧分）相等，并要注意，系统的放大率 M 应当是 216（$\lambda = 0.55\mu m$）。通常，大部分观察者愿意将该值提高到 500 左右。然而，当与一个焦距为 F_0 的物镜组合形成无焦望远镜时，该系统的角放大率是 $M = F_0/F_e$，并受到衍射限制，所以，角分辨率是

$$\text{角分辨率} = \frac{4.6\ \text{弧秒}}{D}$$

该式称为 Dawe 公式，式中，D 是物镜入瞳直径，单位为 in；波长是 $0.55\mu m$（Smith 2000）。将该角分辨率乘以系统的放大率 M，并令其等于眼睛的

角分辨率，就可确定系统的放大率至少是入瞳直径的 13 倍。由于销售市场的要求，所以要生产放大率比该值大许多倍而低成本的折射式望远镜。

由于一般的设计方法是从长共轭追迹到短共轭，所以，实际系统的出瞳（眼睛的位置）现在称为入瞳。为了符合望远物镜、中继系统、显微物镜等不同物镜系统的要求，设计师必须限定出瞳的位置。该位置是一个典型的正值，为 5 ~ 30in。某些广角系统会有较大的瞳像差，因而，必须确定出瞳的近轴位置，同时利用主光线确定该瞳孔的轴外位置。此外，应当记住，由于眼脑系统总是希望把最重要的细节放进视场中心，所以，轴上分辨率要比轴的外更为重要（与照相物镜不同）。

如图 10.2 所示是一个 10 × 目镜，入瞳直径 5mm，视场 40°，是 Kellner 普通形式的改进型，出瞳位置距离像面 25.2in。从结构布局图可以看到，全视场时出瞳有渐晕，表 10.2 列出了该目镜的结构参数。

表 10.2　10 × 目镜的结构参数　　（单位：in）

表面	半　径	厚　度	材　料	直　径
1	光阑	0.9500		0.197
2	4.7709	0.3058	N-SK5	0.960
3	−0.8585	0.0100		0.960
4	1.1195	0.3024	N-BK7	0.960
5	−0.7329	0.1000	SF1	0.960
6	9.5115	0.6558		0.960

注：第一块透镜前表面到像面的距离 = 1.374in，畸变 = 3.5%。

如图 10.3 所示是一个 10 × 的目镜，瞳孔直径和视场与上面系统相同，但眼距增大（参考 Ludewig 著作，1953）。表 10.3 列出了该目镜系统的详细结构参数。出瞳位置距像面 50.0in。渐晕与上述系统一样。光线交点图表明市场边缘有较大慧差。

表 10.3　10 × 长眼距目镜的结构参数

表面	半　径	厚　度	材　料	直　径
1	光阑	1.1583		0.197
2	23.9176	0.1197	SF1	1.220
3	0.9233	0.3421	N-SK16	1.220
4	−2.1362	0.1973		1.220
5	1.6039	0.4801	N-PSK3	1.460
6	−1.8755	0.0097		1.460
7	0.9966	0.3906	N-PSK3	1.280
8	0.0000	0.1815		1.280
9	−1.7120	0.1122	SF1	0.920
10	0.9454	0.1883		0.820

注：第一块透镜前表面到像面的距离 = 2.022in，畸变 = 5.0%。

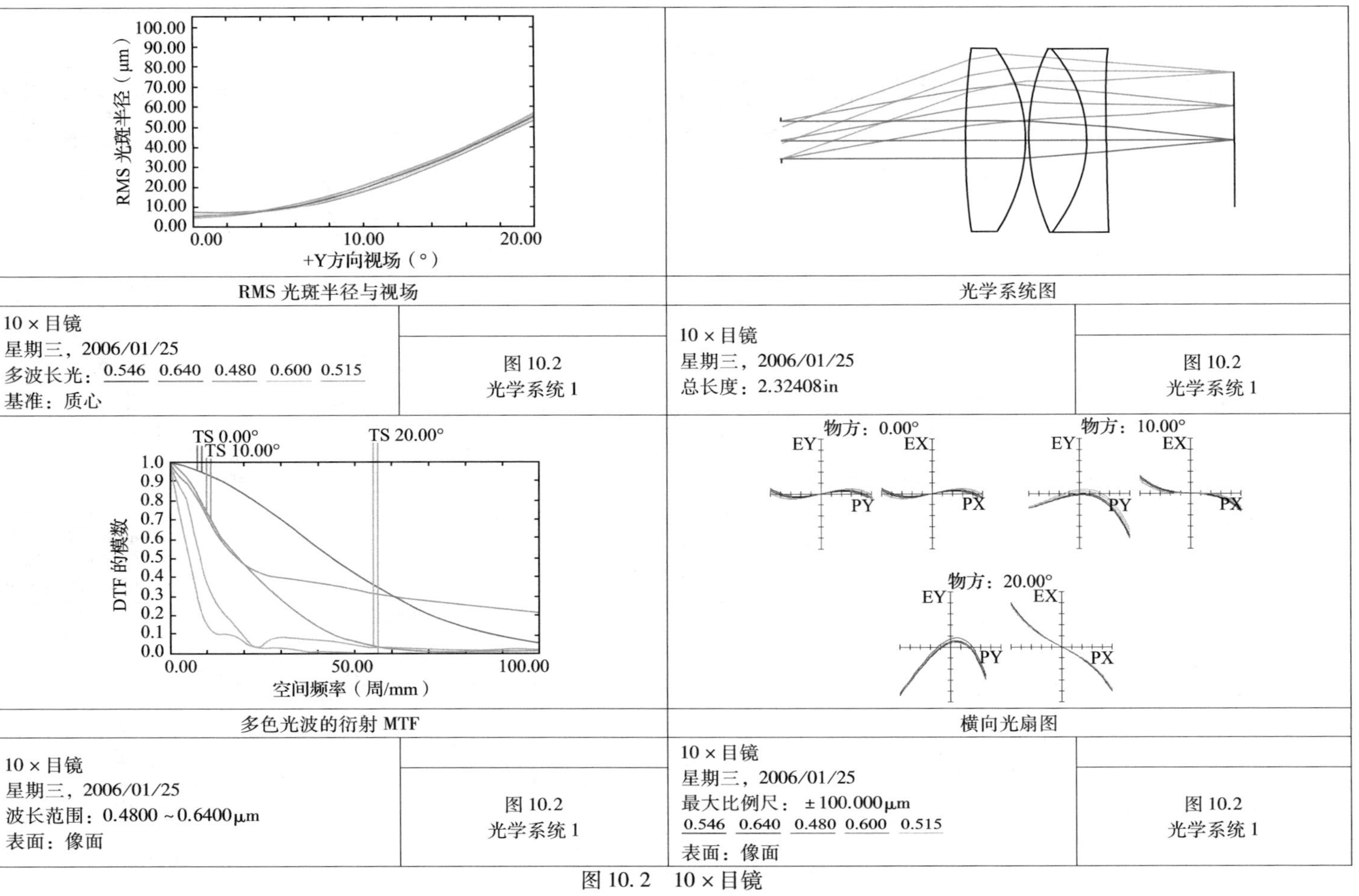

RMS 光斑半径（μm）
+Y方向视场（°）
RMS 光斑半径与视场
10×目镜
星期三，2006/01/25
多波长光：0.546 0.640 0.480 0.600 0.515
基准：质心
图 10.2
光学系统 1
光学系统图
10×目镜
星期三，2006/01/25
总长度：2.32408in
图 10.2
光学系统 1
TS 0.00°
TS 10.00°
TS 20.00°
DTF 的模数
空间频率（周/mm）
多色光波的衍射 MTF
10×目镜
星期三，2006/01/25
波长范围：0.4800～0.6400μm
表面：像面
图 10.2
光学系统 1
物方：0.00°
物方：10.00°
物方：20.00°
EY
EX
PY
PX
横向光扇图
10×目镜
星期三，2006/01/25
最大比例尺：±100.000μm
0.546 0.640 0.480 0.600 0.515
表面：像面
图 10.2
光学系统 1

图 10.2　10×目镜

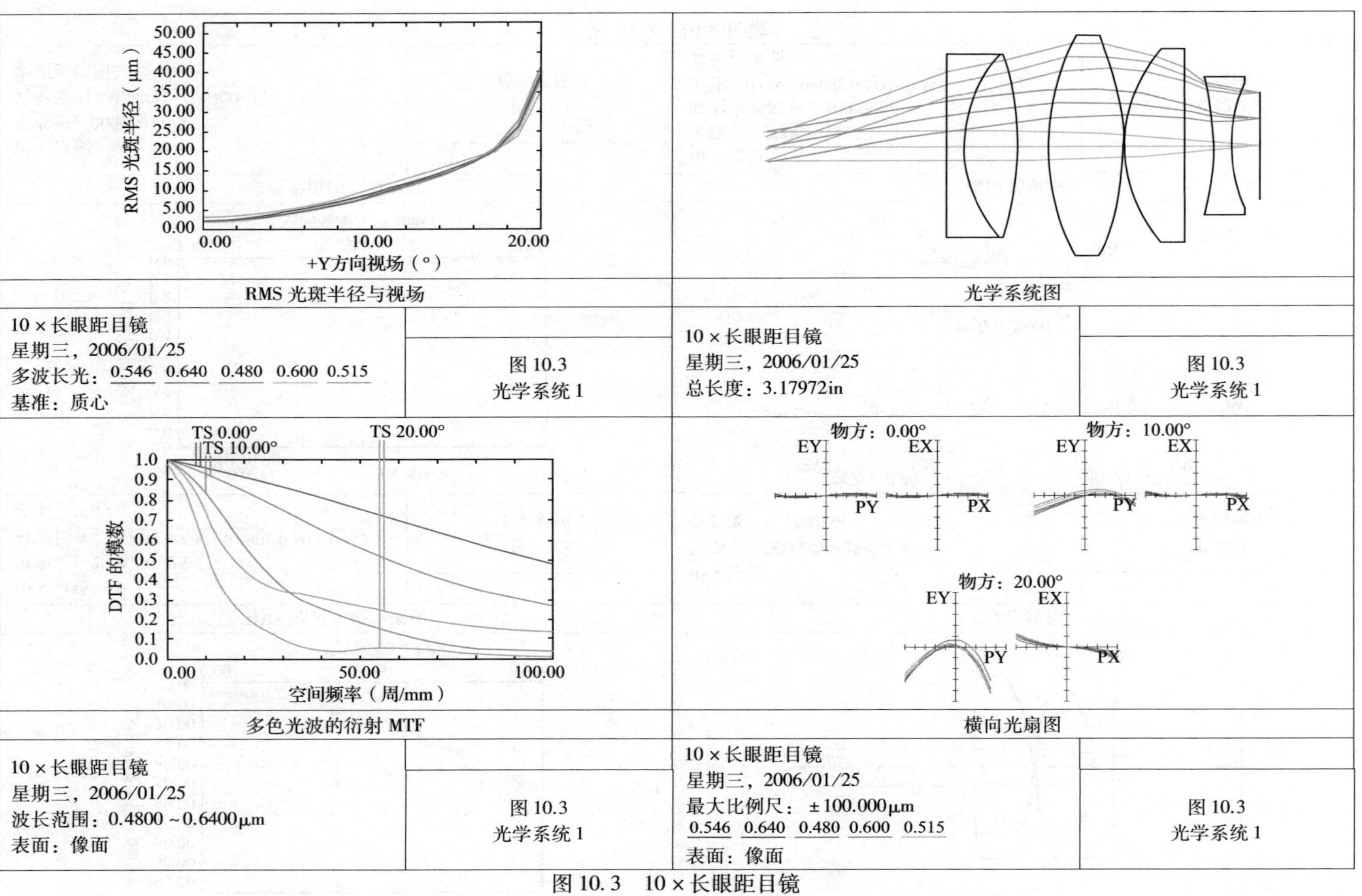

RMS 光斑半径（μm）
50.00 45.00 40.00 35.00 30.00 25.00 20.00 15.00 10.00 5.00 0.00
0.00 10.00 20.00
+Y方向视场（°）
RMS 光斑半径与视场
10×长眼距目镜
星期三，2006/01/25
多波长光：0.546 0.640 0.480 0.600 0.515
基准：质心
图 10.3
光学系统 1
光学系统图
10×长眼距目镜
星期三，2006/01/25
总长度：3.17972in
图 10.3
光学系统 1
TS 0.00°
TS 10.00°
TS 20.00°
DTF 的模数
1.0 0.9 0.8 0.7 0.6 0.5 0.4 0.3 0.2 0.1 0.0
0.00 50.00 100.00
空间频率（周/mm）
多色光波的衍射 MTF
10×长眼距目镜
星期三，2006/01/25
波长范围：0.4800～0.6400μm
表面：像面
图 10.3
光学系统 1
物方：0.00°
EY PY EX PX
物方：10.00°
EY PY EX PX
物方：20.00°
EY PY EX PX
横向光扇图
10×长眼距目镜
星期三，2006/01/25
最大比例尺：±100.000μm
0.546 0.640 0.480 0.600 0.515
表面：像面
图 10.3
光学系统 1

图 10.3　10×长眼距目镜

该设计比图10.4所示的Plossl目镜或对称目镜稍微好些。Plossl目镜的详细结构参数见表10.4。它由两个同样的双胶合透镜组成，冕牌玻璃元件彼此相对，其优点是降低了生产成本，与上述两种目镜有相同的瞳孔直径和视场。正如光扇曲线图所示，由于像散的原因，其全视场的弧矢MTF响应较差。

表10.4 Plossl目镜的结构参数

表面	半 径	厚 度	材 料	直 径
1	光阑	0.7610		0.197
2	2.1218	0.1182	SF1	0.980
3	0.9042	0.2783	N-SK14	0.980
4	−1.7701	0.0197		0.980
5	1.7701	0.2783	N-SK14	0.980
6	−0.9042	0.1182	SF1	0.980
7	−2.1218	0.7246		0.980

注：第一块透镜前表面到像面的距离=1.537in，畸变=6.5%，出瞳位置到像面的距离=31.88in。

如图10.5所示是Erfle目镜，入瞳直径5mm，视场60°，表10.5列出了该目镜的详细结构参数。出瞳位置到像面的距离是10.0in。

表10.5 视场60°Erfle目镜的结构参数 （单位：in）

表面	半 径	厚 度	材 料	直 径
1	光阑	0.7000		0.197
2	−1.6156	0.0900	SF1	0.840
3	1.2630	0.6500	N-SK14	1.400
4	−1.1748	0.0207		1.400
5	2.5770	0.5911	N-LAK10	1.760
6	−1.7677	0.0210		1.760
7	1.0852	0.5843	N-FK5	1.460
8	−1.0511	0.1000	SF1	1.460
9	1.295	0.4500		1.180

注：第一块透镜前表面到像面的距离=2.507in，畸变=6.0%。

该目镜对4个视场角——轴上、10°、20°和30°，进行优化，正如从图10.5看到的，有50%的渐晕，并且，瞳孔漂移造成全视场情况下只能追迹光瞳下半部光线。光扇曲线图表示该目镜系统有大的慧差。

如图10.6所示为有中间像的目镜系统，是Nagler专利（1981）的改进型，详细结构参数见表10.6。由于有中间像，所以，应用局限于不需要分划板或网格板的系统。该系统相当长（从第一块透镜的前表面到最后透镜后表面的距离是5.541in）。注意到，该目镜与本节前三个目镜系统有相同的焦距（1.0in）和视场（40°）。但该目镜系统却有着更好的性能，15°视场时的畸变是1%，全视场时几乎为零。

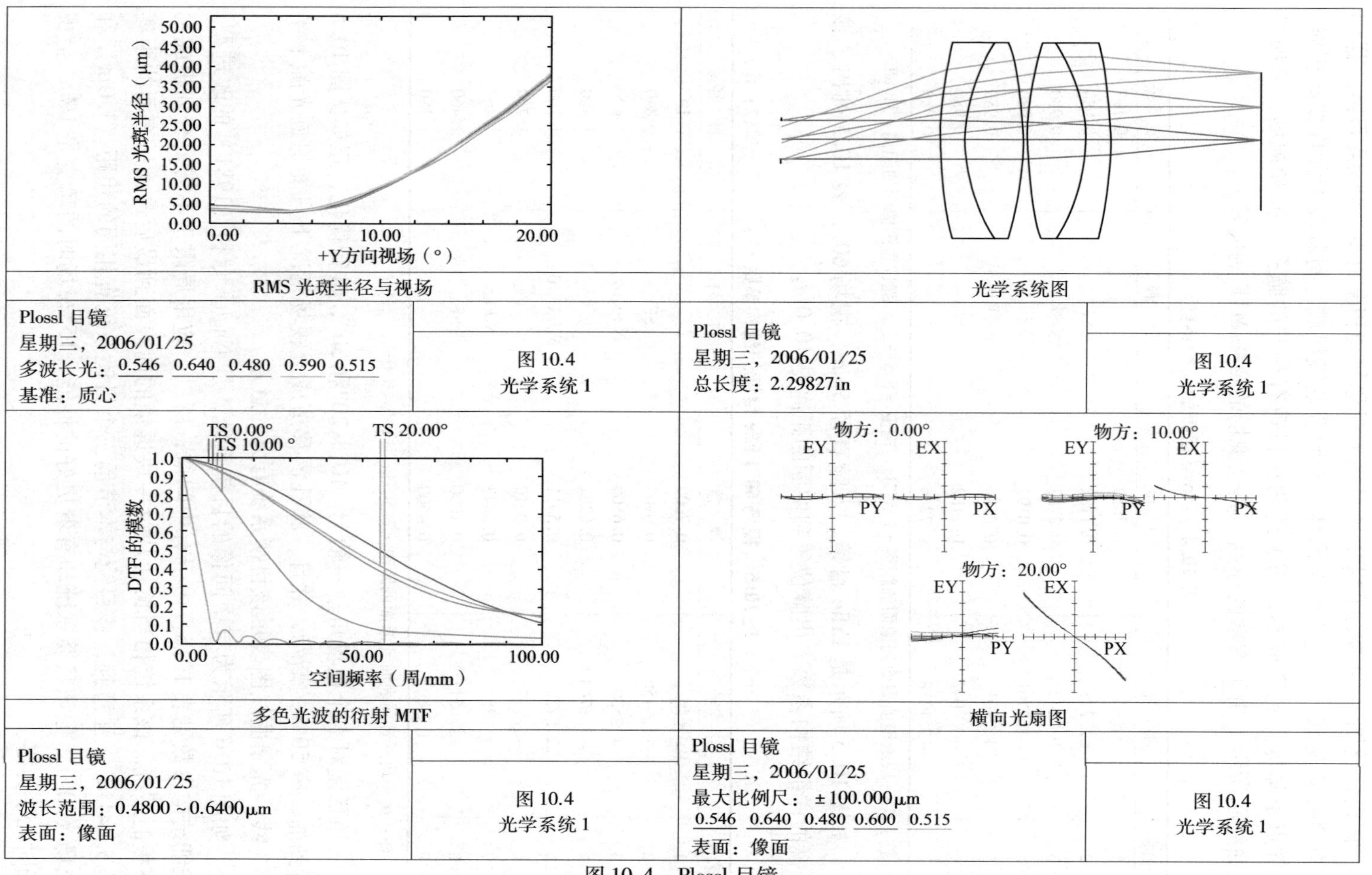

RMS 光斑半径（μm）
50.00
45.00
40.00
35.00
30.00
25.00
20.00
15.00
10.00
5.00
0.00
0.00
10.00
20.00
+Y方向视场（°）
RMS 光斑半径与视场
Plossl 目镜
星期三，2006/01/25
多波长光：0.546 0.640 0.480 0.590 0.515
基准：质心
图 10.4
光学系统 1
光学系统图
Plossl 目镜
星期三，2006/01/25
总长度：2.29827in
图 10.4
光学系统 1
TS 0.00°
TS 10.00 °
TS 20.00°
DTF 的模数
1.0
0.9
0.8
0.7
0.6
0.5
0.4
0.3
0.2
0.1
0.0
0.00
50.00
100.00
空间频率（周/mm）
多色光波的衍射 MTF
Plossl 目镜
星期三，2006/01/25
波长范围：0.4800～0.6400μm
表面：像面
图 10.4
光学系统 1
物方：0.00°
物方：10.00°
物方：20.00°
EY
PY
EX
PX
横向光扇图
Plossl 目镜
星期三，2006/01/25
最大比例尺：±100.000μm
0.546 0.640 0.480 0.600 0.515
表面：像面
图 10.4
光学系统 1

图 10.4 Plossl 目镜

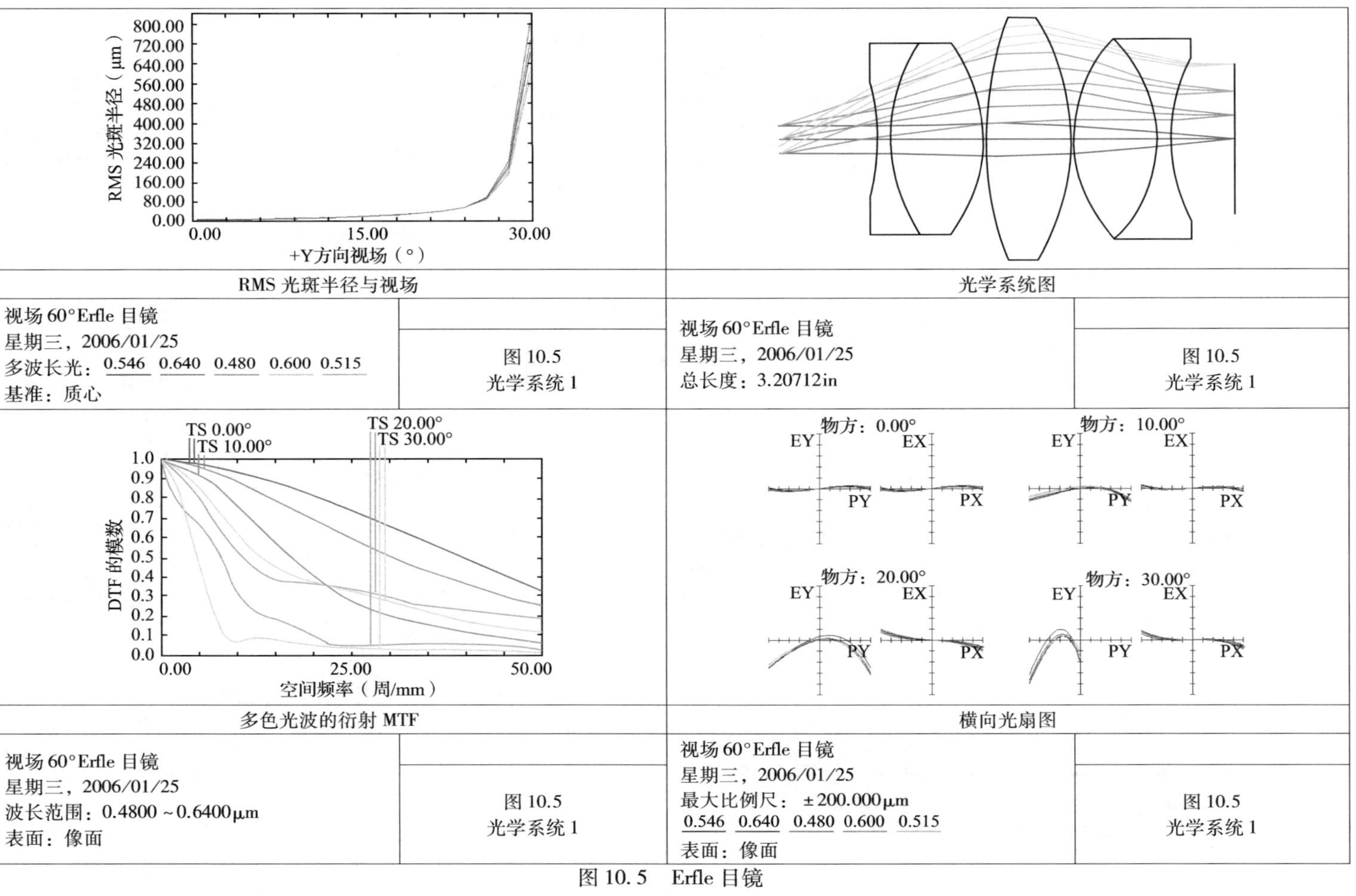
RMS 光斑半径（μm）
800.00
720.00
640.00
560.00
480.00
400.00
320.00
240.00
160.00
80.00
0.00
0.00
15.00
30.00
+Y方向视场（°）
RMS 光斑半径与视场
视场 60°Erfle 目镜
星期三，2006/01/25
多波长光：0.546 0.640 0.480 0.600 0.515
基准：质心
图 10.5
光学系统 1
光学系统图
视场 60°Erfle 目镜
星期三，2006/01/25
总长度：3.20712in
图 10.5
光学系统 1
TS 0.00°
TS 10.00°
TS 20.00°
TS 30.00°
DTF 的模数
1.0
0.9
0.8
0.7
0.6
0.5
0.4
0.3
0.2
0.1
0.0
0.00
25.00
50.00
空间频率（周/mm）
多色光波的衍射 MTF
视场 60°Erfle 目镜
星期三，2006/01/25
波长范围：0.4800 ~0.6400μm
表面：像面
图 10.5
光学系统 1
物方：0.00°
物方：10.00°
物方：20.00°
物方：30.00°
EY
EX
PY
PX
横向光扇图
视场 60°Erfle 目镜
星期三，2006/01/25
最大比例尺：±200.000μm
0.546 0.640 0.480 0.600 0.515
表面：像面
图 10.5
光学系统 1

图 10.5 Erfle 目镜

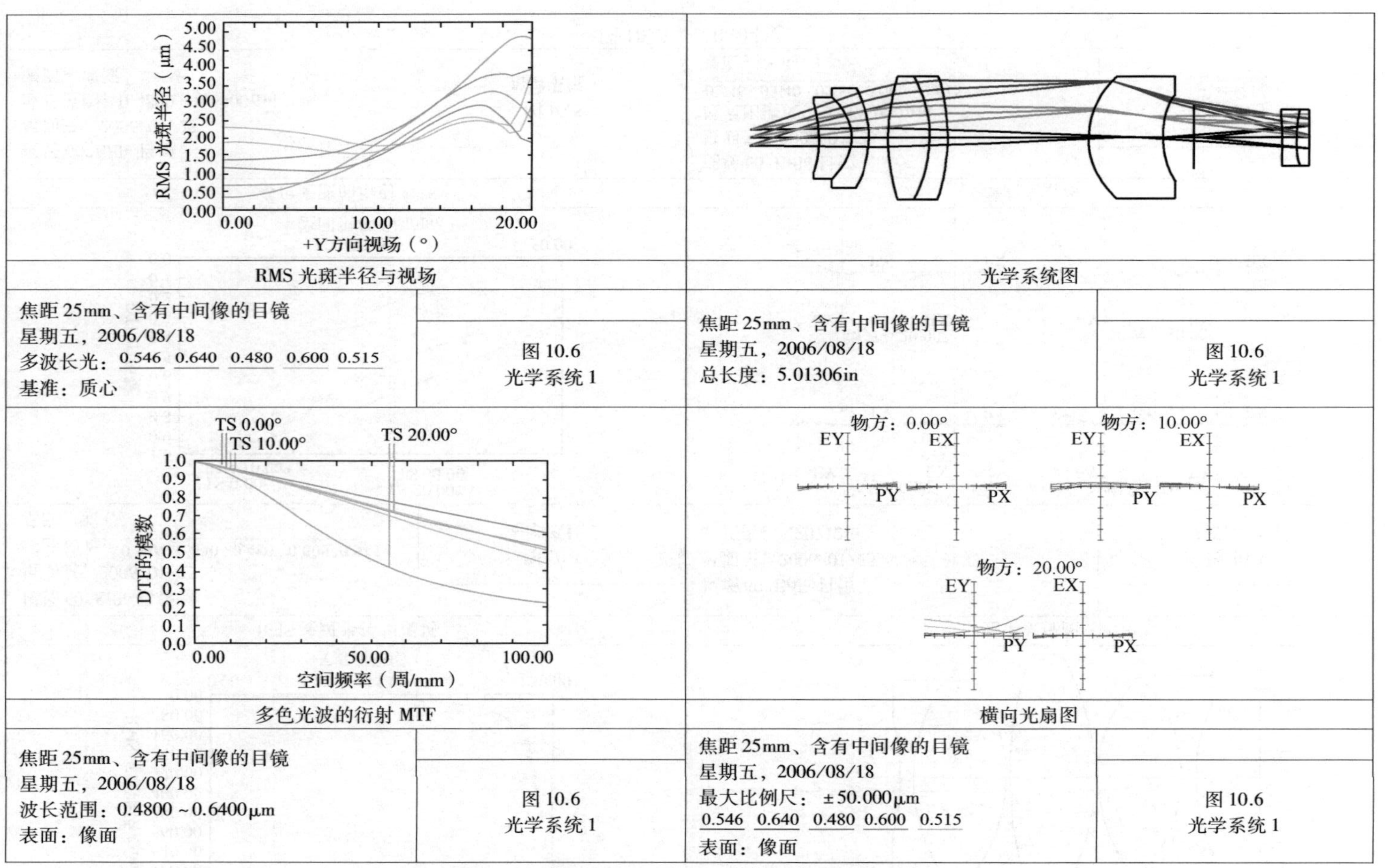

RMS 光斑半径（μm）
5.00 4.50 4.00 3.50 3.00 2.50 2.00 1.50 1.00 0.50 0.00
0.00 10.00 20.00
+Y方向视场（°）
RMS 光斑半径与视场
焦距25mm、含有中间像的目镜
星期五，2006/08/18
多波长光：0.546 0.640 0.480 0.600 0.515
基准：质心
图 10.6
光学系统 1
光学系统图
焦距25mm、含有中间像的目镜
星期五，2006/08/18
总长度：5.01306in
图 10.6
光学系统 1
TS 0.00°
TS 10.00°
TS 20.00°
DTF的模数
1.0 0.9 0.8 0.7 0.6 0.5 0.4 0.3 0.2 0.1 0.0
0.00 50.00 100.00
空间频率（周/mm）
多色光波的衍射 MTF
焦距25mm、含有中间像的目镜
星期五，2006/08/18
波长范围：0.4800～0.6400μm
表面：像面
图 10.6
光学系统 1
物方：0.00°
物方：10.00°
物方：20.00°
EY EX PY PX
横向光扇图
焦距25mm、含有中间像的目镜
星期五，2006/08/18
最大比例尺：±50.000μm
0.546 0.640 0.480 0.600 0.515
表面：像面
图 10.6
光学系统 1

图 10.6　焦距 25mm、$f/5$、有中间像的目镜系统

表10.6　包含有中间像的目镜系统的结构参数　（单位：in）

表面	半　径	厚　度	材　料	直　径
1	光阑	0.7720		0.197
2	-1.4468	0.3691	N-LAK22	0.820
3	-0.6358	0.1979	SF1	0.960
4	-1.2325	0.2145		1.160
5	2.4062	0.4744	N-ZK7	1.440
6	-1.5047	0.2005	SF1	1.440
7	-2.4257	1.5926		1.440
8	0.9430	0.8400	N-LAK22	1.420
9	0.9667	1.3622		1.000
10	-2.5657	0.1500	N-SK16	0.620
11	1.3208	0.1400	SF1	0.660
12	11.2116	-1.3001		0.640

注：第一块透镜前表面到像面的距离 =5.541in，畸变 =1.0%（15°视场）。

参 考 文 献

Abe, H. (1971) Wide angle eyepiece, US Patent #3586418.

Alpern, M. (1987) Eyes and vision, *Handbook of Optics*, McGraw Hill and the Optical Society of America, New York.

Andreyev, L. N. (1968) Symmetric eyepieces with improved correction, *Sov. J. Opt. Tech.*, 5: 303.

Bertele, L. (1929) Occular, US Patent #1699682.

Clark, T. L. (1983) Simple flat field eyepiece, *Applied Optics*, 22: 1807.

Dyer, A. (1993) Choosing eyepieces, *Astronomy*, June, 57.

Fedorova, N. S. (1980) Relation between MTF and visual resolution of a telescope, *Sov. J. Opt. Tech.*, 47: 1.

Fukumoto, S. (1996) Eyepiece, US Patent #5546237.

Giles, M. K. (1977) Aberration tolerances for visual optical systems, *JOSA*, 67: 634-643.

Kashima, S. (1993) Eyepieces, US Patent #5202795.

Koizumi, N. (1997) Wide field eyepiece with inside focus, US Patent #5612823.

Konig, A. (1940) Telescope eyepiece, US Patent #2206195.

Ludewig, M. (1953) Eyepiece for optical instruments, US Patent #2637245.

Luizov, A. V. (1984) Model of reduced eye, *Sov. J. Opt. Tech.*, 51: 325.

MIL HDBK 141 (1962) Chapter 14, Optical Density, Military Standardization Handbook, Defense Supply Agency.

Nagler, A. (1981) Ultra wide angle Flft field eyepiece, US Patent #4286844.

Nagler, A. (1987) Ultra wide angle eyepiece, US Patent #4747675.

Olge, K. N. (1951) On the resolving power of the human eye, *JOSA*, 41: 517.

Repinski, G. N. (1978) wide angle five lens eyepiece, *Sov. J. Opt. Tech.*, 45: 287.

Rosen, S. (1965) Eyepiece and magnifiers, Chapter 9, Volume 3, Applied Optics and Optical Engineering, Academic Press.

Skidmore, W. H. (1967) Eyepiece design providing a large eye relief, *JOSA*, 57: 700.

Skidmore, W. H. (1968) Wide angle eyepiece, US Patent #3390935.

Smith, W. (2000) *Modern Optical Engineering*, Section 6.10, McGraw Hill, NY.

Taylor, E. W. (1945) The evolution of the inverting eyepiece, *J. Scientific. Inst.*, 22: 43.

Veno, Y. (1996) Eyepiece, US Patent #5557463.

Wald, G. (1945) The spectral sensitivity of the human eye, *JOSA*, 35: 187.

Wenz, J. B. (1989) Single eyepiece binocular microscope, US Patent #4818084.

第11章 显微物镜

显微物镜基本上是衍射受限的光学装置，用样本放大率和NA（数值孔径）表示这些物镜的特征。一般地，像的直径是16mm。

绝大部分设计都以传统概念为基础，管长160mm。即从像到物空间主平面的距离是160mm，对应的物像距是180mm。将该物镜设计安装在一个精密的肩架上，距样本35.68mm，样本上覆盖有0.18mm厚的玻璃。该盖板玻璃是熔凝石英玻璃（对紫外物镜）或耐化学腐蚀的钠钙玻璃。由于这种玻璃非常接近于N-K5，所以，显微物镜设计中经常使用此类玻璃作盖板玻璃。对油浸物镜，在盖板玻璃与第一块透镜前表面（一般为平面）之间额外增加0.14mm厚的油层。

物镜螺纹是“惠氏螺纹”（英制螺纹），有55°坡口角度，36螺纹/in，大径为0.796。实验室用显微镜肩架至样本距离的典型值是45mm。

一些生产厂商设置了无穷远校正系统，使显微镜的设计具有更大的灵活性。现在，可以将各种分束镜和其它附件安插在平行光束中。在此列举的所有设计都满足180mm物像距和16mm图像直径的要求。还要注意，尽管是根据图像直径/样本直径列出显微镜放大率，但是仍遵守通常习惯，从长共轭追迹光线。在这种情况下，要从16mm直径的像追迹到样本，因此，由这种布局结构计算出的放大率是表列放大率的倒数。

根据瑞利判断准则，两个可分辨图像间的距离是 $Z = 0.61\lambda/\mathrm{NA}$，式中，$Z$ 是两个像的间隔；λ 是光的波长；$\mathrm{NA} = N\sin\theta$，$N$ 是图像所在介质的折射率。为了提高分辨率，需要减小照明光的波长（见图11.4紫外物镜的设计），或者使NA大于1。将目标浸在油中就可以实现该设想（见图11.5中98×油浸物镜）。下面公式给出的NA值是近轴结果，即

$$\mathrm{NA} = \frac{\text{入瞳直径}}{2.0\times(\text{焦距})\times(1.0+1.0/\text{放大率})}$$

如图11.1所示的10×显微物镜，详细结构参数见表11.1。该物镜由两个相距较远的双胶合透镜组成（Liater型），NA是0.22，有效焦距0.618in，目标到孔径光阑的距离是6.050in，最后一面代表保护盖板。

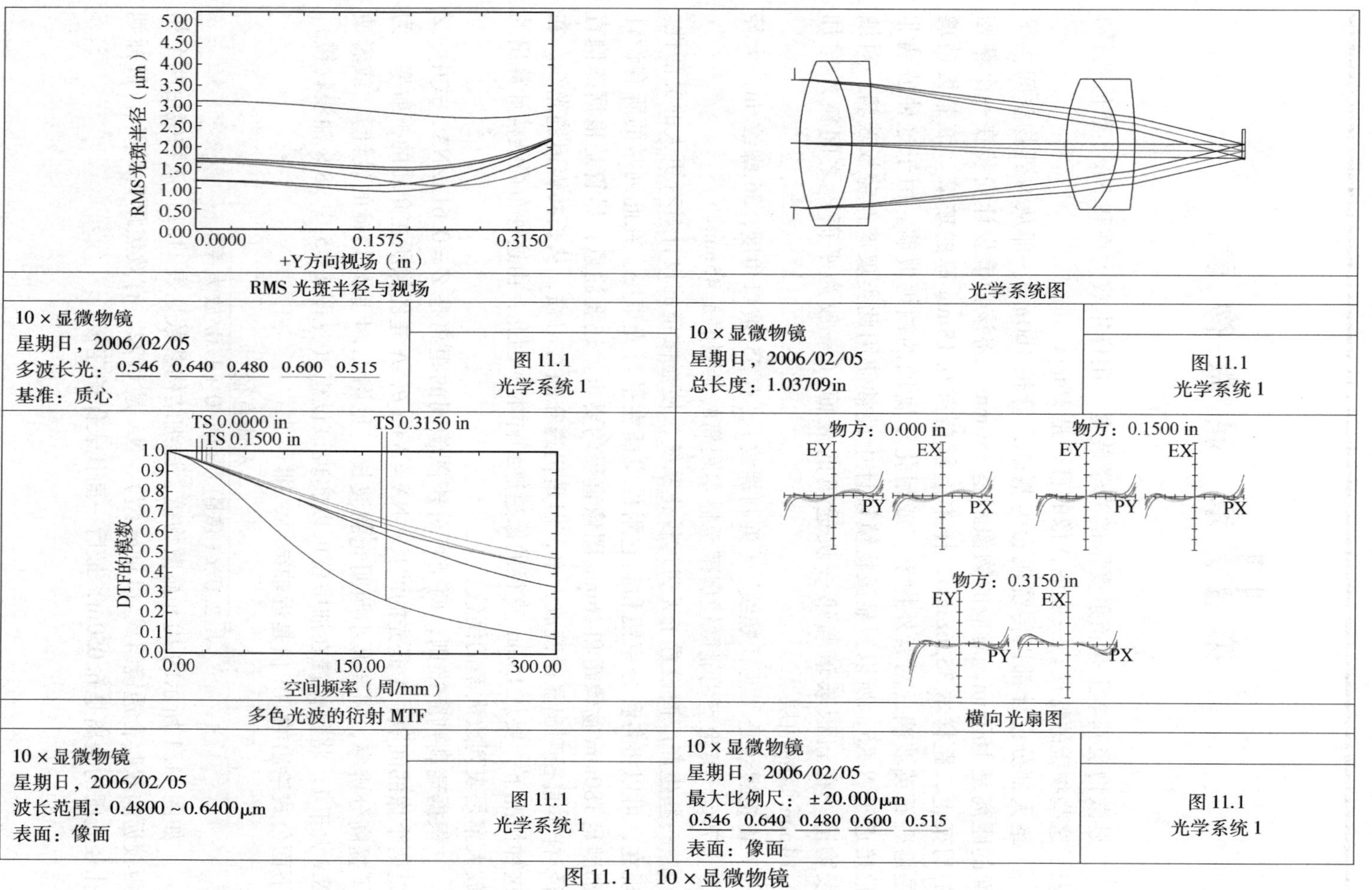

RMS光斑半径（μm）
5.00
4.50
4.00
3.50
3.00
2.50
2.00
1.50
1.00
0.50
0.00
0.0000
0.1575
0.3150
+Y方向视场（in）
RMS 光斑半径与视场
10×显微物镜
星期日，2006/02/05
多波长光：0.546 0.640 0.480 0.600 0.515
基准：质心
图 11.1
光学系统 1
光学系统图
10×显微物镜
星期日，2006/02/05
总长度：1.03709in
图 11.1
光学系统 1
TS 0.0000 in
TS 0.1500 in
TS 0.3150 in
1.0
0.9
0.8
0.7
0.6
0.5
0.4
0.3
0.2
0.1
0.0
DTF的模数
0.00
150.00
300.00
空间频率（周/mm）
多色光波的衍射 MTF
10×显微物镜
星期日，2006/02/05
波长范围：0.4800～0.6400μm
表面：像面
图 11.1
光学系统 1
物方：0.000 in
物方：0.1500 in
物方：0.3150 in
EY
PY
EX
PX
横向光扇图
10×显微物镜
星期日，2006/02/05
最大比例尺：±20.000μm
0.546 0.640 0.480 0.600 0.515
表面：像面
图 11.1
光学系统 1

图 11.1 10×显微物镜

表 11.1 10×显微物镜的结构参数 (单位：in)

表面	半 径	厚 度	材 料	直 径
0	0.0000	6.0503		0.630
1	光阑	0.0120		0.303
2	0.5266	0.1204	N-BK7	0.390
3	-0.3663	0.0459	F5	0.390
4	-2.5909	0.4463		0.390
5	0.3892	0.1197	N-BK7	0.310
6	-0.2326	0.0383	F5	0.310
7	-1.2163	0.2474		0.310
8	0.0000	0.0070	N-K5 盖板玻璃	0.070

注：第一透镜前表面到像面的距离 =5.013in，畸变 =0.15%。

如图 11.2 所示是一个 20×显微物镜，NA 是 0.49，有效焦距为 0.309in，详细结构参数见表 11.2。该物镜有一些基色。光线图表示在瞳孔边缘有些杂光。

表 11.2 20×显微物镜的结构参数 (单位：in)

表面	半 径	厚 度	材 料	直 径
0	0.0000	6.2679		0.630
1	-0.2352	0.0941	N-SK16	0.340
2	-0.1968	0.0413	SF4	0.380
3	-0.3251	0.0100		0.420
4	0.5837	0.1115	N-SK16	0.420
5	-0.9401	0.0100		0.420
6	光阑	0.2236		0.375
7	0.2077	0.2000	N-SK16	0.280
8	-0.1686	0.0250	SF4	0.280
9	0.4108	0.0965		0.173
10	0.0000	0.0700	N-K5	0.088
11	0.0000	0.0000		0.034

注：物体到第一透镜前表面的距离 = 6.268in，第一透镜前表面到像面的距离 = 0.819in，畸变 =0.21%。

如图 11.3 所示是焦距 4mm 的复消色差显微物镜，NA 是 0.91（实际焦距 3.76mm），结构参数见表 11.3。瞳孔边缘有些杂光，并有很少量的色差。注意，与物镜最后表面（$R=0.09332$）相邻的表面几乎与像同心。该面的球差贡献量为零。放大率是 47.5。

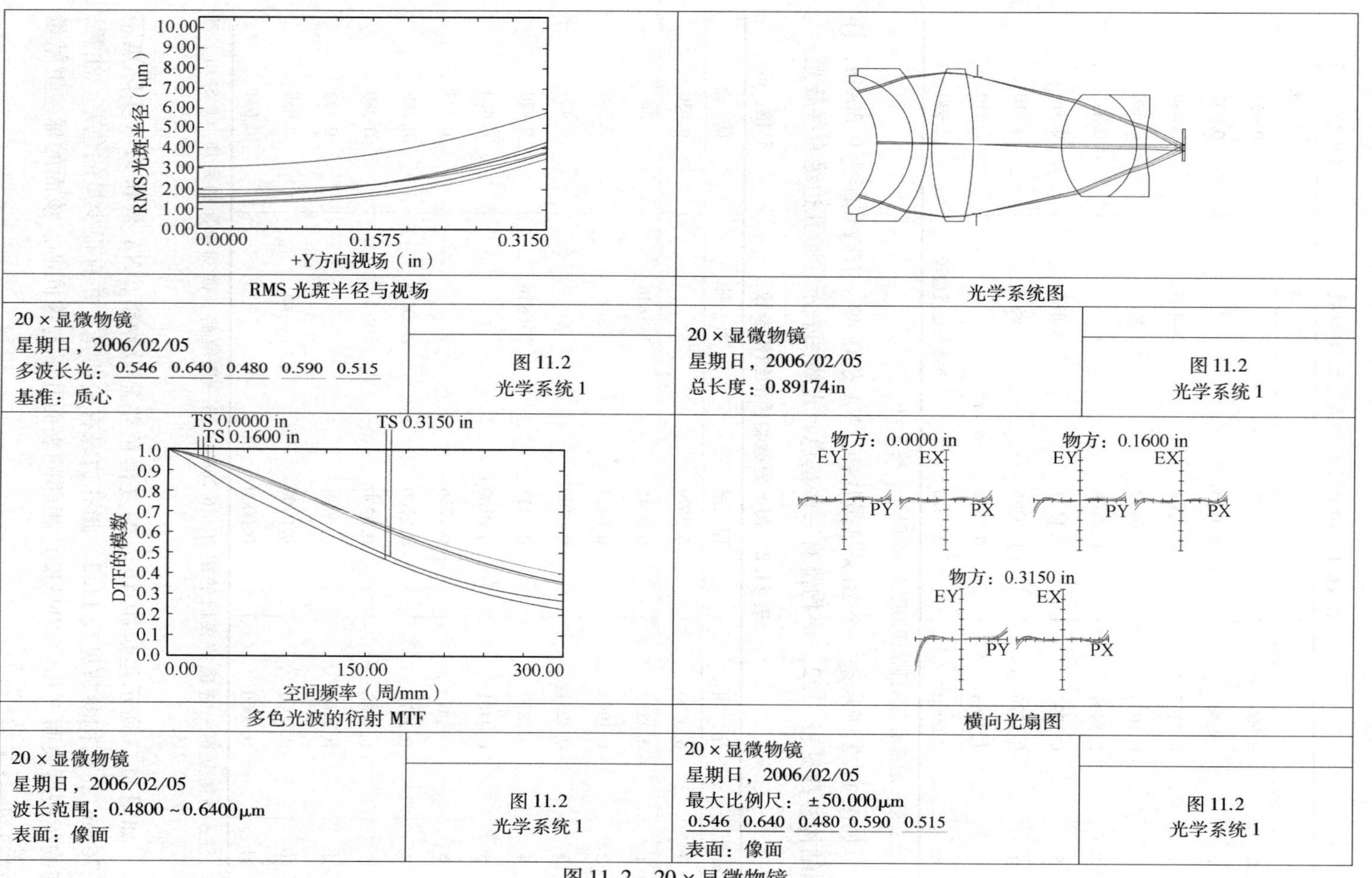

RMS光斑半径（μm）
10.00
9.00
8.00
7.00
6.00
5.00
4.00
3.00
2.00
1.00
0.00
0.0000
0.1575
0.3150
+Y方向视场（in）
RMS 光斑半径与视场
20×显微物镜
星期日，2006/02/05
多波长光：0.546 0.640 0.480 0.590 0.515
基准：质心
图 11.2
光学系统 1
光学系统图
20×显微物镜
星期日，2006/02/05
总长度：0.89174in
图 11.2
光学系统 1
TS 0.0000 in
TS 0.1600 in
TS 0.3150 in
DTF的模数
1.0
0.9
0.8
0.7
0.6
0.5
0.4
0.3
0.2
0.1
0.0
0.00
150.00
300.00
空间频率（周/mm）
多色光波的衍射 MTF
20×显微物镜
星期日，2006/02/05
波长范围：0.4800～0.6400μm
表面：像面
图 11.2
光学系统 1
物方：0.0000 in
物方：0.1600 in
物方：0.3150 in
EY
EX
PY
PX
横向光扇图
20×显微物镜
星期日，2006/02/05
最大比例尺：±50.000μm
0.546 0.640 0.480 0.590 0.515
表面：像面
图 11.2
光学系统 1

图 11.2　20×显微物镜

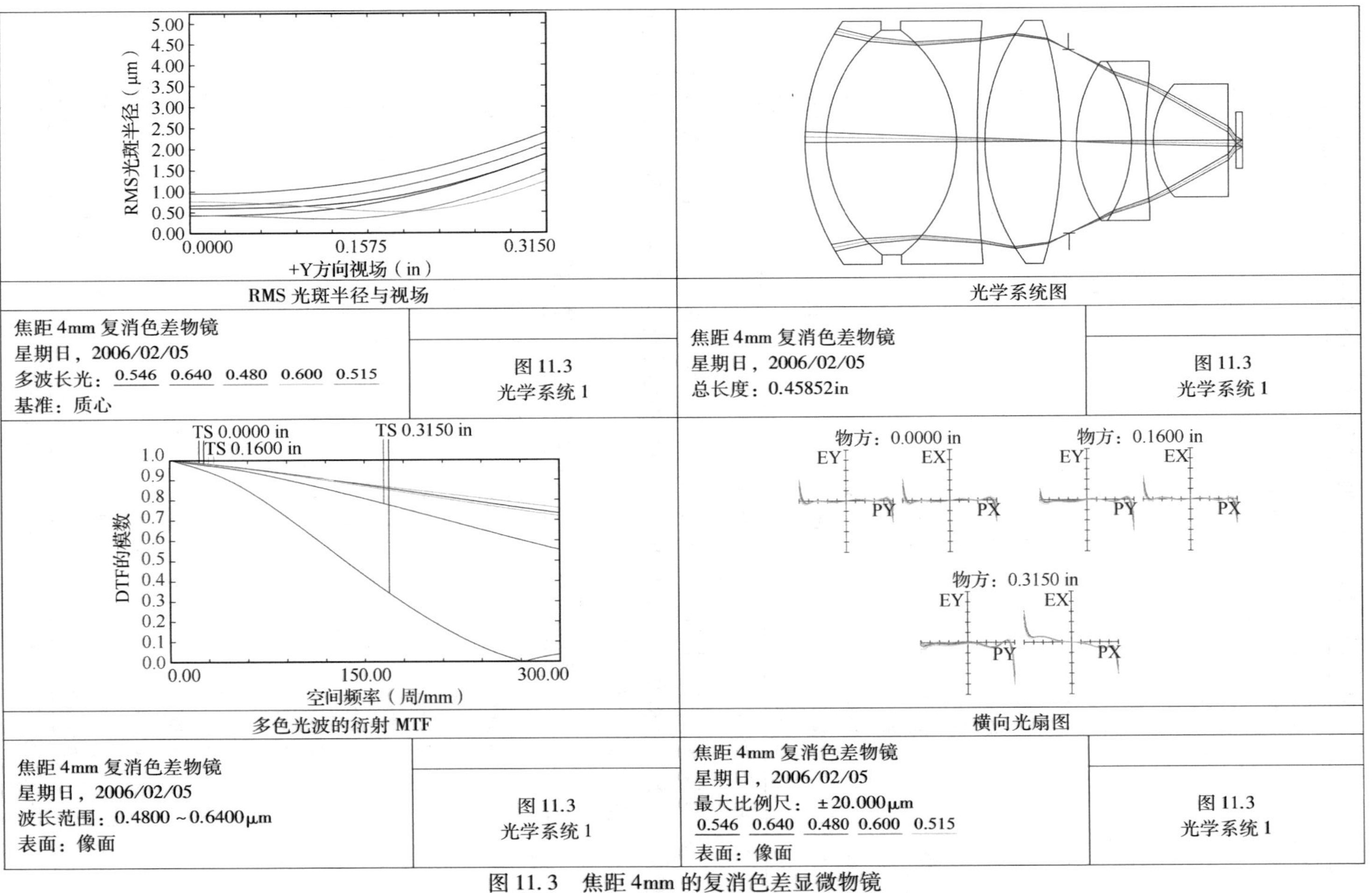
RMS光斑半径（μm）
+Y方向视场（in）
RMS 光斑半径与视场
焦距 4mm 复消色差物镜
星期日，2006/02/05
多波长光：0.546 0.640 0.480 0.600 0.515
基准：质心
图 11.3
光学系统 1
光学系统图
焦距 4mm 复消色差物镜
星期日，2006/02/05
总长度：0.45852in
图 11.3
光学系统 1
TS 0.0000 in
TS 0.1600 in
TS 0.3150 in
DTF的模数
空间频率（周/mm）
多色光波的衍射 MTF
焦距 4mm 复消色差物镜
星期日，2006/02/05
波长范围：0.4800 ~0.6400μm
表面：像面
图 11.3
光学系统 1
物方：0.0000 in
物方：0.1600 in
物方：0.3150 in
EY
EX
PY
PX
横向光扇图
焦距 4mm 复消色差物镜
星期日，2006/02/05
最大比例尺：±20.000μm
0.546 0.640 0.480 0.600 0.515
表面：像面
图 11.3
光学系统 1

图 11.3 焦距 4mm 的复消色差显微物镜

表 11.3 焦距 4mm 的复消色差显微物镜的结构参数 （单位：in）

表面	半 径	厚 度	材 料	直 径
0	0.00000	6.6303		0.630
1	0.23353	0.0220	N-LAK14	0.260
2	0.15292	0.1367	CAF2	0.240
3	-0.15292	0.0220	N-LAK14	0.240
4	1.54185	0.0080		0.260
5	0.22209	0.0795	N-LAK14	0.260
6	-0.44781	0.0080		0.260
7	光阑	0.0080		0.196
8	0.15418	0.0578	CAF2	0.170
9	-0.15418	0.0150	F2	0.170
10	0.62418	0.0080		0.140
11	0.09332	0.0783	N-SK5	0.120
12	0.00000	0.0083		0.120
13	0.00000	0.0070	N-K5	0.060
14	0.00000	0.0000		0.015

注：第一透镜前表面到像面的距离 = 0.4585in，畸变 = 0.15%。

如图 11.4 所示是紫外反射式物镜（紫外光谱区 0.2 ~ 0.4μm），NA 是 0.72，放大率为 53，有效焦距为 0.129in，详细结构参数见表 11.4。孔径光阑位于次镜上，次镜粘结在氟化钙负透镜上。

表 11.4 53 × 紫外反射式显微物镜的结构参数 （单位：in）

表面	半 径	厚 度	材 料	直 径
0	0.0000	5.6198		0.630
1	1.72300	0.0350	石英玻璃	0.284
2	2.90631	0.9731		0.284
3	0.17783	-0.4995	反射镜	0.161 光阑
4	0.72913	0.5776	反射镜	1.082
5	2.66996	0.0427	CAF2	0.580
6	0.48467	0.0050		0.500
7	0.23767	0.1861	CAF2	0.420
8	8.64894	0.0050		0.320
9	7.25758	0.0588	石英玻璃	0.300
10	0.44435	0.0771		0.196
11	0.00000	0.0071	石英玻璃	0.042
12	0.00000	0.0000		0.042

注：第一透镜前表面到像面的距离 = 1.468in，畸变 = 0.17%。

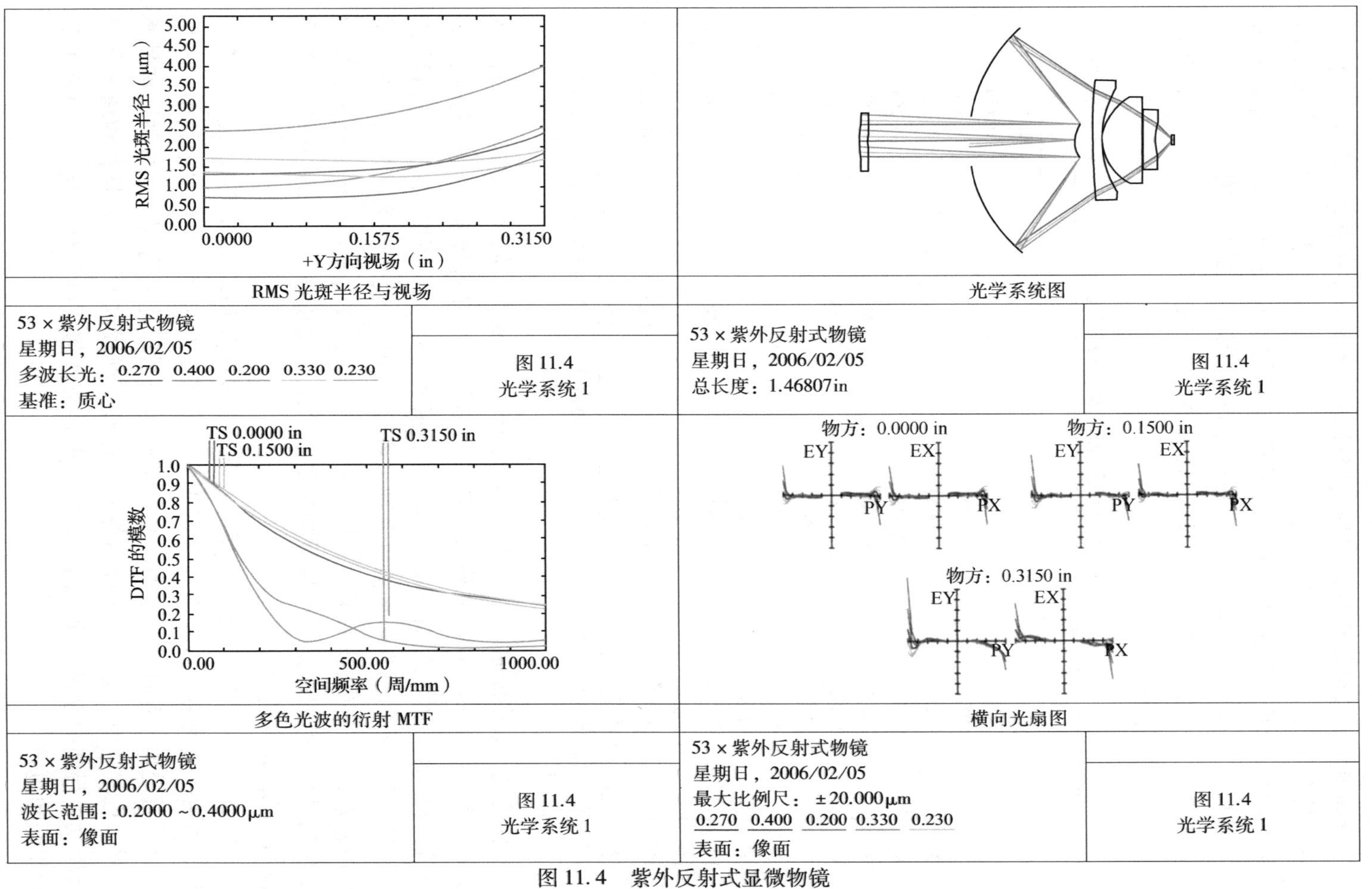

RMS 光斑半径（μm）
5.00 4.50 4.00 3.50 3.00 2.50 2.00 1.50 1.00 0.50 0.00
0.0000 0.1575 0.3150
+Y方向视场（in）
RMS 光斑半径与视场
53×紫外反射式物镜
星期日，2006/02/05
多波长光：0.270 0.400 0.200 0.330 0.230
基准：质心
图 11.4
光学系统 1
光学系统图
53×紫外反射式物镜
星期日，2006/02/05
总长度：1.46807in
图 11.4
光学系统 1
TS 0.0000 in
TS 0.1500 in
TS 0.3150 in
DTF 的模数
1.0 0.9 0.8 0.7 0.6 0.5 0.4 0.3 0.2 0.1 0.0
0.00 500.00 1000.00
空间频率（周/mm）
多色光波的衍射 MTF
53×紫外反射式物镜
星期日，2006/02/05
波长范围：0.2000 ~0.4000μm
表面：像面
图 11.4
光学系统 1
物方：0.0000 in
物方：0.1500 in
物方：0.3150 in
EY EX PY PX
横向光扇图
53×紫外反射式物镜
星期日，2006/02/05
最大比例尺：±20.000μm
0.270 0.400 0.200 0.330 0.230
表面：像面
图 11.4
光学系统 1

图 11.4　紫外反射式显微物镜

视场中心区域可以得到准衍射受限性能，视场边缘区有杂光闪烁。由于这类物镜的色差非常小，所以，光谱范围可以扩大到可见光区域（波长小于 0.24μm 时会有较大的纵向色差）。上述所有设计的最后表面都是盖板保护玻璃。参考图 15.8 的反射式物镜系统，可以进行修改以满足显微镜应用。

如图 11.5 所示是 98×油浸显微物镜，NA 是 1.28，焦距为 0.0706in，详细结构参数见表 11.5。

表 11.5 98×油浸显微物镜的结构参数 （单位：in）

表面	半径	厚度	材料	直径
0	0.00000	6.8186		0.630
1	0.22369	0.0759	CAF2	0.166
2	−0.09757	0.0224	F4	0.166
3	−0.99257	0.0030		0.166
4	光阑	0.0030		0.163
5	0.21206	0.0536	CAF2	0.168
6	−0.18691	0.0214	N-PSK53	0.168
7	−0.17955	0.0030		0.168
8	0.07585	0.0200	N-LAK21	0.124
9	0.11369	0.0030		0.116
10	0.04570	0.0527	N-BK7	0.088
11	0.00000	0.0055	A 类油	0.036
12	0.00000	0.0071	N-K5	0.036
13	0.00000	0.0000	N-K5	0.006

注：第一透镜前表面到像面的距离 = 0.2705in，物体到第一透镜前表面的距离 = 6.8186in，畸变 = 0.26%。

注意到，表中像面右侧设置了一块玻璃材料。通常，如果没有这块材料，大部分计算程序会计入 $N=1.0$ 作为折射率。当对超高数值孔径系统，进行光线追迹时就比较困难，例如该物镜系统。设定该折射率与前一表面相同会避免这个问题。

这类设计有时称为半复消色差物镜或萤石物镜。为了成为一个名副其实的复消色差物镜，应在前面增加一块三片型透镜。该胶合三透镜的中间透镜应是氟化钙材料。所用油是一种显微物镜油浸物镜专用镜油（Cargille 1995），具有表 11.6 所列的折射率。

由表 11.6 可以明显看到，其折射率非常接近 N-BK7 材料（e 谱线）的折射率。最后一块透镜由 N-BK7 玻璃制成，由于其前平面侧直接与浸油接触，所以没有镀增透膜。有时候，这种准半球结构是采用球轧工艺制造，与制造球轴承一样。也就是说，这些小零件不像普通透镜那样成盘加工，而是在两块平板之间滚动，得到准理想球面，然后，按照普通方法将这些零件上盘，并对平面进行粗磨和抛光。

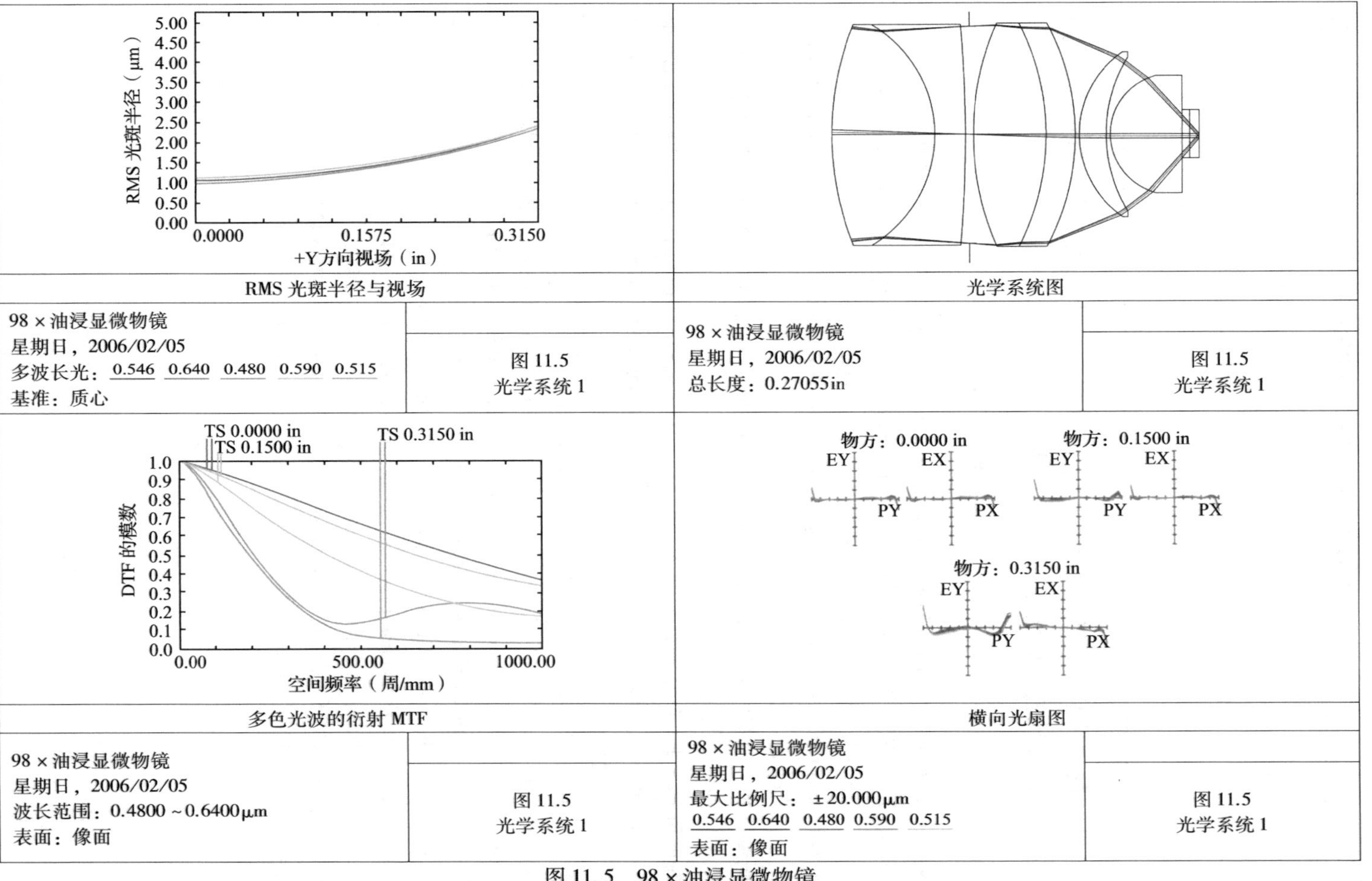
RMS 光斑半径（μm）
+Y方向视场（in）
RMS 光斑半径与视场
98×油浸显微物镜
星期日，2006/02/05
多波长光：0.546 0.640 0.480 0.590 0.515
基准：质心
图 11.5
光学系统 1
光学系统图
98×油浸显微物镜
星期日，2006/02/05
总长度：0.27055in
图 11.5
光学系统 1
TS 0.0000 in
TS 0.1500 in
TS 0.3150 in
DTF 的模数
空间频率（周/mm）
多色光波的衍射 MTF
98×油浸显微物镜
星期日，2006/02/05
波长范围：0.4800～0.6400μm
表面：像面
图 11.5
光学系统 1
物方：0.0000 in
物方：0.1500 in
物方：0.3150 in
横向光扇图
98×油浸显微物镜
星期日，2006/02/05
最大比例尺：±20.000μm
0.546 0.640 0.480 0.590 0.515
表面：像面
图 11.5
光学系统 1

图 11.5　98×油浸显微物镜

表 11.6 A 类浸油的折射性质

波长/μm	折射率
0.4681	1.5239
0.5461	1.5180
0.5893	1.5150
0.6563	1.5115

主要的轴外像差是慧差，严重限制着视场边缘的成像性能。但对典型的临床应用来说（检查血细胞等），主要观注区域是在视场中心。

参 考 文 献

Beck, J. L. (1969) A new reflecting microscope objective, *Applied Optics*, 8: 1503.

Benford, J. (1965) Microscope objectives, In *Applied Optics and Optical Engineering*, Kingslake, R., ed., Volume 3, Academic Press, New York, pp. 145 – 182.

Benford, J. (1967) Microscopes, In *Applied Optics and Optical Engineering*, Volume 4, Academic Press, New York, p. 31.

Cargille, R. P. (1995) Microscope immersion oils data sheet, IO-1260, Carbille Labs, Cedar Grove, NJ.

Castro-Ramos, J., Cordero-Davila, A., Vazquex-Montiel, S., and Gale, D. (1998) Exact design of aplanatic microscope objectives consisting of two conic mirrors, *Applied Optics*, 37: 5193.

Esswein, K. (1982) Achromatic objective, US Patent #4362365.

Grey, D. S. and Lee, P. H. (1949) A new series of microscope objectives, *JOSA*, 39: 727.

Martin, L. C. (1966) *Theory of the Microscope*, Blackie and Son, London.

Matsubara, M. (1977) Microscope objective, US Patent #4037934.

Rybicki, E. (1983) 40 × Microscope objective, US Patent #4379623.

Sharma, K. (1985a) Medium power micro objective, *Applied Optics*, 24: 299.

Sharma, K. (1985b) High power micro objective, *Applied Optics*, 24: 2577.

Suzuki, T. (1997) Ultra high NA microscope objective, US patent #5659425.

Sussman, M. (1983) Microscope objective, US Patent #4376570.

第 12 章　水 下 物 镜

散射效应限制着水的能见度。的确，在世界上许多地方，游泳者看不到自己水中的脚！在海水中，可以把 20ft 作为实际视觉的极限。如图 12.1 所示给出了 10m 深海水的透过率性能（Smith and Baker 1981）。注意到，在小于 0.4μm 的波长范围内，大部分光学玻璃都表现出大的吸收性能，所以，优化过程中选择的较合理波长范围应是 0.4 ~ 0.6μm（应根据照明条件和探测器灵敏度进行修正）。然而，本章讨论的设计内容适合标准的可见光范围。

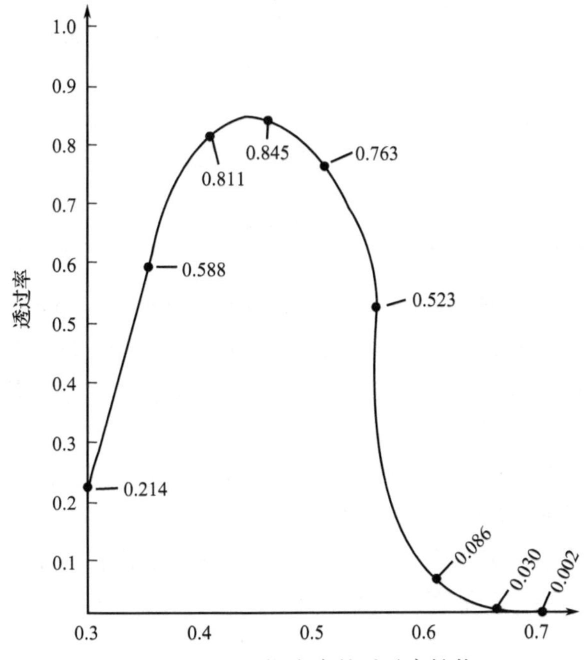
透过率
1.0
0.9
0.8
0.7
0.6
0.5
0.4
0.3
0.2
0.1
0.3
0.4
0.5
0.6
0.7
0.214
0.588
0.811
0.845
0.763
0.523
0.086
0.030
0.002

图 12.1　10m 深海水的透过率性能

（Smith，R. and Baker，K.，Applied Optics，20，177-184，1981.）

利用 Schott 公式（亦称为 Laurent 级数公式）计算折射率 N

$$N^2 = F_1 + F_2\lambda^2 + \frac{F_3}{\lambda^2} + \frac{F_4}{\lambda^4} + \frac{F_5}{\lambda^6} + \frac{F_6}{\lambda^8}$$

式中，λ 波长，单位 μm。采用最小二乘拟合法（20℃）确定纯净水和海水的 F_1、F_2 等系数的值，并列在表 12.1 中。

表 12.1 色散公式中的系数

	纯净水	海水
F_1	1.766499	1.7836370
F_2	−0.01484022	−0.01494094
F_3	0.004454459	0.004305215
F_4	3.904621×10^{-4}	4.634989×10^{-4}
F_5	-1.630518×10^{-5}	-2.155772×10^{-5}
F_6	4.134407×10^{-7}	5.164058×10^{-7}

从而可以得到下面的折射率值（见表 12.2）。

表 12.2 水的折射率值

波长/μm	纯净水	海水
0.40	1.34308	1.34973
0.45	1.33914	1.34569
0.50	1.33638	1.34287
0.55	1.33434	1.34078
0.60	1.33275	1.33916
0.65	1.33145	1.33785

Mobley（1995）和 Huibers（1997）也得出了海水和纯净水的折射率值。

海水折射率增大是由于盐的浓度高。盐浓度每提高 1%，折射率大约提高 0.00185。表中值是假定盐浓度是 3.5%，是世界海洋的平均盐度（每 100g 海水 3.5g 盐；海洋学教科书将该浓度称为 35‰）。

在上述盐浓度和 10～20℃温度范围内，海水的温度每升高 1℃折射率减小 0.0001（Quan and Fry 1995）。

一般地，对于水下光学系统，并且成像在空气中，若 F' 是第二主面到远距离物体所成像的距离，F 是第一主面到像的距离，则 $F' = F/N$。其中，N 是水的折射率。

像高（没有畸变）等于 $NF\tan\theta$。实际使用的光学系统与需要的窗口类型（通常是一块平板或同心整流罩）有关。

平板窗口

当然，最简单的窗口类型是一块平板。在水族馆中观赏鱼类或在游泳池中使用普通面罩就会遇到这种情况。水中目标似乎比实际尺寸大些。如图 12.2 所示是水中的角度及通过 0.5in 厚派热克斯平板玻璃窗之后出射角的关系。对于小角度，这种关系几乎是线性的，没有畸变，只是视场有变化，看来似乎物镜的焦距增大了，要乘上一个倍数，即水的折射率。对于大角度，水中的观察效果被压扁，所以畸变明显。由于海洋环境中大部分目标都不是直线物体，因此，这不应当成为问题。若是一个平板窗口，则水中的最大观察角 θ 是

$$\theta = \arcsin \frac{1.0}{1.334} = 48.5°$$

由于所有这些都与波长有关，所以，会有较严重的横向色差，在水族馆（大入射角）观赏鱼类就非常明显。

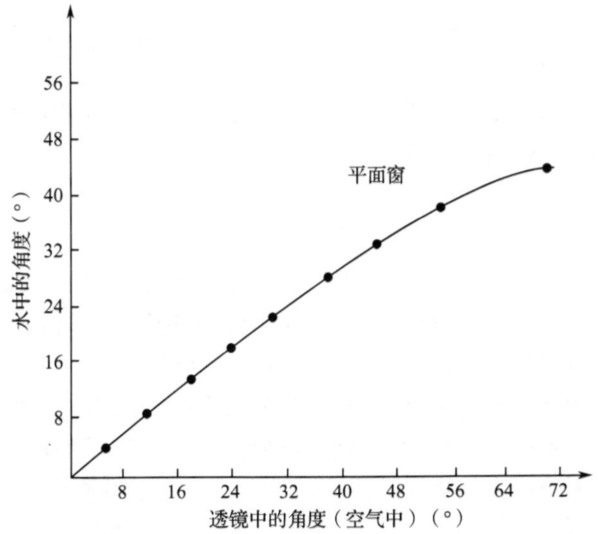
平面窗
水中的角度（°）
透镜中的角度（空气中）（°）
8
16
24
32
40
48
56
64
72

图 12.2 水中的角度及通过 0.5in 厚派热克斯平板玻璃窗之后出射角的关系

如图 12.3 所示是为水下照相应用设计的光学系统，利用平板窗口的照相机和 70mm 胶片，（该系统是 R. Altman 设计的改进型）详细的结构参数见表 12.3。

表 12.3 平板窗口、70mm 胶片照相物镜系统的结构参数 （单位：in）

表面	半 径	厚 度	材 料	直 径
0	无穷大	无穷大	海水	
1	0.0000	1.5000	派热克斯玻璃	5.500
2	0.0000	0.2000		5.500
3	-41.2230	0.3000	N-SK16	3.800
4	2.3470	2.7953		3.100
5	2.8049	0.7012	N-LAK7	2.340
6	-12.6884	0.9658		2.340

（续）

表面	半 径	厚 度	材 料	直 径
7	光阑	0.4386		0.920
8	-1.3876	0.1200	SF4	1.240
9	25.7448	0.0603		1.440
10	-6.5202	0.3338	N-BAF10	1.480
11	-1.5515	0.0150		1.660
12	5.5285	0.2779	N-LAK14	2.000
13	-4.4786	3.8112		2.000

注：派热克斯平板玻璃窗口的前表面到像面的距离 =11.519in，畸变 =6.9%。

该物镜焦距是2.371in，$f^{\#}$为$f/3.9$，专门为70mm胶片照相机设计，像的对角线尺寸是3.3in，水中视场55°。

同心整流罩

深水探险，最好应用同心整流罩，原因是深水中会受到大的压力（例如，5000ft 时压力是 2200psi㊀）。同心整流罩光窗经常使用的材料是丙烯酸，若用玻璃材料，可选择 N-BK7。如图 12.4 所示为水-整流罩界面。

如果 A 是整流罩的曲率中心，也是系统的入瞳，那么，远距离物体发出的一条主光线应当没有折射地通过水-整流罩界面。与整流罩的曲率半径相比，若入瞳较小，则上下边缘光线通过该界面后的角度只是稍有变化。

由于同心透镜的主平面位于其曲率中心，如果该物镜前主平面也在该位置，那么，实际结果就是该系统在水中和空气中有相同的视场（Pepke 1967）。

为了补偿水下整流罩界面的像差，并将瞳孔移到更有影响的位置，有时会使用校正系统。因为水-整流罩界面的作用类似于一个很强的负透镜，所以，在对其后的标准物镜系统调焦时会相当困难。无焦校正系统就解决了这个问题。从而可以在校正系统之后直接使用，为空气中无穷远目标校正好了的标准物镜。如图 12.5 所示设计的光学系统是与 35mm 单透镜反射式相机的 50mm、$f/2.0$ 物镜一起使用，详细的结构参数见表 12.4。（译者注：在原书图 12.5 的右下分图中，OBJ 的角度标注全部错标为0.00°，本书出版时，作者已经订正过）

遗憾的是，前组透镜的边缘太薄，所以，应当增大 $T3$。该系统的水中视场是40°。放置 50mm 标准物镜，使其入瞳对应着校正系统的出瞳（光阑）。

㊀ 1psi =6.895kPa。psi，pounds per square inch。

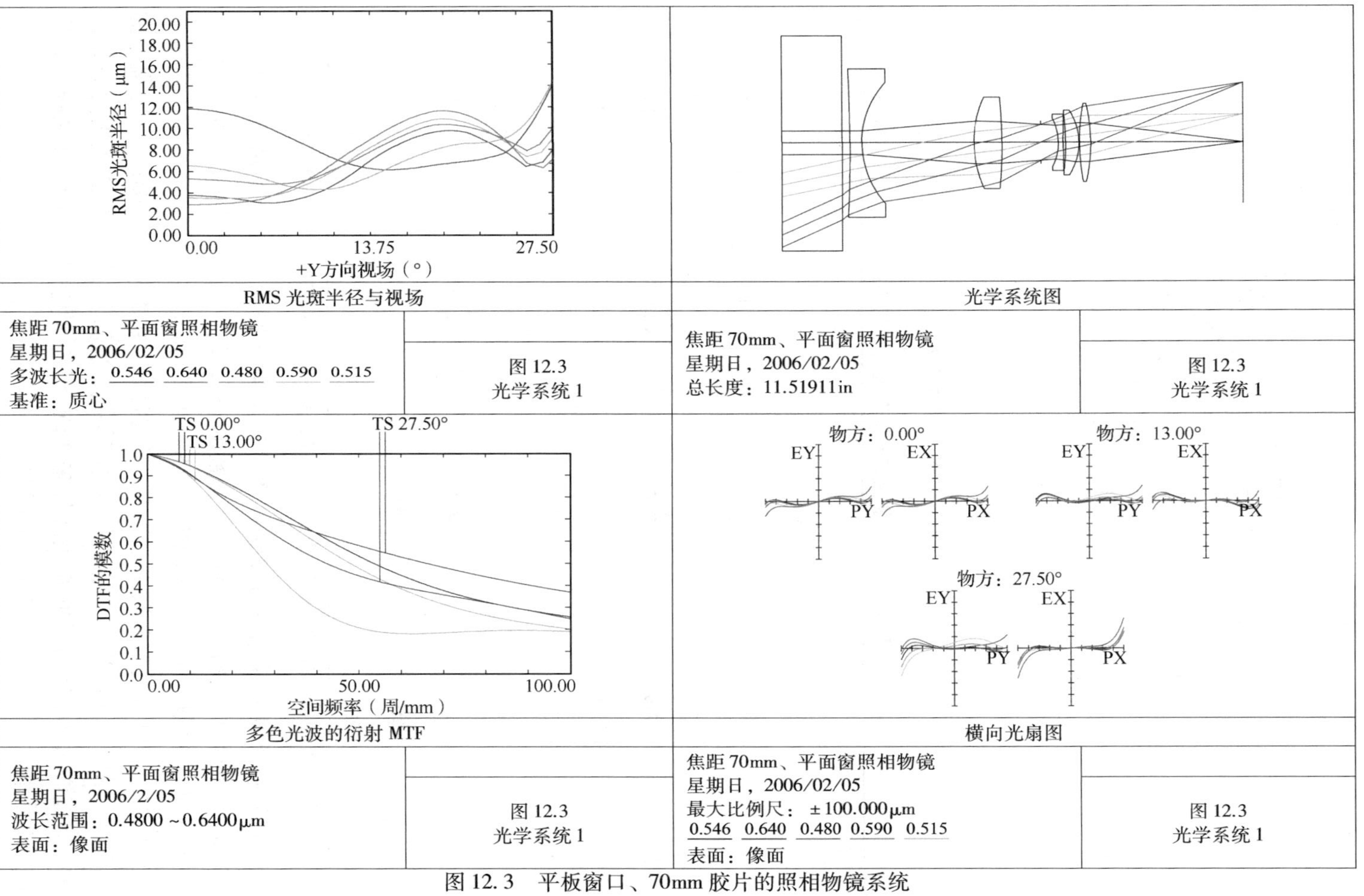
RMS光斑半径（μm）
+Y方向视场（°）
RMS 光斑半径与视场
焦距 70mm、平面窗照相物镜
星期日，2006/02/05
多波长光：0.546 0.640 0.480 0.590 0.515
基准：质心
图 12.3
光学系统 1
光学系统图
焦距 70mm、平面窗照相物镜
星期日，2006/02/05
总长度：11.51911in
图 12.3
光学系统 1
TS 0.00°
TS 13.00°
TS 27.50°
DTF的模数
空间频率（周/mm）
多色光波的衍射 MTF
焦距 70mm、平面窗照相物镜
星期日，2006/2/05
波长范围：0.4800 ~ 0.6400μm
表面：像面
图 12.3
光学系统 1
物方：0.00°
物方：13.00°
物方：27.50°
EY
EX
PY
PX
横向光扇图
焦距 70mm、平面窗照相物镜
星期日，2006/02/05
最大比例尺：±100.000μm
0.546 0.640 0.480 0.590 0.515
表面：像面
图 12.3
光学系统 1

图 12.3 平板窗口、70mm 胶片的照相物镜系统

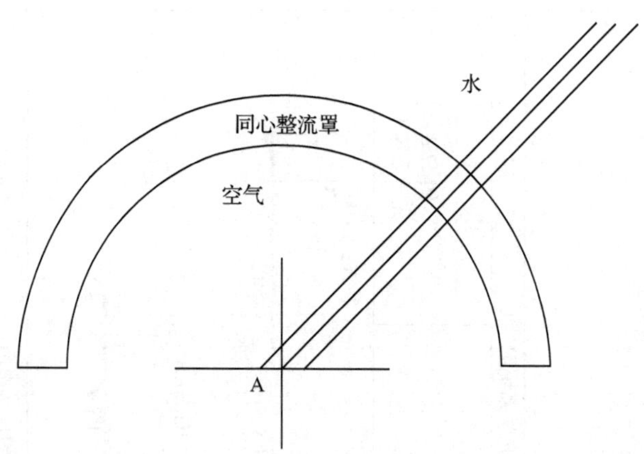
水
同心整流罩
空气
A

图 12.4 水-整流罩界面

表 12.4 水-整流罩光学系统的结构参数 （单位：in）

表面	半 径	厚 度	材 料	直 径
0	无穷大	无穷大	海水	
1	3.9400	1.1000	丙烯酸	5.200
2	2.8400	0.1739		4.140
3	2.9807	0.5702	N-KF9	4.200
4	6.3916	1.7175		4.040
5	-13.8549	0.2500	LAFN7	2.920
6	13.7458	0.3596		2.780
7	6.2722	0.6000	N-ZK7	2.640
8	-9.7417	1.5000		2.640
9	光阑			0.984

注：丙烯酸整流罩的前表面与最后一块透镜后表面之间的距离 =4.771in，畸变 =0.75%

如图 12.6 所示是适用于 35mm 单透镜反射式照相机（胶片对角线尺寸是 43.3mm）的 *f*/2.8 物镜，详细结构参数见表 12.5。该结构形式是 Ohshita 设计（1989）的改进型。注意，该整流罩并不是严格的同心结构，由于它有一定量的负光焦度。所以形成一个反摄远系统，与其焦距相对应（1.105in），有很长的后截距。从结构原因讲，为能更好地承受深水高压，通常更愿意使用同心整流罩。通过移动整流罩后面的四块元件来实现调焦。即使 N-LAF21 玻璃很贵，但直径不是很大，所以，不应该成为问题。

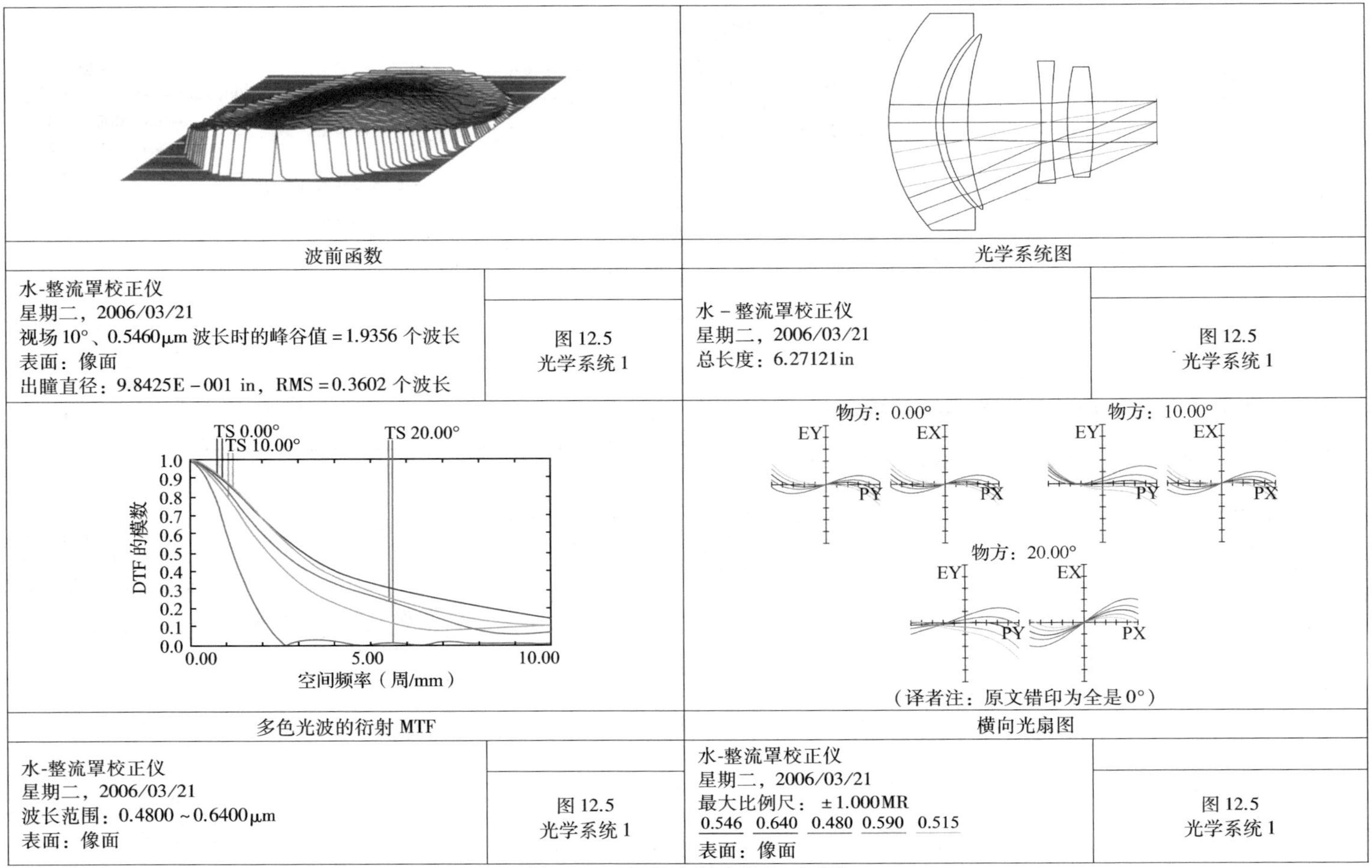

波前函数

水-整流罩校正仪
星期二，2006/03/21
视场 10°、0.5460μm 波长时的峰谷值 = 1.9356 个波长
表面：像面
出瞳直径：9.8425E－001 in，RMS = 0.3602 个波长

图 12.5
光学系统 1

光学系统图

水－整流罩校正仪
星期二，2006/03/21
总长度：6.27121in

图 12.5
光学系统 1

TS 0.00°
TS 10.00°
TS 20.00°
DTF 的模数
1.0
0.9
0.8
0.7
0.6
0.5
0.4
0.3
0.2
0.1
0.0
0.00
5.00
10.00
空间频率（周/mm）

多色光波的衍射 MTF

水-整流罩校正仪
星期二，2006/03/21
波长范围：0.4800 ~ 0.6400μm
表面：像面

图 12.5
光学系统 1

物方：0.00°
EY PY EX PX
物方：10.00°
EY PY EX PX
物方：20.00°
EY PY EX PX
（译者注：原文错印为全是0°）

横向光扇图

水-整流罩校正仪
星期二，2006/03/21
最大比例尺：±1.000MR
0.546 0.640 0.480 0.590 0.515
表面：像面

图 12.5
光学系统 1

图 12.5 水-整流罩光学校正系统

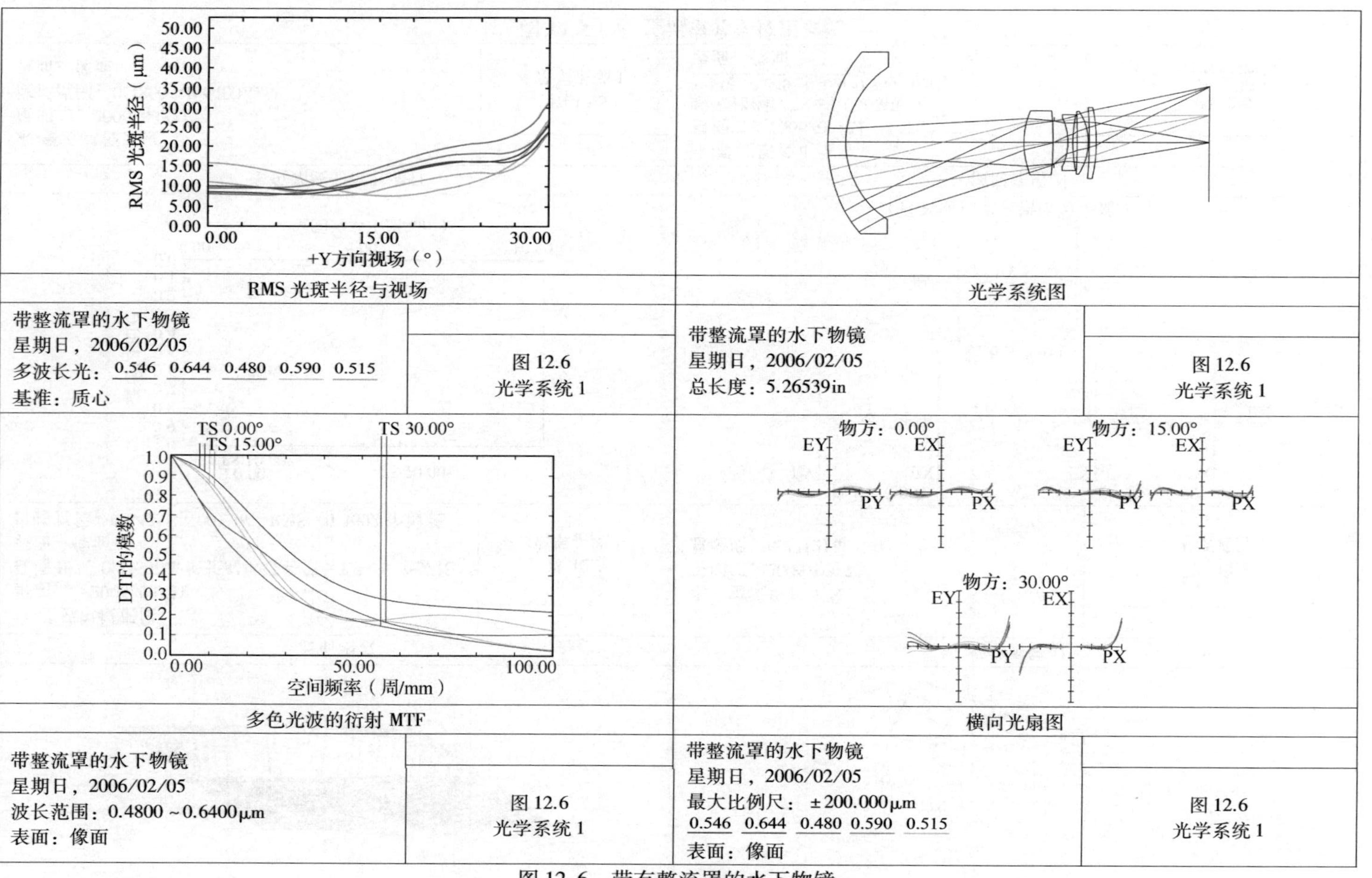
RMS 光斑半径（μm）
50.00
45.00
40.00
35.00
30.00
25.00
20.00
15.00
10.00
5.00
0.00
0.00
15.00
30.00
+Y方向视场（°）
RMS 光斑半径与视场
带整流罩的水下物镜
星期日，2006/02/05
多波长光：0.546 0.644 0.480 0.590 0.515
基准：质心
图 12.6
光学系统 1
光学系统图
带整流罩的水下物镜
星期日，2006/02/05
总长度：5.26539in
图 12.6
光学系统 1
TS 0.00°
TS 15.00°
TS 30.00°
DTF的模数
1.0
0.9
0.8
0.7
0.6
0.5
0.4
0.3
0.2
0.1
0.0
0.00
50.00
100.00
空间频率（周/mm）
多色光波的衍射 MTF
带整流罩的水下物镜
星期日，2006/02/05
波长范围：0.4800～0.6400μm
表面：像面
图 12.6
光学系统 1
物方：0.00°
物方：15.00°
物方：30.00°
EY
EX
PY
PX
横向光扇图
带整流罩的水下物镜
星期日，2006/02/05
最大比例尺：±200.000μm
0.546 0.644 0.480 0.590 0.515
表面：像面
图 12.6
光学系统 1

图 12.6 带有整流罩的水下物镜

表12.5 带有整流罩的水下物镜的结构参数 (单位：in)

表面	半 径	厚 度	材 料	直 径
0	无穷大	无穷大	海水	
1	2.0638	0.2500	N-BK7	2.600
2	1.3115	2.4606		2.180
3	1.2667	0.4000	N-LAF21	0.920
4	-4.5246	0.0150		0.920
5	光阑	0.1889		0.609
6	-0.8383	0.0700	SF4	0.700
7	2.2706	0.0594		0.800
8	-8.3424	0.1500	N-LAF21	0.840
9	-0.8589	0.0150		0.900
10	-6.7938	0.1000	N-LAF21	1.020
11	-2.2992	1.5565		1.020

注：第一透镜前表面到像面的距离=5.265in，畸变=3.7%。

无焦水下光学校正系统与标准变焦物镜一起使用是特别有趣的，因为可以使一台遥控车船具有图像放大的功能（Laikin 2002）。为了实现这种思想，要利用光学设计程序中的多结构布局功能（见图12.7）。由于标准变焦距物镜的入瞳随焦距（不同）纵向移动，当然使其直径也发生变化，所以，必须使用这种设计功能。比较方便的是首先对变焦系统的各种初级参数列出一个表，表12.6a列出了10：1变焦物镜的有关参数。

表12.6a 带有光学校正器的变焦物镜的参数

结构布局	焦距/in	$f^{\#}$	瞳孔直径/in	瞳孔距离/in	视场①/(°)
1	0.4724	2.0	0.236	2.4	35.0
2	0.7487	2.0	0.374	3.6	22.68
3	1.1867	2.0	0.593	4.8	14.3
4	1.8808	2.0	0.940	6.0	9.0
5	2.9809	2.4	1.242	7.8	5.7
6	4.7244	2.4	1.968	8.4	3.6

① 视场是指海水中的视场，单位为度。

遗憾的是，变焦距物镜生产商不愿意提供必要的瞳孔距离数据。幸运的是，并不需要非常精确的变焦距物镜入瞳的位置数据，所以，将光圈缩小，在后面照明，从前面窥视带有可变光阑的物镜系统就可以确定出来。根据相对于物镜框 的位置可以确定可变光阑的像（入瞳）。该系统是为使用0.5inCCD（8mm对

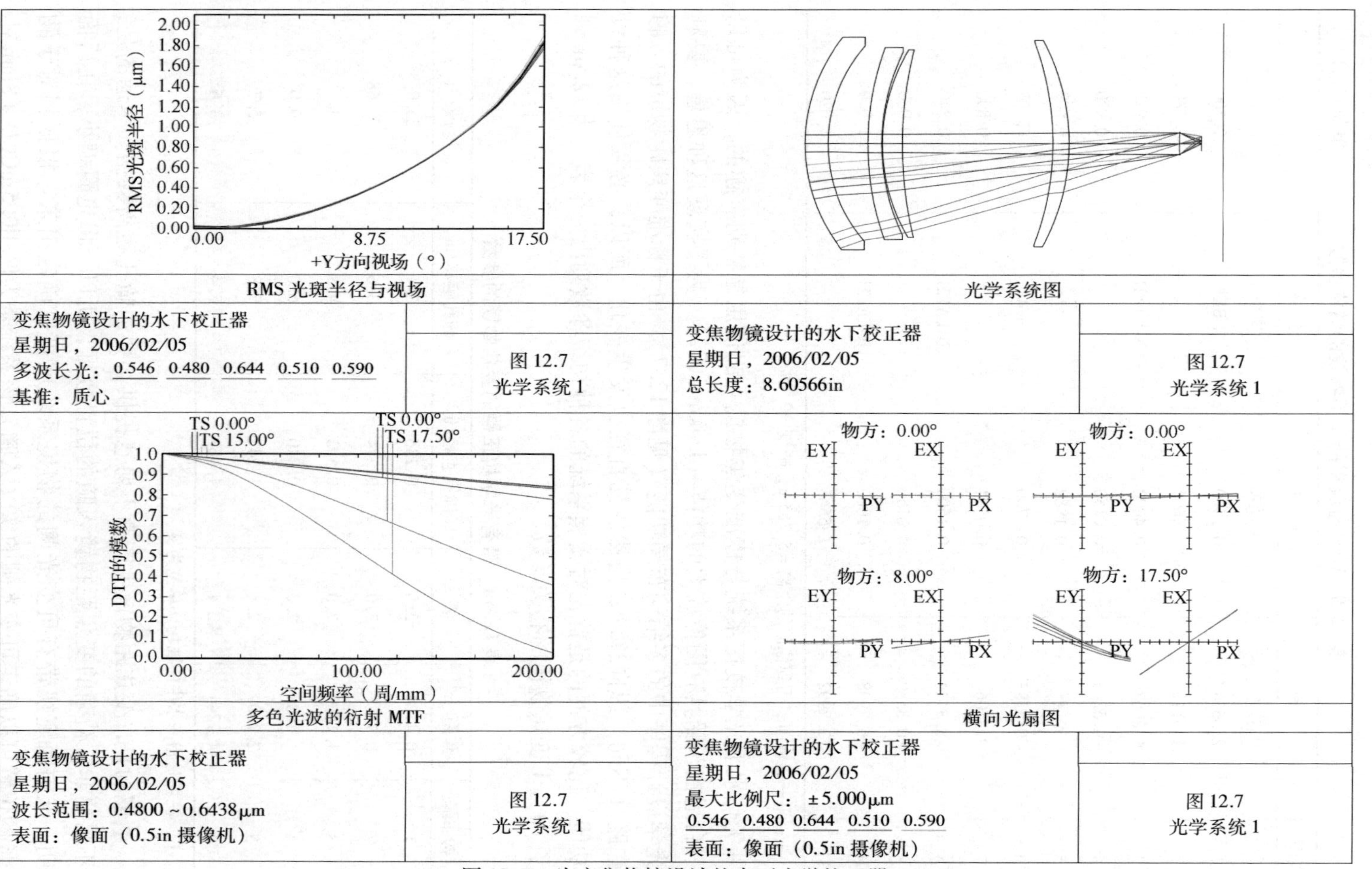

RMS光斑半径（μm）
2.00
1.80
1.60
1.40
1.20
1.00
0.80
0.60
0.40
0.20
0.00
0.00
8.75
17.50
+Y方向视场（°）
RMS 光斑半径与视场
光学系统图
变焦物镜设计的水下校正器
星期日，2006/02/05
多波长光：0.546 0.480 0.644 0.510 0.590
基准：质心
图 12.7
光学系统 1
变焦物镜设计的水下校正器
星期日，2006/02/05
总长度：8.60566in
图 12.7
光学系统 1
TS 0.00°
TS 15.00°
TS 0.00°
TS 17.50°
DTF的模数
1.0
0.9
0.8
0.7
0.6
0.5
0.4
0.3
0.2
0.1
0.0
0.00
100.00
200.00
空间频率（周/mm）
多色光波的衍射 MTF
物方：0.00°
物方：0.00°
物方：8.00°
物方：17.50°
EY
EX
PY
PX
横向光扇图
变焦物镜设计的水下校正器
星期日，2006/02/05
波长范围：0.4800～0.6438μm
表面：像面（0.5in 摄像机）
图 12.7
光学系统 1
变焦物镜设计的水下校正器
星期日，2006/02/05
最大比例尺：±5.000μm
0.546 0.480 0.644 0.510 0.590
表面：像面（0.5in 摄像机）
图 12.7
光学系统 1

图 12.7　为变焦物镜设计的水下光学校正器

角线）的变焦物镜设计，畸变很小，整个变焦范围内小于0.1%。对物镜系统的6种结构布局进行了优化，结构参数见表12.6b。注意，视场的四角有大的像散。为使结构紧凑，生产厂商增大了长焦距位置的$f^{\#}$，按照上面讨论的方法测量出入瞳距离。

表12.6b 为变焦物镜设计的水下光学校正器的结构参数 （单位：in）

表面	半 径	厚 度	材 料	直 径
0	无穷大	无穷大	海水	
1	3.9000	0.5000	N-BK7	4.760
2	3.4000	0.8679		4.380
3	6.5354	0.3000	SF4	4.300
4	4.8577	0.0150		4.100
5	4.2360	0.4300	N-LAK10	4.200
6	9.1016	3.2704		4.200
7	-6.5863	0.3500	N-LAK10	4.520
8	-4.9840	2.4000		4.620
9	光阑	0.4724		0.472
10	0.0000	0.0000		0.317

注：整流罩的前顶点到最后一块透镜后顶点的距离=5.733in。

参 考 文 献

Austin, R. W. and Halikas, G. (1976) The index of refraction of seawater, Reference 76-1, Scripps Inst. of Oceanography, San Diego, CA.

Centeno, M. (1941) Refractive index of water, *JOSA*, 31: 245.

Defant, A. (1961) *Physical Oceanography*, Chapter 2, Vol. 1. Pergamon Press.

Hale, G. M. and Querry, M. R. (1973) Optical constants of water, *Applied Optics*, 12: 555.

Huibers, P. D. T. (1997) Models for the wavelength dependence of the index of refraction of water, *Applied Optics*, 36: 3785.

Hulbert, E. O. (1945) Optics of distilled and natural waters, *JOSA*, 35: 698.

Jerlov, N. G. (1968) *Optical Oceanography* Elsevier Publishing Co, NY.

Jerlov, N. G. and Nielsen, R. S. (1974) *Optical Aspects of Oceanography*, Academic Press, NY.

Laikin, M. (2002) Design of an in-water corrector system, *Applied Optics*, 41: 3777.

Mertens, L. (1970) *In-Water Photography*, Wiley Interscience, New York.

Mobley, C. D. (1995) The optical properties of water, *Handbook of Optics*, Vol. 1, Chapter 3, McGraw Hill, NY.

Ohshita, K. (1989) Photo taking lens for an underwater camera, US Patent #4856880.

Padgitt, H. R. (1965) Lens system having ultra-wide angle of view, US Patent #3175037.

Palmer, K. and Williams, D. (1974) Refractive index of water in the IR, *JOSA*, 64: 1107.

Pepke, M. H. (1967) Optical system for photographing objects in a liquid medium, US Patent #3320018.

Quan, X. and Fry, E. S. (1995) Empirical equation for the index of refraction of seawater, *Applied Optics*, 34: 3477.

Smith, R. and Baker, K. (1981) Optical properties of the clearest natural waters, *Applied Optics*, 20: 177-184.

SPIE Seminar Proceedings, (1968) *Underwater Photo-Optical Instrumentation*, *SPIE* 12, Bellingham, WA.

SPIE Seminar Proceedings, (1968) *Ocean Optics*, *SPIE* 637, Bellingham, WA.

第 13 章 无焦光学系统

无焦光学系统有各种应用，包括显微镜中的能量转换、红外扫描或前视红外系统、激光扩束镜和取景器等。

一些计算程序进行光线追迹评价时简单地使用一个很大的像距，而另一些软件程序在出瞳处设置一个“理想透镜”。这样就将角度误差转换成交点误差，可以得到通常的光线交点图、光程差图、点列图和 MTF 分析。

如图 13.1 所示是一个 5×激光扩束镜（HeNe，0.6328μm），结构参数见表 13.1。在第一个平表面的右边有一个中间像，间隔为 0.465in。为了进行选择模式，一般地，在该位置设计一个小的孔径光阑。从波前图和光线图可以发现，视场边缘有较严重的杂光。

表 13.1 5×激光扩束镜的结构参数 （单位：in）

表面	半 径	厚 度	材 料	直 径
1	光阑	0.2000		0.200
2	0.3459	0.0620	N-SF8	0.260
3	0.0000	2.9018		0.260
4	0.0000	0.1500	N-SF8	1.120
5	-1.7518	1.0000		1.120

注：物镜的总长度=3.114in。

要注意图 13.1～图 13.3 以及其它激光系统设计中给出的 MTF 数据，都是假设光束在入瞳处呈高斯分布。这就是说，距离光轴 R 处的振幅 A 遵守公式$A_R = e^{-GR^2}$。这些设计中 $G=1$，所以，瞳孔边缘的振幅（A）降到峰值的 0.3678，光强度降至峰值的 0.135。

由于该设计由两块相距很远的薄透镜组成，作为初始设计，每块透镜的形状都保证有最小的球差。为简单起见，选择平凸透镜形式。因为最小球差对应材料的折射率是 1.686，所以，N-SF8 玻璃最接近该值（1.68448）。采用这种全部由正透镜组成的系统，球差是相加的。

采用正负透镜系统（伽利略望远镜）会大大降低球差，并使系统更为紧凑，如图 13.2 所示，详细结构参数见表 13.2。然而，这种系统不可能设置模式选择孔径光阑。另外，对于非常高功率的激光（不是 HeNe 激光），由于没有聚焦光斑，所以，没有机会使空气离子化，可能这种系统更受欢迎。

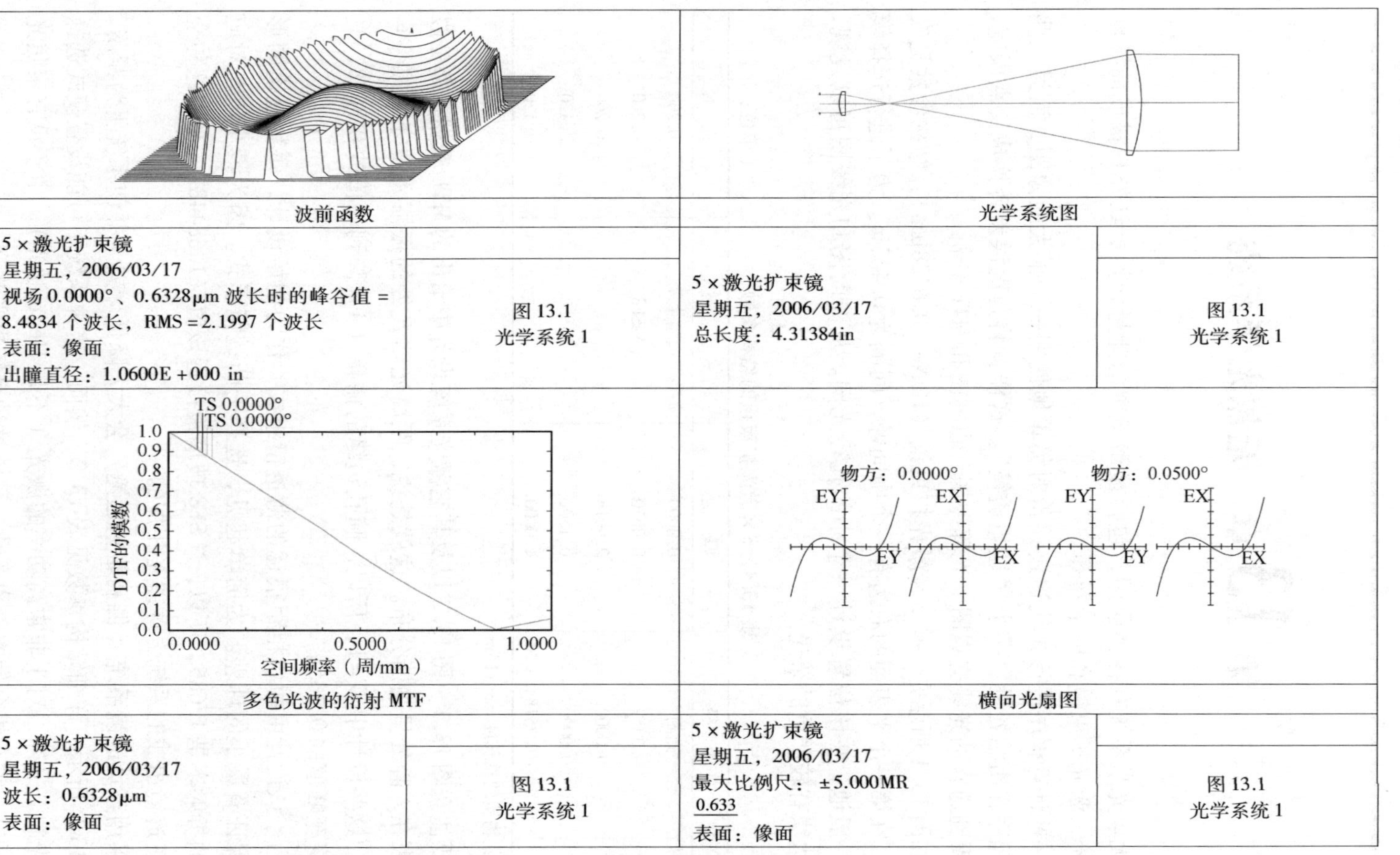

波前函数
5×激光扩束镜
星期五，2006/03/17
视场 0.0000°、0.6328μm 波长时的峰谷值 =
8.4834 个波长，RMS = 2.1997 个波长
表面：像面
出瞳直径：1.0600E +000 in
图 13.1
光学系统 1
光学系统图
5×激光扩束镜
星期五，2006/03/17
总长度：4.31384in
图 13.1
光学系统 1
TS 0.0000°
TS 0.0000°
DTF的模数
1.0
0.9
0.8
0.7
0.6
0.5
0.4
0.3
0.2
0.1
0.0
0.0000
0.5000
1.0000
空间频率（周/mm）
物方：0.0000°
EY
EX
EY
EX
物方：0.0500°
EY
EX
EY
EX
多色光波的衍射 MTF
横向光扇图
5×激光扩束镜
星期五，2006/03/17
波长：0.6328μm
表面：像面
图 13.1
光学系统 1
5×激光扩束镜
星期五，2006/03/17
最大比例尺：±5.000MR
0.633
表面：像面
图 13.1
光学系统 1

图 13.1 5×激光扩束镜

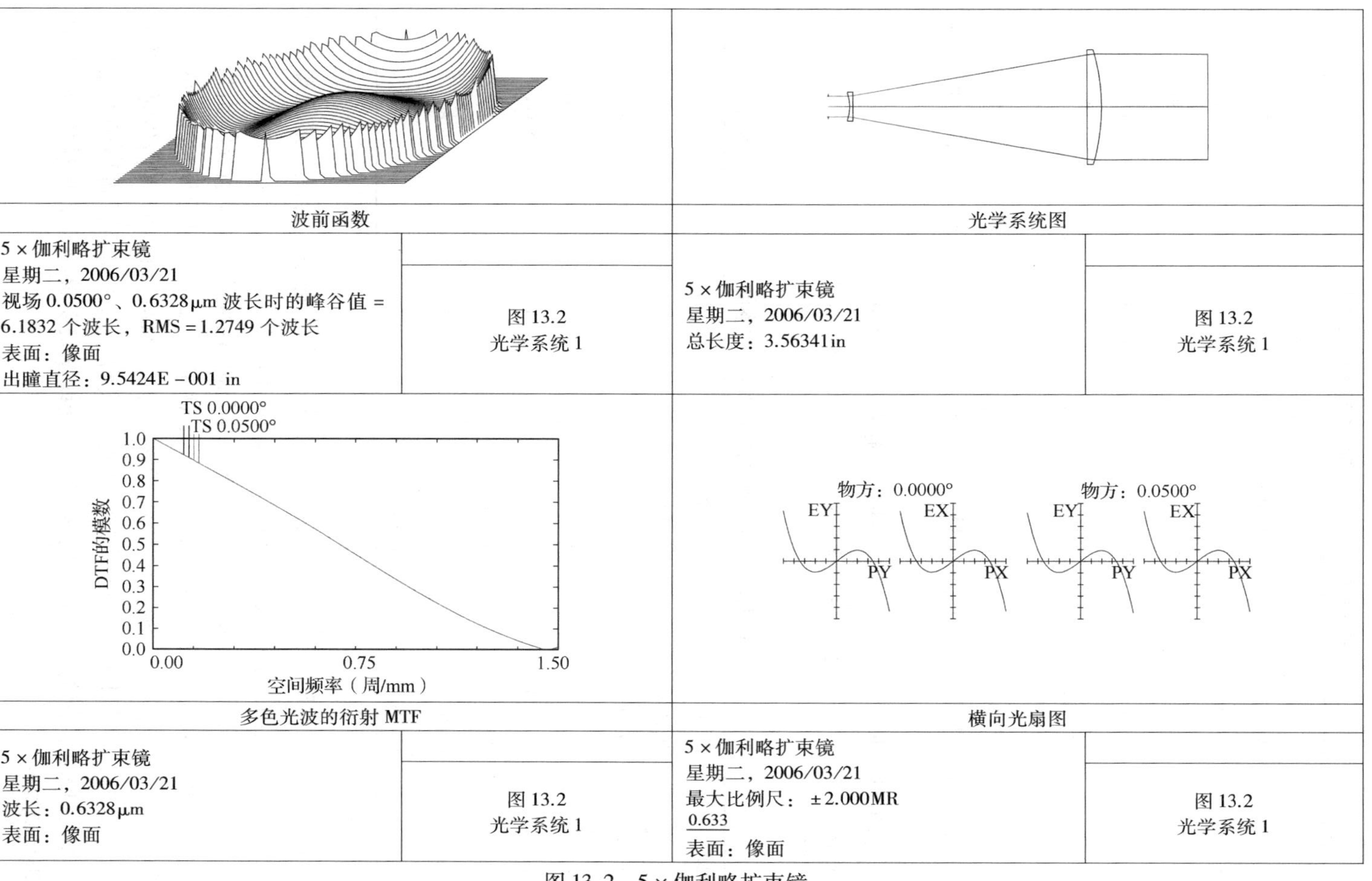

波前函数
5×伽利略扩束镜
星期二，2006/03/21
视场 0.0500°、0.6328μm 波长时的峰谷值 =
6.1832 个波长，RMS = 1.2749 个波长
表面：像面
出瞳直径：9.5424E-001 in
图 13.2
光学系统 1
光学系统图
5×伽利略扩束镜
星期二，2006/03/21
总长度：3.56341in
图 13.2
光学系统 1
TS 0.0000°
TS 0.0500°
DTF的模数
1.0
0.9
0.8
0.7
0.6
0.5
0.4
0.3
0.2
0.1
0.0
0.00
0.75
1.50
空间频率（周/mm）
多色光波的衍射 MTF
5×伽利略扩束镜
星期二，2006/03/21
波长：0.6328μm
表面：像面
图 13.2
光学系统 1
物方：0.0000°
EY
PY
EX
PX
物方：0.0500°
EY
PY
EX
PX
横向光扇图
5×伽利略扩束镜
星期二，2006/03/21
最大比例尺：±2.000MR
0.633
表面：像面
图 13.2
光学系统 1

图 13.2　5×伽利略扩束镜

表 13.2 5×伽利略扩束镜的结构参数 （单位：in）

表面	半 径	厚 度	材 料	直 径
1	光阑	0.2000		0.200
2	-0.3940	0.0300	N-SF8	0.240
3	0.0000	2.1984		0.280
4	0.0000	0.1350	N-SF8	1.100
5	-1.9816	1.0000		1.100

注：物镜总长=2.363in。

上述两种光学系统都是为0.2in（5mm）直径的入瞳设计。注意，由于采用正负透镜组合形式消除了球差，所以，伽利略型光学系统的性能更好些。

如图13.3所示是放大率50×的伽利略型激光扩束镜，表13.3列出了详细的结构参数。该系统适合于输入直径是0.08in（2mm）的HeNe激光束（0.6328μm）。

表 13.3 50×激光扩束镜的结构参数 （单位：in）

表面	半 径	厚 度	材 料	直 径
1	光阑	0.2000		0.080
2	0.1495	0.0590	N-F2	0.130
3	0.0626	11.1143		0.120
4	-15.3924	0.4000	N-SF8	5.600
5	-7.9626	0.0300		5.600
6	0.0000	0.4000	N-SF8	5.600
7	-16.1509	1.0000		5.600

注：物镜总长度=12.0in。

由于存在大量球差，所以，将正透镜组分成两个透镜。为使负透镜提供更大的负球差，使用折射率较低的玻璃N-F2（1.61656）。

如图13.4所示是一种简单的4×塑料伽利略望远镜。这种系统的出瞳位于望远镜之内，所以，仍采用一个正值0.5（对应着12mm的眼距和5mm的通孔直径）。在2°离轴角时，瞳孔渐晕是50%，并有漂移；而在1°离轴角时，瞳孔渐晕是20%，亦有上移。上述系统的两种形式常常用来组成低价格的双目望远镜。如图13.4所示的结构参数见表13.4。光线图表明该物镜有严重色差，对所有视场都有影响。

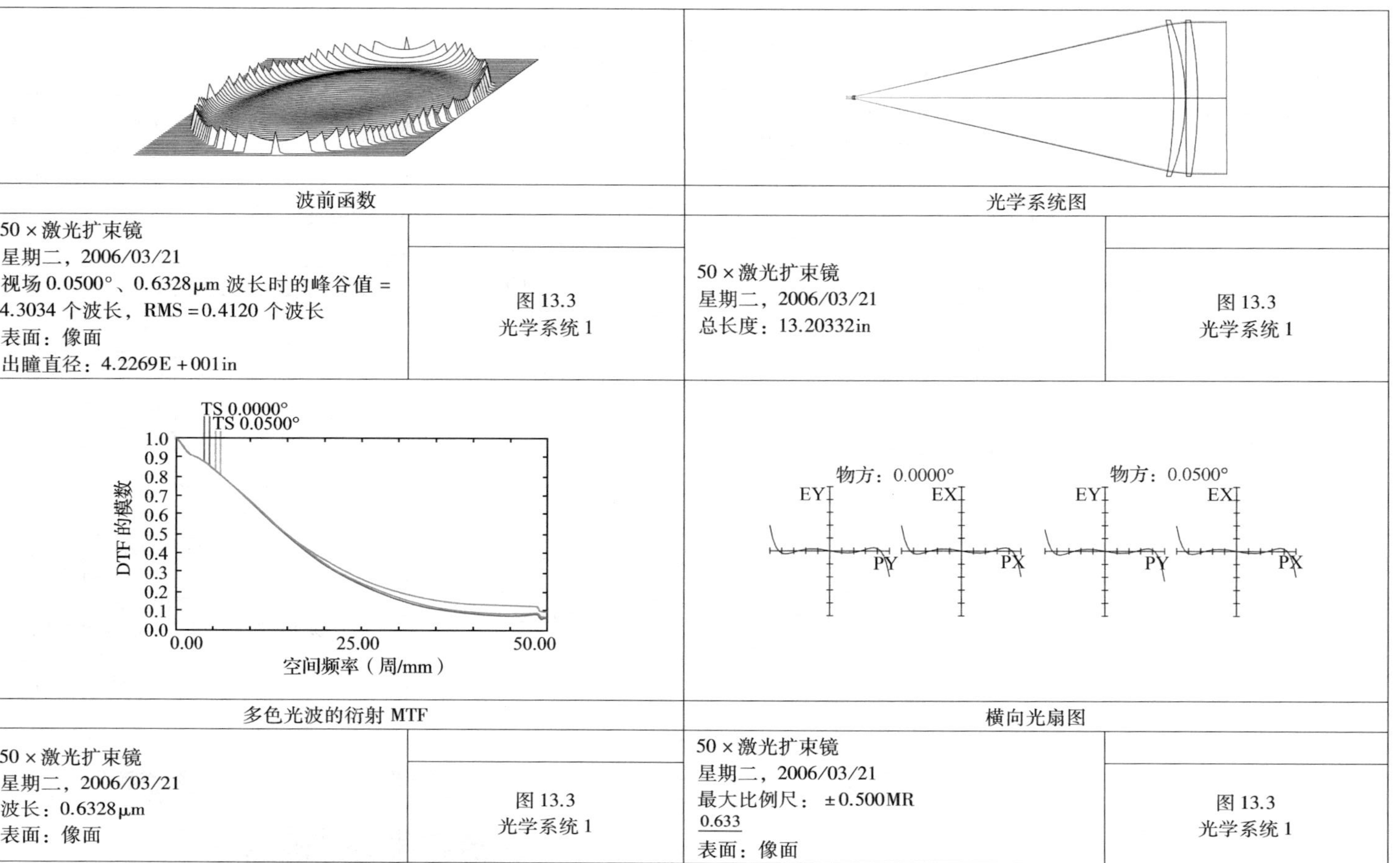

波前函数
50×激光扩束镜
星期二，2006/03/21
视场 0.0500°、0.6328μm 波长时的峰谷值 = 4.3034 个波长，RMS = 0.4120 个波长
表面：像面
出瞳直径：4.2269E +001in
图 13.3
光学系统 1
光学系统图
50×激光扩束镜
星期二，2006/03/21
总长度：13.20332in
图 13.3
光学系统 1
TS 0.0000°
TS 0.0500°
DTF 的模数
1.0
0.9
0.8
0.7
0.6
0.5
0.4
0.3
0.2
0.1
0.0
0.00
25.00
50.00
空间频率（周/mm）
多色光波的衍射 MTF
50×激光扩束镜
星期二，2006/03/21
波长：0.6328μm
表面：像面
图 13.3
光学系统 1
物方：0.0000°
物方：0.0500°
EY
EX
PY
PX
横向光扇图
50×激光扩束镜
星期二，2006/03/21
最大比例尺：±0.500MR
0.633
表面：像面
图 13.3
光学系统 1

图 13.3　50×激光扩束镜

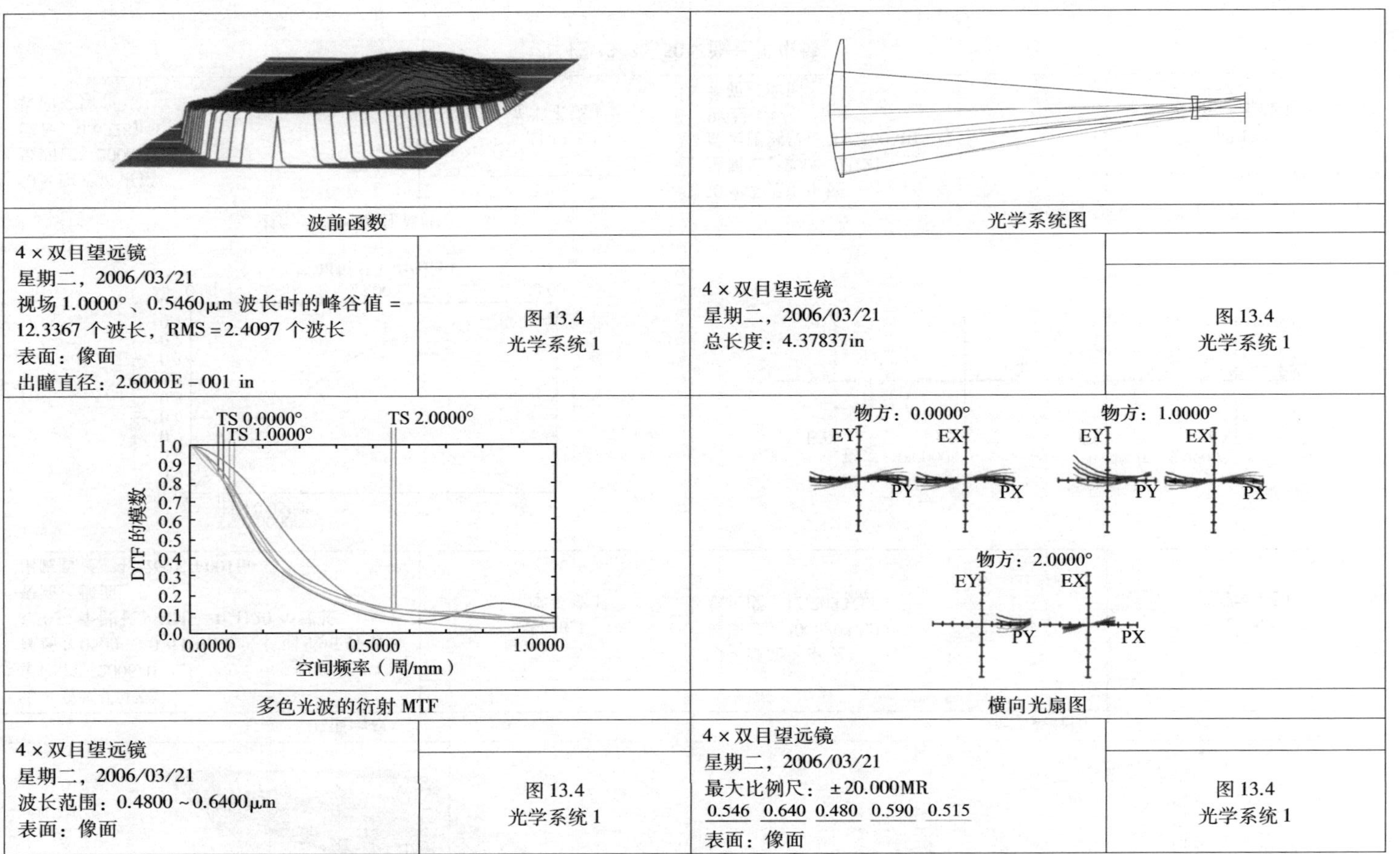

波前函数
4×双目望远镜
星期二，2006/03/21
视场 1.0000°、0.5460μm 波长时的峰谷值 =
12.3367 个波长，RMS = 2.4097 个波长
表面：像面
出瞳直径：2.6000E－001 in
图 13.4
光学系统 1
光学系统图
4×双目望远镜
星期二，2006/03/21
总长度：4.37837in
图 13.4
光学系统 1
TS 0.0000°
TS 1.0000°
TS 2.0000°
DTF 的模数
1.0
0.9
0.8
0.7
0.6
0.5
0.4
0.3
0.2
0.1
0.0
0.0000
0.5000
1.0000
空间频率（周/mm）
多色光波的衍射 MTF
4×双目望远镜
星期二，2006/03/21
波长范围：0.4800～0.6400μm
表面：像面
图 13.4
光学系统 1
物方：0.0000°
物方：1.0000°
物方：2.0000°
EY
EX
PY
PX
横向光扇图
4×双目望远镜
星期二，2006/03/21
最大比例尺：±20.000MR
0.546 0.640 0.480 0.590 0.515
表面：像面
图 13.4
光学系统 1

图 13.4 4×伽利略塑料望远镜

表 13.4　4×伽利略塑料望远镜的结构参数　（单位：in）

表面	半　径	厚　度	材　料	直　径
1	2.6370	0.1500	丙烯酸	1.500
2	-36.7252	3.6784		1.500
3	-0.7379	0.0500	丙烯酸	0.260
4	2.8057	0.5000		0.260
5	光阑			0.200

注：物镜总长度=3.878in。

如图 13.5 所示是显微镜中使用的能量转换无焦光学系统，安装在转塔上可以旋转。一个双胶合透镜与普通的显微物镜组合，使出射光束成平行光，这就构成了能量转换系统，然后，光束传播到另一个双胶合透镜，并形成物体（样本）的像，由目镜观察。能量转换系统的透镜设计要使光束通过两个透镜（单位光焦度），这些透镜可以旋转到图示的位置（0.75×），或旋转至 180°的位置（1.333×）。如图 13.5 所示的光学系统的数据见表 13.5。

表 13.5　0.75×能量转换光学系统的结构参数　（单位：in）

表面	半　径	厚　度	材　料	直　径
1	光阑	0.1000		0.590
2	-6.8741	0.1400	LF5	0.700
3	-0.9226	0.0600	N-SK16	0.700
4	3.5381	0.7900		0.700
5	-21.1430	0.1100	LF5	0.960
6	1.4217	0.3000	N-SK16	1.060
7	-2.7189	1.0000		1.060

注：物镜系统的总长度=1.40in。

如图 13.6 所示是 Albada 取景器，是使用在一些便宜相机和某些光度计上的简单取景器，详细的结构参数见表 13.6。

表 13.6　Albada 取景器的结构参数　（单位：in）

表面	半　径	厚　度	材　料	直　径
1	光阑	0.6000		0.200
2	-5.8020	0.0820	N-K5	0.550
3	3.3010	0.9432		0.550
4	-1.5970	0.1230	N-K5	0.780
5	-1.0320	1.0000		0.860

注：物镜系统的总长度=1.148in。

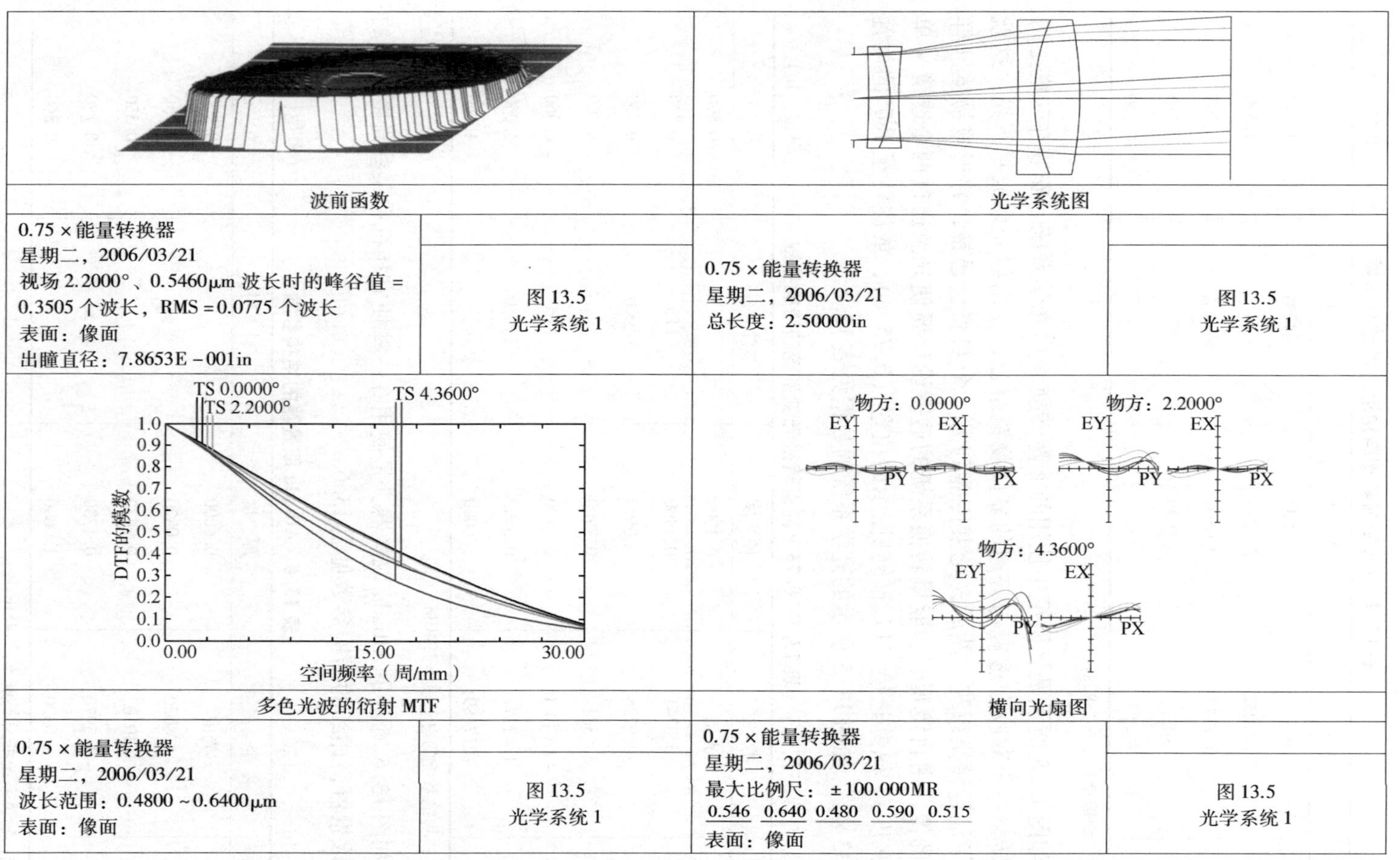
波前函数
0.75 × 能量转换器
星期二，2006/03/21
视场 2.2000°、0.5460μm 波长时的峰谷值 =
0.3505 个波长，RMS = 0.0775 个波长
表面：像面
出瞳直径：7.8653E − 001in
图 13.5
光学系统 1
光学系统图
0.75 × 能量转换器
星期二，2006/03/21
总长度：2.50000in
图 13.5
光学系统 1
TS 0.0000°
TS 2.2000°
TS 4.3600°
DTF的模数
1.0
0.9
0.8
0.7
0.6
0.5
0.4
0.3
0.2
0.1
0.0
0.00
15.00
30.00
空间频率（周/mm）
多色光波的衍射 MTF
0.75 × 能量转换器
星期二，2006/03/21
波长范围：0.4800 ~ 0.6400μm
表面：像面
图 13.5
光学系统 1
物方：0.0000°
物方：2.2000°
物方：4.3600°
EY
EX
PY
PX
横向光扇图
0.75 × 能量转换器
星期二，2006/03/21
最大比例尺：±100.000MR
0.546 0.640 0.480 0.590 0.515
表面：像面
图 13.5
光学系统 1

图 13.5 能量转换光学系统

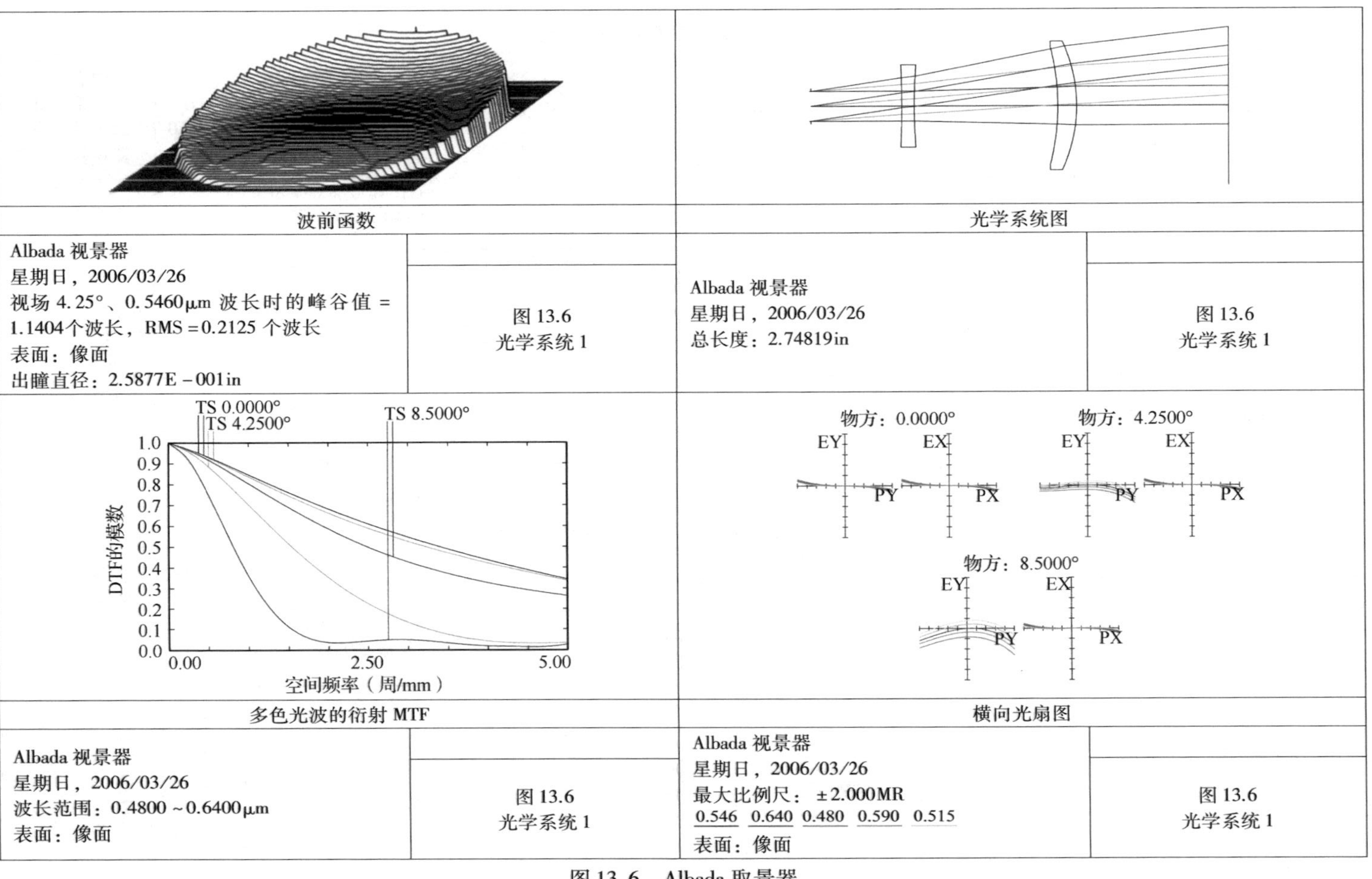
波前函数
Albada 视景器
星期日，2006/03/26
视场 4.25°、0.5460μm 波长时的峰谷值 =
1.1404个波长，RMS = 0.2125 个波长
表面：像面
出瞳直径：2.5877E −001in
图 13.6
光学系统 1
光学系统图
Albada 视景器
星期日，2006/03/26
总长度：2.74819in
图 13.6
光学系统 1
TS 0.0000°
TS 4.2500°
TS 8.5000°
DTF的模数
1.0
0.9
0.8
0.7
0.6
0.5
0.4
0.3
0.2
0.1
0.0
0.00
2.50
5.00
空间频率（周/mm）
多色光波的衍射 MTF
Albada 视景器
星期日，2006/03/26
波长范围：0.4800 ~ 0.6400μm
表面：像面
图 13.6
光学系统 1
物方：0.0000°
物方：4.2500°
物方：8.5000°
EY
PY
EX
PX
横向光扇图
Albada 视景器
星期日，2006/03/26
最大比例尺：±2.000MR
0.546 0.640 0.480 0.590 0.515
表面：像面
图 13.6
光学系统 1

图 13.6　Albada 取景器

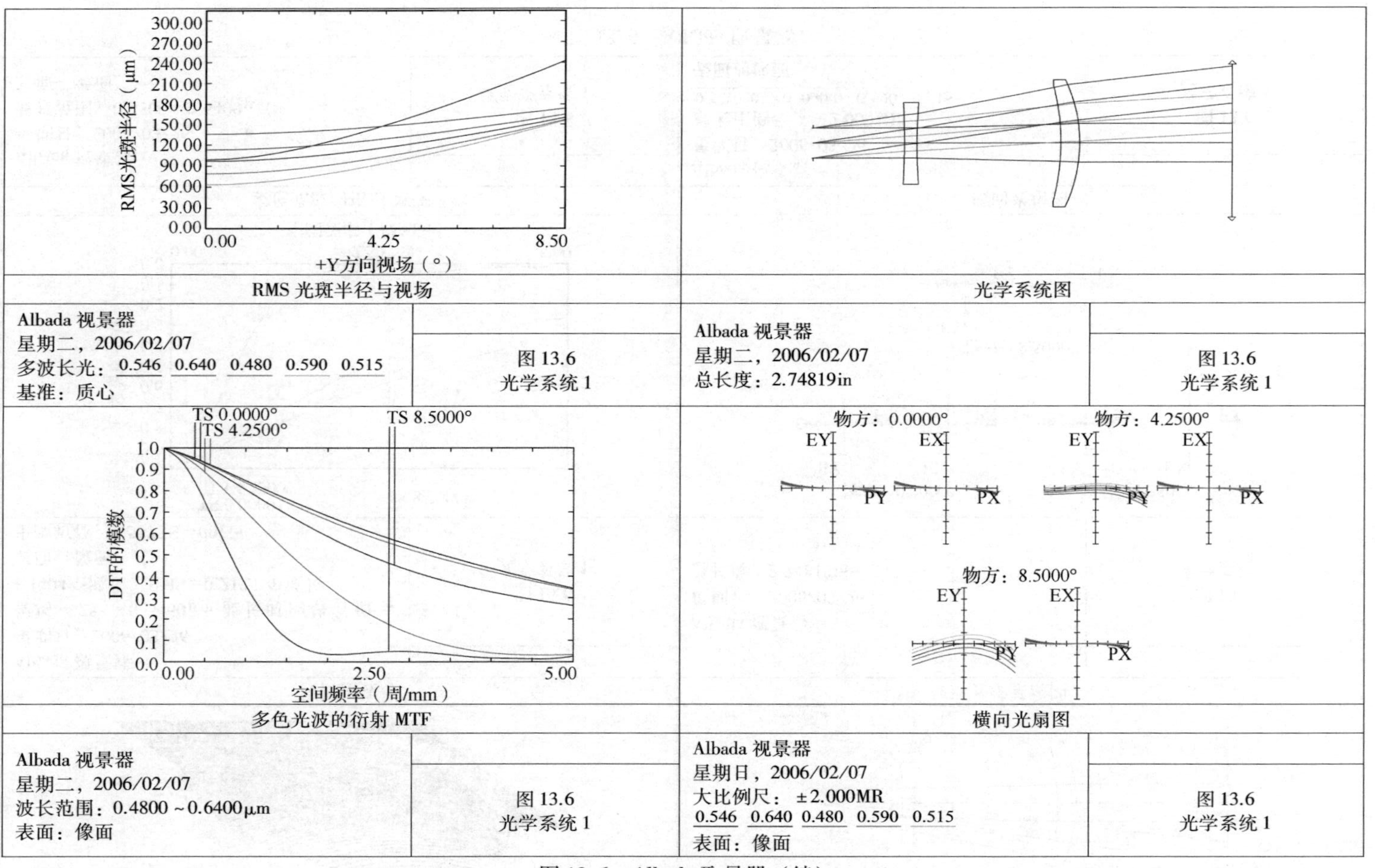
RMS光斑半径（μm）
300.00
270.00
240.00
210.00
180.00
150.00
120.00
90.00
60.00
30.00
0.00
0.00
4.25
8.50
+Y方向视场（°）
RMS 光斑半径与视场
Albada 视景器
星期二，2006/02/07
多波长光：0.546 0.640 0.480 0.590 0.515
基准：质心
图 13.6
光学系统 1
光学系统图
Albada 视景器
星期二，2006/02/07
总长度：2.74819in
图 13.6
光学系统 1
TS 0.0000°
TS 4.2500°
TS 8.5000°
DTF的模数
1.0
0.9
0.8
0.7
0.6
0.5
0.4
0.3
0.2
0.1
0.0
0.00
2.50
5.00
空间频率（周/mm）
多色光波的衍射 MTF
Albada 视景器
星期二，2006/02/07
波长范围：0.4800～0.6400μm
表面：像面
图 13.6
光学系统 1
物方：0.0000°
物方：4.2500°
物方：8.5000°
EY
PY
EX
PX
横向光扇图
Albada 视景器
星期日，2006/02/07
大比例尺：±2.000MR
0.546 0.640 0.480 0.590 0.515
表面：像面
图 13.6
光学系统 1

图 13.6　Albada 取景器（续）

代替通常的增透膜，表面4（$R=-1.597$）改涂为1/4波长厚的ZnS，反射率约为30%。分划线的投影图案与铬（或镍铬合金）一起蒸镀在表面3上。用该取景器观察，其作用相当于一个放大倍率是1.29的伽利略望远镜。由于镀铬图案位于（由第一块透镜和表面3反射镜组成的）光学系统的焦面上（图13.6中用虚线表示）（焦距=0.767in），所以，该图案也是无穷远目标的亮像。MTF曲线代表整个系统的成像质量。该设计要经过连续不断的迭代：整个系统优化，从一个远距离物体通过第一透镜及表面4的反射后追迹到表面3的图案，最后，从眼点追迹到表面4和表面5，并到表面3的分划图。

从安全角度出发，房主希望通过门上的一个小孔能够观察屋外的情景，要求有大的视场。显然，门上简单的小孔仅可以提供很窄的视场。而在小门孔上安装一个倒置的伽利略望远镜可以为观察者提供一个较宽视场。这种门窥镜在五金店就有销售，是一种普通的门用附件。如图13.7所示是这种门窥镜系统，结构参数见表13.7，视场为150°，出瞳为5mm，距离最后一块透镜的后表面0.5in。当然，若观察者左右移动眼睛，视场还会增大。

表13.7　门窥镜的结构参数　（单位：in）

表面	半　径	厚　度	材　料	直　径
1	0.9939	0.0600	N-K5	0.900
2	0.4301	0.1407		0.600
3	0.0000	0.0400	N-K5	0.600
4	0.2696	0.1553		0.372
5	-0.2696	0.0400	N-K5	0.372
6	0.0000	0.6143		0.600
7	0.9798	0.1500	N-K5	0.460
8	-0.9798	0.5000		0.460
9	光阑	0.0000		0.196

注：第一表面到最后表面的距离=1.20in。

像所有的广角光学系统一样，该系统的入瞳有很严重的漂移，并随视场向物镜系统的前方移动。由于这种结构只有一种玻璃材料，所以有色差[还可以参考第9章以及为10.6μm波长设计的10×扩束镜光学系统见图17.4]。

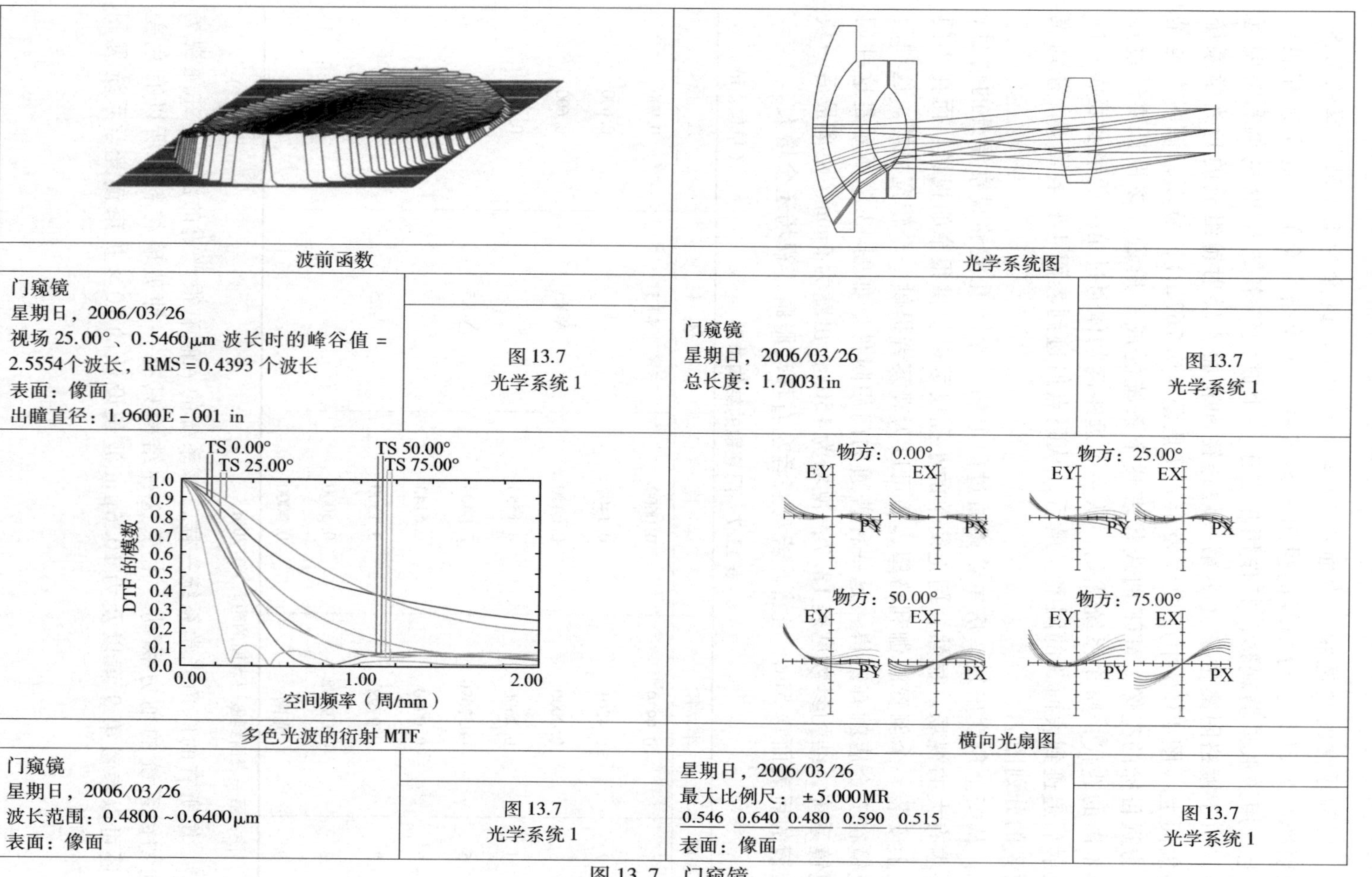
波前函数
门窥镜
星期日，2006/03/26
视场 25.00°、0.5460μm 波长时的峰谷值 =
2.5554个波长，RMS=0.4393 个波长
表面：像面
出瞳直径：1.9600E -001 in
图 13.7
光学系统 1
光学系统图
门窥镜
星期日，2006/03/26
总长度：1.70031in
图 13.7
光学系统 1
TS 0.00°
TS 25.00°
TS 50.00°
TS 75.00°
DTF 的模数
1.0
0.9
0.8
0.7
0.6
0.5
0.4
0.3
0.2
0.1
0.0
0.00
1.00
2.00
空间频率（周/mm）
多色光波的衍射 MTF
门窥镜
星期日，2006/03/26
波长范围：0.4800 ~0.6400μm
表面：像面
图 13.7
光学系统 1
物方：0.00°
物方：25.00°
物方：50.00°
物方：75.00°
EY
EX
PY
PX
横向光扇图
星期日，2006/03/26
最大比例尺：±5.000MR
0.546 0.640 0.480 0.590 0.515
表面：像面
图 13.7
光学系统 1

图 13.7 门窥镜

参 考 文 献

Besenmatter, W. (2000) Recent progress in binocular design, *Optics and Photonics News*, November 30-33.

Fraser, R. and McGrath, J. (1973) Folding camera viewfinder, US Patent #3710697.

Itzuka, Y. (1982) Inverted galilean finder, US Patent #4348090.

Neil, I. A. (1983) Collimation lens system, US Patent #4398786.

Neil, I. A. (1983) Afocal refractor telescopes, US Patent #4397520.

Ricco, L. D. (1945) Scanning lens, US Patent #2373815.

Rogers, P. J. (1983) Infra-red optical systems, US Patent #4383727.

Wetherell, W. B. (1987) Afocal Lenses, *Applied Optics and Optical Engineering*, Shannon, R. and Wyant, J., eds., Chapter 3, Volume 10, Academic Press, New York.

Yanagimachi, M. (1979) Door scope, US Patent #4172636.

第 14 章　中继转像系统

使用中继转像系统的目的是将一个位置的像转换到另一个位置。可以应用在步枪瞄准、潜望镜系统，以及显微镜和军用红外成像系统中（也应用于胶片的影印复制）。一般情况下，在像平面处需要有一块场镜将前组系统的出瞳成像为后组系统的入瞳。设计师应当记住，如果计算程序允许改变这块场镜的折射率，那么要选择高折射率和低色散的玻璃。若使用的玻璃折射率比 N-SK5 大些，收益非常小。此外，必须选择低气泡度编码的玻璃材料。由于该场镜位于中间像面位置，所以，灰尘、擦痕和其它缺陷都会成像在最终像面上，因此，建议场镜要远离中间像面一些。

可以使用一种完全对称的物镜系统，因此，有希望实现 1∶1 成像。这就意味着，所有的横向像差（畸变、慧差和横向色差）都是零（参考图 21.3 对单位放大率复制物镜的讨论）。

如图 14.1 所示是对称型 1∶1 中继转像透镜（没有场镜），物体直径是 1.2，详细的结构参数见表 14.1，是为 35mm 电影胶片专门设计的影印复制用物镜，数值孔径（NA）是

$$\mathrm{NA}=\frac{0.5}{f^{\#}(M+1)}=0.1$$

表 14.1　1∶1 中继转像透镜的结构参数　　（单位：in）

表面	半　径	厚　度	材　料	直　径
0	0.0000	5.6018		1.200
1	4.8569	0.6499	N-LAK12	1.720
2	0.0000	0.3886		1.720
3	2.3595	0.6586	N-LAK12	1.720
4	−2.3595	0.1675	N-BAF4	1.720
5	2.9401	0.0150		1.260
6	1.4406	0.3092	N-SSK2	1.260
7	−1.7750	0.1209	KZFSN4	1.260
8	0.9580	0.3365		0.980
9	光阑	0.3365		0.863

（续）

表面	半　径	厚　度	材　料	直　径
10	-0.9580	0.1209	KZFSN4	0.980
11	1.7750	0.3092	N-SSK2	1.260
12	-1.4406	0.0150		1.260
13	-2.9401	0.1675	N-BAF4	1.260
14	2.3595	0.6586	N-LAK12	1.720
15	-2.3595	0.3886		1.720
16	0.0000	0.6499	N-LAK12	1.720
17	-4.8569	5.5840		1.720
18	0.0000	0.0000		1.200

注：物镜焦距 =4.697in，第一块透镜前表面到像面的距离 =10.876in。

使用 KZFSN4 玻璃透镜有利于减少二级色差。注意，该物镜系统相对于光阑是完全对称的。然而，由于场曲和球差的原因，$T17$ 和物距并不完全相同。

如图 14.2 所示是影印复制应用的物镜，结构参数见表 14.2，以单位放大率对 40in 直径的物体成像。虽然，该具体设计是针对目视观察，但此类设计的某些物镜也可以用于正色胶片，并适合短波长区。形象艺术和印刷业中的通常方法是，首先把各种物品和照片拼凑成所希望的形象和商品，然后对它们照相并固定下来，再制成真正的印刷版。形象艺术的最新趋势是利用计算机直接生成印刷版。

表 14.2　1∶1 影印复制物镜的结构参数　（单位：in）

表面	半　径	厚　度	材　料	直　径
0	0.0000	50.0000		40.000
1	4.3332	1.0025	N-PSK53	4.400
2	48.4668	0.3707	N-BALF4	4.400
3	3.4936	0.5698		3.300
4	5.8676	0.3750	N-FK51	3.060
5	8.8510	0.8872		2.800
6	光阑	0.8872		2.040
7	-8.8510	0.3750	N-FK51	2.800
8	-5.8676	0.5698		3.060
9	-3.4936	0.3707	N-BALF4	3.300
10	-48.4668	1.0025	N-PSK53	4.400
11	-4.3332	49.9925		4.400
12	0.0000	0.0000		40.001

注：第一块透镜前表面到像面的距离 =56.403in。

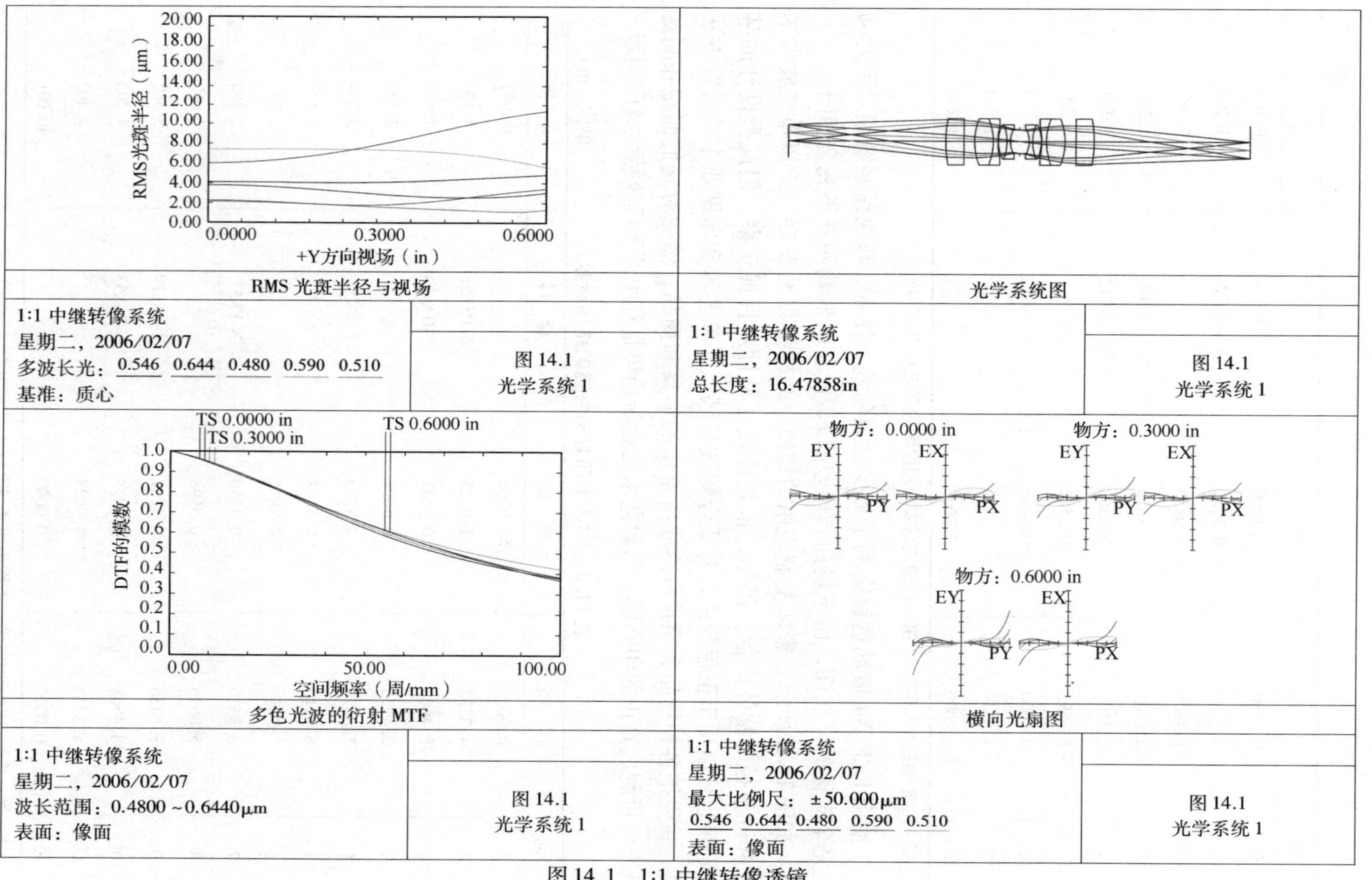

RMS光斑半径（μm）
20.00
18.00
16.00
14.00
12.00
10.00
8.00
6.00
4.00
2.00
0.00
0.0000
0.3000
0.6000
+Y方向视场（in）
RMS 光斑半径与视场
1:1 中继转像系统
星期二，2006/02/07
多波长光：0.546 0.644 0.480 0.590 0.510
基准：质心
图 14.1
光学系统 1
光学系统图
1:1 中继转像系统
星期二，2006/02/07
总长度：16.47858in
图 14.1
光学系统 1
TS 0.0000 in
TS 0.3000 in
TS 0.6000 in
DTF的模数
1.0
0.9
0.8
0.7
0.6
0.5
0.4
0.3
0.2
0.1
0.0
0.00
50.00
100.00
空间频率（周/mm）
多色光波的衍射 MTF
物方：0.0000 in
物方：0.3000 in
物方：0.6000 in
EY
EX
PY
PX
横向光扇图
1:1 中继转像系统
星期二，2006/02/07
波长范围：0.4800～0.6440μm
表面：像面
图 14.1
光学系统 1
1:1 中继转像系统
星期二，2006/02/07
最大比例尺：±50.000μm
0.546 0.644 0.480 0.590 0.510
表面：像面
图 14.1
光学系统 1

图 14.1　1:1 中继转像透镜

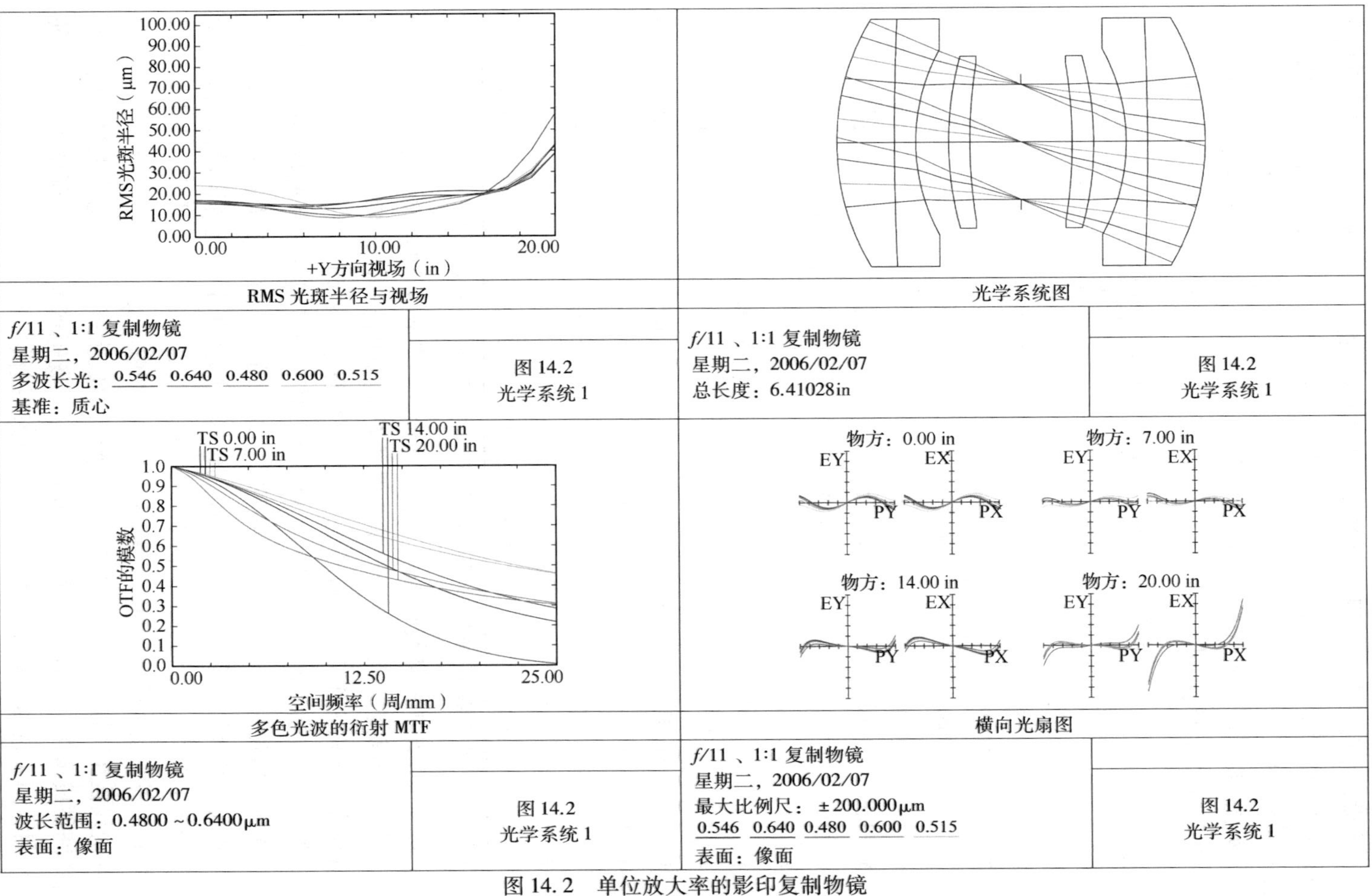

RMS光斑半径（μm）
+Y方向视场（in）
RMS 光斑半径与视场
f/11 、1:1 复制物镜
星期二，2006/02/07
多波长光：0.546 0.640 0.480 0.600 0.515
基准：质心
图 14.2
光学系统 1
光学系统图
f/11 、1:1 复制物镜
星期二，2006/02/07
总长度：6.41028in
图 14.2
光学系统 1
TS 0.00 in
TS 7.00 in
TS 14.00 in
TS 20.00 in
OTF的模数
空间频率（周/mm）
多色光波的衍射 MTF
f/11 、1:1 复制物镜
星期二，2006/02/07
波长范围：0.4800 ~0.6400μm
表面：像面
图 14.2
光学系统 1
物方：0.00 in
物方：7.00 in
物方：14.00 in
物方：20.00 in
EY
EX
PY
PX
横向光扇图
f/11 、1:1 复制物镜
星期二，2006/02/07
最大比例尺：±200.000μm
0.546 0.640 0.480 0.600 0.515
表面：像面
图 14.2
光学系统 1

图 14.2　单位放大率的影印复制物镜

该设计很有特点，全视场的 MTF 要比中等视场好，原因是中等视场有较大的弧矢像差。物镜的$f^{\#}$是$f/11$，焦距是 26.664in。一般地，影印复制用物镜都安装了可变光阑。

如图 14.3 所示是 0.6×放大率的影印复制用物镜，将 10in 直径的物体成像为 6in 直径的像，物镜的$f^{\#}$是$f/3.46$（NA 是 0.0879），详细的结构参数见表 14.3。

表 14.3　0.6×影印复制物镜的结构参数　（单位：in）

表面	半　径	厚　度	材　料	直　径
0	0.0000	16.6667		10.000
1	2.5180	0.8022	N-LAK12	2.920
2	-7.7191	0.0481		2.920
3	-6.6004	0.5000	LF5	2.620
4	1.6416	0.0984		1.870
5	2.2888	0.7712	N-LAK7	1.920
6	3.8396	0.1008		1.420
7	光阑	0.2491		1.344
8	-4.0484	0.7500	N-LAK7	1.540
9	-2.4317	0.1424		1.980
10	-1.6226	0.1900	LF5	1.940
11	-13.9145	0.0150		2.360
12	-21.7698	0.8429	N-LAK12	2.360
13	-2.3675	8.7264		2.760
14	0.0000	0.0000		6.093

注：第一块透镜前表面到像面的距离 = 13.236in，焦距 = 7.076in，畸变 = 0.5%。

该物镜系统中的透镜相当厚，这有利于减小 Petzval 和。瞳孔边缘有杂光闪烁。只要物镜安装了可变光阑，就要保证光阑两侧至少有 0.12in 的间隔，以方便可变光阑机构工作（在这种情况下，光阑位置应向右稍移动一些）。

如图 14.4 所示是一个小型的三片转像物镜，目的是在步枪瞄准中形成正立像，结构参数见表 14.4。与双目镜不同，在步枪瞄准时，希望有一个长的共轴光学系统，该装置安装在步枪上。前物镜形成的像非常靠近场镜的前表面（由于该表面上的灰尘和污点是可见的，所以可能会造成麻烦），然后，中继转像系统将它成像在场镜的前表面（表面4）上。在该像面处放置一个十字线，可以是实际的线挂在镜框上，也可以在透镜上照相形成十字线图。比较理想的情况是将中间像成像在一块薄玻璃板上，并恰好位于场镜前面。横向调整十字线，使观察目标与步枪轴线对准，然后，目镜为眼睛提供一个虚像。

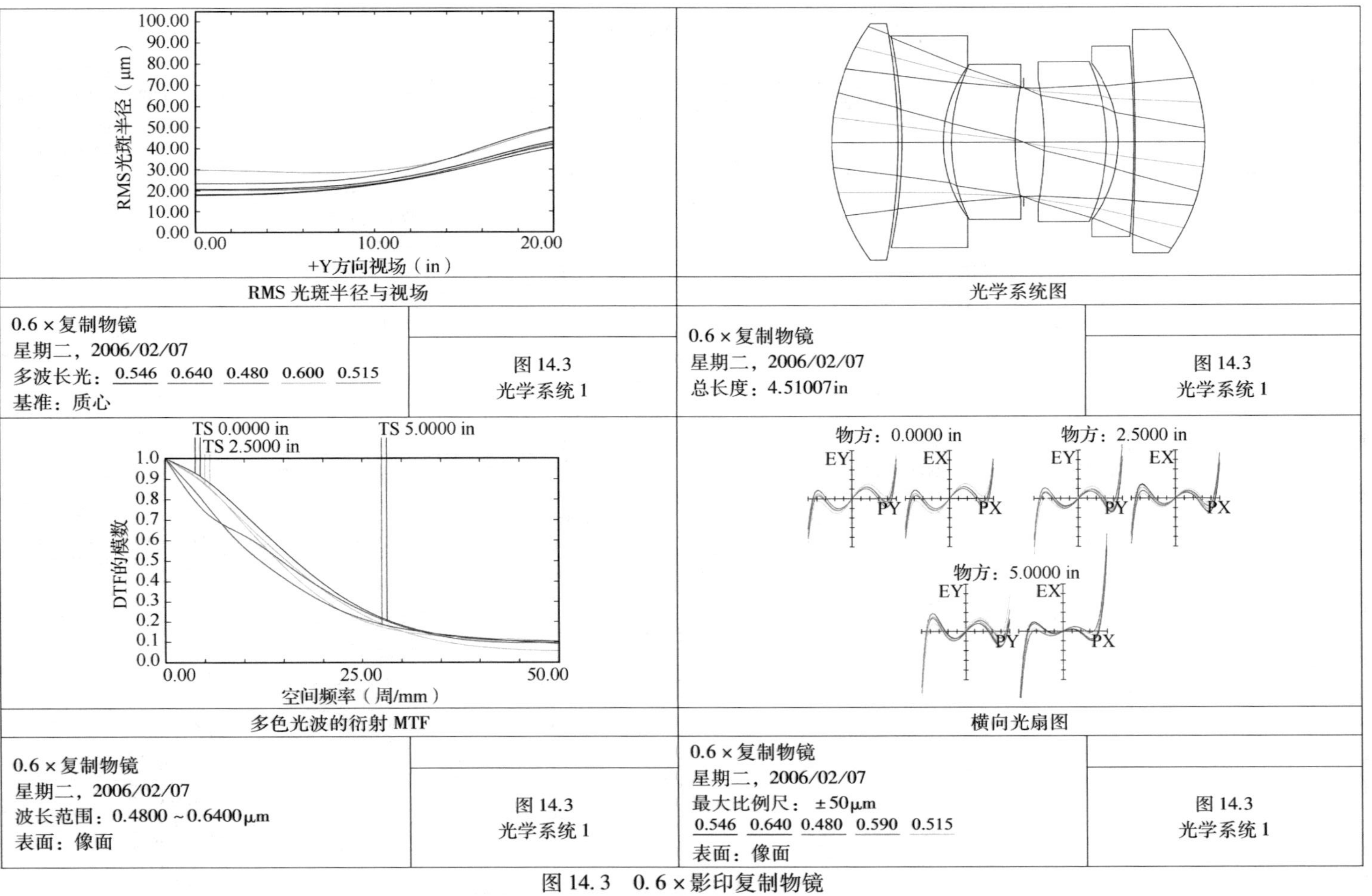

RMS光斑半径（μm）
100.00 90.00 80.00 70.00 60.00 50.00 40.00 30.00 20.00 10.00 0.00
0.00 10.00 20.00
+Y方向视场（in）
RMS 光斑半径与视场
0.6×复制物镜
星期二，2006/02/07
多波长光：0.546 0.640 0.480 0.600 0.515
基准：质心
图 14.3
光学系统 1
光学系统图
0.6×复制物镜
星期二，2006/02/07
总长度：4.51007in
图 14.3
光学系统 1
TS 0.0000 in
TS 2.5000 in
TS 5.0000 in
DTF的模数
1.0 0.9 0.8 0.7 0.6 0.5 0.4 0.3 0.2 0.1 0.0
0.00 25.00 50.00
空间频率（周/mm）
多色光波的衍射 MTF
0.6×复制物镜
星期二，2006/02/07
波长范围：0.4800 ~0.6400μm
表面：像面
图 14.3
光学系统 1
物方：0.0000 in
物方：2.5000 in
物方：5.0000 in
EY PY EX PX
横向光扇图
0.6×复制物镜
星期二，2006/02/07
最大比例尺：±50μm
0.546 0.640 0.480 0.590 0.515
表面：像面
图 14.3
光学系统 1

图 14.3　0.6×影印复制物镜

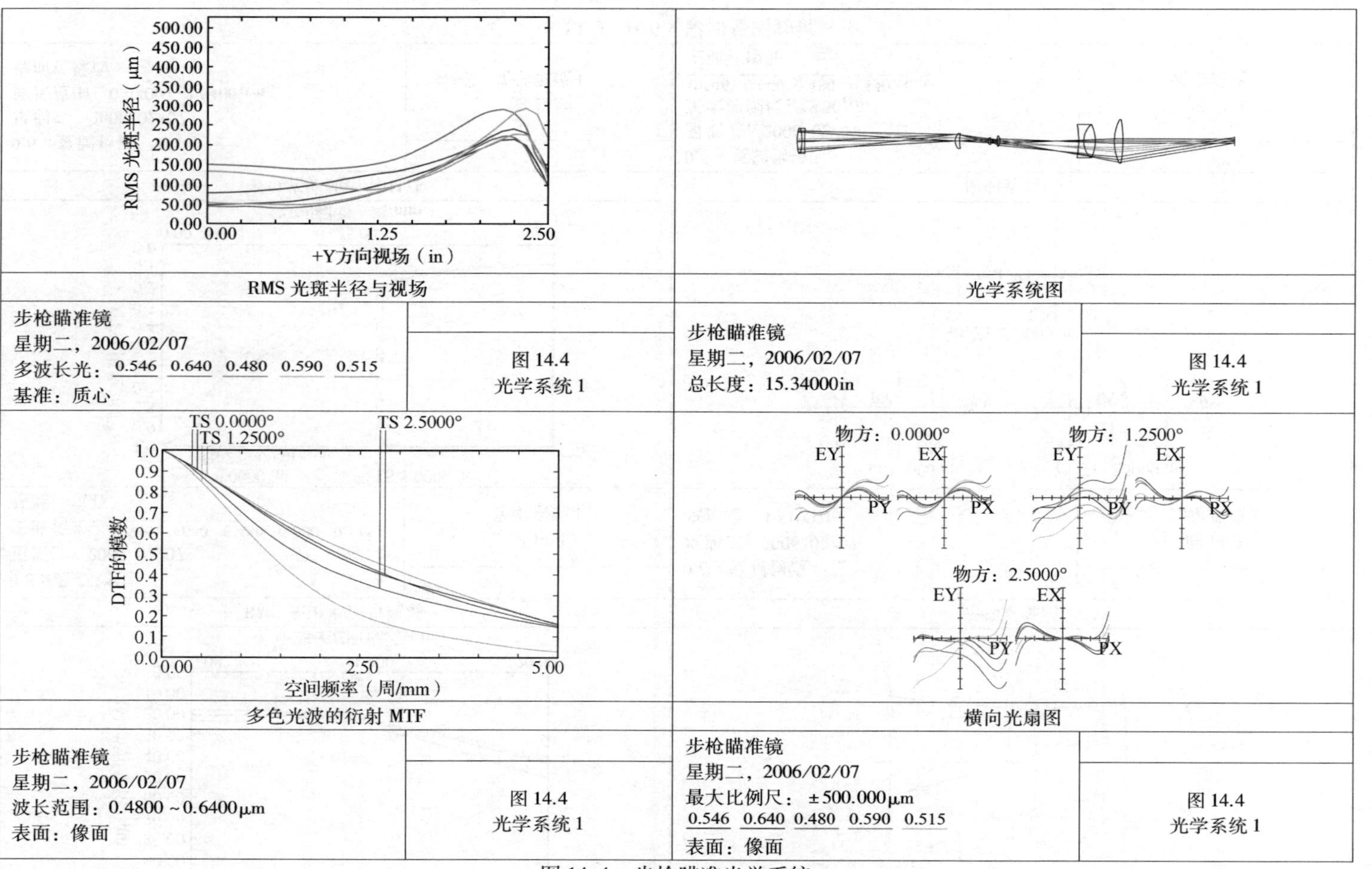
RMS 光斑半径（μm）
500.00
450.00
400.00
350.00
300.00
250.00
200.00
150.00
100.00
50.00
0.00
0.00
1.25
2.50
+Y方向视场（in）
RMS 光斑半径与视场
步枪瞄准镜
星期二，2006/02/07
多波长光：0.546 0.640 0.480 0.590 0.515
基准：质心
图 14.4
光学系统 1
光学系统图
步枪瞄准镜
星期二，2006/02/07
总长度：15.34000in
图 14.4
光学系统 1
TS 0.0000°
TS 1.2500°
TS 2.5000°
DTF的模数
1.0
0.9
0.8
0.7
0.6
0.5
0.4
0.3
0.2
0.1
0.0
0.00
2.50
5.00
空间频率（周/mm）
多色光波的衍射 MTF
步枪瞄准镜
星期二，2006/02/07
波长范围：0.4800 ~0.6400μm
表面：像面
图 14.4
光学系统 1
物方：0.0000°
物方：1.2500°
物方：2.5000°
EY
EX
PY
PX
横向光扇图
步枪瞄准镜
星期二，2006/02/07
最大比例尺：±500.000μm
0.546 0.640 0.480 0.590 0.515
表面：像面
图 14.4
光学系统 1

图 14.4 步枪瞄准光学系统

表 14.4　步枪瞄准光学系统的结构参数　（单位：in）

表面	半　径	厚　度	材　料	直　径
1	1.8860	0.1653	N-BK7	0.900
2	-2.0688	0.1000	F2	0.900
3	13.0679	5.2726		0.900
4	0.4190	0.1500	N-BK7	0.540
5	1.1764	1.0074		0.480
6	0.2109	0.0914	N-SK18	0.240
7	1.4389	0.0293		0.160
8	光阑	0.0211		0.109
9	-0.3619	0.0322	F2	0.140
10	0.1871	0.1471		0.148
11	1.7273	0.0956	N-SK18	0.380
12	-0.3147	2.7496		0.380
13	-3.5888	0.1783	SF4	1.200
14	0.8492	0.4034	N-SK2	1.200
15	-1.4514	0.6778		1.200
16	1.8328	0.3008	N-BAF3	1.580
17	-4.9786	3.9200		1.580

注：第一表面到最后一表面的距离 = 11.42in，畸变 = 0.03%。

要注意，在 MTF 曲线图中，横坐标（与前面讨论的所有无焦系统一样）的单位是周/毫弧。3 周/毫弧近似是 1 弧分，视觉灵敏度极限。

由于步枪的后座力，需要有非常大的眼距（这种情况下是 3.92in）。为此，要将系统的孔径光阑设置在中继转像物镜之内，目镜对此所成的像是出瞳。系统的放大率是 4.0，视场 5.0°，入瞳直径 16mm。

步枪瞄准装置常常暴露在雨、雾和雪等环境下，所以，前后透镜采用的玻璃类型很重要，要具有良好的环境适应性和抗污染能力。在普通的玻璃目录中，最具上述性能的材料使用较小的数字如 0、1 或 2 编码表示，而环境适应性及抗污染能力较差的玻璃则带有编码 4 或 5。在某些玻璃目录中，环境适应性也称为气候适应性，用空气中水蒸气对玻璃的作用表示。污染是指弱酸性水——经常是手印造成的。

在视场边缘有一些横向色差。图 35.4 所示的是变焦距步枪瞄准镜，它也许是人们比较感兴趣的。

如图 14.5 所示是目镜中继转像系统，类似于上述的步枪瞄准镜，结构参数见表 14.5。该光学系统是为 16mm 胶片相机设计，希望通过 4mm 直径的入瞳观察 16mm 直径的目标。

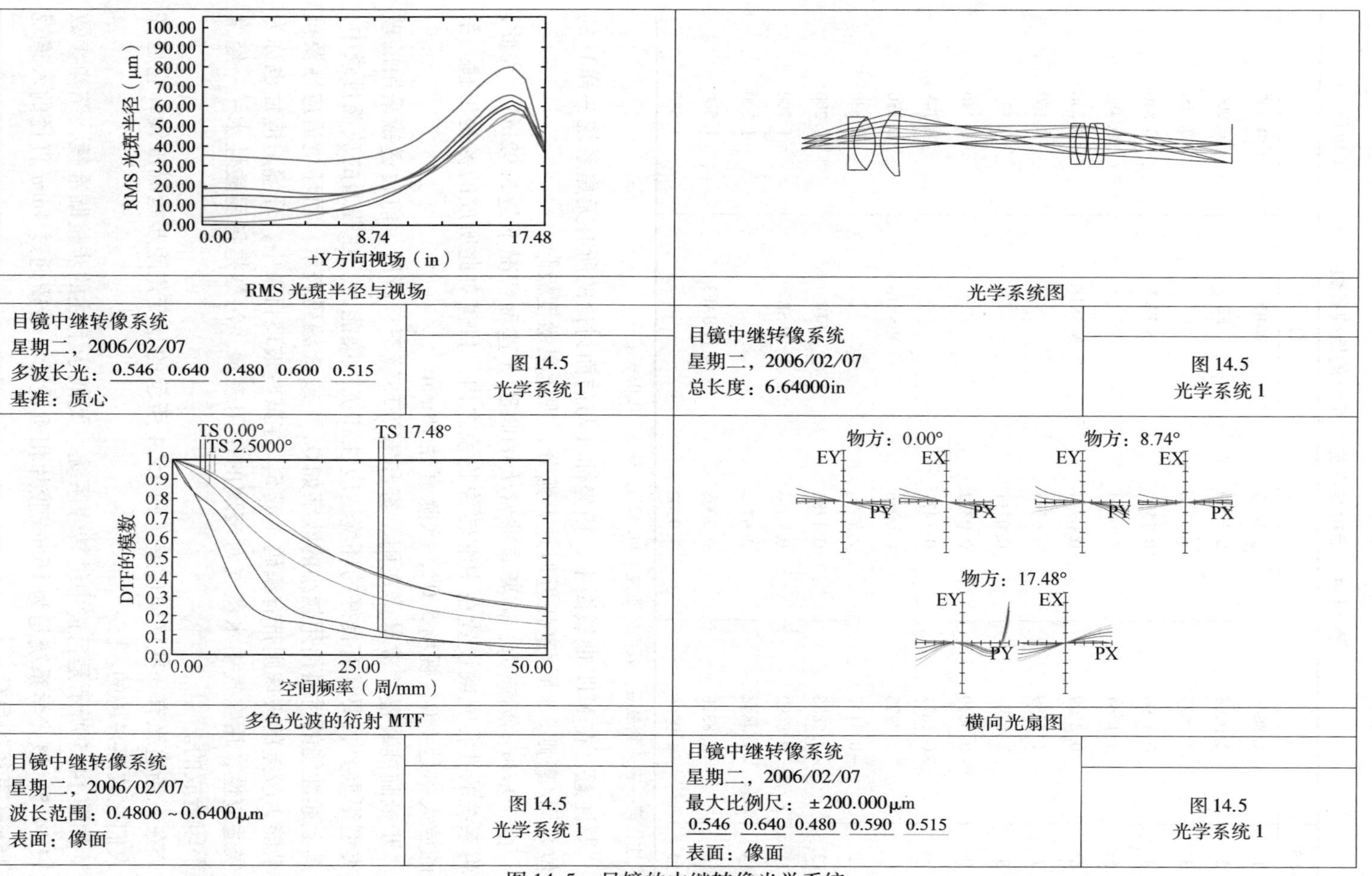
RMS 光斑半径（μm）
+Y方向视场（in）
RMS 光斑半径与视场
光学系统图
目镜中继转像系统
星期二，2006/02/07
多波长光：0.546 0.640 0.480 0.600 0.515
基准：质心
图 14.5
光学系统 1
目镜中继转像系统
星期二，2006/02/07
总长度：6.64000in
图 14.5
光学系统 1
TS 0.00°
TS 2.5000°
TS 17.48°
DTF的模数
空间频率（周/mm）
物方：0.00°
物方：8.74°
物方：17.48°
EY
EX
PY
PX
多色光波的衍射 MTF
横向光扇图
目镜中继转像系统
星期二，2006/02/07
波长范围：0.4800～0.6400μm
表面：像面
图 14.5
光学系统 1
目镜中继转像系统
星期二，2006/02/07
最大比例尺：±200.000μm
0.546 0.640 0.480 0.590 0.515
表面：像面
图 14.5
光学系统 1

图 14.5　目镜的中继转像光学系统

表 14.5　目镜中继转像系统的结构参数　（单位：in）

表面	半　径	厚　度	材　料	直　径
1	光阑	0.7170		0.157
2	-10.6581	0.0880	SF1	0.640
3	0.5360	0.3246	N-BK7	0.840
4	-0.7199	0.0825		0.840
5	0.6937	0.2735	N-BK7	1.020
6	6.1289	2.6546		1.020
7	6.0463	0.0808	SF2	0.640
8	0.7433	0.1722	N-SK5	0.640
9	-1.2753	0.0150		0.640
10	1.2753	0.1722	N-SK5	0.640
11	-0.7433	0.0808	SF2	0.640
12	-6.0463	1.9787		0.640

注：第一块透镜前表面到像面的距离 =5.923in，畸变 =1.73%。

注意，该设计的特点是：转像物镜由两个相同的双胶合透镜组成。虽然这种简单结构对制造商比较经济，但双胶合透镜通常都有像散，会造成视场边缘像质下降。

如图 14.6 所示是大数值孔径（0.4in）的中继转像系统，结构参数见表 14.6，目标的直径是 0.32in，所成的像缩小为 1/5。

表 14.6　1/5 × 中继转像光学系统的结构参数　（单位：in）

表面	半　径	厚　度	材　料	直　径
0	0.0000	5.1067		0.320
1	1.4554	0.2825	SF4	1.040
2	0.9863	0.1948		0.890
3	-1.3539	0.3207	N-LAF21	0.890
4	-1.2580	0.0150		1.040
5	3.4212	0.1702	N-LAF21	1.080
6	-2.6453	0.0150		1.080
7	光阑	0.1509		0.984
8	-1.0529	0.2720	SF4	1.020
9	1.4860	0.3933	N-LAK10	1.270
10	-1.5321	0.0295		1.270
11	1.5949	0.3996	N-LAF21	1.270
12	-5.2280	1.1497		1.270

注：物像距 =8.500in，畸变 =0.04%（枕形）。

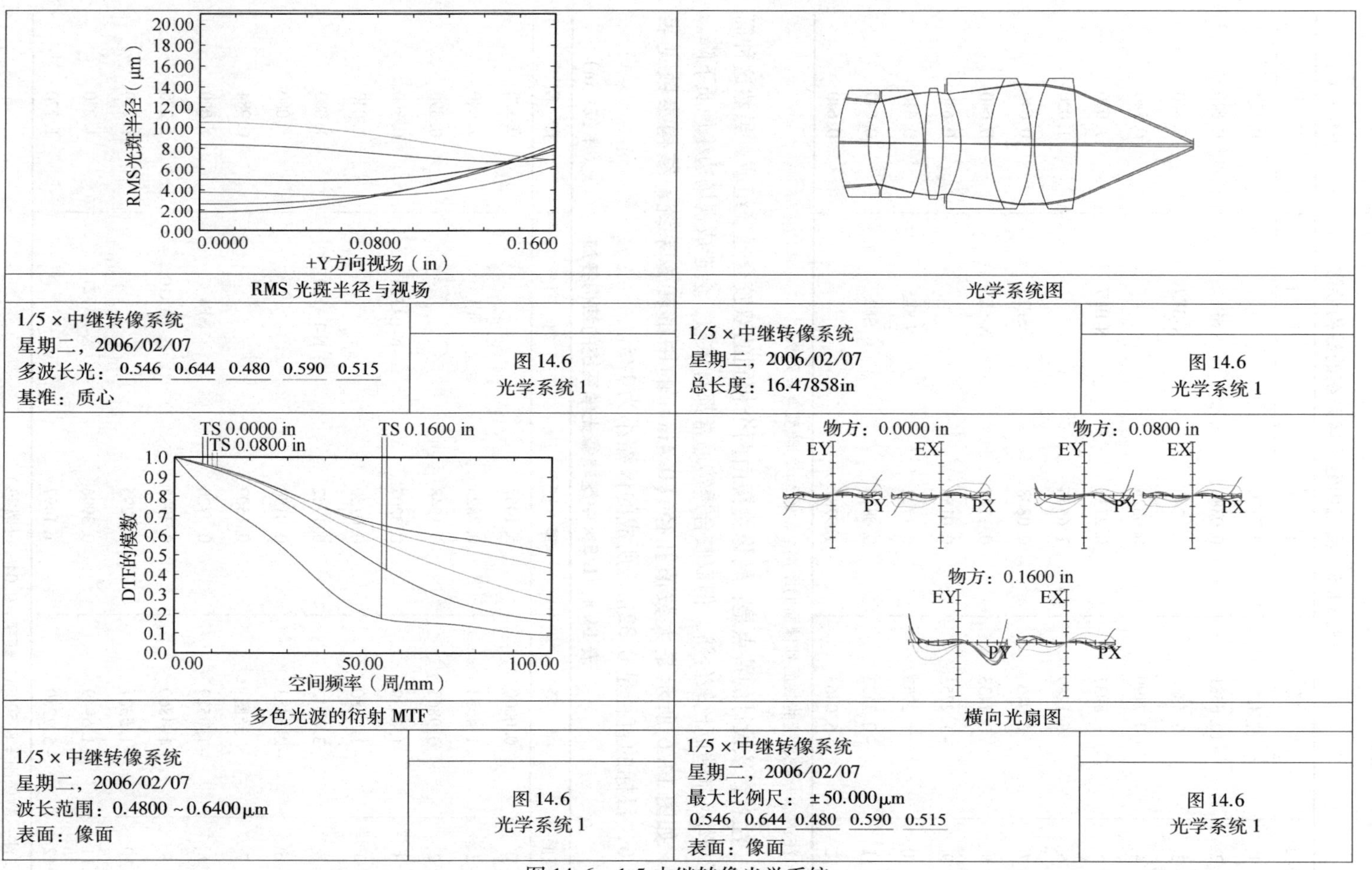

RMS光斑半径（μm）
20.00 18.00 16.00 14.00 12.00 10.00 8.00 6.00 4.00 2.00 0.00
0.0000 0.0800 0.1600
+Y方向视场（in）
RMS 光斑半径与视场
1/5 × 中继转像系统
星期二，2006/02/07
多波长光：0.546 0.644 0.480 0.590 0.515
基准：质心
图 14.6
光学系统 1
光学系统图
1/5 × 中继转像系统
星期二，2006/02/07
总长度：16.47858in
图 14.6
光学系统 1
TS 0.0000 in
TS 0.0800 in
TS 0.1600 in
DTF的模数
1.0 0.9 0.8 0.7 0.6 0.5 0.4 0.3 0.2 0.1 0.0
0.00 50.00 100.00
空间频率（周/mm）
多色光波的衍射 MTF
1/5 × 中继转像系统
星期二，2006/02/07
波长范围：0.4800 ~ 0.6400μm
表面：像面
图 14.6
光学系统 1
物方：0.0000 in
物方：0.0800 in
物方：0.1600 in
EY EX PY PX
横向光扇图
1/5 × 中继转像系统
星期二，2006/02/07
最大比例尺：±50.000μm
0.546 0.644 0.480 0.590 0.515
表面：像面
图 14.6
光学系统 1

图 14.6 1:5 中继转像光学系统

参 考 文 献

Cook, G. (1952) Four component optical objective, US Patent #2600207.

Itoh, T. (1982) Variable power copying lens, US Patent #4359269.

Kawakami, T. (1976) Symmetrical type four component objective, US Patent #3941457.

Shade, W. E. (1967) Projection printer lens, US Patent #3320017.

Terasawa, H. (1985) Projection lens, US Patent #4560243.

Tibbetts, R. E. (1971) High speed document lens, US Patent #3575495.

Yonekubo, K. (1982) Afocal relay lens system, US Patent #4353624.

第 15 章 折反式和反射式光学系统

与等焦距透镜相比，反射镜有较小的球差。此外，凹反射镜与正透镜的球差符号相反，所以，一些研究者（Maksutov 1944；Bowers 1950）建议，将一块弱负透镜与一块凹面反射镜组合使用。Schmidt（Hodges 1953）提出在球面反射镜曲率中心放置一块弱非球面校正器。

在卡塞格林（Cassegrain）系统中，有两块反射镜。主镜有一个孔，较小的次镜安装在前校正透镜上（实际上，是校正装置的一部分）。由于渐晕的存在，视场一般限制在15°左右。

设计程序必须有下列特性：

1. 表面半径、材料和厚度必须能够控制，或者设置等于另一个表面的数据。

2. 从一个表面到另一个表面的轴向距离必须能够约束。

3. 必须能够限制次镜上的光束直径。

4. 中心遮挡物会挡掉主光线和其它光线，能够删除对这些光线的追迹。绝大部分计算程序首先简单地让用户追迹这部分多余的光线，然后再删除掉。比较有效的方法是调整入瞳上的光线，以满足中心遮挡的要求。

如图 15.1 所示是卡塞格林反射系统，主镜与次镜之间的距离是 T，形成的像到次镜的距离是 B。根据符号规则，假设 T 和 B 是正，R_P 和 R_S 是负，则

$$F=\frac{R_P R_S}{2R_P-2R_S+4T}=\text{有效焦距}$$

令 H 代表近轴轴上光线在次镜与主镜上的高度比，若物体位于无穷远，则

$$H=\frac{R_P+2T}{R_P}$$ （译者注：原文公式有误，作者已经修订过）

和

$$B=\frac{2R_S T+R_S R_P}{4T-2R_S+2R_P}=HF$$

大部分实际的系统要求 B 至少要与 T 一样大（像在主镜之外），此外，次镜产生的遮挡应最小。指定 H 值是 0.3，焦距 F 值是 100，得到的有关数据见表 15.1（很明显，表中所有的 B 值都是 30）。

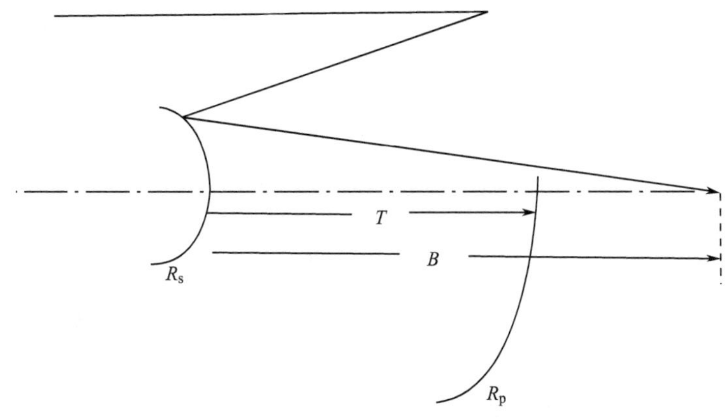
T
B
R_S
R_P

图 15.1　卡塞格林反射系统

表 15.1　主镜和次镜的几何布局数据　$F=100$　（单位：in）

R_P	R_S	T
-171.428	-360.000	60.000
-122.449	-94.737	42.857
-95.238	-54.545	33.333
-77.922	-38.298	27.273
-65.934	-29.508	23.077
-57.143	-24.000	20.000
-50.420	-20.225	17.647
-45.113	-17.476	15.789
-40.816	-15.385	14.286
-37.267	-13.740	13.043

如果只使用两块反射镜，那么要想得到一个平的像面（零 Petzval 和），则 $R_P=R_S=-140$in，且 $T=49$in。然而，为了校正其它像差，必须增加一些折射元件，如下面例子所述。利用上述表格可以得到初始解。

在评价成像质量时必须考虑中心遮挡物的影响。由于遮挡，衍射增大了图像外部区的能量，牺牲了中心亮斑的能量，从而降低了低空间频率的 MTF 响应，提高了高空间频率的响应（Mahajan 1977）。

对极短波长的平版印刷术（波长小于 0.2μm），正在研发其反射系统。这方面的例子，可参考第 18 章参考文献中 Wang and Pan 的专利资料。

如图 15.2 所示是焦距 15in、$f/3.333$ 的物镜系统，适用的光谱范围是3.2～4.2μm，视场为 2.3°，详细结构参数见表 15.2。

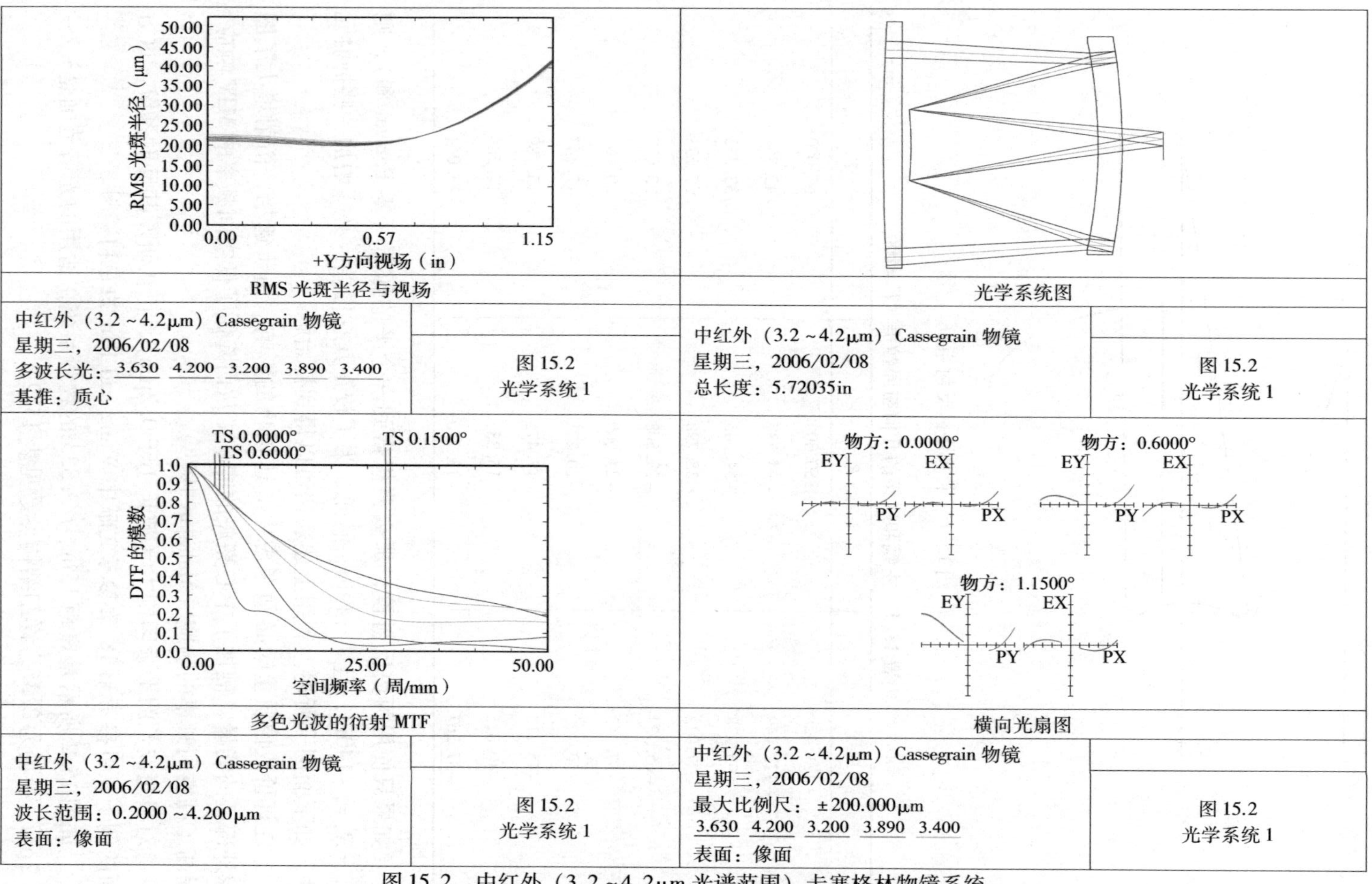
RMS 光斑半径（μm）
+Y方向视场（in）
RMS 光斑半径与视场
中红外（3.2～4.2μm）Cassegrain 物镜
星期三，2006/02/08
多波长光：3.630 4.200 3.200 3.890 3.400
基准：质心
图 15.2
光学系统 1
光学系统图
中红外（3.2～4.2μm）Cassegrain 物镜
星期三，2006/02/08
总长度：5.72035in
图 15.2
光学系统 1
TS 0.0000°
TS 0.6000°
TS 0.1500°
DTF 的模数
空间频率（周/mm）
多色光波的衍射 MTF
中红外（3.2～4.2μm）Cassegrain 物镜
星期三，2006/02/08
波长范围：0.2000～4.200μm
表面：像面
图 15.2
光学系统 1
物方：0.0000°
物方：0.6000°
物方：1.1500°
EY
EX
PY
PX
横向光扇图
中红外（3.2～4.2μm）Cassegrain 物镜
星期三，2006/02/08
最大比例尺：±200.000μm
3.630 4.200 3.200 3.890 3.400
表面：像面
图 15.2
光学系统 1

图 15.2 中红外（3.2～4.2μm 光谱范围）卡塞格林物镜系统

表 15.2　适用于 3.2～4.2μm 光谱范围的卡塞格林物镜的结构参数（单位：in）

表面	半　径	厚　度	材　料	直　径
1	53.2907	0.3800	ZnSe	5.280
2	0.0000	4.0000		5.280
3	-11.4239	0.5000	ZnSe	4.460
4	-13.5164	-0.5000	反射镜	4.660
5	-11.4239	-3.8200		4.460
6	-10.1885	5.1603	反射镜	1.548 光阑

注：第一透镜前表面至像面的距离 =5.720in，畸变 =0.16%。

作为另一种方案，可以用硫化锌（ZnS）材料代替设计中的硒化锌（ZnSe）材料。注意，对所示系统，光线通过前面的校正器，可以直接到像面。为避免该现象发生，需要使用挡板。基本设置是这样的：在透镜前面放置一个透镜伸缩管，再加上主镜孔中的一根管子，次镜处设计一块遮挡板。

为避免不必要的光线，设置遮挡装置，这是一项复杂任务（Song 2002）。虽然设计程序可以帮助设计师解决这个问题。但是，有一种简单的方法是画一张能够表示光线约束的大的草图，然后，对穿过系统而没有经过主镜和次镜有效反射的光线进行追迹。根据追迹的草图，就可以确定所需要的挡板。

还要注意到，前面的透镜是正透镜。然而，若与 Mangin 主镜相组合，折射元件会有负光焦度。

如图 15.3 所示是焦距 4.0in、*f*/1.57、视场 15°的卡塞格林物镜，适用于目视观察，详细结构参数见表 15.3。前校正器是普通的负透镜。注意，次镜与前折射表面有相同的半径。为了加工方便，首先用一块模板，在（对应着次镜）内径镀反射膜，在整个表面镀增透膜，再用黑漆保护反射镜表面。

表 15.3　星光望远物镜的结构参数　（单位：in）

表面	半　径	厚　度	材　料	直　径
1	-7.7618	0.2750	N-BK7	3.600
2	-16.8186	1.3662		3.700
3	-5.6768	-1.3662	反射镜	3.440
4	-16.8186	-0.2750	N-BK7	1.640
5	-7.7618	0.2750	反射镜	1.361 光阑
6	-16.8186	1.3662		1.640
7	-15.1741	0.1500	SF2	1.500
8	0.0000	0.1846	N-LAK7	1.540
9	-2.7866	0.3873		1.540
10	1.1320	0.2469	N-SK16	1.400
11	1.4144	0.5000		1.240

注：第一透镜前表面至像面的距离 =3.110in，畸变忽略不计。

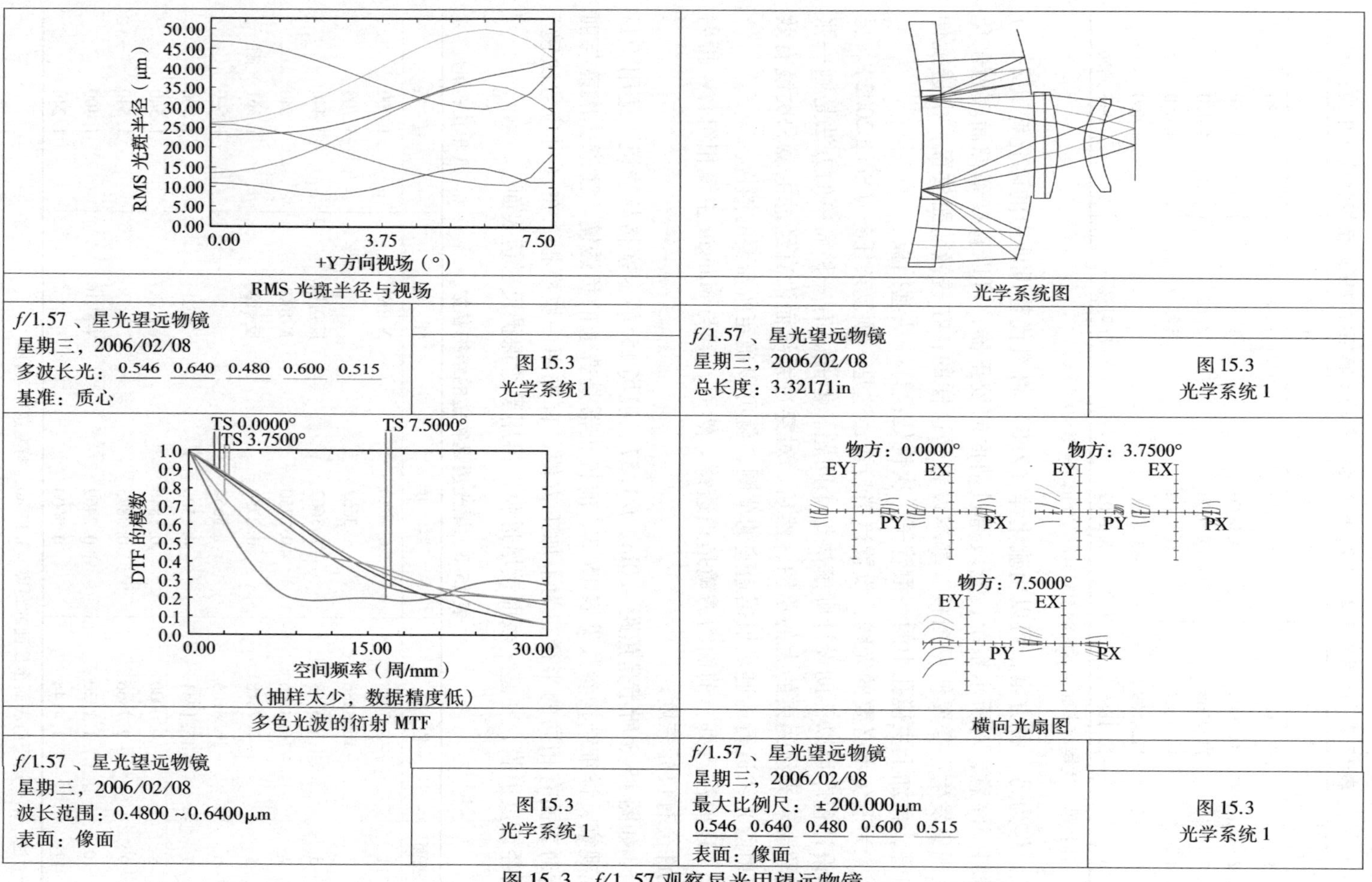
RMS 光斑半径（μm）
50.00
45.00
40.00
35.00
30.00
25.00
20.00
15.00
10.00
5.00
0.00
0.00
3.75
7.50
+Y方向视场（°）
RMS 光斑半径与视场
f/1.57 、星光望远物镜
星期三，2006/02/08
多波长光：0.546 0.640 0.480 0.600 0.515
基准：质心
图 15.3
光学系统 1
光学系统图
f/1.57 、星光望远物镜
星期三，2006/02/08
总长度：3.32171in
图 15.3
光学系统 1
TS 0.0000°
TS 3.7500°
TS 7.5000°
DTF 的模数
1.0
0.9
0.8
0.7
0.6
0.5
0.4
0.3
0.2
0.1
0.0
0.00
15.00
30.00
空间频率（周/mm）
（抽样太少，数据精度低）
多色光波的衍射 MTF
f/1.57 、星光望远物镜
星期三，2006/02/08
波长范围：0.4800～0.6400μm
表面：像面
图 15.3
光学系统 1
物方：0.0000°
EY
EX
PY
PX
物方：3.7500°
EY
EX
PY
PX
物方：7.5000°
EY
EX
PY
PX
横向光扇图
f/1.57 、星光望远物镜
星期三，2006/02/08
最大比例尺：±200.000μm
0.546 0.640 0.480 0.600 0.515
表面：像面
图 15.3
光学系统 1

图 15.3 f/1.57 观察星光用望远物镜

由于这种紧凑的结构形式和低的$f^{\#}$，所以在朝鲜战争期间，以该设计为基础的一种改进型结构广泛用于夜视装置。一直到 0.85μm 的波长范围，此装置都可以有良好的成像质量。使用像增强器和目镜，并安装在步枪上，使战士在夜间仅借助星光就可以活动。

如图 15.4 所示是焦距 1000mm、*f*/8.0 卡塞格林物镜。它为 35mm 单透镜反射式相机设计（目视范围，像的对角线尺寸是 43mm），详细结构尺寸见表 15.4a，为减小次境直径，将次镜设计为光阑。

表 15.4a　焦距 1000mm 卡塞格林物镜的结构参数　　（单位：in）

表面	半　径	厚　度	材　料	直　径
0	0.0000	0.100000E+11	0.00	
1	-7.4824	0.5000	N-BK7	5.420
2	-10.3064	4.5628		5.660
3	-13.0811	-4.3128	反射镜	5.900
4	-6.8785	2.9218	反射镜	2.230 光阑
5	6.8720	0.2250	N-SK16	2.320
6	-37.1174	0.1358		2.320
7	-51.5664	0.2000	SF4	2.260
8	-6.4233	0.2000	N-SK16	2.260
9	-10.0893	0.5185		2.260
10	-8.6473	0.2000	SF4	1.960
11	44.1553	4.2290		1.920
12	-3.3870	0.1300	N-LAK9	1.120
13	1.7302	0.2000	N-BALF4	1.200
14	13.9542	3.2912		1.140
15	0.0000	0.0000		1.705

注：第一透镜前表面至像面的距离 = 13.001in，畸变 = 1%。

虽然图示系统没有渐晕，但在次镜装置的透镜周围安装管式挡光板后可能会有少量渐晕。一般通过移动镜筒内的透镜组对此类长透镜系统调焦，表 15.4b 列出了该系统的调焦移动量。

表 15.4b　调焦移动量　　（单位：in）

物距	*T*（6）	*T*（11）
无穷远	0.1358	4.2290
5000	0.3404	4.0245
2500	0.5533	3.8115

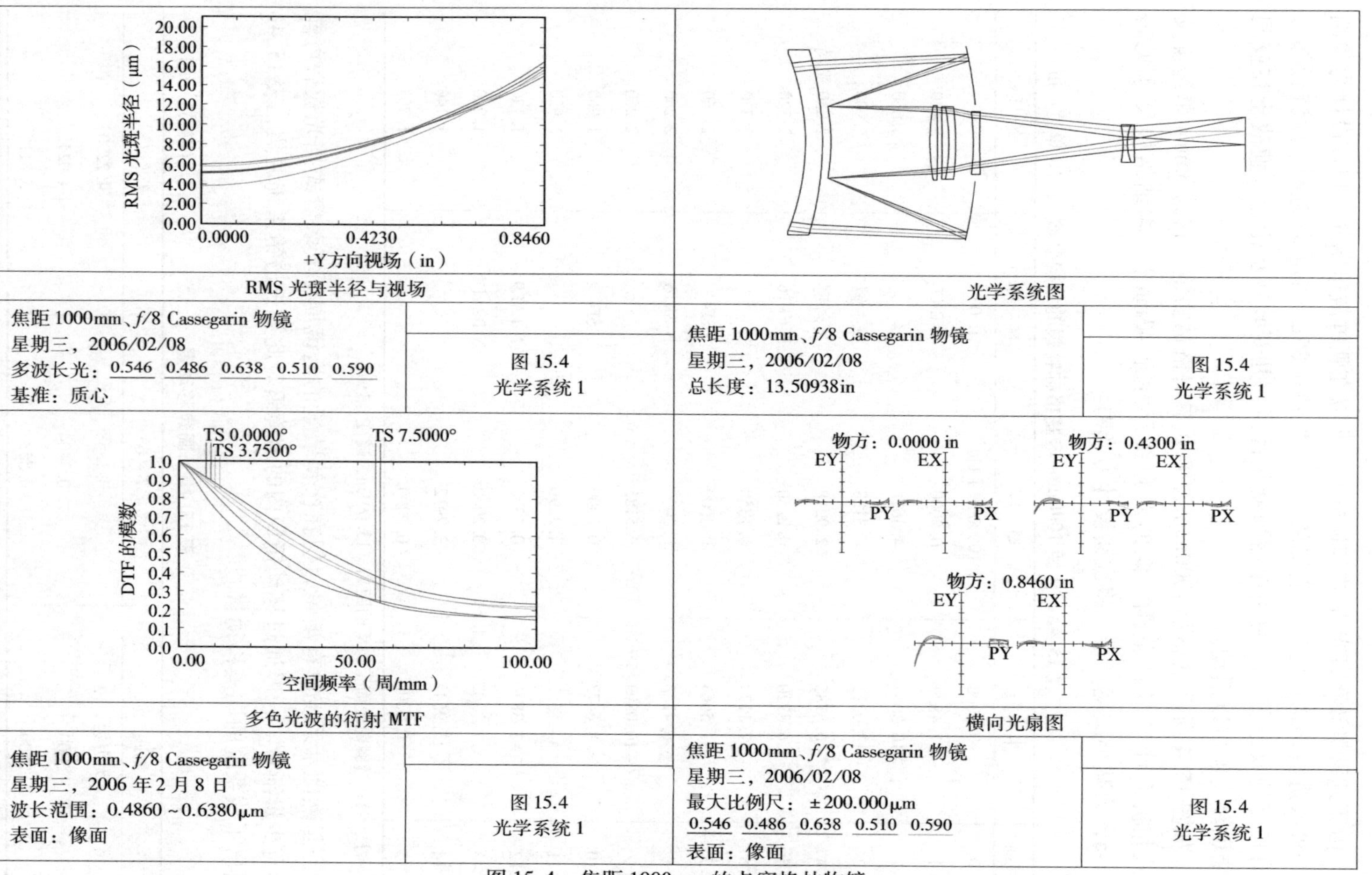
RMS 光斑半径（μm）
+Y方向视场（in）
RMS 光斑半径与视场
焦距 1000mm、f/8 Cassegarin 物镜
星期三，2006/02/08
多波长光：0.546 0.486 0.638 0.510 0.590
基准：质心
图 15.4
光学系统 1
光学系统图
焦距 1000mm、f/8 Cassegarin 物镜
星期三，2006/02/08
总长度：13.50938in
图 15.4
光学系统 1
TS 0.0000°
TS 3.7500°
TS 7.5000°
DTF 的模数
空间频率（周/mm）
多色光波的衍射 MTF
焦距 1000mm、f/8 Cassegarin 物镜
星期三，2006 年 2 月 8 日
波长范围：0.4860～0.6380μm
表面：像面
图 15.4
光学系统 1
物方：0.0000 in
物方：0.4300 in
物方：0.8460 in
EY
EX
PY
PX
横向光扇图
焦距 1000mm、f/8 Cassegarin 物镜
星期三，2006/02/08
最大比例尺：±200.000μm
0.546 0.486 0.638 0.510 0.590
表面：像面
图 15.4
光学系统 1
图 15.4　焦距 1000mm 的卡塞格林物镜

如图 15.5 所示是焦距 50in 卡塞格林望远镜物镜，$f^{\#}$ 为 $f/14$，视场为 2°，详细结构参数见表 15.5。该光学系统是非常流行的、为 SLR 照相机和业余天文爱好者设计的望远物镜的改进型。

表 15.5　焦距 50in 卡塞格林望远物镜的结构参数　（单位：in）

表面	半　径	厚　度	材　料	直　径
1	-23.0755①	0.6000	石英	5.060
2	-22.8578	11.0000		5.140
3	-36.1813	-11.0000	反射镜	4.740
4	-22.8578	-0.6000	石英	5.140
5	-23.0755①	0.6000	反射镜	1.298 光阑
6	-22.8578	10.5000		5.140
7	3.3580	0.2000	N-BK7	1.460
8	2.1424	0.1968		1.360
9	-3.3739	0.2000	SF1	1.360
10	-3.0195	4.3068		1.460

注：第一透镜前表面至像面的距离 = 16.0004in，畸变 = 1.5%。

① 这是一个非球面，满足下面关系

$$X=\frac{0.0433361Y^2}{1+\sqrt{1+0.0537045Y^2}}-0.000302Y^4+5.39681\times10^{-6}Y^6$$

代表偏离双曲面的一个表面。

如图 15.6 所示是焦距 10in、$f/1.23$ 的卡塞格林物镜系统，结构参数见表 15.6，像的直径是 40mm（视场为 9.0°）。该设计非常优秀，只用一种材料，色差可以忽略不计。虽然是为可见光谱设计，但可以在更宽的波长范围内使用（Shenker 1966）。

表 15.6　焦距 10in、$f/1.23$ 卡塞格林物镜的结构参数　（单位：in）

表面	半　径	厚　度	材　料	直　径
1	光阑	0.2000		8.129
2	21.8754	0.8000	N-BK7	8.400
3	-58.9582	2.5484		8.400
4	-11.2271	0.5000	N-BK7	8.100
5	-26.6751	1.6572		8.400
6	-9.0986	0.6000	N-BK7	8.360
7	-11.0594	3.7677		8.800
8	-12.0050	-3.7677	反射镜	9.420
9	-11.0594	2.4363	反射镜	4.334
10	3.5312	0.9663	N-BK7	2.540
11	3.2929	0.5000		2.000
12	0.0000	0.0000		1.569

注：第一透镜前表面至像面的距离 = 10.208in，畸变 < 0.41%。

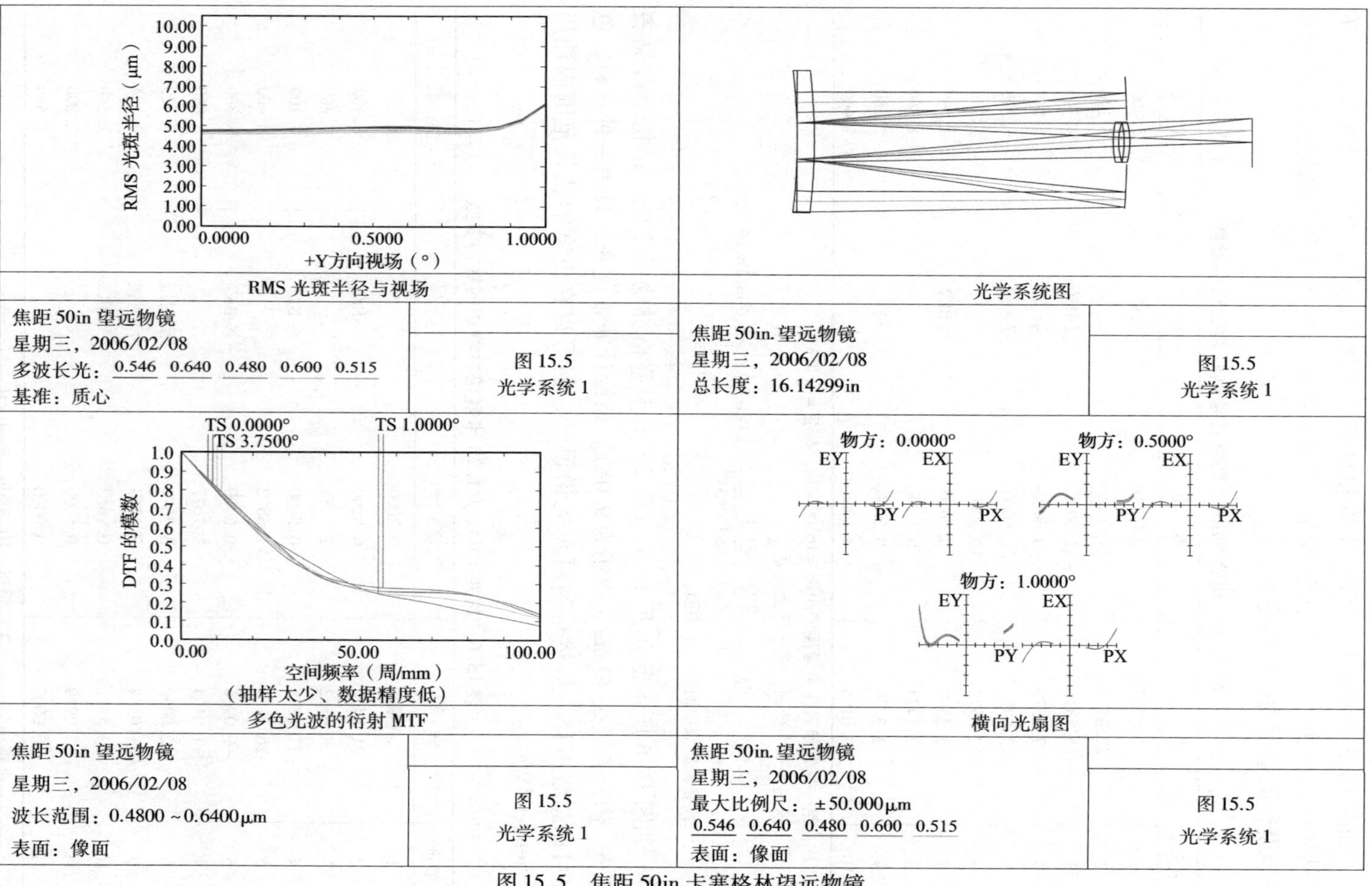
RMS 光斑半径（μm）
+Y方向视场（°）
RMS 光斑半径与视场
焦距 50in 望远物镜
星期三，2006/02/08
多波长光：0.546 0.640 0.480 0.600 0.515
基准：质心
图 15.5
光学系统 1
光学系统图
焦距 50in. 望远物镜
星期三，2006/02/08
总长度：16.14299in
图 15.5
光学系统 1
TS 0.0000°
TS 3.7500°
TS 1.0000°
DTF 的模数
空间频率（周/mm）
（抽样太少、数据精度低）
多色光波的衍射 MTF
焦距 50in 望远物镜
星期三，2006/02/08
波长范围：0.4800 ~0.6400μm
表面：像面
图 15.5
光学系统 1
物方：0.0000°
物方：0.5000°
物方：1.0000°
EY
EX
PY
PX
横向光扇图
焦距 50in. 望远物镜
星期三，2006/02/08
最大比例尺：±50.000μm
0.546 0.640 0.480 0.600 0.515
表面：像面
图 15.5
光学系统 1

图 15.5 焦距 50in 卡塞格林望远物镜

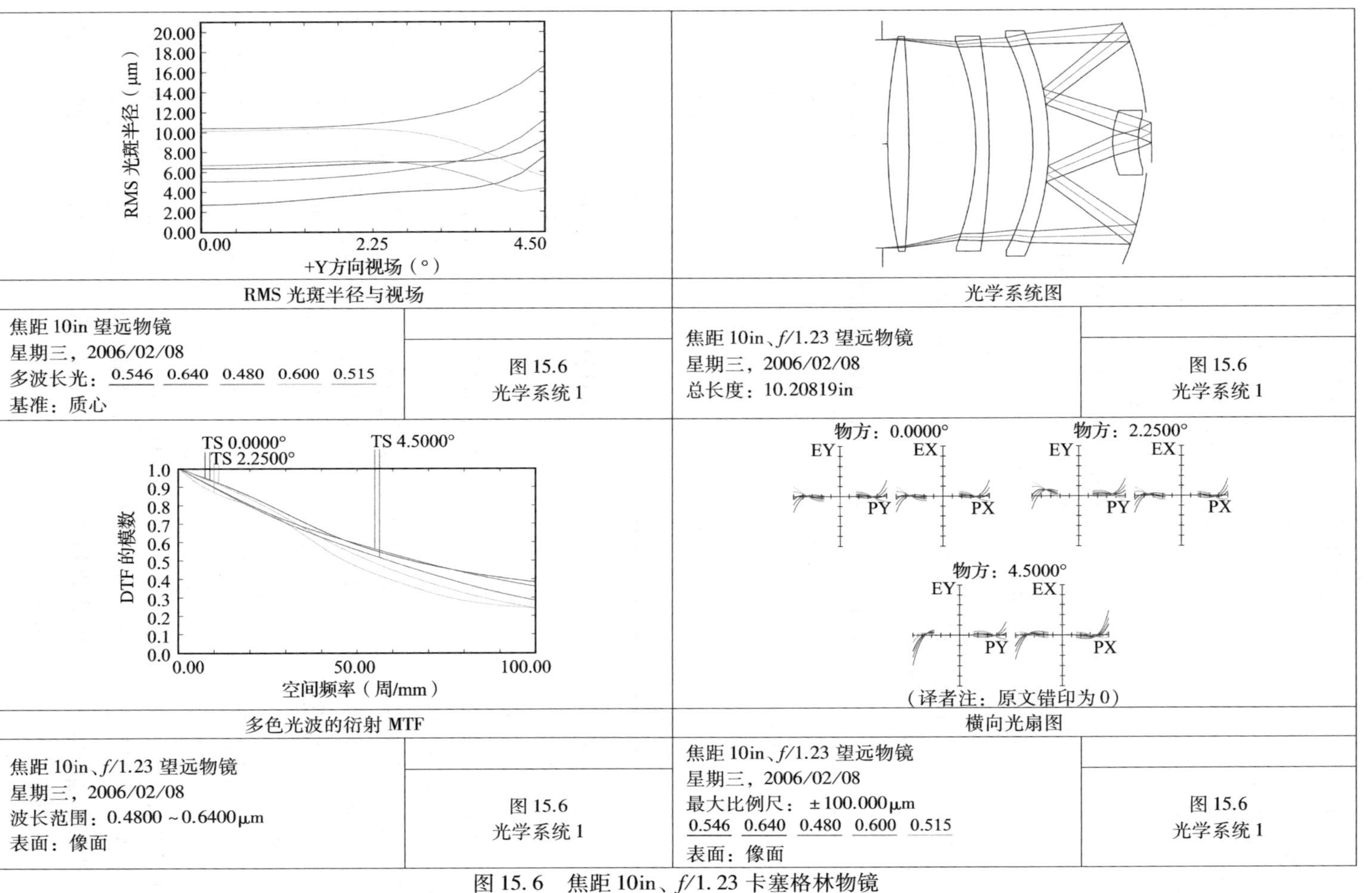

RMS 光斑半径（μm）
20.00
18.00
16.00
14.00
12.00
10.00
8.00
6.00
4.00
2.00
0.00
0.00
2.25
4.50
+Y方向视场（°）
RMS 光斑半径与视场
焦距 10in 望远物镜
星期三，2006/02/08
多波长光：0.546 0.640 0.480 0.600 0.515
基准：质心
图 15.6
光学系统 1
光学系统图
焦距 10in、f/1.23 望远物镜
星期三，2006/02/08
总长度：10.20819in
图 15.6
光学系统 1
TS 0.0000°
TS 2.2500°
TS 4.5000°
DTF 的模数
1.0
0.9
0.8
0.7
0.6
0.5
0.4
0.3
0.2
0.1
0.0
0.00
50.00
100.00
空间频率（周/mm）
多色光波的衍射 MTF
焦距 10in、f/1.23 望远物镜
星期三，2006/02/08
波长范围：0.4800 ~ 0.6400μm
表面：像面
图 15.6
光学系统 1
物方：0.0000°
物方：2.2500°
物方：4.5000°
EY
EX
PY
PX
（译者注：原文错印为 0）
横向光扇图
焦距 10in、f/1.23 望远物镜
星期三，2006/02/08
最大比例尺：±100.000μm
0.546 0.640 0.480 0.600 0.515
表面：像面
图 15.6
光学系统 1

图 15.6　焦距 10in、f/1.23 卡塞格林物镜

在后透镜周围使用一个锥形管和一个短的透镜遮光罩就可以遮挡杂光。尽管畸变小于0.41%，遗憾的是，中心遮挡太多。

在1930年，Bernard Schmidt完成了著名照相机的设计，在球面反射镜曲率中心放置了一块非球面板，平面侧对着反射镜。这是一个同心系统，与校正板和反射镜中间形成的像同心，像面为球面，半径等于焦距。

Schmidt计算出一块板的弹性变形，并用一个已知半径的环来保持这种变形，从而制造出其校正板。然后，利用真空泵使这块板产生一定量的形变，将一个表面磨成平面，释放真空，使校正板具有合适的非球面。在Palomar观测站有台Schmidt照相机，一台的口径是18in，另一台是48in。这些相机用于观测北半球的整个夜空。

如图15.7所示是Schmidt照相物镜，$f^{\#}$为$f/1.8$，视场为7°，焦距为10，详细结构参数见表15.7。

表15.7 Schmidt照相物镜的结构参数 （单位：in）

表面	半 径	厚 度	材 料	直 径
1	0.0000	0.3000	石英	5.660
2	光阑	20.0000		5.556
3	-20.0000	-9.9980	反射镜	8.141
4	-9.8289	0.0000		1.222

由于非球面（表面2）是平面，所以，没有锥形像，该表面的方程式

$$X = -4.406904\times10^{-5}Y^{4} - 9.213268\times10^{-6}Y^{6} + 1.335688\times10^{-6}Y^{8} - 6.879200\times10^{-8}Y^{10}$$

此系统的缺点是图像位于物镜内一个非常不方便的位置，并有弯曲；优点是结构简单，在一个很宽的波长范围和大的视场内都有良好的分辨率。当时，已建议使用卡塞格林型物镜（Baker 1940），这就需要一块非球面主镜和一块球面次镜，曲率半径相同，所以，得到一个Petzval和是零的平像面。然而，作者在这方面进行改进型设计的经历是失败的，并发现，使用上面给出的完全是球面的系统更好。

上面给出的所有系统（除Schmidt系统）都是摄远物镜，就是说，物镜的总长度要比有效焦距小许多，此外，还有较短的后截距。将主镜和次镜的作用颠倒，可以得到反摄远型物镜设计。在这种设计中，系统总长要比焦距大许多，后截距比焦距长。对焦距较短、又需要长工作距离的系统，这是非常有用的。这种反摄远物镜中的反射式物镜设计如图15.8所示，$f^{\#}$为$f/2.5$，图像直径为0.2in，详细结构参数见表15.8。

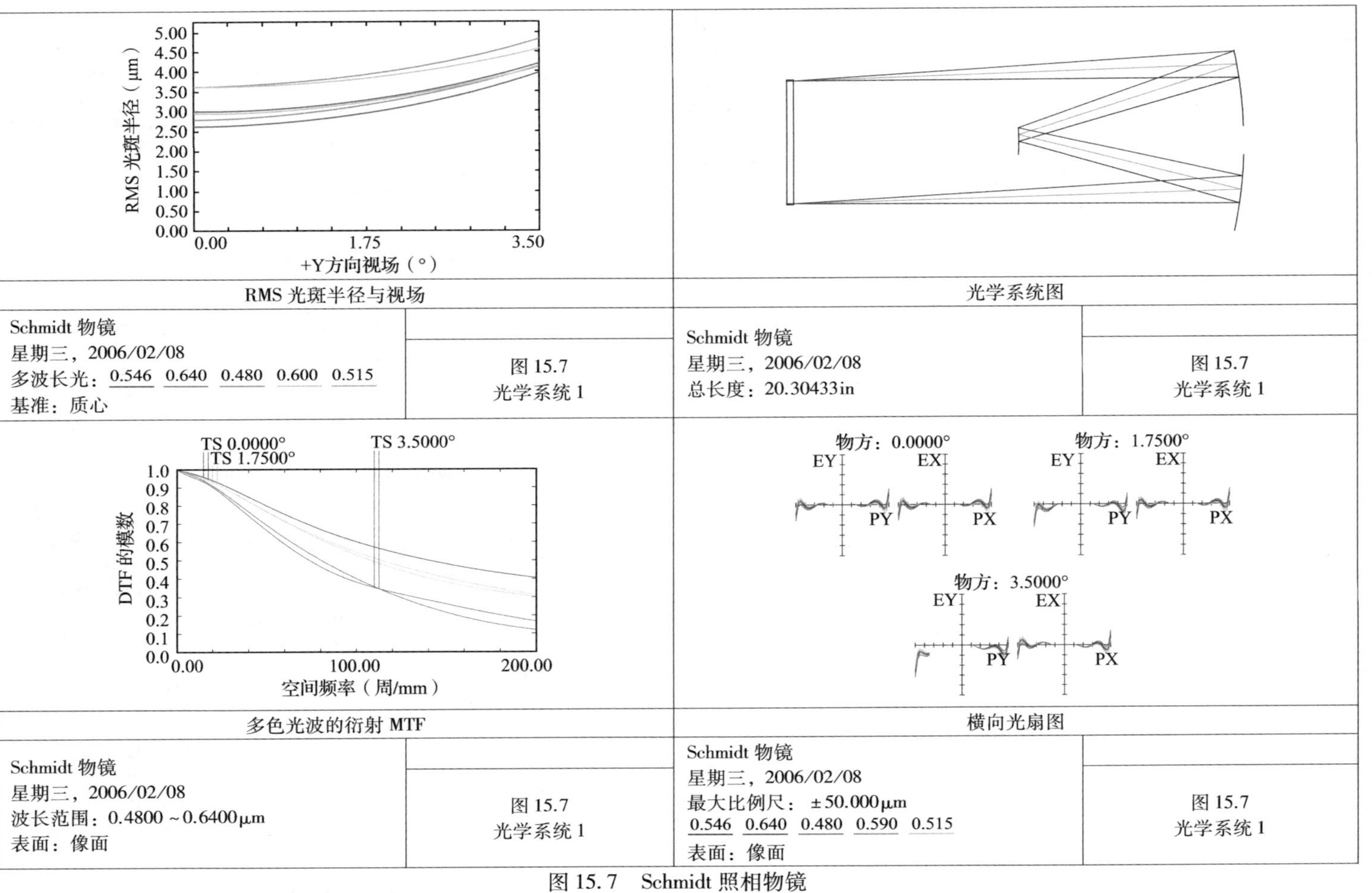
RMS 光斑半径（μm）
5.00
4.50
4.00
3.50
3.00
2.50
2.00
1.50
1.00
0.50
0.00
0.00
1.75
3.50
+Y方向视场（°）
RMS 光斑半径与视场
Schmidt 物镜
星期三，2006/02/08
多波长光：0.546 0.640 0.480 0.600 0.515
基准：质心
图 15.7
光学系统 1
光学系统图
Schmidt 物镜
星期三，2006/02/08
总长度：20.30433in
图 15.7
光学系统 1
TS 0.0000°
TS 1.7500°
TS 3.5000°
DTF 的模数
1.0
0.9
0.8
0.7
0.6
0.5
0.4
0.3
0.2
0.1
0.0
0.00
100.00
200.00
空间频率（周/mm）
多色光波的衍射 MTF
Schmidt 物镜
星期三，2006/02/08
波长范围：0.4800～0.6400μm
表面：像面
图 15.7
光学系统 1
物方：0.0000°
物方：1.7500°
物方：3.5000°
EY
EX
PY
PX
横向光扇图
Schmidt 物镜
星期三，2006/02/08
最大比例尺：±50.000μm
0.546 0.640 0.480 0.590 0.515
表面：像面
图 15.7
光学系统 1
图 15.7　Schmidt 照相物镜

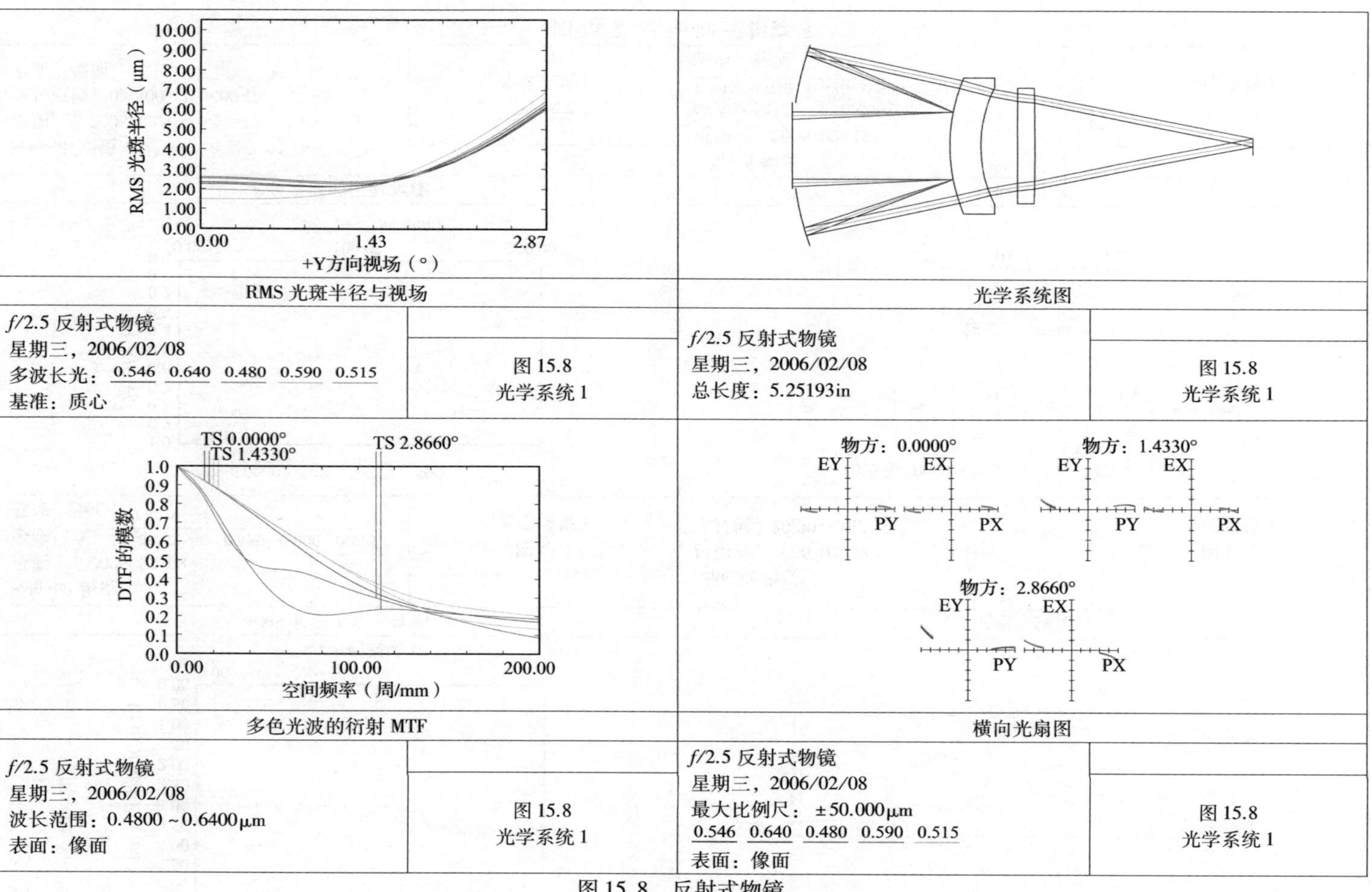
RMS 光斑半径（μm）
10.00
9.00
8.00
7.00
6.00
5.00
4.00
3.00
2.00
1.00
0.00
0.00
1.43
2.87
+Y方向视场（°）
RMS 光斑半径与视场
f/2.5 反射式物镜
星期三，2006/02/08
多波长光：0.546 0.640 0.480 0.590 0.515
基准：质心
图 15.8
光学系统 1
光学系统图
f/2.5 反射式物镜
星期三，2006/02/08
总长度：5.25193in
图 15.8
光学系统 1
TS 0.0000°
TS 1.4330°
TS 2.8660°
DTF 的模数
1.0
0.9
0.8
0.7
0.6
0.5
0.4
0.3
0.2
0.1
0.0
0.00
100.00
200.00
空间频率（周/mm）
多色光波的衍射 MTF
f/2.5 反射式物镜
星期三，2006/02/08
波长范围：0.4800 ~ 0.6400μm
表面：像面
图 15.8
光学系统 1
物方：0.0000°
物方：1.4330°
物方：2.8660°
EY
EX
PY
PX
横向光扇图
f/2.5 反射式物镜
星期三，2006/02/08
最大比例尺：±50.000μm
0.546 0.640 0.480 0.590 0.515
表面：像面
图 15.8
光学系统 1

图 15.8 反射式物镜

表 15.8　*f*/2.5 反射式物镜的结构参数　（单位：in）

表面	半　径	厚　度	材　料	直　径
1	0.0000	1.7946		1.018
2	2.1332	-1.7946	反射镜	0.802 光阑
3	3.6328	1.7946	反射镜	2.360
4	2.1332	0.3523	N-K5	1.600
5	1.5664	0.4190		1.380
6	0.0000	0.1993	SF4	1.360
7	-23.5725	2.4867		1.360
8	0.0000	0.0000		0.201

注：第一透镜前表面至像面的距离 =5.252in，畸变 =0.11%。

计算程序必须能够约束光线在反射镜表面上的高度。由于大反射镜（表面 2）上有一个孔。所以，第一块反射镜表面必须有足够的弯曲，使外边缘光线能够投射到孔的最外侧。该物镜是一个理想的长工作距离的显微物镜（参阅第 11 章），表面 1 是中心挡板，阻挡所有高度小于 0.1 的光线。

如图 15.9 所示是一个长焦距（250in）、*f*/10 的物镜。像的尺寸是 1.703in，适合于 35mm 单透镜反射式照相机使用，详细的结构参数见表 15.9。两块反射镜都是双曲面，可以认为是 Ritchey-Chretien 设计（Rutten 1988）的改进型。

表 15.9　焦距 250in 卡塞格林物镜的结构参数　（单位：in）

表面	半　径	厚　度	材　料	直　径
1	-102.3640	-37.8137	反射镜	25.060 光阑
2	-35.3325	48.8327	反射镜	6.910
3	23.5556	0.2500	N-SK16	2.140
4	97.0299	0.3600	LF5	2.140
5	-8.4651	0.3492		2.140
6	-6.0339	0.2500	N-LLF1	1.980
7	2.3002	0.5000	LF5	2.140
8	8.5504	5.4581		1.900
9	0.0000	0.0000		1.705

注：从次镜到像面的距离 =56.000in，表面 1 锥形系数 = -1.075613，表面 2 锥形系数 = -3.376732。原文中将表面 5、8 和 9 的直径值错误地列在“材料”一列中。——译者注

应当注意，普通的卡塞格林望远镜有一个抛物面主镜和一个双曲面次镜，Dall - Kirkham 望远镜有一个长椭圆面主镜和一个球面次镜，Ritchey-Chretien 望远镜有一个双曲面主镜和双曲面次镜（Schroeder 2000）。

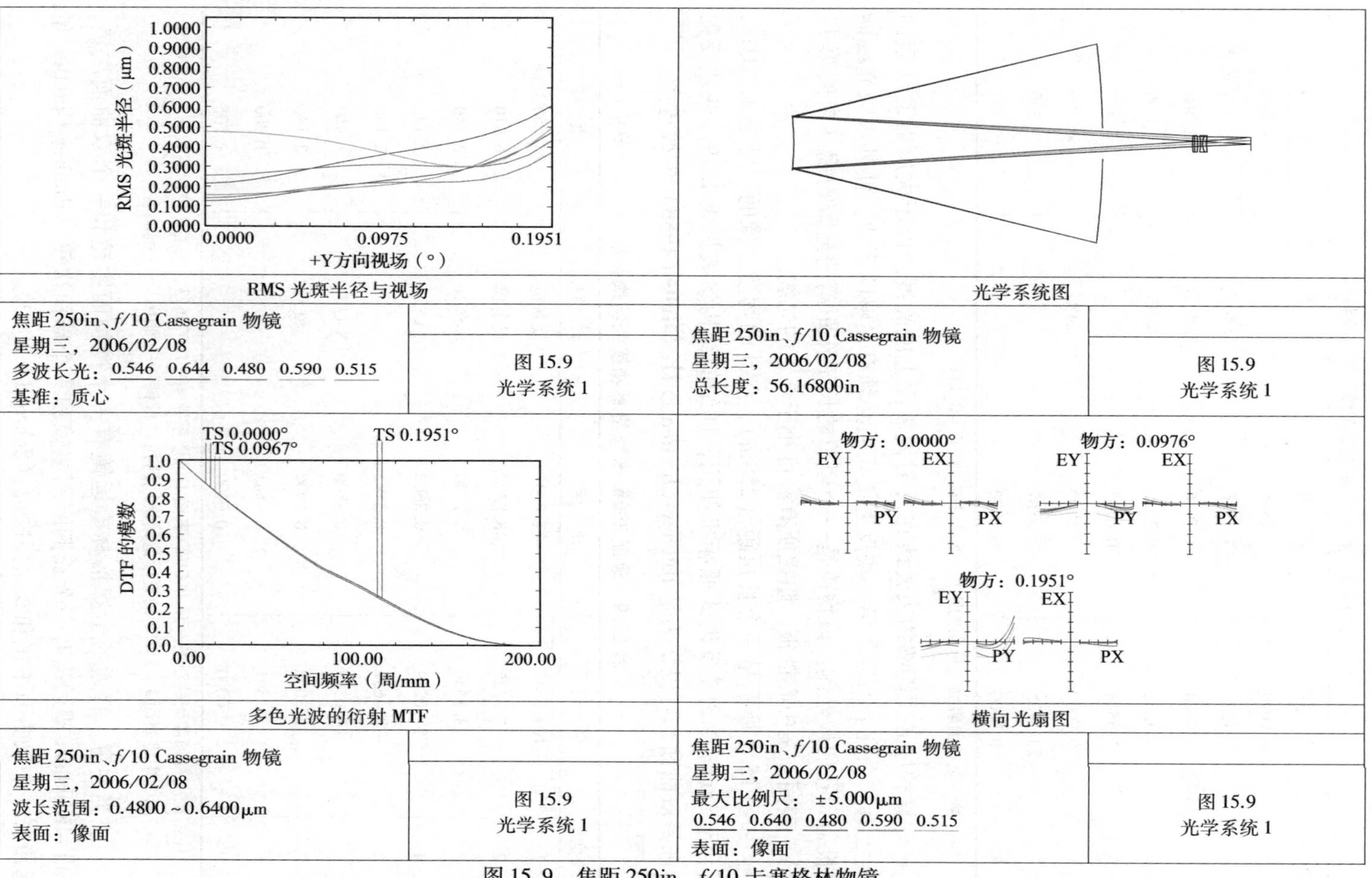

RMS 光斑半径（μm）
1.0000 0.9000 0.8000 0.7000 0.6000 0.5000 0.4000 0.3000 0.2000 0.1000 0.0000
0.0000 0.0975 0.1951
+Y方向视场（°）
RMS 光斑半径与视场
焦距 250in、f/10 Cassegrain 物镜
星期三，2006/02/08
多波长光：0.546 0.644 0.480 0.590 0.515
基准：质心
图 15.9
光学系统 1
光学系统图
焦距 250in、f/10 Cassegrain 物镜
星期三，2006/02/08
总长度：56.16800in
图 15.9
光学系统 1
TS 0.0000°
TS 0.0967°
TS 0.1951°
DTF 的模数
1.0 0.9 0.8 0.7 0.6 0.5 0.4 0.3 0.2 0.1 0.0
0.00 100.00 200.00
空间频率（周/mm）
多色光波的衍射 MTF
焦距 250in、f/10 Cassegrain 物镜
星期三，2006/02/08
波长范围：0.4800 ~ 0.6400μm
表面：像面
图 15.9
光学系统 1
物方：0.0000°
物方：0.0976°
物方：0.1951°
EY
EX
PY
PX
横向光扇图
焦距 250in、f/10 Cassegrain 物镜
星期三，2006/02/08
最大比例尺：±5.000μm
0.546 0.640 0.480 0.590 0.515
表面：像面
图 15.9
光学系统 1

图 15.9 焦距 250in、$f/10$ 卡塞格林物镜

在设计该系统时，要大量使用遮挡板以及一个三脚架机构以便正确地固定次镜。MTF 曲线图并没有考虑该机构的衍射影响。

为阐述后面两块双胶合透镜的重要性，图 15.10 给出了 Ritchey-Chretien 望远物镜，其设计焦距、$f^{\#}$和视场都与上述系统一样。但该系统只由两块双曲面反射镜组成（Rutten 1988），详细的结构参数见表 15.10。

表 15.10　Ritchey-Chretien 望远物镜的结构参数　（单位：in）

表面	半　径	厚　度	材　料	直　径
1	-188.3465	-63.0701	反射镜	26.40
2	-99.8005	82.5633	反射镜	8.260 光阑
3	0.0000	0.0000		1.703

注：表面 1 锥形系数 = -1.159739，表面 2 锥形系数 = -6.877339。
原文将表面 3 的直径值错列在“材料”一栏中。——译者注

注意，如图 15.9 所示的设计中次镜的遮挡少些，后面的两块双胶合透镜有利于校正轴外像差：慧差、像散和场曲。Ritchey-Chretien 系统的另一个例子是哈伯空间望远镜（Jones 1979；Smith 1989）。该系统主镜直径是 2.4m，有效焦距为 57.6m，$f^{\#}$为 $f/24$，视场为 0.3°。注意到，该系统有一个向内弯曲的像场，并对其进行了分析。1990 年 4 月 24 日，哈伯空间望远镜发射升空，在 600km 高度每 97min 环绕地球一周。该光学系统如图 15.11 所示，表 15.11 列出了详细的结构参数。

表 15.11　哈伯空间望远镜的详细结构参数　（单位：in）

表面	半　径	厚　度	材　料	直　径
0	0.0000	0.100000E+11		0.00
1	0.0000	193.3071		95.487
2	-434.6457	-193.3071	反射镜	94.488 光阑
3	-53.1224	250.5983	反射镜	11.479
4	-25.0150	0.0000		11.849

注：表面 2 锥形系数 = -1.001152，表面 3 锥形系数 = -1.483014。

通常希望反射镜应用在无遮挡模式中。为实现这一点，物和像必须彼此倾斜或者有一定位移。如图 15.12 所示，使用两块同心球面反射镜对一个点光源（或许是一根光纤）成像，详细结构参数见表 15.12。物体位于光轴上方 3.0in 处，所以，像位于光轴下方 3.0in 处。该光学系统 $f^{\#}$是 $f/4.0$，形成的光束具有衍射受限的光学性质（Offner 1973；Korsch 1991）。

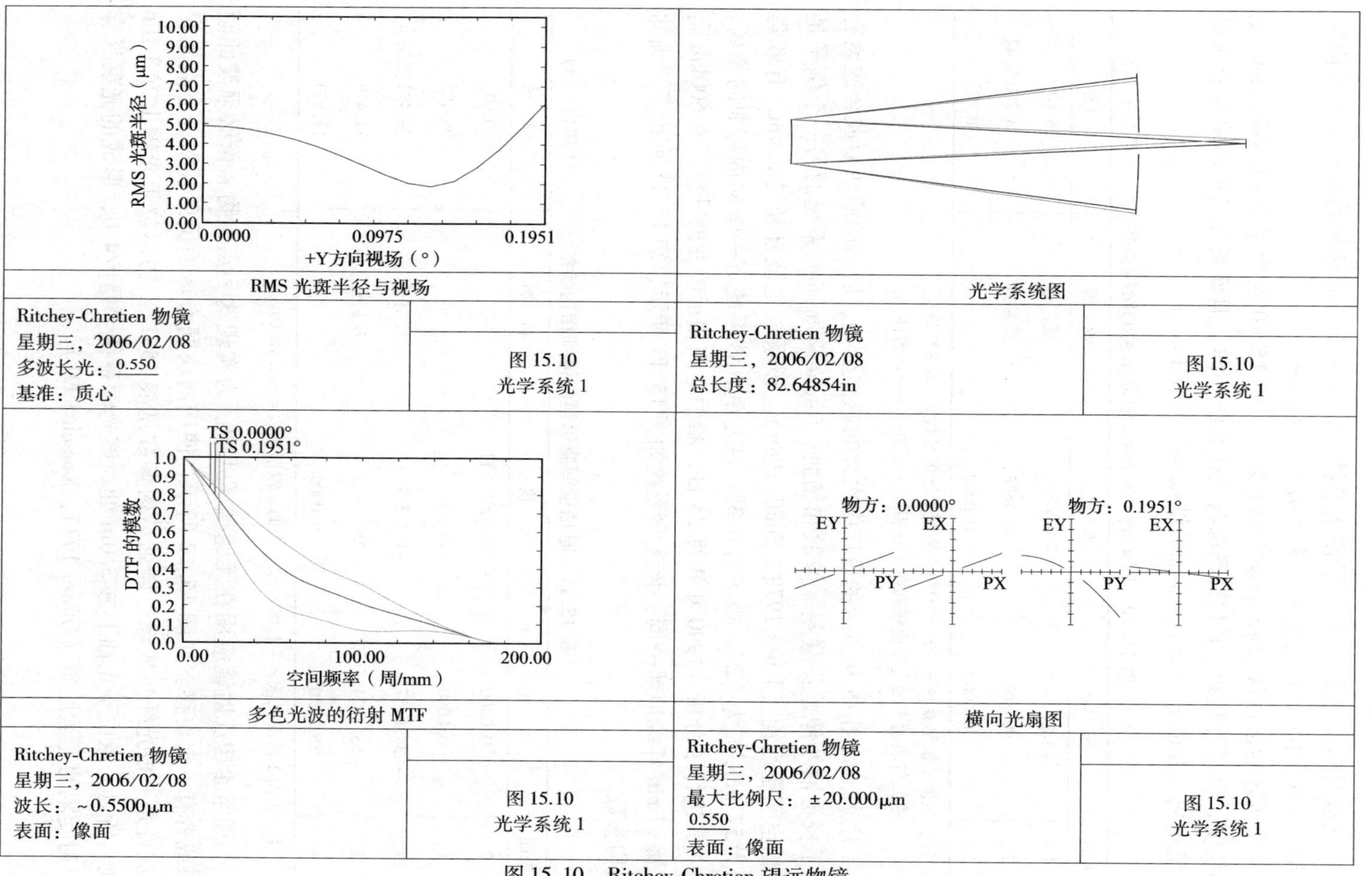

RMS 光斑半径（μm）
10.00
9.00
8.00
7.00
6.00
5.00
4.00
3.00
2.00
1.00
0.00
0.0000
0.0975
0.1951
+Y方向视场（°）
RMS 光斑半径与视场
Ritchey-Chretien 物镜
星期三，2006/02/08
多波长光：0.550
基准：质心
图 15.10
光学系统 1
光学系统图
Ritchey-Chretien 物镜
星期三，2006/02/08
总长度：82.64854in
图 15.10
光学系统 1
TS 0.0000°
TS 0.1951°
DTF 的模数
1.0
0.9
0.8
0.7
0.6
0.5
0.4
0.3
0.2
0.1
0.0
0.00
100.00
200.00
空间频率（周/mm）
多色光波的衍射 MTF
Ritchey-Chretien 物镜
星期三，2006/02/08
波长：~0.5500μm
表面：像面
图 15.10
光学系统 1
物方：0.0000°
物方：0.1951°
EY
EX
PY
PX
横向光扇图
Ritchey-Chretien 物镜
星期三，2006/02/08
最大比例尺：±20.000μm
0.550
表面：像面
图 15.10
光学系统 1

图 15.10　Ritchey-Chretien 望远物镜

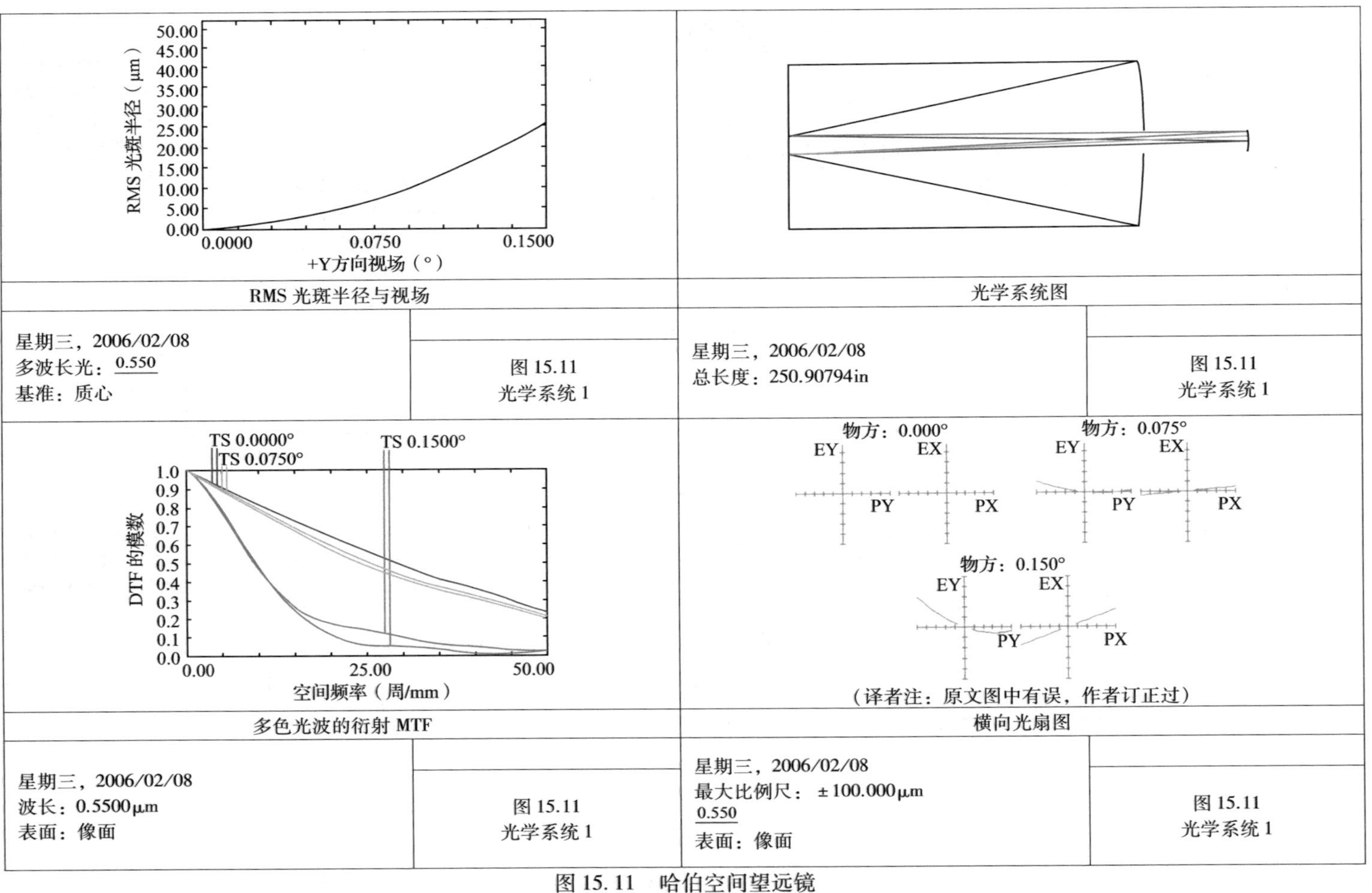
RMS 光斑半径（μm）
+Y方向视场（°）
RMS 光斑半径与视场
星期三，2006/02/08
多波长光：0.550
基准：质心
图 15.11
光学系统 1
光学系统图
星期三，2006/02/08
总长度：250.90794in
图 15.11
光学系统 1
TS 0.0000°
TS 0.0750°
TS 0.1500°
DTF 的模数
空间频率（周/mm）
多色光波的衍射 MTF
星期三，2006/02/08
波长：0.5500μm
表面：像面
图 15.11
光学系统 1
物方：0.000°
物方：0.075°
物方：0.150°
EY
EX
PY
PX
（译者注：原文图中有误，作者订正过）
横向光扇图
星期三，2006/02/08
最大比例尺：±100.000μm
0.550
表面：像面
图 15.11
光学系统 1

图 15.11　哈伯空间望远镜

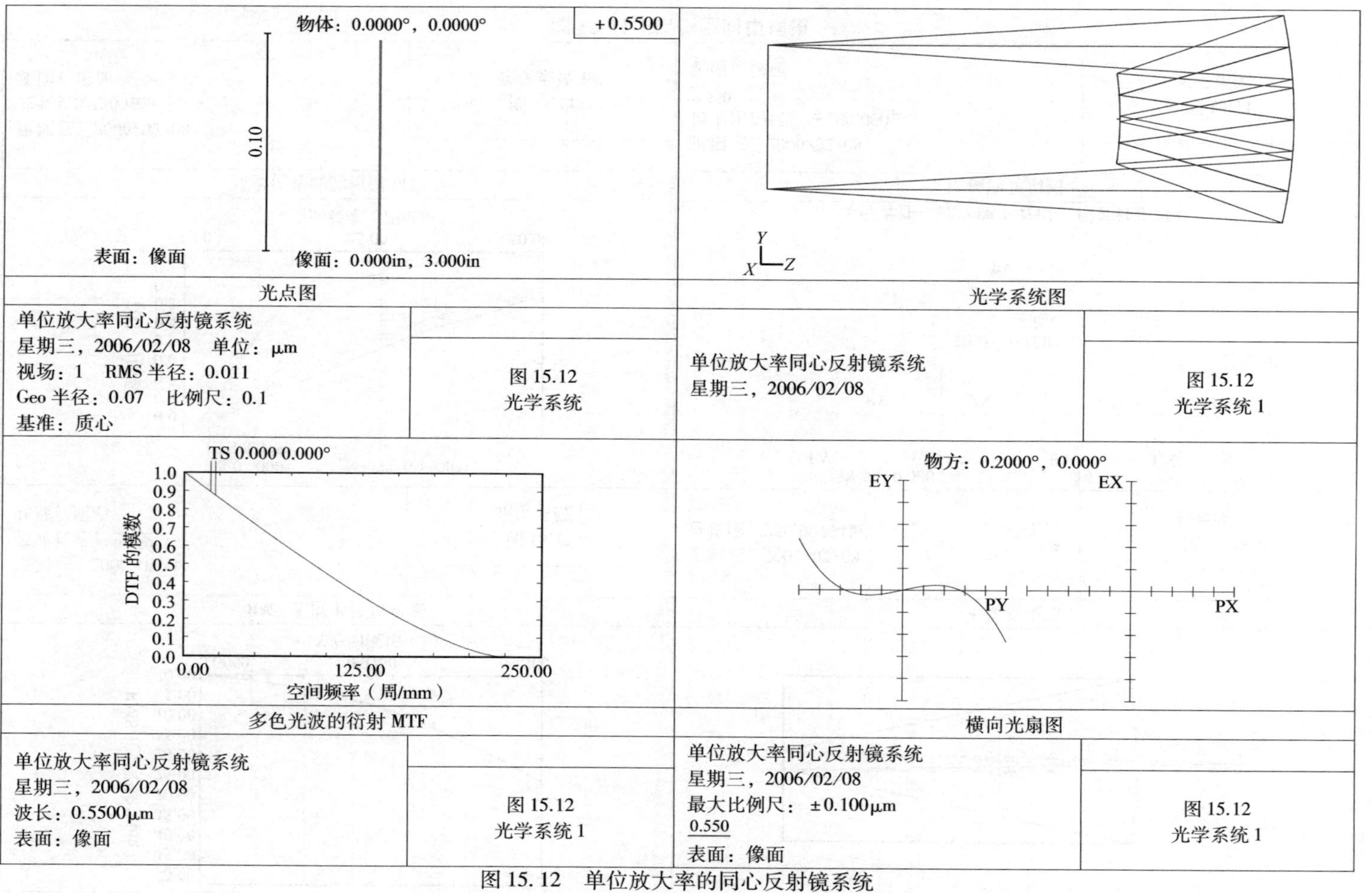
物体：0.0000°，0.0000°
+0.5500
0.10
表面：像面
像面：0.000in，3.000in
光点图
单位放大率同心反射镜系统
星期三，2006/02/08 单位：μm
视场：1 RMS 半径：0.011
Geo 半径：0.07 比例尺：0.1
基准：质心
图 15.12
光学系统
Y
X
Z
光学系统图
单位放大率同心反射镜系统
星期三，2006/02/08
图 15.12
光学系统 1
TS 0.000 0.000°
1.0
0.9
0.8
0.7
0.6
0.5
0.4
0.3
0.2
0.1
0.0
DTF 的模数
0.00
125.00
250.00
空间频率（周/mm）
多色光波的衍射 MTF
单位放大率同心反射镜系统
星期三，2006/02/08
波长：0.5500μm
表面：像面
图 15.12
光学系统 1
物方：0.2000°，0.000°
EY
PY
EX
PX
横向光扇图
单位放大率同心反射镜系统
星期三，2006/02/08
最大比例尺：±0.100μm
0.550
表面：像面
图 15.12
光学系统 1

图 15.12 单位放大率的同心反射镜系统

表 15.12　单位放大率同心反射镜系统的结构参数　　（单位：in）

表面	半　径	厚　度	材　料	直　径
0	0.0000	21.2256	0.000	
1	0.0000	0.0000	0.000	
2	-21.2256	-7.0157	反射镜	8.598
3	-14.2099	7.0157	反射镜	3.774
4	-21.2256	-7.0157	反射镜	2.648 光阑
5	-14.2099	7.0157	反射镜	3.774
6	-21.2256	-21.2256	反射镜	8.596

另外一种方法是利用倾斜反射镜。Rogers 介绍了几种无遮挡反射镜系统的例子，并与普通的折射系统进行比较（2002）。Howard 给出了几种倾斜锥形反射镜的例子（2002），展示在下面图中。第一块反射镜是超环面形状，该面形可以消除倾斜反射镜产生的像散。正如结构布局 1 的点列图所示，其主要像差是慧差。在结构布局 2 中，光束向下倾斜，几乎消除了图 15.13 所示的慧差。除第二块反射镜倾斜不同外，两种布局是一样的：布局 1 向上倾斜 10°，而布局 2 向下倾斜 10°。焦距为 10.0in，$f^{\#}$是$f/4$，详细的结构参数见表 15.13。

表 15.13　倾斜反射镜系统的结构参数　　（单位：in）

表面	半　径	厚　度	材　料	直　径
1	光阑	0.0000		2.500
2	0.0000	0.0000		0.000　10°倾斜
3	-32.7249	0.0000	反射镜	2.547
				R_y = -31.36735
4	0.0000	-6.1767		0.000　10°倾斜
5	0.0000	0.0000		0.000　-10°倾斜
6	32.0183	6.1767	反射镜	1.573
7	0.0000	0.0000		0.000　-10°倾斜
8	0.0000	0.0		$Y_{Disp.}$ =1.07257

上述内容都是针对结构布局 1 的，其 RMS 光斑尺寸是 112.6μm。在布局 2 中，RMS 光斑尺寸为 10.3μm，所有倾斜角都是正值，图像的 Y 向位移是 -1.07257。该情况中引起慧差大量减小的原因是：在两种系统中，尽管第一块反射镜反射后的像高是正的，而经第二块反射镜反射后，布局 1 的像高为正，而布局 2 的像高却是负的。

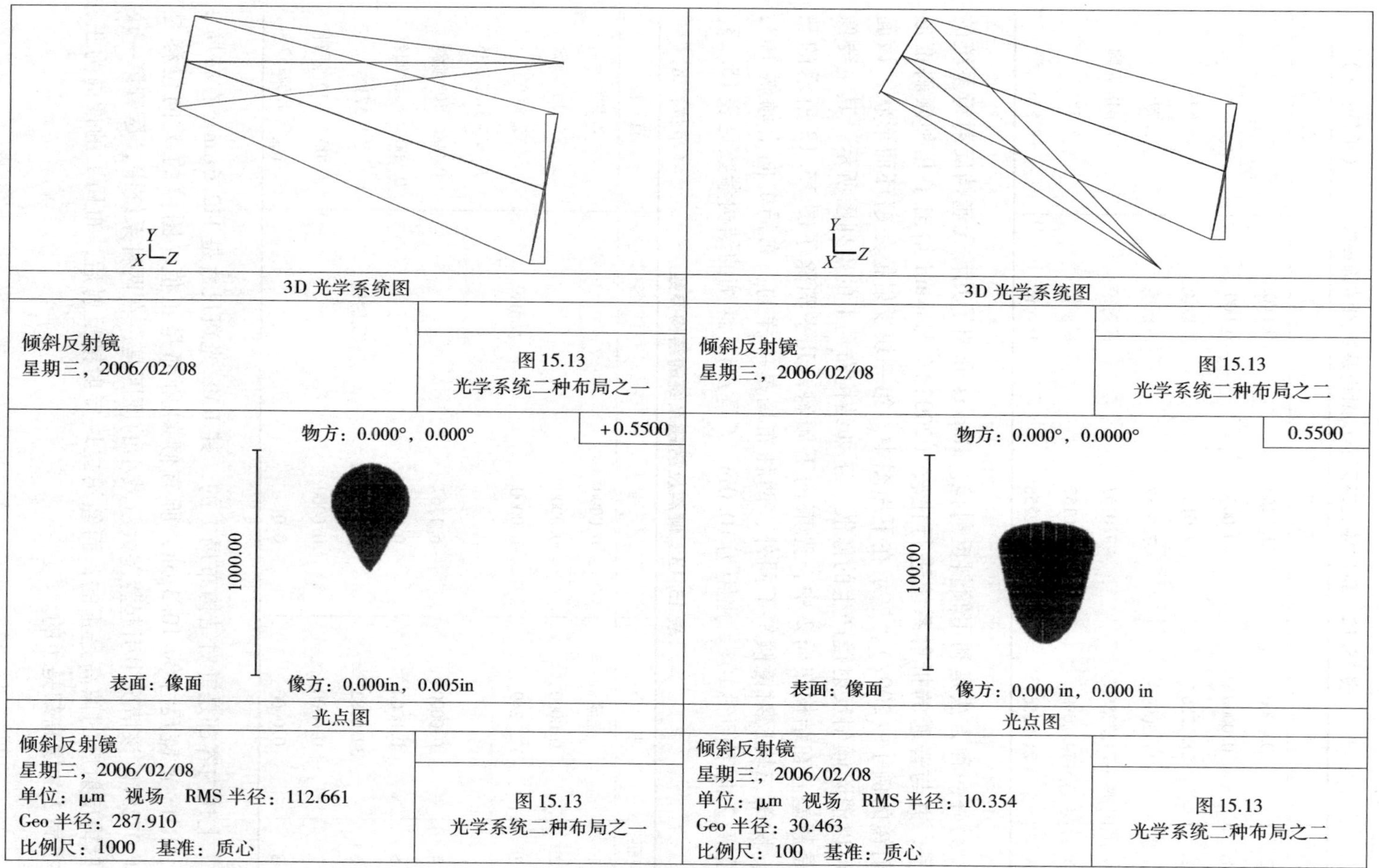
Y
X Z
3D 光学系统图
倾斜反射镜
星期三，2006/02/08
图 15.13
光学系统二种布局之一
物方：0.000°，0.000°
+0.5500
1000.00
表面：像面
像方：0.000in，0.005in
光点图
倾斜反射镜
星期三，2006/02/08
单位：μm 视场 RMS 半径：112.661
Geo 半径：287.910
比例尺：1000 基准：质心
图 15.13
光学系统二种布局之一
Y
X Z
3D 光学系统图
倾斜反射镜
星期三，2006/02/08
图 15.13
光学系统二种布局之二
物方：0.000°，0.0000°
0.5500
100.00
表面：像面
像方：0.000 in，0.000 in
光点图
倾斜反射镜
星期三，2006/02/08
单位：μm 视场 RMS 半径：10.354
Geo 半径：30.463
比例尺：100 基准：质心
图 15.13
光学系统二种布局之二
图 15.13 倾斜反射镜系统

正如 Conrady 所述（1957），斜光束中心通过薄透镜具有的慧差贡献量是

$$CC' = H'_K SA^2 [0.25G_5(C)(C_1) - G_7C(\nu_1) - G_8C^2]$$

式中，SA 是反射镜的球差贡献量。并注意到，反射镜反射之后的折射率是 -1.0。因此，$G_5=0$，$G_8=1.0$，慧差贡献量正比于每块反射镜的像高（H'_K），所以，布局 1 的反射镜慧差贡献量是相加的，而布局 2 是相减。

关于含有倾斜或偏心表面的系统，重要的是要认识到，主要有两种方法规定系统：局部坐标和全局坐标。

局部坐标。在这种方法中，根据需要使光轴倾斜或位移。之后，所有后续表面都以新光轴为基准轴。某些软件程序为实现这样的倾斜和位移设立一个虚拟面。在该表面的确没有发生折射，但有使光线和光路长度在该表面发生位移和倾斜的量值。由于光学件一般都与新的倾斜或位移轴共轴，所以，其优点是输入数据较容易。在全局坐标中，要限制表面上的有关数值——一般是相对于原始轴的。

全局坐标。所有的表面数据都相对于公共光轴。当透镜倾斜或发生位移时，设计师必须计算表面相对于原始光轴的位置，以便正确地输入系统。

如图 15.14 所示是 Gregorian 望远镜物镜的一个新颖版，详细结构参数见表 15.14。与所有的 Gregorian 物镜一样，它有一个中间像和一个凹面形式的次镜，但借助于一块平面反射镜将光路折叠。这是一个具有良好成像质量的全反射镜系统，有一个 0.5°的小视场。除了将焦距缩放到 1000mm 及锥形系数和后截距稍有调整外，其它与专利（Draganov 2004）中给出的一样，该系统的 $f^\#$ 是 $f/5.0$。

表 15.14　小型望远镜的结构参数　（单位：in）

表面①	半径	厚度	材料	直径	锥形系数
0	0.0000	0.10000E+11		0.00	
1	-16.4794	-5.5119	反射镜	7.619	-0.9774823
2	光阑	5.9056		2.607	
3	-5.2556	-5.9056	反射镜	3.014	-0.4605796
4	0.0000	9.2807	反射镜	1.803	
5	0.0000	0.0000		0.344	

① 表面 1 和表面 3 是椭球面。

如图 15.15 所示是全反射无遮挡系统，详细结构参数见表 15.15。其焦距为 1.972in，$f^\#$ 是 $f/3.0$，视场角 40°~55°。注意到，大反射镜（表面 3 和表面 5）是双曲面。Owen 对该系统进一步做了介绍（1990）。在控制像高或畸变方面，并没有再做过努力。

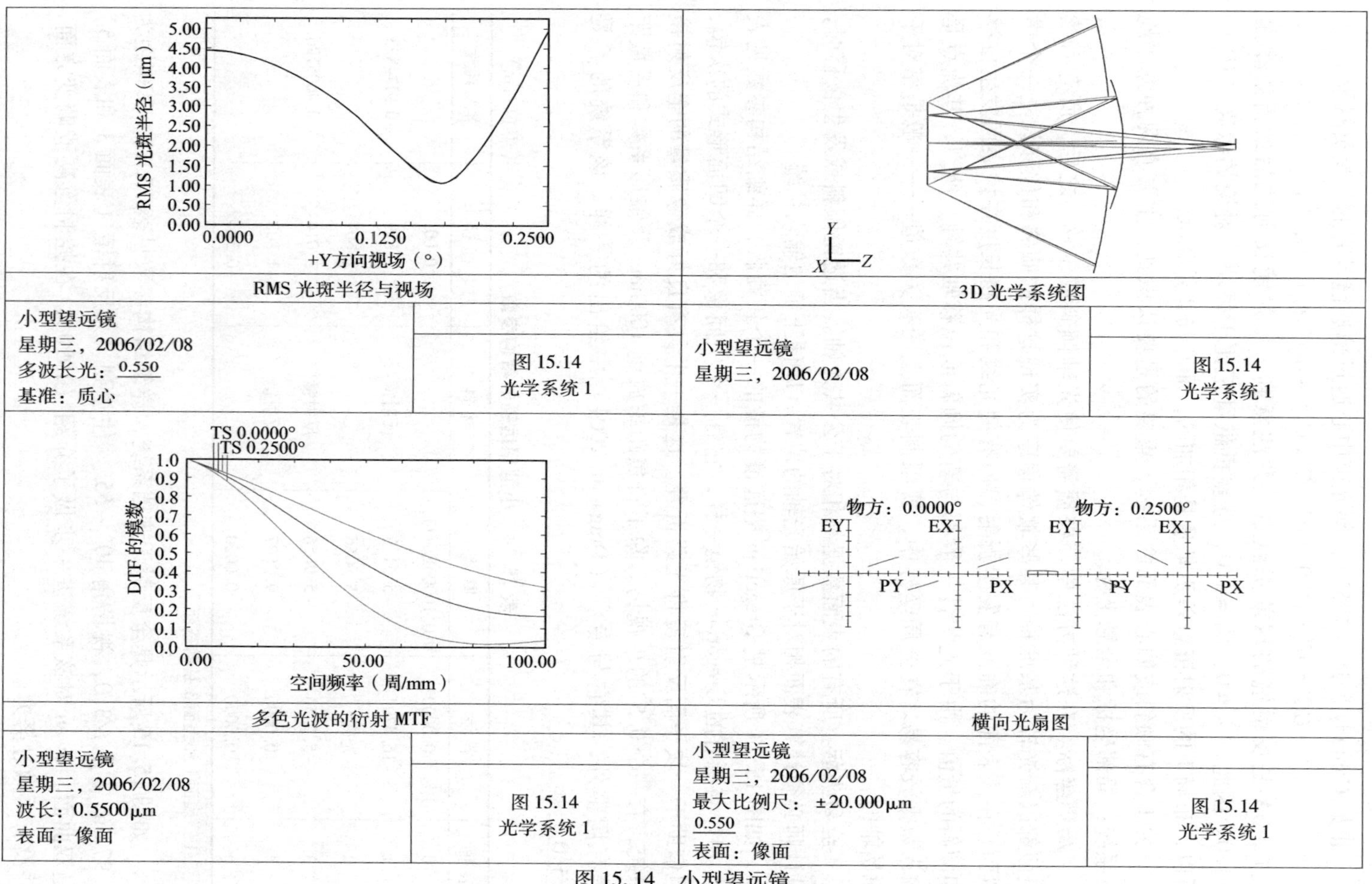
5.00
4.50
4.00
3.50
3.00
2.50
2.00
1.50
1.00
0.50
0.00
RMS 光斑半径（μm）
0.0000
0.1250
0.2500
+Y方向视场（°）
RMS 光斑半径与视场
小型望远镜
星期三，2006/02/08
多波长光：0.550
基准：质心
图 15.14
光学系统 1
Y
X
Z
3D 光学系统图
小型望远镜
星期三，2006/02/08
图 15.14
光学系统 1
TS 0.0000°
TS 0.2500°
1.0
0.9
0.8
0.7
0.6
0.5
0.4
0.3
0.2
0.1
0.0
DTF 的模数
0.00
50.00
100.00
空间频率（周/mm）
多色光波的衍射 MTF
小型望远镜
星期三，2006/02/08
波长：0.5500μm
表面：像面
图 15.14
光学系统 1
物方：0.0000°
物方：0.2500°
EY
EX
PY
PX
EY
EX
PY
PX
横向光扇图
小型望远镜
星期三，2006/02/08
最大比例尺：±20.000μm
0.550
表面：像面
图 15.14
光学系统 1
图 15.14 小型望远镜

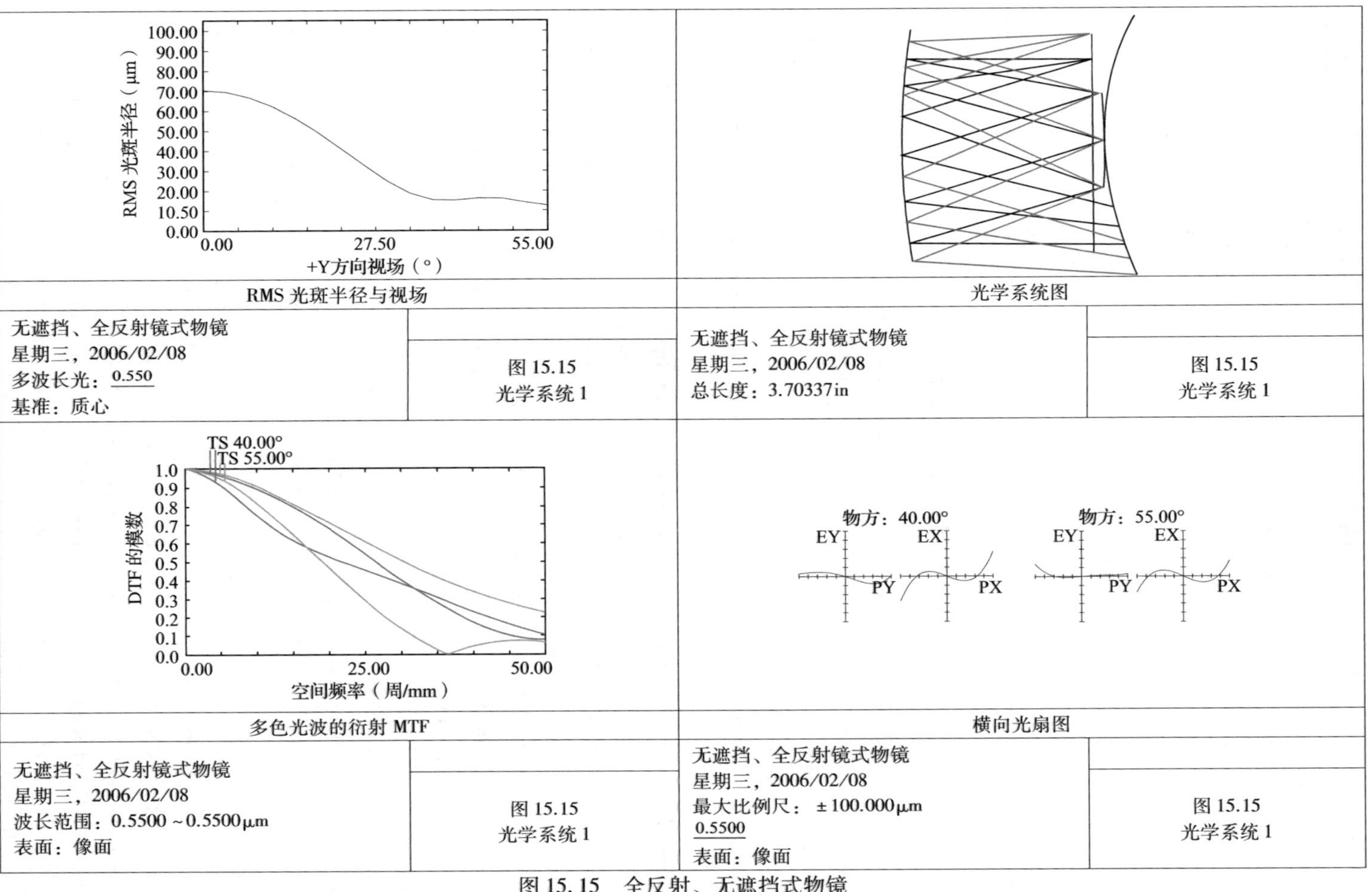

RMS 光斑半径（μm）
100.00
90.00
80.00
70.00
60.00
50.00
40.00
30.00
20.00
10.50
0.00
0.00
27.50
55.00
+Y方向视场（°）
RMS 光斑半径与视场
无遮挡、全反射镜式物镜
星期三，2006/02/08
多波长光：0.550
基准：质心
图 15.15
光学系统 1
光学系统图
无遮挡、全反射镜式物镜
星期三，2006/02/08
总长度：3.70337in
图 15.15
光学系统 1
TS 40.00°
TS 55.00°
DTF 的模数
1.0
0.9
0.8
0.7
0.6
0.5
0.4
0.3
0.2
0.1
0.0
0.00
25.00
50.00
空间频率（周/mm）
多色光波的衍射 MTF
无遮挡、全反射镜式物镜
星期三，2006/02/08
波长范围：0.5500～0.5500μm
表面：像面
图 15.15
光学系统 1
物方：40.00°
EY
EX
PY
PX
物方：55.00°
EY
EX
PY
PX
横向光扇图
无遮挡、全反射镜式物镜
星期三，2006/02/08
最大比例尺：±100.000μm
0.5500
表面：像面
图 15.15
光学系统 1

图 15.15　全反射、无遮挡式物镜

表 15.15 全反射、无遮挡物镜系统的结构参数 （单位：in）

表面	半径	厚度	材料	直径	锥形系数
0	0.0000	0.100000E+11			
1	0.0000	3.2101		14.934	
2	5.0566	-3.2101	反射镜	4.357	
3	12.2125	3.2101	反射镜	3.864	-6.317378
4	-16.5863	-3.2101	反射镜	1.542 光阑	
5	12.2125	3.0276	反射镜	3.438	-6.317378
6	0.0000	0.0000		3.631	

参考文献

Abel, I. R. (1983) Compact optical system, US Patent #4411499.

Amon, M. (1973) Large catadioptric objective, US Patent #3711184.

Amon, M., Rosen, S., and Jackson, B. (1971) Large objective for night vision, *Applied Optics*, 10: 490.

Baker, J. G. (1940) A family of fiat field cameras, equivalent in performance to the Schmidt camera, *Proc. Amer. Phil. Sos.*, 82: 339.

Barnes, W. J. (1979) Optical materials—Reflective, In *Applied Optics and Optical Engineering*, Shannon, R. S. and Wyant, J. eds., Vol. 7, Academic Press, New York.

Blakley, R. (1995) Modification of the classic Schmidt telescope, *Optical Engineering*, 34: 1471.

Blakley, R. (1996) Cesarian telescope optical system, *Optical Engineering*, 35: 3338.

Bouwers, A. (1950) *Achievements in Optics*, Elsevier Publishing, New York.

Bowen, I. S. (1960) Schmidt cameras, In *Telescopes*, Kuiper, G. P. and Middlehurst, B. M., eds., University of Chicago Press, Chicago.

Bruggemann, H. P. (1968) *Conic Mirrors*, Focal Press, New York.

Conrady, A. E. (1957) *Applied Optics and Optical Design*, Dover, New York.

Draganov, V. (2004) Compact telescope, US Patent #6667831.

Hodges, P. C. (1953) Bernard Schmidt and his reflector camera, *Amateur Telescope Making*, 3: 365.

Howard, J. M. and Stone B. D. (2002) Nonanamorphic imaging with three conic mirrors, International Optical Design Conference, 2002, SPIE, 4832: 25.

Jones, O. J. (1979) Space telescope optics, *Optical Engineering*, 18: 273.

Korsch, D. (1991) *Reflective Optics*, Academic Press, New York.

Kuiper, G. P. and Middlehurst, B. M. (1960) *Telescopes*, University of Chicago Press, Chicago.

Lucy, F. A. (1941) Exact and approximate computation of Schmidt cameras, *JOSA*, 31: 358.

Lurie, R. (1975) Anastigmatic catadioptric telescope, *JOSA*, 65: 261.

Mahajan, V. N. (1977) Imaging with obscured pupils, *Optics Letters*, 1: 128.

Maksutov, D. D. (1944) New catadioptric meniscus system, *JOSA*, 34: 270.

Maxwell, J. (1971) *Catadioptric Imaging Systems*, American Elsevier Publishing, New York.

Owen, R. C. (1990) International optical design conference, 1990, SPIE, 1354: 430.

Offner, A. (1973) Unit power imaging catoptic anastigmat, US patent #3748015.

Powell, J. (1988) Design of a 300 mm focal length f/3. 6 spectrographic objective, *Optical Engineering*, 27: 1042.

Puryayev, D. T. and Gontcharov, A. V. (1998) Aplanatic four-mirror system for optical telescopes, *Optical Engineering*, 37: 2334.

Rayces, J. L. (1975) All spherical solid catadioptric system, US Patent #3926505.

Rogers, J. M. (2002) Unobscured mirror designs, International Optical Design Conference, 2002, SPIE, 4832: 33.

Rutten, H. and van Venrooij, M. (1988) *Telsecope Optics*, Willmann-Bell, Richmond, VA.

Shimizu, Y. (1972) Catadioptric telephoto objective lens, US Patent #3632190.

Shenker, M. (1966) High speed catadioptric objective, US Patent #3252373.

Schroeder, D. J. (2000) *Astronomical Optics*, Academic Press, New York.

Smith, R. W. (1989) *The Space Telescope*, Cambridge University Press, New York.

Song, N., Yin, Z., and Hu, F. (2002) Baffles design for an axial two-mirror telescope, *Optical Engineering*, 41: 2353.

Stephens, R. E. (1948) Reduction of sphero-chromatic aberration in catadioptric systems, *Journal of Research of the National Bureau of Standards*, 40: 467.

第 16 章 潜望镜系统

在此讨论的潜望镜系统不是大型潜艇所使用的光学系统，而是特技电影所使用的扩展式光学系统。这种加长式物镜系统使摄影师不再使用非常笨重的摄影机。某些摄影师错误地得出结论，其景深比电影摄影手册景深表中的数据要大（Samuelson 1998）。出现这种明显差异的原因之一，是手册景深表中的数据是从物镜前主面（一个节点）计量，而对潜望镜系统，该主面通常位于潜望镜镜体内，因而成为较短的近焦深距离。另外一个原因是这些系统一般都有许多透镜表面，透镜组之间的间隔较大。即使采用先进的高效率增透膜和螺纹，并对内壁进行喷砂处理，在最终图像中仍会有大量杂光，从而使对比度下降，给人们造成景深加大的印象。

如图 16.1 所示的这种装置，其详细结构参数见表 16.1a。一块反射镜放置在前面的外部入瞳处，从而使摄影师在垂直方向可以扫描（这就假定，潜望镜的镜管是竖直的，前反射镜的轴是水平的）。在中继转像系统之后，是一块五角屋脊棱镜。它的作用是将光束偏转 90°，并在胶片上形成一个具有正确方位的图像。这就替代了普通的照相物镜。透镜的焦距是 1.0in，入瞳到像面的距离是 36.151in。有关变焦潜望镜的内容，请参考图 35.12。

表 16.1a 焦距 25mm 潜望镜的结构参数 （单位：in）

表面	半 径	厚 度	材 料	直 径
1	0.0000	1.1621		0.537 入瞳
2	-3.8155	0.1777	N-LAK9	1.480
3	-1.7942	0.1524	N-LAF2	1.540
4	-1.4536	1.7515		1.640
5	3.0089	0.6650	N-LAK7	2.680
6	8.7785	4.3233		2.600
7	2.9643	0.8370	N-SK4	3.520
8	23.2507	0.1814	SF1	3.520
9	3.6454	6.1202		3.180
10	3.0885	0.4000	N-LAF34	3.360
11	2.6251	2.5001		3.120
12	4.7208	0.7399	LAFN7	3.540
13	-47.6360	4.6346		3.540

（续）

表面	半 径	厚 度	材 料	直 径
14	-1.6427	0.3000	N-FK51	1.140
15	-1.1654	0.2769	LLF1	1.180
16	5.1913	0.1000		1.100
17	4.0210	0.6155	N-LAK22	1.140
18	-1.3050	0.1427	SF5	1.140
19	2.9370	0.6588		1.060
20	光阑	0.2371		1.103
21	-2.1993	0.1472	SF5	1.240
22	8.4918	0.3297	N-LAK22	1.540
23	-2.2226	0.0166		1.540
24	-6.5182	0.5078	N-LAF2	1.560
25	-3.4210	0.0153		1.760
26	13.7066	0.2070	N-LAF3	1.840
27	-4.0663	0.1008		1.840
28	0.0000	5.3000	N-SK16	1.760（五角屋脊棱镜）
29	0.0000	3.5500		1.760
30	0.0000	0.0000		1.083

注：畸变 = 1.0%。

物镜的 $f^{\#}$ 是 4.5，透过率（包括反射镜前表面镀铝，及五角屋脊棱镜表面镀银）是 0.658。遗憾的是，N-LAF34 和 N-FK51 材料很贵，但必须用它们校正棱镜产生的色差。

$$T^{\#} = \frac{f^{\#}}{\sqrt{\text{透过率}}} = 5.6$$（译者注：照相物镜中经常使用的 T 值）

物镜后组（表面 14—表面 27）向前移动，可以从无穷远调焦到前反射镜之前的 2in 处。该反射镜放置在入瞳处，距离第一块透镜前表面 1.162in。如要设计大型潜望镜和照相机时，就需要这种内调焦形式。机械结构上要实现潜望镜相对于照相机运动是比较困难的。较简单的方法是在潜望镜镜体内设置可移动的透镜组，从而使潜望镜能够牢固地安装在照相机上（见表 16.1b）。

表 16.1b 焦距 25mm 潜望镜的调焦 （单位：in）

物距	T（27）	T（13）
无穷远	0.1008	4.6346
100.0	0.1151	4.6203
50.0	0.1284	4.6070
25.0	0.1545	4.5809
10.0	0.2301	4.5053

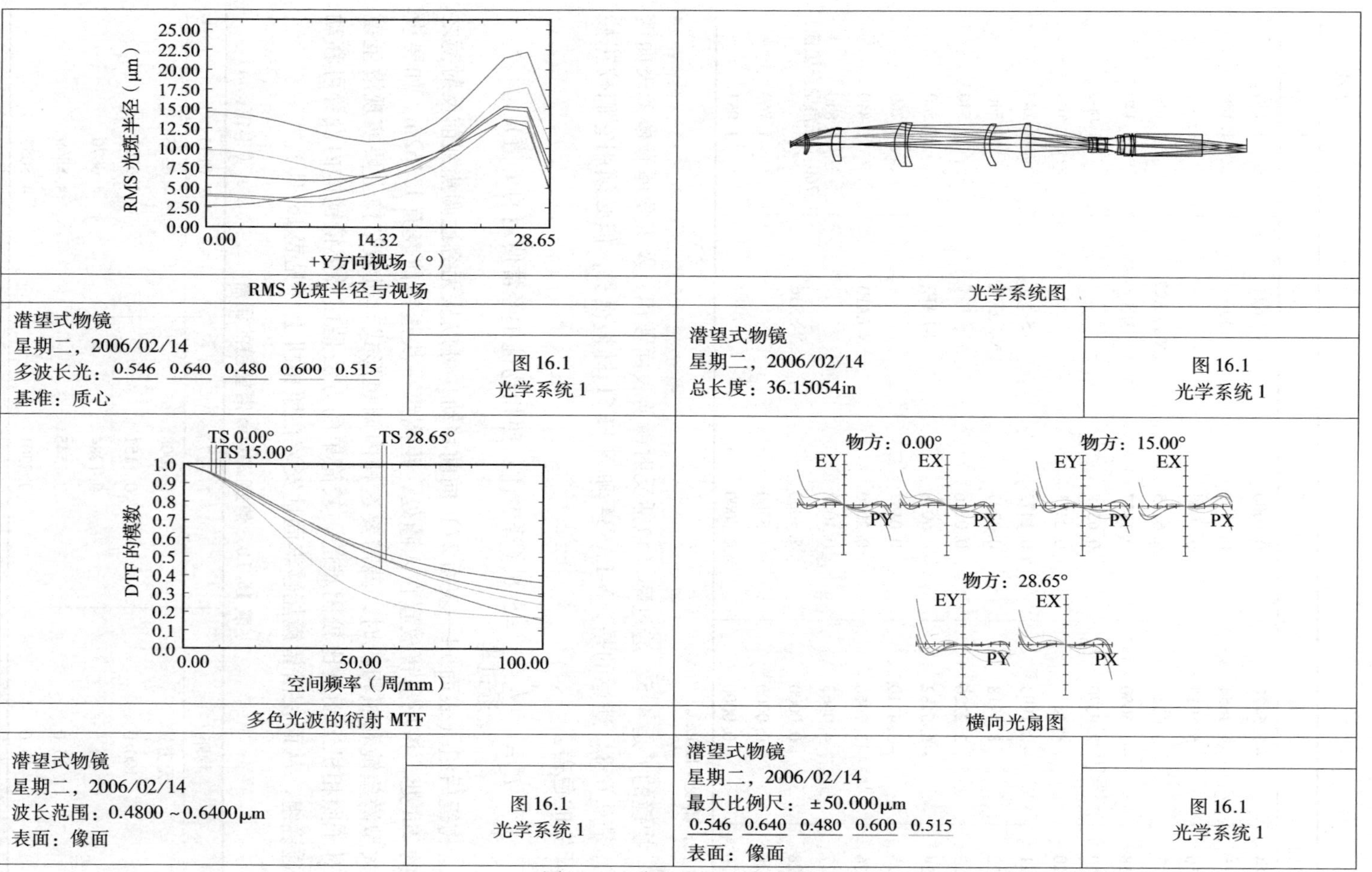
RMS 光斑半径（μm）
+Y方向视场（°）
RMS 光斑半径与视场
潜望式物镜
星期二，2006/02/14
多波长光：0.546 0.640 0.480 0.600 0.515
基准：质心
图 16.1
光学系统 1
光学系统图
潜望式物镜
星期二，2006/02/14
总长度：36.15054in
图 16.1
光学系统 1
TS 0.00°
TS 15.00°
TS 28.65°
DTF 的模数
空间频率（周/mm）
多色光波的衍射 MTF
潜望式物镜
星期二，2006/02/14
波长范围：0.4800 ~0.6400μm
表面：像面
图 16.1
光学系统 1
物方：0.00°
物方：15.00°
物方：28.65°
EY
EX
PY
PX
横向光扇图
潜望式物镜
星期二，2006/02/14
最大比例尺：±50.000μm
0.546 0.640 0.480 0.600 0.515
表面：像面
图 16.1
光学系统 1

图 16.1 焦距 25mm 潜望镜

在本书的前几版中，该设计有一个中间像，非常靠近表面 9，从而使该面上的擦痕和灰尘都被聚焦成像。在这次设计中，中间像设置在表面 6 和 7 中间。为有利于消减杂散光，可以在该位置放置一个视场光阑。

该物镜系统已经对于无穷远目标做了优化，于是决定了焦点的移动性能。因此，当对近距离目标聚焦时，成像质量会严重下降。正确的做法是，要对各种物距进行优化，对某一中间距离施加最大的权，或许该距离是 50in。

整个装置安装在一个旋转台上，能够在水平方位 360°扫描。一般地，这些物镜组件中都安装了电动机，以便可变光阑、调焦装置、前反射镜和旋转台都得以进行遥控。

如图 16.2 所示是与 65mm 宽胶片配用的潜望镜系统。参考附录 A 可知，这种胶片幅面的对角线长是 2.101in。该物镜系统的焦距是 1.480in，$f^{\#}$为 $f/8$，视场为 71.4°，详细的结构参数见表 16.2a。

表 16.2a　65mm 幅面潜望镜的结构参数　　（单位：in）

表面	半　径	厚　度	材　料	直　径
1	0.0000	0.9000		0.444 入瞳
2	−2.5413	0.4175	N-LAF3	1.580
3	−1.0119	0.3603	SF1	1.700
4	−1.8235	0.7908		2.200
5	−29.6118	0.3465	N-LAK12	3.080
6	−4.8709	2.0348		3.180
7	6.2988	1.0012	N-LAK12	4.280
8	−44.7760	0.3860		4.280
9	3.9356	1.0011	N-BK7	4.100
10	−20.9124	0.2935	SF1	4.100
11	13.1605	0.6668		3.760
12	−3.7687	0.2617	N-SK4	3.760
13	20.1688	0.4529	SF1	3.980
14	−7.0713	9.8661		3.980
15	3.7174	0.5447	SF5	3.340
16	−17.2857	0.6285		3.340
17	361.2484	0.4070	N-FK51	2.660
18	−2.6962	0.1705	N-ZK7	2.660
19	15.1835	0.0933		2.280
20	1.2340	0.5698	N-LAK22	1.940

（续）

表面	半 径	厚 度	材 料	直 径
21	-24.4095	0.1537	SF5	1.940
22	0.7068	0.8239		1.180
23	-0.8258	0.1545	SF5	0.960
24	2.0745	0.4779	N-LAK22	1.140
25	-1.1643	0.0192		1.140
26	-2.4526	0.5135	N-LAF2	1.080
27	-1.9328	0.0292		1.140
28	-6.0046	0.7011	N-LAF3	1.060
29	-2.7163	0.4280		1.140
30	光阑	5.2979		0.662

注：入瞳到像面的距离 =29.792in。

为了进行调焦，整个后组件（包括可变光阑）要向胶片移动，表 16.2b 给出了移动量。

表 16.2b 与 65mm 宽胶片配用的潜望镜调焦量 （单位：in）

物距	T（14）	T（30）
无穷远	9.866	5.298
100.0	9.831	5.334
50.0	9.794	5.370
25.0	9.719	5.445
10.0	9.469	5.695

注：畸变 =1.3%。

该潜望镜不同于前面阐述的那些物镜系统，之前的都不含正像/折转棱镜。此系统一般是应用在竖直位置，入瞳处的反射镜使光束偏转 90°。正如上面所述，该反射镜在电机控制下运动。可变光阑与胶片之间放置有另外一块反射镜，再次将光束偏转 90°，将相机“上下颠倒”，从而在胶片上得到一个正像。

注意，可变光阑实际是在物镜系统之外。这就造成严重的入瞳像差，计算程序必须增大入瞳直径（在子午方向），以便于使轴外和轴上光束在可变光阑处的直径一样。透镜采用 N-FK51 玻璃以便于降低二级色差。

计算这些潜望镜（或中继转像系统）的调焦移动量时，重要的是要检查放大率在透镜调焦过程中的变化。也就是说，从长共轭位置调焦到近距离过程中，如果转像系统的放大率减小，最终形成的图像就不会充满胶片的整个幅面。因此，必须以大的幅面开始计算，以满足调焦过程中像面尺寸的减小。

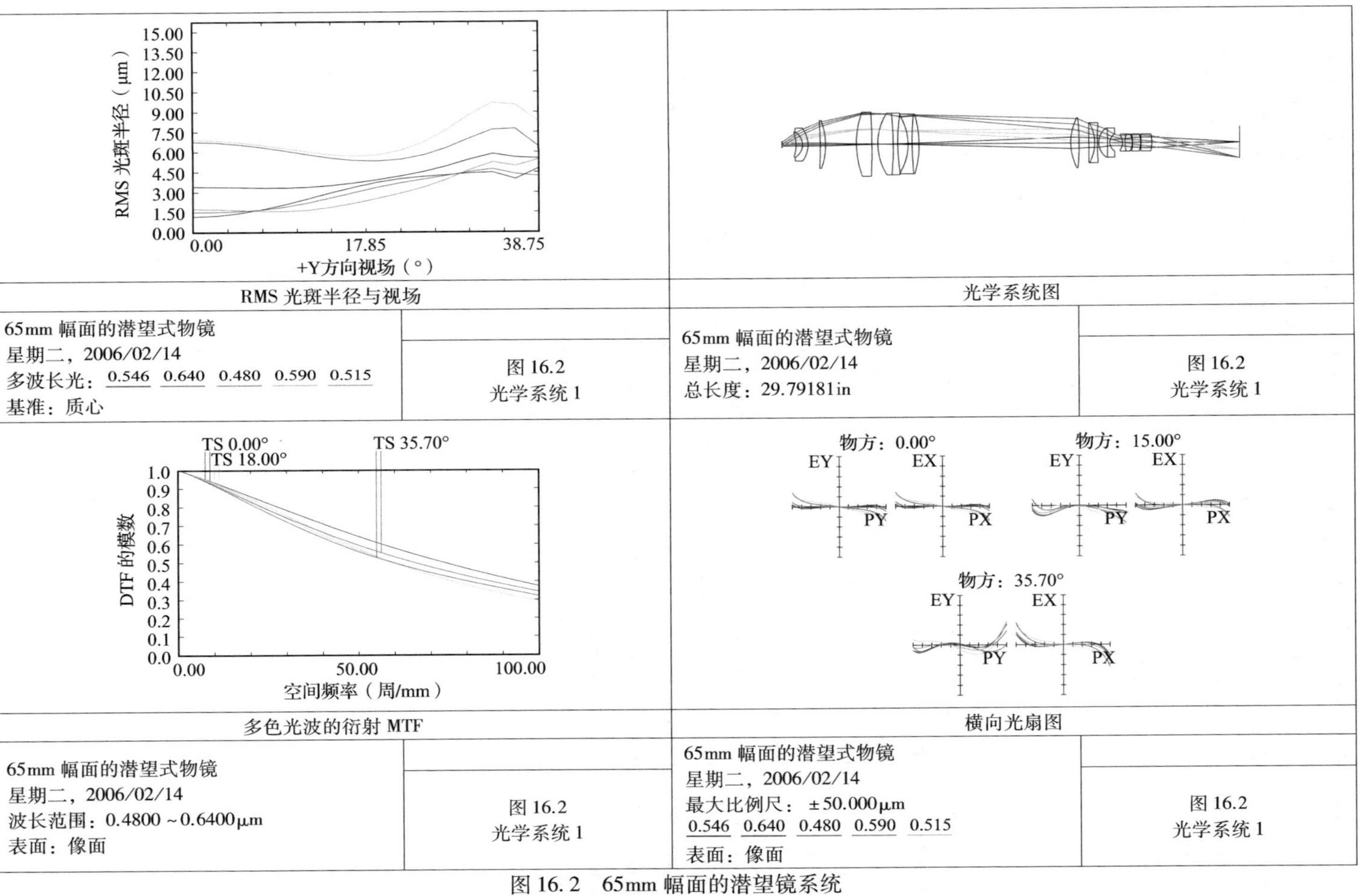

RMS 光斑半径（μm）
15.00
13.50
12.00
10.50
9.00
7.50
6.00
4.50
3.00
1.50
0.00
0.00
17.85
38.75
+Y方向视场（°）
RMS 光斑半径与视场
65mm 幅面的潜望式物镜
星期二，2006/02/14
多波长光：0.546 0.640 0.480 0.590 0.515
基准：质心
图 16.2
光学系统 1
光学系统图
65mm 幅面的潜望式物镜
星期二，2006/02/14
总长度：29.79181in
图 16.2
光学系统 1
TS 0.00°
TS 18.00°
TS 35.70°
DTF 的模数
1.0
0.9
0.8
0.7
0.6
0.5
0.4
0.3
0.2
0.1
0.0
0.00
50.00
100.00
空间频率（周/mm）
多色光波的衍射 MTF
65mm 幅面的潜望式物镜
星期二，2006/02/14
波长范围：0.4800 ~ 0.6400μm
表面：像面
图 16.2
光学系统 1
物方：0.00°
物方：15.00°
物方：35.70°
EY
EX
PY
PX
横向光扇图
65mm 幅面的潜望式物镜
星期二，2006/02/14
最大比例尺：±50.000μm
0.546 0.640 0.480 0.590 0.515
表面：像面
图 16.2
光学系统 1

图 16.2　65mm 幅面的潜望镜系统

另外一种摄影潜望镜是把前照相物镜与一个场镜和中继转像系统配合使用。(这类系统可以从 Century 公司、Panaviaion 公司、Cine Magic 公司和 Roessel 公司直接买到)其优点是成像质量非常好、$f^{\#}$比较小，最重要的是能够使用各种类型的前照相物镜。选择场镜是为了在出瞳位置的有限范围内工作。虽然没有包括某些物镜（鱼眼物镜），但是仍然有许多系统适合场镜校正。其缺点是，由于照相物镜的直径的原因而不可使潜望镜入瞳非常接近地面。

参考文献

Frazier, J. A. (1998) Wide angle, deep field, close focusing optical system, US Patent #5727236.

Hajnal, S. (1980) Snorkel camera system, US Patent #4195922.

Hajnal, S. (1986) Snorkel system, US Patent #4375913.

Hajnal, S. (1986) Rotatable snorkel system, US Patent #4580886.

Hopp, G. (1969) Periscope, US Patent #3482897.

Kenworthy, P. (1973) A remote camera system for motion pictures, *Society of Motion Picture and Television Engineers*, 82: 159.

Kollmorgen, F. L. G. (1911) Periscope, US Patent #1006230.

Laikin, M. (1980) Periscope lens systems, *American Cinematographer*, 702.

Latady, W., and Kenworthy, P. (1969) Motion picture camera system, US Patent #3437748.

Roessel, W. (1995) Snorkel lens system, US Patent #5469236.

Samuelson, D. (1998) *Hands-On Manual for Cinematographers*, Focal Press, Oxford.

Taylor, W. (1997) Tri-power periscope head assembly, US Patent #4017148.

第17章 红外物镜

红外物镜与可见光物镜不同，主要有下面几个方面：

- 可供选择的材料非常少。幸运的是，适用的材料（锗、硒化锌等）都具有高折射率和低色散。
- 由于这些材料较贵，并且透过率较差，因此透镜厚度要尽量薄。这些材料多数是多晶体，都有一些散射，这也是让透镜薄些的另一个原因。
- 长波长意味着对分辨率的要求更低。
- 镜筒壁会产生辐射，所以，对背景有贡献。
- 与胶片或眼睛相比，探测器经常是线性阵列，通常这些探测器需要进行冷却。
- 必须确认，在冷反射过程中，探测器都没有后向自身成像。关于这方面的内容，请参考 Hudson 的著作（1969：275）及第 1 章的讨论。

大气中 H_2O、CO_2 和 N_2O 的吸收会形成各种的“窗口”或透射区域。在1～4μm 光谱范围内，水蒸气是主要吸收源；而对 2.7μm 的光谱区域，主要吸收源是二氧化碳，在 4～5μm 光谱区也是主要吸收源。所以，两个主要的红外窗口是 3.2～4.2μm 和 8～14μm 光谱区（Wolf 1985）。关于锗材料的折射率，多晶和单晶材料之间稍有不同。这里使用的都是多晶材料的数据。因为在 14μm 有很少量吸收，所以折射率没有不同。

红外系统广泛应用于各种工业和军事领域，包括癌症检测（乳房 X 线照片）、电路板中电路问题的查找、军用夜视系统以及火车车轮发热轴承的探测等。使用的探测器各式各样，下面列出的只是其中一部分：

材　　料	波长范围/μm
InGaAs（砷化镓铟）	0.9～1.7
Ge（锗）	0.7～1.85
Si（硅）	0.32～1.06
PbS（硫化铅）	1.0～2.5
PbSe（硒化铅）	2.5～4.5
Hg：Cd：Te（锑镉汞）	0.8～2.5

对其冷却可以提高探测器的灵敏度范围。这些探测器是阵列形式，不需要扫描系统。对 8.0 ~ 14.0μm 的红外光谱区，通常使用如图 17.1 所示的扫描系统。

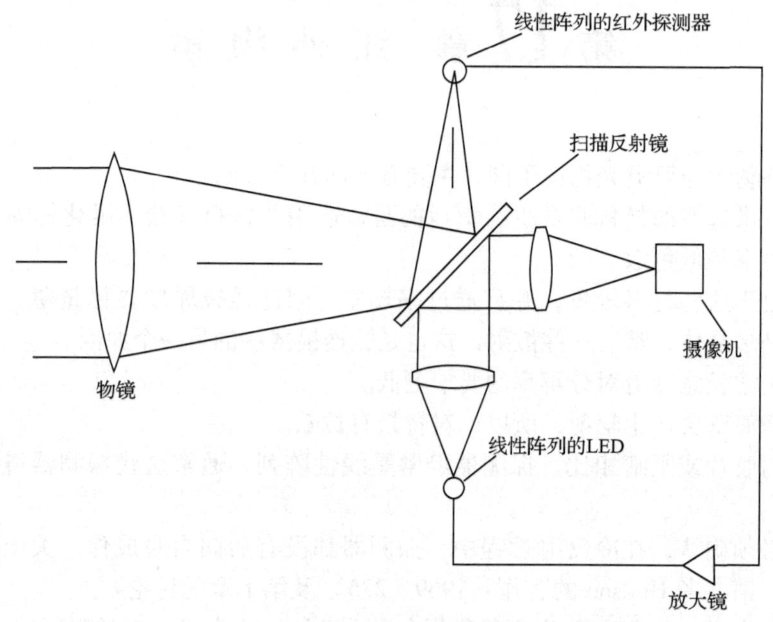
线性阵列的红外探测器
扫描反射镜
摄像机
物镜
线性阵列的LED
放大镜

图 17.1 前视红外（FLIR）系统的工作原理

除红外光谱区外，几乎没有利用单片透镜成像的。（一个明显的例外是在廉价的箱式照相机中使用弯月透镜，还可以参考第 24 章关于单片激光聚焦物镜的设计）然而，在红外光谱区，高折射率的锗材料（一般地，红外系统的分辨率要求较低）可以使简单的弯月透镜成为一个有用的装置。

对远距离物体及具有最小球差的薄透镜，有下面关系式（Riedl 1974）

$$\frac{R_2}{R_1}=\frac{2N^2+N}{2N^2-4-N}$$

式中，R_1 和 R_2 分别是透镜的前后半径。（译者注：公式中 N 代表薄透镜的折射率）

表 17.1a 和表 17.1b 给出了不同材料的透镜所具有的 R_1、R_2、T（中心厚度）和后截距（BFL）。有效焦距是 10.0in，直径是 3.0in。利用上面公式，计算出 R_1 和 R_2，然后选择厚度，保证 0.1in 的边缘厚度（必须将该透镜缩放到有效焦距是 10.0in）。

表 17.1a 在 3.63μm 处具有最小球差的透镜的参数 （单位：in）

R_1	R_2	T	BFL	材料
9.940	16.640	0.146	9.896	硅
8.934	23.994	0.180	9.882	As_2S_3

（续）

R_1	R_2	T	BFL	材料
8.968	23.645	0.179	9.883	硒化锌
8.640	27.486	0.190	9.878	硫化锌
10.213	15.249	0.137	9.899	锗

表 17.1b 在 10.2μm 处具有最小球差的透镜的参数 （单位：in）

R_1	R_2	T	BFL	材料
10.203	15.297	0.137	9.899	锗
8.920	24.134	0.180	9.882	硒化锌
8.524	29.181	0.194	9.876	硫化锌

如图 17.1 所示，说明了前视红外系统的工作原理。该装置是为战斗机设计的传感系统，初期设计出的装置非常大，放置在飞机前端，因而称为“前视”。物镜成像在红外探测器的线性阵列上，每个探测器的放大输出驱动着对应的发光二极管（LED）。经扫描反射镜背侧反射后，将 LED 阵列成像在摄像管上（摄像机），依次，驱动普通的阴极射线管显示。在这种方式中，将红外扫描像转换成可视图像，显示在“TV”屏幕上。实际上，如图 17.1 所示的系统已经淘汰，大部分近代的红外系统都采用了固态探测器。现在，有一个公司专门生产称为前视红外系统（FLIR）的红外照相机。

这些系统都要工作在一个“大气窗口”下。它是指 3~5μm，或者 8~12μm 光谱区。在这些波长区，阳光照射到抛光后的金属上会使眼睛感到非常亮，但在红外系统中，则出现暗区。同样，黑色阳极氧化铝在红外相机上显现白色，因为其吸收阳光，并转化成一定温度的温暖体。

如图 17.2 所示的是一种红外物镜，前 4 块透镜组成无焦望远镜，放大率为 9.357，光谱范围是 8~14μm。从光扇曲线图可以看出，尽管由于长波的原因，存在着大量色差，但光学性能足够好，详细的结构参数见表 17.2a。

表 17.2a 双焦距红外物镜系统的结构参数，焦距 25in （单位：in）

表面	半 径	厚 度	材 料	直 径
0	0.0000	0.100000×10^{11}		0.00
1	光阑	0.0000		9.000
2	11.0025	0.6227	锗	9.100
3	15.8018	6.0193		8.880
4	3.1701	0.2000	锗	3.700
5	3.1272	0.6158		3.480

（续）

表面	半 径	厚 度	材 料	直 径
6	47. 4227	0. 2000	硒化锌	3. 380
7	20. 9638	2. 0310		3. 240
8	4. 2229	0. 1000	锗	1. 320
9	1. 8186	2. 1415		1. 220
10	0. 0000	1. 2909		1. 780
11	20. 1641	0. 2000	锗	2. 180
12	-15. 2434	0. 0150		2. 180
13	3. 5941	0. 1500	硒化锌	2. 080
14	3. 5679	1. 5531		1. 980
15	6. 6340	0. 1920	锗	1. 280
16	6. 7657	0. 6745		1. 180
17	0. 0000	0. 0400	锗	0. 860
18	0. 0000	0. 2682		0. 860
19	0. 0000	0. 0000		0. 648

注：第一块透镜前表面至像面的距离 = 16. 314in，有效焦距 = 25. 0in（波长为 10. 2μm），畸变 = 0. 09%。

为使前透镜的直径尽可能最小，将入瞳位置紧靠该元件设置。瞳孔直径为 9. 0in，所以 $f^{\#}$ 是 2. 777。该物镜系统要与 160 个阵列单元的探测器配合使用，单元中心间隔 0. 004in，图面上的视场是 1. 47°。

典型的“TV”显示器的屏幕长宽比是 3/4，因此，物镜的水平视场是 1. 96°。由于扫描反射镜右侧物镜的焦距是 2. 672in，所以，扫描反射镜总的扫描角是 9. 19°。系统最后两个表面是光窗，用于保护致冷探测器阵列。

为了得到大的视场，更换扫描反射镜前面的 3 块透镜（表面 4 ~ 表面 9，见表 17. 2b），从而获得 3. 66°的大视场。工作人员可以在大视场范围内搜索，发现目标时，再转换到小视场（Akram 2003）。

表 17. 2b　转换到焦距 10in 的结构参数　（单位：in）

表面	半 径	厚 度	材 料	直 径
3		6. 3916		
4	20. 3250	0. 2803	锗	2. 080
5	10. 9855	0. 5844		2. 000
6	7. 3959	0. 1019	硒化锌	1. 860
7	5. 8780	1. 1364		1. 800
8	1. 6078	0. 2120	锗	1. 320
9	1. 3461	2. 1415		1. 160

注：畸变 = 0. 43%。

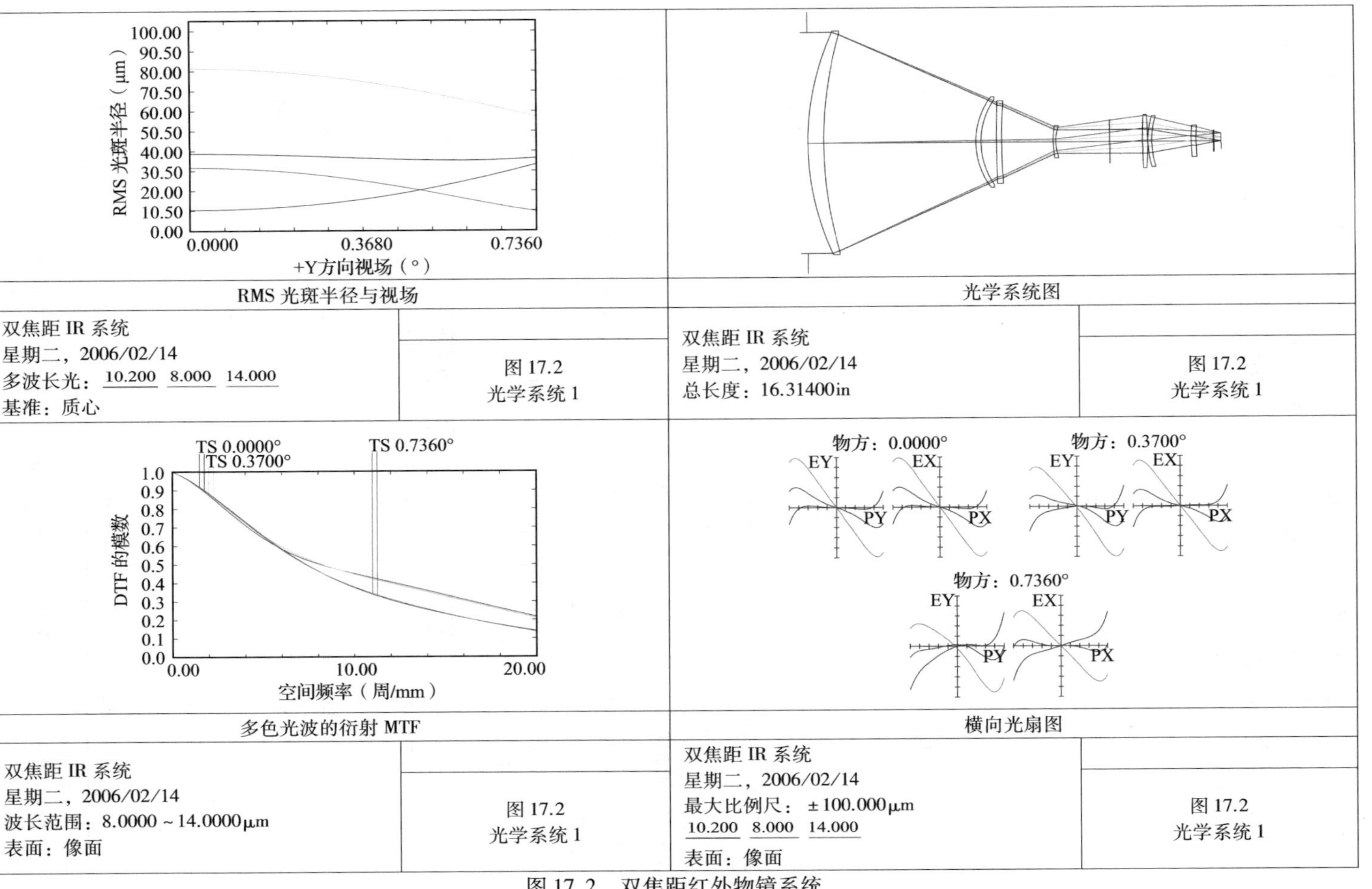
RMS 光斑半径（μm）
100.00
90.50
80.00
70.50
60.00
50.50
40.00
30.50
20.00
10.50
0.00
0.0000
0.3680
0.7360
+Y方向视场（°）
RMS 光斑半径与视场
双焦距 IR 系统
星期二，2006/02/14
多波长光：10.200 8.000 14.000
基准：质心
图 17.2
光学系统 1
光学系统图
双焦距 IR 系统
星期二，2006/02/14
总长度：16.31400in
图 17.2
光学系统 1
TS 0.0000°
TS 0.3700°
TS 0.7360°
DTF 的模数
1.0
0.9
0.8
0.7
0.6
0.5
0.4
0.3
0.2
0.1
0.0
0.00
10.00
20.00
空间频率（周/mm）
多色光波的衍射 MTF
双焦距 IR 系统
星期二，2006/02/14
波长范围：8.0000 ~ 14.0000μm
表面：像面
图 17.2
光学系统 1
物方：0.0000°
物方：0.3700°
物方：0.7360°
EY
PY
EX
PX
横向光扇图
双焦距 IR 系统
星期二，2006/02/14
最大比例尺：±100.000μm
10.200 8.000 14.000
表面：像面
图 17.2
光学系统 1

图 17.2 双焦距红外物镜系统

如图 17.3 所示是应用在 3.2 ~4.2μm 光谱范围内的红外物镜，详细的结构参数见表 17.3。其$f^{\#}$为$f/1.5$，视场为 5°，焦距为 4.5in（波长 3.63μm）。经常使用蓝宝石材料的光窗，保护 3.2 ~4.2μm 光谱范围内的探测器，上面设计没有包括该光窗。

表 17.3　适合于 3.2 ~4.2μm 光谱范围的红外物镜的结构参数

（单位：in）

表面	半　径	厚　度	材　料	直　径
1	3.6879	0.3250	硅	2.940
2	5.1177	0.1333		2.780
3	13.1607	0.2050	锗	2.940
4	8.4938	0.1350		2.680
5	光阑	2.2867		2.620
6	2.3571	0.1800	锗	2.120
7	2.0207	0.1148		1.940
8	3.2650	0.2180	硅	2.120
9	5.4889	2.500		1.880

注：第一块透镜前表面至像面的距离 =6.098in，畸变 =0.03%。

有时候，希望将激光束扩束，同时又可以使光束发散度减小到一定量（即放大率的倒数）（参考 13 章无焦系统）。如图 17.4 所示是与 CO_2 激光器配用的扩束镜，激光波长 10.6μm，详细的结构参数见表 17.4，该光束扩展了 10 倍。注意，孔径边缘有大量杂光。

表 17.4　10 倍激光扩束镜的结构参数　（单位：in）

表面	半　径	厚　度	材　料	直　径
1	光阑	0.5000		0.300
2	-0.3107	0.5000	硒化锌	0.340
3	0.0000	1.2921		0.400
4	-2.3600	0.5000	硒化锌	2.460
5	-1.7023	0.0200		2.740
6	32.9071	0.3100	硒化锌	3.040
7	-11.6462	1.0000		3.040

在这种情况中，假设输入光束的强度分布符合高斯形式

$$I = I_0 e^{-2}$$

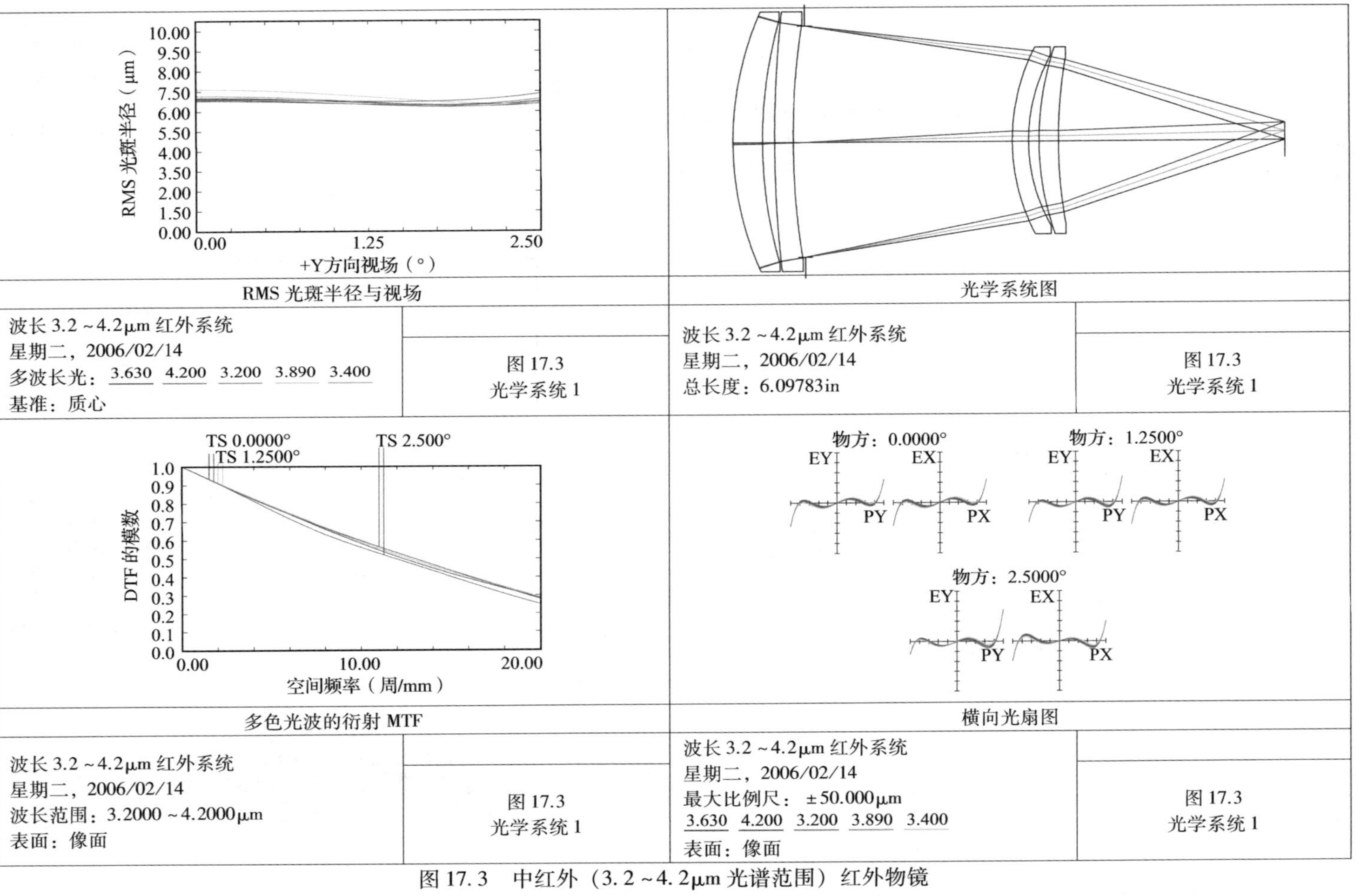

RMS 光斑半径（μm）
10.00
9.50
8.00
7.50
6.00
5.50
4.00
3.50
2.00
1.50
0.00
0.00
1.25
2.50
+Y方向视场（°）
RMS 光斑半径与视场
波长 3.2 ~4.2μm 红外系统
星期二，2006/02/14
多波长光：3.630 4.200 3.200 3.890 3.400
基准：质心
图 17.3
光学系统 1
光学系统图
波长 3.2 ~4.2μm 红外系统
星期二，2006/02/14
总长度：6.09783in
图 17.3
光学系统 1
TS 0.0000°
TS 1.2500°
TS 2.500°
DTF 的模数
1.0
0.9
0.8
0.7
0.6
0.5
0.4
0.3
0.2
0.1
0.0
0.00
10.00
20.00
空间频率（周/mm）
多色光波的衍射 MTF
波长 3.2 ~4.2μm 红外系统
星期二，2006/02/14
波长范围：3.2000 ~4.2000μm
表面：像面
图 17.3
光学系统 1
物方：0.0000°
物方：1.2500°
物方：2.5000°
EY
EX
PY
PX
横向光扇图
波长 3.2 ~4.2μm 红外系统
星期二，2006/02/14
最大比例尺：±50.000μm
3.630 4.200 3.200 3.890 3.400
表面：像面
图 17.3
光学系统 1

图 17.3 中红外（3.2 ~4.2μm 光谱范围）红外物镜

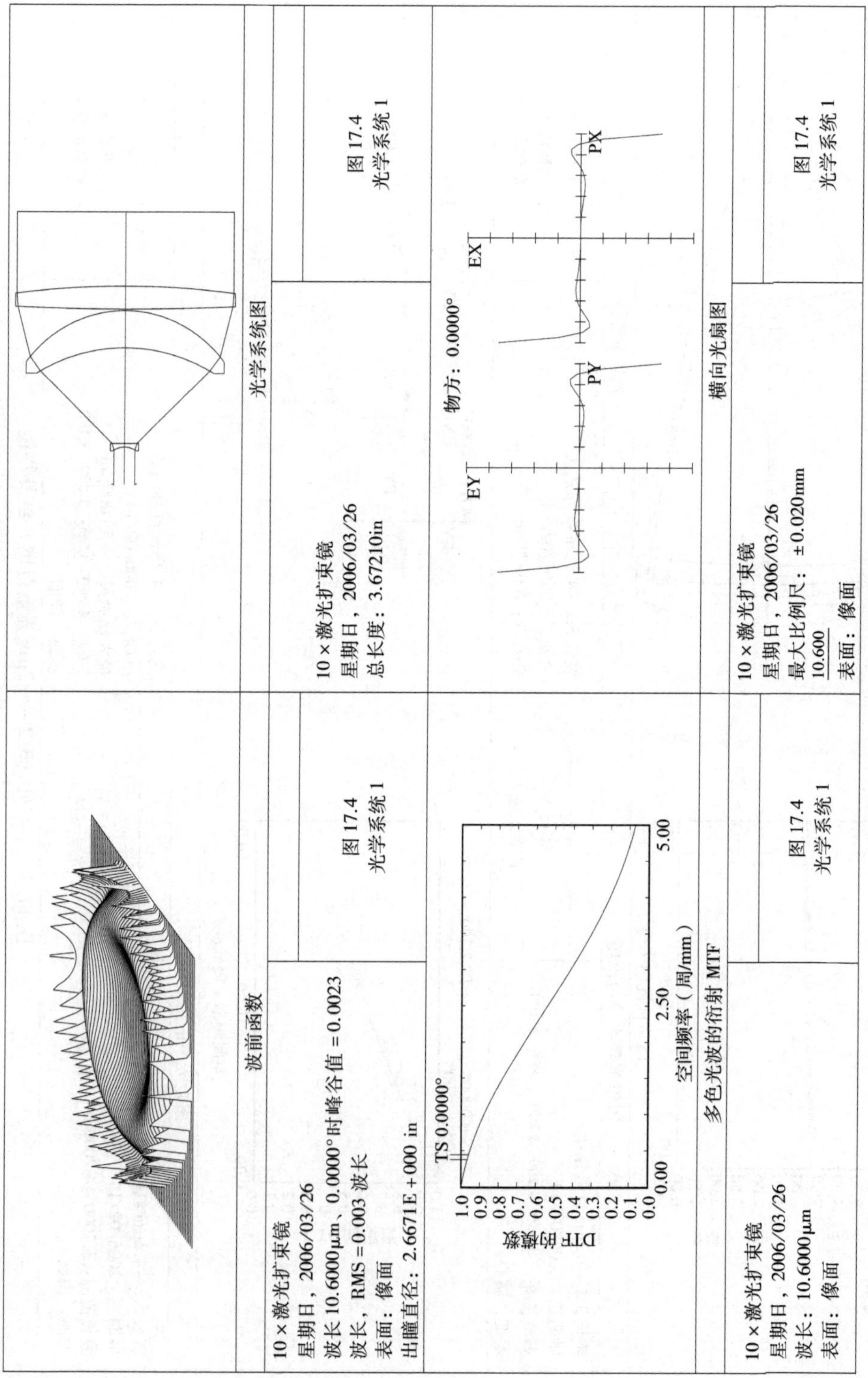

波前函数

10×激光扩束镜
星期日，2006/03/26
波长 10.6000μm、0.0000°时峰谷值 = 0.0023
波长，RMS = 0.003 波长
表面：像面
出瞳直径：2.6671E+000 in

图 17.4
光学系统 1

光学系统图

10×激光扩束镜
星期日，2006/03/26
总长度：3.67210in

图 17.4
光学系统 1

TS 0.0000°
DTF 的模数
1.0 0.9 0.8 0.7 0.6 0.5 0.4 0.3 0.2 0.1 0.0
0.00 2.50 5.00
空间频率（周/mm）

多色光波的衍射 MTF

10×激光扩束镜
星期日，2006/03/26
波长：10.6000μm
表面：像面

图 17.4
光学系统 1

物方：0.0000°
EY PY EX PX

横向光扇图

10×激光扩束镜
星期日，2006/03/26
最大比例尺：±0.020mm
10.600
表面：像面

图 17.4
光学系统 1

图 17.4 10×激光扩束镜

式中，I_0 是光束中心的强度；I 是入瞳边缘的强度。边缘光强度将降至中心强度的13.5%。

在0.7～2.5μm的近红外光谱区，可以使用普通玻璃。几种具有高折射率的重火石玻璃（例如，Schott N-SF57，Ohara S-NPH2 和 Hoya E-FDS1）在可见光光谱区吸收性能很强，而在近红外光谱区非常透明。在该光谱区域，玻璃 V 值会出现非常有趣的现象：在波长1.2μm处，冕牌和火石玻璃的 V 值相同；而在2.2μm处，火石玻璃的 V 值常常比冕牌玻璃大。

若在1.8～2.2μm光谱范围，中心波长是2.0μm，那么N-BAK2玻璃的 N 和 V 值分别是1.51833和101.238，而SF4玻璃的 N 和 V 值分别是1.71253和128.533。从表2.1查到初始的弯曲值，针对焦距10.0in、$f/8$、视场1.5°的技术要求进行优化，其结果如图17.5所示，详细的结构参数见表17.5。

表17.5 焦距10.0in消色差双分离物镜的结构参数，光谱范围1.8～2.2μm

（单位：in）

表面	半径	厚度	材料	直径
1	3.8202	0.2500	SF4	1.300 光阑
2	-2.9282	0.0300		1.300
3	-2.5421	0.1000	N-BAK2	1.280
4	3.8430	9.4260		1.240
5	0.0000	0.0000		0.262

Schott玻璃技术公司（Schott Glass，1992）有一系列红外透明玻璃，从0.4～4μm（对IRG11玻璃是5μm）都有良好的透过率。

Riedl公司（1996）设计了一个双元件物镜（两块透镜都使用锗材料），波长范围8～12μm，典型的Petzval类型物镜（两块透镜有较大间隔，后组透镜紧靠像面）。为了校正剩余球差，第一块透镜的后表面使用衍射面，该弱衍射面还可以改善色差。

如图17.6所示是一个双曲面反射镜、广角成像物镜系统（参考图9.6的全景照相机），详细结构参数见表17.6。从光轴测量起，视场是68°～112°，$f^{\#}$ 为 $f/1.75$，因而形成一个“麦圈形状”的像，内侧直径为0.208in，外侧直径是0.472in。

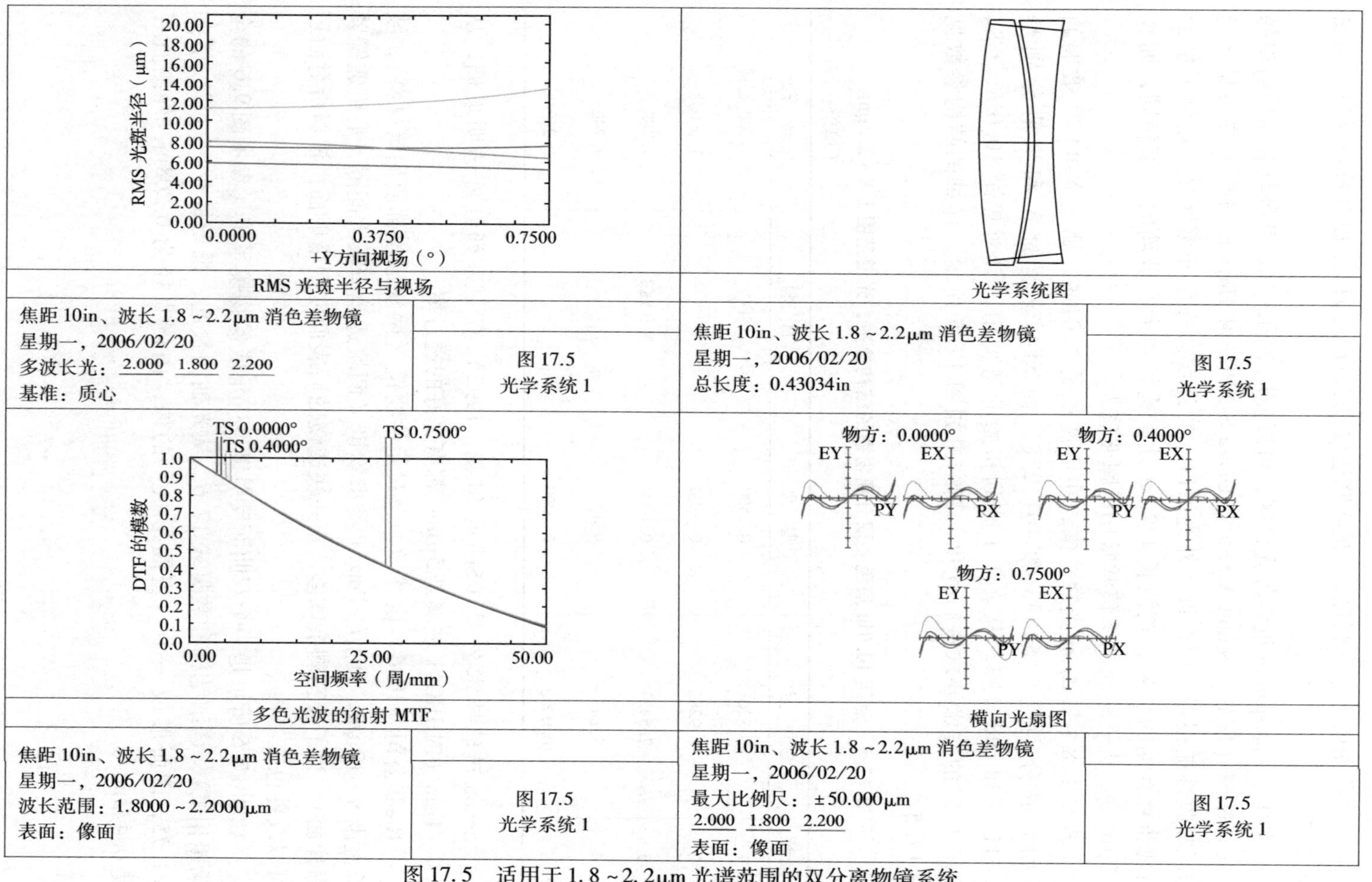

RMS 光斑半径（μm）
20.00
18.00
16.00
14.00
12.00
10.00
8.00
6.00
4.00
2.00
0.00
0.0000
0.3750
0.7500
+Y方向视场（°）
RMS 光斑半径与视场
焦距 10in、波长 1.8～2.2μm 消色差物镜
星期一，2006/02/20
多波长光：2.000 1.800 2.200
基准：质心
图 17.5
光学系统 1
光学系统图
焦距 10in、波长 1.8～2.2μm 消色差物镜
星期一，2006/02/20
总长度：0.43034in
图 17.5
光学系统 1
TS 0.0000°
TS 0.4000°
TS 0.7500°
DTF 的模数
1.0
0.9
0.8
0.7
0.6
0.5
0.4
0.3
0.2
0.1
0.0
0.00
25.00
50.00
空间频率（周/mm）
多色光波的衍射 MTF
焦距 10in、波长 1.8～2.2μm 消色差物镜
星期一，2006/02/20
波长范围：1.8000～2.2000μm
表面：像面
图 17.5
光学系统 1
物方：0.0000°
物方：0.4000°
物方：0.7500°
EY
EX
PY
PX
横向光扇图
焦距 10in、波长 1.8～2.2μm 消色差物镜
星期一，2006/02/20
最大比例尺：±50.000μm
2.000 1.800 2.200
表面：像面
图 17.5
光学系统 1

图 17.5 适用于 1.8～2.2μm 光谱范围的双分离物镜系统

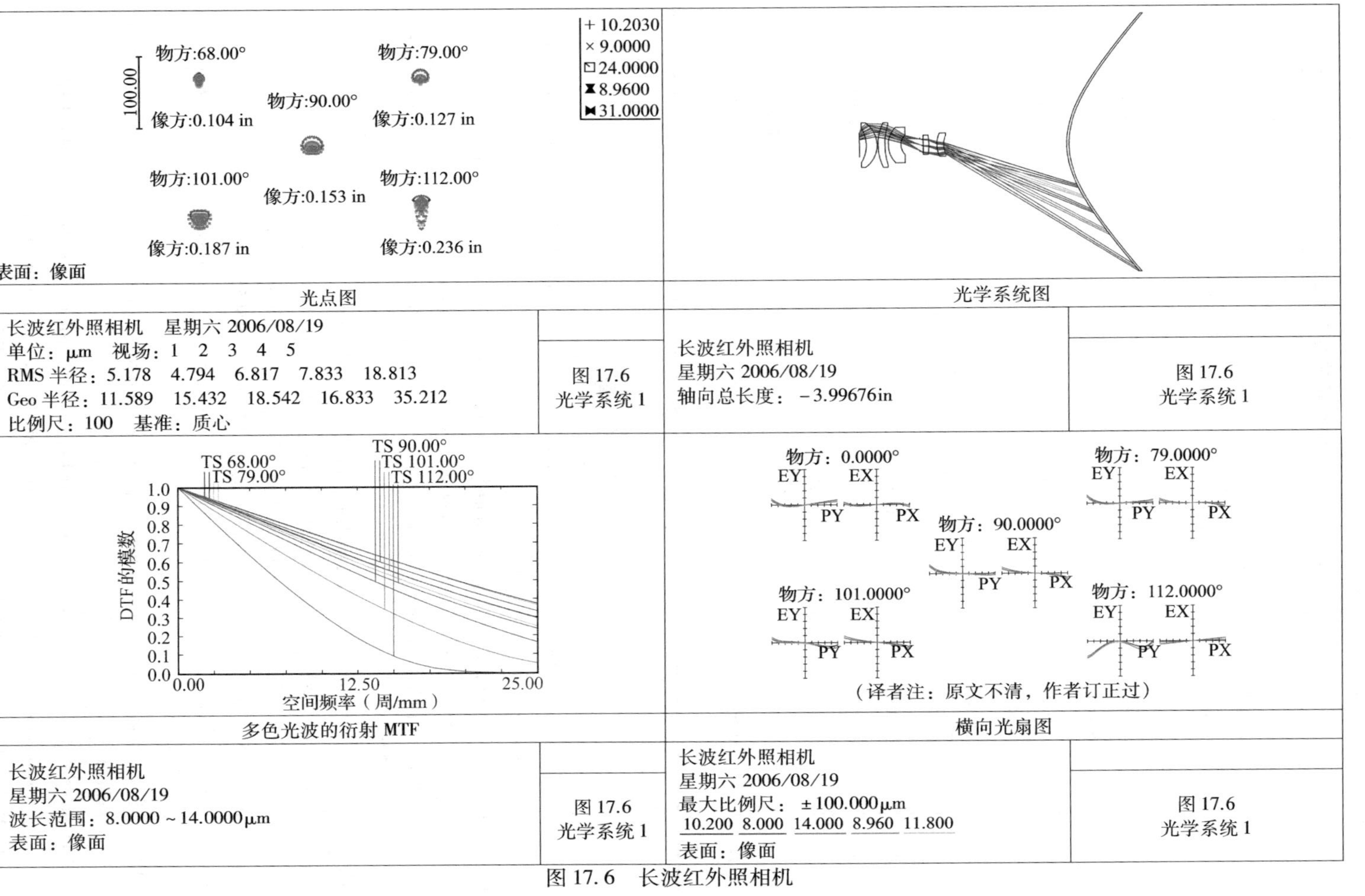

物方:68.00°
像方:0.104 in
物方:79.00°
像方:0.127 in
物方:90.00°
像方:0.153 in
物方:101.00°
像方:0.187 in
物方:112.00°
像方:0.236 in
100.00
+ 10.2030
× 9.0000
24.0000
8.9600
31.0000
表面：像面
光点图
长波红外照相机 星期六 2006/08/19
单位：μm 视场：1 2 3 4 5
RMS 半径：5.178 4.794 6.817 7.833 18.813
Geo 半径：11.589 15.432 18.542 16.833 35.212
比例尺：100 基准：质心
图 17.6
光学系统 1
光学系统图
长波红外照相机
星期六 2006/08/19
轴向总长度：-3.99676in
图 17.6
光学系统 1
TS 68.00°
TS 79.00°
TS 90.00°
TS 101.00°
TS 112.00°
DTF的模数
1.0
0.9
0.8
0.7
0.6
0.5
0.4
0.3
0.2
0.1
0.0
0.00
12.50
25.00
空间频率（周/mm）
多色光波的衍射 MTF
长波红外照相机
星期六 2006/08/19
波长范围：8.0000 ~ 14.0000μm
表面：像面
图 17.6
光学系统 1
物方：0.0000°
物方：79.0000°
物方：90.0000°
物方：101.0000°
物方：112.0000°
EY
PY
EX
PX
（译者注：原文不清，作者订正过）
横向光扇图
长波红外照相机
星期六 2006/08/19
最大比例尺：±100.000μm
10.200 8.000 14.000 8.960 11.800
表面：像面
图 17.6
光学系统 1

图 17.6 长波红外照相机

表 17.6 长波红外照相机的结构参数 (单位：in)

表面	半 径	厚 度	材 料	直 径
0	0.0000	0.100000×10^{11}		0.00
1	1.5360	-2.3750	反射镜	5.140
			锥形系数 = -2.073545	
2	0.4144	-0.1301	锗	0.380
3	0.5736	-0.1578		0.460
4	-2.0255	-0.1081	锗	0.380
5	5.2922	-0.0640		0.380
6	光阑	-0.3629		0.229
7	0.2631	-0.2428	硒化锌	0.380
8	0.5047	-0.0647		0.700
9	1.3151	-0.1321	锗	0.780
10	1.0131	-0.0197		0.880
11	-0.5428	-0.2066	锗	0.880
12	-0.6678	-0.1331		0.690
13	0.0000	0.0000		0.472

参 考 文 献

Akram, M. N. (2003) Design of a multiple field of view optical system for 3 to 5 micron infrared focal plane array, *Optical Engineering*, 42: 1704.

Fjeldsted, T. P. (1983) Four element infrared objective lens, US Patent #4380363.

Hudson, R. (1969) *Infrared System Engineering*, Wiley, New York.

Jamieson, T. H. (1976) Aplanatic anastigmatic two and three element objectives, *Applied Optics*, 15: 2276.

Kirkpatrick, A. D. (1969) Far infrared lens, US Patent #3439969.

Kokorina, V. F. (1996) *Glasses for Infrared Optics*, CRC Press, Boca Raton, FL.

Lloyd, J. M. (1975) *Thermal Imaging Systems*, Plenum Press, New York.

Neil, I. A. (1985) Infrared objective lens system, US Patent #4505535.

Norrie, D. G. (1986) Catadioptric afocal telescopes for scanning infrared systems, *Optical Engineering*, 25: 319.

NTIS, (1971) *Engineering Design Handbook*, *Infrared Military Systems*, AD 885227, NTIS, Springfield, VA.

Optical materials for infrared instrumentation, IRIA, (1959) University of Michigan report #2389 also supplement of 1961, Information and Analysis Center, Ann Arbor, MI.

Riedl, M. J. (1974) The single thin lens as an objective for IR imaging systems, *Electro-Optical Sys*

Design, M. S. Kiver Publications, p. 58.

Riedl, M. J. (1996) Design example for the use of hybrid optical elements in the IR, *OPN Engineering and Laboratory Notes*, SPIE, Bellingham, WA.

Rogers, P. J. (1977) Infrared lenses, US Patent #4030805.

Schott Glass, (1992) *Data Sheet #3112e*, Schott Glass Technologies, Durea, PA.

Sijgers, H. J. (1967) Four element infrared objective, US Patent #3321264.

Wolf, W., Ed. (1965) *Handbook of Military Infrared Technology*, Office of Naval Research, Washington, DC.

Wolf, W. and Zissis, G. (1985) *The Infrared Handbook*, Research Institute of Michigan, Ann Arbor, MI.

第18章 紫外物镜和光学平版印刷术

紫外物镜应用于光掩模印刷术、将刻线转印在光致抗蚀剂材料上、荧光研究使用的显微物镜（见图11.4）、法医照相术和光学平版印刷术等。

与红外光谱一样，主要问题是寻找合适的材料。对0.2~0.4μm光谱，最重要的材料是熔凝石英和氟化钙。虽然已经研制出几种玻璃材料，使低于0.4μm波长范围的吸收得以减小，但对0.3μm区域仍有较大吸收，因而应用受到一定的限制。最近，Schott玻璃技术公司（1992）和Ohara有限公司（1993）公布了一种新的透紫外玻璃系列产品，称为i谱线玻璃。它在0.365μm处透过率高，化学稳定性好，而且在很宽的波长范围内都是透明的，表18.1列出了这些新材料。

表18.1 Ohara公司透紫外新玻璃材料

玻璃	N_d	ν_d	波长[①]/μm
S-EPL51Y	1.4970	81.1	0.310
S-FSL5Y	1.4875	70.2	0.302
BSL7Y	1.5163	64.1	0.315
BAL15Y	1.5567	58.7	0.323
BAL35Y	1.5891	61.2	0.318
BASM51Y	1.6031	60.7	0.320
PBL1Y	1.5481	45.9	0.319
PBL6Y	1.5317	49.0	0.316
PBL25Y	1.5184	40.8	0.336
PBL26Y	1.5673	42.9	0.337
PBM2Y	1.6200	36.3	0.345
PBM8Y	1.5955	39.3	0.339

① 35mm厚，70%透过率。

Schott公司开发的i谱线玻璃系列，与普通玻璃有几乎相同的折射率值，但在0.365μm处透过率较高，表18.2列出了这些玻璃的性质。

表 18.2　Schott 公司的 i 谱线玻璃

玻璃	N_d	ν_d
FK5HT	1.48756	70.56
BK7HT	1.51633	64.14
K5HT	1.52245	59.53
K7HT	1.51114	60.47
LLF1HT	1.54814	45.89
LLF6HT	1.53174	48.97
LF5HT	1.58148	40.91
LF6HT	1.56732	42.85
F2HT	1.62004	36.37
F8HT	1.59551	39.18
F14HT	1.60139	38.28

紫外材料蓝宝石和氟化镁经常用作某些探测器的光窗，表 18.3 列出了其详细性质。由于这些材料是双折射材料，所以不能用来制作透镜。表中热膨胀系数一栏中第一个数字代表平行于光轴方向的膨胀系数，第二个数字代表垂直于光轴方向的膨胀系数。

表 18.3　紫外材料的性质

材料	透过范围 /μm	密度 /(g/cm³)	20℃每 100g 水中的溶解度	努氏硬度	熔点/℃	283K 时膨胀系数 /10^{-6}/K
LiF	0.12 ~ 6.0	2.639	0.27	102.0	870	37
CaF_2	0.13 ~ 10.0	3.181	0.0016	158.3	1423	18.85
BaF_2	0.15 ~ 12.5	4.89	0.12	82.0	1280	18.1
MaF_2	0.12 ~ 7.0	3.18	0.0002	415.0	1585	13.7/8.9
Al_2O_3	0.17 ~ 5.5	3.987	0.0	2000.0	2040	5.6/5.0
SiO_2	0.18 ~ 3.0	2.202	0.0	522.0	1600	0.55

为了获到很高紫外透过率，要使用一种提纯过的 $SiCl_4$ 材料制造熔凝石英，然后，直接送入氢/氧火焰中生成 SiO_2。由于熔化温度高，很难得到均匀的材料，并不可避免会使其受到污染，从而造成短波长范围内的透过率下降。

通常使用的镀膜材料在这个光谱区域都是吸收材料，所以，镀什么样的增透膜是个问题。对紫外物镜系统，镀膜厂商提供的产品的普通反射率曲线是不够的，一定要求厂商提供透过率曲线。对 0.157μm 平版印刷术的应用，更是缺少各种透过材料，所以，镀增透膜是主要问题（Chen 等 2004）。

最新一项研制成果是蓝光工程，利用 0.405μm 激光可以在 12cm 的 CD/DVD 光盘上记录 27GB 的信息（普通 CD 和 DVD 分别利用 0.780μm 和 0.650μm 的激光束)。

如图 18.1 所示是为该光谱范围（0.2 ~ 0.4μm，中心波长 0.27μm）设计的物镜，详细的结构参数见表 18.4，焦距为 5.0in，$f^{\#}$为 $f/4.0$，视场为 10°。此系统是 Tibbets 结构（1962）的改进型。由 RMS 光斑半径曲线图可以看出，主要像差是色差。

表 18.4 熔凝石英、氟化钙物镜的结构参数 (单位：in)

表面	半 径	厚 度	材 料	直 径
0	0.0000	0.100000×10^{11}		0.00
1	2.9298	0.2285	CaO_2	1.700
2	-46.0249	1.0919		1.700
3	-2.3471	0.1312	石英	1.157
4	1.0880	0.0496		1.112
5	1.1344	0.2224	CaO_2	1.140
6	-10.8536	0.1950		1.140
7	光阑	0.3086		1.020
8	44.0565	0.2578	CaO_2	1.220
9	-1.1589	0.1175		1.220
10	-1.0150	0.2753	石英	1.140
11	-1.5764	3.9216		1.220
12	0.0000	0.0000		0.883

注：第一透镜前表面至像面的距离 = 6.799in，畸变忽略不计。

如图 18.2 所示是一个放大倍率为 0.1（在 0.2 ~ 0.4μm，中心波长是 0.27μm）的卡塞格林物镜系统，用来对直径 2.75in 的物体成像，详细的结构参数见表 18.5。

表 18.5 全部使用熔凝石英玻璃的卡塞格林物镜的结构参数 (单位：in)

表面	半 径	厚 度	材 料	直 径
0	0.0000	39.3700		2.750
1	-1.4667	0.1600	石英	1.480
2	-1.9288	0.7869		1.580
3	-4.1223	0.1617	石英	1.620
4	-3.3439	-0.1617	反射镜	1.680
5	-4.1223	-0.7869		1.620
6	-2.9890	0.7869	反射镜	0.700 光阑
7	-2.1435	0.1000	石英	0.540
8	-1.7957	0.0200		0.580
9	0.8305	0.0800	石英	0.580
10	0.5479	0.9591		0.480

注：第一透镜前表面至像面的距离 = 2.106in，畸变 = 0.44%，像空间的 NA = 0.1644in，放大率 = -0.1。

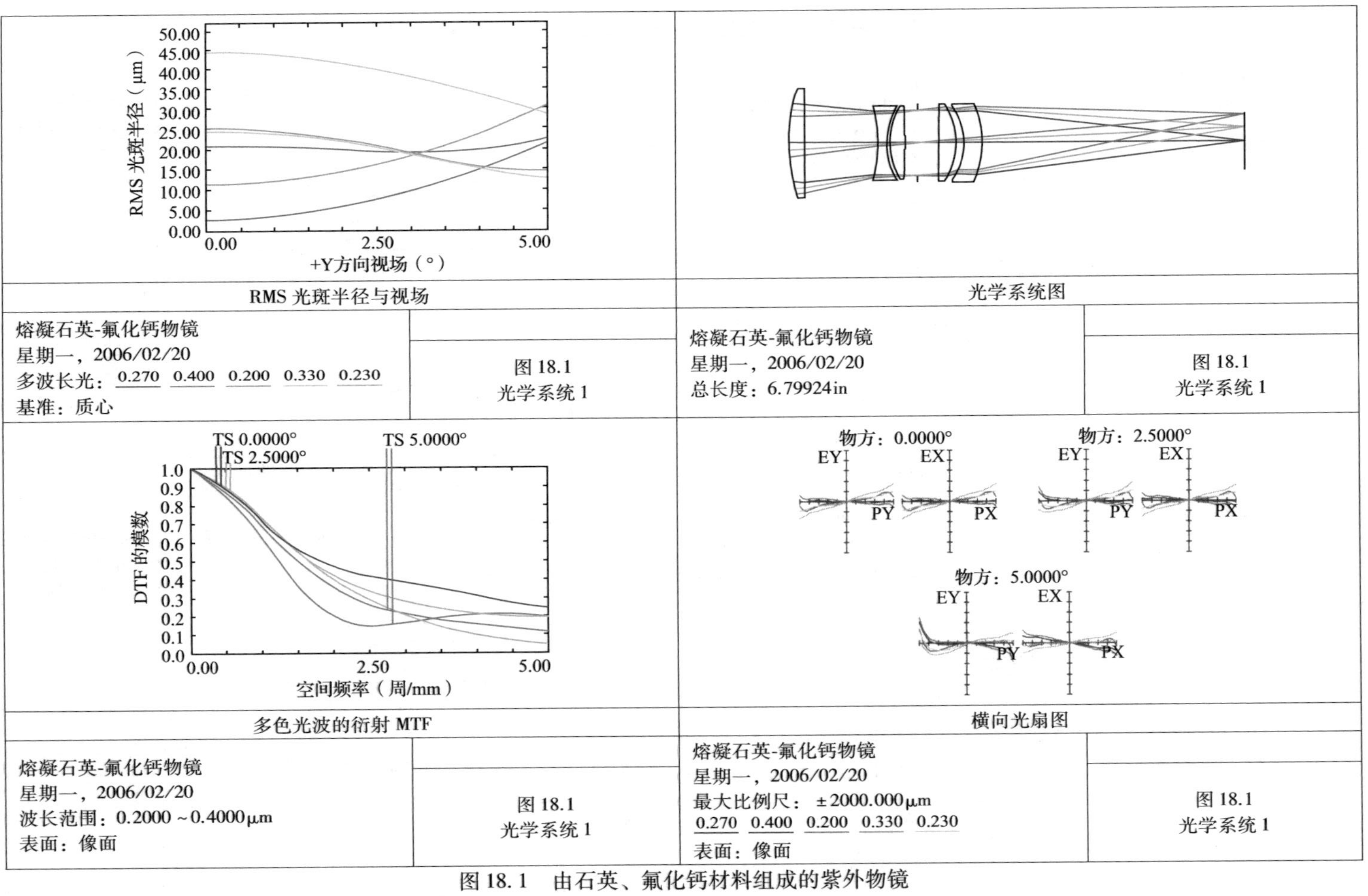
RMS 光斑半径（μm）
+Y方向视场（°）
RMS 光斑半径与视场
熔凝石英-氟化钙物镜
星期一，2006/02/20
多波长光：0.270 0.400 0.200 0.330 0.230
基准：质心
图 18.1
光学系统 1
光学系统图
熔凝石英-氟化钙物镜
星期一，2006/02/20
总长度：6.79924in
图 18.1
光学系统 1
TS 0.0000°
TS 2.5000°
TS 5.0000°
DTF 的模数
空间频率（周/mm）
多色光波的衍射 MTF
熔凝石英-氟化钙物镜
星期一，2006/02/20
波长范围：0.2000～0.4000μm
表面：像面
图 18.1
光学系统 1
物方：0.0000°
物方：2.5000°
物方：5.0000°
EY
EX
PY
PX
横向光扇图
熔凝石英-氟化钙物镜
星期一，2006/02/20
最大比例尺：±2000.000μm
0.270 0.400 0.200 0.330 0.230
表面：像面
图 18.1
光学系统 1

图 18.1　由石英、氟化钙材料组成的紫外物镜

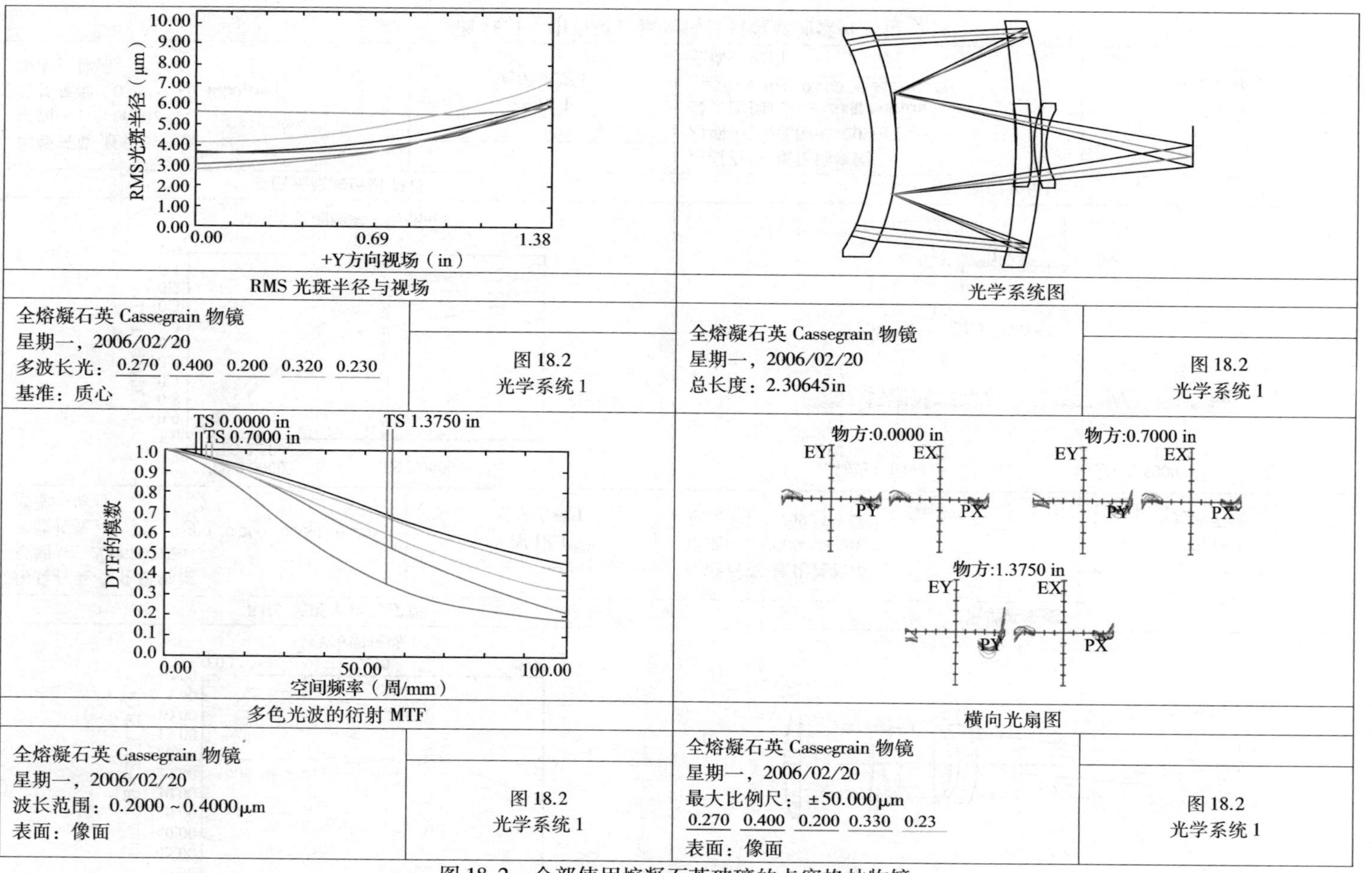
RMS光斑半径（μm）
10.00
9.00
8.00
7.00
6.00
5.00
4.00
3.00
2.00
1.00
0.00
0.00
0.69
1.38
+Y方向视场（in）
RMS 光斑半径与视场
全熔凝石英 Cassegrain 物镜
星期一，2006/02/20
多波长光：0.270 0.400 0.200 0.320 0.230
基准：质心
图 18.2
光学系统 1
光学系统图
全熔凝石英 Cassegrain 物镜
星期一，2006/02/20
总长度：2.30645in
图 18.2
光学系统 1
TS 0.0000 in
TS 0.7000 in
TS 1.3750 in
DTF的模数
1.0
0.9
0.8
0.7
0.6
0.5
0.4
0.3
0.2
0.1
0.0
0.00
50.00
100.00
空间频率（周/mm）
多色光波的衍射 MTF
物方:0.0000 in
物方:0.7000 in
物方:1.3750 in
EY
EX
PY
PX
横向光扇图
全熔凝石英 Cassegrain 物镜
星期一，2006/02/20
波长范围：0.2000～0.4000μm
表面：像面
图 18.2
光学系统 1
全熔凝石英 Cassegrain 物镜
星期一，2006/02/20
最大比例尺：±50.000μm
0.270 0.400 0.200 0.330 0.23
表面：像面
图 18.2
光学系统 1

图 18.2　全部使用熔凝石英玻璃的卡塞格林物镜

注意，次镜半径（$R=-2.9890$）与校正器第二表面的半径（$R=-1.9288$）不同。这意味着校正器/次镜必须做成两部分，并彼此对准，将次镜固定在校正器上。从制造方面考虑，应改变设计，使表面 6 和表面 2 的弯曲一致。为了使遮挡最小，孔径光阑放置在次镜位置，主镜是 Margin 型。在可见光光谱区，一般使用银（再镀一层铜，然后涂漆，适当加以保护）作为第二面反射镜。因为银比铝有更高的反射率。然而，在 0.2 ~ 0.4μm 光谱范围内，更愿意用铝作镀膜材料，因为在低于 0.38μm 的波长范围内，会使反射率下降（Hass 1965）。

光学平版印刷术用来生产计算机芯片（Mack 1996），对物镜的典型要求是工作在单紫外光波下，有非常高的分辨率。

对均匀照明的圆形瞳孔，瑞利斑半径是

$$R=\frac{0.61\lambda}{\mathrm{NA}}$$

半径内的能量占总量的 84%，因此，为了提高分辨率，必须减小波长。并且，应使用高 NA 值的物镜系统，焦深是 $0.5\lambda/\mathrm{NA}^2$。为了得到高分辨率，使用单波长光源是非常有利的。许多年前，使用低压汞弧灯发出的谱线（0.365μm，0.405μm，0.436μm）能满足这种要求。为得到更高分辨率，应使用更短波长。现在，更理想的光源是受激准分子激光器。对于受激二聚物，受激准分子是由两个同样的原子，例如 He_2 或 Xe_2 组成的分子，它们只有在受激态才存在，因而波长更短。目前，这些分子包括 ArK、KrCl、KrF、XeCl 和 XeF。

0.157μm 受激准分子激光器（F_2）的应用正在开发中，已经使用大功率激光器激发超音速氙气流以发射 0.13μm 的辐射，使用短波长的目的是为了满足电子束直写的需要。

遗憾的是，只有很少几种材料在小于 0.35μm 波长时有良好的透明性，包括氟化钙、氟化锂、氟化镁、氟化钡、氟化锶、蓝宝石、金刚石和熔凝石英。其短波长下的透明度与材料纯度关系密切。损伤阈值、折射率均匀性和荧光性是另外问题。Matsumoto 和 Takash 讨论（1998）了 0.193μm 及更短波长时的辐射损伤。氧化物和氟化物材料一般是在真空中“生长”出，然后退火以减小应力双折射。氟化钙材料在 0.157μm 呈现轻微的双折射（Burnett，Levine and Shirley 2001）。在折反系统中，将大部分光焦度设置在反射镜上可以使这种缺陷降到最小。

更广泛的应用研究是 0.193μm 的光学平版印刷术，利用高折射率液浸技术得到 0.03μm 的线间隔。

为了得到更小的图像尺寸，发展趋势是利用波长小于 0.193μm 的光源（Kubiak and Kania 1996）。由于空气对这些短波长的光的吸收作用，所以，要使用氦气或氮气对系统进行净化。

对高能量紫外光学件的抛光也是个问题。在 0.193μm 波长下表面公差要求是 $\lambda/10$，这几乎比 0.546μm 时同样技术要求高三倍。表面下的损伤要求是一样的。在对表面抛光时，会有一层材料产生“流动”，而这层材料又在被抛光。这会造成微型破裂及其它表面缺陷，很明显，在高强度照明条件下会出现故障。

将集成电路制造在一块硅基板上的过程包括一个加工步骤及多次重复工艺，这就要求光学系统有非常低的畸变。一般地，物像空间必须是远心系统，这类系统表示如图 18.3 所示，详细的结构参数见表 18.6，配合使用 KrF 0.248μm 光源。目标直径是 0.145in，放大率是 -0.25，NA 是 0.56。该系统是对 Sasaya，Ushida 和 Mercado 专利（1998）稍作修改，优化而成的。

表 18.6 平版印刷术投影物镜的结构参数 （单位：in）

表面	半 径	厚 度	材 料	直 径
0	0.0000	0.1615		0.145
1	-0.79639	0.0418	硅	0.189
2	-0.31776	0.0013		0.197
3	0.31768	0.0247	硅	0.198
4	-0.90519	0.0014		0.198
5	-1.53140	0.0138	硅	0.196
6	0.86996	0.1068		0.199
7	-0.96937	0.0138	硅	0.171
8	0.30419	0.0567		0.169
9	-4.54831	0.0179	硅	0.176
10	0.36328	0.0559		0.180
11	-0.13317	0.0179	硅	0.185
12	0.83902	0.0148		0.240
13	0.0000	0.0581	硅	0.273
14	-0.24698	0.0014		0.273
15	0.97362	0.0653	硅	0.330
16	-0.34739	0.0176		0.330
17	1.12092	0.0447	硅	0.342
18	-0.71734	0.0009		0.342
19	0.82256	0.0323	硅	0.332
20	-1.18244	0.0009		0.332

（续）

表面	半　径	厚　度	材　料	直　径
21	0. 31346	0. 0345	硅	0. 300
22	1. 42431	0. 1071		0. 296
23	−2. 67307	0. 0138	硅	0. 187
24	0. 15590	0. 0569		0. 162
25	−0. 21770	0. 0171	硅	0. 154
26	1. 01511	0. 0839		0. 154
27	−0. 11720	0. 0176	硅	0. 161
28	3. 98510	0. 0171		0. 183 光阑
29	−0. 40426	0. 0339	硅	0. 193
30	−0. 21818	0. 0019		0. 214
31	−7. 96203	0. 0650	硅	0. 246
32	−0. 23180	0. 0014		0. 265
33	1. 01215	0. 0411	硅	0. 289
34	−0. 50372	0. 0008		0. 289
35	0. 40042	0. 0441	硅	0. 287
36	3. 75600	0. 0014		0. 281
37	0. 24527	0. 0429	硅	0. 267
38	0. 49356	0. 0013		0. 267
39	0. 17401	0. 1101	硅	0. 233
40	0. 11185	0. 0832		0. 139
41	0. 07661	0. 0263	硅	0. 082
42	0. 18719	0. 0223		0. 065
43	0. 0000	0. 0000		0. 036

注：焦距 = 10. 644in，物像距 = 1. 573in。

最大畸变出现在 0. 7 视场，等于 0. 00014%。弧矢与子午焦点之间的间隔表明存有小量像散。

由于光学系统的分辨率是根据公式 $R = k_1\lambda/\mathrm{NA}$（Rothschild 2005）计算出的，并且，焦深是 $\pm k_2\lambda/\mathrm{NA}^2$，式中，常数 k_1 和 k_2 是平板印刷术光致抗蚀工艺的函数（Levenson 2001）。可以看出，增大数值孔径，虽然可以提高分辨率，但同时使焦深减少很多。所以，平板印刷术的最新发展趋势是减小波长（Hudyma 2002）。对未来平板印刷物镜的代表性要求见表 18. 7（未来其它方面的发展是照明系统相移模板）。

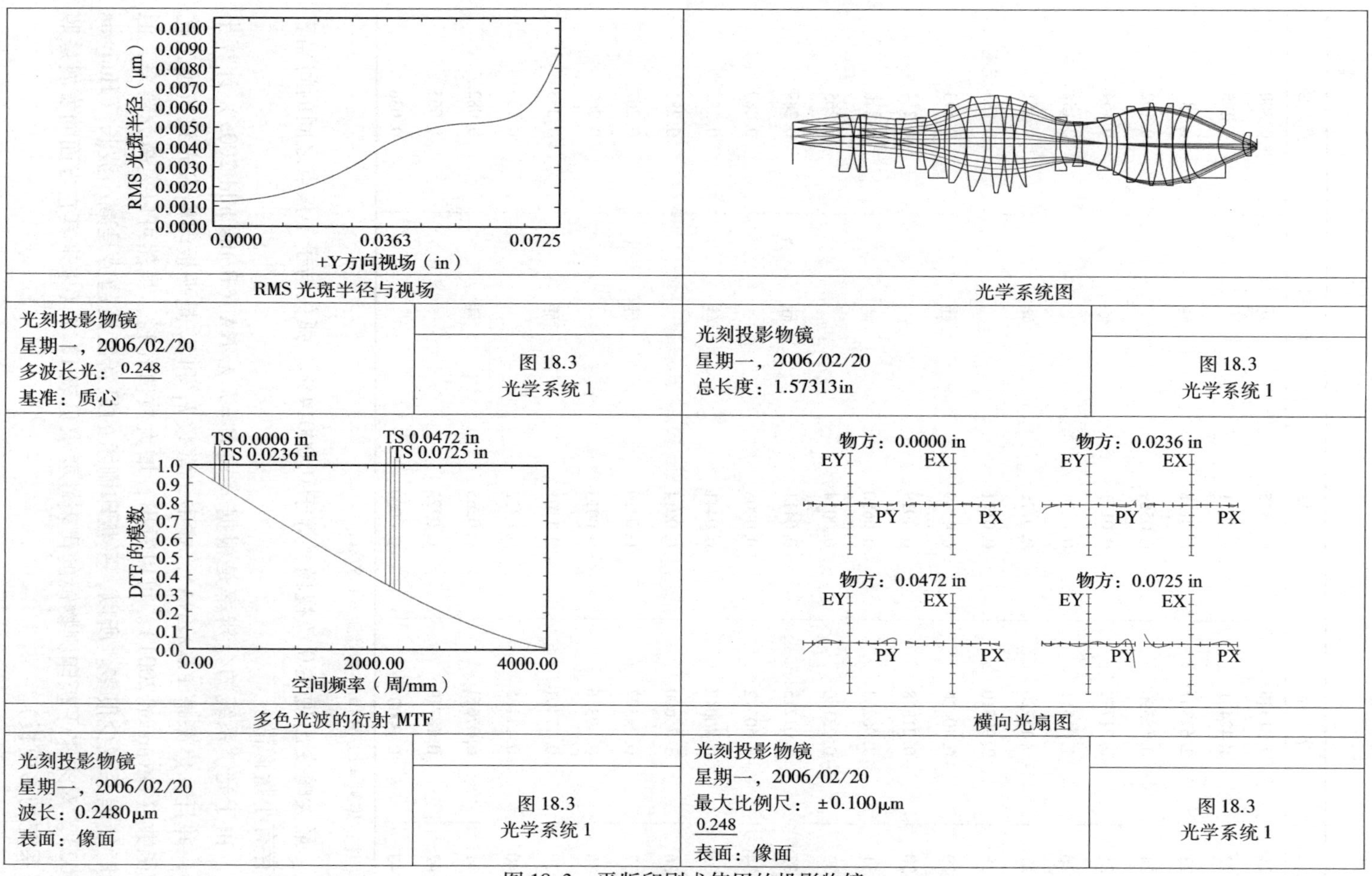
0.0100
0.0090
0.0080
0.0070
0.0060
0.0050
0.0040
0.0030
0.0020
0.0010
0.0000
RMS 光斑半径（μm）
0.0000
0.0363
0.0725
+Y方向视场（in）
RMS 光斑半径与视场
光刻投影物镜
星期一，2006/02/20
多波长光：0.248
基准：质心
图 18.3
光学系统 1
光学系统图
光刻投影物镜
星期一，2006/02/20
总长度：1.57313in
图 18.3
光学系统 1
TS 0.0000 in
TS 0.0236 in
TS 0.0472 in
TS 0.0725 in
1.0
0.9
0.8
0.7
0.6
0.5
0.4
0.3
0.2
0.1
0.0
DTF 的模数
0.00
2000.00
4000.00
空间频率（周/mm）
多色光波的衍射 MTF
光刻投影物镜
星期一，2006/02/20
波长：0.2480μm
表面：像面
图 18.3
光学系统 1
物方：0.0000 in
物方：0.0236 in
物方：0.0472 in
物方：0.0725 in
EY
EX
PY
PX
横向光扇图
光刻投影物镜
星期一，2006/02/20
最大比例尺：±0.100μm
0.248
表面：像面
图 18.3
光学系统 1

图 18.3　平版印刷术使用的投影物镜

表 18.7　未来平版印刷物镜的技术要求

波长 （对于超紫外平版印刷术，请参考 Kubiak and Kania（1996），以及 Wang and Pan（2001）的著作）	0.157μm
NA	0.85
分辨率	0.075μm（假设 k_1 =0.4）
放大率	5
图像尺寸	直径 31mm

参 考 文 献

Betensky, E. I. (1967) Modified gauss type of optical objective, US Patent #3348896.

Burnett, J., Levine, Z., and Shirley, E. (2001) *Photonics Spectra*, December, 88.

Burnett, J., Levine, Z., and Shirley, E. (2002) The trouble with calcium fluoride, *SPIE oe Magazine*, March, 23.

Chen, H.-L., Fan, W., Wang, T. J., Ko, F. H., Zhai, R. S., Hsu, C. K., and Chuang, T. J. (2004) Optical-gradient antireflection coatings for the 157-nm optical lithography applications, *Applied Optics*, 43: 2141-2145.

Elliott, D. J. and Shafer, D. (1996) Deep ultraviolet microlithography system, US Patent #5488229.

Gupta, R., Burnett, J., Griesmann, U., and Walhout, M. (1998) Absolute refractive indices and thermal coefficients of fused silica and calcium fluoride near 193 nm, *Applied Optics*, 37: 5964-5968.

Hass, G. (1965) Mirror Coatings, In *Applied Optics and Optical Engineering*, Volume 3, Chapter 8, (R. Kingslake ed.) Academic Press, NewYork, p. 309.

Hudyma, R. (2002) An overview of optical systems for 30 nm resolution lithography at EUV wavelengths, *International Optical Design Conference*, *2002*, *SPIE*, Volume 4832, pp. 137-148.

Hwang, S. (1994) Optimizing distortion for a large field submicron lens, *Proceedings of SPIE* 2197: 882.

Kubiak, G. D. and Kania, D. R., Eds., (1996) *Extreme Ultraviolet Lithography*, *Vol. 4 of OSA Trends in Optics and Photonics*, Optical Society of America, Washington, DC.

Levenson, H. J. (2001) *Principles of Lithography*, SPIE Press, Bellingham, WA.

Lowenthal, H. (1970) Lens system for use in the near ultraviolet, US Patent #3517979.

Mack, C. A. (1996) Trends in optical lithography, *Optics and Photonics News*, April 29-33.

Matsumoto, K. and Takash, M. (1998) *International Optical Design Conference*, 1998, *SPIE* Volume 3482, p. 362.

Ohara Corp. (1993) *i-Line Glasses*. Ohara Corp., Somerville, NJ.

Rothschild, M. (2005) Projection optical lithography, *Materials Today*, February 18-24.

Sasaya, T., Ushida, K., and Mercado, R. (1998) All fused silica 0.248 nm lithographic projection lens, US Patent #5805344, This patent is reviewed by Caldwell in Optics and Photonics News, November 40.

Schott Glass Technologies (1993) *Schott Glass Catalog*, Schott Glass Technologies, Durea, PA.

Sheats, J. R. and Smith, B. W., Eds., (1992) *Microlithography: Science and Technology*, Marcel Dekker, New York.

Tibbetts, R. E. (1962) Ultra-violet lens, US Patent #3035490.

Wang, Z. and Pan, J. (2001) Reflective optical system for EUV lithography, US Patent #6331710.

第 19 章　$F-\theta$ 扫描物镜

$F-\theta$ 扫描物镜用来扫描一份打印或阅读的文件。一台扫描装置要有一个合适的外部入瞳。扫描装置可以是一块旋转多棱镜、旋转反射镜、反射镜检流计、压电检测器等。通常，被扫描的文件是平放的。若使用旋转多棱镜扫描装置，则以均匀的高角速度旋转，对于均匀间隔的图像位置，必须使像高正比于扫描角（与照相物镜不同，是正比于角的正切值）。对其它扫描装置，一般来说，这种线性关系也是正确的

$$像高=KF\theta$$

式中，F 是物镜焦距，θ 是扫描角。如果 θ 单位是度，则 $K\approx0.0175$。

如图 19.1 所示是一个文件扫描物镜，焦距为 24in，入瞳直径为 2.0in，对可见光谱范围进行优化。其扫描的文件的宽度是 14in，扫描角为 33.4°，详细的结构参数见表 19.1a。正如所预料的，横向二级色差限制了视场边缘的分辨率（见表 19.1b）。

表 19.1a　文件扫描系统的结构参数　　（单位：in）

表面	半　径	厚　度	材　料	直　径
1	光阑	1.5000		2.000
2	-4.6415	0.2500	N-LAK22	2.840
3	-3.2759	0.0635		2.940
4	-2.9057	0.3732	N-ZK7	2.940
5	6.6019	0.0671		3.540
6	7.2933	0.7893	N-LAK22	3.780
7	-5.0900	0.7343		3.780
8	-40.7260	0.3978	SF1	4.160
9	12.1714	0.0645		4.320
10	15.9029	0.3617	N-LAK22	4.380
11	-17.7234	25.7694		4.380

注：入瞳至像面的距离 =30.371in。

表 19.1b　像高与扫描角（θ）

θ/(°)	像　高
3.34	1.398
6.68	2.801
10.02	4.211
13.36	5.634
16.70	7.073

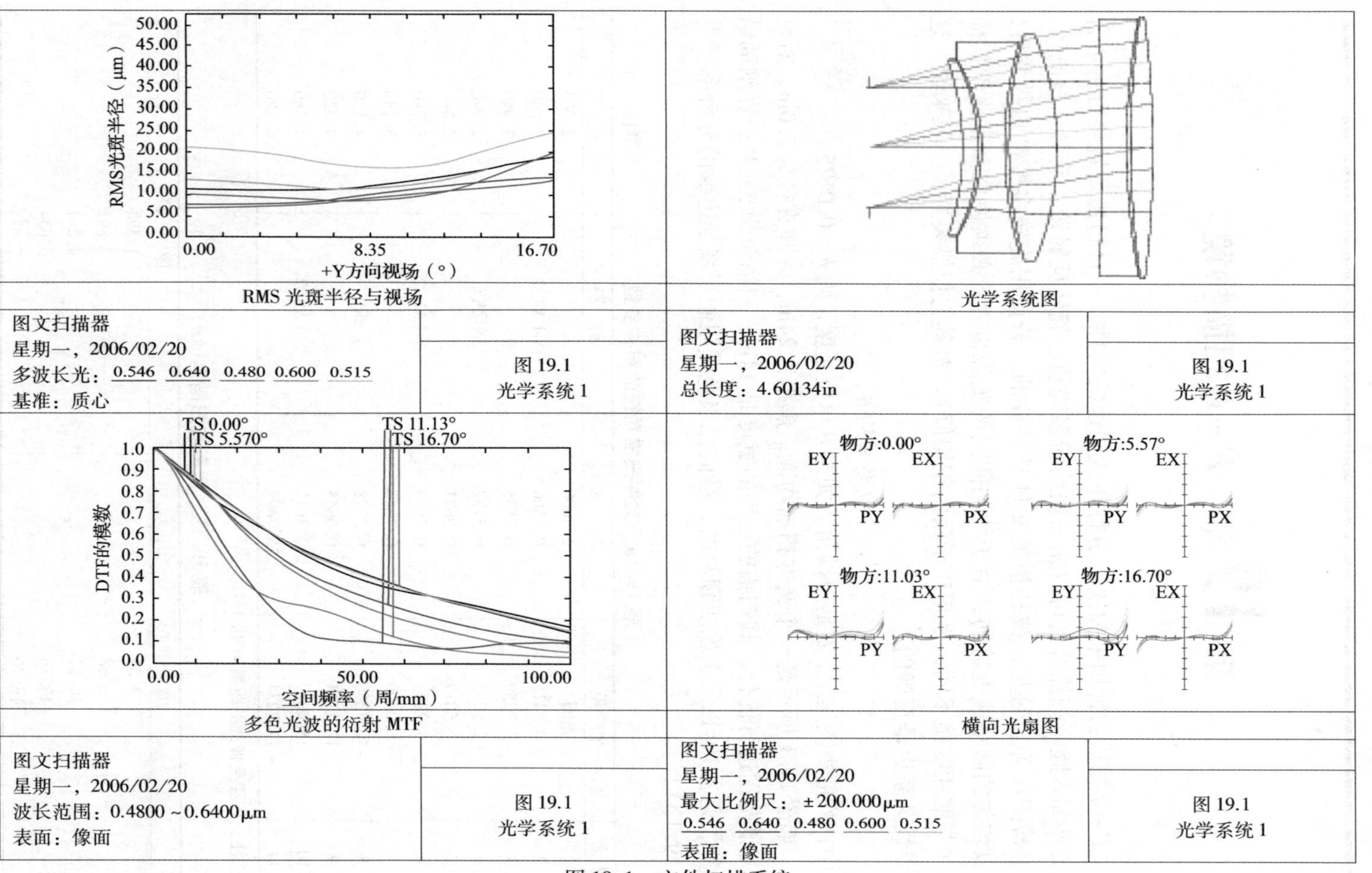
RMS光斑半径（μm）
+Y方向视场（°）
RMS 光斑半径与视场
图文扫描器
星期一，2006/02/20
多波长光：0.546 0.640 0.480 0.600 0.515
基准：质心
图 19.1
光学系统 1
光学系统图
图文扫描器
星期一，2006/02/20
总长度：4.60134in
图 19.1
光学系统 1
TS 0.00°
TS 5.570°
TS 11.13°
TS 16.70°
DTF的模数
空间频率（周/mm）
多色光波的衍射 MTF
图文扫描器
星期一，2006/02/20
波长范围：0.4800 ~0.6400μm
表面：像面
图 19.1
光学系统 1
物方:0.00°
物方:5.57°
物方:11.03°
物方:16.70°
EY EX PY PX
横向光扇图
图文扫描器
星期一，2006/02/20
最大比例尺：±200.000μm
0.546 0.640 0.480 0.600 0.515
表面：像面
图 19.1
光学系统 1

图 19.1 文件扫描系统

如图 19.2 所示是与氩激光光源（0.488μm）配用的扫描物镜，详细结构参数见表 19.3a，焦距为 20in，$f^{\#}$是$f/30$，扫描角为 30°（见表 19.2b）。

表 19.2a　氩激光光源扫描物镜的结构参数　（单位：in）

表面	半　径	厚　度	材　料	直　径
1	光阑	1.0000		0.667
2	-3.5767	0.1300	F2	1.240
3	-68.8650	0.6884		1.360
4	0.0000	0.2242	SF1	1.920
5	-3.1420	0.0589		1.920
6	-2.5242	0.2000	SF2	1.900
7	-3.0566	23.4308		2.040

注：入瞳到像面的距离 =25.732in。

表 19.2b　像高与扫描角（θ）

θ/(°)	像　高
3.0	1.047
6.0	2.096
9.0	3.147
12.0	4.201
15.0	5.259

如图 19.3 所示是应用于 0.6328μm（HeNe）激光谱线的扫描物镜，详细的结构参数见表 19.3a，有效焦距是 20in。

表 19.3a　0.6328μm 波长扫描物镜的结构参数　（单位：in）

表面	半　径	厚　度	材　料	直　径
1	光阑	5.0000		0.200
2	-2.2136	0.3000	SF57	2.720
3	-2.6575	0.0200		3.040
4	-5.5022	0.5292	SF57	3.160
5	-3.8129	4.2927		3.400
6	7.9950	0.5900	SF57	5.180
7	8.3654	18.0014		5.100

注：从入瞳到像面的距离 =28.733in。

该系统及前面阐述的系统，其成像质量在整个视场范围内都达到衍射极限。本节阐述的系统中，入瞳不用切趾。然而，由于最后两种物镜系统要与激光光源配合使用，通常，为了保证高斯光束的振幅变化只有 1.0/e，应当对入瞳已经切趾过。还注意到，本节阐述的物镜后截距都比焦距长，为了得到线性扫描，采用这种倒置式结构是必要的（见表 19.3b）。

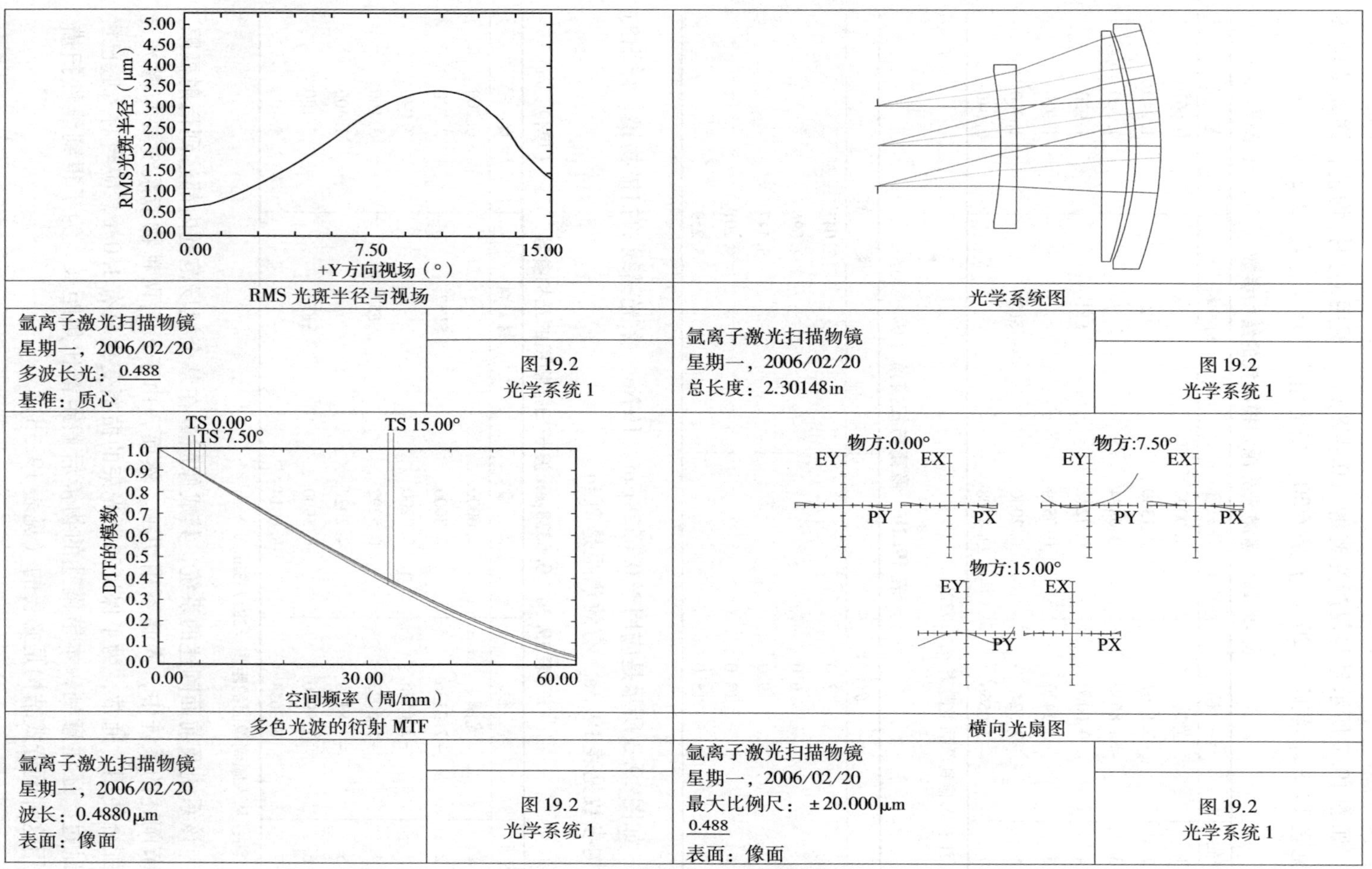
RMS光斑半径（μm）
5.00
4.50
4.00
3.50
3.00
2.50
2.00
1.50
1.00
0.50
0.00
0.00
7.50
15.00
+Y方向视场（°）
RMS 光斑半径与视场
氩离子激光扫描物镜
星期一，2006/02/20
多波长光：0.488
基准：质心
图 19.2
光学系统 1
光学系统图
氩离子激光扫描物镜
星期一，2006/02/20
总长度：2.30148in
图 19.2
光学系统 1
TS 0.00°
TS 7.50°
TS 15.00°
DTF的模数
1.0
0.9
0.8
0.7
0.6
0.5
0.4
0.3
0.2
0.1
0.0
0.00
30.00
60.00
空间频率（周/mm）
多色光波的衍射 MTF
氩离子激光扫描物镜
星期一，2006/02/20
波长：0.4880μm
表面：像面
图 19.2
光学系统 1
物方:0.00°
物方:7.50°
物方:15.00°
EY
EX
PY
PX
横向光扇图
氩离子激光扫描物镜
星期一，2006/02/20
最大比例尺：±20.000μm
0.488
表面：像面
图 19.2
光学系统 1

图 19.2 氩激光光源扫描物镜

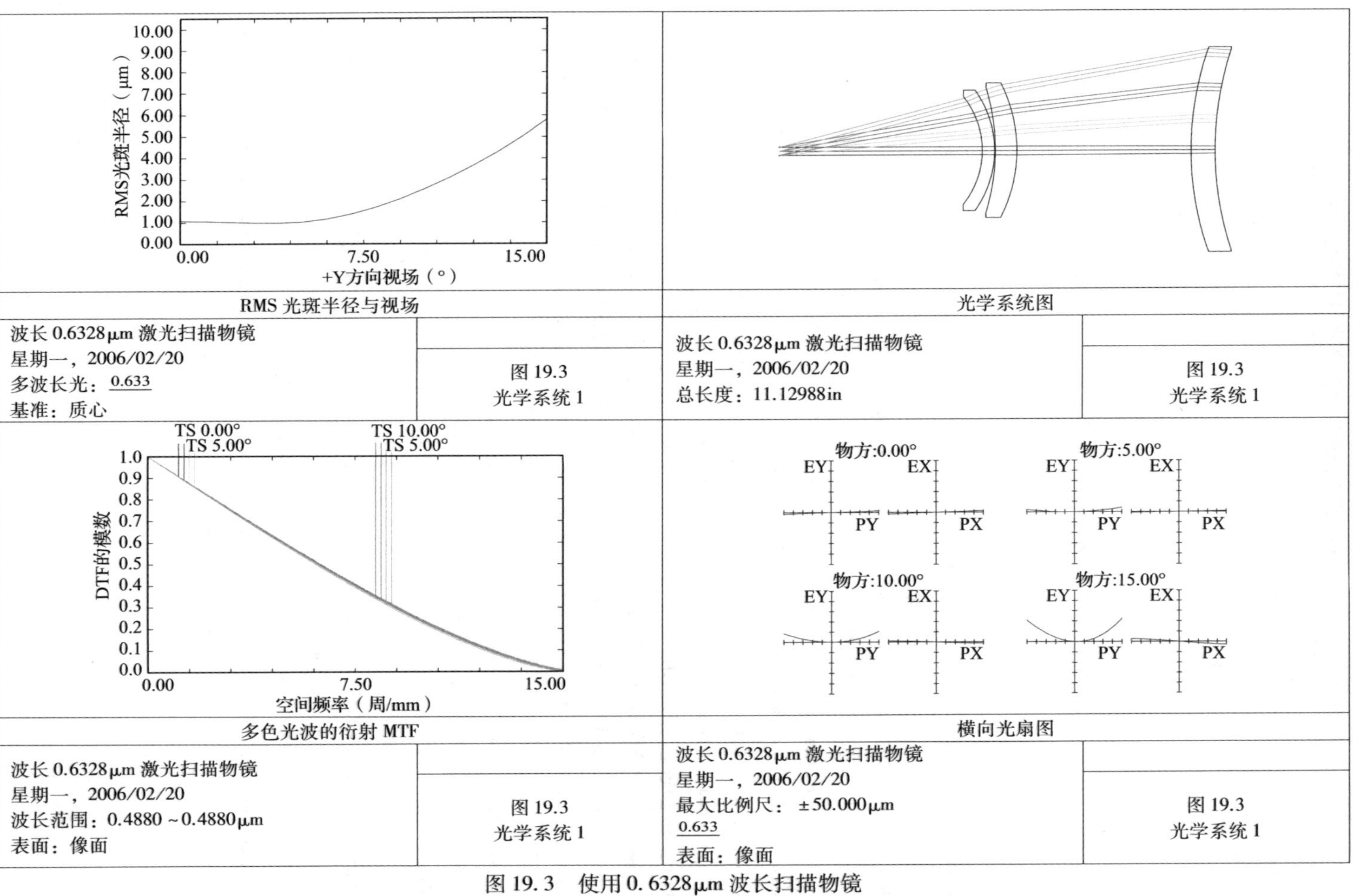
RMS光斑半径（μm）
10.00
9.00
8.00
7.00
6.00
5.00
4.00
3.00
2.00
1.00
0.00
0.00
7.50
15.00
+Y方向视场（°）
RMS 光斑半径与视场
波长 0.6328μm 激光扫描物镜
星期一，2006/02/20
多波长光：0.633
基准：质心
图 19.3
光学系统 1
光学系统图
波长 0.6328μm 激光扫描物镜
星期一，2006/02/20
总长度：11.12988in
图 19.3
光学系统 1
TS 0.00°
TS 5.00°
TS 10.00°
TS 5.00°
DTF的模数
1.0
0.9
0.8
0.7
0.6
0.5
0.4
0.3
0.2
0.1
0.0
0.00
7.50
15.00
空间频率（周/mm）
多色光波的衍射 MTF
波长 0.6328μm 激光扫描物镜
星期一，2006/02/20
波长范围：0.4880～0.4880μm
表面：像面
图 19.3
光学系统 1
物方:0.00°
物方:5.00°
物方:10.00°
物方:15.00°
EY
EX
PY
PX
横向光扇图
波长 0.6328μm 激光扫描物镜
星期一，2006/02/20
最大比例尺：±50.000μm
0.633
表面：像面
图 19.3
光学系统 1

图 19.3　使用 0.6328μm 波长扫描物镜

表 19.3b 0.6328μm 波长扫描物镜的像高与扫描角（θ）

θ/(°)	像 高
3.0	1.047
6.0	2.095
9.0	3.143
12.0	4.190
15.0	5.234

参 考 文 献

Beiser, L. (1974) Laser scanning systems, In *Laser Applications*, Volume 2, Chapter 2, (M. Ross, ed.) Academic Press, New York.

Beiser, L. (1992) *Laser Scanning Notebook*, SPIE Press, Bellingham, WA.

Brixner, B. and Klein, M. M. (1992) Optimization to create a four-element laser scan lens from a five element design, *Optical Engineering*, 31: 1257-1258.

Buzawa, M. J. and Hopkins, R. E. (1975) Optics for laser scanning, *Proceedings of SPIE*, 53: 9.

Cobb, J. M., LaPlante, M. J., Long, D. C., and Topolovec, F. (1995) Telecentric and achromatic f-theta scan lens, US Patent #5404247.

Fisli, T. (1981) High efficiency symmetrical scanning optics, US Patent #4274703.

Gibbs, R. (2000) How to design a laser scanning system, *Laser Focus World*, 121.

Griffith, J. D. and Wooley, B. (1997) High resolution 2-D scan lens, US Patent #5633736.

Hopkins, R. (1987) Optical system requirements for laser scanning systems, Optics News, 11.

Maeda, H. (1983) An f-θ lens system, US Patent #4401362.

Maeda, H. (1984) An f-θ lens system, US Patent #4436383.

Marshall, G. (1985) Laser Beam Scanning, Marcel Dekker, New York.

Minami, S. (1987) Scanning optical system of the canon laser printer, *Proceedings of SPIE*, 741: 118.

Murthy, E. K. (1992) Elimination of the thick meniscus element in high-resolution scan lenses, *Optical Engineering*, 31: 95-97.

Sakuma, N. (1987) F-θ single lens, US Patent #4695132.

Starkweather, G. (1980) High speed laser printing systems, In Laser Applications, Volume 4, (M. Ross, ed.) Academic Press, New York, p. 125.

第20章 内 窥 镜

内窥镜是非常长而且窄的光学转像系统，是为探测人体内相关机体专门设计的。物空间的介质是水，所以，最前面的元件通常为平面形状，以此使内窥镜能够观察到空气或人体中的物体。由于内窥镜应用在人体内部，所以，必须经得起高压灭菌器，或浸在有毒气体，例如环氧乙烷中进行消毒。又因为其长而窄的结构，内窥镜在工业界可用作深孔检查的工具，故称为管道镜。腹腔镜是安装在仪器上的一种内窥镜，可以使外科医生借助内窥镜完成外科手术。

在某些系统中，是在一个小直径不锈钢管内安装一个前物镜（探针的最远端），物镜后紧跟着一系列转像透镜和场镜，从而将样片成像在一束光纤上，这种灵活的光纤束将图像传输到另一端（探针的近端），然后用目镜进行观察。另外，也可以使用 CCD 拍摄到该图像，很方便地在监视器上观看，还可以使用另一光纤照明（Ouchi 2002）。这种结构形式非常灵活方便，经常用于体检。为使对病人的伤害达到最小，前端刚性部分的直径一般小于 3mm（Remijan 2005）。

在某些医学应用中，外科医生希望能够旋转内窥镜，以便对病人体内诊断区进行扫描，在物镜前面设计一个偏折棱镜就可以完成该任务（Lederer 2003）。

某些早期内窥镜的前物镜和转像系统是分别设计的。然后，将相同的转像装置与前物镜组装在一起形成一个完整系统。采用该技术的问题在于，每个转像系统不能被完全校正，当四个以上的此类装置安装在一起，像差会累加。所有的近代光学系统设计程序都能够将一些表面捆绑在一起，因此，整个系统可以作为一个完整的系统进行设计。例如，在下面设计中，表面 9、表面 15 和表面 21 的弯曲就捆绑在一起。其中，表面 9 的弯曲是一个独立变量，表面 15 和表面 21 的弯曲设置等于表面 9——对于表面 10、表面 16 和表面 22 以及表面 11、表面 17 和表面 23 都一样。

如图 20.1 所示是采用棒状透镜的内窥镜，详细结构参数见表 20.1。与其直径相比，这类物镜的光学元件都非常长，有利于仪器的固定和装配。厚透镜也有助于减小 Petzval 和（仍然有一个向内弯曲的像场）以及球差。该系统在水中的视场是 50°，$f^{\#}$是$f/3$（参阅 Hopkins 1966 著作）。

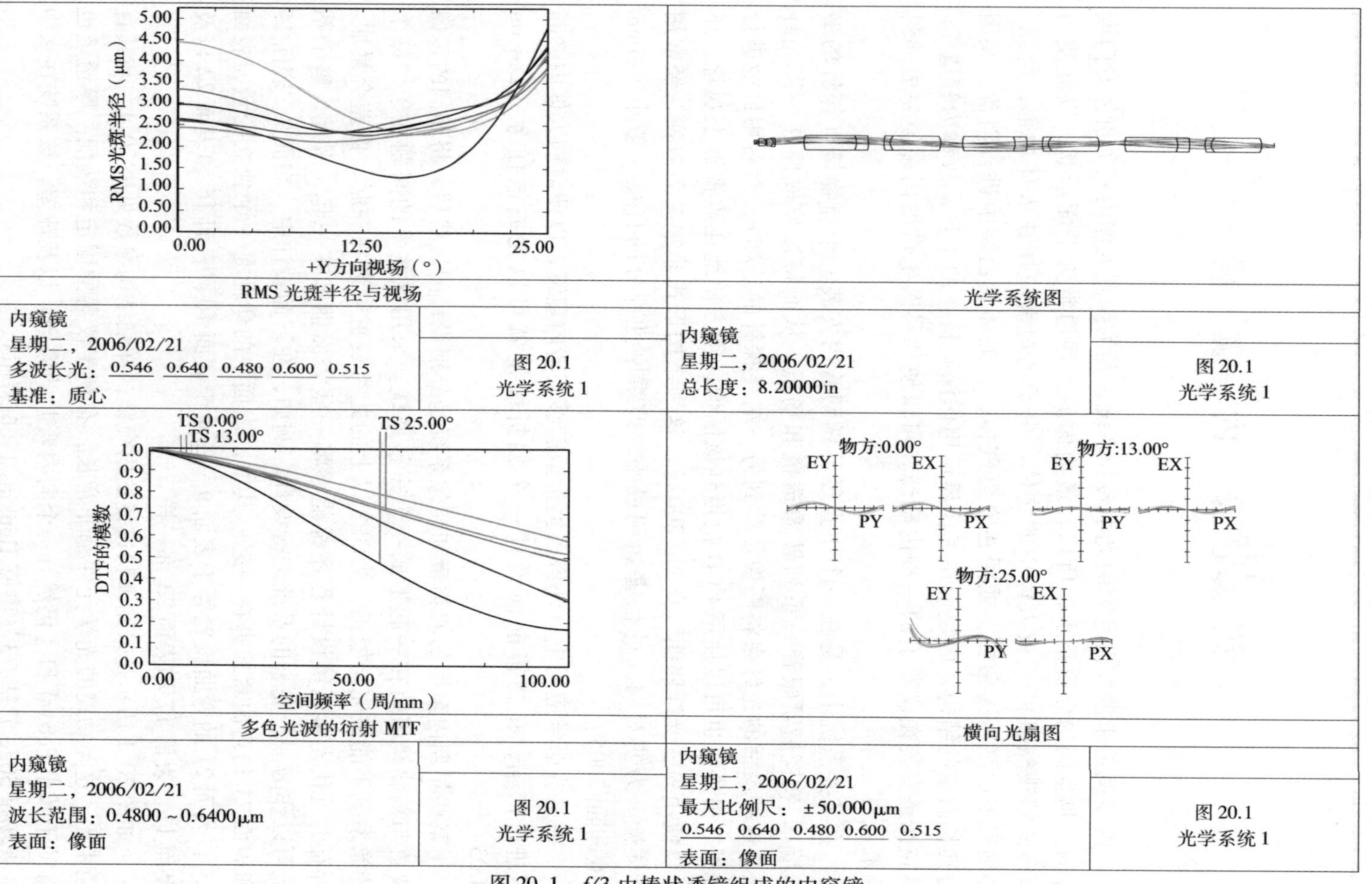

RMS光斑半径（μm）
+Y方向视场（°）
RMS 光斑半径与视场
内窥镜
星期二，2006/02/21
多波长光：0.546 0.640 0.480 0.600 0.515
基准：质心
图 20.1
光学系统 1
光学系统图
内窥镜
星期二，2006/02/21
总长度：8.20000in
图 20.1
光学系统 1
TS 0.00°
TS 13.00°
TS 25.00°
DTF的模数
空间频率（周/mm）
多色光波的衍射 MTF
物方:0.00°
物方:13.00°
物方:25.00°
EY
EX
PY
PX
横向光扇图
内窥镜
星期二，2006/02/21
波长范围：0.4800～0.6400μm
表面：像面
图 20.1
光学系统 1
内窥镜
星期二，2006/02/21
最大比例尺：±50.000μm
0.546 0.640 0.480 0.600 0.515
表面：像面
图 20.1
光学系统 1

图 20.1 *f*/3 由棒状透镜组成的内窥镜

表 20.1 棒状透镜组成的内窥镜的结构参数 （单位：in）

表面	半 径	厚 度	材 料	直 径
0	0.0000	无穷大	水	
1	0.0000	0.0310	N-BK7	0.080
2	0.0284	0.0334		0.050
3	光阑	0.0080		0.036
4	-0.3742	0.1139	N-LAK12	0.070
5	-0.0965	0.0050		0.140
6	0.7827	0.1050	SK16	0.140
7	-0.0842	0.0321	SF4	0.140
8	-0.3720	0.4515		0.166
9	0.5158	0.8304	N-LAF34	0.280
10	-0.3939	0.1884	SF4	0.280
11	-0.8018	0.2429		0.280
12	0.5380	0.0969	SF4	0.280
13	0.2073	0.7971	N-LAF34	0.280
14	-0.3509	0.3442		0.280
15	0.5158	0.8304	N-LAF34	0.280
16	-0.3939	0.1884	SF4	0.280
17	-0.8018	0.2429		0.280
18	0.5380	0.0969	SF4	0.280
19	0.2073	0.7971	N-LAF34	0.280
20	-0.3509	0.4087		0.280
21	0.5158	0.8304	N-LAF34	0.280
22	-0.3939	0.1884	SF4	0.280
23	-0.8018	0.2429		0.280
24	0.5380	0.0969	SF4	0.280
25	0.2073	0.7971	N-LAF34	0.280
26	-0.3509	0.2002		0.280

注：第一透镜前表面至像面的距离 =8.20in，焦距 = -0.067in，畸变 =3.0%。

注意，后半部分，从表面9到表面26，被分成三个相同的块：9~14、15~20和21~26。在优化程序中，将表面15~20（译者注：原文错印为14~20）和21~26两组的曲率和厚度与对应的前组表面9~14捆绑在一起。还要注意，前物镜，表面1~8，与Tachihara的专利（1998）的共同之处。

如图20.2所示是内窥镜物镜，成像在直径为0.070in的光纤束中，物距为0.2in，物体位于非常类似于人体液的水中，详细结构参数见表20.2。

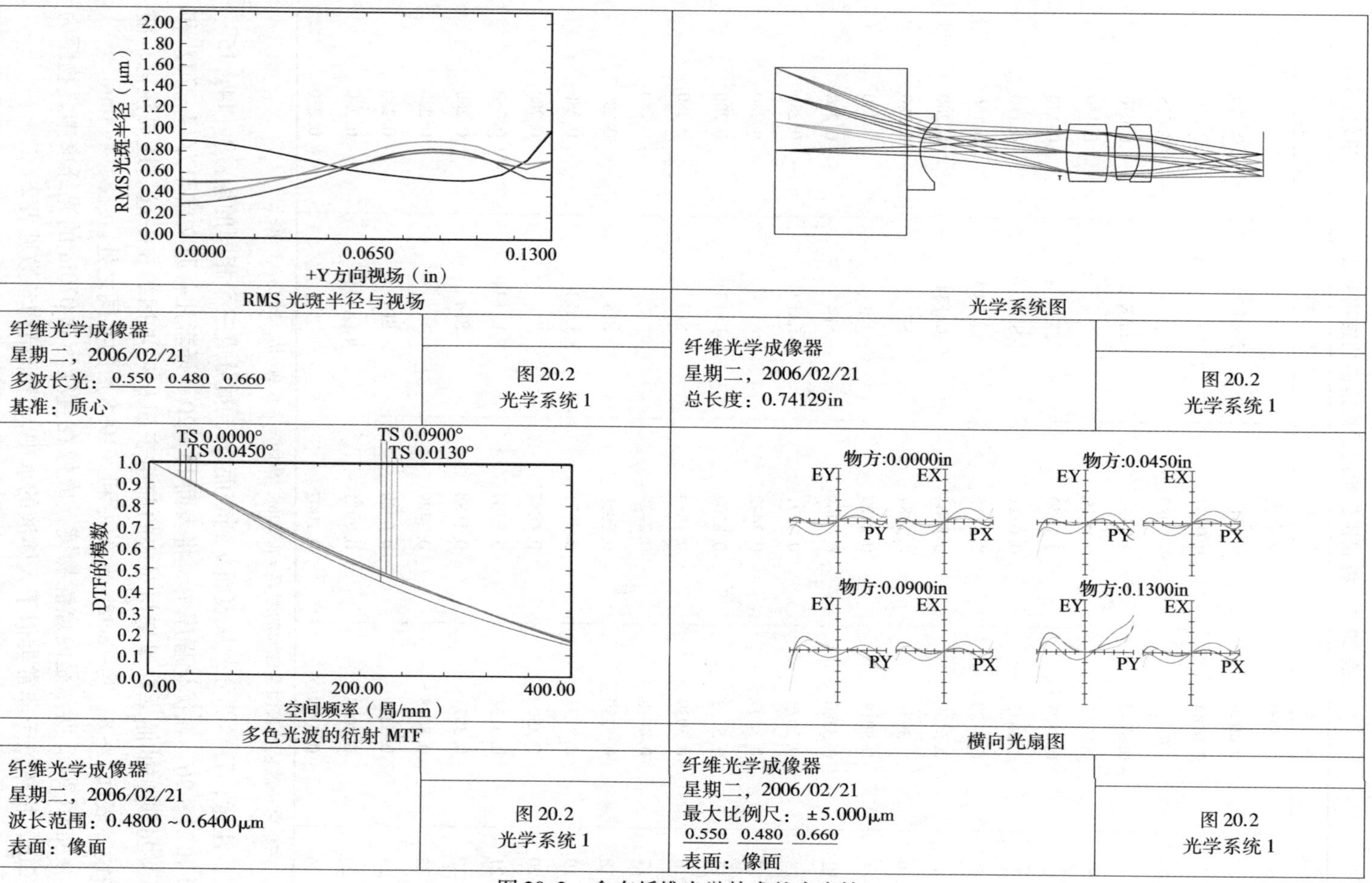
RMS光斑半径（μm）
+Y方向视场（in）
RMS 光斑半径与视场
纤维光学成像器
星期二，2006/02/21
多波长光：0.550 0.480 0.660
基准：质心
图 20.2
光学系统 1
光学系统图
纤维光学成像器
星期二，2006/02/21
总长度：0.74129in
图 20.2
光学系统 1
TS 0.0000°
TS 0.0450°
TS 0.0900°
TS 0.0130°
DTF的模数
空间频率（周/mm）
多色光波的衍射 MTF
物方:0.0000in
物方:0.0450in
物方:0.0900in
物方:0.1300in
横向光扇图
纤维光学成像器
星期二，2006/02/21
波长范围：0.4800 ~ 0.6400μm
表面：像面
图 20.2
光学系统 1
纤维光学成像器
星期二，2006/02/21
最大比例尺：±5.000μm
0.550 0.480 0.660
表面：像面
图 20.2
光学系统 1

图 20.2 含有纤维光学技术的内窥镜

表 20.2 含有纤维光学技术的内窥镜 （单位：in）

表面	半 径	厚 度	材 料	直 径
0	0.0000	0.2000	水	0.260
1	0.0000	0.0200	N-BK7	0.120
2	0.0642	0.2124		0.096
3	光阑	0.0100		0.073
4	0.2295	0.0637	N-LAK12	0.090
5	-0.2499	0.0100		0.090
6	0.2749	0.0372	N-SK16	0.084
7	-0.0690	0.0200	SF1	0.084
8	-0.3486	0.1680		0.090
9	0.0000	0.0000		0.070

注：畸变 =7.6%。

由 MTF 曲线注意到，该系统性能几乎达到衍射受限。系统焦距是 0.0658in，$f^{\#}$为$f/3.2$，从物体到光纤束的距离是 0.741in。由于该物镜的功能是检查体内组织，所以，7.6%的畸变应当不是问题。

注意，这是一种反摄远物镜类设计，类似于 Yamashita 介绍的系统（1977，1978）。

参 考 文 献

Hoogland, J. (1986) Flat field lenses, US Patent #4575195.

Hopkins, H. H. (1966) Optical system having cylindrical rod-like lenses, US Patent #3257902.

Lederer, F. (2003) Endoscope objective, US Patent #6635010.

Nakahashi, K. (1981) Optical system for endoscopes, US Patent #4300812.

Nakahashi, K. (1983) Objective for endoscope, US Patent #4403837.

Ono, K. (1998) Image transmitting optical system, US Patent #5731916.

Ouchi, T. (2002) Probe of endoscope, US Patent #6497653.

Remijan, P. and McDonald, J. (2005) Miniature endoscope with imaging fiber system, US Patent #6863651.

Rol, P., Jenny, R., Beck, D., Frankhauser, F., and Niederer, P. F. (1995) Optical properties of miniaturized endoscopes of opthalmic use, *Optical Engineering*, 34: 2070.

Tachihara, S. and Takahashi, K., (1998) Objective lens for endoscope, US Patent #5724190.

Tomkinson, T. H., Bentley, J. l., Crawford, M. K., Harkrider, C. J., Moore, D. T., and Rouke, J. L. (1996) Ridgid endoscopic relay systems: A comparative study, *Applied Optics*, 35: 6674.

Yamashita, N. (1977) Retrofocus type objective for endoscopes, US Patent #4042295.

Yamashita, N. (1978) Optical system for endoscope, US Patent #4111529.

第21章 放大和复制物镜

放大复制物镜都有某种程度的对称性，用于将胶片投影在光敏纸（或其它光敏介质）上。放大镜的放大倍率一般是2～8或8～16，后一种情况是将35mm单透镜反射式照相系统的胶片放大成8in×10in或者11in×14in打印，通常，是$f/2.8$或更大。

由于许多照相纸对低于0.4μm的光波灵敏，所以，希望能够通过选择合适的玻璃来吸收该波段范围的能量。（对透镜校正较短波长的像差较困难）相反，该系统在小于0.4μm的波长范围内要有高透过率。

如图21.1所示是放大率为10×的放大镜，详细结构参数见表21.1，像的对角线尺寸为44mm（35mm单透镜反射式相机的幅面），焦距为2.56in。

表21.1　10×放大镜的结构参数　（单位：in）

表面	半　径	厚　度	材　料	直　径
0	0.0000	26.5300		17.332
1	1.1627	0.2251	N-LAF2	1.440
2	3.3074	0.0100		1.380
3	0.8557	0.2544	N-BK7	1.180
4	7.2703	0.0800	F4	1.180
5	0.5018	0.4228		0.760
6	光阑	0.4051		0.410
7	-0.7320	0.0963	SF1	0.760
8	-3.1346	0.2416	N-LAK7	1.060
9	-0.7830	0.0100		1.060
10	12.3715	0.1557	N-LAF2	1.240
11	-2.2678	1.9288		1.240

注：第一透镜前表面至像面的距离=3.830in，边缘畸变=0.5%。

双高斯物镜是职业摄影师使用的“高级”物镜的代表。由MTF曲线可以看到，全孔径处的分辨率也非常高。廉价物镜是天塞（Tessar）型物镜（如图4.2所示的类型）或者$f/5.6$的三片型物镜，甚至会有更低价格。对业余摄影爱好者，这是最欢迎的类型。当光圈缩小到$f/8$时，会有最佳性能。大部分放大镜安装有可变光阑，最大的$f^{\#}$是32。一般来说，对焦距大于150mm的物镜所设计的可变光阑，其覆盖的$f^{\#}$是$f/5.6$～$f/45$。

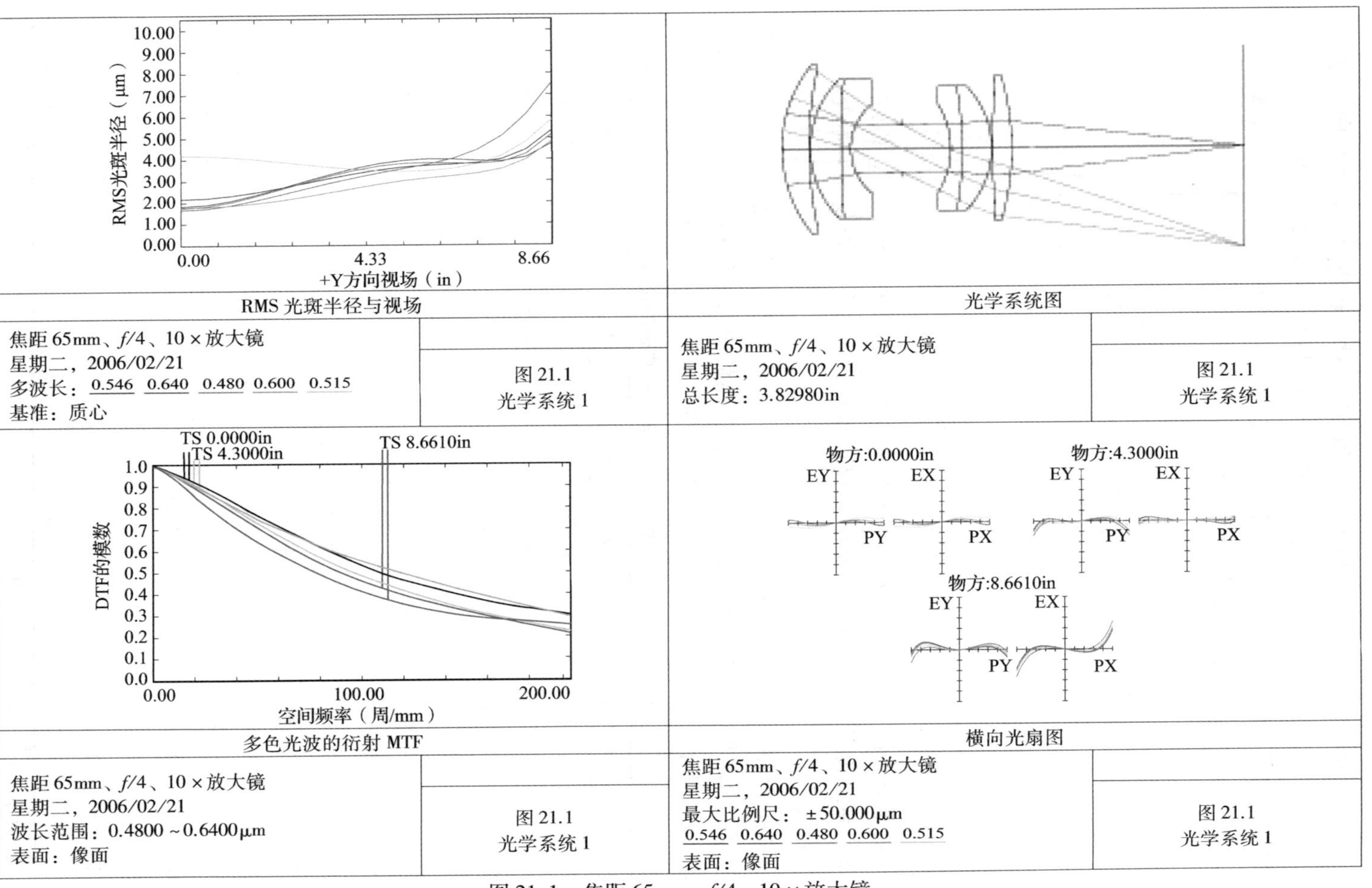

RMS光斑半径（μm）
10.00
9.00
8.00
7.00
6.00
5.00
4.00
3.00
2.00
1.00
0.00
0.00
4.33
8.66
+Y方向视场（in）
RMS 光斑半径与视场
焦距 65mm、f/4、10×放大镜
星期二，2006/02/21
多波长：0.546 0.640 0.480 0.600 0.515
基准：质心
图 21.1
光学系统 1
光学系统图
焦距 65mm、f/4、10×放大镜
星期二，2006/02/21
总长度：3.82980in
图 21.1
光学系统 1
TS 0.0000in
TS 4.3000in
TS 8.6610in
DTF的模数
1.0
0.9
0.8
0.7
0.6
0.5
0.4
0.3
0.2
0.1
0.0
0.00
100.00
200.00
空间频率（周/mm）
多色光波的衍射 MTF
焦距 65mm、f/4、10×放大镜
星期二，2006/02/21
波长范围：0.4800～0.6400μm
表面：像面
图 21.1
光学系统 1
物方:0.0000in
物方:4.3000in
物方:8.6610in
EY
EX
PY
PX
横向光扇图
焦距 65mm、f/4、10×放大镜
星期二，2006/02/21
最大比例尺：±50.000μm
0.546 0.640 0.480 0.600 0.515
表面：像面
图 21.1
光学系统 1

图 21.1　焦距 65mm、f/4、10×放大镜

采用全对称物镜系统，可以完全消除畸变、慧差和横向色差等横向像差。

如图 21.2 所示是一个对称光学系统。由于对称，主光线 A、B、C、D 在物方的高度为 H，像方则有 $H' = H$ 的高度，这对所有的视场角和波长都成立。所以，该系统既没有畸变，也没有横向色差。

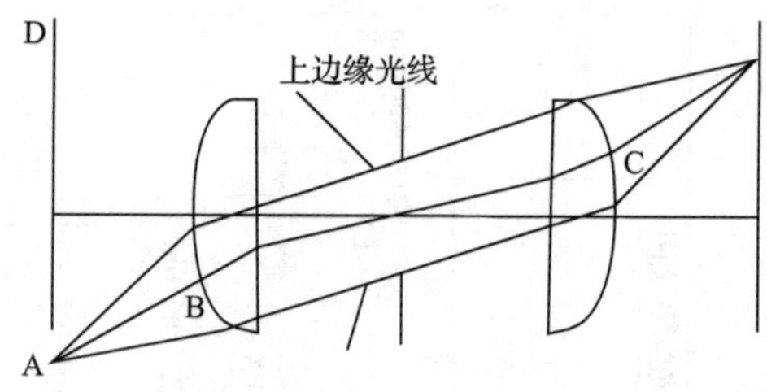
D
上边缘光线
C
B
A

图 21.2 对称光学系统

由于对称性，像空间的上下边缘光线与其在物空间的值一样，因此消除了慧差。系统的每半个部分都没有必要校正慧差，所以，主光线与入瞳处的上下边缘光线并不平行。

如图 21.3 所示是单位放大率复制物镜，详细的结构参数见表 21.2。该系统以光阑完全对称，因此，消除了慧差、畸变和横向色差等横向像差（还可以参考图 14.1 的 1:1 中继转像系统）（译者注：原文中多印了一个“14.1”）。

表 21.2 单位放大率、*f*/4.58 复制物镜的结构参数 （单位：in）

表面	半 径	厚 度	材 料	直 径
0	0.0000	15.7961		10.000
1	3.7078	0.7091	N-LAK33	3.280
2	42.2542	0.6081		3.280
3	-17.9061	0.3500	F4	2.360
4	2.7669	0.5847		2.020
5	4.7944	0.3500	N-LAK33	1.800
6	14.4922	0.1000		1.640
7	光阑	0.1000		1.543
8	-14.4922	0.3500	N-LAK33	1.640
9	-4.7944	0.5847		1.800
10	-2.7669	0.3500	F4	2.020
11	17.9061	0.6081		2.360
12	-42.2542	0.7091	N-LAK33	3.280
13	-3.7078	15.7961		3.280

注：物像距 = 36.996in，焦距 = 9.461in。

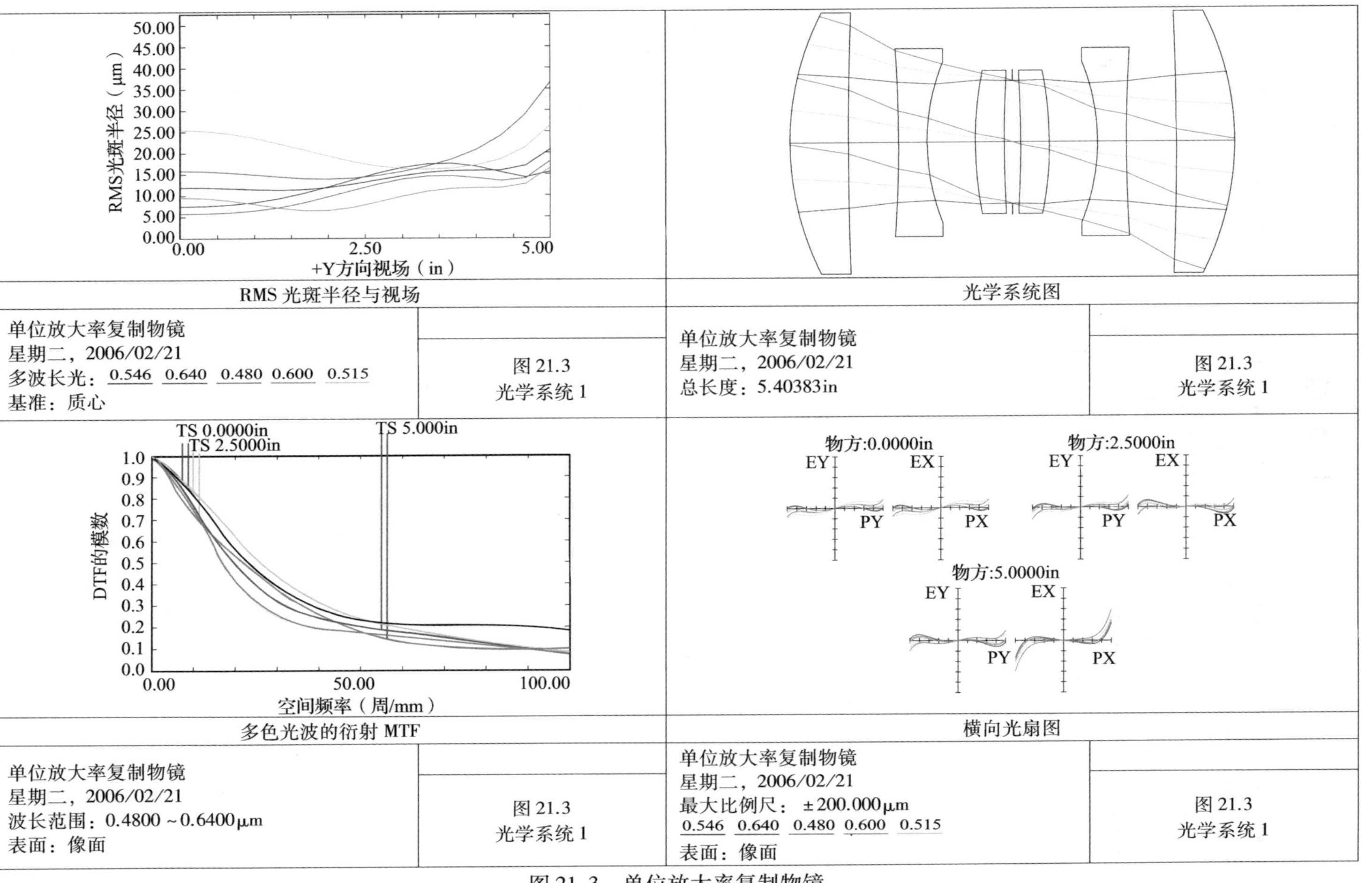

RMS光斑半径（μm）
50.00
45.00
40.00
35.00
30.00
25.00
20.00
15.00
10.00
5.00
0.00
0.00
2.50
5.00
+Y方向视场（in）
RMS 光斑半径与视场
单位放大率复制物镜
星期二，2006/02/21
多波长光：0.546 0.640 0.480 0.600 0.515
基准：质心
图 21.3
光学系统 1
光学系统图
单位放大率复制物镜
星期二，2006/02/21
总长度：5.40383in
图 21.3
光学系统 1
TS 0.0000in
TS 2.5000in
TS 5.000in
DTF的模数
1.0
0.9
0.8
0.7
0.6
0.5
0.4
0.3
0.2
0.1
0.0
0.00
50.00
100.00
空间频率（周/mm）
多色光波的衍射 MTF
单位放大率复制物镜
星期二，2006/02/21
波长范围：0.4800～0.6400μm
表面：像面
图 21.3
光学系统 1
物方:0.0000in
物方:2.5000in
物方:5.0000in
EY
EX
PY
PX
横向光扇图
单位放大率复制物镜
星期二，2006/02/21
最大比例尺：±200.000μm
0.546 0.640 0.480 0.600 0.515
表面：像面
图 21.3
光学系统 1

图 21.3　单位放大率复制物镜

参 考 文 献

Kouthoofd，B. J.（1998）Enlarging lens with a large working distance，US Patent #5724191.

Lynch，G. B.（1965）Symmetrical copy lens of the inverse gauss type，US Patent #3439976.

Matsubara，M.（1977）Enlarging lens system，US Patent #4045127.

Matsubara，M.（1977）Enlarging lens system，US Patent #4057328.

Matsubara，M.（1977）Enlarging lens system，US Patent #4013346.

Velesik，S.（1975）Reproduction lens system，US Patent #3876292.

第22章 放映物镜

虽然，照相物镜可以用作放映物镜，但放映物镜还是有一些不同之处：

1. 放映过程中，放映物镜必须经得起大功率密度照明（这是指电影放映物镜。对于液晶显示（LCD）放映物镜，参考图22.6的讨论），使用大瓦数氙弧灯时，特别要满足这一点。通常情况下，膜层没有问题，问题在于光学胶合件。加拿大冷胶完全不适用于此。幸运的是，它目前已经很少使用。由Summers Labs公司（Fort Washington，PA）生产的一种热硬化光学胶“Lens Bond”非常适用于此类工况。它是一种聚脂树脂，适合于室温下固化、烘热熟化及紫外灯下固化，满足MIL－A－3920规范的要求，$N_d=1.55$。Norland Optical公司（New Brunswick，NJ）生产类似的材料。

有时，也使用环氧树脂胶。这些材料能经得起非常高的温度。作者已经找到一种非常有用的材料就是Hysol（环氧树脂类粘合剂）OSO-100。零件必须在100℃温度下固化一夜，$N_d=1.493$，物镜可以经受的温度达125°。另一种非常有用的材料是TRA－BOND F114，由麻省Medford市Tracon有限公司生产，$N_d=1.54$。经24h室温固化后，适用于－60～130 ℉的温度范围。

2. 放映物镜有一个固定孔径光阑，不需要可变光阑。

3. 必须有足够的后截距，来为胶片传送机构提供安装空间。一般在焦平面附近没有场镜（ANSI，1982）。

4. 物镜出瞳必须对应着灯的像。对于氙弧灯70mm放映物镜，到胶片距离的典型值是4.0in。对于标准放映物镜（35mm），必需的距离约为2.2in。

5. 由于放映距离至少是焦距的100倍，所以，放映物镜的设计共轭距经常确定为无穷远。有时，这可能是一个很危险的错误。因为，对于有显著畸变的广角物镜，其像差受到共轭距离的严重影响，参阅第9章有关这方面的讨论。本章的所有设计都是针对无穷远共轭距，建议用户查验实际共轭距时的性能。

6. 放映屏幕一般是柱面，并且弯向观众。通常，该弯曲半径是物镜与屏幕间距离的0.8～1.5倍。根据初级理论，胶片半径应当与屏幕半径相同。然而，与胶片宽度相比，该半径非常大，所以一般都使用平面胶片。

由Pioneer公司生产的放映仪有一个50in的柱面半径（曲率中心弯向氙弧灯）。同样，IMAX放映仪的柱面半径是18.78in，在放映物镜侧有一个柱面场镜。Strong－Ballantine放映仪设计有一个平窗孔。

7. ANSI（美国国家标准化组织）196M 标准要求具有 16fL 的屏幕照度。虽然，在 100fL 照度下，人眼可以有 1 弧分的分辨率，但是，在 16fL 屏幕照度下，其分辨率会下降到 2 弧分。当观众坐在剧场（在放映机）的后面，其角分辨率 θ 是

$$\theta = \frac{1}{RF}$$

式中，R 是胶片分辨率，单位为 lp/mm；F 是放映物镜的焦距，单位为 mm。该关系式适用于后排观众。对前排观众，能观察到一个有像差的图像（如果物镜理想，能够观察到放大的胶片颗粒的像）。折衷方法是使剧院中间座位的分辨率达到 2 弧分，等效于在放映物镜视场中心使 $1/RF = 1$ 弧分。在 30°轴外角（如同观众在剧院中心观看），分辨率可能降到 5 弧分，对于投影图像的质量，请参考 SMPTE（1994）提供的资料。

一个非常有用的设计程序（Schneider Optics 公司的剧场设计程序 2. 1b 版本）可以从互联网（http：//www. schneideroptics. com）下载。

如图 22. 1 所示是焦距 3in、$f/1.8$、为放映 35mm 电影胶片（对角线 1. 07in）设计的放映物镜。其详细的结构参数见表 22. 1，是 Mittal，Gupta 和 Sharma 设计（1990）的改进型。

表 22. 1　焦距 3in、$f/1.8$ 放映物镜的结构参数　（单位：in）

表面	半　径	厚　度	材　料	直　径
1	4. 4446	0. 1958	N-SK4	2. 420
2	23. 4433	0. 0200		2. 420
3	2. 0828	0. 3770	N-LAK7	2. 200
4	11. 1061	0. 4202		2. 100
5	-3. 9104	0. 1201	SF5	1. 670
6	1. 4530	0. 9483		1. 469
7	光阑	0. 0206		1. 331
8	5. 6967	0. 7482	N-LAK7	1. 600
9	-2. 1579	0. 0200		1. 600
10	2. 1290	0. 4441	N-LAK7	1. 600
11	-20. 2216	0. 3497		1. 600
12	-6. 0474	0. 1157	F2	1. 276
13	0. 8242	0. 0223		1. 177
14	0. 8495	0. 1892	N-SK4	1. 220
15	2. 2429	1. 1932		1. 180
16	0. 0000	0. 0000		1. 067

注：第一透镜前表面至胶片的距离 = 5. 185in，畸变 = 1. 1%。

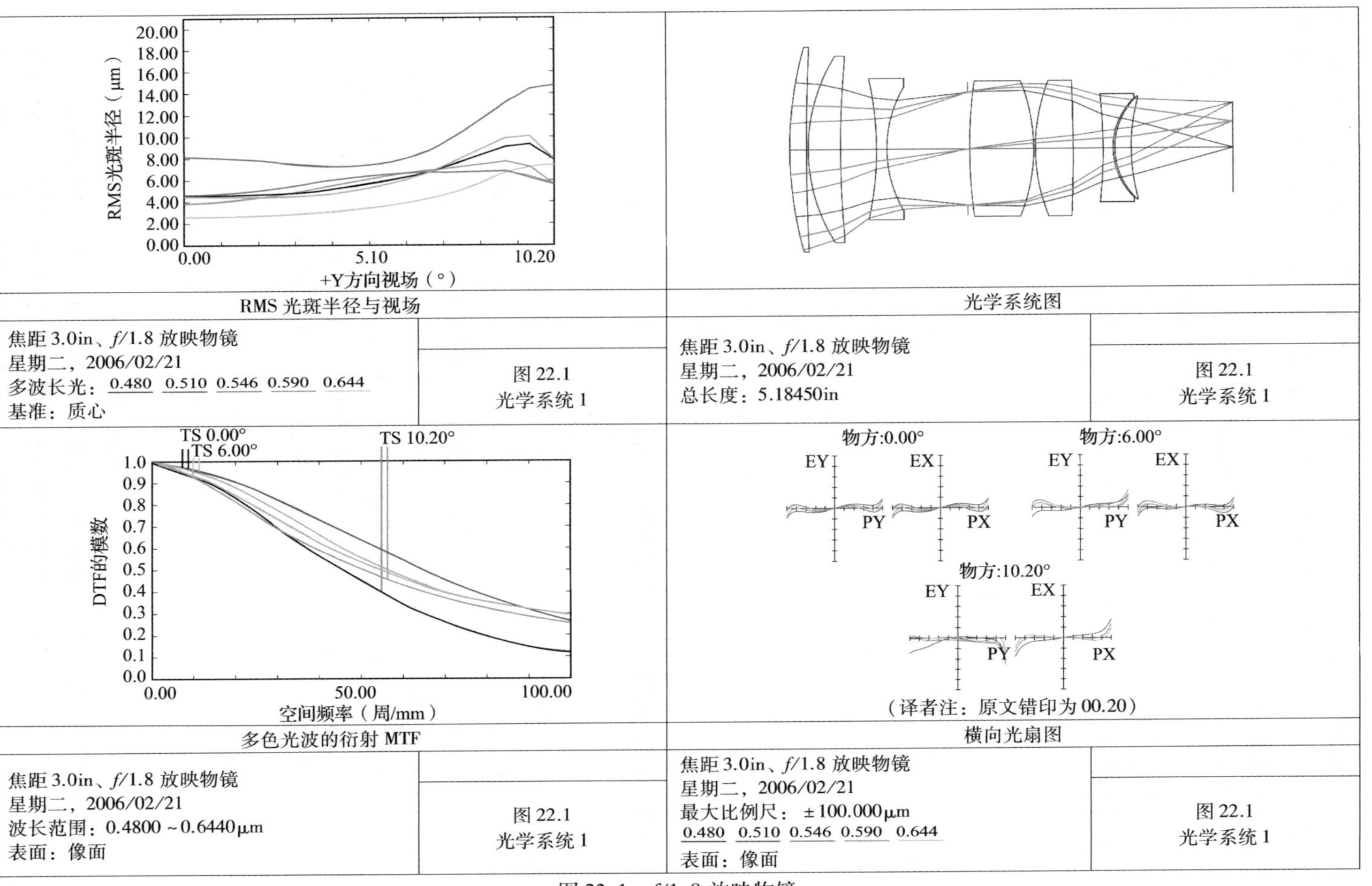
RMS光斑半径（μm）
20.00
18.00
16.00
14.00
12.00
10.00
8.00
6.00
4.00
2.00
0.00
0.00
5.10
10.20
+Y方向视场（°）
RMS 光斑半径与视场
焦距 3.0in、f/1.8 放映物镜
星期二，2006/02/21
多波长光：0.480 0.510 0.546 0.590 0.644
基准：质心
图 22.1
光学系统 1
光学系统图
焦距 3.0in、f/1.8 放映物镜
星期二，2006/02/21
总长度：5.18450in
图 22.1
光学系统 1
TS 0.00°
TS 6.00°
TS 10.20°
DTF的模数
1.0
0.9
0.8
0.7
0.6
0.5
0.4
0.3
0.2
0.1
0.0
0.00
50.00
100.00
空间频率（周/mm）
多色光波的衍射 MTF
焦距 3.0in、f/1.8 放映物镜
星期二，2006/02/21
波长范围：0.4800 ~ 0.6440μm
表面：像面
图 22.1
光学系统 1
物方:0.00°
物方:6.00°
物方:10.20°
EY
PY
EX
PX
（译者注：原文错印为 00.20）
横向光扇图
焦距 3.0in、f/1.8 放映物镜
星期二，2006/02/21
最大比例尺：±100.000μm
0.480 0.510 0.546 0.590 0.644
表面：像面
图 22.1
光学系统 1

图 22.1 f/1.8 放映物镜

出瞳到像面的距离是 -2.204in。注意，该光学系统是一个 7 片型物镜，它与如图 39.3 所示物镜有类似的光学性能，但系统中少一块透镜，其中的一个光学元件是梯度折射率透镜。

在大部分电影院，放映机设置在屏幕的中心线上。然而，也有将放映机设置在屏幕中心线上方。在某些情况下，将放映机安装在观众上方可以使剧场设计更为有效。但遗憾的是，这会造成梯形畸变：将一个正方形投影成梯形。有时，这种情况非常讨厌，不可接受。使物镜相对于胶片中心线有一定量的位移就可以消除这种现象，如图 22.2 所示。

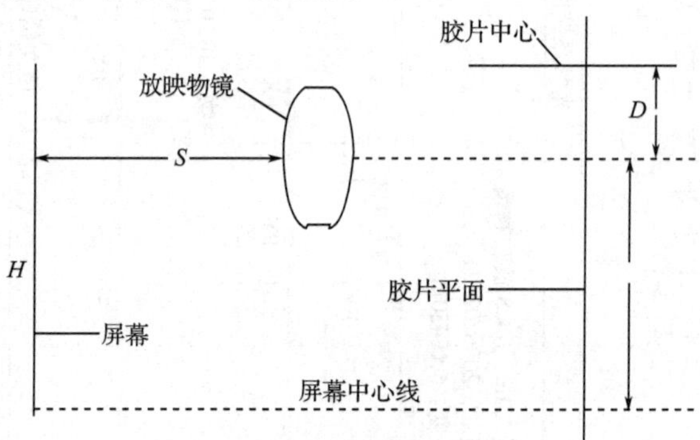
胶片中心
放映物镜
D
S
H
胶片平面
屏幕
屏幕中心线

图 22.2　错位放映物镜

注意，物镜应当落到胶片中心线以下的距离 D 是

$$D=\frac{FH}{S-F}$$

式中，F 是放映物镜的焦距。

这种结构布局就将胶片中心成像在屏幕中心。虽然，这种设计有利于消除梯形畸变，同时也意味着，放映物镜的设计视场要比通常情况的更大。佛罗里达 Epcot Center 的 Kodak 3D 剧场就是应用这种原理。在这种情况下，使用（水平方向上）相距 5.5ft 的两台放映机放映 70mm 胶片，每台放映机物镜前面有一块偏振片，观众带着偏振眼镜观看。两个图像必须能够精确地投射到整个屏幕上。然而，因为放映机间有一定距离，所以，每台放映机视场边缘的畸变是不一样的（见图 22.2）。

$$S=1236$$

$$F=3.594$$

$$H=33$$

$$D=0.096$$

参考附录 A，65mm 胶片的标准尺寸是 1.912in × 0.870in。由于物镜存在位移（该情况下是水平位移），物镜必须覆盖一个额外的 2D 水平量，对应的对角线尺寸是 2.277in。$f/2$ 的物镜系统如图 22.3 所示，详细的结构参数见表 22.2。

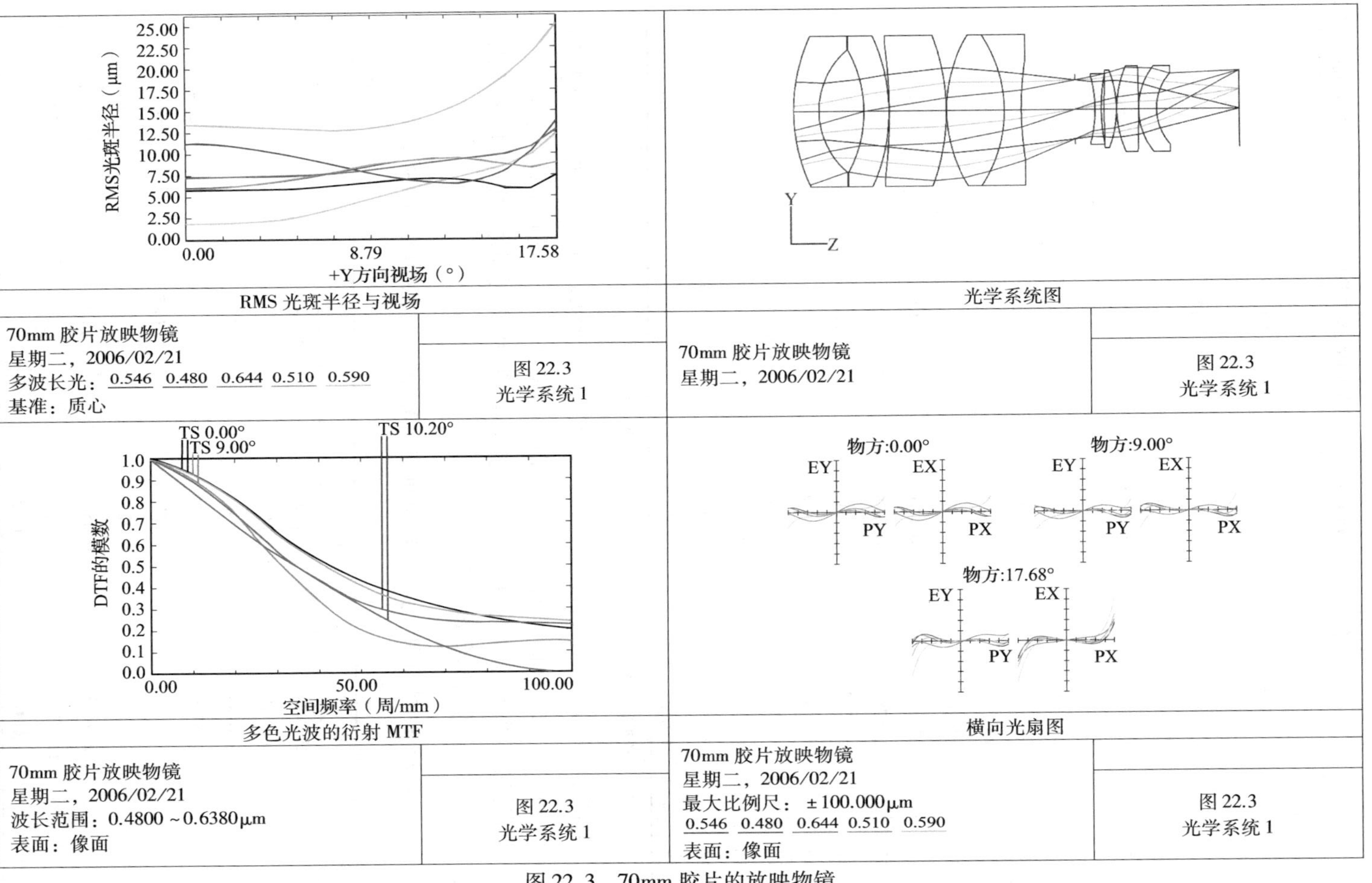
RMS光斑半径（μm）
25.00
22.50
20.00
17.50
15.00
12.50
10.00
7.50
5.00
2.50
0.00
0.00
8.79
17.58
+Y方向视场（°）
RMS 光斑半径与视场
70mm 胶片放映物镜
星期二，2006/02/21
多波长光：0.546 0.480 0.644 0.510 0.590
基准：质心
图 22.3
光学系统 1
Y
Z
光学系统图
70mm 胶片放映物镜
星期二，2006/02/21
图 22.3
光学系统 1
TS 0.00°
TS 9.00°
TS 10.20°
DTF的模数
1.0
0.9
0.8
0.7
0.6
0.5
0.4
0.3
0.2
0.1
0.0
0.00
50.00
100.00
空间频率（周/mm）
多色光波的衍射 MTF
70mm 胶片放映物镜
星期二，2006/02/21
波长范围：0.4800 ~0.6380μm
表面：像面
图 22.3
光学系统 1
物方:0.00°
物方:9.00°
物方:17.68°
EY
EX
PY
PX
横向光扇图
70mm 胶片放映物镜
星期二，2006/02/21
最大比例尺：±100.000μm
0.546 0.480 0.644 0.510 0.590
表面：像面
图 22.3
光学系统 1

图 22.3　70mm 胶片的放映物镜

表 22.2　70mm 胶片放映物镜的结构参数　（单位：in）

表面	半　径	厚　度	材　料	直　径
1	5.4309	0.7220	N-FK5	4.460
2	3.3942	1.2934		3.620
3	-3.8629	0.7140	SF5	3.620
4	-5.5409	0.0115		4.460
5	-16.0642	1.6219	N-LAK9	3.940
6	-6.5538	0.0134		4.460
7	4.3769	1.6521	N-LAK10	4.460
8	-4.1619	0.4850	F2	4.460
9	9.8038	1.5399		3.000
10	光阑	0.5755		1.732
11	-3.8829	0.1769	SF4	1.920
12	5.4280	0.0844		2.080
13	35.4552	0.3503	N-LAK10	2.280
14	-3.2140	0.0100		2.280
15	3.2160	0.6218	N-LAK9	2.520
16	-36.2242	0.0004		2.520
17	2.0680	0.5136	N-LAK9	2.520
18	1.6121	2.3729		2.100

注：第一透镜前表面至胶片的距离 = 12.759in，畸变 = 1.4%

入瞳到第一透镜前表面的距离是 4.747in。出瞳到像面（胶片）的距离是 -3.974in。注意，前面透镜的直径要加工成一样的，从而简化了镜体设计。

如图 22.4 所示是视场 70°、*f*/2、与 70mm 胶片配合使用的放映物镜，焦距是 1.5in，详细的结构参数见表 22.3。

表 22.3　视场 70°、*f*/2、与 70mm 胶片配合使用的放映物镜的结构参数

（单位：in）

表面	半　径	厚　度	材　料	直　径
1	9.7275	0.6688	N-SK14	5.400
2	-158.3779	0.4966		5.400
3	8.6145	0.2988	SF2	3.540
4	1.3766	1.7130		2.440
5	43.1382	0.4576	N-FK5	2.000
6	1.2346	0.2277		1.720
7	2.9000	0.6500	SF6	1.780
8	-13.0235	0.6425		1.780
9	光阑	0.0160		1.528

（续）

表面	半 径	厚 度	材 料	直 径
10	2.8503	0.4583	N-LAF2	1.780
11	-2.2679	0.0199		1.780
12	19.4831	0.5086	N-FK5	1.780
13	-1.2952	0.1100	SF6	1.780
14	2.1446	0.1754		1.660
15	25.7344	0.2334	N-LAK9	1.780
16	-2.7763	0.0322		1.780
17	7.8016	0.3218	N-LAK9	1.920
18	-7.4907	2.2454		1.920

注：第一透镜前表面至像面的距离 =9.276in，畸变 =4.7%（全视场）。

出瞳到胶片的距离是 -3.854in。参看图 22.4 中均方根光斑尺寸曲线图，注意，35°视场角时胶片处的均方根光斑尺寸约为 17μm。坐在剧场后排的观众观察到屏幕四个角处的角分辨率应当是

$$\theta = \frac{0.017}{38.1} = 0.00045 = 1.5 \text{ 弧分}$$

正如上面讨论的，剧场中间的观众观看屏幕四个角处的角分辨率应当是 3 弧分。对大部分应用，该分辨率已经足够了。

如图 22.5 所示是一个塑料放映物镜（焦距为 10in，*f*/2），对一个 5in 直径的 CRT 管投影成像，详细的结构参数见表 22.4。采用塑料透镜是因为客户要求注模制造，以大批量廉价生产。由于有较低的功率密度，所以，不排除可以使用塑料透镜。

表 22.4 塑料放映物镜的结构参数 （单位：in）

表面	半 径	厚 度	材 料	直 径
1	4.9281	0.9544	丙烯酸有机玻璃	5.640
2	0.0000	0.0100		5.640
3	3.2798	1.3000	丙烯酸有机玻璃	4.460
4	10.0724	0.1770		3.500
5	光阑	0.0100		3.445
6	151.2944	0.4995	聚苯乙烯有机玻璃	3.500
7	2.5623	0.4160		3.200
8	6.4575	0.3534	聚苯乙烯有机玻璃	3.360
9	3.5922	1.2481		3.320
10	5.1956	0.9839	丙烯酸有机玻璃	4.880
11	-9.8660	4.8321		4.880

注：第一透镜前表面至像面的距离 =10.784in。

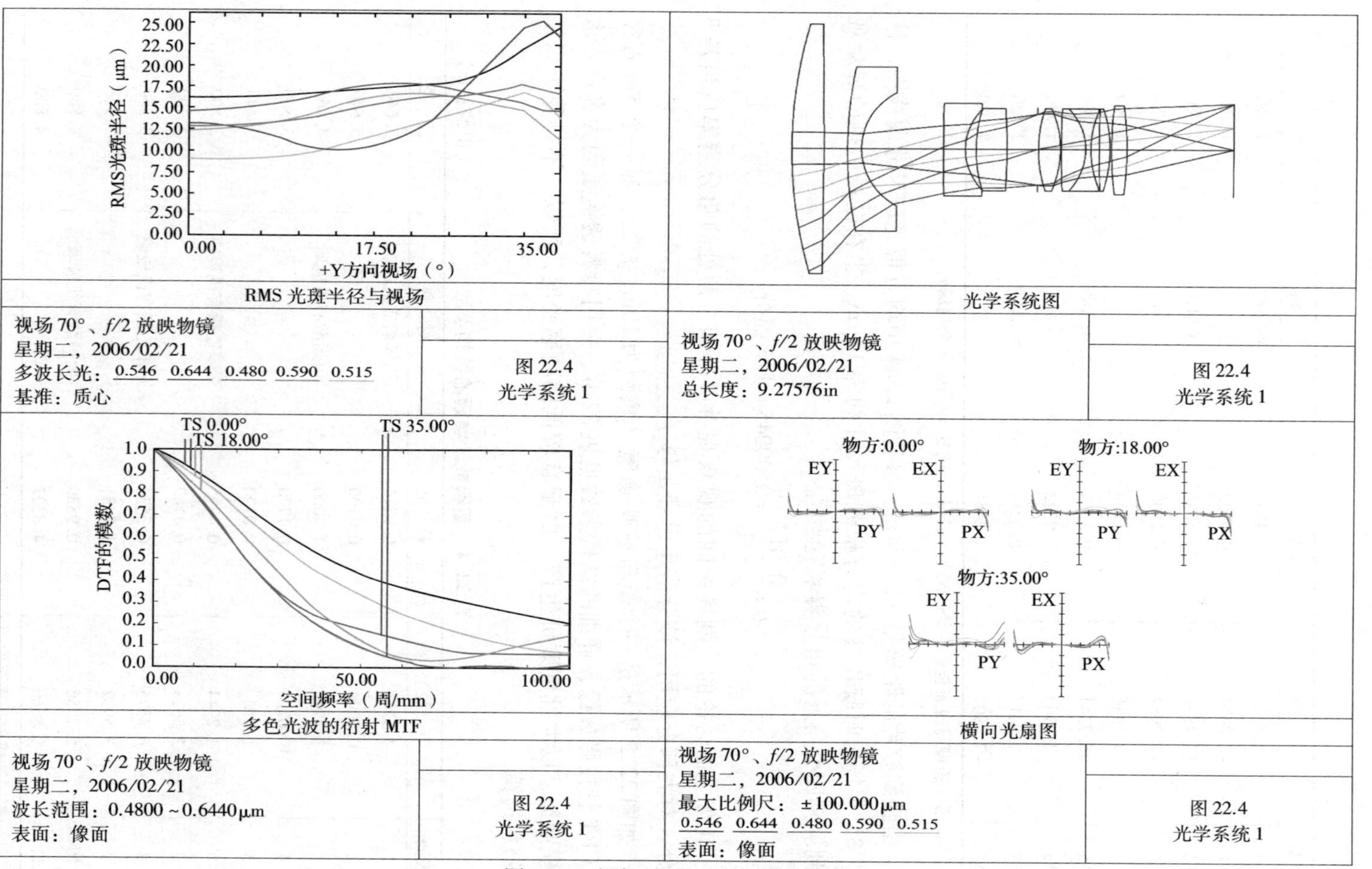

RMS光斑半径（μm）
+Y方向视场（°）
RMS 光斑半径与视场
视场 70°、f/2 放映物镜
星期二，2006/02/21
多波长光：0.546 0.644 0.480 0.590 0.515
基准：质心
图 22.4
光学系统 1
光学系统图
视场 70°、f/2 放映物镜
星期二，2006/02/21
总长度：9.27576in
图 22.4
光学系统 1
TS 0.00°
TS 18.00°
TS 35.00°
DTF的模数
空间频率（周/mm）
多色光波的衍射 MTF
物方:0.00°
物方:18.00°
物方:35.00°
EY
EX
PY
PX
横向光扇图
视场 70°、f/2 放映物镜
星期二，2006/02/21
波长范围：0.4800 ~ 0.6440μm
表面：像面
图 22.4
光学系统 1
视场 70°、f/2 放映物镜
星期二，2006/02/21
最大比例尺：±100.000μm
0.546 0.644 0.480 0.590 0.515
表面：像面
图 22.4
光学系统 1

图 22.4 视场 70°、f/2 的放映物镜

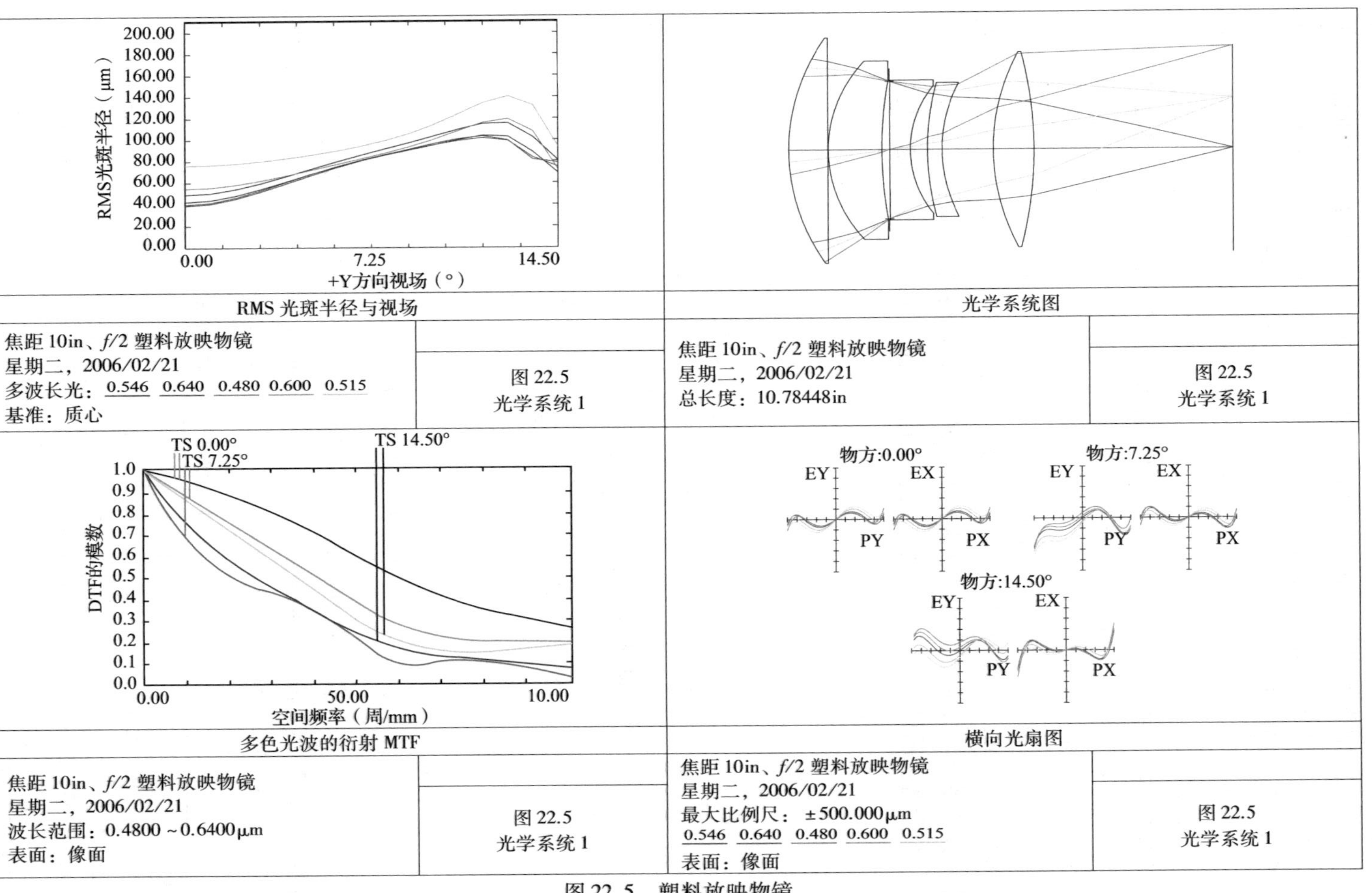
RMS光斑半径（μm）
200.00
180.00
160.00
140.00
120.00
100.00
80.00
60.00
40.00
20.00
0.00
0.00
7.25
14.50
+Y方向视场（°）
RMS 光斑半径与视场
焦距 10in、f/2 塑料放映物镜
星期二，2006/02/21
多波长光：0.546 0.640 0.480 0.600 0.515
基准：质心
图 22.5
光学系统 1
光学系统图
焦距 10in、f/2 塑料放映物镜
星期二，2006/02/21
总长度：10.78448in
图 22.5
光学系统 1
TS 0.00°
TS 7.25°
TS 14.50°
DTF的模数
1.0
0.9
0.8
0.7
0.6
0.5
0.4
0.3
0.2
0.1
0.0
0.00
50.00
10.00
空间频率（周/mm）
多色光波的衍射 MTF
焦距 10in、f/2 塑料放映物镜
星期二，2006/02/21
波长范围：0.4800～0.6400μm
表面：像面
图 22.5
光学系统 1
物方:0.00°
物方:7.25°
物方:14.50°
EY
EX
PY
PX
横向光扇图
焦距 10in、f/2 塑料放映物镜
星期二，2006/02/21
最大比例尺：±500.000μm
0.546 0.640 0.480 0.600 0.515
表面：像面
图 22.5
光学系统 1

图 22.5 塑料放映物镜

其孔径光阑位于第二和第三块透镜之间，也就是两块透镜之间的间隔。其畸变非常低：11°视场时最大值是0.27%，全视场时几乎为零。由结构布局图可以看出，全视场下边缘光线有渐晕，这只会使全视场照度稍有损失。

丙烯酸有机玻璃是聚乙烯材料（聚甲基丙烯酸甲酯，PMMA），已经由Rhom公司作为树脂玻璃（Pexilas）批量生产。一种等效的透明合成树脂（Lucite）由Lucite国际材料公司生产。树脂玻璃和聚苯乙烯都是热塑材料，是注模成形工艺中最常用的材料。正如前面对非球面讨论中所述，这类注模成型透镜是非球面的理想选择。

如图22.6所示是投影液晶显示屏（LCD）的一种结构布局，Watanabe（1999）以及Meuret和De Visschere（2003）讨论了另外一种包括有偏振立方棱镜的分束系统。介质镀膜可以有选择地反射（和透过补色）液晶显示屏发出的红、绿和蓝色图像。由于合束镜二向色膜层的性质，所以此物镜应当是准远心系统。

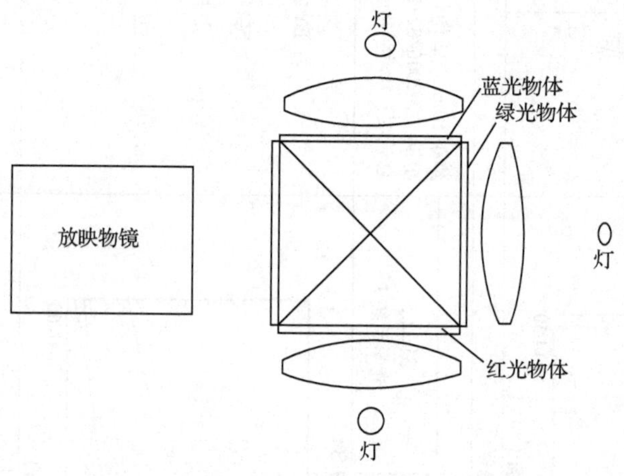
灯
蓝光物体
绿光物体
放映物镜
灯
红光物体
灯

图22.6 LCD投影系统

如图22.7所示是为LCD投影系统设计的物镜，焦距2.0in、*f*/5，详细的结构参数见表22.5。该物镜系统是Taylor结构（1980）的改进型，投影图像的直径是1.75in，第一透镜前表面至像面的距离是9.414in。

表22.5 LCD投影物镜的结构参数 （单位：in）

表面	半 径	厚 度	材 料	直 径
1	4.7221	0.3368	N-PSK3	2.360
2	1.1775	0.2929	SF4	1.880
3	1.7742	1.8001		1.780
4	光阑	1.0330		0.449

（续）

表面	半　径	厚　度	材　料	直　径
5	-0.9642	0.1874	SF1	1.240
6	-10.7044	0.0858		1.740
7	-3.3891	0.2821	N-PSK53	1.680
8	-1.2436	0.0175		1.740
9	-26.6036	0.3617	N-PSK53	2.260
10	-2.0923	0.0486		2.260
11	6.4289	0.9514	N-PSK3	2.560
12	-3.4142	1.3166		2.560
13	0.0000	2.5000	N-BK7	2.220
14	0.0000	0.2000		2.220
15	0.0000	0.0000		1.751

注：畸变=6.4%。

由于实际上有三个光源，每个光源都有自己的物面，所以，可能需要通过移动这些物面的相对位置来补偿三基色（红、绿、蓝）的色差。但在上述设计和下面所讨论的设计中，都没有做这项工作。

该物镜和接着介绍的两个物镜系统经常用于将计算机形成的图像投影在一个屏幕上。所以，这会产生严重的梯形图像。为避免这一点，设计这些物镜时，幅面都比需要的大，以便上下移动物镜，减小梯形的影响（对于剧场用的该类系统，请参考图22.2）。

如图22.8所示是广角LCD投影物镜，详细的结构参数见表22.6。该系统使用的玻璃与上述物镜系统一样，但在其优化过程中，选择的有限远距离是120in。畸变的最大值位于0.8视场，是1.46%，全视场时下降到1.03%。系统焦距是1.356in，$f^{\#}$是$f/2.5$。

表22.6　广角LCD投影物镜的结构参数　（单位：in）

表面	半　径	厚　度	材　料	直　径
0	0.0000	120.0000		169.000
1	6.3798	0.6603	N-PSK53	4.480
2	28.0523	0.0200		4.200
3	3.8816	0.3529	N-SK16	3.420
4	1.5168	0.5746		2.460
5	10.3990	0.3532	N-SK16	2.460
6	1.4210	0.5840		1.940
7	-6.3914	0.6299	N-LAK9	1.900
8	-2.9677	0.0200		1.960

（续）

表面	半径	厚度	材料	直径
9	3.7015	0.3541	N-LLF6	1.820
10	1.3587	0.1199		1.560
11	2.3754	0.4096	SF1	1.600
12	12.5928	0.4880		1.460
13	-3.7905	0.6745	N-PSK53	1.260
14	-1.6187	0.0200		1.320
15	光阑	1.3945		1.141
16	-18.6335	0.4372	N-PSK53	1.800
17	-1.8339	0.1180	SF4	1.880
18	4.5565	0.2057		2.060
19	-31.0074	0.2169	N-SK11	2.160
20	-4.8505	0.0200		2.280
21	15.7468	0.3374	N-PSK53	2.540
22	-4.6006	0.0200		2.540
23	7.6608	0.2685	F2	2.700
24	-39.0266	0.0200		2.700
25	8.1198	0.4054	N-PSK53	2.740
26	-5.5775	0.4000		2.740
27	0.0000	2.5000	N-BK7	2.520
28	0.0000	0.2000		2.520
29	0.0000	0.0000		1.852

注：第一透镜前表面至像面的距离 = 11.805in。

德州仪器公司（Texas Instruments）已经研发出一种数字微反射镜装置（DMD），在半导体硅芯片上大约含有一百万个小反射镜（每个反射镜大约是 15μm²，反射镜中心之间的距离是 17μm）（Stupp and Brennesholtz 1999）。每个反射镜代表一个像素的屏幕分辨率，并且可以倾斜，使其靠近或远离光束，从而形成亮或暗的像素。由于这些像素可以在 1s 内开关几千次，所以，可以得到连续的像。

为了将单色像转换成全色像，需要在光源和芯片间插入一个快速旋转的色轮。获得全色像较常用的方法是使用三块芯片系统，每种基色单独使用一块芯片，然后再用一块棱镜将它们组合在一起（Dewald 2000）。也使用双芯片系统，用红光连续照明一块芯片，而交替地用蓝光和绿光照明另一块芯片（参考第 35 章参考文献中 Caldwell 的文章）。一般来说，这些投影系统都要放置在一个台子上，并向上投影，为避免形成梯形像，物镜要稍微偏离图像中心一点（见图 22.2）。

如图 22.9 所示是这类投影物镜，其焦距 2.5in、*f*/2.4、视场 26.8°，属于远心系统，详细的结构参数见表 22.7。

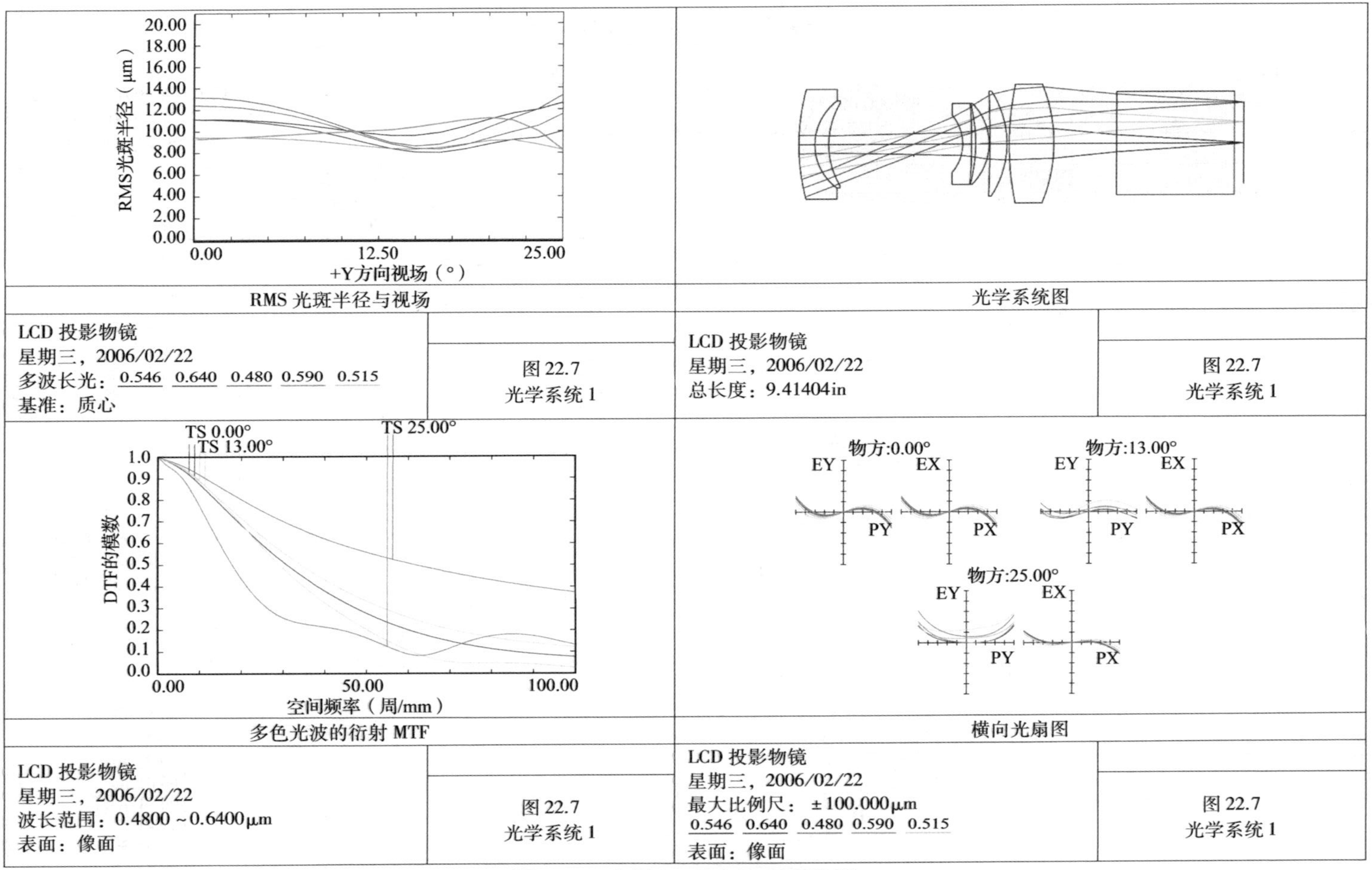

RMS光斑半径（μm）
20.00 18.00 16.00 14.00 12.00 10.00 8.00 6.00 4.00 2.00 0.00
0.00 12.50 25.00
+Y方向视场（°）

RMS 光斑半径与视场

LCD 投影物镜
星期三，2006/02/22
多波长光：0.546 0.640 0.480 0.590 0.515
基准：质心

图 22.7
光学系统 1

光学系统图

LCD 投影物镜
星期三，2006/02/22
总长度：9.41404in

图 22.7
光学系统 1

TS 0.00°
TS 13.00°
TS 25.00°
DTF的模数
1.0 0.9 0.8 0.7 0.6 0.5 0.4 0.3 0.2 0.1 0.0
0.00 50.00 100.00
空间频率（周/mm）

多色光波的衍射 MTF

LCD 投影物镜
星期三，2006/02/22
波长范围：0.4800 ~ 0.6400μm
表面：像面

图 22.7
光学系统 1

物方:0.00°
EY PY EX PX
物方:13.00°
EY PY EX PX
物方:25.00°
EY PY EX PX

横向光扇图

LCD 投影物镜
星期三，2006/02/22
最大比例尺：±100.000μm
0.546 0.640 0.480 0.590 0.515
表面：像面

图 22.7
光学系统 1

图 22.7　焦距 2in 的 LCD 投影物镜

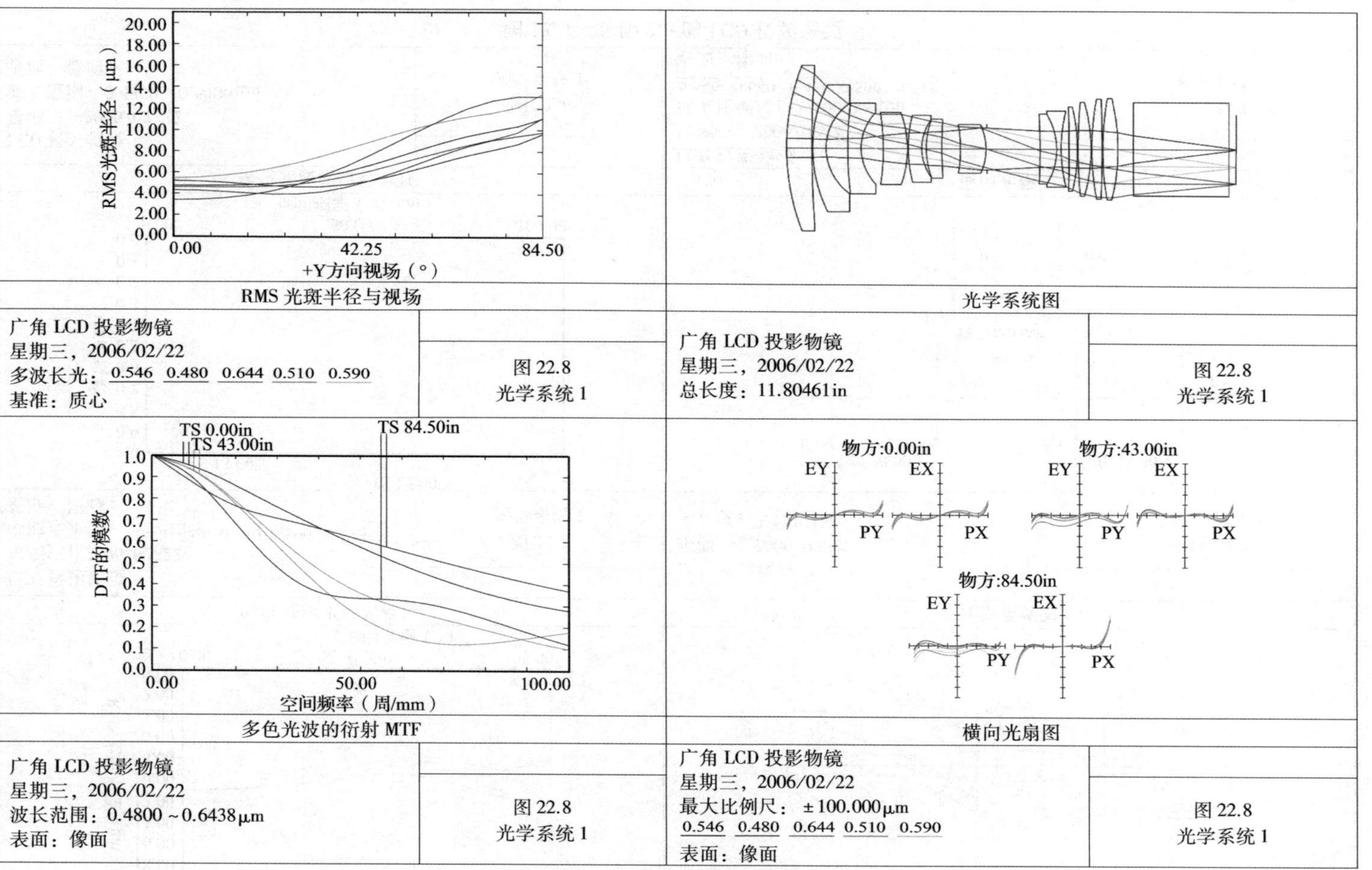
RMS光斑半径（μm）
20.00
18.00
16.00
14.00
12.00
10.00
8.00
6.00
4.00
2.00
0.00
0.00
42.25
84.50
+Y方向视场（°）
RMS 光斑半径与视场
广角 LCD 投影物镜
星期三，2006/02/22
多波长光：0.546 0.480 0.644 0.510 0.590
基准：质心
图 22.8
光学系统 1
光学系统图
广角 LCD 投影物镜
星期三，2006/02/22
总长度：11.80461in
图 22.8
光学系统 1
TS 0.00in
TS 43.00in
TS 84.50in
DTF的模数
1.0
0.9
0.8
0.7
0.6
0.5
0.4
0.3
0.2
0.1
0.0
0.00
50.00
100.00
空间频率（周/mm）
多色光波的衍射 MTF
物方:0.00in
物方:43.00in
物方:84.50in
EY
EX
PY
PX
横向光扇图
广角 LCD 投影物镜
星期三，2006/02/22
波长范围：0.4800～0.6438μm
表面：像面
图 22.8
光学系统 1
广角 LCD 投影物镜
星期三，2006/02/22
最大比例尺：±100.000μm
0.546 0.480 0.644 0.510 0.590
表面：像面
图 22.8
光学系统 1

图 22.8 广角 LCD 投影物镜

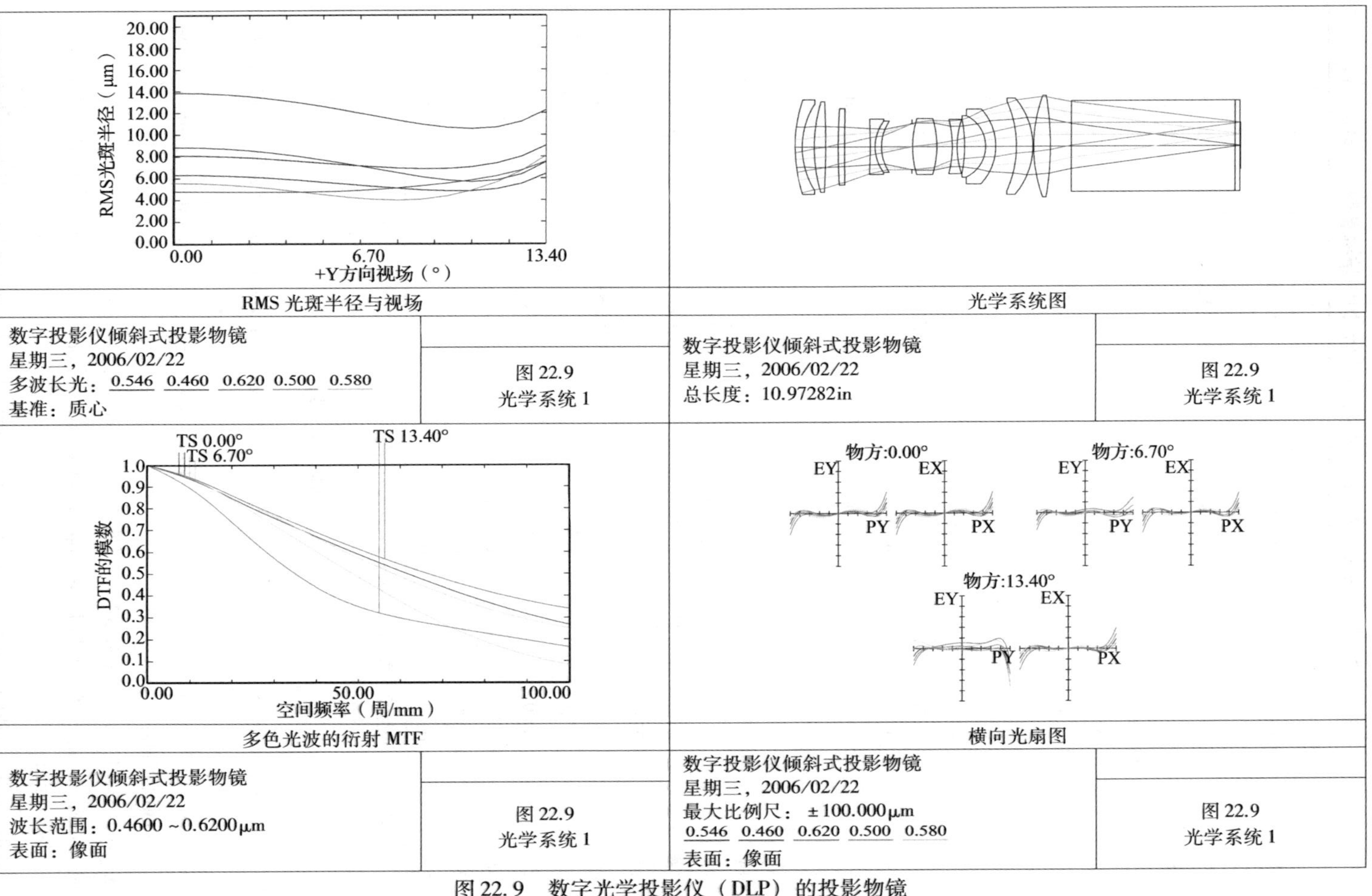
RMS光斑半径（μm）
20.00
18.00
16.00
14.00
12.00
10.00
8.00
6.00
4.00
2.00
0.00
0.00
6.70
13.40
+Y方向视场（°）
RMS 光斑半径与视场
数字投影仪倾斜式投影物镜
星期三，2006/02/22
多波长光：0.546 0.460 0.620 0.500 0.580
基准：质心
图 22.9
光学系统 1
光学系统图
数字投影仪倾斜式投影物镜
星期三，2006/02/22
总长度：10.97282in
图 22.9
光学系统 1
TS 0.00°
TS 6.70°
TS 13.40°
DTF的模数
1.0
0.9
0.8
0.7
0.6
0.5
0.4
0.3
0.2
0.1
0.0
0.00
50.00
100.00
空间频率（周/mm）
多色光波的衍射 MTF
数字投影仪倾斜式投影物镜
星期三，2006/02/22
波长范围：0.4600 ~ 0.6200μm
表面：像面
图 22.9
光学系统 1
物方:0.00°
物方:6.70°
物方:13.40°
EY
EX
PY
PX
横向光扇图
数字投影仪倾斜式投影物镜
星期三，2006/02/22
最大比例尺：±100.000μm
0.546 0.460 0.620 0.500 0.580
表面：像面
图 22.9
光学系统 1

图 22.9　数字光学投影仪（DLP）的投影物镜

表 22.7 数字光学投影仪（DLP）投影物镜的结构参数 （单位：in）

表面	半 径	厚 度	材 料	直 径
1	3.8544	0.1800	N-PSK53	2.400
2	2.1242	0.2966		2.200
3	4.1824	0.2798	N-LAF2	2.300
4	-22.2563	0.3072		2.300
5	15.4857	0.1577	N-LASF44	1.940
6	67.3299	0.6293		1.940
7	-14.8143	0.1200	N-PSK53	1.400
8	1.1074	0.1575	SF6	1.300
9	1.2006	0.7442		1.300
10	光阑	0.0200		1.158
11	2.5703	0.6034	N-LASF44	1.420
12	-2.4779	0.3775		1.420
13	-2.8356	0.1200	SF6	1.340
14	2.3240	0.1836		1.380
15	-3.5648	0.5151	N-FK51	1.380
16	-0.8775	0.2473	N-LASF44	1.560
17	-1.4332	0.5068		1.900
18	-2.8313	0.4021	N-PSK53	2.260
19	-1.9252	0.0200		2.440
20	3.8805	0.4084	N-PSK53	2.580
21	-7.9281	0.5226		2.580
22	0.0000	4.0354	N-BK7	2.300
23	0.0000	0.1181	N-ZK7	2.300
24	0.0000	0.0200		2.300
25	0.0000	0.0000		1.185

注：第一透镜前表面至像面的距离 = 6.800in，畸变 = 0.61%。

参 考 文 献

ANSI (1982) *Dimensions for 35 and 70 mm Projection Lenses*, American National Standards Institute, 1430 Broadway, New York.

ANSI (1986) *Screen Illuminance and Viewing Vonditions*, American National Standards Institute, 1430 Broadway, New York.

Betensky, B. (1982) Projection lens, US Patent #4348081.

Buchroeder, R. A. (1978) Fisheye projection lens system for 35 mm motion pictures, US Patent #4070098.

Caldwell, J. B. (1998) Compact wide-angle LCD projection lens, *International Optical Design Con-*

ference, 1998, SPIE Volume 3482, p. 269.

Clarke, J. A. (1988) Current trends in optics for projection TV, *Opt. Eng.*, 27: 16.

Corbin, R. M. (1969) Motion picture equipment, In *Applied Optics and Optical Engineering*, Volume 5, (R. Kingslake ed.) Academic Press, New York, p. 305.

Dewald, D. S. (2000) Using ZEMAX image analysis and userdefined surfaces for projection lens design and evaluation for DLP systems, *Opt. Eng.*, 39: 1802.

Meuret, Y. and De Visschere, P. (2003) Optical engines for high performance liquid crystal on silicon projection systems, *Opt. Eng.*, 42: 3551.

Mittal, M. K. and Gupta, B. (1994) Six element objective based on a new configuration, *Opt. Eng.*, 33: 1925.

Mittal, M. K. and Gupta, B., and Sharma, K. D. (1990) 35 mm Cinema projection lens, *Appl. Opt.*, 29: 2446.

Sharma, K. D. (1982) Better lenses for 35 mm projection, *Appl. Opt.*, 21: 4443.

Sharma, K. D. (1983) Future lenses for 16 mm projection, *Appl. Opt.*, 22: 1188.

Sharma, K. D. and Kumar, M. (1986), New lens for 35 mm cinematograph projector, *Appl. Opt.*, 25: 4609.

Schneider Optics, (2000) Schneider Theater Design Pro 2. lb, www. Schneideroptics. com. SMPTE (1994) *Engineering Guide EG 5-1994*, SMPTE 595 W. Hartsdale Ave, White Plains, NY, 10607.

Stupp, E. H. and Brennesholtz, M. S. (1999) *Projection Displays*, John Wiley, New York.

Taylor W. H. (1980) Wide angle telecentric projection lens, US Patent #4189211.

Watanabe, F. (1999) Telecentric projection lens system, US Patent #5905596.

Wheeler, L. J. (1969) *Principles of Cinematography*, Chapter 10, Fountain Press, Watford, England.

第23章 远心系统

远心光学系统是出瞳位于无穷远的一种光学系统（主光线平行于光轴），其应用的一个例子是精确测量螺纹的轮廓投影仪。由于主光线与光轴平行，所以，测量与像的位置无关。物体可以放置在其景深内的任何位置。已经研发出物像空间都是远心光路的系统。另外的应用是液晶显示（LCD）和数字光投影仪（DLP）的投影物镜，由于镀有二向色膜层，所以，需要使用远心系统（见图22.7和22.8所示物镜系统）。

计算机软件程序应能够控制出瞳到最后一块透镜的距离。然而，对于远心系统，更习惯约束出瞳距离的倒数。这是因为大多数约束都是小数字：透镜厚度、折射率、近轴高度比等。将瞳孔限制在一个无穷大的数就迫使软件程序保证其它约束项都服从该约束。设置出瞳距离的倒数就解决了这个问题，并保证所有约束都在同一个数量级。另外一种方法是约束各种视场在最后一个透镜表面之后的主光线角。

如图23.1所示是*f*/2.8的远心系统，用作20×轮廓投影仪物镜，详细的结构参数见表23.1。

表23.1　20×轮廓投影仪物镜的结构参数　（单位：in）

表面	半　径	厚　度	材　料	直　径
0	0.0000	50.0000		20.000
1	3.1273	0.2304	N-BK10	1.680
2	1.6504	2.4245		1.520
3	2.7310	0.3553	N-LAK12	1.220
4	-4.4936	0.0150		1.220
5	光阑	1.0126		1.051
6	-1.4680	0.1290	F5	1.060
7	1.4563	0.6409		1.160
8	5.2498	0.6963	N-SK5	2.060
9	-1.6901	0.0126		2.060
10	4.6960	0.2144	SF1	2.060
11	1.4284	0.8467	N-BALF4	2.060
12	-4.9196	2.7236		2.060
13	0.0000	0.0000		0.996

注：物体（放映屏幕）到第一块透镜前表面的距离=50in，透镜第一表面至像面的距离=9.302in，畸变=0.5%，像的直径=1.0in。

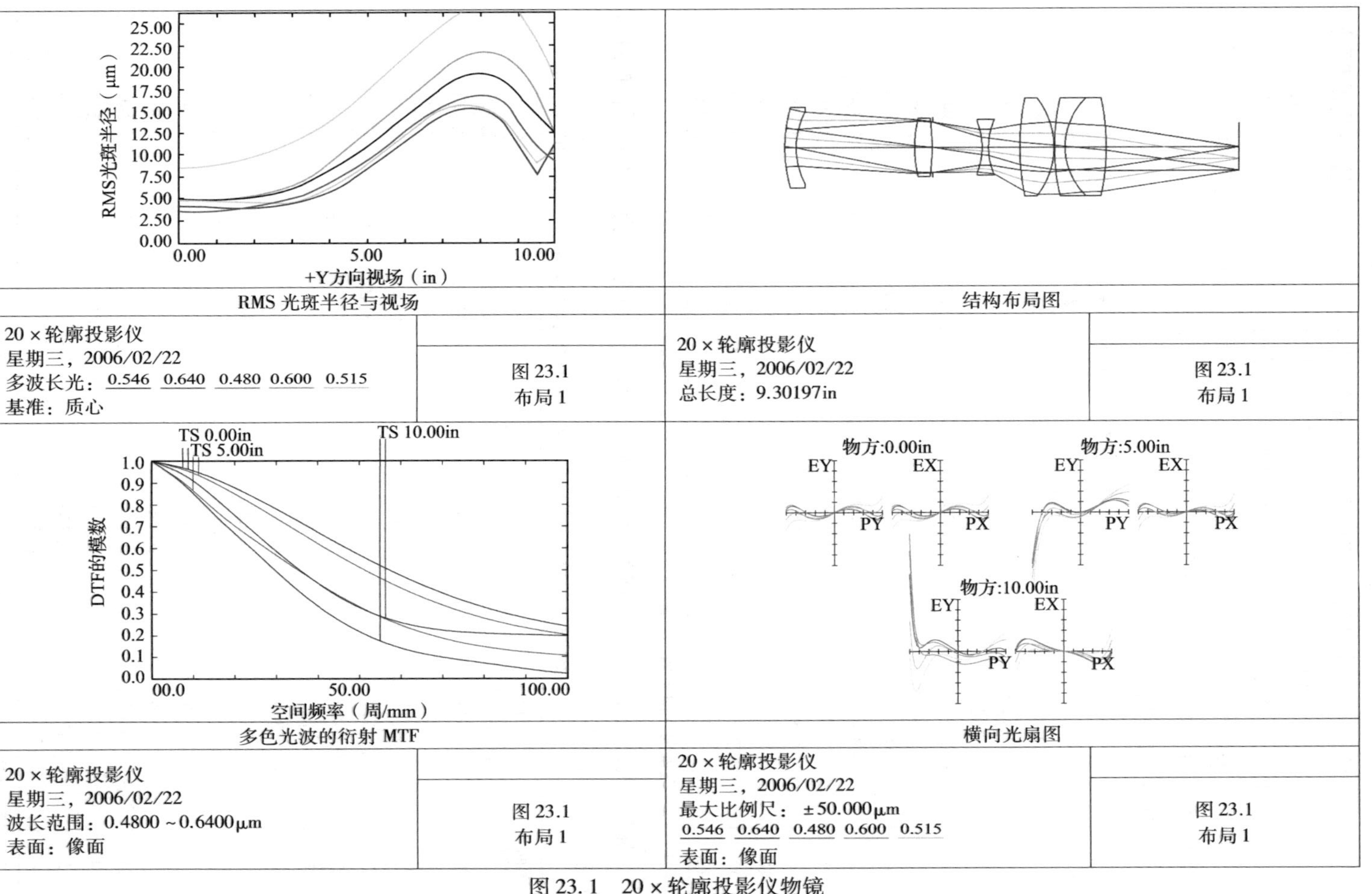

RMS光斑半径（μm）
+Y方向视场（in）
RMS 光斑半径与视场
20×轮廓投影仪
星期三，2006/02/22
多波长光：0.546 0.640 0.480 0.600 0.515
基准：质心
图 23.1
布局 1
结构布局图
20×轮廓投影仪
星期三，2006/02/22
总长度：9.30197in
图 23.1
布局 1
TS 0.00in
TS 5.00in
TS 10.00in
DTF的模数
空间频率（周/mm）
多色光波的衍射 MTF
20×轮廓投影仪
星期三，2006/02/22
波长范围：0.4800～0.6400μm
表面：像面
图 23.1
布局 1
物方:0.00in
物方:5.00in
物方:10.00in
EY
EX
PY
PX
横向光扇图
20×轮廓投影仪
星期三，2006/02/22
最大比例尺：±50.000μm
0.546 0.640 0.480 0.600 0.515
表面：像面
图 23.1
布局 1

图 23.1 20×轮廓投影仪物镜

为了设计一个紧凑小型的光学系统，在物镜与屏幕之间设置一些反射镜。另外，增加一个中继转像系统或者棱镜系统，与反射镜共同形成一个正像。

如图 23.2 所示是该物镜系统的改进型，这样物体位于无穷远，孔径光阑紧跟着放置在第一块透镜之后。该系统的有效焦距是 4.0in，视场为 20°。光线交点曲线图表明，瞳孔边缘有较多杂光。注意到，与焦距相比，此系统有长的后截距。其详细的结构参数见表 23.2。

表 23.2 *f*/2.8 远心光学系统的结构参数 （单位：in）

表面	半 径	厚 度	材 料	直 径
1	-9.8950	0.1956	N-FK5	1.820
2	2.2296	0.9344		1.740
3	光阑	0.1272		1.799
4	-45.8969	0.4000	N-LAK33	1.940
5	-3.6443	3.4945		2.060
6	-23.2708	0.3451	N-LAK33	3.160
7	-3.8903	0.0150		3.200
8	0.0000	0.3389	SF1	3.100
9	2.8151	0.5361		3.000
10	3.7125	0.3000	SF1	3.400
11	2.6748	0.8362	N-LAK12	3.400
12	-7.3325	5.3365		3.400

注：第一透镜前表面至像面的距离 = 12.860in，畸变 = 1.1%。

如图 23.3 所示是 *f*/2、视场 40° 的远心物镜，有效焦距为 1.0in，详细的结构参数见表 23.3。

表 23.3 视场 40°、*f*/2 远心物镜的结构参数 （单位：in）

表面	半 径	厚 度	材 料	直 径
1	7.5636	0.2495	N-LAF21	2.920
2	1.5973	1.0000	N-BAF52	2.520
3	-5.7895	0.0150		2.520
4	1.3118	0.8000	SF4	1.880
5	1.2771	0.2006	N-BAF10	1.100
6	0.3826	0.5726		0.700
7	光阑	0.0239		0.432
8	-1.1379	0.1500	SF4	0.480
9	1.0502	0.3262	N-SK16	0.860
10	-0.7191	0.0150		0.860
11	6.3867	0.6082	N-LAK12	1.160
12	-1.5146	0.4365		1.160
13	1.8402	0.2538	N-SK16	1.240
14	-2.4770	0.1500	SF4	1.240
15	-3.1797	0.7500		1.240
16	0.0000	0.0000		0.725

注：第一透镜前表面至像面的距离 = 5.551in，畸变 = 1.0%。

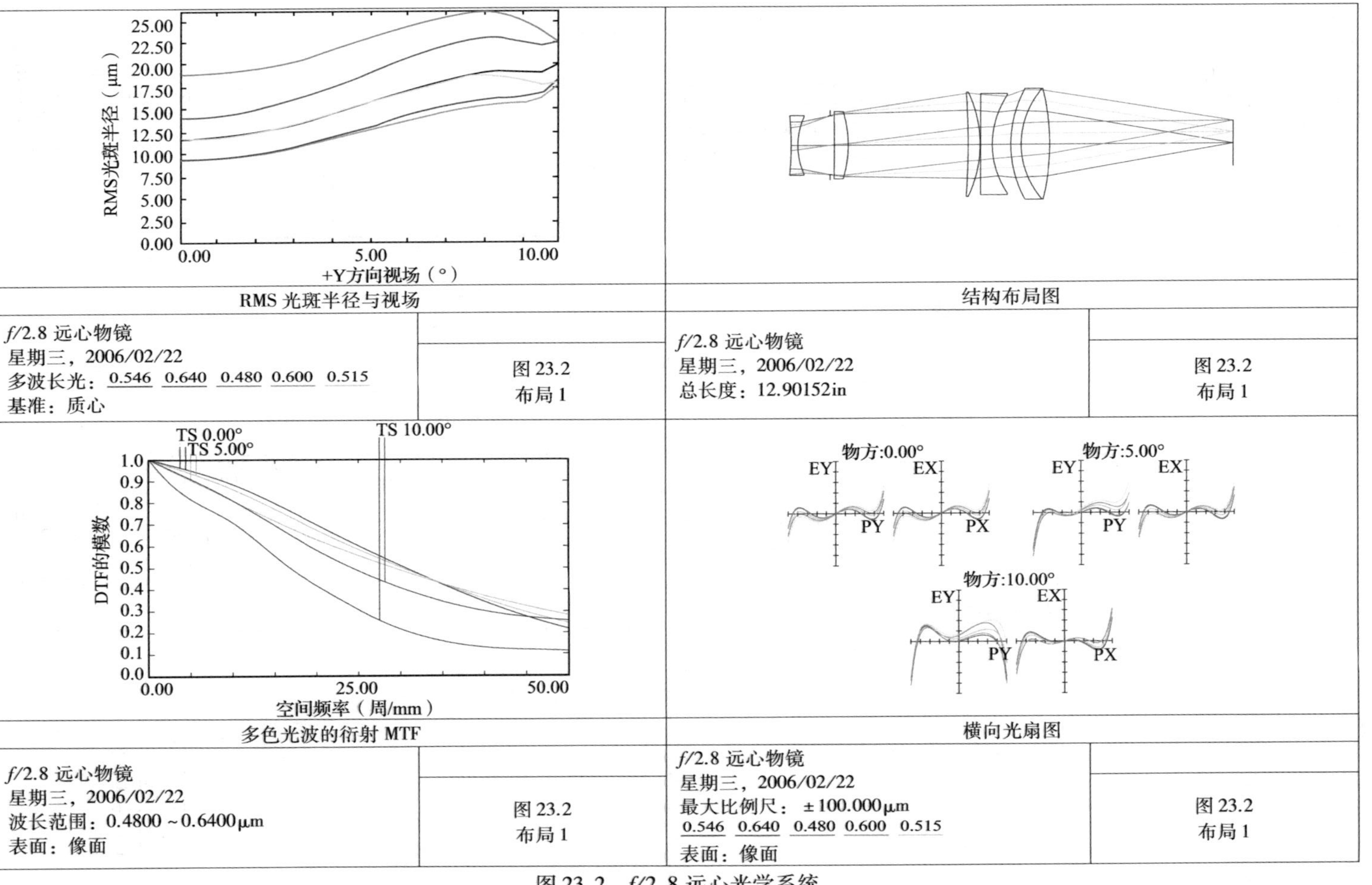
RMS光斑半径（μm）
25.00
22.50
20.00
17.50
15.00
12.50
10.00
7.50
5.00
2.50
0.00
0.00
5.00
10.00
+Y方向视场（°）
RMS 光斑半径与视场
f/2.8 远心物镜
星期三，2006/02/22
多波长光：0.546 0.640 0.480 0.600 0.515
基准：质心
图 23.2
布局 1
结构布局图
f/2.8 远心物镜
星期三，2006/02/22
总长度：12.90152in
图 23.2
布局 1
TS 0.00°
TS 5.00°
TS 10.00°
DTF的模数
1.0
0.9
0.8
0.7
0.6
0.5
0.4
0.3
0.2
0.1
0.0
0.00
25.00
50.00
空间频率（周/mm）
多色光波的衍射 MTF
f/2.8 远心物镜
星期三，2006/02/22
波长范围：0.4800～0.6400μm
表面：像面
图 23.2
布局 1
物方:0.00°
物方:5.00°
物方:10.00°
EY
EX
PY
PX
横向光扇图
f/2.8 远心物镜
星期三，2006/02/22
最大比例尺：±100.000μm
0.546 0.640 0.480 0.600 0.515
表面：像面
图 23.2
布局 1

图 23.2 f/2.8 远心光学系统

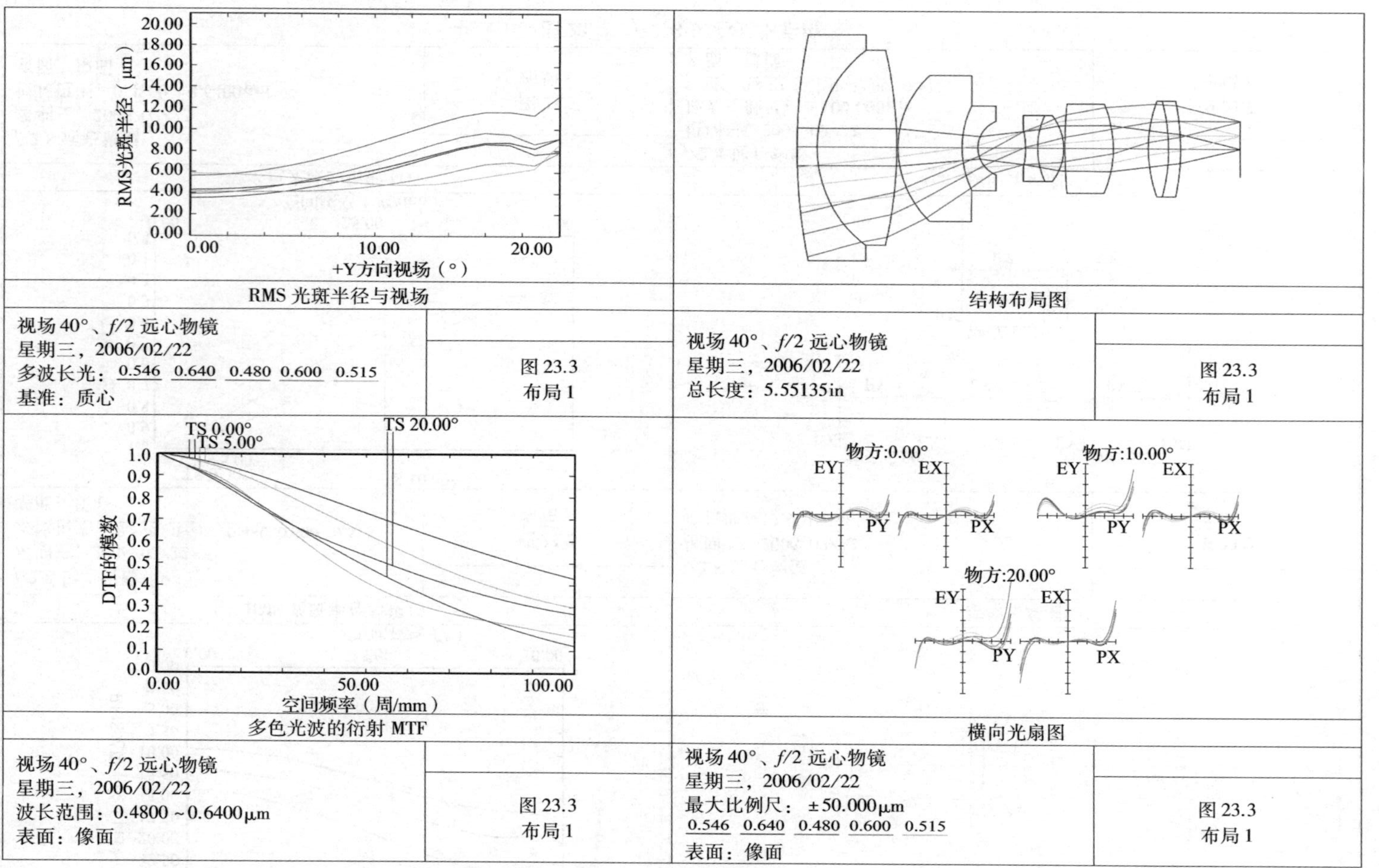
RMS光斑半径（μm）
20.00 18.00 16.00 14.00 12.00 10.00 8.00 6.00 4.00 2.00 0.00
0.00 10.00 20.00
+Y方向视场（°）
RMS 光斑半径与视场
视场 40°、f/2 远心物镜
星期三，2006/02/22
多波长光：0.546 0.640 0.480 0.600 0.515
基准：质心
图 23.3
布局 1
结构布局图
视场 40°、f/2 远心物镜
星期三，2006/02/22
总长度：5.55135in
图 23.3
布局 1
TS 0.00°
TS 5.00°
TS 20.00°
DTF的模数
1.0 0.9 0.8 0.7 0.6 0.5 0.4 0.3 0.2 0.1 0.0
0.00 50.00 100.00
空间频率（周/mm）
多色光波的衍射 MTF
视场 40°、f/2 远心物镜
星期三，2006/02/22
波长范围：0.4800 ~ 0.6400μm
表面：像面
图 23.3
布局 1
物方:0.00°
物方:10.00°
物方:20.00°
EY
PY
EX
PX
横向光扇图
视场 40°、f/2 远心物镜
星期三，2006/02/22
最大比例尺：±50.000μm
0.546 0.640 0.480 0.600 0.515
表面：像面
图 23.3
布局 1

图 23.3 f/2 远心物镜

现在使用的照相机配装有电荷耦合器件（CCD），而非胶片。下面给出这类相机的物镜，系统使用一块 Stoffels 等人介绍的棱镜系统（1978），并有三块 1/3in的 CCD 芯片（见图 23.4）。每块芯片的对角线长是6mm，对应着红、绿、蓝三基色中的一种。物镜参数是焦距 10mm、$f/1.8$，该系统如图 23.5 所示，详细的结构参数见表 23.4。

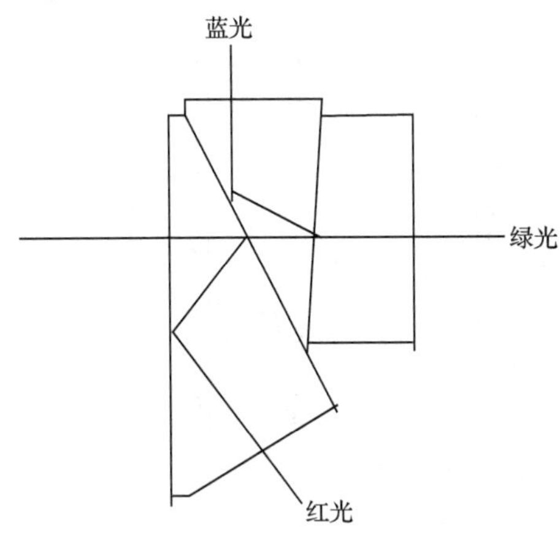
蓝光
绿光
红光

图 23.4 三芯片相机的棱镜组件

表 23.4 三芯片 CCD 照相物镜的结构参数 （单位：in）

表面	半 径	厚 度	材 料	直 径
1	4.0438	0.1621	SF1	0.760
2	−0.7013	0.0820	N-LAK21	0.760
3	0.4888	1.3452		0.580
4	光阑	0.5182		0.501
5	−0.8568	0.0700	SF4	0.760
6	5.3033	0.0315		0.850
7	−6.7302	0.1494	N-LAK21	0.860
8	−0.8513	0.0100		0.920
9	3.5699	0.1801	N-PSK53	1.080
10	−1.4808	0.0100		1.080
11	1.4419	0.1839	N-PSK53	1.080
12	−4.2564	0.1698		1.080
13	0.0000	1.5748	N-SK5	0.920
14	0.0000	0.1500		0.920
15	0.0000	0.0000		0.233

注：第一透镜前表面至棱镜第一表面的距离 =2.912in，畸变 =2.65%。

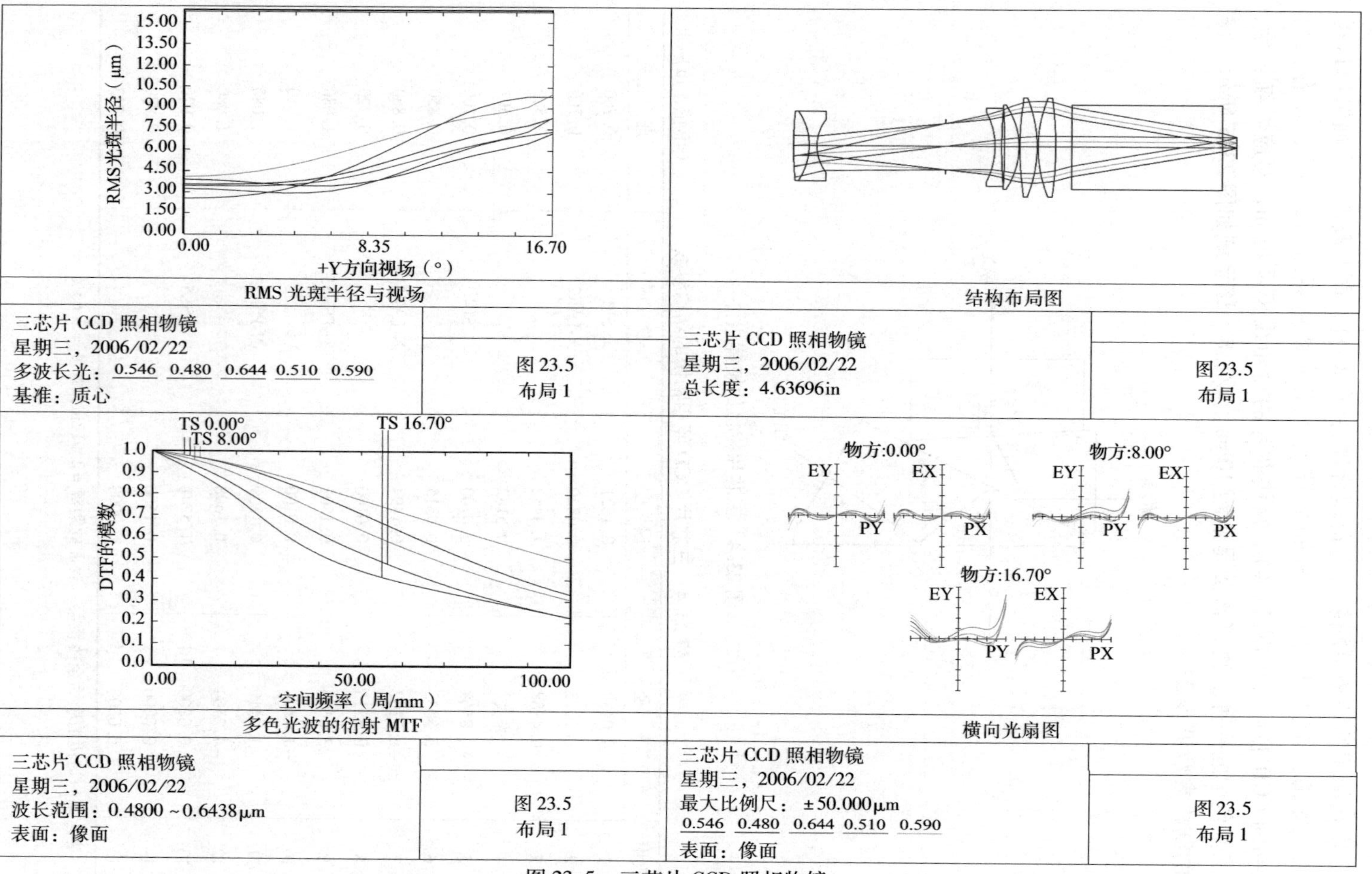

RMS光斑半径（μm）
15.00
13.50
12.00
10.50
9.00
7.50
6.00
4.50
3.00
1.50
0.00
0.00
8.35
16.70
+Y方向视场（°）
RMS 光斑半径与视场
三芯片 CCD 照相物镜
星期三，2006/02/22
多波长光：0.546 0.480 0.644 0.510 0.590
基准：质心
图 23.5
布局 1
结构布局图
三芯片 CCD 照相物镜
星期三，2006/02/22
总长度：4.63696in
图 23.5
布局 1
TS 0.00°
TS 8.00°
TS 16.70°
DTF的模数
1.0
0.9
0.8
0.7
0.6
0.5
0.4
0.3
0.2
0.1
0.0
0.00
50.00
100.00
空间频率（周/mm）
多色光波的衍射 MTF
三芯片 CCD 照相物镜
星期三，2006/02/22
波长范围：0.4800～0.6438μm
表面：像面
图 23.5
布局 1
物方:0.00°
物方:8.00°
物方:16.70°
EY
EX
PY
PX
横向光扇图
三芯片 CCD 照相物镜
星期三，2006/02/22
最大比例尺：±50.000μm
0.546 0.480 0.644 0.510 0.590
表面：像面
图 23.5
布局 1

图 23.5　三芯片 CCD 照相物镜

参 考 文 献

Dilworth, D. (1971) Telecentric lens system, US Patent #3565511.

Reiss, M. (1952) Telecentric objective of the reverse telephoto type, US Patent #2600805.

Stoffels, J., Bluekens, A. J., Jacobus, P., and Peters, M. (1978) Color splitting prism assembly, US Patent #4084180.

Tateoka, M. (1984) Telecentric projection lenses, US Patent #4441792.

Young, A. W. (1967) Optical workshop instruments, *Applied Optics and Optical Engineering*, Vol. 4, Kingslake, R., ed., Academic Press, New York, p. 250.

Zverev, V. A. and Shagal, A. M. (1976) Three component objective lens, *Sov. J. Opt. Tech.*, 43: 529.

第 24 章 激光聚焦物镜（光盘）

视频和光盘使用的物镜是体积较小，而数值孔径较大的光学系统，并在单激光波长下工作。系统覆盖的视场较小，光学质量达到衍射受限水平，是准齐明系统。

如图 24.1 所示是氦氖激光（0.6328μm）影碟机使用的物镜，*f*/1、视场 1°、有效焦距 0.2in。该物镜是在 Minoura 专利（1979）基础上设计的，详细的结构参数见表 24.1。

表 24.1 *f*/1 影碟机物镜的结构参数 （单位：in）

表面	半 径	厚 度	材 料	直 径
1	0.3752	0.0500	SF6	0.240 光阑
2	-1.5787	0.0209		0.240
3	-0.3499	0.0500	N-BK7	0.220
4	-0.9344	0.0793		0.240
5	0.1209	0.0500	SF6	0.180
6	0.2966	0.1050		0.140
7	0.0000	0.0000		0.003

注：第一透镜前表面至像面的距离 =0.355in，畸变 =0.01%。

正如从 MTF 曲线图看到的，视场为 1.0°时的光学性能已经达到衍射受限水平。目前这类透镜的加工趋势是采用塑料或玻璃的注模工艺（Fitch 1991），其优点是：

- 重量轻；
- 成本低；
- 可以使用非球面。

另外一种技术是在模压玻璃透镜上复制一层薄塑料（Saft 1994）。的确，模具的成本非常高，但完成模具后，批量生产的透镜成本非常低。另外的优点是，间隔和安装封固都模压在透镜中了。

使用锥形截面，有可能使单透镜的球差为零。如图 24.2 所示的平面-双曲透镜的情况。一束平面波前入射到平面上，并在双曲表面发生折射，这样就以一束球面波前出射。如果透镜的折射率是 N，近轴半径是 R，偏心率是 ε（在 ZEMAX 设计程序中，$A_2 = -\varepsilon^2$；参考说明书中非球面一节），则有

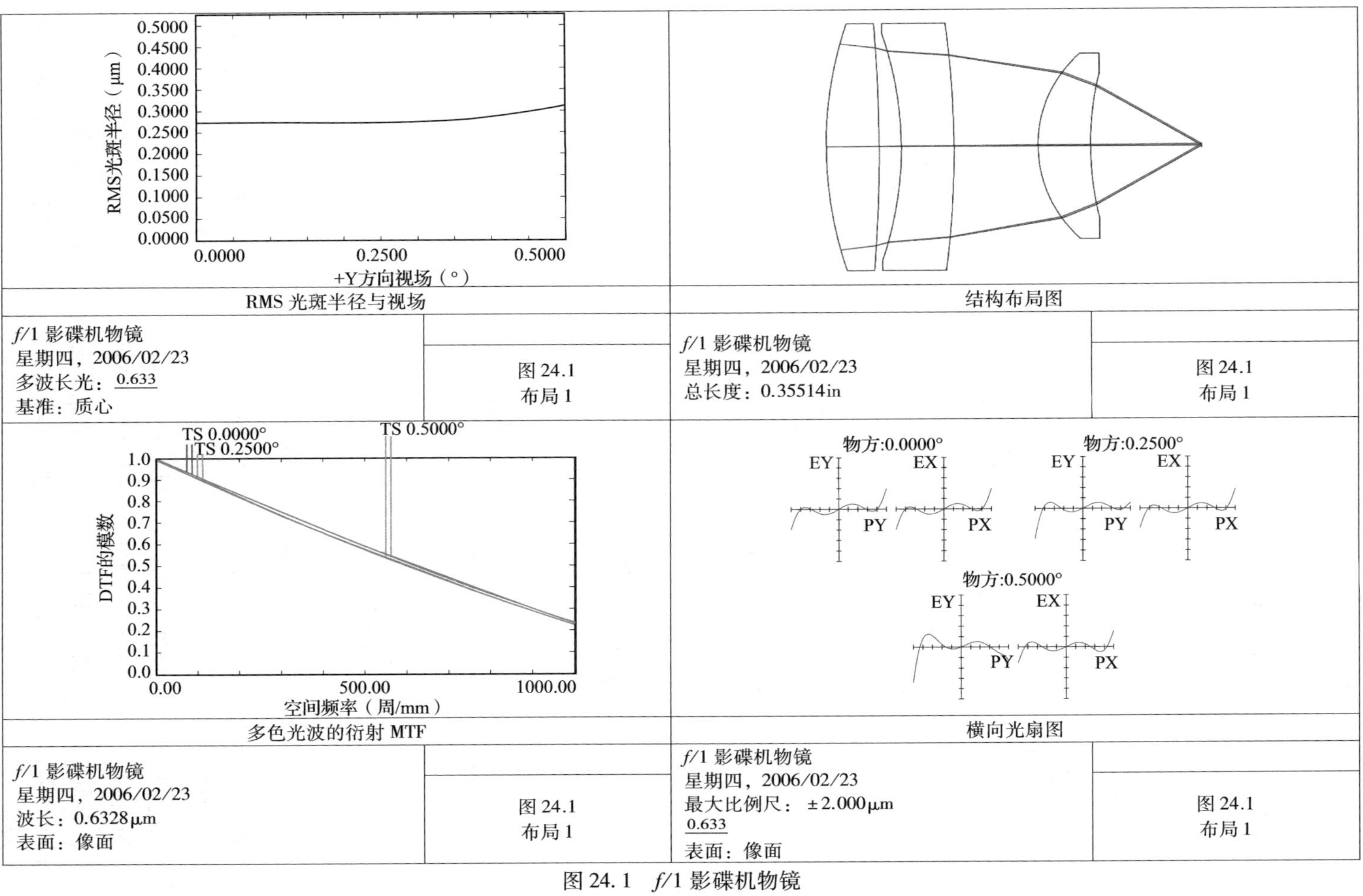
RMS光斑半径（μm）
0.5000
0.4500
0.4000
0.3500
0.3000
0.2500
0.2000
0.1500
0.1000
0.0500
0.0000
0.0000
0.2500
0.5000
+Y方向视场（°）
RMS 光斑半径与视场
f/1 影碟机物镜
星期四，2006/02/23
多波长光：0.633
基准：质心
图 24.1
布局 1
结构布局图
f/1 影碟机物镜
星期四，2006/02/23
总长度：0.35514in
图 24.1
布局 1
TS 0.0000°
TS 0.2500°
TS 0.5000°
DTF的模数
1.0
0.9
0.8
0.7
0.6
0.5
0.4
0.3
0.2
0.1
0.0
0.00
500.00
1000.00
空间频率（周/mm）
多色光波的衍射 MTF
f/1 影碟机物镜
星期四，2006/02/23
波长：0.6328μm
表面：像面
图 24.1
布局 1
物方:0.0000°
物方:0.2500°
物方:0.5000°
EY
EX
PY
PX
横向光扇图
f/1 影碟机物镜
星期四，2006/02/23
最大比例尺：±2.000μm
0.633
表面：像面
图 24.1
布局 1

图 24.1　f/1 影碟机物镜

$$R = -F(N-1)$$

$$\varepsilon = N$$

若是椭球/球面，$F = N+1$

对于椭球，有

$$R = \frac{N^2-1}{N}$$

$$\varepsilon = \frac{1}{N}$$

对于球面，有

$$R = 焦距 - T$$

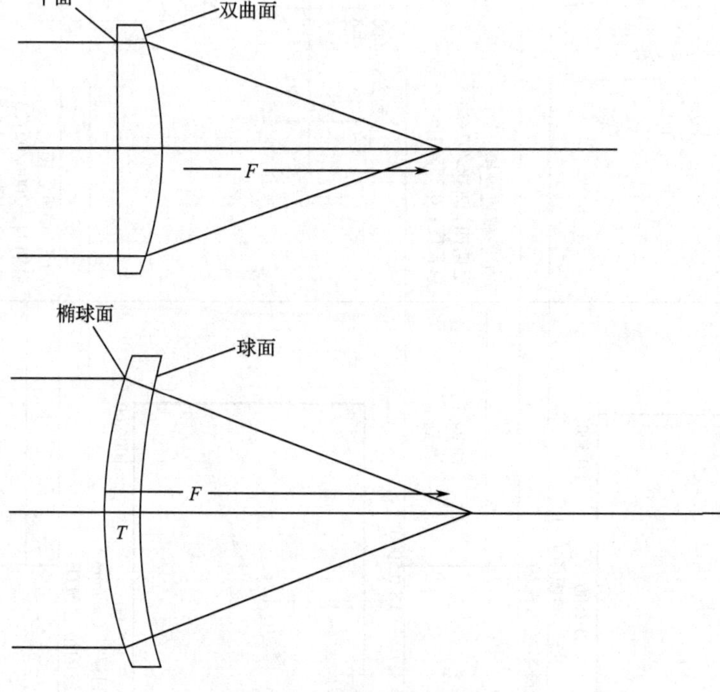
平面
双曲面
F
椭球面
球面
F
T

图 24.2　球差为零的单透镜

两种情况中的轴上光学性能都达到衍射受限。由于存在严重慧差，所以，即使在 0.5°视场时，性能也比较差。为使这些设计能够有效地得以应用，必须将光束与物镜的光轴调准，精度在几弧分范围之内。

如图 24.3 所示是聚焦受激准分子激光束（XeCl，0.308μm）的物镜，视场 1.0°、焦距 5.0in、入瞳直径 1.0in，详细的结构参数见表 24.2。对慧差的校正意味着，没有必要完全像按照上述的锥形透镜那样对激光束与物镜光轴进行精确调准。

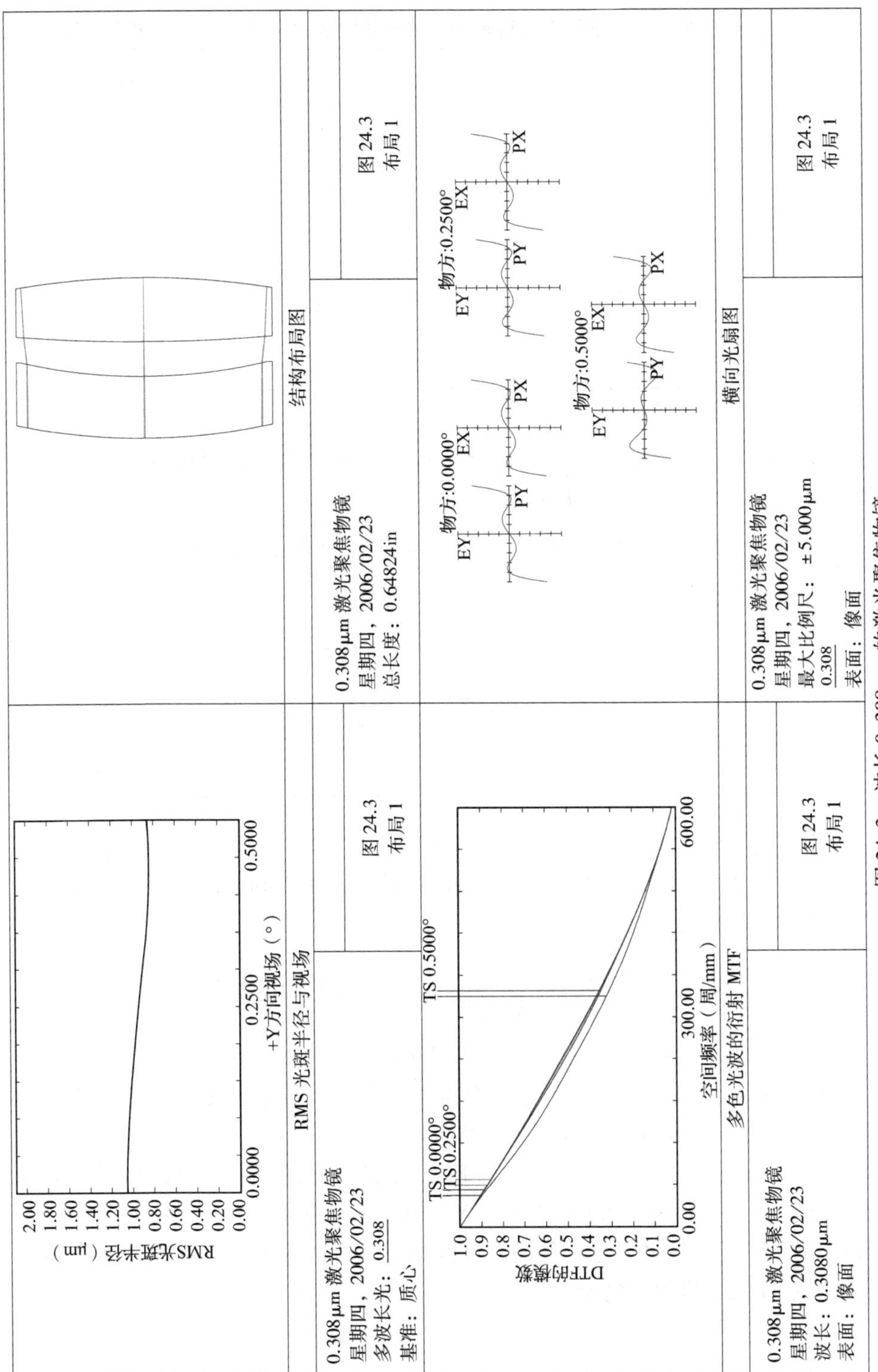

RMS光斑半径（μm）
2.00
1.80
1.60
1.40
1.20
1.00
0.80
0.60
0.40
0.20
0.00
0.0000
0.2500
0.5000
+Y方向视场（°）
RMS 光斑半径与视场
0.308μm 激光聚焦物镜
星期四，2006/02/23
多波长光：0.308
基准：质心
图 24.3
布局 1
结构布局图
0.308μm 激光聚焦物镜
星期四，2006/02/23
总长度：0.64824in
图 24.3
布局 1
DTF的模数
1.0
0.9
0.8
0.7
0.6
0.5
0.4
0.3
0.2
0.1
0.0
0.00
300.00
600.00
空间频率（周/mm）
TS 0.0000°
TS 0.2500°
TS 0.5000°
多色光波的衍射 MTF
0.308μm 激光聚焦物镜
星期四，2006/02/23
波长：0.3080μm
表面：像面
图 24.3
布局 1
物方:0.0000°
物方:0.2500°
物方:0.5000°
EY
PY
EX
PX
横向光扇图
0.308μm 激光聚焦物镜
星期四，2006/02/23
最大比例尺：±5.000μm
0.308
表面：像面
图 24.3
布局 1

图 24.3　波长 0.308μm 的激光聚焦物镜

表 24.2 波长 0.308μm 的激光聚焦物镜的结构参数 （单位：in）

表面	半 径	厚 度	材 料	直 径
0	0.00000	1.00000E+7	空气	
1	3.17381	0.2592	硅	1.100
2	-6.10489	0.1395	空气	1.100
3	-2.43609	0.2496	硅	0.960
4	-2.88562	4.6691	空气	1.100

注：第一透镜前表面至像面的距离 = 5.317in。

如图 24.4 所示是氦氖激光束（0.6328μm）聚焦物镜，可以用于条形码阅读器，详细的结构参数见表 24.3。

表 24.3 氦氖激光束（0.6328μm）聚焦物镜的结构参数 （单位：in）

表面	半 径	厚 度	材 料	直 径
0	0.0000	1.00000E+7	空气	
1	0.30153	0.2300	聚苯乙烯	0.500
2	-3.4042	0.3469	空气	0.500

该物镜为有效焦距 0.4833in、*f*/1。1.0°视场的光学性能几乎达到衍射受限。在波长为 0.6328μm 时，聚苯乙烯材料的折射率是 1.58662。第一表面是非球面，其表面方程式为

$$X = \frac{3.316436Y^2}{1+\sqrt{1-7.01341Y^2}} - 1.174228Y^4 - 10.87748Y^6 - 25.67630Y^8 - 721.13841Y^{10}$$

塑料透镜可以镀增透膜，但与玻璃相比，由于其转变温度低，必须使用专门的镀膜技术（Bauer 2005；Schulz 2005）。

随着 0.405μm 波长发光二极管（LED）生产技术的提高，已经研发出蓝光光盘系统。并且，已经研制出 ZEONEX 340R 产品作为这种应用的理想材料（Konishi 2005）。这种材料是一种环烯聚合物，可以注模成型，在短波长区透过率高、吸水性低、折射率稳定。

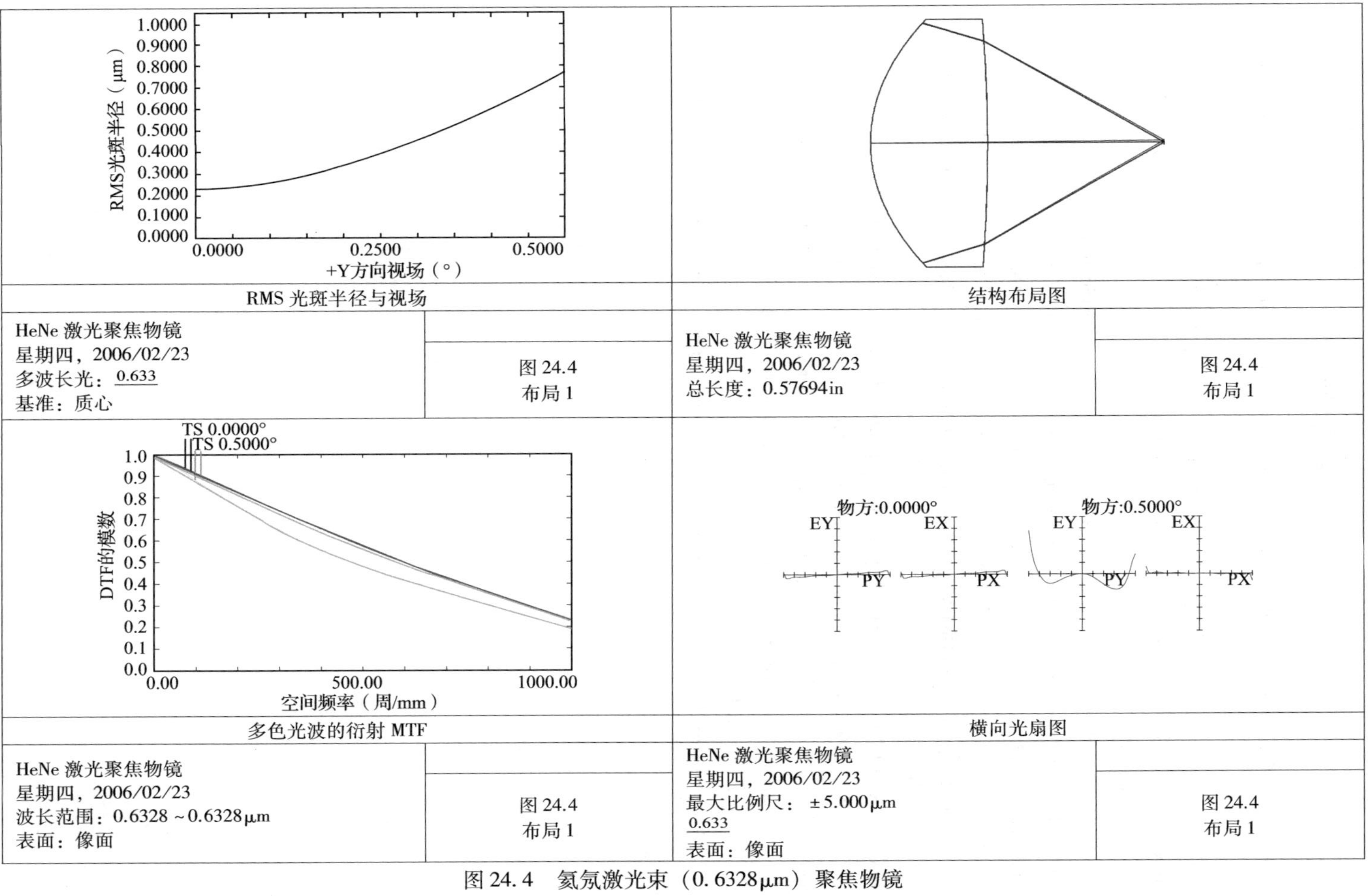

RMS光斑半径（μm）
1.0000
0.9000
0.8000
0.7000
0.6000
0.5000
0.4000
0.3000
0.2000
0.1000
0.0000
0.0000
0.2500
0.5000
+Y方向视场（°）
RMS 光斑半径与视场
HeNe 激光聚焦物镜
星期四，2006/02/23
多波长光：0.633
基准：质心
图 24.4
布局 1
结构布局图
HeNe 激光聚焦物镜
星期四，2006/02/23
总长度：0.57694in
图 24.4
布局 1
TS 0.0000°
TS 0.5000°
DTF的模数
1.0
0.9
0.8
0.7
0.6
0.5
0.4
0.3
0.2
0.1
0.0
0.00
500.00
1000.00
空间频率（周/mm）
多色光波的衍射 MTF
HeNe 激光聚焦物镜
星期四，2006/02/23
波长范围：0.6328～0.6328μm
表面：像面
图 24.4
布局 1
物方:0.0000°
物方:0.5000°
EY
EX
PY
PX
横向光扇图
HeNe 激光聚焦物镜
星期四，2006/02/23
最大比例尺：±5.000μm
0.633
表面：像面
图 24.4
布局 1

图 24.4　氦氖激光束（0.6328μm）聚焦物镜

参考文献

Bauer, T. (2005) Optical coatings on polymers, *Proceeding of SPIE*, Vol. 5872, Goodman, T. D. ed., SPIE, 5872.

Binnie, T. D. (1994) Fast imaging micro lenses, *Applied Optics*, 33: 1170 - 1175.

Broome, B. G. (1992) *Proceeding of Lens Design Conference*, Vol. 3129, SPIE Press, Los Angeles, p. 235.

Chirra, R. R. (1983) Wide aperture objective lens, US Patent #4368957.

Fitch, M. A. (1991) Molded optics, *Photonics Spectra*, October 1991, p. 23.

Isailovic, J. (1987) *Videodisc Systems*, Prentice Hall, Englewood Cliffs, NJ.

Konishi, Y., Sawaguchi, T., Kubomura, K., and Minami, K. (2005) High performance cyclo olefin polymer ZEONEX®, *Proceedings of SPIE*, Vol. 5872, Goodman, T. D. ed., SPIE, 5872.

Minoura, K. (1979) Lens having high resolving power, US Patent #4139267.

Saft, H. W. (1994) Replicated optics, *Photonics Spectra*, February 1994.

Schulz, S., Munzert, P., Kaless, A., Lau, K., and Kaiser, N. (2005) Procedures to reduce reflection on polymer surfaces, *Proceedings of SPIE*, Vol. 5872, Goodman, T, D. ed., SPIE, 587201.

U. S. Precision Lens (1973) *The Handbook of Plastic Optics 3997*, Cincinnati, OH 45245.

第25章 平视（头盔）显示器物镜

这种物镜应用在飞机的座舱中，阴极射线管（CRT）上的信息被成像在驾驶员的眼点处，类似于一个大的目镜，出瞳位于驾驶员眼点处。该出瞳应当足够大，能够容纳两个眼睛，并允许头部稍微移动。这类光学系统的典型技术要求是：

入瞳直径	6in
瞳孔到透镜的距离	25in
角分辨率	
中心	1 弧分
边缘	3 弧分
视场	25°
瞬时视场	20°
最大畸变	5%

Singh 给出了另外要求（1996）。对于该系统，可以假设存在两个 8mm 直径的出瞳，加上 65mm 的两眼间距。在无须移动头部的情况下，一只眼所看到的范围就称为“瞬时视场”。由于受到光学系统的尺寸限制，通常必须稍微移动头部以便观察到 CRT 的全部显示。

因为飞机座舱的尺寸要求，不适合采用直筒式系统。所以，该物镜系统必须能够“折叠”，以便安装到拥挤的座舱中。如图 25.1 所示是典型的平视显示器系统图（还可以参考 Rogers 1980 年的文章），其详细的结构参数见表 25.1a。由于该系统是为 4.25in 直径的 CRT 管设计，并且视场是 25°，所以焦距是 9.585in。

表 25.1a 平视显示器的结构参数 （单位：in）

表面	半 径	厚 度	材 料	直 径
0	0.0000	0.100000E+11		0.00
1	光阑	25.0000		6.000
2	7.5799	2.1001	N-SK16	7.860
3	-11.7458	0.7000	SF6	7.860
4	160.7517	5.1618		7.860
5	10.4450	0.5592	N-SF6	5.960
6	212.3874	0.0200		5.960

（续）

表面	半　径	厚　度	材　料	直　径
7	4. 8956	0. 7300	N-LASF45	5. 540
8	13. 6943	0. 3398		5. 400
9	-67. 4301	0. 3500	SF6	5. 360
10	5. 3371	3. 1451		4. 820
11	0. 0000	0. 1890	N-K5	4. 220
12	0. 0000	0. 0000		4. 220

注：第一透镜前表面至像面的距离 = 13. 295in。

第一与第二块透镜之间可以放置一块反射镜，使光学系统能够折叠，以便将其放置在飞机座舱中。最后一块透镜使用 N-K5 玻璃，是 CRT 的面板。由于很难校正这类系统的色差，所以，设计该物镜时一般都使用窄带 CRT 磷光粉（例如，P53 磷光粉）。在这种情况下，中心波长是 0. 55μm，半功率点在 0. 54μm 和 0. 56μm。这种窄带光源还有另外一个优点。通常，设计这些系统时，要保证飞机风挡玻璃能把 CRT 的像反射到驾驶员的眼点位置，为使透过风挡玻璃的能量损失最少，风挡玻璃（或非常靠近风挡玻璃的分束镜）要镀以窄带介质反射膜。

对如图 25. 1 所示的光学系统的追迹可以看到，通过左眼位置处的 8mm 直径的瞳孔可以观察到左侧 5°和右侧 10°，与右眼位置的情况一样。据介绍，该系统的瞬时视场是 20°。在 6in 直径的圆形范围内移动头部，可以观察到 25°的整个视场。

由于瞳孔移位，所以，计算程序不仅必须能够转换入瞳，而且除了能追迹弧矢面的视场角外，还必须能够追迹正和负视场角。在上述例子中，使用 9 个视场角，7 个位于子午面内，2 个位于弧矢面内，这些视场角见表 25. 1b。

表 25. 1b　平视显示器的瞳孔位移与视场角

视场	瞳孔位移（偏离中心）/in	角度/（°）
1	2. 8425	0. 0
2	2. 8425	2. 0
3	2. 8425	-6. 0
4	2. 8425	-12. 5
5	1. 279	0. 0
6	1. 279	5. 0
7	1. 279	-10. 0
8	1. 279	2. 5 弧矢
9	1. 279	5. 0 弧矢

注：畸变 = 2. 2%。

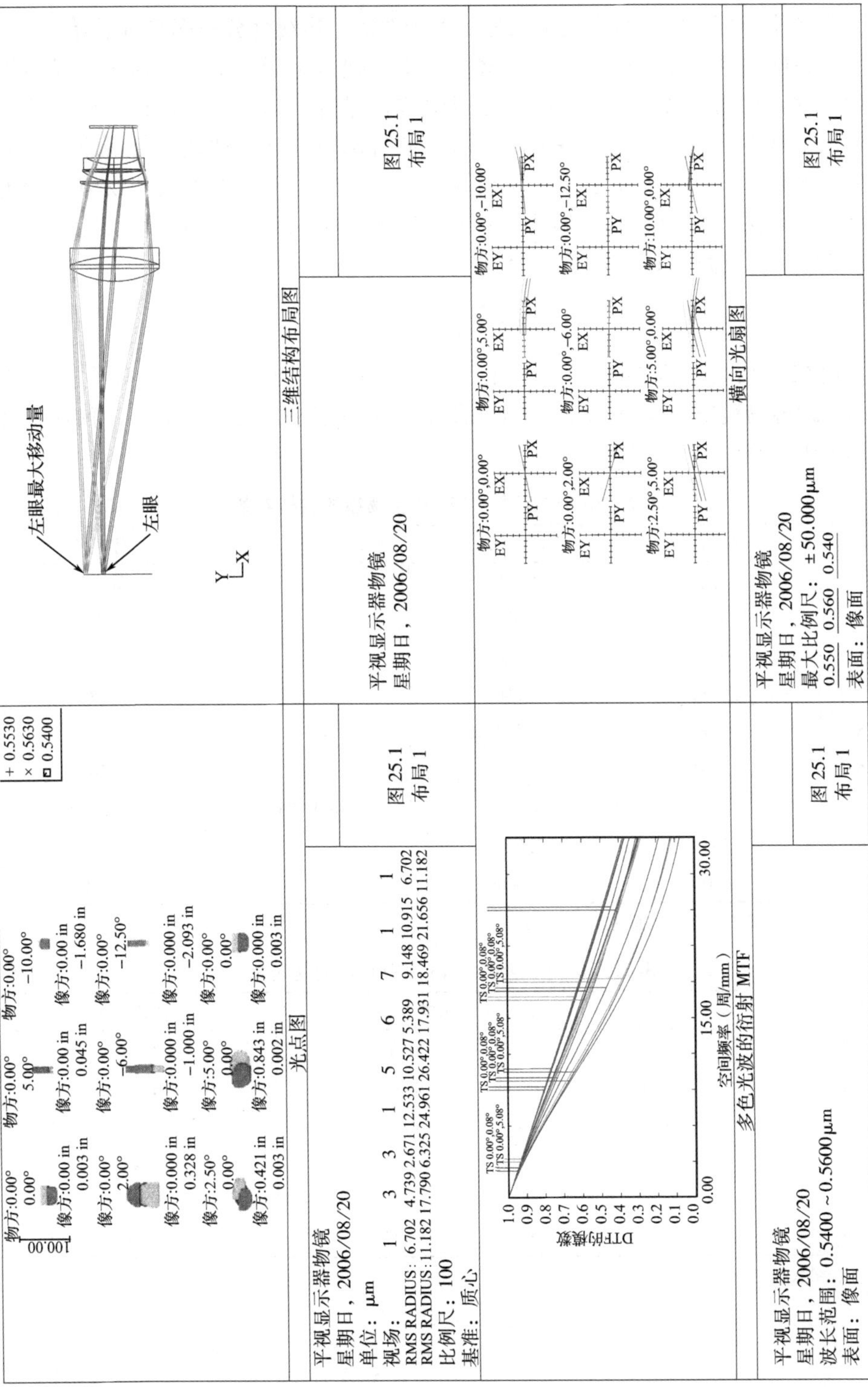

物方:0.00° 0.00°　物方:0.00° 5.00°　物方:0.00° −10.00°

100.00

像方:0.00 in 0.003 in　像方:0.00 in 0.045 in　像方:0.00 in −1.680 in

像方:0.00° 2.00°　像方:0.00° −6.00°　像方:0.00° −12.50°

像方:0.000 in 0.328 in　像方:0.000 in −1.000 in　像方:0.000 in −2.093 in

像方:2.50° 0.00°　像方:5.00° 0.00°　像方:0.00° 0.00°

像方:0.421 in 0.003 in　像方:0.843 in 0.002 in　像方:0.000 in 0.003 in

+ 0.5530
× 0.5630
□ 0.5400

光点图

平视显示器物镜
星期日，2006/08/20
单位：μm

视场：	1	3	3	1	5	6	7	1	1
RMS RADIUS:	6.702	4.739	2.671	12.533	10.527	5.389	9.148	10.915	6.702
RMS RADIUS:	11.182	17.790	6.325	24.961	26.422	17.931	18.469	21.656	11.182

比例尺：100
基准：质心

图 25.1
布局 1

左眼最大移动量
左眼
Y
X

三维结构布局图

平视显示器物镜
星期日，2006/08/20

图 25.1
布局 1

TS 0.00°,0.08°
TS 0.00°,5.08°
TS 0.00°,0.08°
TS 0.00°,0.08°
TS 0.00°,5.08°
TS 0.00°,0.08°
TS 0.00°,0.08°
TS 0.00°,5.08°

1.0 0.9 0.8 0.7 0.6 0.5 0.4 0.3 0.2 0.1 0.0
DTF的模数
0.00　15.00　30.00
空间频率（周/mm）

多色光波的衍射 MTF

平视显示器物镜
星期日，2006/08/20
波长范围：0.5400～0.5600μm
表面：像面

图 25.1
布局 1

物方:0.00°,0.00°　物方:0.00°,5.00°　物方:0.00°,−10.00°
物方:0.00°,2.00°　物方:0.00°,−6.00°　物方:0.00°,−12.50°
物方:2.50°,5.00°　物方:5.00°,0.00°　物方:10.00°,0.00°
EY EX PY PX

横向光扇图

平视显示器物镜
星期日，2006/08/20
最大比例尺：±50.000μm
0.550　0.560　0.540
表面：像面

图 25.1
布局 1

图 25.1　平视显示器

视场中心部位的分辨率是 1 弧分。由于像散，边缘处分辨率有所下降。

双目物镜系统在许多方面都非常类似于平视显示器。然而，与平视显示器相比，在双目物镜系统中，使用者的眼睛非常靠近于物镜。双目物镜应用于需安装低倍观察目镜的各类设备中，并希望通过两眼非常方便地进行观察。与平视显示器一样，计算程序必须能移动入瞳，并且在子午和弧矢面从物体开始追迹光线。如图 25. 2 所示是焦距为 4. 0in 的双目物镜，详细的结构参数见表 25. 2a 和表 25. 2b。根据第 10 章放大率公式

$$M=\frac{4+10}{4}=3.5$$

该物镜在可见光范围内进行了校正，覆盖的物体直径是 1. 0in。对于直径为 5mm，距离物镜中心线为 32. 5mm 的瞳孔进行光线追迹。有意义的是，轴外分辨率远比轴上高。

表 25. 2a　焦距为 4. 0in 双目物镜的结构参数　　（单位：in）

表面	半　径	厚　度	材　料	直　径
1	光阑	2. 0000		2. 757
2	2. 4675	0. 5716	N-PSK3	3. 080
3	6. 6708	0. 0200		2. 980
4	2. 6344	0. 2680	LAFN7	2. 880
5	1. 2475	1. 3156	N-FK5	2. 360
6	-11. 3609	0. 3275		2. 360
7	-1. 8260	0. 5517	N-LLF6	2. 200
8	-1. 7963	2. 0912		2. 360
9	0. 0000	0. 0000		1. 020

注：第一透镜前表面至像面的距离 =5. 146in。

表 25. 2b　焦距为 4. 0in 双目物镜的视场角

视　场	角度 Y/（°）	角度 X/（°）	位移/in
1	0. 0	0. 0	1. 28
2	3. 56	0. 0	1. 28
3	-3. 56	0. 0	1. 28
4	-7. 13	0. 0	1. 28
5	0. 0	3. 56	1. 28
6	0. 0	7. 13	1. 28

注：最大畸变 =2. 4%。

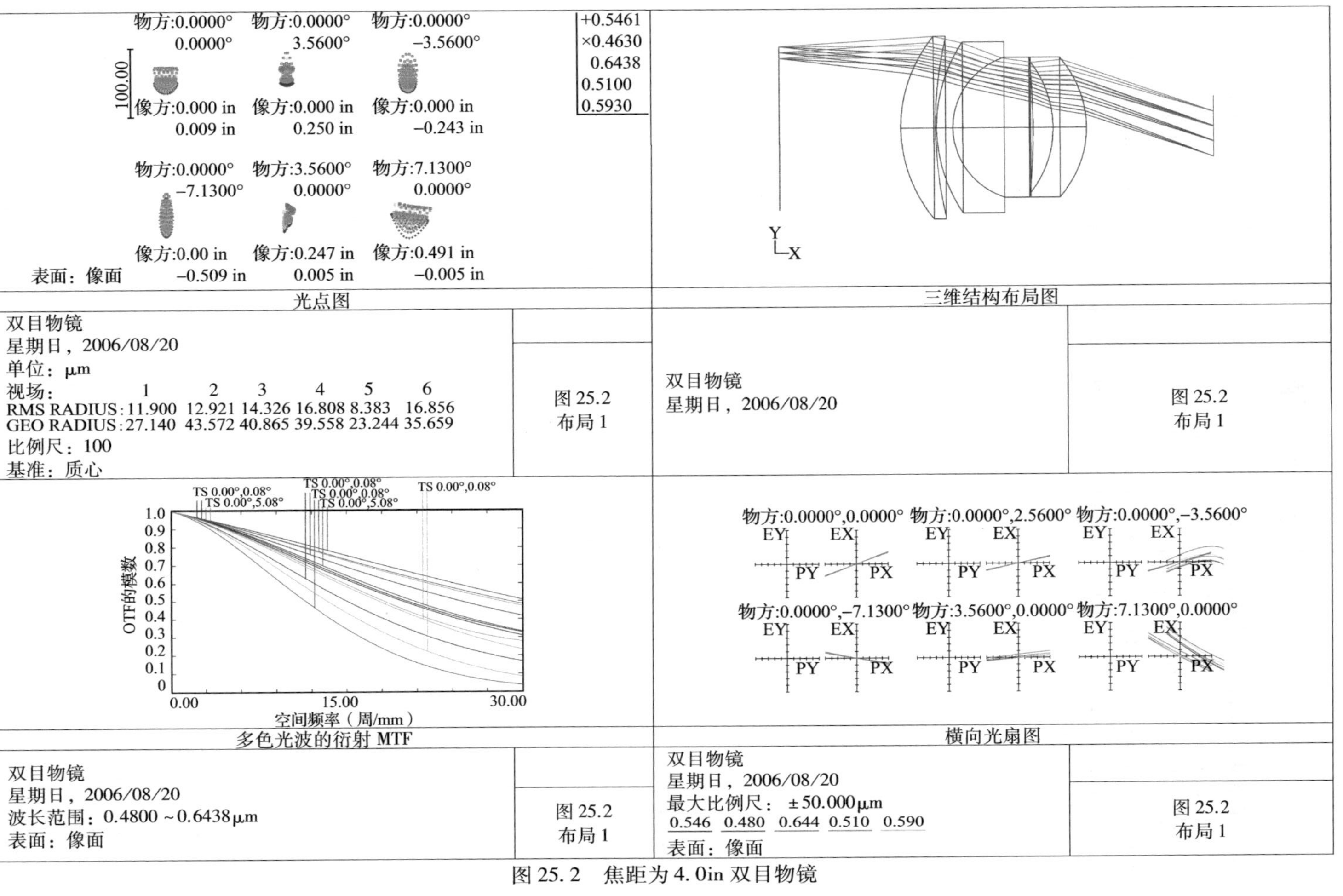
物方:0.0000° 0.0000°
像方:0.000 in 0.009 in
物方:0.0000° 3.5600°
像方:0.000 in 0.250 in
物方:0.0000° -3.5600°
像方:0.000 in -0.243 in
物方:0.0000° -7.1300°
像方:0.00 in -0.509 in
物方:3.5600° 0.0000°
像方:0.247 in 0.005 in
物方:7.1300° 0.0000°
像方:0.491 in -0.005 in
100.00
+0.5461
×0.4630
0.6438
0.5100
0.5930
表面：像面
光点图
双目物镜
星期日，2006/08/20
单位：μm
视场：1 2 3 4 5 6
RMS RADIUS：11.900 12.921 14.326 16.808 8.383 16.856
GEO RADIUS：27.140 43.572 40.865 39.558 23.244 35.659
比例尺：100
基准：质心
图 25.2
布局 1
三维结构布局图
双目物镜
星期日，2006/08/20
图 25.2
布局 1
OTF的模数
空间频率（周/mm）
0.00 15.00 30.00
多色光波的衍射 MTF
双目物镜
星期日，2006/08/20
波长范围：0.4800～0.6438μm
表面：像面
图 25.2
布局 1
物方:0.0000°,0.0000°
物方:0.0000°,2.5600°
物方:0.0000°,-3.5600°
物方:0.0000°,-7.1300°
物方:3.5600°,0.0000°
物方:7.1300°,0.0000°
EY EX PY PX
横向光扇图
双目物镜
星期日，2006/08/20
最大比例尺：±50.000μm
0.546 0.480 0.644 0.510 0.590
表面：像面
图 25.2
布局 1

图 25.2　焦距为 4.0in 双目物镜

参 考 文 献

JEDEC Pub. # 16-C（1988）*Optical Characteristics of cathode Ray Tubes*，Electronic Industries Association，2001 Eye St，NW，Washington，DC 2006.

Rogers，P. J.（1980）Modified petzval lens，US Patent #4232943.

Singh，I.，Kumar，A..，Singh，H. S.，and Nijhawan，O. P.（1996）Optical design and performance evaluation of a dual beam combiner HUD，*Optical Engineering*，35：813-818.

第 26 章　消色差光楔

消色差光楔是一种非常有用的装置，它既可以使系统得到一个小的角偏离，又仍然显示一个消色差的像。由于下述两个原因，该光学系统的应用局限于小的偏离角：

1. 偏离角大，棱镜角也变得特别大。
2. 二级色差随偏离角增大。

为避免将慧差和像散引入轴上图像中（参阅第 27 章），要将这些光楔应用在平行光束中。

有时，利用眼科术语来度量棱镜的偏离角

$$1\text{ 棱镜屈光度} = \frac{1\text{cm 偏离}}{1\text{m 距离}}$$

如图 26.1 所示的是光束垂直入射到棱镜的第一表面，折射后，以图示的偏折角出射。Smith 介绍（2000）了计算棱镜角的初级公式。作者编写了一个通过棱镜组件追迹真实光线的程序，经过简单的迭代，计算出消色差条件下的棱镜角，得到希望的偏折。（该偏折针对中心波长计算，为了实现消色差，其它波长的偏折应当一样）

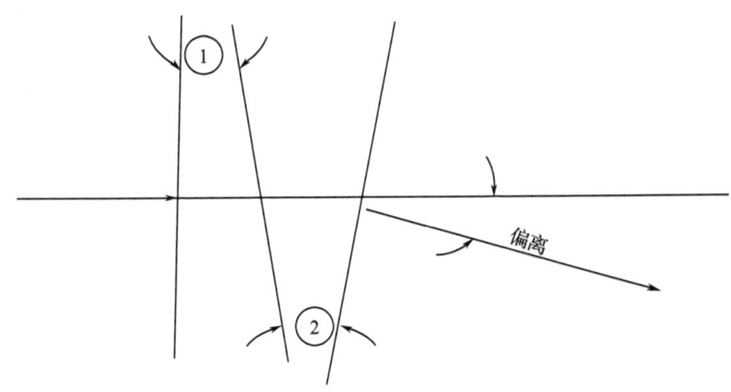

1
2
偏离

图 26.1　消色差棱镜

如果考虑可见光范围内的消色差棱镜，那么，第一块棱镜使用 N－BK7 玻璃，第二块棱镜是 F2 玻璃（见表 26.1）。

表 26.1 消色差棱镜的结构参数

偏折角/（°）	角 1/（°）	角 2/（°）	二级色差 1000/（°）
1	4.419	2.071	10.0
2	8.781	4.098	19.0
3	13.031	6.040	29.0
4	17.127	7.865	38.0
5	21.032	9.546	48.0
6	24.719	11.070	58.0
7	28.176	12.430	68.0
8	31.393	13.625	78.0
9	34.374	14.663	89.0
10	37.124	15.554	99.0

注：（°）/1000，毫弧度。

二级色差与中心波长和短波长偏折角之间的角度差有关。

参 考 文 献

Goncharenko, E. N. and Repinskii, G. N. (1975) Design of achromatic wedges, *Sov. J. Opti. Tech.*, 42: 445.

Sheinus, N. V. (1976) Design of a wedge scanner, *Sov. J. Opti Tech.*, 43: 473.

Smith, W. (2000) *Modern Optical Engineering*, McGraw Hill, New York.

第 27 章 楔形板和旋转棱镜照相机

经常需要在一束会聚光束中放置一块分束镜。如果使用一块平板，将在轴上图像中引入慧差和像散。可以采用下列方法减小或消除：

1. 使用薄膜，等效于一块厚度为零的平板。将硝化纤维素塑料成型在一块平的框架上就可以制成这种薄膜。薄膜特别薄，典型厚度值约为 5μm。在这种相当脆的零件上涂镀的薄膜种类非常有限，或许涂镀 0.005in 厚的玻璃薄膜也是可行的，尽管比塑料的厚，但更耐用，并有大量的可用膜层。

2. 使用立方分束镜，等效于系统中的一块平板玻璃，并且在光学设计中很容易实现。这种结构笨重，有时无法将它们放置在机械壳体中。在红外系统中，使用立方分束镜是没有问题的。

3. 使用楔形板。采用这种技术，可以大大减少轴上慧差和像散。

如图 27.1 所示，一块厚度为 T、楔形角为 θ 的平板位于会聚光束中，到像面的距离是 P，该平板与光轴的夹角是 β。

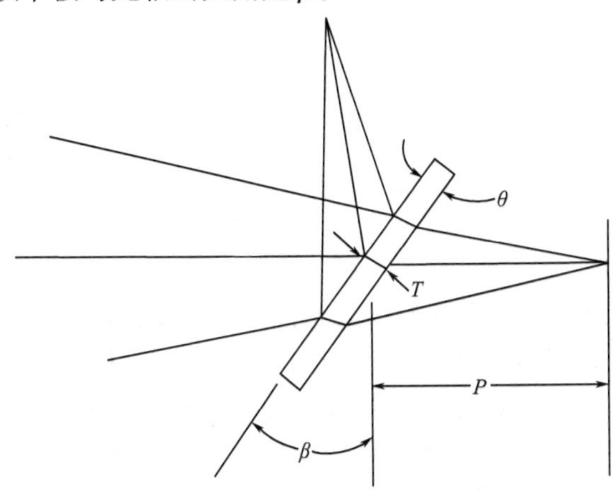
θ
T
P
β

图 27.1　一块放置在会聚光束中、厚度为 T、楔形角为 θ 的平板到像面的距离为 P 该平板与光轴法线的夹角是 β

如果要求零像散，De Lang 给出了计算楔形角 θ 的下述公式（1957）

$$\theta = \frac{\sin\beta(\cos^2\beta)T}{2(N^2 - \sin^2\beta)P}$$

慧差也有大量减少。

作者曾经设计将一块分束镜放在 10× 显微物镜系统中，分束镜的参数如下：

$$N = 1.51872 \text{（N - BK7 玻璃）}$$

$$B = 45°$$

$$T = 0.04\text{in}$$

$$P = 14.9473\text{in}$$

将这些值代入到上述公式中，可以得到楔形角 θ 是 0.00026186 弧度或 54.0″。利用 ZEMAX 优化程序以及 $f/4$、有效焦距 20.0in 的理想透镜（ZEMAX 程序中的一种近轴透镜），得到一个 36.7″的楔形角。如图 27.2 所示是设计结果，给出轴上像的点列图。为便于比较，同时给出了一块平板的点列图。该计算值与 De Lang 公式给出的数值之间的差别在于，该公式以三级理论为基础推导出的，而图 27.2 给出的数据是以实际的光线追迹得出的。

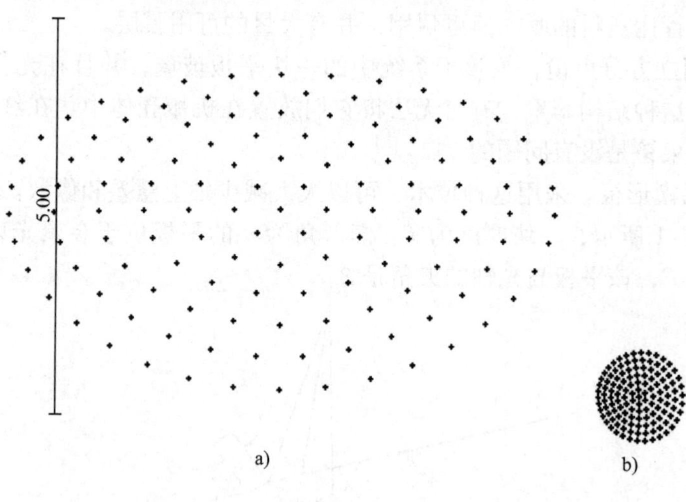
5.00
a)
b)

图 27.2 楔形板

4. 使用两个互成 90°的分束镜，就是说，如果观察者沿光轴观看，他们将会看到两束彼此正交的反射光束。可以利用一块平板代替一束光束，并作为旋转照相机的基础。在这种相机中，平板与胶片一起运动，从而造成一个等效于胶片运动的位移。除平板自身的像差外，问题在于，这种位移与平板的转动不是线性函数关系。参考图 27.3，给出了厚度为 T、折射率为 N 的一块平板的位移

$$\sin I = \frac{\sin I'}{N},$$

$$D = \frac{T\sin\ (I - I')}{\cos I'}$$

如果入射角较小

$$D = \frac{T \cdot I(N-1)}{N}$$

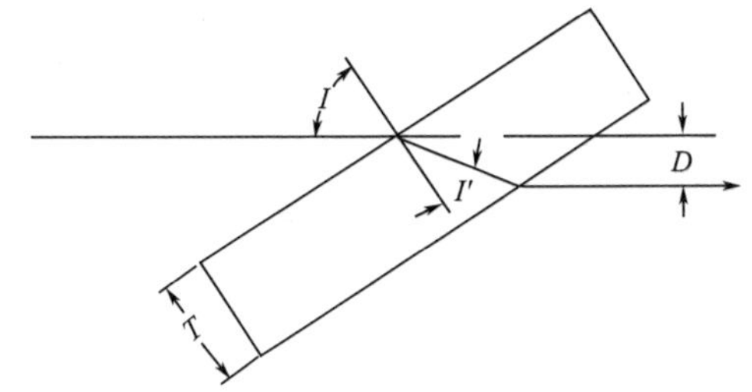
I
D
I'
T

图 27.3　一块厚度为 T、折射率为 N 的平板的位移

增大转动棱镜的折射率，从玻璃 N－K5 转换到 N－LAK10，就会得到一个较薄的转动棱镜，但位移与转动的非线性函数关系几乎是一样的。由于该平板存在非线性位移，所以为限制这种位移误差，要在旋转棱镜相机中设计一个快门以截断光束。本节给出的例子是 16mm 胶片照相机中所使用的立方棱镜。利用上述公式，采用玻璃 N－LAK10，$D=0.3$，得到的 T 值是 0.455。

实际的光线追迹表明，该误差是单调增量函数。使该立方棱镜稍薄一些（$T=0.451$），就会设计出一个得到更好补偿的系统。安装一个快门，随立方棱镜一同转动，并将入射角限制在 ±11°。当然，这会造成大量的光能损失，但通过平板的运动提供了良好的像质补偿。

如图 27.4 所示是旋转棱镜照相机的物镜，详细的结构参数见表 27.1a。为了降低平板运动产生像散的影响，该物镜系统设计成准远心系统（Buckroeder 1997），有焦距 1.378in（35mm）、$f/2$，完全满足 16mm 胶片幅面的要求（见附录 A）。表 27.1b 列出了该物镜系统的像移和胶片的移动量。

表 27.1a　焦距 35mm、$f/2$ 旋转棱镜照相机物镜的结构参数　　（单位：in）

表面	半　径	厚　度	材　料	直　径
1	0.6640	0.3017	SF1	1.080
2	0.4632	0.3151		0.760
3	0.6750	0.1870	LAF3	0.760
4	4.9569	0.0689	F2	0.760
5	0.5726	0.0846		0.560
6	光阑	0.1769		0.523
7	−0.8537	0.1509	F2	0.640
8	3.9727	0.3807	N－LAK33	0.980
9	−0.9634	0.2612		0.980
10	1.4883	0.3680	N－LAK12	1.100
11	−0.8926	0.1197	SF1	1.100
12	−2.8207	0.3500		1.100
13	0.0000	0.4510	N－LAK10	0.860
14	0.0000	0.4500		0.860
15	0.0000	0.0000		0.493

注：第一透镜前表面至像面距离 =3.666in，畸变 =2.4%。

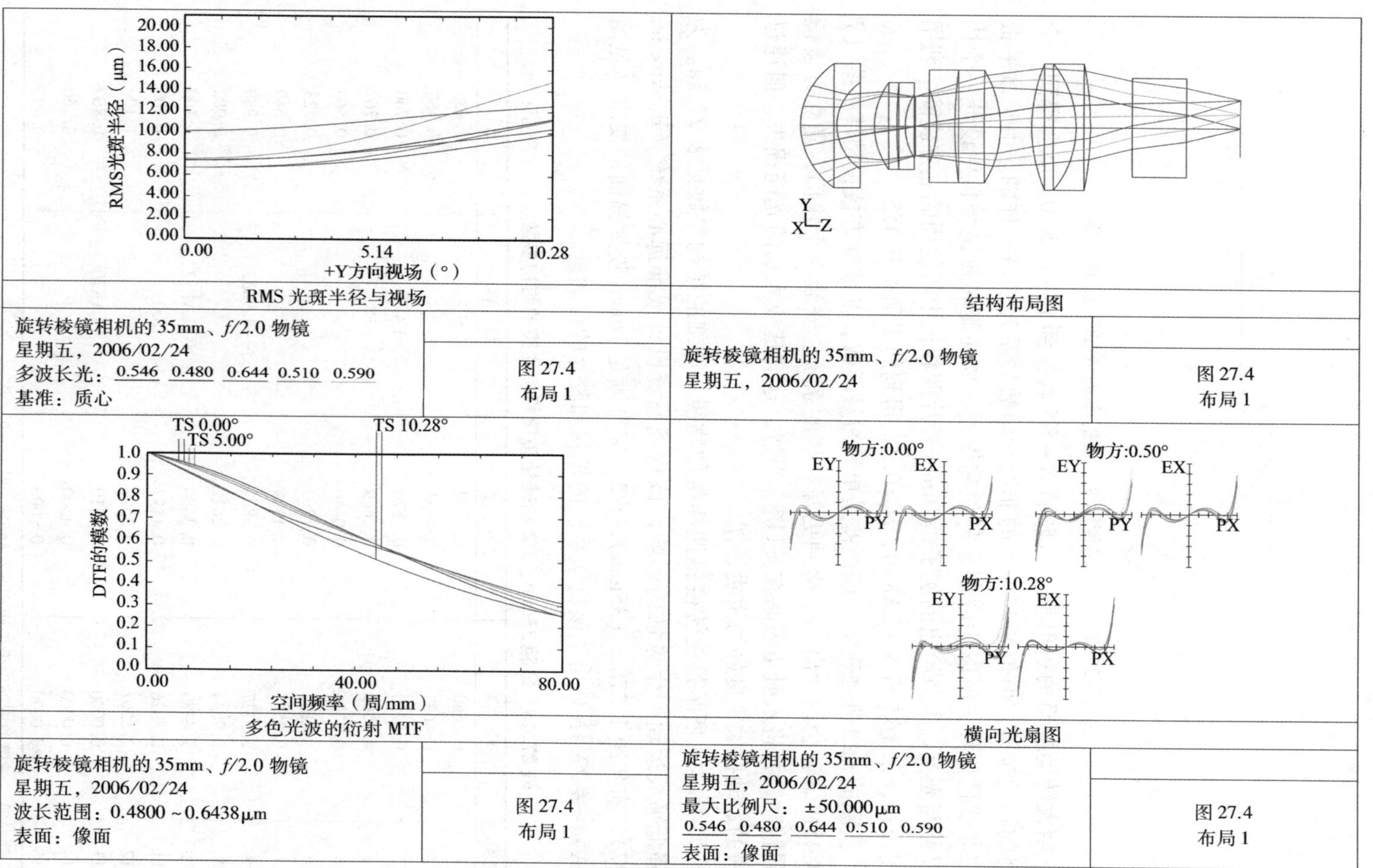
RMS光斑半径（μm）
+Y方向视场（°）
0.00
5.14
10.28
RMS 光斑半径与视场
旋转棱镜相机的 35mm、f/2.0 物镜
星期五，2006/02/24
多波长光：0.546 0.480 0.644 0.510 0.590
基准：质心
图 27.4
布局 1
结构布局图
旋转棱镜相机的 35mm、f/2.0 物镜
星期五，2006/02/24
图 27.4
布局 1
TS 0.00°
TS 5.00°
TS 10.28°
DTF的模数
空间频率（周/mm）
0.00
40.00
80.00
多色光波的衍射 MTF
旋转棱镜相机的 35mm、f/2.0 物镜
星期五，2006/02/24
波长范围：0.4800～0.6438μm
表面：像面
图 27.4
布局 1
物方:0.00°
物方:0.50°
物方:10.28°
EY
EX
PY
PX
横向光扇图
旋转棱镜相机的 35mm、f/2.0 物镜
星期五，2006/02/24
最大比例尺：±50.000μm
0.546 0.480 0.644 0.510 0.590
表面：像面
图 27.4
布局 1

图 27.4 旋转棱镜照相机的物镜

表27.1b　图像位移与胶片的运动　（单位：in）

角度	位　移	胶　片	误　差
1	0.00330	0.00333	0.00003
2	0.00661	0.00667	0.00006
3	0.00992	0.01000	0.00008
4	0.01324	0.01333	0.00010
5	0.01656	0.01667	0.00011
6	0.01989	0.02000	0.00011
7	0.02323	0.02333	0.00010
8	0.02658	0.02667	0.00008
9	0.02995	0.03000	0.00005
10	0.03333	0.03333	0.00000
11	0.03674	0.03667	-0.00007
12	0.04016	0.04000	-0.00016
13	0.04360	0.04333	-0.00027
14	0.04706	0.04667	-0.00040
15	0.05055	0.05000	-0.00055
16	0.05407	0.05333	-0.00074
17	0.05762	0.05667	-0.00095
18	0.06119	0.06000	-0.00119
19	0.06480	0.06333	-0.00146
20	0.06844	0.06667	-0.00177

注意，超过11°以后，由于棱镜旋转造成的像位移和胶片运动之间的误差变得特别大，所以，在照相机中设计一个快门来截断该位置的光线。这就是固定在棱镜上的一个旋转快门。

参考文献

Buckroeder, R. A. (1997) Rotating prism compensators *Journal of SMPTE*, 86: 431-438.

Howard, J. W. (1985) Formulas for the coma and astigmatism of wedge prisms in convergent light, *Applied Optics*, 24: 4265.

De Lang, H. (1957) Compensation of aberrations caused by oblique plane parallel plates, *Philips Research Reports*, 12: 131.

Sachteben, L. T., Parker, D. T., Allee, G. L., and Kornstein, E. (1952) Color television camera system, *RCA Review*, 8: 27.

Shoberg, R. D. (1978) High speed movie camera, US Patent #4131343.

Whitley, E. M., Boyd, A. K., and Larsen, E. J. (1996) High speed motion picture camera, US Patent #3259448.

第28章 变形物镜附件

电影的最新发展趋势是为观众提供宽视场。虽然通过使用较宽的胶片（70mm 而不是35mm）可以实现。但既经济又比较方便的方法还是利用35mm 胶片进行摄影和放映。Chretien 是第一个（1931）提议使用变形物镜方法的专家。

传统35mm 放映物镜的水平宽度与高度比值为1.37。在西尼玛斯科普式宽银幕立体声电影中，将一个2×变形无焦辅助镜头放在主物镜前面，该附件对垂直方向成像没有影响，而将水平方向的图像进行压缩。虽然使用的是35mm 标准胶片，但胶片上的垂直高度要比标准电影（解缩过）稍大些，结果达到2.35的纵横比（Wheeler 1969，76）。以同样方式放映，将一个无焦柱面辅助物镜安装在标准放映物镜前面，会将水平视场扩大2倍。SMPTE 标准195—2000 要求：在水平方向放大2倍，纵横比达到2.40后，放映图像的面积是0.825in×0.690in，本章就是采用该标准。

如图28.1 所示即是这类放映辅助物镜，详细的结构参数见表28.1。这意味着，在35mm 电影中，配合使用3.0in 焦距、*f*/2 的放映物镜。该系统由 Cook 的设计（1958）改进而来。所有表面都是柱面，视图面是具有光焦度的柱面轴所在平面。该物镜稍微有点长，应缩短这样大的空气间隔。

表28.1　放映电影用的2×前变形辅助物镜的结构参数　（单位：in）

表面	半 径	厚 度	材 料	直 径
1	46.7204	0.3551	SF1	4.460
2	-11.7061	0.3000	N-BK10	4.460
3	3.2802	7.9602		4.100
4	-11.9355	0.2006	SF5	2.240
5	83.4516	0.2246	N-SK5	2.240
6	-5.1488	1.9000		2.240
7	光阑	3.0000		1.500

注：前后顶点之间的距离=9.040in，水平方向的畸变=1.7%。

如图28.2 所示是与70mm 胶片和焦距4.0in、*f*/2 的放映物镜配合使用的2×变形辅助物镜（与上述情况一样，视图面是具有光焦度的柱面轴所在平面），详细的结构参数见表28.2。

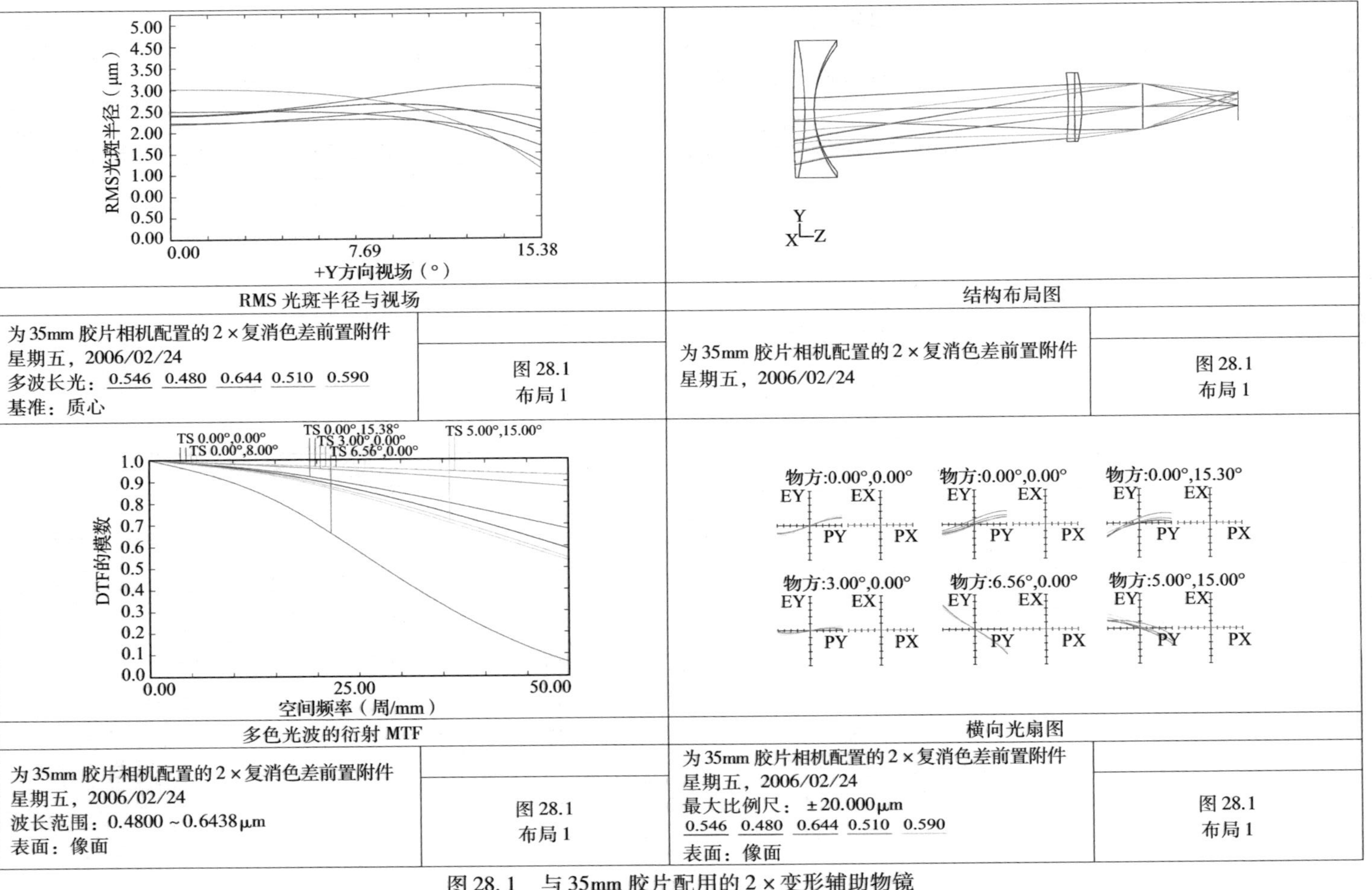
RMS光斑半径（μm）
5.00
4.50
3.50
3.00
2.50
2.00
1.50
1.00
0.00
0.50
0.00
0.00
7.69
15.38
+Y方向视场（°）
RMS 光斑半径与视场
为35mm胶片相机配置的2×复消色差前置附件
星期五，2006/02/24
多波长光：0.546 0.480 0.644 0.510 0.590
基准：质心
图 28.1
布局 1
Y
X Z
结构布局图
为35mm胶片相机配置的2×复消色差前置附件
星期五，2006/02/24
图 28.1
布局 1
TS 0.00°,0.00°
TS 0.00°,8.00°
TS 0.00°,15.38°
TS 3.00°,0.00°
TS 6.56°,0.00°
TS 5.00°,15.00°
DTF的模数
1.0
0.9
0.8
0.7
0.6
0.5
0.4
0.3
0.2
0.1
0.0
0.00
25.00
50.00
空间频率（周/mm）
多色光波的衍射 MTF
为35mm胶片相机配置的2×复消色差前置附件
星期五，2006/02/24
波长范围：0.4800～0.6438μm
表面：像面
图 28.1
布局 1
物方:0.00°,0.00°
物方:0.00°,0.00°
物方:0.00°,15.30°
物方:3.00°,0.00°
物方:6.56°,0.00°
物方:5.00°,15.00°
EY
EX
PY
PX
横向光扇图
为35mm胶片相机配置的2×复消色差前置附件
星期五，2006/02/24
最大比例尺：±20.000μm
0.546 0.480 0.644 0.510 0.590
表面：像面
图 28.1
布局 1

图 28.1　与35mm胶片配用的2×变形辅助物镜

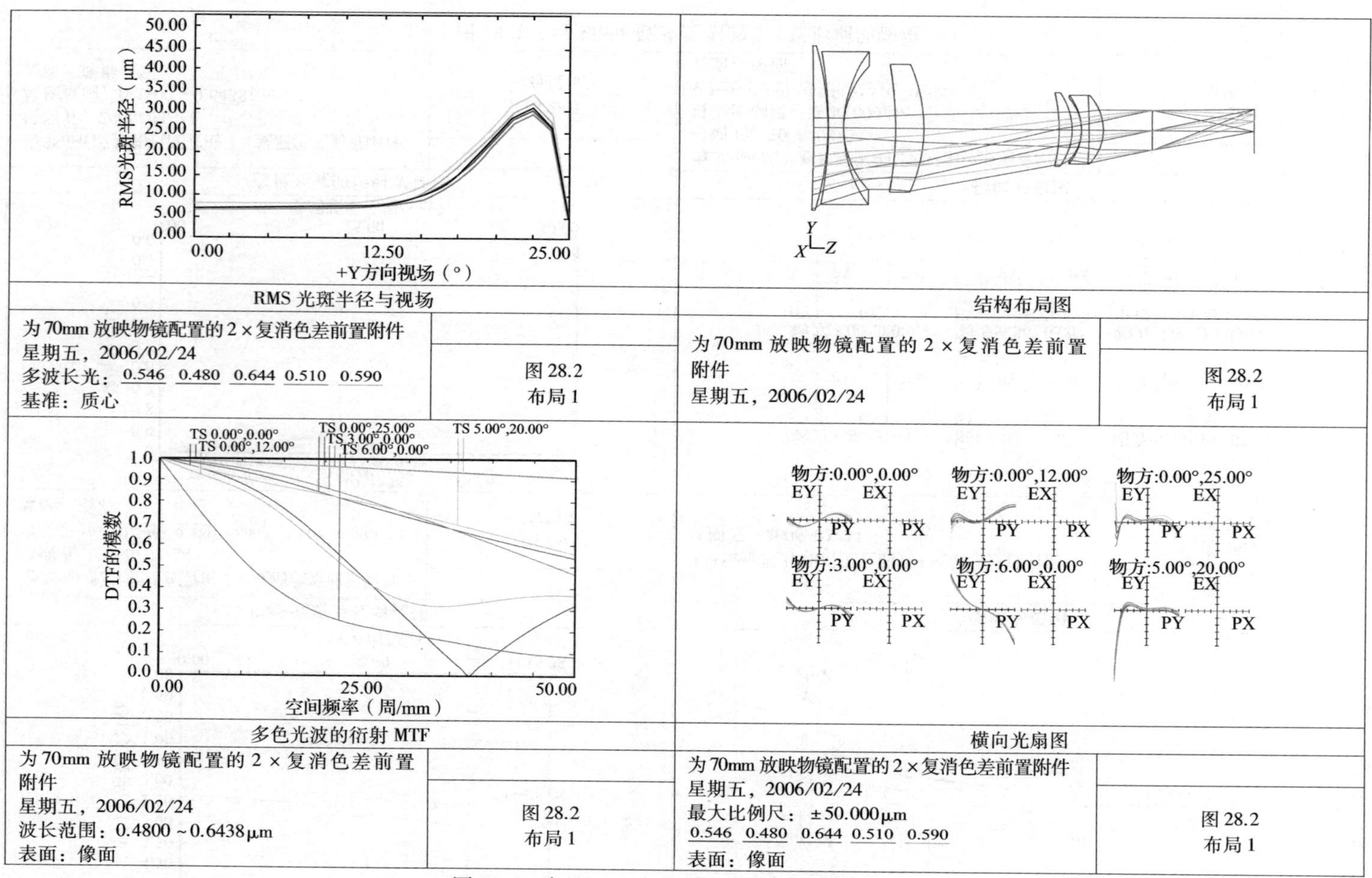

RMS光斑半径（μm）
+Y方向视场（°）
0.00
12.50
25.00
RMS 光斑半径与视场
为70mm 放映物镜配置的2×复消色差前置附件
星期五，2006/02/24
多波长光：0.546 0.480 0.644 0.510 0.590
基准：质心
图 28.2
布局 1
结构布局图
为70mm 放映物镜配置的 2 × 复消色差前置附件
星期五，2006/02/24
图 28.2
布局 1
TS 0.00°,0.00°
TS 0.00°,12.00°
TS 0.00°,25.00°
TS 3.00°,0.00°
TS 6.00°,0.00°
TS 5.00°,20.00°
DTF的模数
空间频率（周/mm）
多色光波的衍射 MTF
为70mm 放映物镜配置的 2 × 复消色差前置附件
星期五，2006/02/24
波长范围：0.4800 ~ 0.6438μm
表面：像面
图 28.2
布局 1
物方:0.00°,0.00°
物方:0.00°,12.00°
物方:0.00°,25.00°
物方:3.00°,0.00°
物方:6.00°,0.00°
物方:5.00°,20.00°
EY
EX
PY
PX
横向光扇图
为70mm 放映物镜配置的2×复消色差前置附件
星期五，2006/02/24
最大比例尺：±50.000μm
0.546 0.480 0.644 0.510 0.590
表面：像面
图 28.2
布局 1

图 28.2　与 70mm 胶片配用的 2 × 变形辅助物镜

表 28.2 配合放映 70mm 胶片使用的 2×变形辅助物镜的结构参数

（单位：in）

表面	半 径	厚 度	材 料	直 径
1	-112.0759	0.5598	N-SK14	6.660
2	-11.9655	0.0200		6.700
3	-17.5183	0.5930	N-SK14	6.240
4	3.7247	2.0541		5.080
5	-14.5527	1.1097	SF1	5.060
6	-6.5908	5.3111		5.240
7	-6.5937	0.5071	N-KF9	3.000
8	-2.6759	0.3655		3.060
9	-1.9715	0.3000	N-LAF3	2.600
10	-21.2689	0.5574	N-FK5	2.860
11	-2.1337	1.9320		2.860
12	光阑	4.0000		1.667
13	0.0000	0.0000		1.827

注：前后顶点之间的距离 = 11.378in，子午面内的畸变 = 1.4%。

这些变形辅助物镜允许调整透镜到屏幕之间的距离（通常是 50 ~ 400ft），由于这个距离很大，所以调整起来没有问题。然而，在（制作电影的）摄影棚，由于特写距离较短，变形比会有很大改变，并引进像散。这对放映会有影响，观看起来，演员比实际要胖，这是原始宽银幕电影系统的致命缺点。

Wallin 解决了这个问题，并奠定了现在宽银幕电影系统的基础。Wallin（1959）增加了两个弱柱面透镜作为调焦辅助物镜。柱面透镜可以向相反方向上旋转（实际上，该专利是讨论减少像散的问题）。另外一种方法就是把变形辅助物镜放置在主物镜与像面之间的会聚光束中，移动主物镜，对物体调焦。但这种方法非常不方便（Kingslake 1960）。由于后面的变形辅助物镜不动，所以，变形放大率保持不变。

如图 28.3 所示是这类系统的一种，属于后扩束物镜，详细的结构参数见表 28.3。该系统与一个照相物镜（出瞳直径 1.2in，像至出瞳的距离 4.8in）配合使用。从相机出瞳（这种情况中是孔径光阑）到第一透镜前表面的距离是 1.5in，图像四角的畸变是 1.9%，该物镜视图表示具有光焦度的面（垂直方向）。注意，此物镜扩束 1.5×，而不是通常电影放映中的 2×。

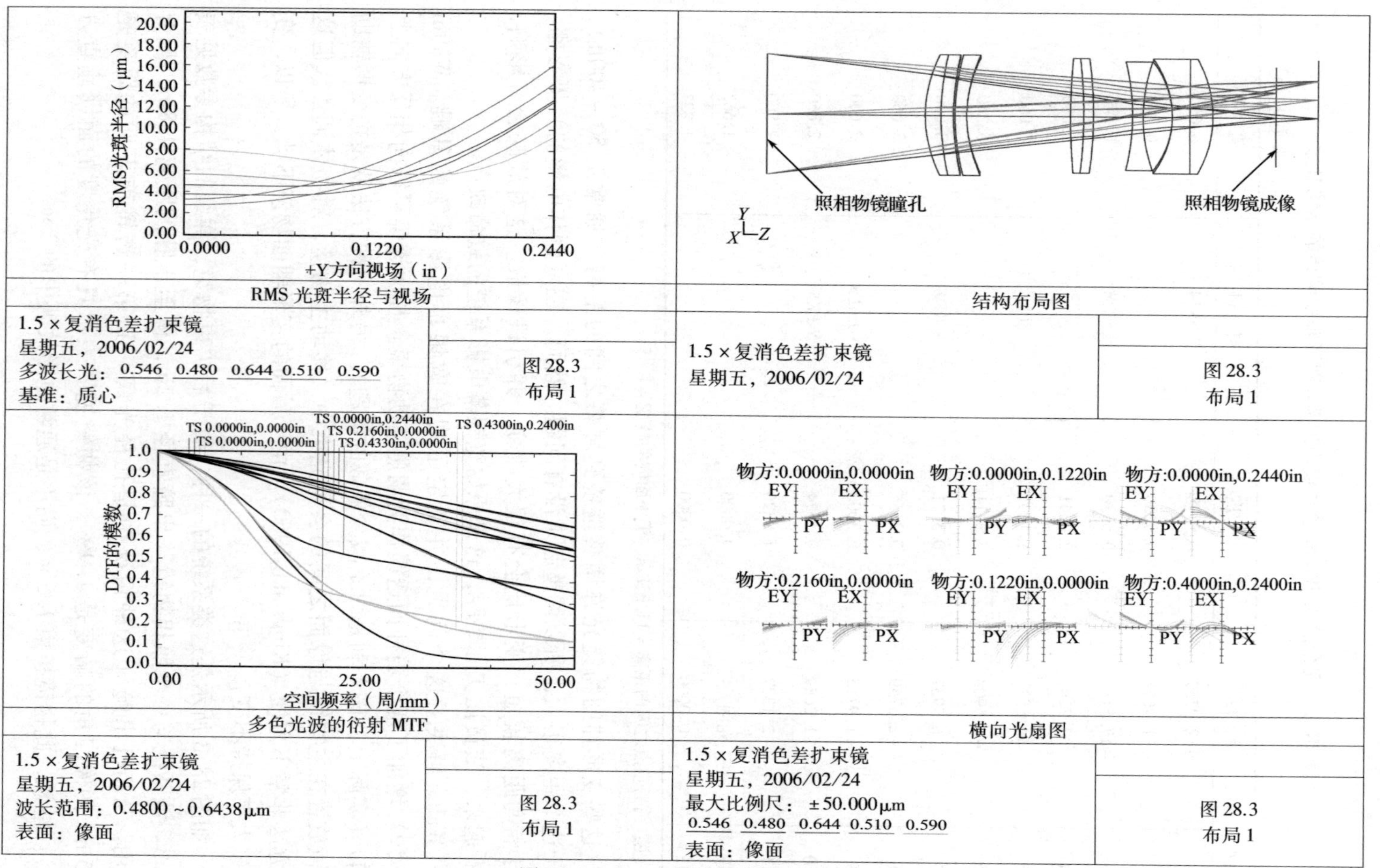

RMS光斑半径（μm）
+Y方向视场（in）
RMS 光斑半径与视场
1.5×复消色差扩束镜
星期五，2006/02/24
多波长光：0.546 0.480 0.644 0.510 0.590
基准：质心
图 28.3
布局 1
照相物镜瞳孔
照相物镜成像
结构布局图
1.5×复消色差扩束镜
星期五，2006/02/24
图 28.3
布局 1
TS 0.0000in,0.0000in
TS 0.0000in,0.0000in
TS 0.0000in,0.2440in
TS 0.2160in,0.0000in
TS 0.4330in,0.0000in
TS 0.4300in,0.2400in
DTF的模数
空间频率（周/mm）
多色光波的衍射 MTF
1.5×复消色差扩束镜
星期五，2006/02/24
波长范围：0.4800～0.6438μm
表面：像面
图 28.3
布局 1
物方:0.0000in,0.0000in
物方:0.0000in,0.1220in
物方:0.0000in,0.2440in
物方:0.2160in,0.0000in
物方:0.1220in,0.0000in
物方:0.4000in,0.2400in
横向光扇图
1.5×复消色差扩束镜
星期五，2006/02/24
最大比例尺：±50.000μm
0.546 0.480 0.644 0.510 0.590
表面：像面
图 28.3
布局 1

图 28.3　1.5×变形辅助扩束物镜

表 28.3　1.5×后扩束物镜的结构参数　（单位：in）

表面	半　径	厚　度	材　料	直　径
0	0.0000	-4.8250		0.985
1	光阑	1.5000		1.200
2	1.3728	0.1486	N-FK5	1.200
3	2.7094	0.1180	SF1	1.200
4	2.4822	0.0150		1.140
5	2.3885	0.1110	N-PSK53	1.200
6	1.3056	0.9844		1.140
7	6.9781	0.1245	N-FK5	1.140
8	-4.8145	0.0924	SF1	1.140
9	-4.1143	0.3723		1.140
10	-2.2806	0.0999	N-FK5	1.080
11	1.7280	0.2756		1.080
12	-0.8902	0.1671	N-PSK53	1.080
13	94.2111	0.2172	N-BAF52	1.140
14	-1.1919	0.9989		1.140
15	0.0000	0.0000		

注：第一透镜前表面至像面的距离 = 3.725in。

当然，借助棱镜也可以设计出变形辅助物镜（Newcomer 1933）。但这种系统笨重，难于安装，并且光束还要离开物镜光轴一段距离。

如图 28.4 所示就是这类变形棱镜组件，由两块同样的胶合棱镜组成：棱镜角 *A* 是 37.1246°，角 *B* 是 15.554°。第一块棱镜组件使光束偏折 10°，第二块棱镜的第一表面倾斜 10°。正如从图中可以看到的，光束的位移量是 0.4991in。如果输入光束直径是 2.0in，则输出光束直径是 1.7367in，放大率为 1.15。

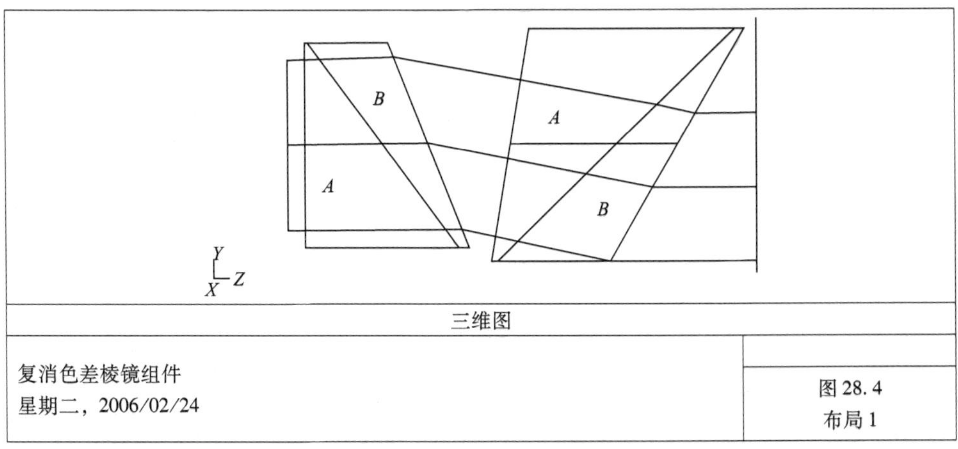
B
A
A
B
Y
Z
X
三维图
复消色差棱镜组件
星期二，2006/02/24
图 28.4
布局 1

图 28.4　变形棱镜组件

参考文献

American Cinematographer Manual (1993) American Society of Cinematographers, 1782 N Orange Dr., Hollywood, CA 90028.

Betensky, E. I. (1977) Continuously variable anamorphic lens, US Patent #4017160.

Chretien, H. (1931) Process for taking or projecting photographic or cinematographic panoramic views, US Patent #1829633.

Cook, G. H. (1958) Anamorphic attachments for optical systems, US Patent #2821110.

Kingslake, R. (1960) Anamorphic lens system for use in convergent light, US Patent #2933017.

Larraburu, P. M. (1972) Anamorphic lens systems, US Patent #3644037.

Newcomer, H. S. (1933) Anamorphising prism objectives, US Patent #1931992.

Powell, J. (1983) Variable anamorphic lens, *Appl. Opt.*, 22: 3249.

Raitiere, L. P. (1958) Wide angle optical system, US Patent #2822727.

Rosin, S. (1960) Anamorphic lens system, US Patent #2944464.

Schafter, P. (1961) Anamorphic attachment, US Patent #3002427.

Vetter, R. H. (1972) Focusing anamorphic optical system, US Patent #3682533.

Wallin, W. (1959) Anamorphosing system, US Patent #2890622.

Wheeler, L. J. (1969) *Principles of Cinematography*, Fountain Press, Argus Books, 14 St James Rd., Watford, Herts, England.

第 29 章 照明系统

聚光镜将光源的能量转换到放映物镜的入瞳上，还必须为胶片（或其它被照明的目标）提供均匀照明。教科书给出的普通照明公式都假定，圆形瞳孔被均匀照明（Smith 2000：241）。像面处的照度 E 是

$$E=\frac{T\pi B}{4\left[f^{\#}(m+1)\right]^2}$$

式中，T 是系统的透过率；B 是物体的亮度；$f^{\#}$ 是放映物镜的 f 数；m 是放大率的绝对值。如果 A 是胶片的面积，对于非常远的放映距离（$M\gg1$），则有

$$\text{屏幕上的光通量}=\frac{T\pi BA}{4(f^{\#})^2}\text{流明}$$

所以，对于非常远距离的放映系统，其流行趋势是使用大幅面格式的胶片（各种胶片格式，可参考附录 A）。

虽然普通的光学系统优化程序是为了将像差降到最小，但这些程序仍然可以用来设计折射聚光镜系统。有几个要点值得注意：

1. 将孔径放置在胶片处。
2. 系统具有适合的放大率，以便使光源充满放映物镜的入瞳。
3. 一般没有渐晕。
4. 如果非常重视边界违背量，而对像差不太在意，需要调整程序。
5. 由于光源一般比较小，计算两个视场角就足够了。
6. 在从长共轭距追迹到光源时，希望得到枕形畸变。原因是，与入瞳中心区域相比，入瞳边缘被照明的面积与较大的光源面积应当成比例地对应。遗憾的是，绝大部分光源在入瞳边缘造成的亮度都比中心低。
7. 这些系统很少是消色差的。

最近，已经研发出专门设计照明系统（Cassarly 2002）的各种计算机软件程序，大部分能够对光源建模。

如图 29.1 所示是单位放大率的熔凝石英聚光镜，使光束充满 0.5in 的放映物镜瞳孔，详细的结构参数见表 29.1，NA 为 0.25，胶片直径 2.0in。尽管该系统有严重的球差，但它是一个简单而实用的聚光镜，将球面换成抛物面会使像质有很大提高。

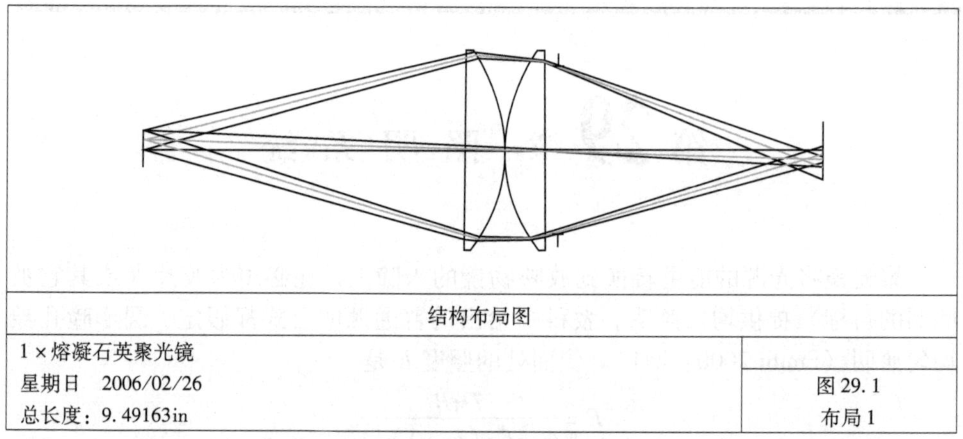
结构布局图
1×熔凝石英聚光镜
星期日　2006/02/26
总长度：9.49163in
图29.1
布局1

图29.1　1×熔凝石英聚光镜

表29.1　1×熔凝石英聚光镜的结构参数　（单位：in）

表面	半　径	厚　度	材　料	直　径
0	0.0000	4.5000		0.500
1	0.0000	0.5300	石英	2.700
2	−2.2416	0.0200		2.700
3	2.2416	0.5300	石英	2.700
4	0.0000	0.2000		2.700
5	光阑	3.7116		2.222
6	0.0000	0.0000		0.794

注：物体（灯）到第一透镜前表面的距离=4.500in，物体（放映物镜瞳孔）至光源的距离=9.492in，有效焦距=2.441in。

如图29.2所示是0.2×熔凝石英聚光镜，$f^{\#}$为$f/1$，使光束充满直径为1.0in的放映物镜的入瞳，详细的结构参数见表29.2。与上述系统相比，该系统球差较小，原因是表面4（$R=1.3573$in）改成了抛物面。

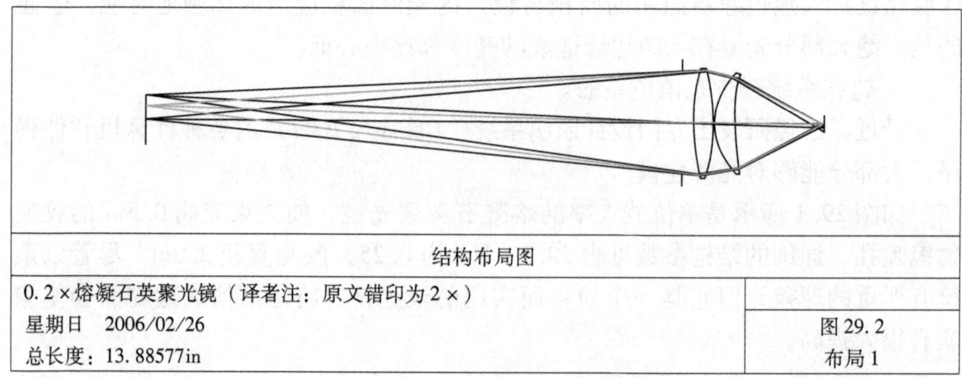
结构布局图
0.2×熔凝石英聚光镜（译者注：原文错印为2×）
星期日　2006/02/26
总长度：13.88577in
图29.2
布局1

图29.2　0.2×熔凝石英聚光镜

表 29.2　0.2×熔凝石英聚光镜的结构参数　（单位：in）

表面	半　径	厚　度	材　料	直　径
0	0.0000	11.0330		1.000
1	光阑	0.2000		2.000
2	3.6166	0.4212	石英	2.180
3	-3.6166	0.0200		2.180
4	1.3573	0.4541	石英	2.000
5	5.9934	1.7575		1.880
6	0.0000	0.0000		0.302

注：物体（放映物镜瞳孔）至光源的距离 =13.886in，有效焦距 =1.943in。

如图 29.3 所示是 *f*/0.833 派热克斯玻璃聚光镜，由三块球面透镜组成，放大率为 1，胶片直径 1.8in，焦距为 2.055in，与 35mm 单透镜反射式胶片的放映物镜相配是足够适合的，详细的结构参数见表 29.3。

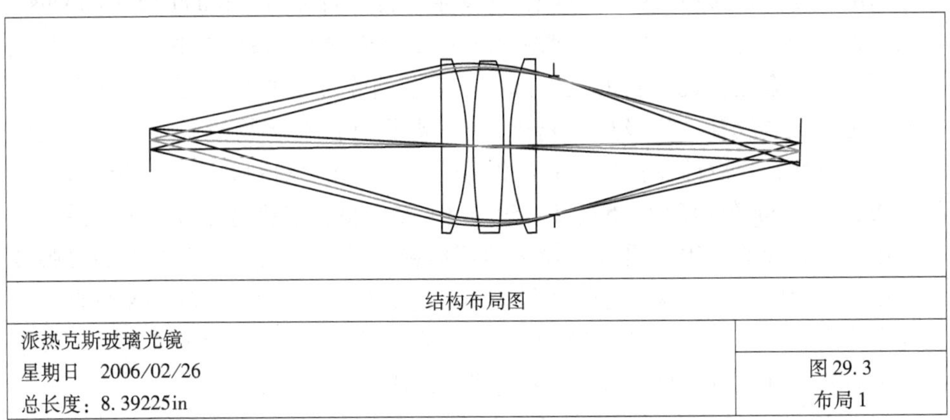
结构布局图
派热克斯玻璃光镜
星期日　2006/02/26
总长度：8.39225in
图 29.3
布局 1

图 29.3　派热克斯玻璃聚光镜

表 29.3　派热克斯玻璃聚光镜的结构参数　（单位：in）

表面	半　径	厚　度	材　料	直　径
0	0.0000	3.6800		0.500
1	0.0000	0.3500	派热克斯玻璃	2.100
2	-2.6470	0.0500		2.100
3	6.3189	0.4000	派热克斯玻璃	2.100
4	-6.3189	0.0500		2.100
5	2.6470	0.3500	派热克斯玻璃	2.100
6	0.0000	0.2500		2.100
7	光阑	3.2623		1.650
8	0.0000	0.0000		0.596

注：物体（放映物镜瞳孔）至光源的距离 =8.392in。

由光学系统示意图注意到，最后一个系统的像差校正要比前两个系统好。两个单位放大率的系统都是从灯追迹到放映物镜瞳孔，而0.2×放大率的系统是从放映物镜追迹到灯丝。

经常将灯丝（或弧光灯）放置在球面反射镜的曲率中心，从而使未被聚光镜汇聚的能量重新会聚到光源。然而，根据作者的经验，这些反射镜只增加了少量的照度，原因是现代卤素钨灯的灯丝非常紧密地卷在一起，球面反射镜将灯丝成像在自身之上，只有少部分能量会通过灯丝。

标号为DYS的灯是开灯丝的例子。它是一个双插头、定焦距式灯座600W的灯。应当调整反射镜，使灯丝的像位于灯丝上方稍高一点的位置。

一些卤素钨灯已经将这些反射镜镶嵌在灯罩中，ANSI编码的BCK就是一个例子，这是许多幻灯放映机经常使用的500W灯，色温是3250K，灯丝尺寸是0.425in×0.405in。

Pyrex™是Corning Glass Works公司一种产品的商标名。Schott公司和Ohara公司分别生产了类似的材料（分别称为Duran和E-6）。如果与中等功率的灯配合使用，这是聚光物镜材料的最好选择。为了消除过量的红外辐射，在聚光物镜与灯之间经常放置一块吸热滤光片。（一些设计甚至将物镜系统分成不同的组，将吸热滤光片设计在物镜组中）普通的吸热滤光片材料是Schott KG系列产品，或者Corning公司的1-58、1-59和1-75。最新趋势是在灯与透镜系统间放置吸热滤光片的位置处设计一块分热反射镜。已经证明，采用先进的镀膜技术是更为有效的方法。这些分热反射镜非常适于作为0.125in厚Pyrex材料上的主要结构层，用于垂直入射或45°入射（一种冷反射镜）。一般来说，后一种情况更为有效，其优点是将热量反射到光学系统之外。

如图29.4所示是为照明直径7.16in的幻灯片设计的聚光镜系统，详细的结

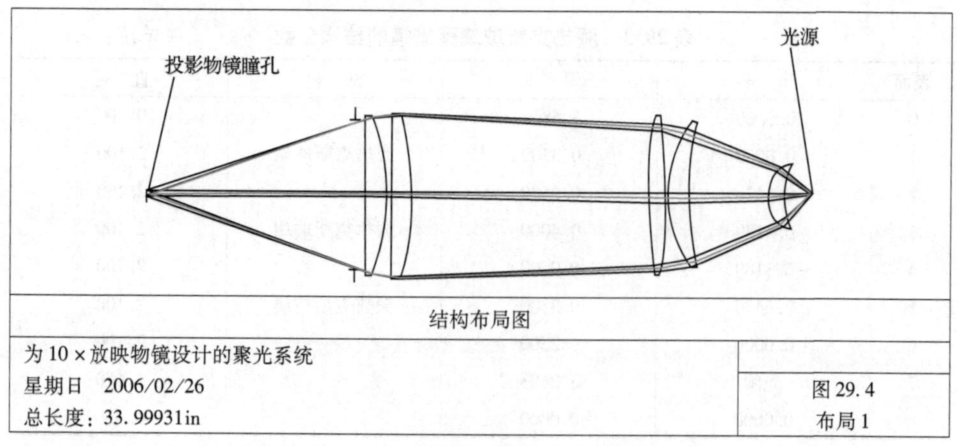
投影物镜瞳孔
光源
结构布局图
为10×放映物镜设计的聚光系统
星期日　2006/02/26
总长度：33.99931in
图29.4
布局1

图29.4　为10×投影物镜设计的聚光镜系统

构参数见表29.4。焦距9.54in、$f/8$、10×放大率的物镜投影该幻灯片。由于聚光镜系统的放大率为2×，所以，光源直径是

$$\frac{9.54}{8\times 2}=0.596$$

因此，可以使用ANSI编号BCK的灯。

表29.4 为10×投影物镜设计的聚光镜系统的结构参数 （单位：in）

表面	半径	厚度	材料	直径
0	0.0000	10.5000		0.596
1	光阑	0.5000		7.160
2	0.0000	1.2000	N-BK7	7.800
3	-9.2483	0.1100		7.800
4	0.0000	1.0500	N-BK7	8.120
5	-15.1872	11.9400		8.120
6	24.3817	0.8500	Pyrex	7.740
7	-24.3817	0.1100		7.740
8	5.9643	1.1000	Pyrex	7.180
9	17.2044	3.9593		6.980
10	1.6901	0.9800	Pyrex	3.220
11	2.6821	1.7000		2.760
12	0.0000	0.0000		0.489

注：物体（放映物镜出瞳）至光源的距离=33.999in，焦距=69.613in。

由于焦距已知，因此，聚光镜在光源侧的数值孔径是0.563in。被放映的幻灯片放置在聚光镜的孔径光阑处。

为了达到耐热和经济的目的，后面的元件采用Pyrex材料。然而，这种玻璃（以及Duran和其它类似材料）有严重的条纹、气泡和杂质。前两块元件靠近幻灯片，因而采用N-BK7玻璃。这两块玻璃与Pyrex透镜之间空气间隔大，可以放置折转反射镜。

对有使用非常大氙弧灯（如电影放映中使用的）的情况，更为有效的方法是使用一种深椭圆面反射镜。沿反射镜光轴将该灯放置在其中一个焦点上。这种光学系统能够汇聚远比上述折射系统多得多的能量。最近几年，随着电镀技术的发展，该系统越来越接近实用。在这种工艺中，首先制造出一个钢模，然后，采用电镀方法镀一层约2mm厚的镍，再脱模。通过适当控制，可以得到一个低应力的零件，最后，对内凹面镀铝。

如图29.5所示是与氙弧灯光源配合使用的椭球面反射镜系统，其参数如下：

轴向半径	2.70641in
偏心率（ε）	0.853707 锥形系数 = $-\varepsilon^2$ = −0.728815
顶点到弧光灯的距离	1.46in
顶点到像面的距离	18.50in
放大率	12.67123

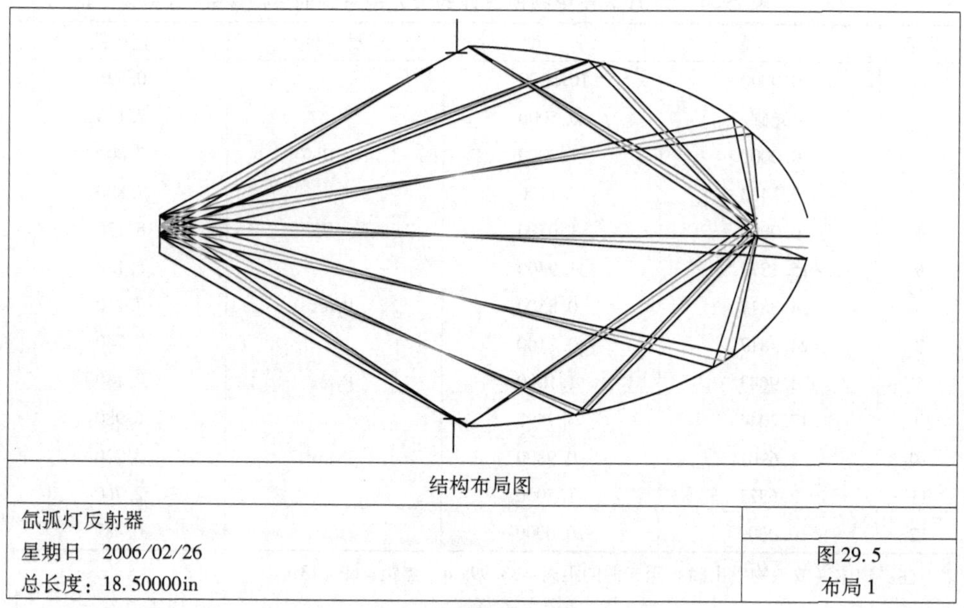
结构布局图
氙弧灯反射器
星期日 2006/02/26
总长度：18.50000in
图 29.5
布局 1

图 29.5 氙弧灯反射镜

此系统与 7kW 氙弧灯能够很好地配合工作。弧光灯的尺寸是 1mm × 8mm。将光源沿椭球面反射镜纵轴放置的概念同样适用于小型卤钨灯（ANSI 编码是 ENH 和 BHB）。这些灯都镀有二向色膜反射层，并与灯集成在一起，广泛应用在视听消费产品中。

参考文献

Brueggemann, H. P. (1968) *Conic Mirrors*, Focal Press, New York.

Cassarly, W. J. and Hayford, M. J. (2002) Illumination optimization: the revolution has begun, *International Optical Design Conference*, 2002, *SPIE*, Vol. 4832, Bellingham, WA, p. 258.

Corning Glass Works (1984) Color filter glasses, Corning, NY 14831.

DuPree, D. G. (1975) Electroformed metal optics, *Proc. SPIE*, 65: 103.

General Electric (1988) Stage/studio lamps SS-123P, General Electric, Nela Park, Cleveland, OH 44112.

GTE Sylvania (1977) *Sylvania Lighting Handbook*, Danvers, MA 01923.

Hanovia (1988) Lamp Data, Hanovia, 100 Chestnut St., Newark, NJ 07105.

Jackson, J. G. (1967) Light projection optical apparatus, US Patent #3318184.

Koch, G. J. (1951) Illuminator for optical projectors, US Patent #2552184 and #2552185.

Levin, R. E. (1968) Luminance, a tutorial paper, *SMPTE*, 77: 1005.

Optical Radiation (1988) Lamp Data, Optical Radiation Corp., 1300 Optical Dr., Azusa, CA 91702.

Sharma, K. D. (1983) Design of slide projector condenser, *Appl. Opt.*, 22: 3925.

Smith, W. J. (2000) *Modern Optical Engineering*, McGraw Hill, New York.

Wilkerson, J. (1973) Projection light source and optical system, US Patent #3720460.

第 30 章　航空摄影物镜

航空摄影有着广泛的用途，包括军事侦察、空中测量、森林普查、环境保护以及海洋学领域的各种应用。为记录下物体细节，并克服胶片本身颗粒大小造成的问题，通常采用长焦距物镜，配以大幅面胶片。航空摄影胶片的标准宽度分别是 70mm，5.0in 和 9.5in。为了保证胶片不变形，更愿意使用酯类胶片。

为了减少大气薄雾的影响，一般需要使用滤光片，目的是消除所有的短波辐射，因为大部分胶片对短波非常敏感。大气中水蒸气和灰尘颗粒产生的紫外和蓝光辐射要比绿光和红光的散射更强，使用的典型滤光片是：

Wratten#2A　　小于 0.41μm 波长不能透过；

3A　　小于 0.44μm 波长不能透过；

4A　　小于 0.46μm 波长不能透过。

也使用固体的玻璃滤光片，厚度 3mm，有下面形式：

GG420　　小于 0.41μm 波长不能透过；

GG455　　小于 0.44μm 波长不能透过；

GG495　　小于 0.46μm 波长不能透过。

为了应用于航空摄影，物镜畸变要小于 0.1%。

如图 30.1 所示是焦距 5in、*f*/4 广角航空摄影物镜，是 Rieche 和 Rische 设计（1991）的改进型。由该物镜的畸变曲线图可以看出，0.7 视场的最大畸变值是 -0.13%，全视场几乎是零（见表 30.1）。

表 30.1　广角航空摄影物镜的结构参数　　（单位：in）

表面	半径	厚度	材料	直径
1	110.0451	0.4604	N-FK5	9.260
2	3.6681	0.9308		6.580
3	5.3757	0.8631	N-LAF3	6.600
4	13.0828	0.4999	N-K5	6.600
5	13.5841	2.4301		0.100
6	4.8574	0.8373	LAKN13	3.690
7	-4.8943	0.2449	LLF1	3.690
8	3.8957	1.3133	LAKN13	2.620

（续）

表　面	半　径	厚　度	材　料	直　径
9	7.8017	0.0886		1.360
10	光阑	0.2742		1.167
11	-37.7135	0.7134	N-FK51	1.720
12	-1.3462	0.9446	SF4	2.060
13	-2.5048	0.0125		3.140
14	5.9923	0.3546	SF4	4.300
15	10.2053	0.7098	N-LAK8	4.300
16	6.1582	2.0450		4.200
17	-2.6805	0.4604	N-SK5	4.620
18	-11.4269	0.7000		6.720
19	0.0000	0.0000		9.985

注：第一透镜前表面至像面的距离 = 13.883in。

如图30.2所示是焦距12in、*f*/4航空摄影物镜，可以覆盖幅面4in×5in的胶片（对角线尺寸是6.4in），详细结构参数见表30.2。

表30.2　焦距12in、*f*/4航空摄影物镜的结构参数　（单位：in）

表　面	半　径	厚　度	材　料	直　径
1	6.6030	0.3762	N-SK16	4.700
2	20.6605	0.0150		4.700
3	4.4208	0.4698	N-SK16	4.280
4	14.5008	0.0736		4.280
5	22.6257	0.4095	N-LAK21	4.280
6	10.4384	0.4028	SF5	3.700
7	3.5968	1.3792		3.200
8	光阑	3.0067		0.281
9	4.9032	0.4500	N-SK16	4.500
10	6.0044	1.7072		4.440
11	8.7324	1.2023	N-SK16	5.160
12	-10.5815	0.6659		5.160
13	-7.3027	0.3612	SF1	4.960
14	-15.8894	1.8786		5.080
15	-4.9302	0.3607	N-SK16	5.040
16	-33.9319	1.6480		5.460
17	0.0000	0.0000		6.433

注：第一透镜前表面至像面的距离 = 14.406in，畸变（11.7°视场）= 0.13%，视场 = 30°。

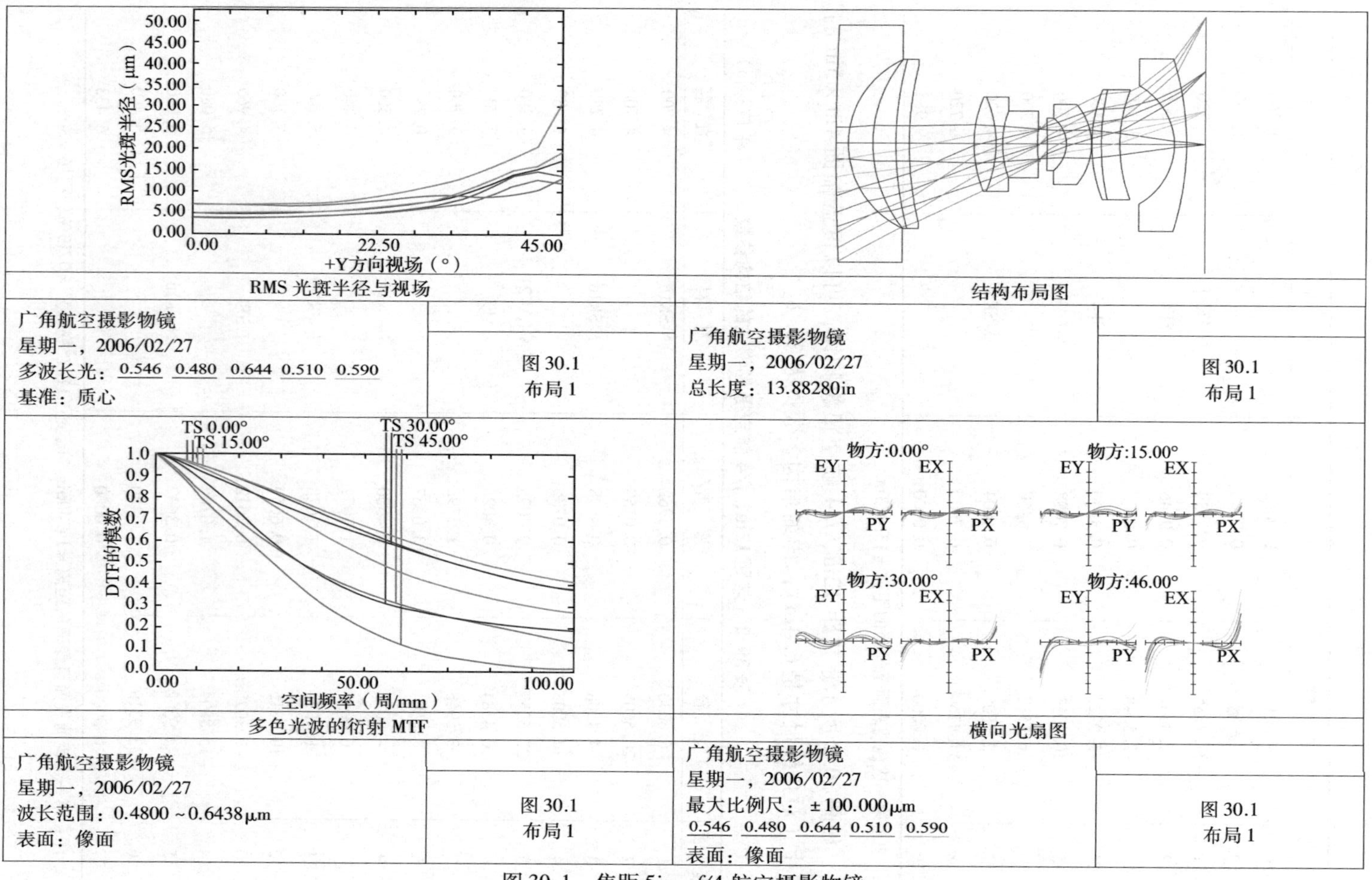
RMS光斑半径（μm）
+Y方向视场（°）
RMS 光斑半径与视场
广角航空摄影物镜
星期一，2006/02/27
多波长光：0.546 0.480 0.644 0.510 0.590
基准：质心
图 30.1
布局 1
结构布局图
广角航空摄影物镜
星期一，2006/02/27
总长度：13.88280in
图 30.1
布局 1
TS 0.00°
TS 15.00°
TS 30.00°
TS 45.00°
DTF的模数
空间频率（周/mm）
多色光波的衍射 MTF
广角航空摄影物镜
星期一，2006/02/27
波长范围：0.4800 ~ 0.6438μm
表面：像面
图 30.1
布局 1
物方:0.00°
物方:15.00°
物方:30.00°
物方:46.00°
EY
PY
EX
PX
横向光扇图
广角航空摄影物镜
星期一，2006/02/27
最大比例尺：±100.000μm
0.546 0.480 0.644 0.510 0.590
表面：像面
图 30.1
布局 1

图 30.1 焦距 5in、$f/4$ 航空摄影物镜

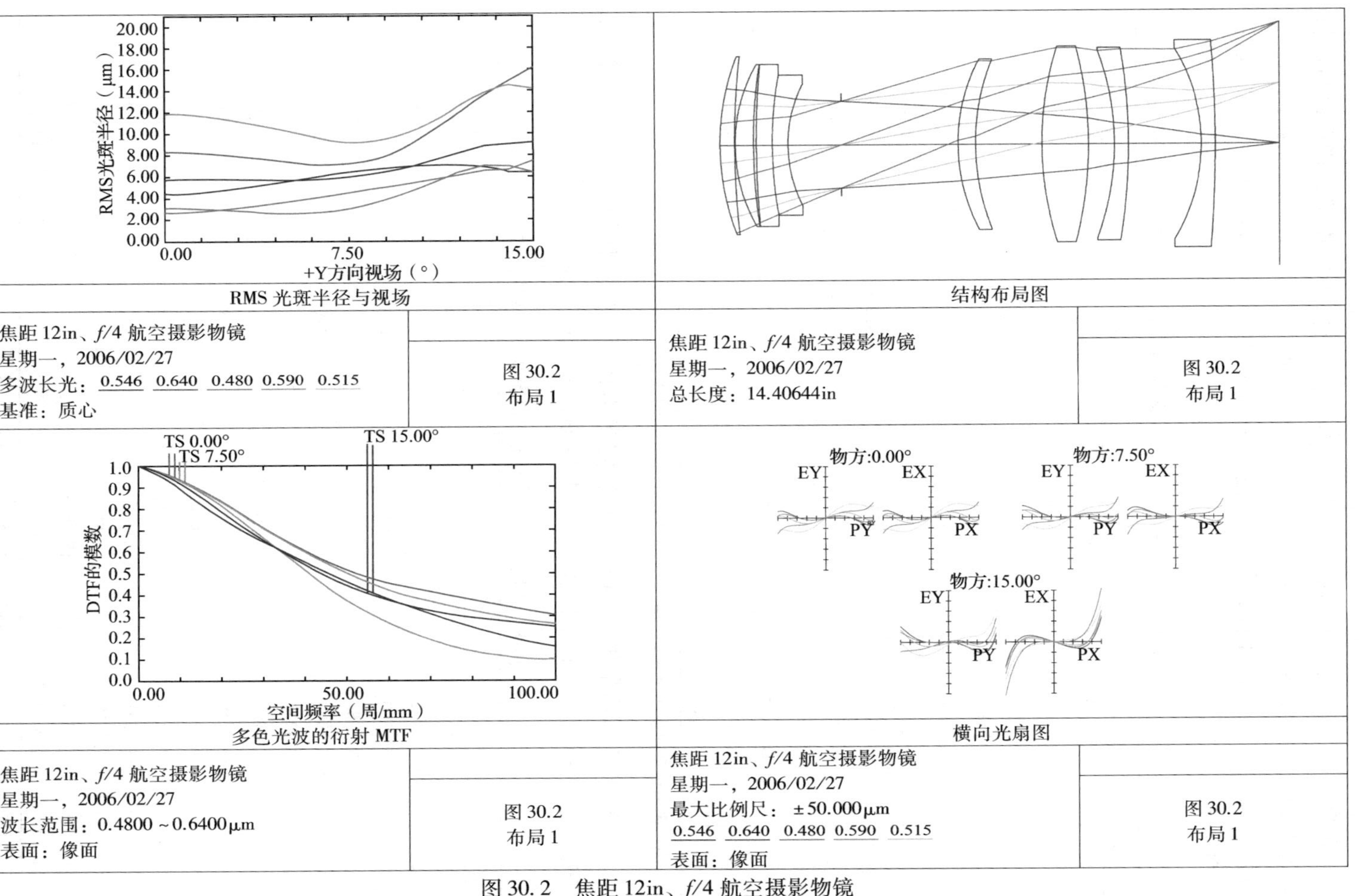
RMS光斑半径（μm）
20.00 18.00 16.00 14.00 12.00 10.00 8.00 6.00 4.00 2.00 0.00
0.00 7.50 15.00
+Y方向视场（°）
RMS 光斑半径与视场
焦距 12in、f/4 航空摄影物镜
星期一，2006/02/27
多波长光：0.546 0.640 0.480 0.590 0.515
基准：质心
图 30.2
布局 1
结构布局图
焦距 12in、f/4 航空摄影物镜
星期一，2006/02/27
总长度：14.40644in
图 30.2
布局 1
TS 0.00°
TS 7.50°
TS 15.00°
DTF的模数
1.0 0.9 0.8 0.7 0.6 0.5 0.4 0.3 0.2 0.1 0.0
0.00 50.00 100.00
空间频率（周/mm）
多色光波的衍射 MTF
焦距 12in、f/4 航空摄影物镜
星期一，2006/02/27
波长范围：0.4800～0.6400μm
表面：像面
图 30.2
布局 1
物方:0.00°
物方:7.50°
物方:15.00°
EY EX PY PX
横向光扇图
焦距 12in、f/4 航空摄影物镜
星期一，2006/02/27
最大比例尺：±50.000μm
0.546 0.640 0.480 0.590 0.515
表面：像面
图 30.2
布局 1

图 30.2　焦距 12in、f/4 航空摄影物镜

如图 30.3 所示是焦距 18in、*f*/3、10°视场的航空摄影物镜，详细结构参数见表 30.3。该物镜系统配合使用 2.25in 方形幅面（70mm 胶片）。系统的轴上二级色差较大，造成最佳像面移离（远离物镜）由波长 0.5461μm 确定的像面约 50μm。

表 30.3　焦距 18in、*f*/3 航空摄影物镜的结构参数　（单位：in）

表　面	半　径	厚　度	材　料	直　径
1	10.7516	2.2000	N-SSK2	7.600
2	40.5183	2.3449		7.200
3	5.6752	2.2364	N-SSK2	5.440
4	25.5110	0.5397	SF1	5.440
5	3.6865	0.4788		3.560
6	光阑	3.0863		3.487
7	-4.0816	0.8918	N-KZFS4	4.060
8	5.6748	1.5000	N-SSK2	5.340
9	-5.9607	0.4997		5.340
10	26.7675	0.7500	N-SSK2	5.700
11	-10.4439	10.6092		5.700
12	0.0000	0.0000		3.148

注：第一透镜前表面至像面的距离 =25.137in，畸变 =0.16%。

如图 30.4 所示是焦距 24in、*f*/6 航空摄影物镜，配合使用 9.5in 宽的胶片，像的尺寸是 9in×4.5in，对应的视场是 23.66°（见表 30.4）。

表 30.4　焦距 24in、*f*/6 航空摄影物镜的结构参数　（单位：in）

表　面	半　径	厚　度	材　料	直　径
1	6.8535	1.7210	N-LAK22	5.700
2	143.1421	0.5270		4.960
3	-194.9200	0.5500	LF5	4.440
4	4.8982	0.5611		3.900
5	6.3919	1.1796	N-LAF3	3.700
6	10.1724	0.1398		3.120
7	光阑	0.1265		3.062
8	-24.5739	1.0250	N-LAK33	3.140
9	-9.7198	0.3246		3.700
10	-7.1689	0.4000	LF5	3.480
11	13.7251	1.0629		3.760
12	24.6558	1.7000	N-LAK22	5.040
13	-11.1244	18.4633		5.040
14	0.0000	0.0000		10.049

注：第一透镜前表面至像面的距离 =27.780in，畸变 =0.056%。

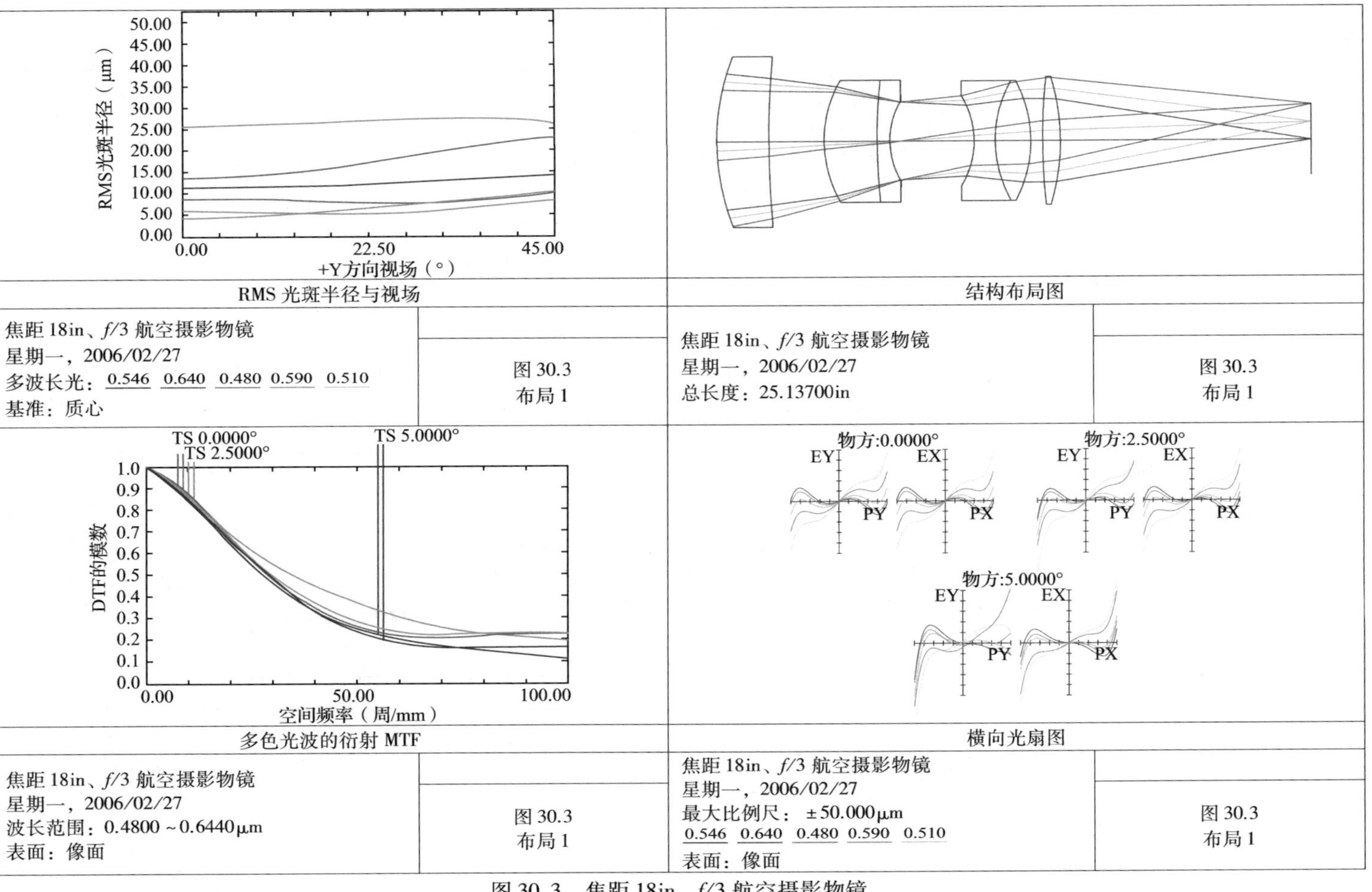
RMS光斑半径（μm）
50.00
45.00
40.00
35.00
30.00
25.00
20.00
15.00
10.00
5.00
0.00
0.00
22.50
45.00
+Y方向视场（°）
RMS 光斑半径与视场
焦距 18in、f/3 航空摄影物镜
星期一，2006/02/27
多波长光：0.546 0.640 0.480 0.590 0.510
基准：质心
图 30.3
布局 1
结构布局图
焦距 18in、f/3 航空摄影物镜
星期一，2006/02/27
总长度：25.13700in
图 30.3
布局 1
TS 0.0000°
TS 2.5000°
TS 5.0000°
DTF的模数
1.0
0.9
0.8
0.7
0.6
0.5
0.4
0.3
0.2
0.1
0.0
0.00
50.00
100.00
空间频率（周/mm）
多色光波的衍射 MTF
焦距 18in、f/3 航空摄影物镜
星期一，2006/02/27
波长范围：0.4800 ~ 0.6440μm
表面：像面
图 30.3
布局 1
物方:0.0000°
物方:2.5000°
物方:5.0000°
EY
EX
PY
PX
横向光扇图
焦距 18in、f/3 航空摄影物镜
星期一，2006/02/27
最大比例尺：±50.000μm
0.546 0.640 0.480 0.590 0.510
表面：像面
图 30.3
布局 1

图 30.3 焦距 18in、$f/3$ 航空摄影物镜

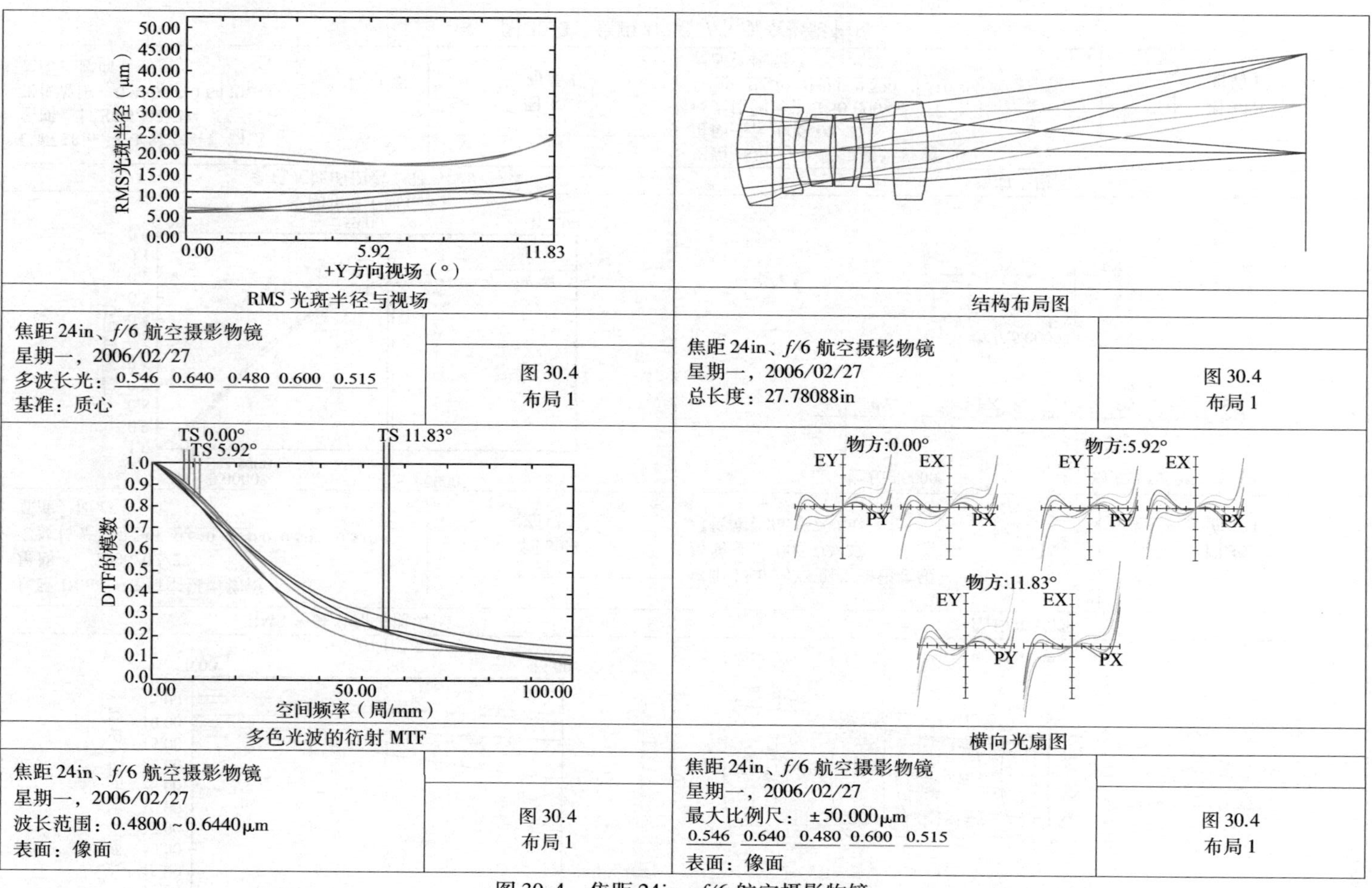

RMS光斑半径（μm）
+Y方向视场（°）
RMS 光斑半径与视场
焦距 24in、f/6 航空摄影物镜
星期一，2006/02/27
多波长光：0.546 0.640 0.480 0.600 0.515
基准：质心
图 30.4
布局 1
结构布局图
焦距 24in、f/6 航空摄影物镜
星期一，2006/02/27
总长度：27.78088in
图 30.4
布局 1
TS 0.00°
TS 5.92°
TS 11.83°
DTF的模数
空间频率（周/mm）
多色光波的衍射 MTF
焦距 24in、f/6 航空摄影物镜
星期一，2006/02/27
波长范围：0.4800～0.6440μm
表面：像面
图 30.4
布局 1
物方:0.00°
物方:5.92°
物方:11.83°
EY
EX
PY
PX
横向光扇图
焦距 24in、f/6 航空摄影物镜
星期一，2006/02/27
最大比例尺：±50.000μm
0.546 0.640 0.480 0.600 0.515
表面：像面
图 30.4
布局 1

图 30.4 焦距 24in、f/6 航空摄影物镜

航空相机体积相当大，并且非常昂贵，通常具有下面特性：

- 物镜可以替换；
- 自动曝光控制；
- 在幅面的一个角上有记录CRT数据的方法；
- 焦面处设置有一个快门。

参考文献

Chicago Aerial Industries，(1960) *Data Sheets on Aerial Cameras*，Chicago Aerial Industries，Barrington，IL.

Eastman Kodak Co.，(1960) *Kodak Wratten Filters*，Pub. B-3，Eastman Kodak Co.，Rochester，NY.

Eastman Kodak Co.，(1972) *Kodak Aerial Films*，Pub. M-57，Eastman Kodak Co.，Rochester，NY，1972.

Eastman Kodak Co.，(1974) *Properties of Kodak Materials for Aerial Photography*，Pub. M-61，M-62，and M-63，Eastman Kodak Co.，Rochester，NY.

Eastman Kodak Co.，(1982) *Kodak Data for Aerial Photography*，Pub. M-29，Eastman Kodak Co.，Rochester，NY.

Hall，H. J. and Howell，H. K.，eds.，(1966) *Photographic Considerations for aerospace*，Itek Corp.，Lexington，MA.

Hoya Optics，(2004) *Hoya Color Filter Glass Catalog*，Hoya Optics，Fremont，CA.

Rieche，G. and Rische，G.，(1991) Wide angle objective，US Patent #5056901.

Schott Glass Technologies，(1993) *Schott Optical Glass Filters.* Schott Glass Technologies，Duryea，PA.

Thomas，W.，ed，(1973) *SPSE Handbook of Photographic Science and Engineering*，Wiley，New York.

第 31 章　抗辐射物镜

大部分光学玻璃暴露于 X 或 γ 射线环境下会变暗（有时称为致黑）。变暗的原因是玻璃矩阵中出现了自由电子。这种致黑现象是不稳定的，随时间增长会变弱。升高温度和增加曝光量会加速透明过程。纯度非常高的熔凝石英（二氧化硅）或石英对离子辐射有很强的耐蚀性。

在玻璃配方中增加 CeO_2 会提高光学玻璃对离子辐射的耐蚀性，但是，在 0.4μm 波长处会造成很大的吸收作用。大部分光学玻璃商已经能够稳定地生产含有铈的普通光学玻璃。遗憾的是其种类有限，并且交货较慢。

Schott 公司生产的含有二氧化铈的材料都标有“G”字母，以及区别 CeO_2 浓度的标识，数字代表 10 倍的 CeO_2 百分比浓度，例如，KAK1G12 表示含有 1.2% 的 CeO_2。

耐辐射物镜系统中不应当使用光学胶。镀增透膜所使用的绝大部分材料都有非常好的耐辐射性能，所以，膜层应当没有问题。

如图 31.1 所示是利用耐辐射玻璃设计的焦距 25mm、*f*/2.8 的三分离型物镜，配合使用 1in 摄像机或 CCD（0.625in 对角线），详细结构参数见表 31.1。该物镜是普通的三片型物镜结构形式，前后透镜采用高折射率冕牌玻璃，中间透镜是低折射率材料，目的是减小 Petzval 和。

表 31.1　耐辐射物镜的结构参数　（单位：in）

表面	半径	厚度	材料	直径
1	0.5593	0.2000	LAK9G15	0.680
2	-2.1032	0.0664		0.680
3	-0.6289	0.0355	F2G12	0.412
4	0.4459	0.0972		0.352
5	光阑	0.0150		0.271
6	2.1051	0.2000	LAK9G15	0.440
7	-0.5282	0.7547		0.440
8	0.0000	0.0000		0.623

注：第一透镜前表面至像面的距离 = 1.369in，最大畸变（14°视场）= 0.08%。

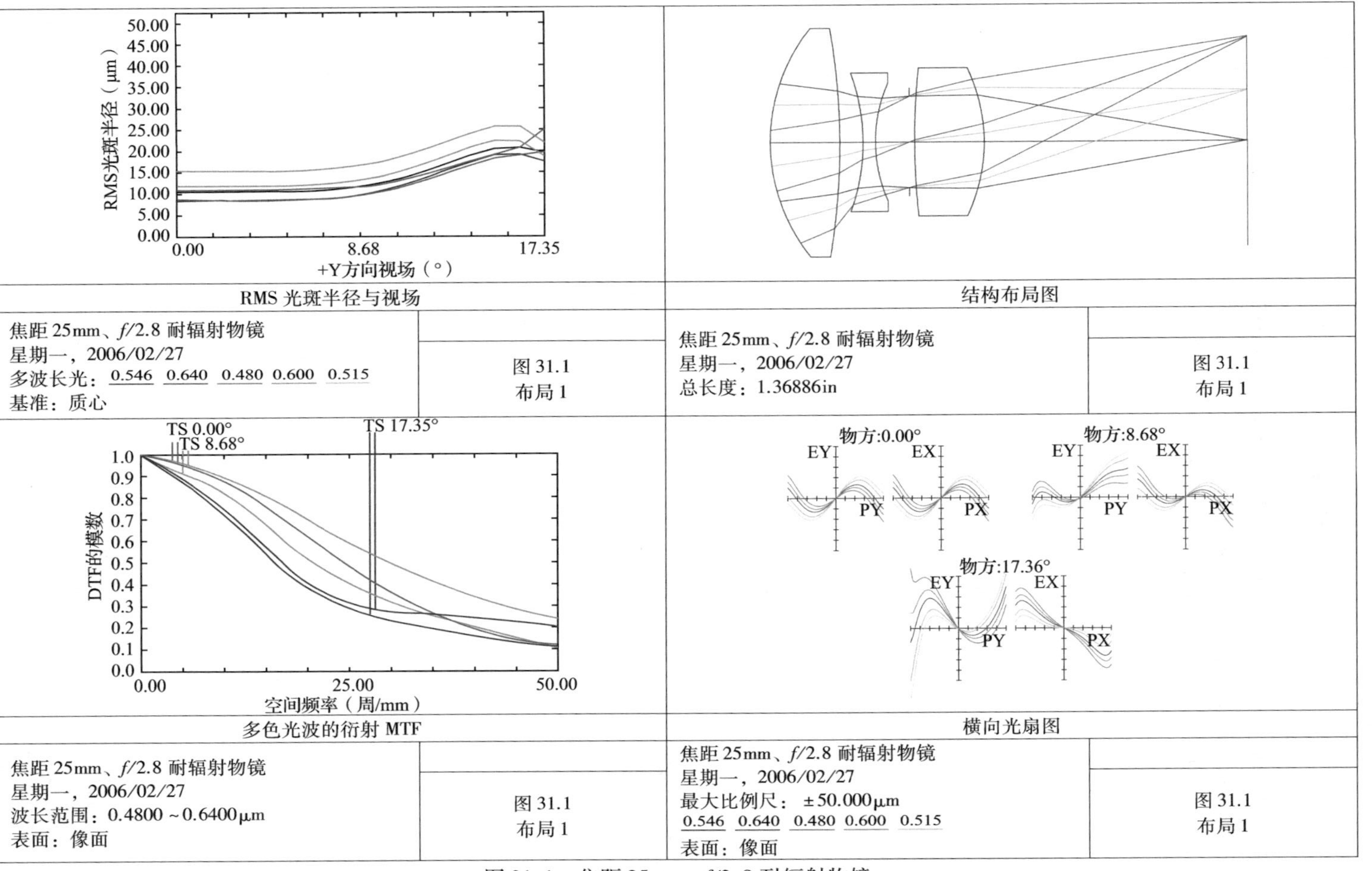

RMS光斑半径（μm）
50.00
45.00
40.00
35.00
30.00
25.00
20.00
15.00
10.00
5.00
0.00
0.00
8.68
17.35
+Y方向视场（°）
RMS 光斑半径与视场
焦距 25mm、f/2.8 耐辐射物镜
星期一，2006/02/27
多波长光：0.546 0.640 0.480 0.600 0.515
基准：质心
图 31.1
布局 1
结构布局图
焦距 25mm、f/2.8 耐辐射物镜
星期一，2006/02/27
总长度：1.36886in
图 31.1
布局 1
TS 0.00°
TS 8.68°
TS 17.35°
DTF的模数
1.0
0.9
0.8
0.7
0.6
0.5
0.4
0.3
0.2
0.1
0.0
0.00
25.00
50.00
空间频率（周/mm）
多色光波的衍射 MTF
焦距 25mm、f/2.8 耐辐射物镜
星期一，2006/02/27
波长范围：0.4800 ~ 0.6400μm
表面：像面
图 31.1
布局 1
物方:0.00°
EY
PY
EX
PX
物方:8.68°
EY
PY
EX
PX
物方:17.36°
EY
PY
EX
PX
横向光扇图
焦距 25mm、f/2.8 耐辐射物镜
星期一，2006/02/27
最大比例尺：±50.000μm
0.546 0.640 0.480 0.600 0.515
表面：像面
图 31.1
布局 1

图 31.1　焦距 25mm、f/2.8 耐辐射物镜

参 考 文 献

Kircher, J. and Bowman, R., eds., (1964) *Effects of Radiation on Materials and Components*, Reinhold Publishing Corp., New York.

Schott Glass (2003) *Radiation Resistant Optical Glass*, Schott Glass Technologies, Duryea, PA.

第32章 摄微物镜

微型投影光学系统应用于银行记录支票和其它财政数据，信用卡公司记录交易资料，图书馆对很少借用的许多文件进行备份，汽车零件批发商方便地印制汽车零件手册等。光敏材料是高分辨率的重氮基乳胶或普通的银盐乳胶。

投影装置由光源和聚光系统、投影物镜和胶片传送机构组成，投影物镜将胶片成像在一个高增益屏幕上。有些系统还包含有别汉（Pechan）棱镜，用户可以旋转屏幕上的图像。

如图32.1所示是24×微型投影物镜，光路长度（物像距）是40.0in，$f^{\#}$为$f/2.8$，NA是0.192，详细结构参数见表32.1。该物镜专门为单片缩影胶片系统设计，格式是在5.826in×4.134in胶片上排列60幅图片（Williams 1974），每幅图片是0.5in×0.395in（对角线是0.637in）。然后，将每幅图片（此情况下是物体）投影到一块屏幕（对角线15.288in）上。胶片上端是倾斜的。另一种方案是在同样尺寸的胶片上包含有98幅图片。

表32.1　24×微型投影物镜的结构参数　（单位：in）

表　面	半　径	厚　度	材　料	直　径
0	0.0000	38.0293		15.288
1	0.8117	0.1891	N-SSK2	0.860
2	12.3916	0.0209		0.860
3	0.5938	0.1959	N-SSK5	0.700
4	-2.3188	0.1055	SF1	0.700
5	0.3800	0.0576		0.380
6	光阑	0.0640		0.318
7	-0.6494	0.2081	N-LAK7	0.380
8	-0.4736	0.0601		0.500
9	-0.3811	0.1280	K10	0.480
10	-1.4774	0.0218		0.600
11	1.6919	0.3148	N-LAK7	0.700
12	-1.3624	0.6056		0.700
13	0.0000	0.0000		0.637

注：到第一透镜前表面的物距=38.029in，第一透镜前表面至像面的距离=1.971in。

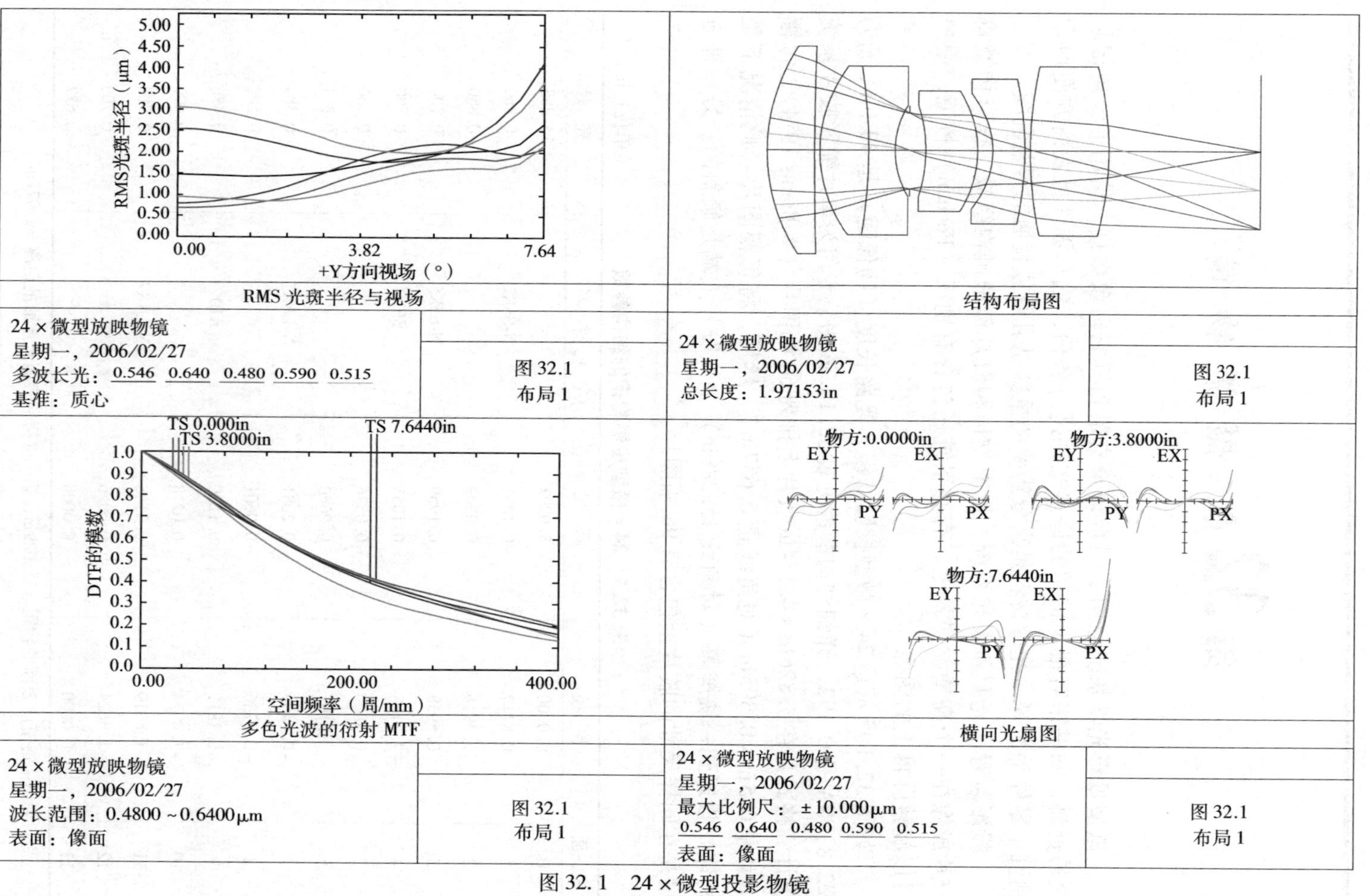

RMS光斑半径（μm）
5.00
4.50
4.00
3.50
3.00
2.50
2.00
1.50
1.00
0.50
0.00
0.00
3.82
7.64
+Y方向视场（°）
RMS 光斑半径与视场
24×微型放映物镜
星期一，2006/02/27
多波长光：0.546 0.640 0.480 0.590 0.515
基准：质心
图 32.1
布局 1
结构布局图
24×微型放映物镜
星期一，2006/02/27
总长度：1.97153in
图 32.1
布局 1
TS 0.000in
TS 3.8000in
TS 7.6440in
DTF的模数
1.0
0.9
0.8
0.7
0.6
0.5
0.4
0.3
0.2
0.1
0.0
0.00
200.00
400.00
空间频率（周/mm）
多色光波的衍射 MTF
物方:0.0000in
物方:3.8000in
物方:7.6440in
EY
EX
PY
PX
横向光扇图
24×微型放映物镜
星期一，2006/02/27
波长范围：0.4800～0.6400μm
表面：像面
图 32.1
布局 1
24×微型放映物镜
星期一，2006/02/27
最大比例尺：±10.000μm
0.546 0.640 0.480 0.590 0.515
表面：像面
图 32.1
布局 1

图 32.1 24×微型投影物镜

与其在评价函数中约束放大率，还不如通过求解边缘光线的角度保持放大率不变。设物空间的 NA 是 0.00742，所以，边缘光线在表面 12 处的角度（为了保持 -24×放大率不变），就是 0.00742×（-24）=-0.17808。

在物高 6.0in 处畸变的最大值是 0.04%，物镜的焦距是 1.542in。注意，紧靠最后一块透镜的元件是负光焦度，采用的是冕牌材料（K10）。

超缩微胶片装置采用大于 100×缩小率的光学系统（Grey 1970；Fleischman1976b）。

参考文献

Fleischman, A.（1976a）Microfilm recorder lens, US Patent #3998529.

Fleischman, A.（1976b）7 mm ultrafiche lens, US Patent #3998528.

Grey, D. S.（1970）High magnification high resolution projection lens, US Patent #3551031.

Olson, O. G.（1967）Microfilm equipment, *Applied Optics and Optical Engineering*, Vol. 4, Kingslake, R., ed., Academic press, New York, p. 167.

SPSE,（1968）Microphotography, fundamentals and applications, Symposium held in Wakefield, MA, April 1968.

Williams, B. J. S. and Broadhurst, R. N.（1974）Use of microfiche for scientific and technical reports, AGARD Report 198, NITS, Springfield, VA.

第 33 章　机械补偿变焦物镜的初级理论

在下面讨论中，变焦物镜就是指焦距（或放大率）变化而像面保持不变的光学系统。为了非常好地概略了解变焦物镜的论文资料，请参考 Mann 的文章（1993）。所有变焦物镜系统都是旋转对称系统。（像面大幅度移动的变焦物镜将在第 38 章讨论）

最理想的方法是以对数方式将变焦范围分成相等的空间：每个后续焦距（或放大率）都等于前一焦距乘以一个常数。例如，一个 10× 的变焦物镜有 4 个变焦位置，该常数就是 10 的立方根（2.15443）。在给出的数据中，由于所希望的焦距（或放大率）值是作为约束项输入到优化程序中，所以是近似准确。

如图 33.1 所示是四元件机械补偿变焦系统。透镜组 A 为前组，其移动目的只是调焦。所以对所有的共轭距，移动组 B 和 C 总能观察到一个固定的虚物体。D 组是固定透镜组，一般包含可变光阑（孔径光阑），所以，对所有变焦位置，总有一个不变的数值孔径。

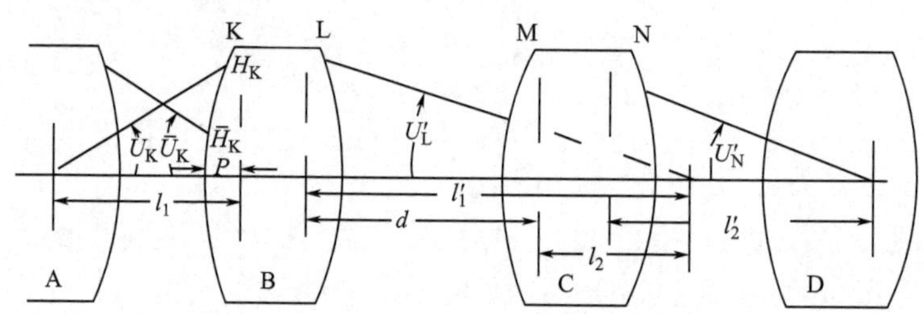
K
L
M
N
H_K
$\bar{H}_K$
U_K
$\bar{U}_K$
P
U'_L
U'_N
l_1
l'_1
d
l_2
l'_2
A
B
C
D

图 33.1　四元件机械补偿变焦系统

为便于讨论问题，从物体到像面追迹两条近轴光线。一条光线从轴上一点发出，投射在表面上的高度标记为 H，与光轴的夹角定义为 U；另一条光线为主光线，坐标为 $\bar{H}$ 和 $\bar{U}$（实际上，任意两条近轴光线都能满足）。如图 33.1 所示，由于光线向下，所以，$\bar{U}_K$ 是负值。

不变量 Ψ 由下式给出

$$\Psi = \bar{H}NU - HN\bar{U}$$

由于所有表面上的 Ψ 值都相同，所以，可以在第一透镜的表面上进行计算。在第一表面，$\bar{H}$ 为零，因而，对于位于空气中的系统有 $\Psi = -H_1\bar{U}_1$。

进一步简化，追迹近轴光线，使 $H_1=1$，$\overline{U}_1=1$。

因此，$\Psi=-1$，根据下式给出 B 组的有效光焦度（Hanau and Hopkins 1962）（译者注：原文中此处作者做了修改）为

$$P_b=U_K\overline{U'}-\overline{U}_1U'_L$$

同样，可以得到 C 组的 P_c 及整个系统的 P。

正如上面所讨论，A 组为 B 组生成一个虚物体，到表面 K 的距离是 H_K/U_K。同样，光线通过 C 组后，像面到表面 N 的距离是 H_N/U'_N。

B 组的后截距 BFL 是

$$BFL_b=\frac{-\left[\overline{H}_LU_K-H_L\overline{U}_K\right]}{P_b}$$

B 组的前焦距 FFL 是

$$FFL_b=-\frac{\left[\overline{H}_K\,U'_L-H_K\,U'_L\right]}{P_b}$$

当然，同样适合于 C 组。

主面到表面 K 的距离是

$$P=\frac{1}{P_b}+FFL_b$$

（如果像在左边，FFL_b 是负值）所以

$$l_1=-\left[H_K/U_K+1/P_b+FFL_b\right]$$

如图所示，l_1 是负值。

B 组和 C 组的放大率是 $M=U_K/U'_N$，间隔 d 由下式给出

$$d=\frac{P_b+P_c-P_{bc}}{P_bP_c}=T\left(L\right)\ +\frac{1}{P_b}-BFL_b-\frac{1}{P_c}+FFL_c$$

式中，P_{bc}（译者注：原文错印为 P_{BC}）是 B-C 组的光焦度。

令 S 是 B 和 C 组的物像距（减去主面间隔），则

$$S=d+l'_2+l_1$$

物镜变焦时，该值保持不变。按照 Clark（1973）的表示方法，原始位置用 l 表示，新位置用 L 表示。

现在，透镜组 B 和 C 移动到新的位置，其间隔是 D，则

$$L'_1=L_1/\left(1+P_bL_1\right) \tag{33.1}$$

$$L'_2=L_2/\left(1+P_cL_2\right) \tag{33.2}$$

$$M=\frac{L'_1L'_2}{L_1L_2}=\frac{1}{\left(1+P_bL_1\right)\left(1+P_cL_2\right)} \tag{33.3}$$

$$S=-L_1+L'_1-L_2+L'_2 \tag{33.4}$$

将公式 33.1 和 33.2 代入公式 33.4 中，得到

$$S=\frac{-P_{b}L_{1}^{2}}{1+P_{b}L_{1}}-\frac{P_{c}L_{2}^{2}}{1+P_{c}L_{2}} \tag{33.5}$$

由公式 33.3，有

$$\frac{1}{1+P_{c}L_{2}}=M\ (1+P_{b}L_{1})$$

代入公式 33.5 中，得到

$$L_{2}=\frac{1-M\ (1+P_{b}L_{1})}{MP_{c}\ (1+P_{b}L_{1})} \tag{33.6}$$

将公式 33.6 代入公式 33.5，得到

$$S\ (1+P_{b}L_{1})\ =\frac{-P_{b}L_{1}^{2}-\ [1-M\ (1+P_{b}L_{1})]^{2}}{MP_{c}}$$

解出 L_1

$$L_{1}=\frac{-b\ [b_{2}-4ac]^{1/2}}{2a} \tag{33.7}$$

式中，

$$a=MP_{b}P_{c}+M^{2}P_{b}^{2}$$

$$b=SMP_{b}P_{c}-2MP_{b}+2M^{2}P_{b}$$

$$c=SMP_{c}+M^{2}-2M+1$$

选择公式 33.7 中平方根的符号，应能够得到一个初始解的值：$L_1=l_1$。因此，该符号下的值是

$$\frac{2al_{1}+b}{\sqrt{b^{2}-4ac}}$$

取 +1 或 −1。

由公式 33.1，可以求得一个新的 L'_1 值，由公式 33.5，计算出新的 L_2 值。

B 与 C 组之间的间隔是

$$D=L'_{1}-L_{2}$$

再次假设，D 是 B 与 C 组主平面之间的间隔。透镜组件变焦时，这些主平面相对于镜组并没有改变位置，所以，新变焦透镜组之间的间隔是

$$\mathrm{TH1}=T\ (K-1)\ +l_{1}-L_{1}$$

$$\mathrm{TH2}=T\ (L)\ +D-d$$

$$\mathrm{TH3}=T\ (K-1)\ +T\ (L)\ +T\ (N)\ -\mathrm{TH1}-\mathrm{TH2}$$

式中，TH1 是 A-B 组之间的间隔，同样，TH2 是 B-C 组之间的间隔，TH3 是C-D 组的间隔。

Clark 对薄透镜机械补偿系统给出了不同分析（1973），为减小批量生产的变焦照相物镜的尺寸和重量，花费了相当大的力量。重点放在单透镜反射式相

机 35 ~ 105mm 变焦物镜上，最近的重点是解决 CCD 小型相机问题。廉价生产非球面的技术的发展对此很有帮助。第 35 章介绍的所有例子都是球面。

参 考 文 献

Chunken, T. (1992) Design of a zoom system by the varifocal differential equation, *Applied Optics*, 31: 2265.

Clark, A. D. (1973) *Zoom Lenses*, American Elsevier, New York.

Grey, D. S. (1973) Zoom lens design, *Proceedings of SPIE*, Volume 39, p. 223.

Hanau, R. and Hopkins, R. E. (1962) *Optical Design*, MIL-HDBK-141, Standardization Division, Defense Supply Agency, Washington, DC.

Kingslake, R. (1960) the development of the zoom lens, *JSMPTE*, 69: 534.

Masumoto, H. (1982) Development of zoom lenses for cameras, *International Optical Design Conference, 1998, SPIE*, Volume 3482, p. 202.

Yamaji, K. (1967) Design of Zoom Lenses, In *Progress in Optics*, Wolf, E., ed., Volume. 6, Academic Press, New York.

第 34 章　光学补偿变焦物镜的初级理论

在光学补偿变焦物镜中，所有移动透镜组都协调一致地运动，仿佛连接在一起，并放置在一个公共移动架上，如图 34.1 所示。其显著优点是不需要凸轮机构。然而，与类似的机械补偿系统相比，此类系统一般长度更长。最重要的是，随着变焦，像面会稍有移动，设计者的目的是使这种移动小于焦深。

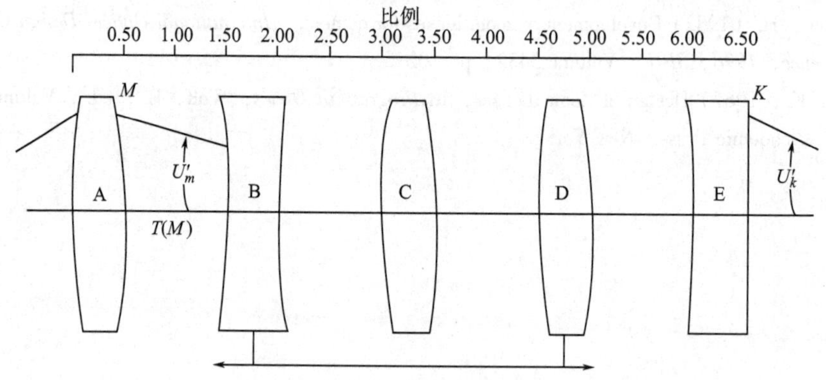
比例
0.50 1.00 1.50 2.00 2.50 3.00 3.50 4.00 4.50 5.00 5.50 6.00 6.50
M
K
U'm
U'k
A
B
C
D
E
T(M)

图 34.1　光学补偿变焦物镜

如图 34.1 所示，透镜组 A、C 和 E 是固定组，而透镜组 B 和 D 连接在一起。追迹一条近轴的轴上光线，使之在 M 表面折射后与光轴的夹角等于U'_M，并从最后一个面（K 面）以角度U'_K 出射。通过系统追迹一条近轴主光线，相应参数用$\overline{U'_M}$表示（译者注：原文中错印为U'_M）。表面 M 与 $M+1$ 表面之间的间隔是 T（M），则有下面关系（Hanau and Hopkins 1962）：

$$\frac{dU'_K}{dT\ (M)} = N\,U'_M\ \left[\overline{U'_K}U'_M - U'_K\,\overline{U'_M}\right]\ /\Psi$$

式中，Ψ 是不变量，等于 $N\,\overline{H}U - NH\,\overline{U} = -H_0\,\overline{U}$（物体位于空气中）。

变焦比 Z 由下式给出

$$Z = \frac{\left[U'_K\right]_1}{\left[U'_K\right]_2}$$

式中，角标 1 代表初始位置的系统，角标 2 代表最终位置的系统。因为处理的是导数变化，所以，U'_K 总的变化是所有可变空气间隔的变化量之和。

如前所述，变焦时图像也移动。Wooters 和 Silvertooth 指出（1965），图像纵向移动量为零的最多位置数目等于可移动空气间隔的数目。必须认识到，对于远距离物体而言，如果第一组透镜可以移动，就认为其空气间隔不可变。这也是最大的交叉点数目，一个实际系统具有的交叉数可能要少得多。

作为一个极端的例子，下面讨论只有一个移动元件的变焦物镜。如图 34.2 所示是一个薄透镜结构布局，物体的距离非常远。根据近轴理论，可以得到有效焦距 EFL 和后截距 BFL

$$\mathrm{EFL}=\frac{F_{\mathrm{A}}F_{\mathrm{B}}}{F_{\mathrm{A}}+F_{\mathrm{B}}-D}$$

$$\mathrm{BFL}=\frac{(F_{\mathrm{A}}-D)\ F_{\mathrm{B}}}{F_{\mathrm{A}}+F_{\mathrm{B}}-D}$$

为使图像稳定，$D+\mathrm{BFL}$ 是一个常数。

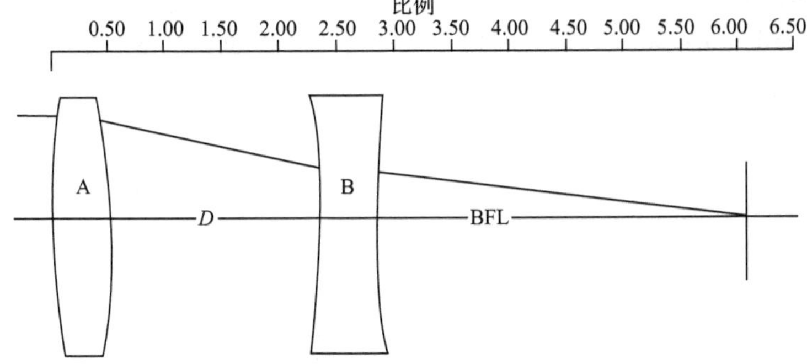
比例
0.50 1.00 1.50 2.00 2.50 3.00 3.50 4.00 4.50 5.00 5.50 6.00 6.50
A
B
D
BFL

图 34.2　具有一个移动透镜组的变焦系统

将透镜组 B 移动到新的位置，就可以得到新的 EFL、BFL 和 D 的值。用 Z（EFL）表示新的 EFL，Z 是变焦比。

使 $D+\mathrm{EFL}$ 等于前面的值，则

$$Z=\frac{F_{\mathrm{A}}^{2}}{\mathrm{EFL}^{2}}$$

那么，新的 D 值是

$$D_{2}=F_{\mathrm{A}}+F_{\mathrm{B}}-\frac{F_{\mathrm{A}}F_{\mathrm{B}}}{Z\ (\mathrm{EFL})}$$

在这两个变焦位置，图像应位于同一个位置。

Johnson 和 Feng 讨论过（1992）只有一个移动透镜组的无焦红外物镜系统，要求对其进行机械补偿。根据这种定义，由于图像只在两个位置才精确地保持稳定，所以，其补偿方式是光学补偿。然而，如果凸轮的设计可以使两个透镜组相对于像平面移动，那么很明显，图像就会保持不动。对真正的变焦距物镜方面的内容，请参考 38 章。

参 考 文 献

Back, F. G. and Lowen, H. (1954) The basic theory of varifocal lenses with linear movement and optical compensation, *JOSA* 44: 684.

Bergstern, L. (1958) General theory of optically compensated varifocal systems, *JOSA* 48: 154.

Hanau, R. and Hopkins, R. E. (1962) *Optical Design*, *MIL-HDBK-141*, Defense Supply Agency, Washington, DC.

Jamieson, T. H. (1970) Thin lens theory of zoom systems, *Optica Acta*, 17: 565.

Johnson, R. B. and Feng, C. (1992) Mechanically compensated zoom lenses with a single moving element, *Applied Optics*, 31: 2274.

Mann, A. (1993) Selecter papers on zoom lenses, *SPIE MS85*. SPIE, Bellingham, WA.

Pegis, R. J. and Peck, W. G. (1962) First-order design theory for linearly compensated zoom systems, *JOSA* 52: 905.

Wooters, G. and Silvertooth, E. W. (1965) Optically compensated zoom lens, *JOSA* 55: 347.

第 35 章　机械补偿变焦物镜

如图 35. 1 所示是一个 10 × 机械补偿变焦物镜，移动范围是 0. 59 ~ 5. 9in（15 ~ 150mm）。该物镜的 $f^{\#}$ 是 $f/2.4$，对应的图像直径是 0. 625in（16mm），是为 1in 摄像机或单芯片 CCD 而设计，物体位于无穷远。表 35. 1a 列出了透镜的结构参数（短焦距时）。

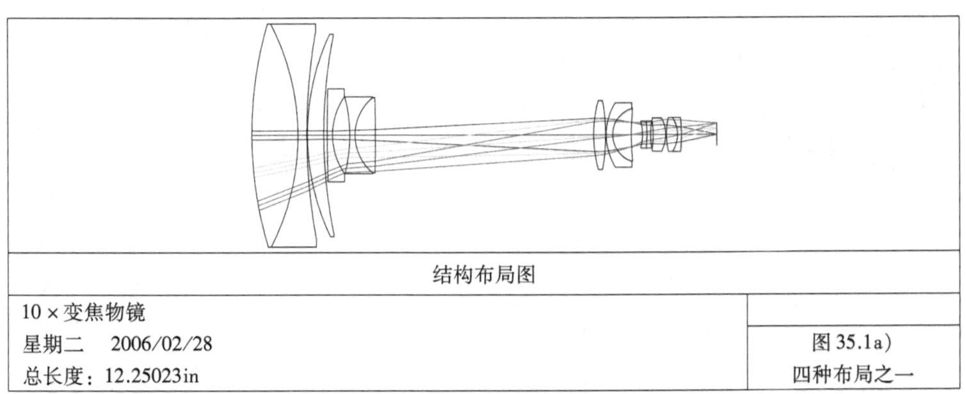

结构布局图
10 × 变焦物镜
星期二　2006/02/28
总长度：12.25023in
图 35.1a）
四种布局之一

a）

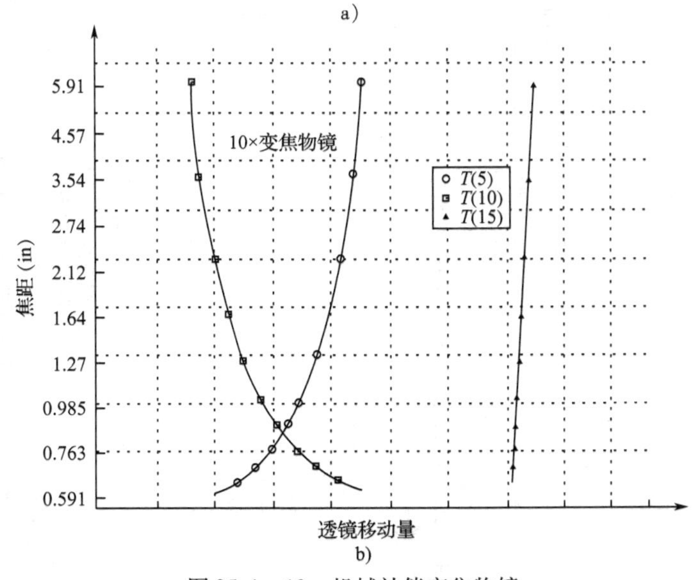

5.91
4.57
3.54
2.74
2.12
1.64
1.27
0.985
0.763
0.591
焦距 (in)
10×变焦物镜
T(5)
T(10)
T(15)
透镜移动量

b）

图 35. 1　10 × 机械补偿变焦物镜

a）结构布局图　b）透镜的移动量

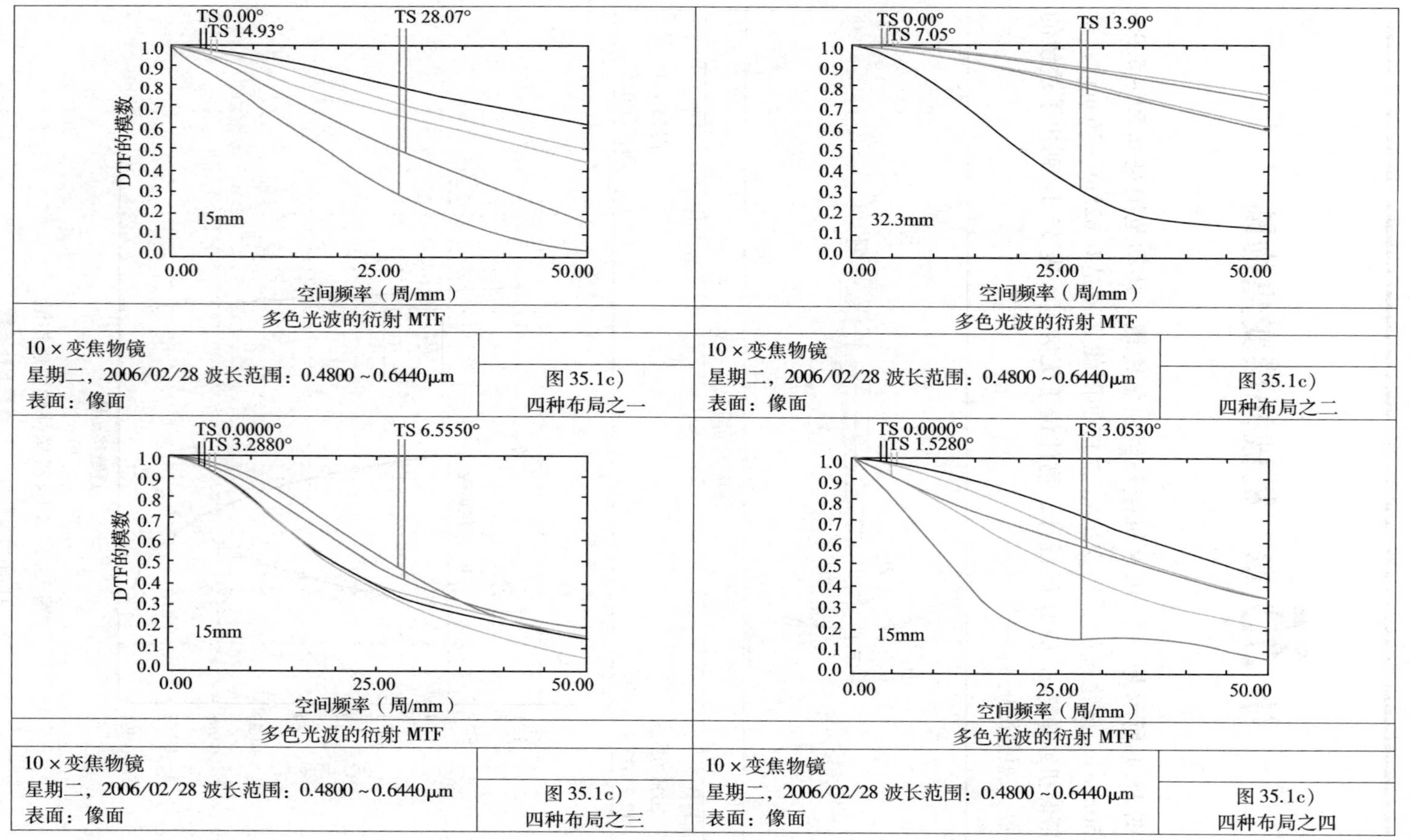
TS 0.00°
TS 14.93°
TS 28.07°
DTF的模数
15mm
0.00
25.00
50.00
空间频率（周/mm）
多色光波的衍射 MTF
10×变焦物镜
星期二，2006/02/28 波长范围：0.4800～0.6440μm
表面：像面
图 35.1c)
四种布局之一
TS 0.00°
TS 7.05°
TS 13.90°
32.3mm
空间频率（周/mm）
多色光波的衍射 MTF
10×变焦物镜
星期二，2006/02/28 波长范围：0.4800～0.6440μm
表面：像面
图 35.1c)
四种布局之二
TS 0.0000°
TS 3.2880°
TS 6.5550°
DTF的模数
15mm
空间频率（周/mm）
多色光波的衍射 MTF
10×变焦物镜
星期二，2006/02/28 波长范围：0.4800～0.6440μm
表面：像面
图 35.1c)
四种布局之三
TS 0.0000°
TS 1.5280°
TS 3.0530°
15mm
空间频率（周/mm）
多色光波的衍射 MTF
10×变焦物镜
星期二，2006/02/28 波长范围：0.4800～0.6440μm
表面：像面
图 35.1c)
四种布局之四

c)

图 35.1　10×机械补偿变焦物镜（续）

c）MTF 曲线

表 35.1a 10×变焦物镜的结构参数 (单位：in)

表 面	半 径	厚 度	材 料	直 径
1	10.0697	1.2211	N-LAK9	5.800
2	-6.2327	0.2360	SF5	5.800
3	15.1603	0.0150		5.380
4	6.0741	0.4336	N-LAF21	5.260
5	12.9033	0.0903		5.200
6	41.2877	0.1400	N-LAK9	2.420
7	1.7269	0.4613		2.000
8	-3.8953	0.1400	N-LAK9	2.000
9	1.2599	0.5386	SF5	1.960
10	-43.9995	5.7197		1.960
11	3.4298	0.3125	N-LAK9	1.800
12	-4.9794	0.0150		1.800
13	1.6004	0.1698	SF1	1.680
14	0.7220	0.4947	N-LAK9	1.380
15	6.9314	0.0090		1.380
16	光阑	0.2934		0.639
17	-1.2083	0.1191	N-LAK8	0.660
18	-2.8138	0.0984	SF1	0.700
19	1.9740	0.0659		0.700
20	-2.5527	0.3367	N-SF8	0.700
21	-0.8716	0.0200		0.860
22	1.9698	0.2970	N-BAK4	0.880
23	-0.7692	0.1000	SF1	0.880
24	-3.7908	0.9232		0.880
25	0.0000	0.0000		0.589

注：物镜系统各组的光焦度是+、-、+、+，就是说，除第一移动透镜组，即表面 6～表面 10 外，其它透镜组都是正透镜组。表 35.1b 列出了可变化的空气间隔。

表 35.1b 焦距、间隔和畸变

EFL/in	T（5）/in	T（10）/in	T（15）/in	畸变（%）
0.591	0.0903	5.7197	0.0090	-8.5
1.272	2.4124	3.2501	0.1566	-0.6
2.741	4.0081	1.4376	0.3733	1.73
5.905	5.1199	0.0100	0.6891	2.95

注：第一透镜前表面至像面距离 = 12.250in。

注意到，在短焦距位置，表面 15 移动到非常靠近光阑的位置，所以，应增大该间距以便安装普通的可变光阑机构。如图 35.1a 所示就是短焦距位置的物镜布局。如图 35.1b 所示列出了透镜组的移动量。T（5）和 T（10）是大的单值增函数，T（15）几乎是线性的，但只有小的移动量。该物镜的 MTF 数据见表 35.1c，对应着上列表格中的 4 个焦距位置。若该物镜应用于 16mm 电影摄影，视场会稍有减小，例如：

- 16mm 幅面的对角线是 12.7mm；
- 超 16mm 幅面的对角线是 14.5mm。

如果应用于 1in 摄像机（对角线是 16mm），应在物镜结构参数表中增加摄像管的面板玻璃。一般地，是增加一块低折射率（1.487）的冕牌玻璃（参考附录 A）。现在，大部分彩色 TV 摄像机都使用分束棱镜将红、绿和蓝光的图像分开（Cook 1973）。在这种情况下，需要重新进行优化。

许多检测用的低倍率显微镜，例如外科显微镜、检验电子组件的显微镜等，是用一个无焦系统获得变焦效果，其优点是可以形成模块结构。也就是说，对于固定倍率的显微镜，其物镜、目镜和棱镜组件是一样的，安装上无焦光学装置就可以实现变焦。表 35.2a 列出了该无焦光学系统的结构参数，变焦比是 4。

表 35.2a 变焦显微镜无焦光学系统的结构参数 （单位：in）

表 面	半 径	厚 度	材 料	直 径
1	光阑	-2.3622		0.400
2	1.2388	0.1504	K10	0.760
3	9.3542	0.0234		0.760
4	1.3062	0.0787	SF1	0.700
5	0.6690	0.1145	N-PSK3	0.700

（续）

表 面	半 径	厚 度	材 料	直 径
6	2.4729	0.6310		0.600
7	2.6233	0.0709	N-SK16	0.460
8	0.2835	0.1794	N-SSK5	0.460
9	0.9740	0.3496		0.360
10	-0.6347	0.0606	N-SK16	0.320
11	3.7396	0.3475		0.320
12	-1.7308	0.0492	N-SK16	0.400
13	0.6212	0.1614	SF1	0.500
14	2.3140	0.1352		0.440
15	38.9045	0.0789	SF1	0.880
16	1.5054	0.1923	N-PSK3	0.880
17	-2.5537	0.0362		0.880
18	5.2888	0.2755	N-BK7	0.880
19	-1.7936	0.0000		0.880
20	0.0000	39.3700		0.785

如图35.2a所示是$M=2$位置的光学系统，第一表面到最后表面的距离是2.935in。MTF数据表示在图35.2b中，变焦移动量和畸变数据见表35.2b。

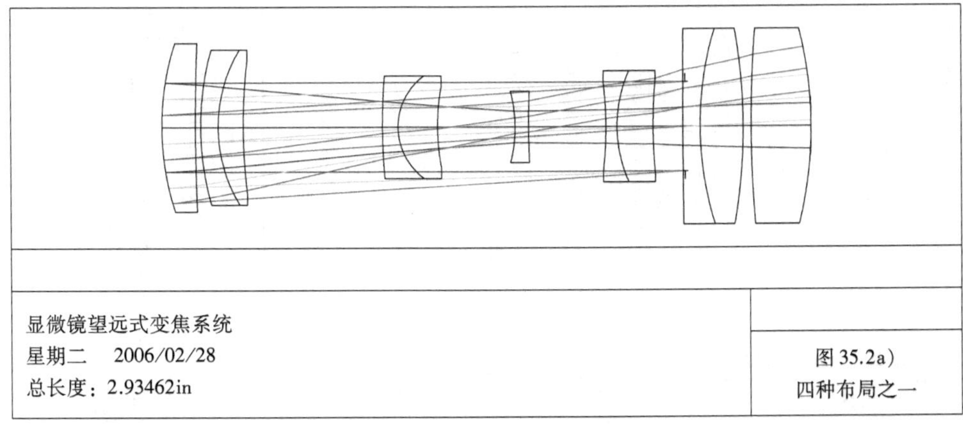
显微镜望远式变焦系统
星期二 2006/02/28
总长度：2.93462in
图35.2a)
四种布局之一

a)

图35.2 变焦显微镜的无焦系统

a）结构布局图

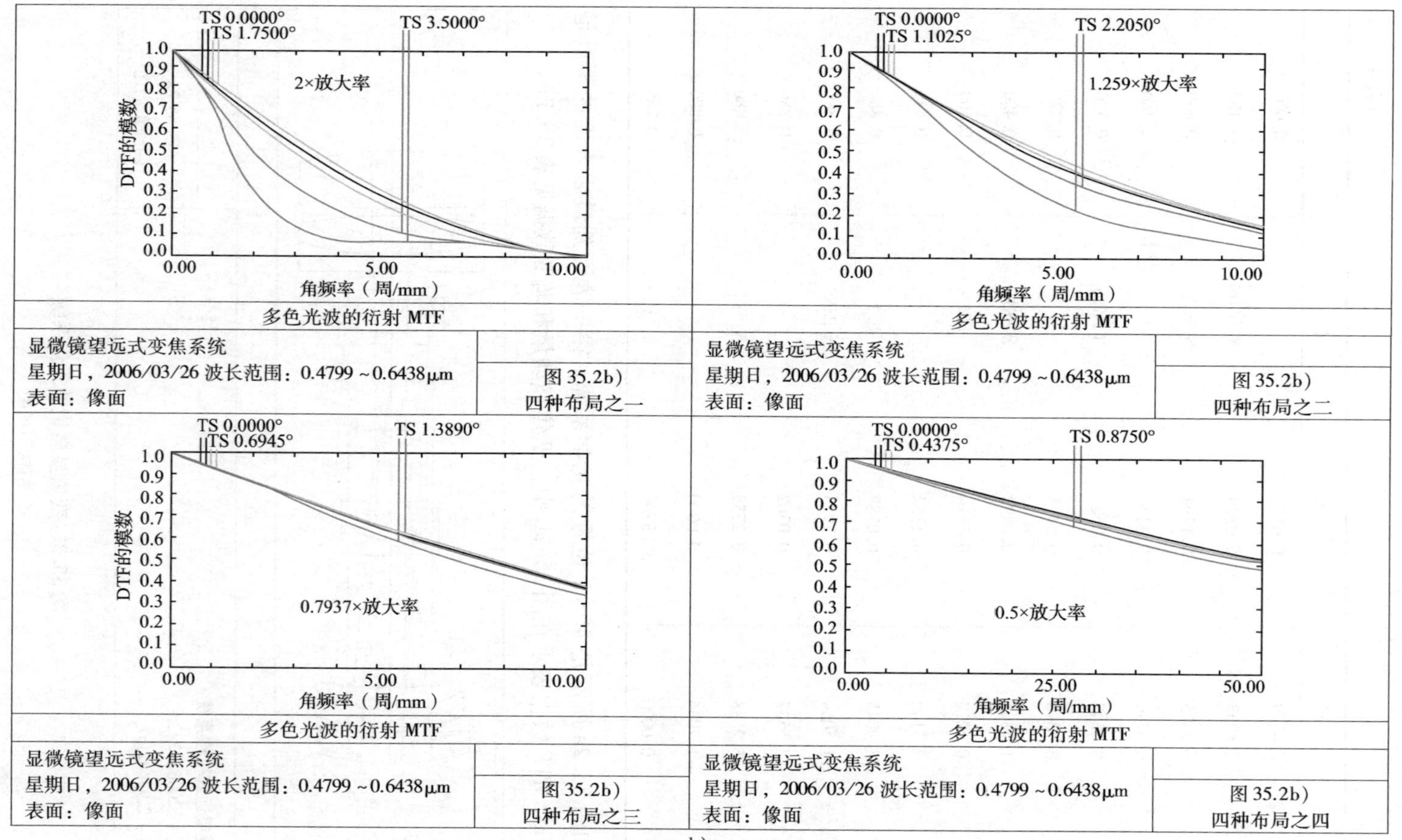

TS 0.0000°
TS 1.7500°
TS 3.5000°
2×放大率
DTF的模数
1.0
0.9
0.8
0.7
0.6
0.5
0.4
0.3
0.2
0.1
0.0
0.00
5.00
10.00
角频率（周/mm）
多色光波的衍射 MTF
显微镜望远式变焦系统
星期日，2006/03/26 波长范围：0.4799 ~0.6438μm
表面：像面
图 35.2b)
四种布局之一
TS 0.0000°
TS 1.1025°
TS 2.2050°
1.259×放大率
角频率（周/mm）
多色光波的衍射 MTF
显微镜望远式变焦系统
星期日，2006/03/26 波长范围：0.4799 ~0.6438μm
表面：像面
图 35.2b)
四种布局之二
TS 0.0000°
TS 0.6945°
TS 1.3890°
0.7937×放大率
DTF的模数
角频率（周/mm）
多色光波的衍射 MTF
显微镜望远式变焦系统
星期日，2006/03/26 波长范围：0.4799 ~0.6438μm
表面：像面
图 35.2b)
四种布局之三
TS 0.0000°
TS 0.4375°
TS 0.8750°
0.5×放大率
0.00
25.00
50.00
角频率（周/mm）
多色光波的衍射 MTF
显微镜望远式变焦系统
星期日，2006/03/26 波长范围：0.4799 ~0.6438μm
表面：像面
图 35.2b)
四种布局之四

b)

图 35.2 变焦显微镜的无焦系统（续）

b) MTF 曲线

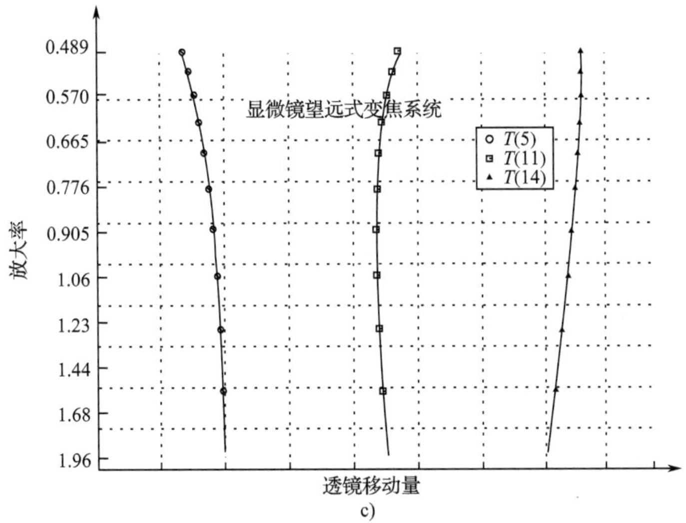
0.489
0.570
0.665
0.776
0.905
1.06
1.23
1.44
1.68
1.96
放大率
显微镜望远式变焦系统
T(5)
T(11)
T(14)
透镜移动量
c)

图 35.2　变焦显微镜的无焦系统（续）

c）透镜移动量

表 35.2b　变焦移动量和畸变数据

放大率	θ	T（6）/in	T（11）/in	T（14）/in	畸变（%）
2.0	3.500	0.6310	0.3475	0.1352	0.86
1.259	2.205	0.4967	0.1863	0.4306	0.005
0.7937	1.389	0.2548	0.2369	0.6219	-0.07
0.5	0.875	0.0083	0.4534	0.6520	-0.03

正如前面讨论的，变焦范围分成 4 个相等的（纵向）区域，系数是$\sqrt[3]{4}=1.5874$。

注意到，对上述光学系统第一种变焦位置进行近轴追迹得到 1.955 的角放大率，用输入光束的角度 θ 代表半视场角。该系统的变焦移动量曲线如图 35.2c 所示。由此注意到，T（14）几乎是以线性形式移动，而 T（11）以约 0.78 的放大率反向移动。

如图 35.3a 所示是红外卡塞格林变焦物镜，中间像位于主镜之内，设计波长范围是 3.2μm ~4.2μm。表 35.3a 列出了相关的权。该物镜的详细结构参数见表 35.3b。表 35.3c 给出了焦距、间隔和畸变。

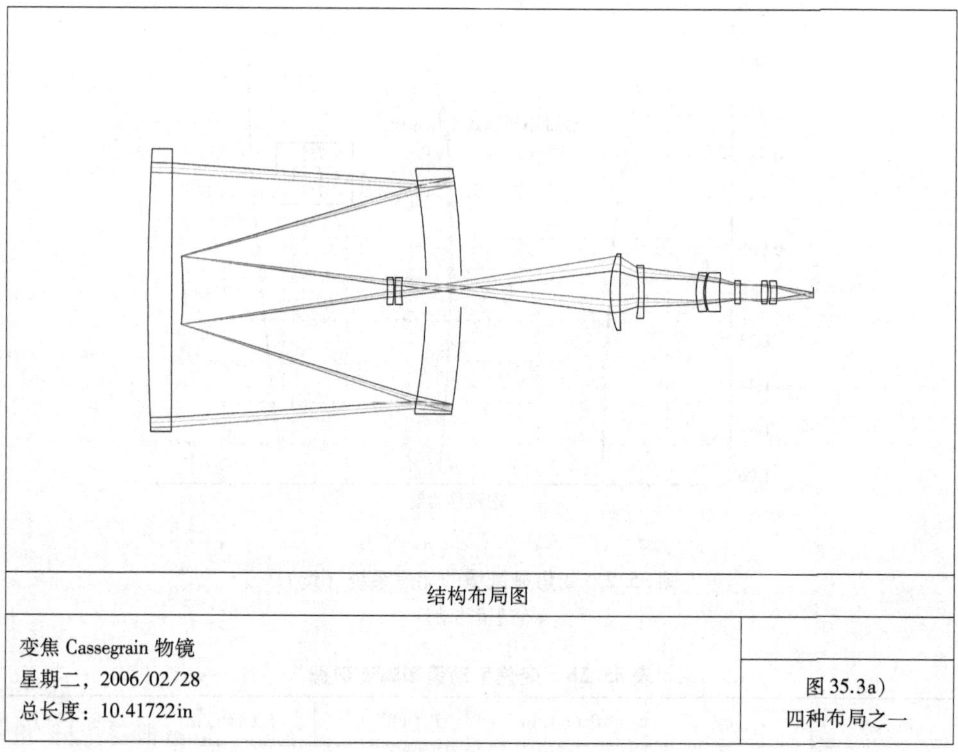
结构布局图
变焦 Cassegrain 物镜
星期二，2006/02/28
总长度：10.41722in
图 35.3a)
四种布局之一

a)

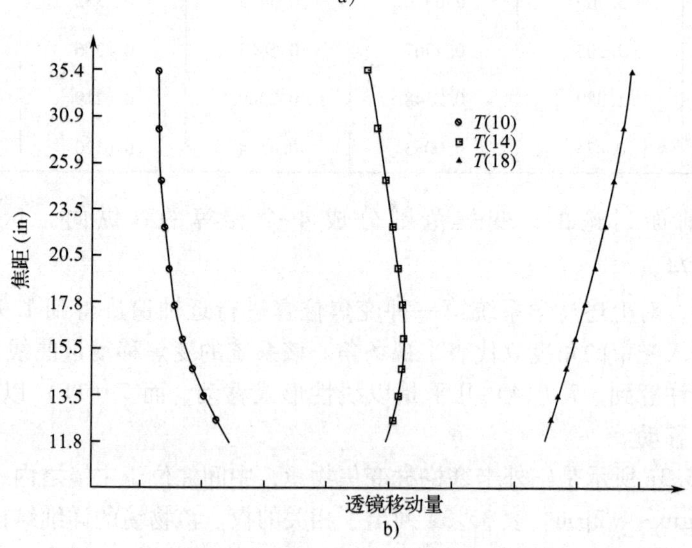
35.4
30.9
25.9
23.5
20.5
17.8
15.5
13.5
11.8
焦距(in)
T(10)
T(14)
T(18)
透镜移动量

b)

图 35.3 红外卡塞格林变焦物镜

a）结构布局图 b）透镜组移动量

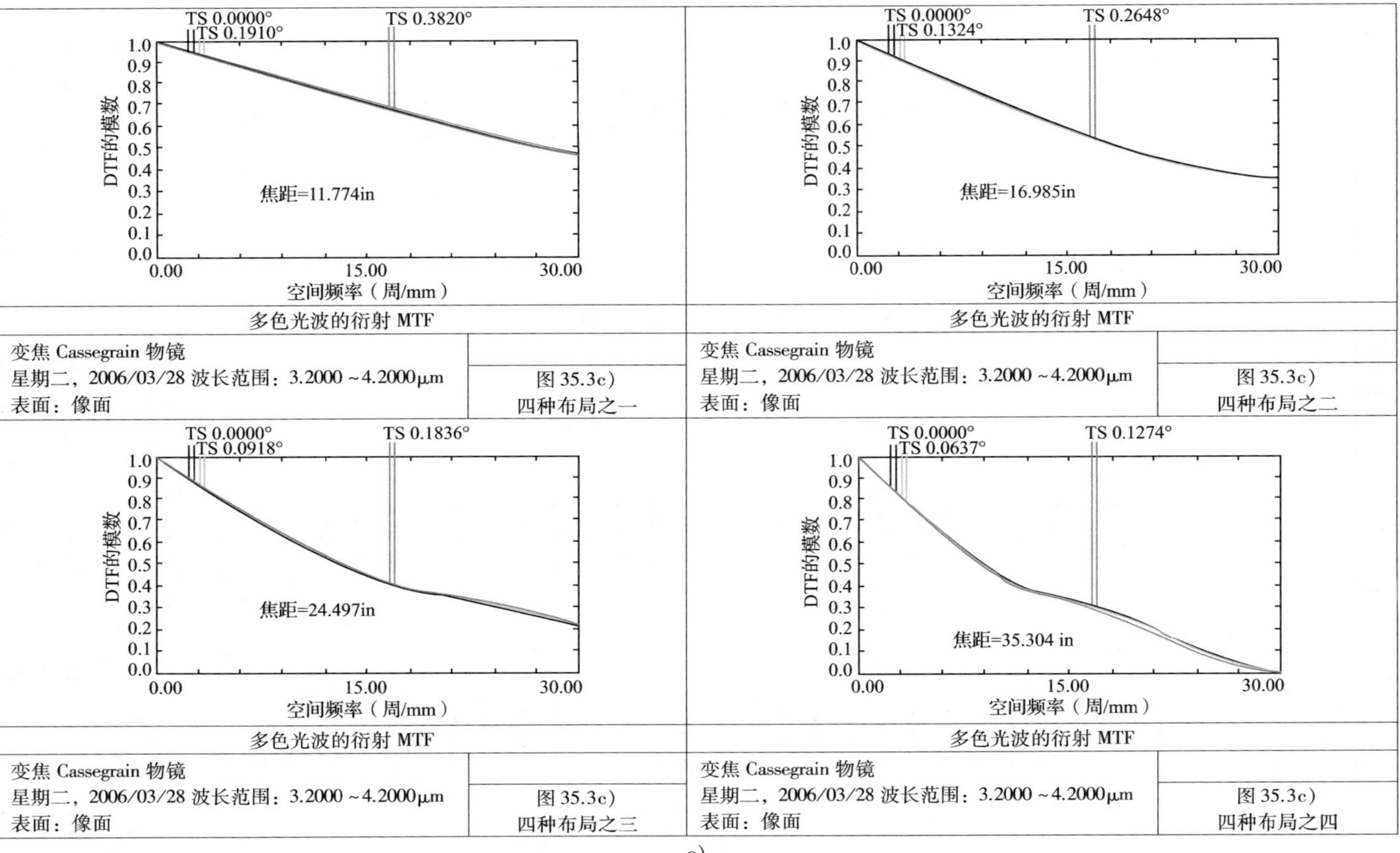
TS 0.0000°
TS 0.1910°
TS 0.3820°
DTF的模数
1.0
0.9
0.8
0.7
0.6
0.5
0.4
0.3
0.2
0.1
0.0
0.00
15.00
30.00
焦距=11.774in
空间频率（周/mm）
多色光波的衍射 MTF
变焦 Cassegrain 物镜
星期二，2006/03/28 波长范围：3.2000 ~4.2000μm
表面：像面
图 35.3c）
四种布局之一
TS 0.0000°
TS 0.1324°
TS 0.2648°
焦距=16.985in
图 35.3c）
四种布局之二
TS 0.0000°
TS 0.0918°
TS 0.1836°
焦距=24.497in
图 35.3c）
四种布局之三
TS 0.0000°
TS 0.0637°
TS 0.1274°
焦距=35.304 in
图 35.3c）
四种布局之四
c）

图 35.3　红外卡塞格林变焦物镜（续）

c）MTF 曲线图

表 35.3a 相对权重和波长

波长/μm	权重
3.2	0.3
3.4	0.6
3.63	1.0
3.89	0.6
4.2	0.3

表 35.3b 红外卡塞格林变焦物镜的结构参数 （单位：in）

表面	半径	厚度	材料	直径
1	42.1589	0.3797	硒化锌	4.360
2	0.0000	3.9956		4.360
3	-9.9461	0.5500	硒化锌	3.660
4	-12.1094	-0.5500	反射镜	3.780
5	-9.9461	-3.8239		3.660
6	-6.7765	3.2207	反射镜	1.054 光阑
7	-5.7918	0.1000	锗	0.420
8	-1.8406	0.0225		0.420
9	-9.9278	0.1000	硅	0.420
10	2.1043	3.2548		0.420
11	1.7317	0.1514	硅	1.180
12	14.8150	0.2912		1.180
13	-2.4479	0.0800	锗	0.780
14	-15.8495	0.8080		0.820
15	1.1474	0.1181	锗	0.600
16	0.8076	0.0240		0.540
17	0.9050	0.2204	硅	0.600
18	1.8909	0.2410		0.480
19	0.0000	0.0788	硅	0.360
20	1.4949	0.3357		0.300
21	2.2105	0.1000	硅	0.360
22	-1.0808	0.0445		0.360
23	-0.6794	0.1000	锗	0.300
24	-1.2931	0.5747		0.360
25	0.0000	0.0000		0.156

注：最前面透镜的顶点到像面的距离 = 10.417in。

表 35.3c 焦距、间隔和畸变

EFL/in	角度/（°）	*T*（10）/in	*T*（14）/in	*T*（18）/in	畸变（%）
-11.774	0.3820	3.2548	0.8080	0.2410	-1.04
-16.985	0.2648	2.6799	0.9496	0.6743	0.23
-24.497	0.1836	2.3033	0.7351	1.2654	0.89
-35.304	0.1274	2.1683	0.2936	1.8419	1.22

入瞳直径 3.937in 固定不变，并位于第一块透镜右侧 23.164in 处。这就使得孔径光阑紧贴第二块反射镜，对第二块反射镜所需要的最小直径有影响（因此，图像变暗）。图像的直径是 0.157in（4mm）。

表 35.3c 中的角度是与 0.0785in 像高对应的全视场的半角度。透镜组的移动量曲线如图 35.3b 所示。上表中列出的焦距所对应的 MTF 数据曲线如图 35.3c 所示。

步枪瞄准镜和双目望远镜是无焦光学系统，但不同于显微镜中使用的无焦装置，后者不是显微镜组件，而是一个完整系统。如果用作步枪的瞄准镜，必须有很长的眼距以适应步枪的后座力。此外，还希望有较长的管长以便较容易地安装在步枪上。

如图 35.4a 所示为低放大倍率位置时的变焦步枪瞄准镜，详细结构参数见表 35.4a，倍率变化范围是 2.35 ~ 8.0，入瞳紧贴着第一透镜表面。移动目镜让不同射手调焦，移动前面物镜对不同的物距调焦。眼距是 3.543in（90mm）。该系统有严重像散，特别在低倍率位置更是如此。

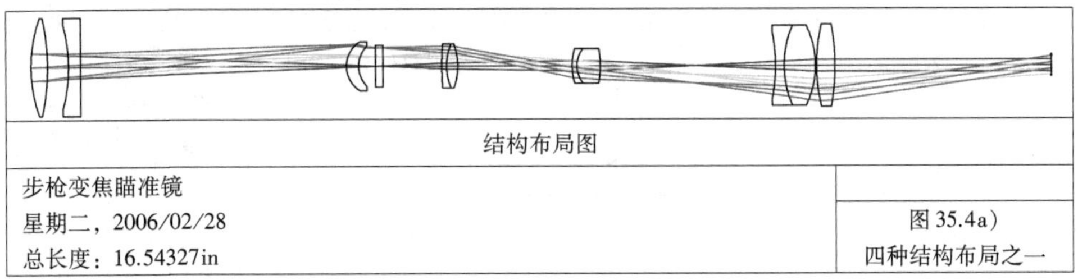
结构布局图
步枪变焦瞄准镜
星期二，2006/02/28
总长度：16.54327in
图 35.4a)
四种结构布局之一

a)

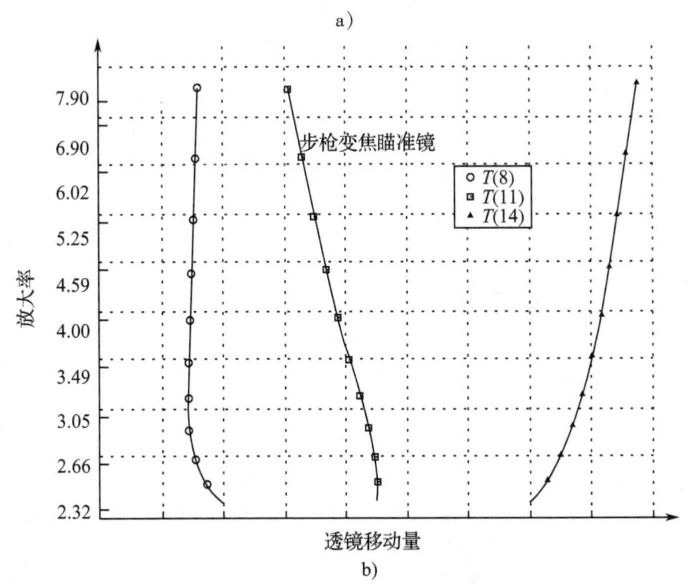
7.90
6.90
6.02
5.25
4.59
4.00
3.49
3.05
2.66
2.32
放大率
步枪变焦瞄准镜
T(8)
T(11)
T(14)
透镜移动量

b)

图 35.4 变焦步枪瞄准镜

a）结构布局图 b）透镜移动量

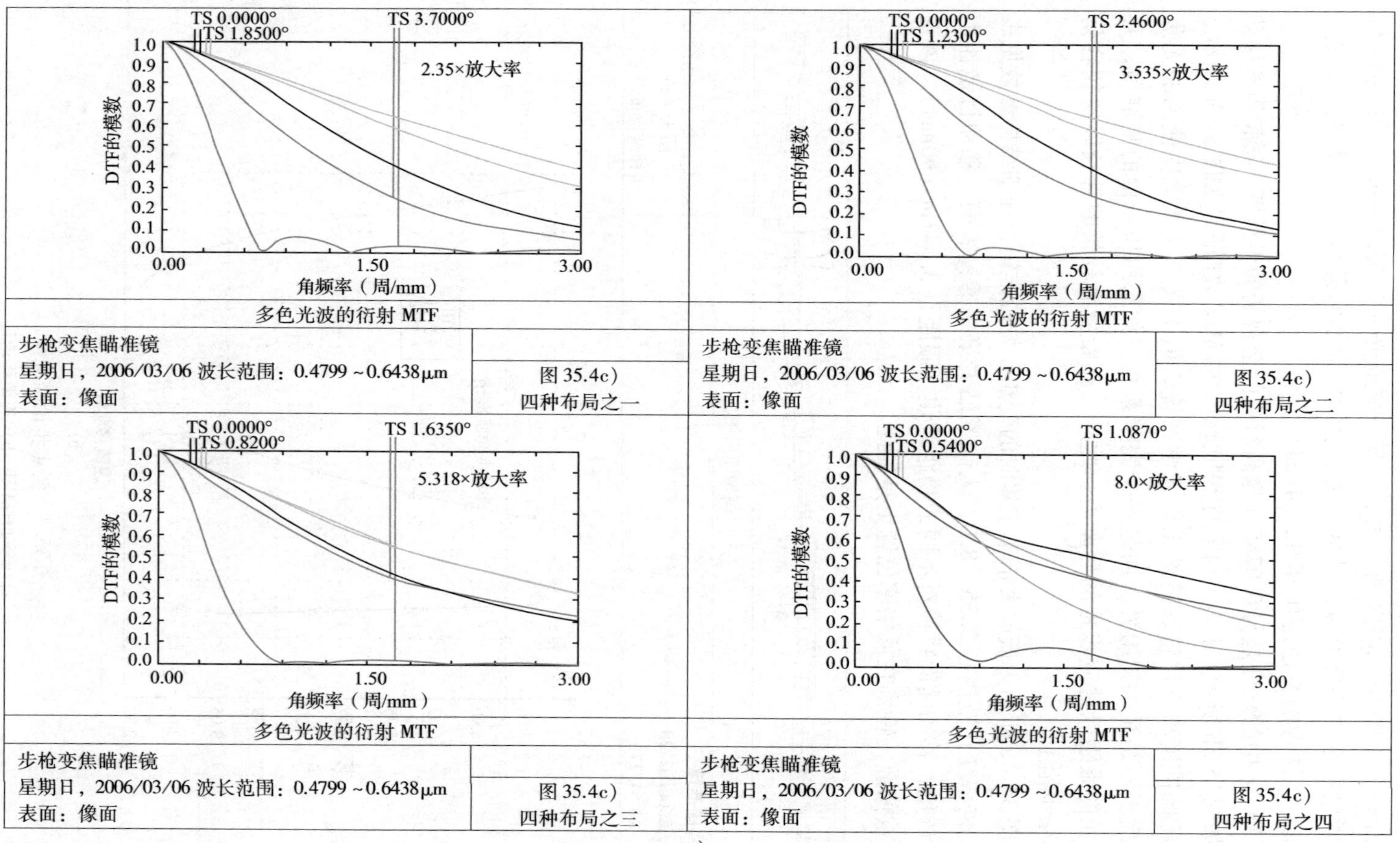

TS 0.0000°
TS 1.8500°
TS 3.7000°
2.35×放大率
DTF的模数
1.0
0.9
0.8
0.7
0.6
0.5
0.4
0.3
0.2
0.1
0.0
0.00
1.50
3.00
角频率（周/mm）
多色光波的衍射 MTF
步枪变焦瞄准镜
星期日，2006/03/06 波长范围：0.4799 ~ 0.6438μm
表面：像面
图 35.4c)
四种布局之一
TS 0.0000°
TS 1.2300°
TS 2.4600°
3.535×放大率
DTF的模数
角频率（周/mm）
多色光波的衍射 MTF
步枪变焦瞄准镜
星期日，2006/03/06 波长范围：0.4799 ~ 0.6438μm
表面：像面
图 35.4c)
四种布局之二
TS 0.0000°
TS 0.8200°
TS 1.6350°
5.318×放大率
DTF的模数
角频率（周/mm）
多色光波的衍射 MTF
步枪变焦瞄准镜
星期日，2006/03/06 波长范围：0.4799 ~ 0.6438μm
表面：像面
图 35.4c)
四种布局之三
TS 0.0000°
TS 0.5400°
TS 1.0870°
8.0×放大率
DTF的模数
角频率（周/mm）
多色光波的衍射 MTF
步枪变焦瞄准镜
星期日，2006/03/06 波长范围：0.4799 ~ 0.6438μm
表面：像面
图 35.4c)
四种布局之四
c)

图 35.4 变焦步枪瞄准镜（续）

c）MTF 曲线

表 35.4a 变焦步枪瞄准镜的结构参数 （单位：in）

表 面	半 径	厚 度	材 料	直 径
1	2.5318	0.2667	N-SK14	1.640 光阑
2	-4.0666	0.3455		1.640
3	-2.7909	0.2002	SF1	1.400
4	0.0000	4.2990		1.640
5	0.4969	0.1969	N-K5	0.820
6	0.4930	0.2708		0.680
7	0.0000	0.1181	N-K5	0.700
8	0.0000	0.9504		0.700
9	4.9915	0.0787	SF4	0.740
10	0.9644	0.1821	N-SSK2	0.740
11	-1.1026	1.8568		0.740
12	1.0412	0.0787	SF4	0.580
13	0.4661	0.3800	N-SSK2	0.580
14	-1.6318	2.8169		0.580
15	-3.0451	0.1378	SF4	1.100
16	1.7937	0.5002	N-SSK2	1.340
17	-1.5693	0.0200		1.340
18	3.1051	0.3013	N-PSK53	1.380
19	-3.8889	3.5433		1.380

注：第一表面至最后表面的距离 = 13.0in。

通过对表面 6 近轴厚度求解，使物镜将一个远距离目标成像在分划板的第一表面（表面 7）上。通常使用一种渐缩（或锥形）十字线，并用来调整步枪的瞄准线。由于变焦作用是在分划板之后，所以，移动透镜造成的任何未对准都不会影响瞄准精度。

变焦移动量曲线表示在图 35.4b 中，具体参数见表 35.4b。

表 35.4b 步枪瞄准镜变焦量

放大率①	入瞳/in	角度/（°）②	T（8）/in	T（11）/in	T（14）/in	畸变（%）
2.350	0.4629	3.700	0.9504	1.8568	2.8169	-0.3
3.535	0.6964	2.460	0.3758	1.6389	3.6093	-1.0
5.318	1.0476	1.635	0.4361	1.0693	4.1186	0.4
8.000	1.5760	1.087	0.5843	0.4024	4.6373	0.9

①角放大率。
②全视场半角度。

4 个变焦位置的 MTF 数据曲线表示在图 35.4c 中。注意到，该数据适合于眼睛观察的光线束，因此，3 周/毫弧度对应的光线角度是 1/3000 = 1 弧分。还注意到，所有变焦位置的轴上分辨率都远远高于需要的分辨率。全视场时，MTF 弧矢分量的分辨率严重下降，但射手的主要精力在视场中心，所以，这不是大的缺点。

图 35.5a 是适合用于体视显微镜（低放大倍率位置）的光学系统。Zimmer（1998）介绍了 Greenough 显微镜及其普通类型的物镜（见图 35.6d），系统的变倍比是 3，有效焦距从 0.591in 变化到 1.773in（15 ~ 45mm）。表 35.5a 列出了长焦距（低倍率）位置的结构参数。

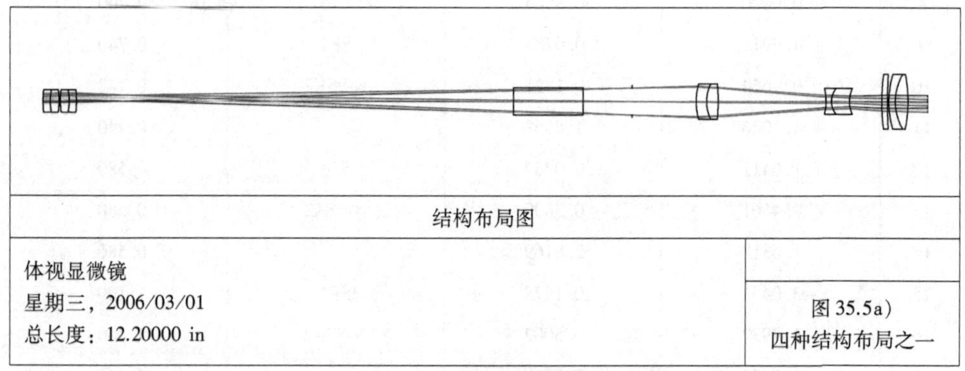
结构布局图
体视显微镜
星期三，2006/03/01
总长度：12.20000 in
图 35.5a)
四种结构布局之一

a）

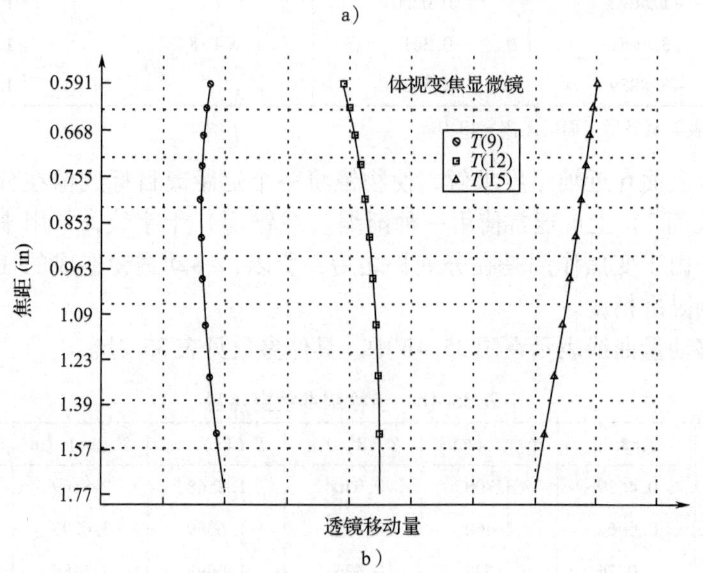
体视变焦显微镜
T(9)
T(12)
T(15)
0.591
0.668
0.755
0.853
0.963
1.09
1.23
1.39
1.57
1.77
焦距 (in)
透镜移动量

b）

图 35.5 体视显微镜

a）光学系统布局图 b）透镜移动量

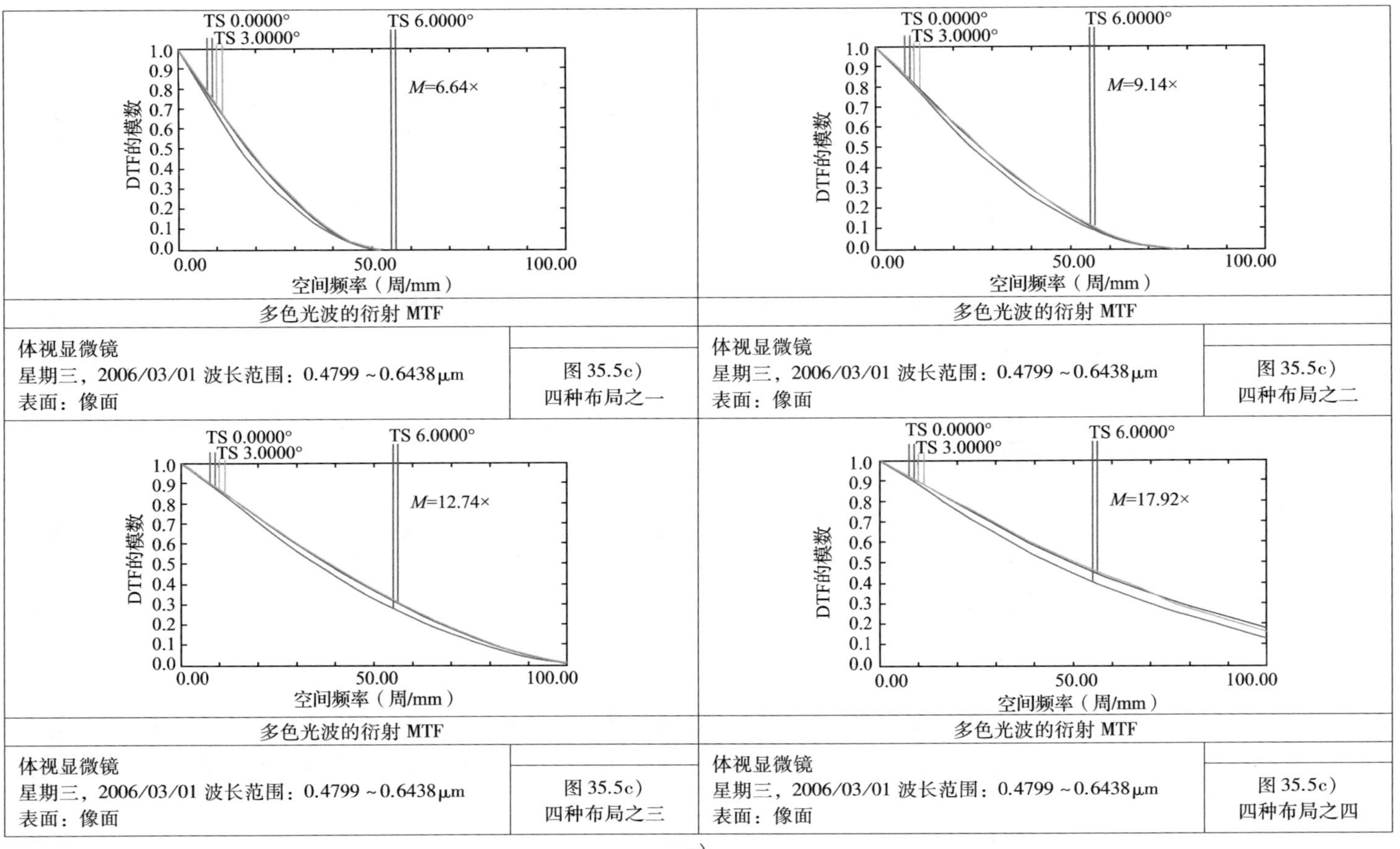

TS 0.0000°
TS 3.0000°
TS 6.0000°
M=6.64×
M=9.14×
M=12.74×
M=17.92×
DTF的模数
空间频率（周/mm）
多色光波的衍射 MTF
体视显微镜
星期三，2006/03/01 波长范围：0.4799 ~ 0.6438μm
表面：像面
图 35.5c)
四种布局之一
四种布局之二
四种布局之三
四种布局之四

c)

图 35.5　体视显微镜（续）

c）MTF 曲线

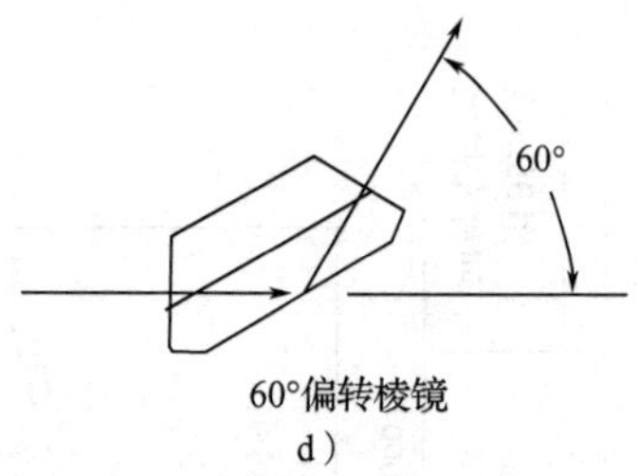
60°
60°偏转棱镜
d）

图 35.5 体视显微镜（续）

d）60°偏折棱镜

表 35.5a 体视显微镜的结构参数 （单位：in）

表面	半径	厚度	材料	直径
1	1.7902	0.1017	SF1	0.330
2	0.8492	0.1220	N-SK14	0.330
3	-1.6068	0.0200		0.330
4	1.6068	0.1220	N-SK14	0.330
5	-0.8492	0.1017	SF1	0.330
6	-1.7902	6.1873		0.330
7	0.0000	0.9843	N-BK7	0.400
8	0.0000	0.6890		0.400
9	光阑	0.9058		0.394
10	1.0343	0.1451	SF1	0.520
11	0.6173	0.1609	N-FK5	0.520
12	-3.2953	1.5102		0.520
13	-0.7848	0.0750	K7	0.350
14	0.3149	0.2500	SF4	0.380
15	0.4628	0.4542		0.380
16	3.3521	0.0800	N-FK5	0.800
17	8.3774	0.0200		0.760
18	1.4869	0.0906	SF4	0.800

（续）

表　面	半　径	厚　度	材　料	直　径
19	0.8089	0.1803	K7	0.800
20	-2.1363	7.0000		0.800
21	0.0000	0.0000		0.371

注：眼睛（入瞳）到第一透镜前表面的距离 =0.787in。

前面透镜组（表面1～表面6）是Plossl目镜，焦距为0.836in。该目镜形成一个中间像，到表面6的距离是0.684in。实际上，一块N-BK7玻璃（表面7～表面8）是屋脊棱镜（Hopkins 1962），形成倒像，把像再颠倒过来，还有偏折光束的作用。所以，目镜组件偏离垂直轴60°，使观察非常方便。如图35.5d所示为60°偏折棱镜。表面9是孔径光阑，位置是固定的，所以，是A组的一部分。这就意味着，当物镜系统变焦时，眼睛位置保持不变。表面10～表面12是移动组B，表面13～表面15是C组。表35.5b列出了各种变焦位置的数据。

表35.5b　变焦位置和畸变

EFL/in	目标直径	T（9）/in	T（12）/in	T（15）/in	畸变（%）
-1.773	0.363	0.9058	1.5102	0.4542	-0.60
-1.229	0.258	0.5403	1.3934	0.9366	-0.69
-0.852	0.179	0.4714	1.1783	1.2206	-0.75
-0.591	0.124	0.6080	0.8639	1.3984	-0.82

注：第一透镜前表面至像面的距离 =19.20in。

目镜的放大率由下式给出

$$放大率=\frac{\mathrm{EFL}+10}{\mathrm{EFL}}=12.96$$

整个系统的放大率范围是6.64～17.92。变焦移动量曲线如图35.5b所示，图35.5c显示了各种变焦位置时的MTF曲线。

根据这些曲线图确定轴上分辨率，除以焦距，就得到一个几乎不变的角分辨率。如果用眼睛观察，是0.0005弧度，对应着约1.6弧分。

如图35.6a所示是一个放大倍率在11～51的变焦显微镜，图中是低放大倍率位置，详细结构参数见表35.6a，变焦位置数据见表35.6b，透镜移动量曲线如图35.6b所示。

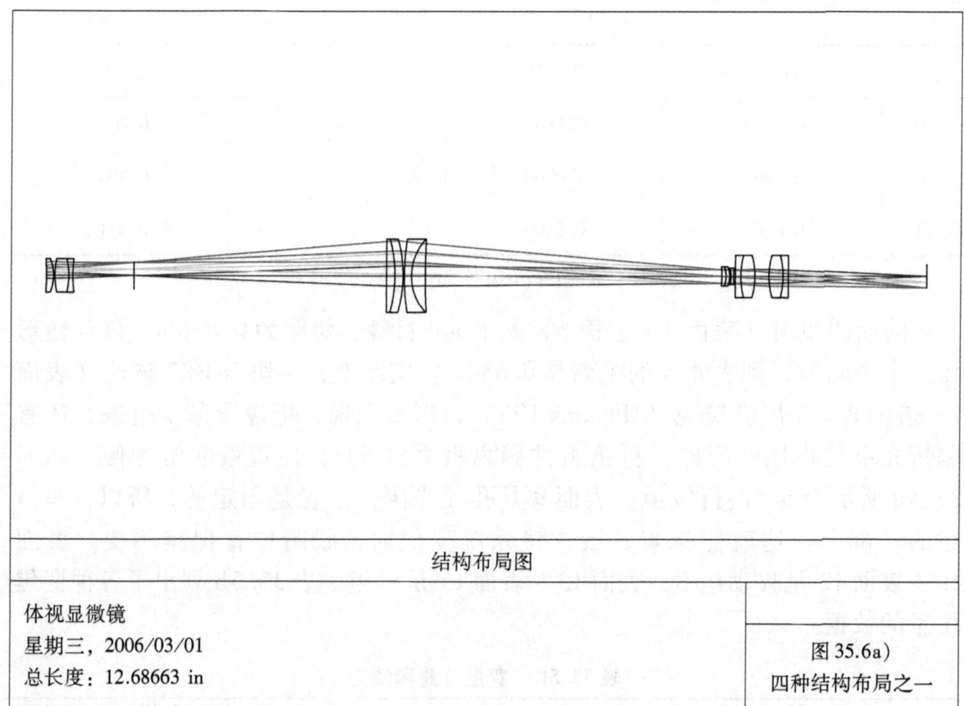
结构布局图
体视显微镜
星期三，2006/03/01
总长度：12.68663 in
图 35.6a)
四种结构布局之一

a）

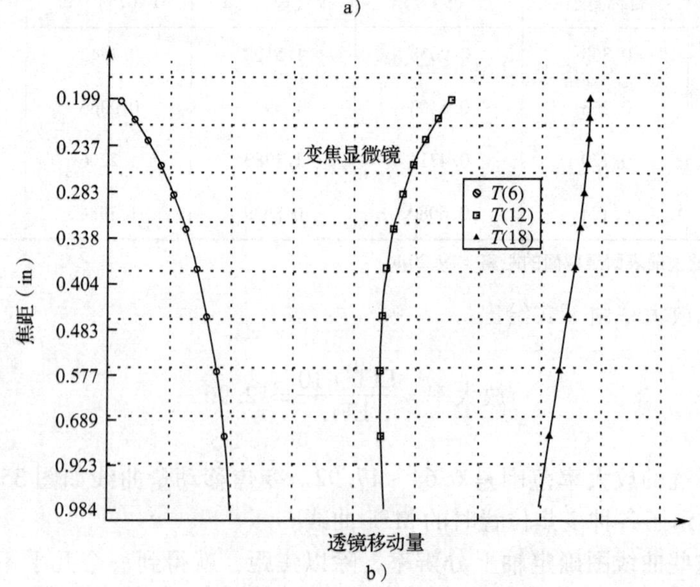
0.199
0.237
0.283
0.338
0.404
0.483
0.577
0.689
0.923
0.984
焦距（in）
变焦显微镜
T(6)
T(12)
T(18)
透镜移动量

b）

图 35.6　变焦显微镜

a）光学系统布局图　b）透镜移动量

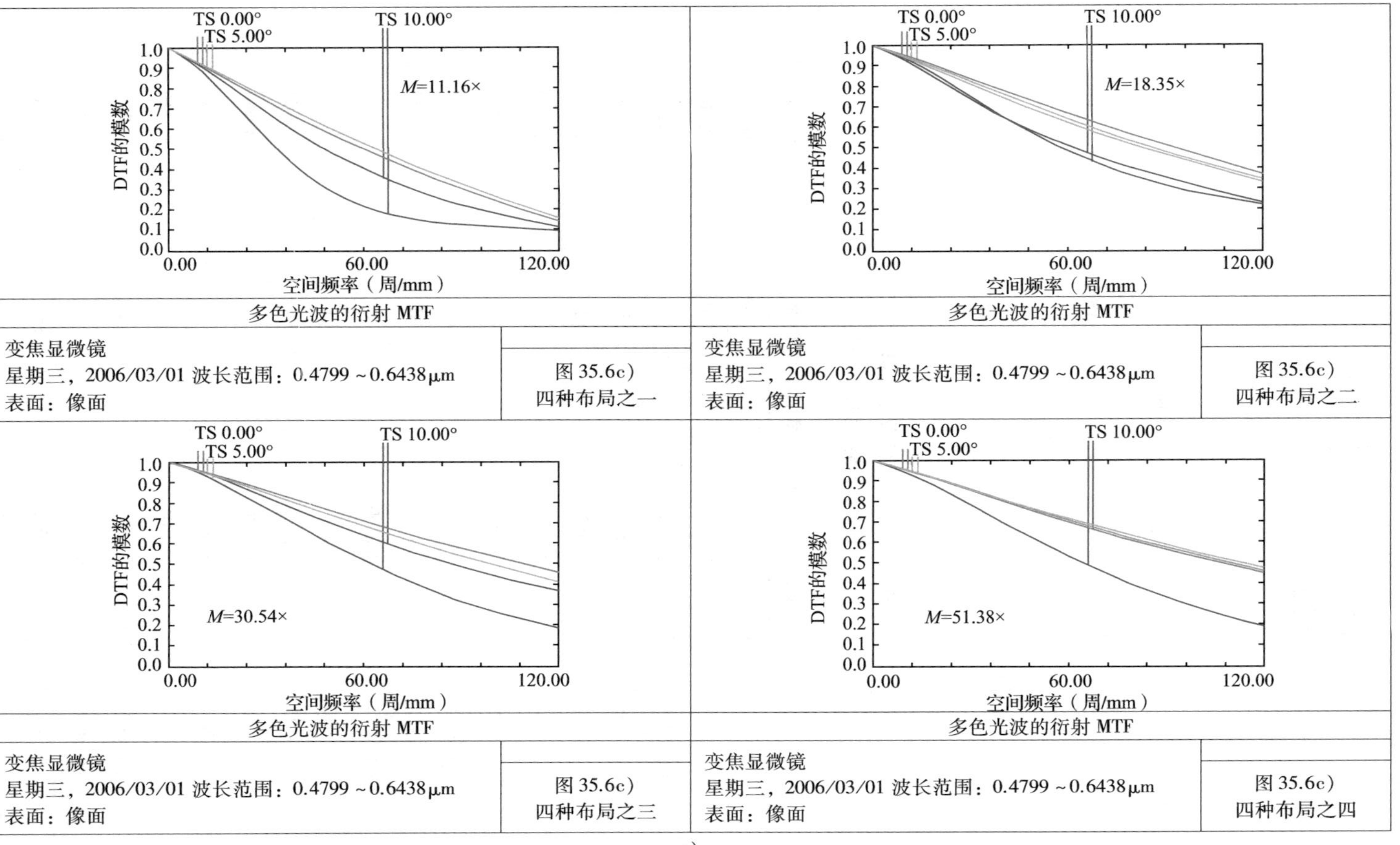

TS 0.00°
TS 5.00°
TS 10.00°
M=11.16×
DTF的模数
空间频率（周/mm）
多色光波的衍射 MTF
变焦显微镜
星期三，2006/03/01 波长范围：0.4799 ~ 0.6438μm
表面：像面
图 35.6c）
四种布局之一
M=18.35×
四种布局之二
M=30.54×
四种布局之三
M=51.38×
四种布局之四

c)

图 35.6　变焦显微镜（续）

c）MTF 曲线

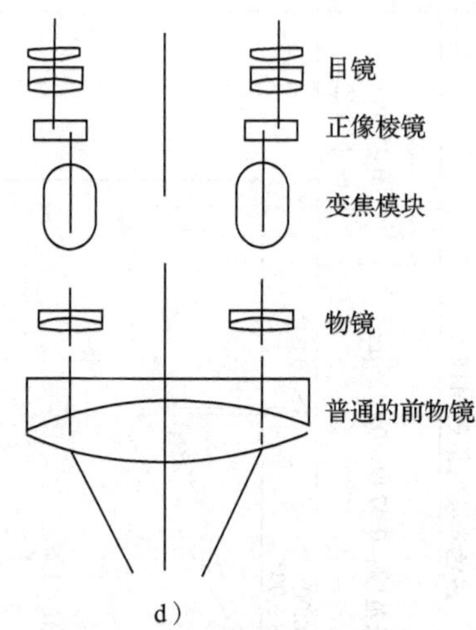
目镜
正像棱镜
变焦模块
物镜
普通的前物镜

d）

图 35.6 变焦显微镜（续）

d）使用普通物镜的体视显微镜

表 35.6a 变焦显微镜的结构参数 （单位：in）

表面	半径	厚度	材料	直径
1	-4.2467	0.1020	N-SK5	0.500
2	-0.6793	0.0200		0.500
3	1.1768	0.2000	N-SK5	0.500
4	-1.0717	0.0591	SF1	0.500
5	2.1570	0.8836		0.500
6	0.0000	3.6602		0.397
7	-49.0372	0.1200	SF1	1.020
8	-2.0457	0.1200	N-SK5	1.080
9	-1.9622	0.0200		1.080
10	3.6080	0.1049	SF1	1.080
11	0.8135	0.2000	N-SK5	1.080
12	10.0962	4.2320		0.960
13	光阑	0.0050		0.200
14	-2.4607	0.0601	SF1	0.220
15	-0.4319	0.0528	N-SK5	0.280
16	-0.3686	0.0200		0.280
17	-0.3401	0.0393	F5	0.240
18	2.0289	0.0222		0.240

（续）

表　面	半　径	厚　度	材　料	直　径
19	18. 9348	0. 0787	F4	0. 520
20	1. 2857	0. 2003	N-BK10	0. 620
21	－1. 1690	0. 2000		0. 620
22	1. 1690	0. 2003	N-BK10	0. 620
23	－1. 2857	0. 0787	F4	0. 620
24	－18. 9348	2. 0000		0. 520
25	0. 0000	0. 0000		0. 344

注：第一透镜前表面至像面的距离＝12. 679in。

表 35. 6b　变焦位置和畸变

EFL/in	入瞳直径（%）	眼距/in	T（6）/in	T（12）/in	T（18）/in	畸变（%）
－0. 9836	0. 0912	0. 8753	3. 6602	4. 2320	0. 0222	－0. 96
－0. 5764	0. 0766	0. 9288	2. 7529	4. 1750	0. 9865	－2. 35
－0. 3385	0. 0566	0. 8963	1. 4706	5. 0013	1. 4425	－2. 75
－0. 1985	0. 0352	0. 9013	0. 0204	6. 3518	1. 5422	－2. 41

注意到，表面 13 是系统的孔径光阑，变焦过程中其直径固定不变。该光阑是移动镜组的一部分，所以，入瞳随变焦会稍有移动，但不会造成很大的影响。表面 6 是一个固定光阑，直径 0. 397in，对所有变焦位置都产生 20°的固定视场。

MTF 数据曲线由图 35. 6c 显示。

注意到，这两类变焦显微镜系统都使用分离的前物镜。其优点是可以使每个镜筒相对于工件倾斜。另一种方法（Murty 等 1997）是使用大型前物镜，为两个镜管共用，有两个优点：结构更简单，很容易转换边角系统的总放大率，如图 35. 6d 所示。

如图 35. 7a 所示是与摄像机、CCD 或 16mm（直径 16mm 的像）胶片照相机配用的变焦镜头，$f^{\#}$为 $f/2$，焦距变化范围为 0. 787～4. 33in（20～110mm）。该物镜系统是 Kato 等人设计专利（1989）的改进型。注意，此镜头若用于普通的光导摄像管摄像机，应当在物镜系统的后面增加一块玻璃（如同专利中一样）。与上述变焦照相机物镜设计不同，其可变光阑位于两个移动镜组之间。将可变光阑移到物镜的前面部分，可以减小前面透镜的直径，这对广角位置特别重要。如果可变光阑也移动，会增加机械结构的复杂性。如图 35. 7a 所示的物镜系统是处于 0. 787in 的焦距位置。应额外增大可变光阑与表面 12 之间的间隔。详细结构参数（短焦距位置）见表 35. 7a。

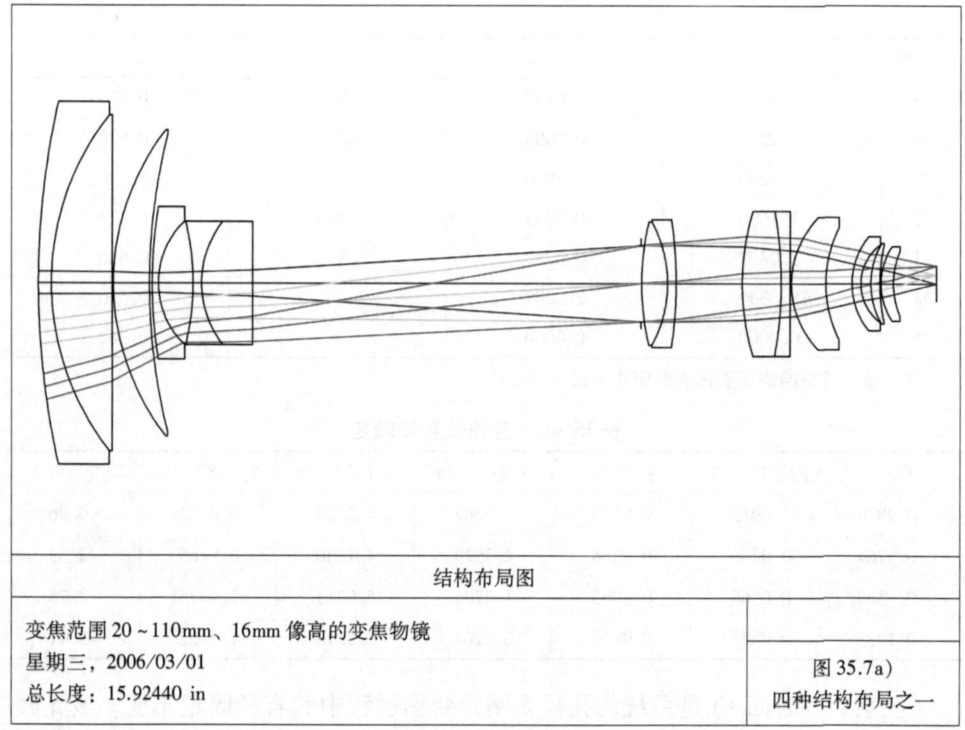
结构布局图
变焦范围 20 ~ 110mm、16mm 像高的变焦物镜
星期三，2006/03/01
总长度：15.92440 in
图 35.7a)
四种结构布局之一

a)

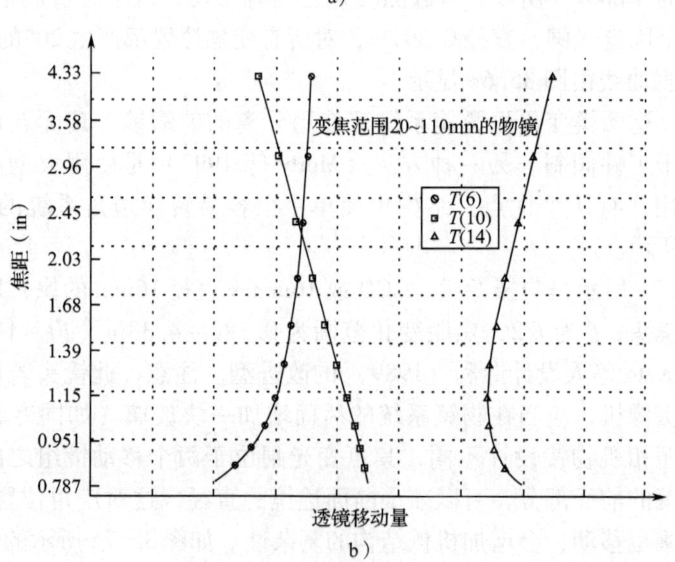
4.33
3.58
2.96
2.45
2.03
1.68
1.39
1.15
0.951
0.787
焦距（in）
变焦范围20~110mm的物镜
T(6)
T(10)
T(14)
透镜移动量

b)

图 35.7 变焦范围 20 ~ 110mm 物镜

a）结构布局图 b）透镜组移动量

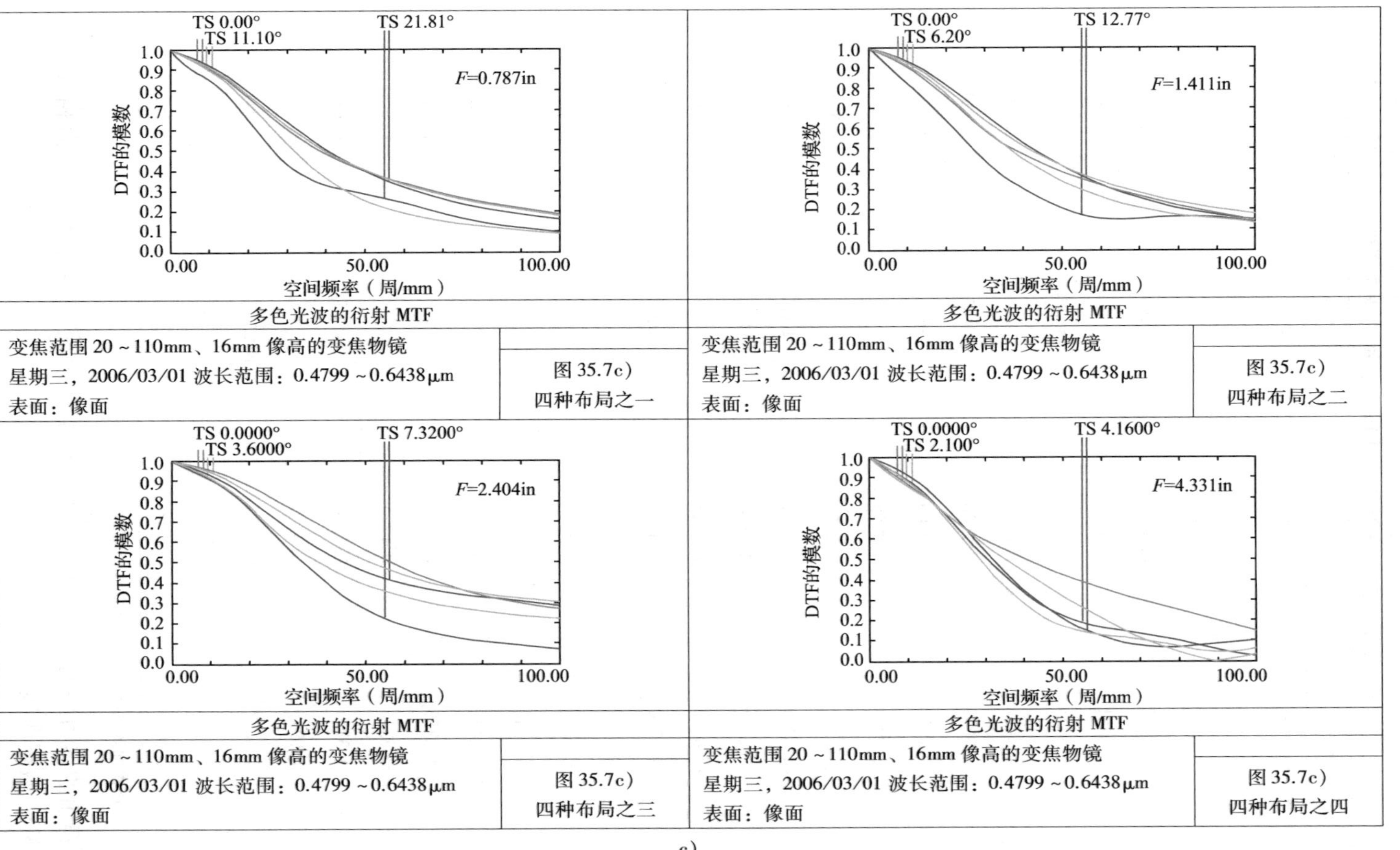
TS 0.00°
TS 11.10°
TS 21.81°
F=0.787in
DTF的模数
1.0 0.9 0.8 0.7 0.6 0.5 0.4 0.3 0.2 0.1 0.0
0.00 50.00 100.00
空间频率（周/mm）
多色光波的衍射 MTF
变焦范围 20～110mm、16mm 像高的变焦物镜
星期三，2006/03/01 波长范围：0.4799～0.6438μm
表面：像面
图 35.7c)
四种布局之一
TS 0.00°
TS 6.20°
TS 12.77°
F=1.411in
DTF的模数
空间频率（周/mm）
多色光波的衍射 MTF
变焦范围 20～110mm、16mm 像高的变焦物镜
星期三，2006/03/01 波长范围：0.4799～0.6438μm
表面：像面
图 35.7c)
四种布局之二
TS 0.0000°
TS 3.6000°
TS 7.3200°
F=2.404in
DTF的模数
空间频率（周/mm）
多色光波的衍射 MTF
变焦范围 20～110mm、16mm 像高的变焦物镜
星期三，2006/03/01 波长范围：0.4799～0.6438μm
表面：像面
图 35.7c)
四种布局之三
TS 0.0000°
TS 2.100°
TS 4.1600°
F=4.331in
DTF的模数
空间频率（周/mm）
多色光波的衍射 MTF
变焦范围 20～110mm、16mm 像高的变焦物镜
星期三，2006/03/01 波长范围：0.4799～0.6438μm
表面：像面
图 35.7c)
四种布局之四

c)

图 35.7 变焦范围 20～110mm 物镜（续）

c）MTF 曲线图

表 35.7a 变焦范围 20 ~ 110mm 物镜的结构参数 （单位：in）

表 面	半 径	厚 度	材 料	直 径
1	14.2226	0.2300	SF6	6.300
2	4.6570	1.0785	N-LAK33	5.840
3	0.0000	0.0200		5.840
4	4.1686	0.6582	N-LAK33	5.320
5	10.0881	0.0514		5.180
6	7.7040	0.1181	N-LAF3	2.640
7	1.4669	0.6133		2.140
8	-4.3993	0.1500	N-LAK33	2.120
9	1.7272	0.9000	SF6	2.140
10	0.0000	6.8756		2.140
11	光阑	0.0147		1.323
12	4.6496	0.4542	N-BAK2	2.140
13	-2.2132	0.1500	SF1	2.140
14	-7.4574	1.1543		2.220
15	4.3730	0.6820	N-LAK33	2.520
16	-6.9907	0.1600	SF6	2.520
17	0.0000	0.0200		2.520
18	1.6248	0.6112	N-PSK53	2.300
19	2.1437	0.4645		1.940
20	1.2756	0.1575	SF6	1.640
21	0.8345	0.1774		1.360
22	1.3775	0.1604	N-FK5	1.400
23	2.9995	0.0200		1.320
24	1.1583	0.2231	N-LAK14	1.300
25	1.4237	0.7800		1.140
26	0.0000	0.0000		0.619

注：第一透镜前表面至像面的距离 = 15.924in。

透镜组的移动量见表 35.7b。注意，C 组（表面 12 ~ 表面 14）向相反方向移动，MTF 数据曲线如图 35.7c 所示。

表 35.7b 变焦位置和畸变

EFL/in	T（5）/in	T（10）/in	T（11）/in	T（14）/in	可变光阑直径/in	畸变（%）
0.787	0.0514	6.8756	0.0146	1.1543	1.3226	-2.02
1.411	1.7889	4.0586	2.2387	0.0098	1.0034	-1.01
2.404	2.5665	3.0433	2.1218	0.3644	1.0298	-0.77
4.331	3.0294	0.6762	2.4796	1.9108	1.0384	0.70

如图 35.8a 所示是为 35mm 电影摄像设计、变焦范围为 25 ~ 125mm 的变焦物镜（标准胶片格式，对角线为 1.069in），$f^{\#}$ 为 $f/4$。该系统与前面的例子不同，有三个移动透镜组。虽然只需两个移动组变化焦距，并保持像面固定不变，但利用第三个移动组可以控制像差。该设计是 Cook's 和 Laurent 专利（1972）的改进型。正如此专利所讨论的，通过移动前两个单透镜之后的双胶合透镜和一个单透镜（表面 5 ~ 表面 9）实现调焦。与大多数变焦物镜一样，物镜的总长度不随调焦变化。另外一个优点是，当从远距离调焦到近距离物体时，角视场几乎是一个常数。表 35.8a 列出了物镜在短焦距位置，对远距离物体成像的结构参数。为了聚焦在近距离物体上，减小 T（4），表 35.8b 列出了变焦位置和畸变数据。

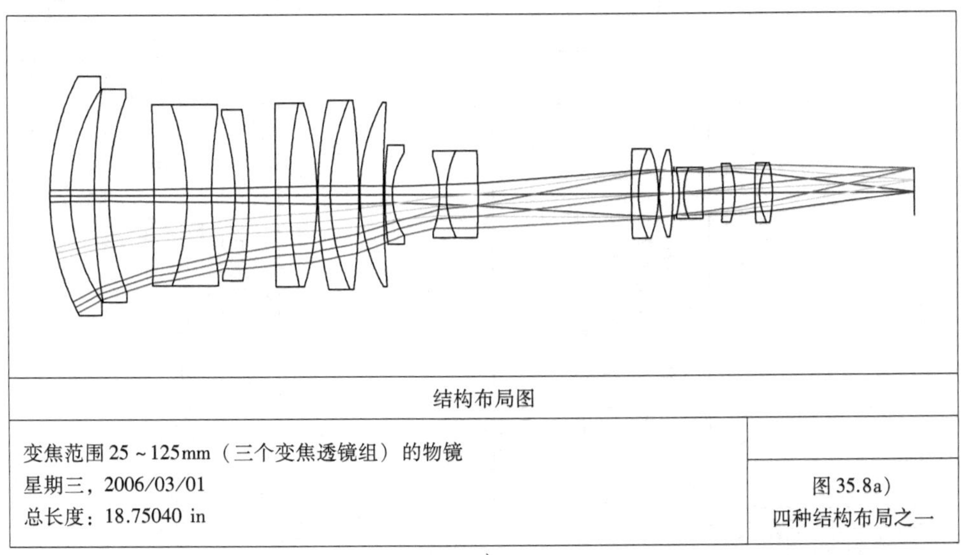
结构布局图
变焦范围 25 ~ 125mm（三个变焦透镜组）的物镜
星期三，2006/03/01
总长度：18.75040 in
图 35.8a)
四种结构布局之一

a)

图 35.8 三个移动透镜组、变焦范围 25 ~ 125mm 的变焦物镜

a) 结构布局图

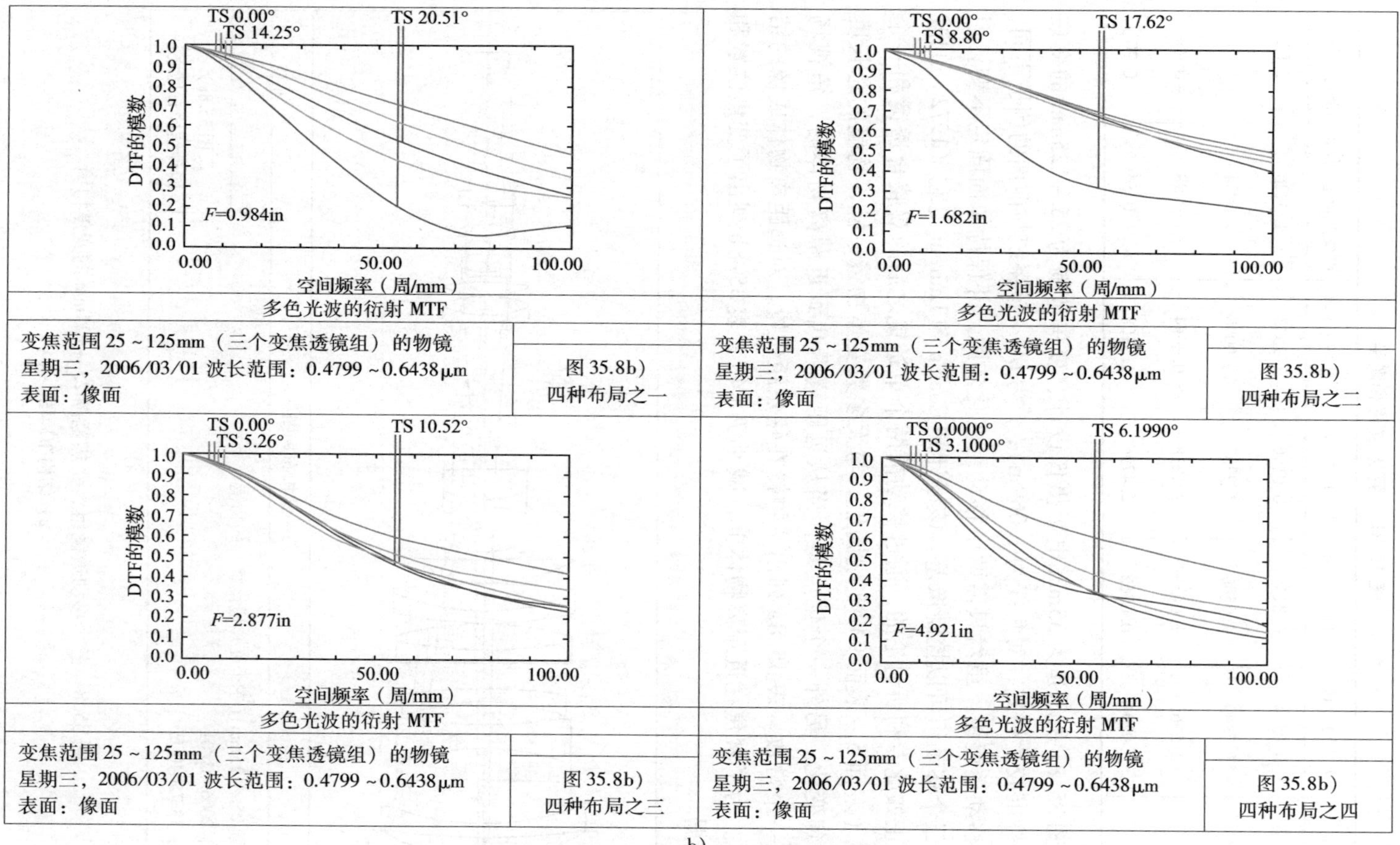

TS 0.00°
TS 14.25°
TS 20.51°
DTF的模数
F=0.984in
空间频率（周/mm）
多色光波的衍射 MTF
变焦范围 25～125mm（三个变焦透镜组）的物镜
星期三，2006/03/01 波长范围：0.4799～0.6438μm
表面：像面
图 35.8b)
四种布局之一
TS 0.00°
TS 8.80°
TS 17.62°
DTF的模数
F=1.682in
空间频率（周/mm）
多色光波的衍射 MTF
变焦范围 25～125mm（三个变焦透镜组）的物镜
星期三，2006/03/01 波长范围：0.4799～0.6438μm
表面：像面
图 35.8b)
四种布局之二
TS 0.00°
TS 5.26°
TS 10.52°
DTF的模数
F=2.877in
空间频率（周/mm）
多色光波的衍射 MTF
变焦范围 25～125mm（三个变焦透镜组）的物镜
星期三，2006/03/01 波长范围：0.4799～0.6438μm
表面：像面
图 35.8b)
四种布局之三
TS 0.0000°
TS 3.1000°
TS 6.1990°
DTF的模数
F=4.921in
空间频率（周/mm）
多色光波的衍射 MTF
变焦范围 25～125mm（三个变焦透镜组）的物镜
星期三，2006/03/01 波长范围：0.4799～0.6438μm
表面：像面
图 35.8b)
四种布局之四

b)

图 35.8 三个移动透镜组、变焦范围 25～125mm 的变焦物镜（续）

b）MTF 曲线（没有给出透镜组移动量曲线）

表35.8a 25~125mm变焦物镜的结构参数 (单位：in)

表面	半径	厚度	材料	直径
1	5.5424	0.4481	N-LAK21	5.120
2	4.1535	0.5225		4.540
3	14.7730	0.3177	N-LAK21	4.560
4	5.9532	0.9787		4.160
5	-44.3038	0.7062	SF6	3.800
6	-5.8326	0.5362	F5	3.880
7	10.5241	0.5108		3.400
8	-5.3900	0.3000	N-LAK10	3.420
9	-12.0046	0.5744		3.660
10	0.0000	0.3000	SF6	3.920
11	9.4247	0.5950	N-SK16	3.920
12	-6.9815	0.0200		3.920
13	9.2390	0.2676	SF6	4.040
14	5.2032	0.6130	N-LAK21	4.040
15	-17.1406	0.0200		4.040
16	4.1080	0.5135	N-LAK21	3.940
17	28.2663	0.0295		3.840
18	9.1064	0.1600	N-LAK21	2.120
19	1.6703	1.0266		1.800
20	-2.3807	0.1500	N-LAF3	1.620
21	2.1988	0.6872	SF6	1.860
22	-22.1102	3.3140		1.860
23	24.5962	0.1500	SF6	1.920
24	2.3534	0.4365	N-SSK5	1.920
25	-2.8580	0.0200		1.920
26	2.7941	0.2955	N-FK5	1.860
27	-6.1514	0.0266		1.860
28	光阑	0.1053		0.950
29	-2.1692	0.1000	N-LAF3	0.980
30	1.4544	0.4000	SF6	1.100
31	27.2549	0.4372		1.060
32	-5.8483	0.2541	N-BK7	1.160
33	-2.1041	0.4358		1.260
34	10.8462	0.1000	SF6	1.280
35	1.3856	0.2850	N-SK5	1.280
36	-3.3962	3.1133		1.280
37	0.0000	0.0000		1.013

注：前表面至像面的距离=18.750in。

表 35.8b 变焦位置和畸变

EFL/in	T (9) /in	T (17) /in	T (22) /in	T (27) /in	畸变 (%)
0.984	0.5744	0.2950	3.3140	0.0266	-5.62
1.682	0.6175	1.0434	1.9653	0.3184	-0.10
2.877	0.5005	1.8946	0.8880	0.6614	1.25
4.921	0.01213	2.7063	0.0200	1.1969	1.54

如图 35.9a 所示是为单透镜反射式照相机（胶片对角线为 43mm）设计的 2×变焦物镜，$f^{\#}$为 $f/2$，变焦范围是 75～150mm。前表面至像平面的总长度是 9.555in，对于商品化的批量产品，总长度稍微长些。详细结构参数见表 35.9a，焦距和变焦移动量数据见表 35.9b。

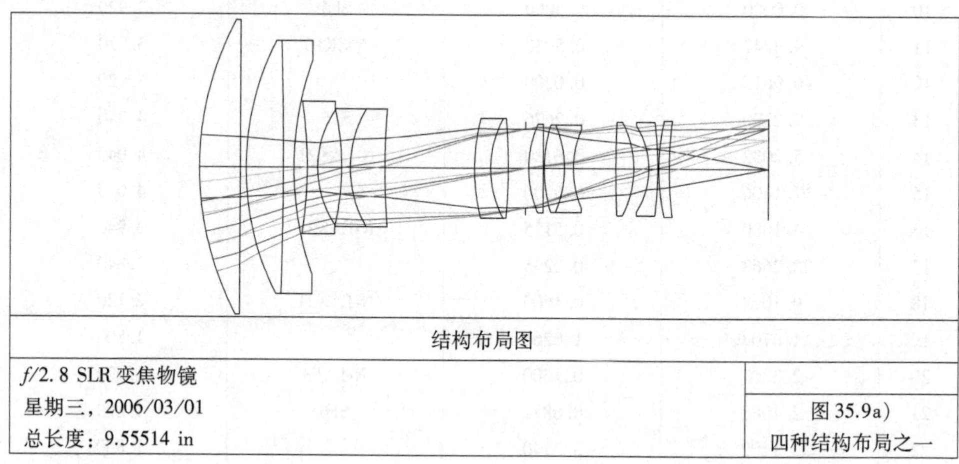
结构布局图
f/2.8 SLR 变焦物镜
星期三，2006/03/01
总长度：9.55514 in
图 35.9a)
四种结构布局之一

a)

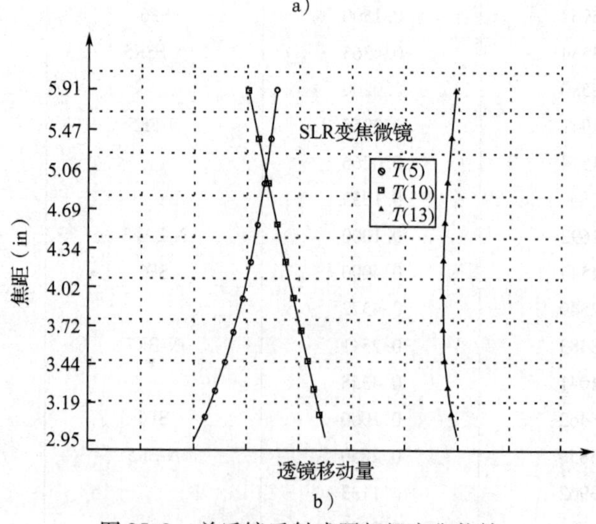
SLR变焦微镜
T(5)
T(10)
T(13)
焦距（in）
5.91
5.47
5.06
4.69
4.34
4.02
3.72
3.44
3.19
2.95
透镜移动量

b)

图 35.9 单透镜反射式照相机变焦物镜

a) 结构布局图 b) 透镜组移动量

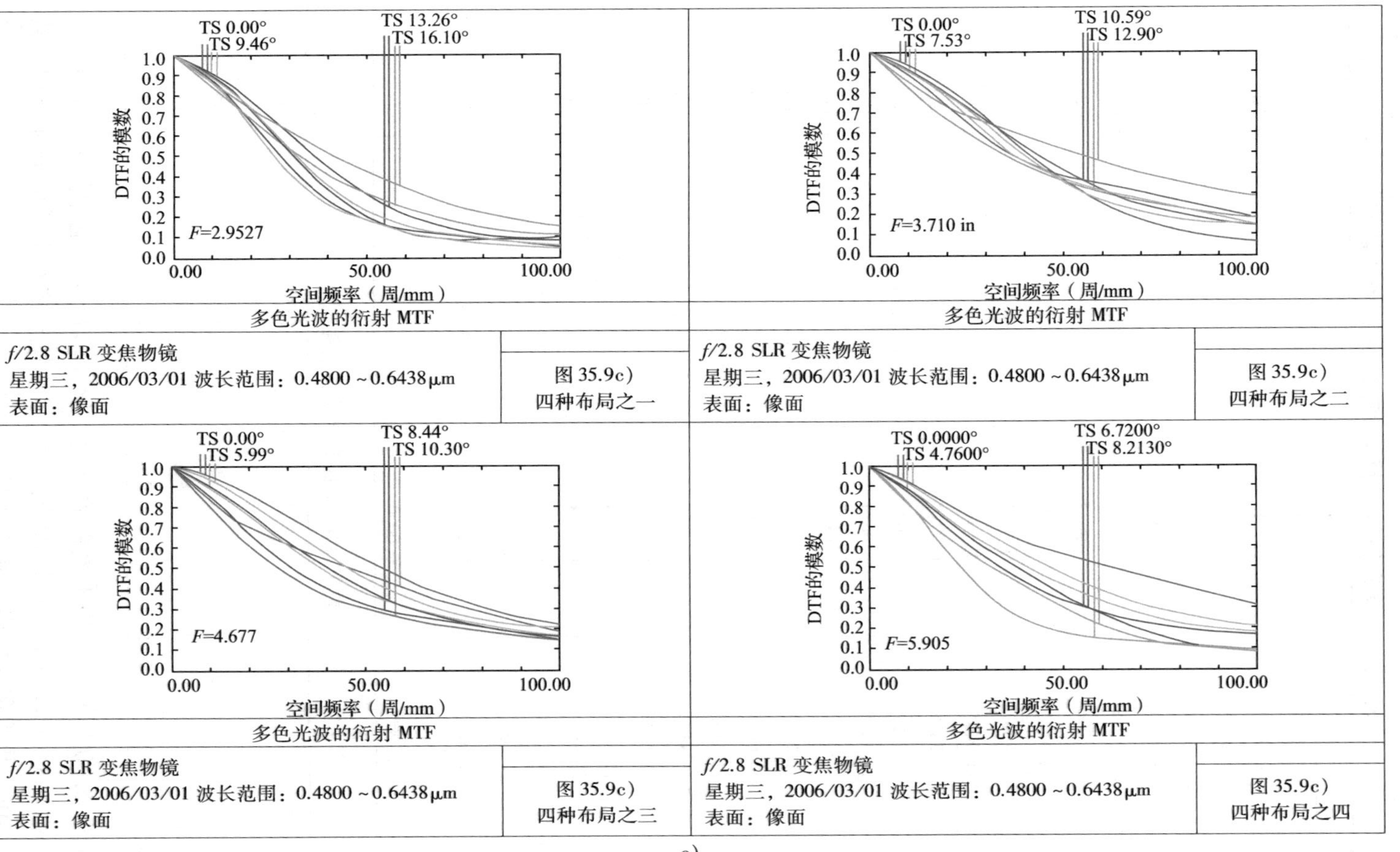
TS 0.00°
TS 9.46°
TS 13.26°
TS 16.10°
F=2.9527
DTF的模数
1.0 0.9 0.8 0.7 0.6 0.5 0.4 0.3 0.2 0.1 0.0
0.00 50.00 100.00
空间频率（周/mm）
多色光波的衍射 MTF
f/2.8 SLR 变焦物镜
星期三，2006/03/01 波长范围：0.4800 ~ 0.6438μm
表面：像面
图 35.9c）
四种布局之一
TS 0.00°
TS 7.53°
TS 10.59°
TS 12.90°
F=3.710 in
DTF的模数
1.0 0.9 0.8 0.7 0.6 0.5 0.4 0.3 0.2 0.1 0.0
0.00 50.00 100.00
空间频率（周/mm）
多色光波的衍射 MTF
f/2.8 SLR 变焦物镜
星期三，2006/03/01 波长范围：0.4800 ~ 0.6438μm
表面：像面
图 35.9c）
四种布局之二
TS 0.00°
TS 5.99°
TS 8.44°
TS 10.30°
F=4.677
DTF的模数
1.0 0.9 0.8 0.7 0.6 0.5 0.4 0.3 0.2 0.1 0.0
0.00 50.00 100.00
空间频率（周/mm）
多色光波的衍射 MTF
f/2.8 SLR 变焦物镜
星期三，2006/03/01 波长范围：0.4800 ~ 0.6438μm
表面：像面
图 35.9c）
四种布局之三
TS 0.0000°
TS 4.7600°
TS 6.7200°
TS 8.2130°
F=5.905
DTF的模数
1.0 0.9 0.8 0.7 0.6 0.5 0.4 0.3 0.2 0.1 0.0
0.00 50.00 100.00
空间频率（周/mm）
多色光波的衍射 MTF
f/2.8 SLR 变焦物镜
星期三，2006/03/01 波长范围：0.4800 ~ 0.6438μm
表面：像面
图 35.9c）
四种布局之四

c）

图 35.9　单透镜反射式照相机变焦物镜（续）

c）MTF 曲线

表 35.9a 单透镜反射式照相机变焦物镜的结构参数 (单位：in)

表面	半径	厚度	材料	直径
1	5.0954	0.6914	N-LAK7	4.840
2	0.0000	0.1013		4.840
3	4.4902	0.6299	N-LAK7	4.160
4	-69.5957	0.1772	SF4	4.160
5	5.1582	0.2229		3.520
6	-7.2570	0.1769	F5	2.180
7	1.6608	0.4048		1.880
8	-4.3110	0.1500	N-FK5	1.880
9	1.8731	0.5752	SF6	1.940
10	11.9465	1.5086		1.940
11	3.2456	0.2710	SF6	1.640
12	1.7322	0.2933	N-BALF4	1.640
13	-9.3690	0.2942		1.640
14	光阑	0.0500		1.295
15	1.7769	0.2471	N-SK14	1.460
16	0.0000	0.0185		1.460
17	2.4665	0.3370	N-SK14	1.440
18	-1.8183	0.1500	N-LAF2	1.440
19	1.6176	0.7093		1.300
20	17.8559	0.2993	N-LAK7	1.540
21	-1.6574	0.2518		1.540
22	-1.3171	0.1500	N-LAK7	1.420
23	-5.9934	0.0175		1.540
24	3.6479	0.1734	N-LAK9	1.580
25	6.3874	1.6543		1.540
26	0.0000	0.0000		1.648

表 35.9b 焦距和变焦移动量

EFL/in	*T*（5）/in	*T*（10）/in	*T*（13）/in	畸变（%）
2.953	0.2229	1.5086	0.2492	3.50
3.710	0.8699	1.1241	0.0318	1.52
4.677	1.3818	0.6538	0.0083	0.15
5.905	1.7839	0.0200	0.2219	1.53

如图 35.10 所示是应用于电视的物镜系统，焦距变化范围是 12 ~ 234mm，与 0.5inCCD（6.4mm × 4.8mm）配合使用。该物镜短焦距形式的详细结构参数见表 35.10a，焦距和变焦移动量见表 35.10b。

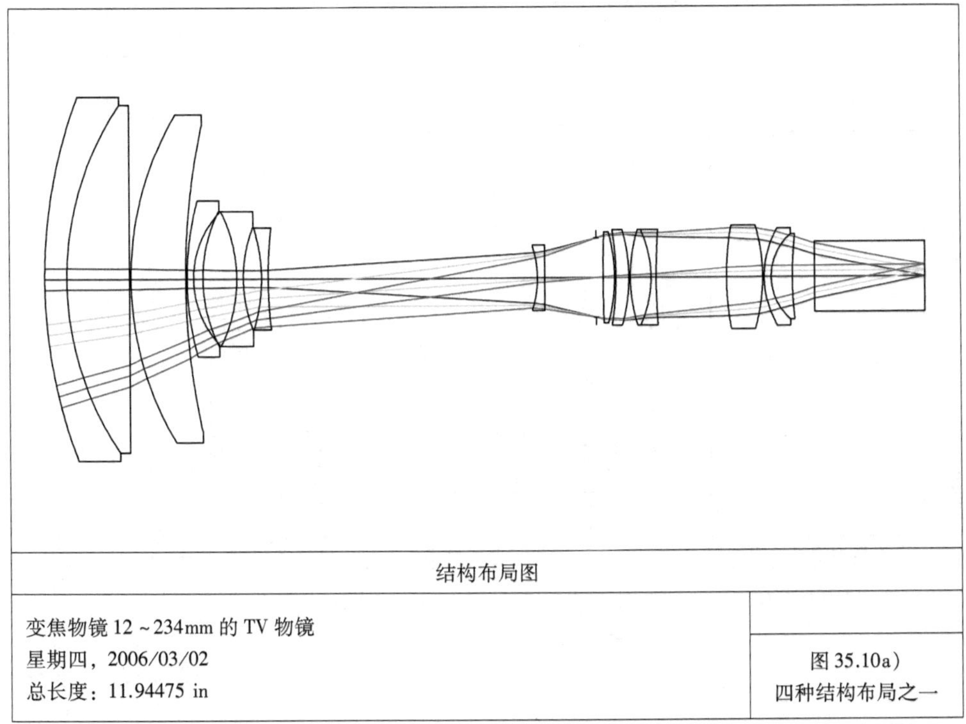

结构布局图
变焦物镜 12 ~ 234mm 的 TV 物镜
星期四，2006/03/02
总长度：11.94475 in
图 35.10a）
四种结构布局之一

a）

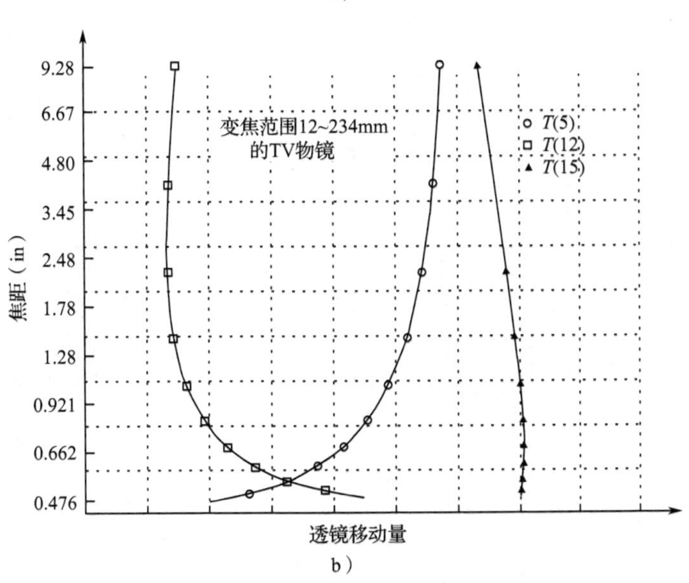

9.28
6.67
4.80
3.45
2.48
1.78
1.28
0.921
0.662
0.476
焦距（in）
变焦范围12~234mm
的TV物镜
T(5)
T(12)
T(15)
透镜移动量

b）

图 35.10　变焦范围 12 ~ 234mm 电视变焦物镜

a）结构布局图　b）变焦移动量曲线

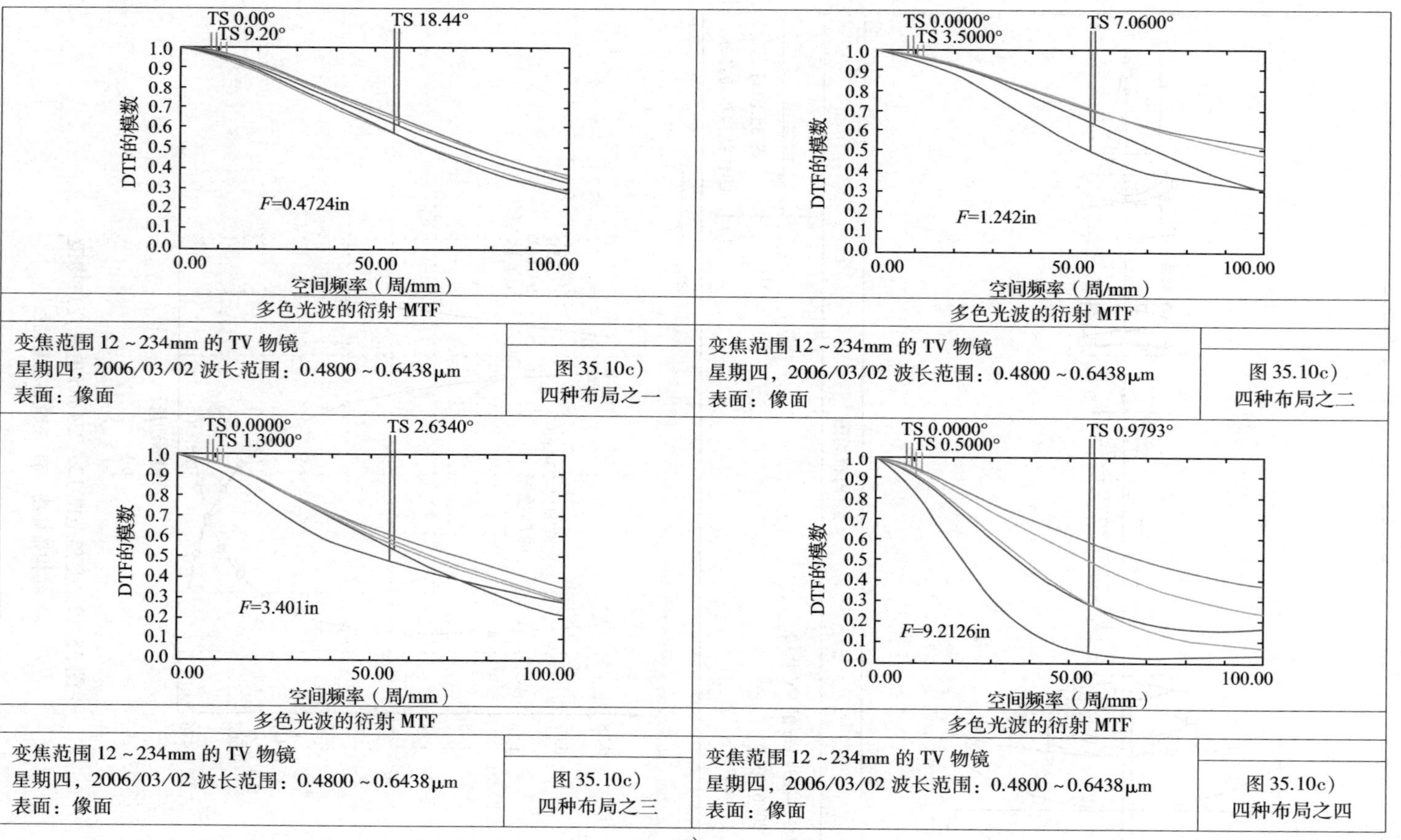
TS 0.00°
TS 9.20°
TS 18.44°
DTF的模数
F=0.4724in
0.00
50.00
100.00
空间频率（周/mm）
多色光波的衍射 MTF
变焦范围 12 ~ 234mm 的 TV 物镜
星期四，2006/03/02 波长范围：0.4800 ~ 0.6438μm
表面：像面
图 35.10c）
四种布局之一
TS 0.0000°
TS 3.5000°
TS 7.0600°
DTF的模数
F=1.242in
空间频率（周/mm）
多色光波的衍射 MTF
变焦范围 12 ~ 234mm 的 TV 物镜
星期四，2006/03/02 波长范围：0.4800 ~ 0.6438μm
表面：像面
图 35.10c）
四种布局之二
TS 0.0000°
TS 1.3000°
TS 2.6340°
DTF的模数
F=3.401in
空间频率（周/mm）
多色光波的衍射 MTF
变焦范围 12 ~ 234mm 的 TV 物镜
星期四，2006/03/02 波长范围：0.4800 ~ 0.6438μm
表面：像面
图 35.10c）
四种布局之三
TS 0.0000°
TS 0.5000°
TS 0.9793°
DTF的模数
F=9.2126in
空间频率（周/mm）
多色光波的衍射 MTF
变焦范围 12 ~ 234mm 的 TV 物镜
星期四，2006/03/02 波长范围：0.4800 ~ 0.6438μm
表面：像面
图 35.10c）
四种布局之四

c）

图 35.10　变焦范围 12 ~ 234mm 电视变焦物镜（续）

c）MTF 曲线

表 35.10a 变焦范围 12～234mm 电视变焦物镜的结构参数（单位：in）

表 面	半 径	厚 度	材 料	直 径
1	6.7727	0.3000	SF6	4.860
2	4.1151	0.8508	N-PSK53	4.640
3	0.0000	0.0200		4.640
4	4.2186	0.7482	N-FK51	4.380
5	9.3181	0.0200		4.100
6	3.7889	0.0900	F2	2.080
7	1.2639	0.1296		1.760
8	1.9633	0.4635	SF6	1.800
9	-1.9633	0.0900	N-LAF2	1.800
10	1.8669	0.2466		1.380
11	-2.2435	0.0900	N-LAK8	1.360
12	5.7477	3.6347		1.320
13	-1.3500	0.1000	N-LAK33	0.840
14	-24.7601	0.6937		0.880
15	光阑	0.0946		1.060
16	17.5201	0.1538	SF6	1.220
17	-2.2770	0.0200		1.220
18	-3.8408	0.1781	N-LAK9	1.220
19	-2.2202	0.0200		1.280
20	2.1127	0.2842	N-FK5	1.280
21	-1.4969	0.0700	SF6	1.280
22	8.2419	0.9469		1.220
23	3.7216	0.4998	N-FK5	1.380
24	-2.3913	0.0200		1.380
25	1.2780	0.0945	LAFN7	1.300
26	0.7513	0.2856	N-PSK3	1.140
27	4.8498	0.3000		1.100
28	0.0000	1.5000	N-SK5	0.940
29	0.0000	0.0000		0.940
30	0.0000	0.0000		0.309

注：第一表面至像面的距离 = 11.945in。

表 35.10b 焦距和变焦移动量

EFL/in	T（5）/in	T（12）/in	T（14）/in	$f^{\#}$	畸变（%）	光阑直径/in
0.4724	0.0200	3.6347	0.6937	1.6	-3.00	1.06
1.2420	2.0741	1.4353	0.8393	1.6	-1.00	1.06
3.4010	3.4211	0.1305	0.7967	2.0	-0.53	0.85
9.2126	4.1838	0.1206	0.0404	2.8	0.10	0.60

注意，当从短焦距变到长焦距时，物镜的$f^{\#}$要随之变大，光阑直径也相继变化。这样做是为了减小前组的尺寸。物镜后侧的 N-SK5 玻璃属于 CCD 阵列部分（对分束镜布局的详细资料，可参考图 23.4）。为了在 CCD 阵列上形成均匀照明，该物镜设计成一个准远心系统（出瞳位于像面 -17.27in 处），是 Enomoto 和 Ito 专利（1998）的改进型。MTF 数据曲线如图 35.10c 所示。

如图 35.11a 所示是一个变焦目镜，与焦距 80in、$f/5.0$ 的物镜配合使用，物镜的结构参数见表 35.11a，焦距和变焦移动量见表 35.11b。仅做较小的修改，就能很好地与 $f/5.0$ 的物镜配合使用，有效焦距的变化范围是 40 ~ 20mm，图中所示是焦距为 40mm 的情况。

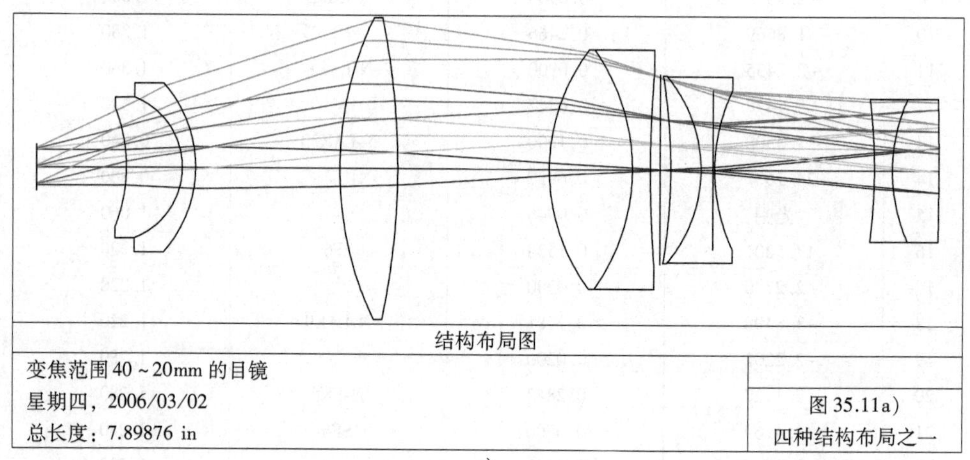
结构布局图
变焦范围 40 ~ 20mm 的目镜
星期四，2006/03/02
总长度：7.89876 in
图 35.11a)
四种结构布局之一

a）

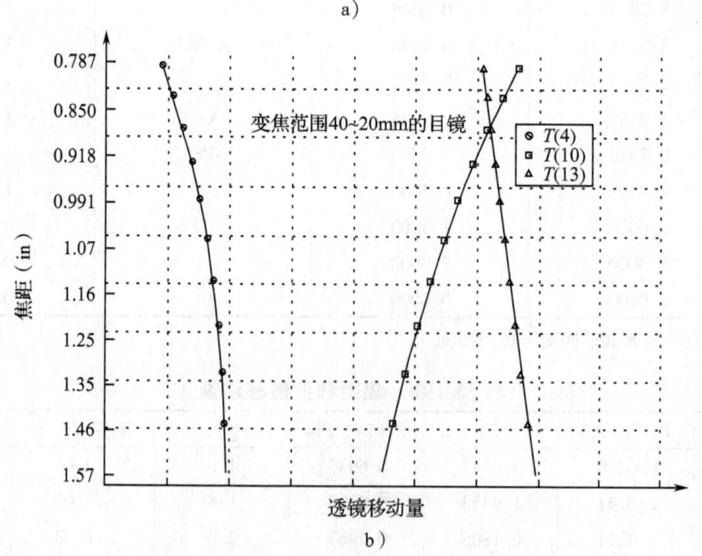
0.787
0.850
0.918
0.991
1.07
1.16
1.25
1.35
1.46
1.57
焦距（in）
变焦范围40~20mm的目镜
T(4)
T(10)
T(13)
透镜移动量

b）

图 35.11　变焦范围 40 ~ 20mm 变焦目镜

a）结构布局图　b）变焦目镜的变焦移动量

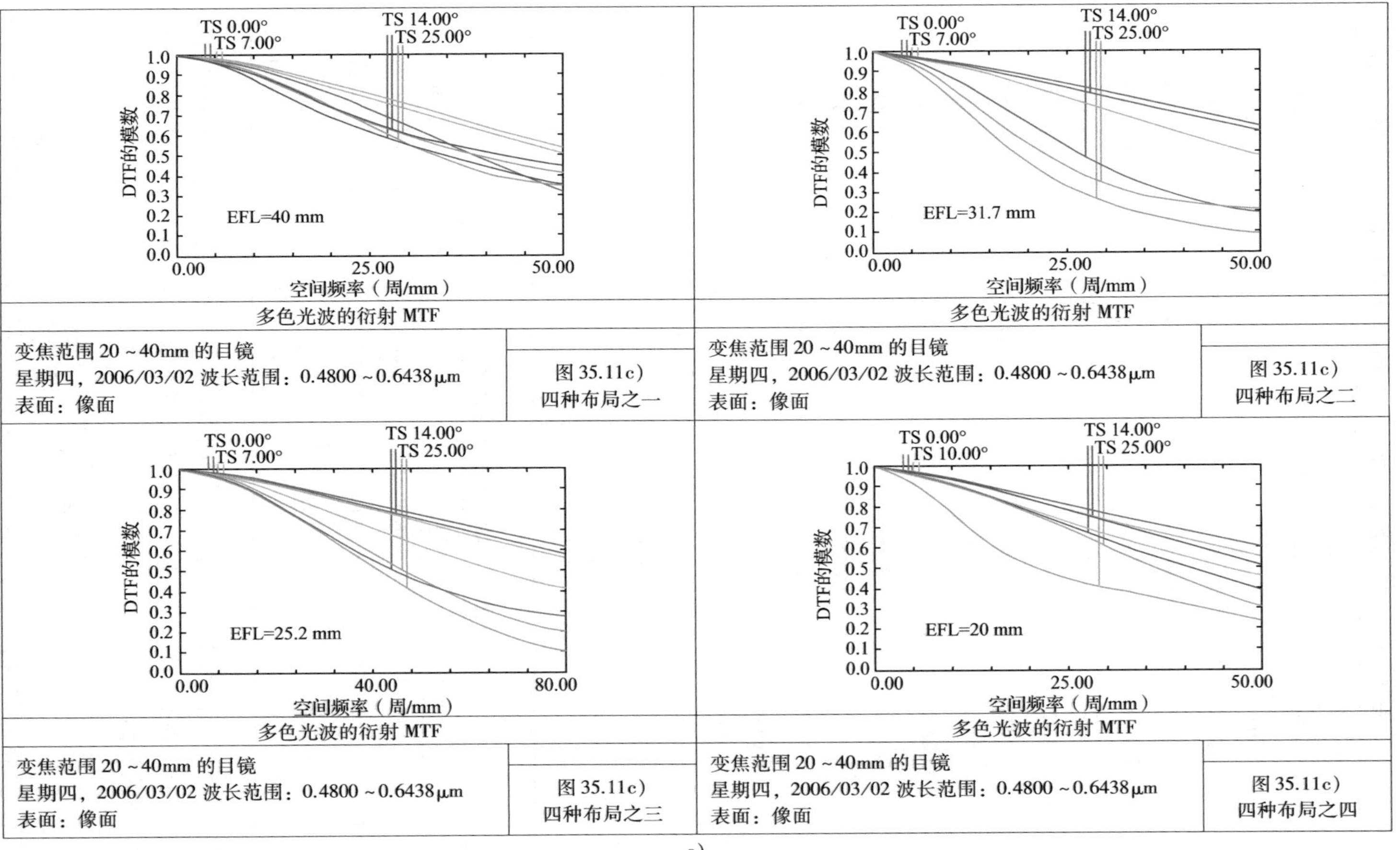
TS 0.00°
TS 7.00°
TS 14.00°
TS 25.00°
DTF的模数
EFL=40 mm
空间频率（周/mm）
多色光波的衍射 MTF
变焦范围 20～40mm 的目镜
星期四，2006/03/02 波长范围：0.4800～0.6438μm
表面：像面
图 35.11c)
四种布局之一
TS 0.00°
TS 7.00°
TS 14.00°
TS 25.00°
DTF的模数
EFL=31.7 mm
空间频率（周/mm）
多色光波的衍射 MTF
变焦范围 20～40mm 的目镜
星期四，2006/03/02 波长范围：0.4800～0.6438μm
表面：像面
图 35.11c)
四种布局之二
TS 0.00°
TS 7.00°
TS 14.00°
TS 25.00°
DTF的模数
EFL=25.2 mm
空间频率（周/mm）
多色光波的衍射 MTF
变焦范围 20～40mm 的目镜
星期四，2006/03/02 波长范围：0.4800～0.6438μm
表面：像面
图 35.11c)
四种布局之三
TS 0.00°
TS 10.00°
TS 14.00°
TS 25.00°
DTF的模数
EFL=20 mm
空间频率（周/mm）
多色光波的衍射 MTF
变焦范围 20～40mm 的目镜
星期四，2006/03/02 波长范围：0.4800～0.6438μm
表面：像面
图 35.11c)
四种布局之四

c)

图 35.11 变焦范围 40～20mm 变焦目镜（续）

c）MTF 曲线

表 35.11a　变焦范围 40 ~ 20mm 变焦目镜的结构参数　（单位：in）

表　面	半　径	厚　度	材　料	直　径
0	0.0000	0.100000×10^{11}		0.00
1	0.0000	0.7874		0.375
2	-1.3231	0.4986	N-SK5	1.022
3	-0.6449	0.1181	SF1	1.213
4	-1.0733	1.2716		1.454
5	2.9747	0.5017	N-SK16	2.600
6	-6.4343	1.3233		2.600
7	1.7009	0.7283	N-LAK9	2.060
8	-1.7498	0.1575	SF4	2.060
9	10.4877	0.0836		1.682
10	0.0000	0.0939		1.633
11	-4.8561	0.2627	SF4	1.613
12	-1.2384	0.1181	N-BAF4	1.602
13	1.6068	1.3866		1.378
14	-4.8069	0.1575	N-BAF4	1.225
15	1.4821	0.4100	SF1	1.230
16	-34.0438	78.7402		1.230
17	光阑	-80.7087		15.748
18	0.0000	0.0000		1.369

表 35.11b　焦距和变焦移动量

EFL/in	*T*（4）/in	*T*（10）/in	*T*（13）/in	畸变（%）	入瞳直径/in
1.575	1.2715	0.0939	1.3866	-6.8	0.375
1.248	1.0629	0.7109	0.9782	-5.4	0.398
0.992	0.6721	1.4100	0.6699	-5.5	0.326
0.787	0.1323	2.1833	0.4365	-5.3	0.240

需要注意的是，入瞳直径随焦距变化而改变，原因在于系统放大率和瞳孔放大率在变化。物镜出瞳，即表面 17 是系统的光阑。如果没有瞳孔像差，入瞳直径应由下式给出

$$\frac{D_1}{D_{17}}=\frac{F_{\text{eye}}}{F_{\text{obj}}}=\frac{1.5748}{80}=\frac{D_1}{15.748}$$

所以，入瞳直径 D_1 应从直径 0.310in（焦距是 40mm 的情况）变化到

0. 155in（焦距是 0. 155in 的情况）。

图 35. 11c 给出了 4 个变焦位置（从 20 ~ 40mm）的 MTF 曲线。

如图 35. 12a 所示是焦距变化范围为 20 ~ 40mm 的变焦潜望镜系统，图示为焦距 20mm 情况的结构布局。对焦距 25mm 的潜望镜结构，请参考图 16. 1。该系统针对 20in 物距优化，详细结构参数见表 35. 12a。

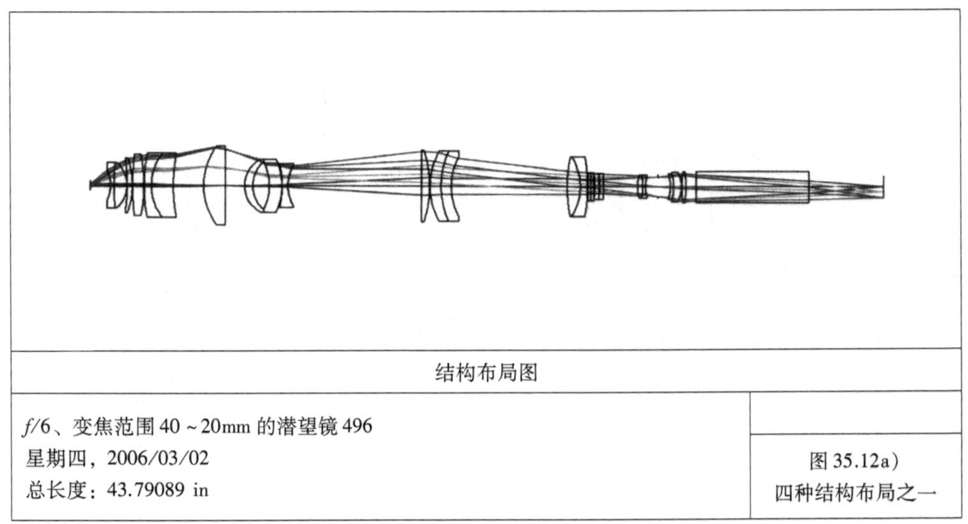
结构布局图
f/6、变焦范围 40 ~ 20mm 的潜望镜 496
星期四，2006/03/02
总长度：43.79089 in
图 35.12a）
四种结构布局之一

a）

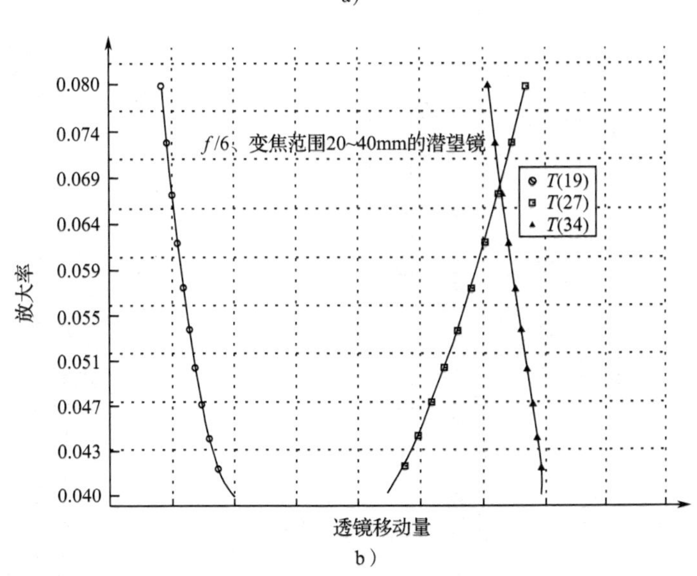
f/6、变焦范围20~40mm的潜望镜
T(19)
T(27)
T(34)
放大率
0.080
0.074
0.069
0.064
0.059
0.055
0.051
0.047
0.043
0.040
透镜移动量

b）

图 35. 12　变焦范围 40 ~ 20mm 变焦潜望镜

a）结构布局图　b）透镜变焦移动量

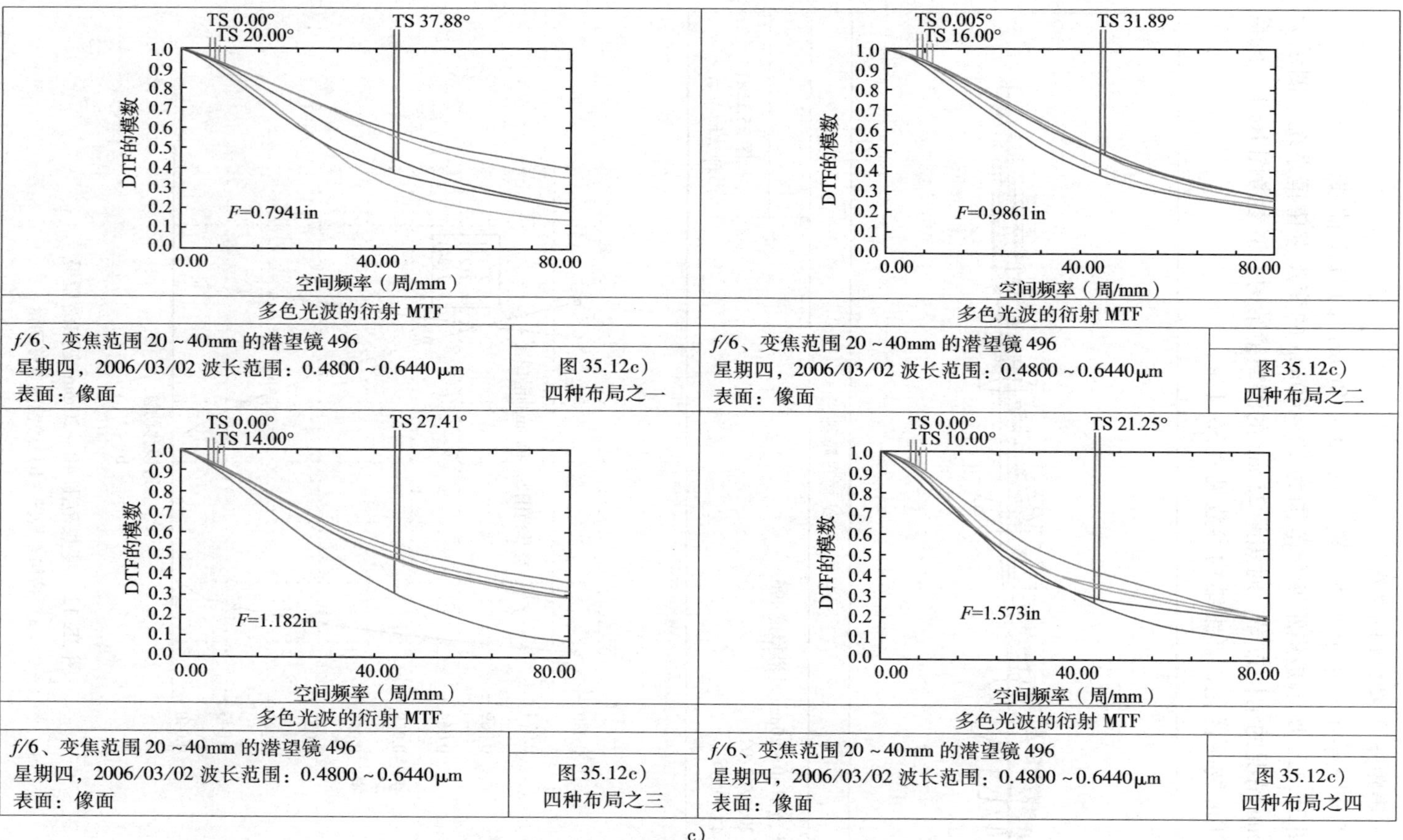

TS 0.00°
TS 20.00°
TS 37.88°
DTF的模数
F=0.7941in
空间频率（周/mm）
多色光波的衍射 MTF
f/6、变焦范围 20～40mm 的潜望镜 496
星期四，2006/03/02 波长范围：0.4800～0.6440μm
表面：像面
图 35.12c)
四种布局之一
TS 0.005°
TS 16.00°
TS 31.89°
DTF的模数
F=0.9861in
空间频率（周/mm）
多色光波的衍射 MTF
f/6、变焦范围 20～40mm 的潜望镜 496
星期四，2006/03/02 波长范围：0.4800～0.6440μm
表面：像面
图 35.12c)
四种布局之二
TS 0.00°
TS 14.00°
TS 27.41°
DTF的模数
F=1.182in
空间频率（周/mm）
多色光波的衍射 MTF
f/6、变焦范围 20～40mm 的潜望镜 496
星期四，2006/03/02 波长范围：0.4800～0.6440μm
表面：像面
图 35.12c)
四种布局之三
TS 0.00°
TS 10.00°
TS 21.25°
DTF的模数
F=1.573in
空间频率（周/mm）
多色光波的衍射 MTF
f/6、变焦范围 20～40mm 的潜望镜 496
星期四，2006/03/02 波长范围：0.4800～0.6440μm
表面：像面
图 35.12c)
四种布局之四

c)

图 35.12 变焦范围 40～20mm 变焦潜望镜（续）

c) MTF 曲线

图中的说明为后来补充。——译者注

表35.12a　变焦范围20～40mm、$f/6$变焦潜望镜系统的结构参数　（单位：in）

表　面	半　径	厚　度	材　料	直　径
0	0.0000	20.0000		30.830 物体
1	0.0000	1.1320		0.512 反射镜
2	-1.8490	0.1904	SF1	1.710
3	11.0597	0.6944	N-SSK5	2.480
4	-1.6883	0.0100		2.480
5	-10.2578	0.2979	N-LAK21	2.900
6	-4.1241	0.0100		3.020
7	16.8226	0.6167	N-LAK21	3.400
8	-8.2947	0.0100		3.400
9	9.3114	0.3984	N-LAF3	3.520
10	2.8763	1.1931	N-LAK21	3.520
11	9.0304	1.6682		3.480
12	3.6047	1.2066	SF1	4.340
13	0.0000	1.0742		4.340
14	1.6678	0.4471	SF4	2.940
15	1.7580	0.8985		2.640
16	-3.0143	0.7014	SF4	2.640
17	-3.4251	0.0100		2.940
18	-5.8472	0.3227	N-LAK21	2.440
19	2.2262	7.4314		2.220
20	0.0000	0.4368	N-SSK8	3.940
21	-6.2969	0.0101		3.940
22	3.8501	0.6269	SF4	3.840
23	4.8645	0.5309	N-LAK8	3.840
24	3.4260	6.3575		3.260
25	8.3274	0.7054	N-LAK21	3.300
26	-3.2017	0.3930	SF1	3.300
27	-9.0770	0.0200		3.300
28	38.2970	0.1516	N-LAK21	1.560
29	10.2122	0.1531	SF5	1.560
30	28.1989	0.0784		1.440
31	-3.7724	0.2059	N-LAK21	1.440
32	0.0000	0.0462		1.440
33	-6.7739	0.2210	SF5	1.420
34	-29.4443	1.8610		1.440

（续）

表 面	半 径	厚 度	材 料	直 径
35	1.9608	0.2983	N-LAK21	1.260
36	-3.1032	0.1358	SF5	1.260
37	1.5418	0.7146		1.100
38	光阑	0.6720		1.082
39	-1.8725	0.1691	SF5	1.340
40	-3.1113	0.4325	N-LAK22	1.460
41	-1.7943	0.0166		1.640
42	5.8585	0.2077	LAFN7	1.740
43	-14.0066	0.5525		1.740
44	0.0000	6.3074	N-SK16	1.740 五角屋脊棱镜
45	0.0000	4.1740		1.740
46	0.0000	0.0000		1.219

表面44~表面45 是五角屋脊棱镜，使光束偏折90°，而第一表面（入瞳）是一块反射镜，名义上使入射光束偏折90°。因此，照相机镜头朝前，相机使用者在取景器中观察到一个普通的正立像。整个变焦过程中$f^{\#}$都是6。

物距选择20in，原因是该物镜用于对小型物体照相。移动D组，即表面35~表面43 实现调焦。焦距和变焦移动量数据见表35.12b。

表35.12b 焦距和变焦移动量

EFL/in	T（19）/in	T（27）/in	T（34）/in	畸变（%）
0.794	7.4314	0.0200	1.8610	2.0
0.986	6.3863	1.4497	1.4763	0.86
1.182	5.8065	2.5390	0.9668	0.68
1.378	5.3657	3.4735	0.4732	0.65
1.573	5.0113	4.2939	0.0072	0.64

参考文献

Betensky, E. (1992) Zoom lens principles and types, *Lens Design*, *SPIE Critical Review*, Volume. CR31, p. 88.

Caldwell, J. B. and Betensky, E. I. (1998) Compact, wide range, telecentric zoom lens for DMD projectors, *International Optical Design Conference*, *1998*, *SPIE*, Vol. 3482, p. 229.

Cook, G. H. (1959) Television zoom lenses, *J. SMPTE*, 68: 25.

Cook, G. H. (1973) Recent developments in television optics, *Royal Television Society Journal*, 158.

Cook, G. H. and Laurent, F. R. (1972) Objectives of variable focal length, US Patent #3682534.

Enomoto, T. and Ito, T. (1998) Zoom lens having a high zoom ratio, US Patent #5815322.

Hopkins, R. E. (1962) *Optical Design*, Standardization Division, Defense Supply Agency, Washington, DC, MIL-HDBK-141, pp. 13-47.

Jamerson, T. H. (1971) Zoom lenses for the 8-13 micron region, *Opt. Acta*, 18: 17.

Johnson, R. B. (1990) All reflective four element zoom telescope, *International Lens Design Conference*, Monterey, p. 669.

Kanai, M. (2004) Zoom eyepiece optical system, US Patent #6735019.

Kato, M., Tsuji, S., Sugiura, M., and Tanaka, K. (1989) Compact zoom lens, US Patent #4854681.

Kojima, T. (1970) Zoom objective lens system with highly reduced secondary chromatic aberration, US Patent #3547523.

Kolzumi, N. (1997) Eyepiece zoom lens system, US Patent #5663834.

Macher, K. (1970) High speed varifocal objective system, US Patent #3549235.

Macher, K. (1974) High speed varifocal objective, US Patent #3827786.

Mann, A. (1992) Infrared zoom lenses in the 1980's and beyond, *Opt. Eng.*, 31: 1064.

Murty, A. S. et al. (1997) Design of a high resolution stereo zoom microscope, *Opt. Eng.*, 36: 201.

Nothnagle, P. E. and Rosenberger, H. D. (1969) Zoom lens system for microscopy, US Patent #3421807.

Rah, S. Y. and Lee, S. S. (1989) Spherical mirror zoom telescope satisfying the aplanatic condition, *Opt. Eng.*, 28: 1014.

Schuma, R. F. (1962) Variable magnification optical system, US Patent #3057259.

Yahagi, S. (2000) Zoom lens for a digital camera, US Patent #6014268.

Zimmer, K.-P. (1998) Optical design of stereo microscopes, *International Optical Design Conference, 1998, SPIE*, Vol. 3482, p. 690.

第 36 章　光学补偿变焦物镜

如图 36.1a 所示是光学补偿变焦物镜，有两个移动透镜组，焦距变化范围 3.94 ~ 7.87in（100 ~ 200mm），适用于满帧 35mm 电影格式（对角线是 1.225in）。图示为长焦距位置的结构布局，详细结构参数见表 36.1a。

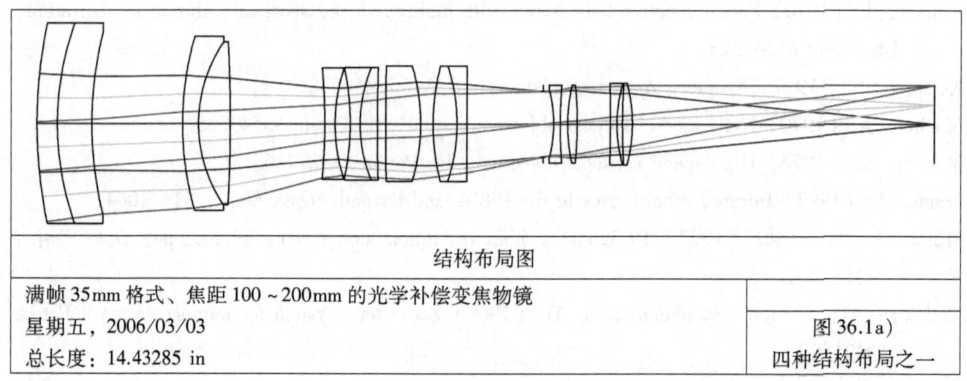
结构布局图
满帧 35mm 格式、焦距 100 ~ 200mm 的光学补偿变焦物镜
星期五，2006/03/03
总长度：14.43285 in
图 36.1a)
四种结构布局之一

a)

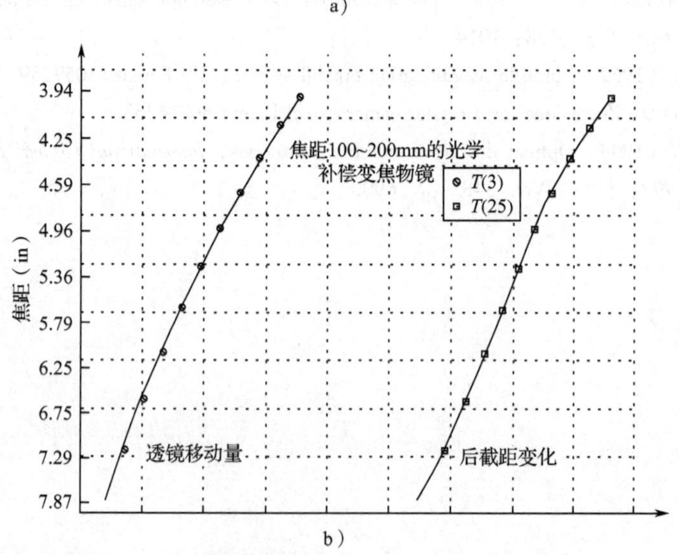
焦距100~200mm的光学
补偿变焦物镜
T(3)
T(25)
焦距（in）
3.94
4.25
4.59
4.96
5.36
5.79
6.25
6.75
7.29
7.87
透镜移动量
后截距变化

b）

图 36.1　变焦范围 100 ~ 200mm 光学补偿变焦物镜

a）结构布局图　b）变焦移动量

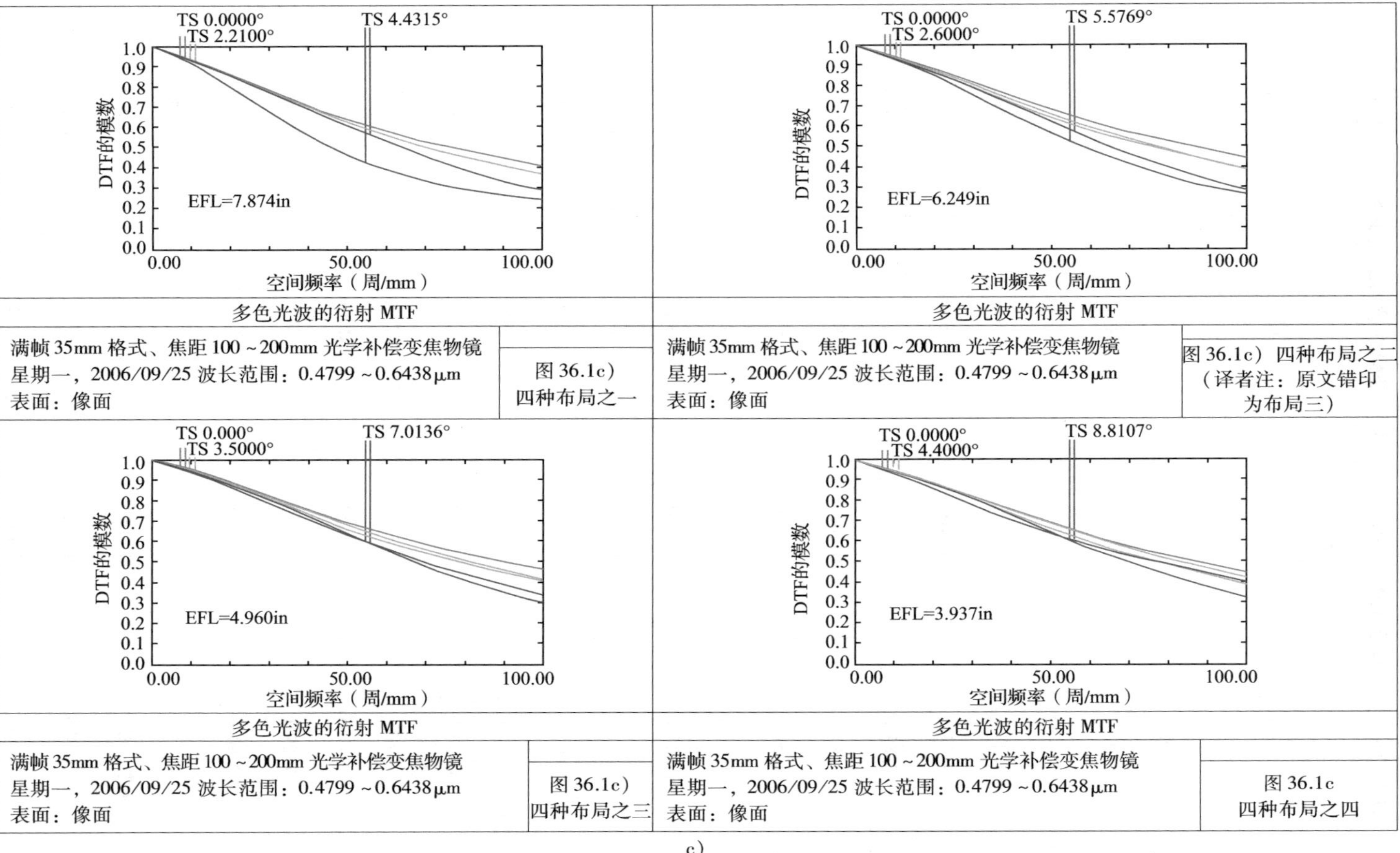
TS 0.0000°
TS 2.2100°
TS 4.4315°
DTF的模数
EFL=7.874in
空间频率（周/mm）
多色光波的衍射 MTF
满帧 35mm 格式、焦距 100 ~ 200mm 光学补偿变焦物镜
星期一，2006/09/25 波长范围：0.4799 ~ 0.6438μm
表面：像面
图 36.1c）
四种布局之一
TS 0.0000°
TS 2.6000°
TS 5.5769°
DTF的模数
EFL=6.249in
空间频率（周/mm）
多色光波的衍射 MTF
满帧 35mm 格式、焦距 100 ~ 200mm 光学补偿变焦物镜
星期一，2006/09/25 波长范围：0.4799 ~ 0.6438μm
表面：像面
图 36.1c）四种布局之二
（译者注：原文错印为布局三）
TS 0.000°
TS 3.5000°
TS 7.0136°
DTF的模数
EFL=4.960in
空间频率（周/mm）
多色光波的衍射 MTF
满帧 35mm 格式、焦距 100 ~ 200mm 光学补偿变焦物镜
星期一，2006/09/25 波长范围：0.4799 ~ 0.6438μm
表面：像面
图 36.1c）
四种布局之三
TS 0.0000°
TS 4.4000°
TS 8.8107°
DTF的模数
EFL=3.937in
空间频率（周/mm）
多色光波的衍射 MTF
满帧 35mm 格式、焦距 100 ~ 200mm 光学补偿变焦物镜
星期一，2006/09/25 波长范围：0.4799 ~ 0.6438μm
表面：像面
图 36.1c
四种布局之四

c）

图 36.1　变焦范围 100 ~ 200mm 光学补偿变焦物镜（续）

c）MTF 曲线

表 36.1a 变焦范围 100～200mm 光学补偿变焦物镜的结构参数 （单位：in）

表面	半径	厚度	材料	直径
1	7.8887	0.3238	LF5	3.200
2	4.7233	0.5496	N-LAK8	3.200
3	5.9991	1.4933		2.940
4	5.0160	0.2568	SF4	2.780
5	2.3243	0.5055	N-BAF10	2.600
6	-24.2009	1.5342		2.600
7	-9.2215	0.1634	N-SK14	1.780
8	2.8425	0.2440		1.700
9	-4.1789	0.1633	N-SK14	1.700
10	2.3193	0.2800	SF4	1.800
11	31.6131	0.1318		1.800
12	54.0708	0.5507	N-SK14	1.840
13	-3.2619	0.1952		1.840
14	3.6571	0.3857	N-SK14	1.840
15	-2.9031	0.1619	SF4	1.840
16	0.0000	1.2227		1.840
17	光阑	0.1707		1.044
18	-2.1185	0.1053	N-BAF4	1.080
19	7.6501	0.1212		1.240
20	2.8668	0.1538	N-BASF2	1.240
21	-6.3400	0.5338		1.240
22	-27.9533	0.1053	SF2	1.240
23	2.3426	0.0881		1.300
24	11.1843	0.1569	N-LAK8	1.300

（续）

表　面	半　径	厚　度	材　料	直　径
25	-2.5766	4.8360		1.300
26	0.0000	0.0000		1.234

注：第一透镜前表面至像面距离 = 14.433in。

有两个透镜移动组：表面 4 ~ 表面 6 和表面 12 ~ 表面 16。这两组透镜连接在一起，作为一组透镜移动。在优化程序中，通过调整 T（11）实现变焦，保证从表面 6 开始对所有的变焦位置都维持一个不变的值；调整 T（16），保证从表面 3 开始对所有的变焦位置都维持一个不变的值。透镜的位置、焦距和畸变见表 36.1b。

表 36.1b　透镜的位置、焦距和畸变

EFL/in	T（3）/in	T（6）/in	T（11）/in	T（16）/in	BFL/in	畸变（%）
3.937	2.6169	0.0500	1.6160	0.0991	4.8357	-0.65
4.960	2.2322	0.5583	1.1077	0.4838	4.8348	0.10
6.249	1.8431	1.0464	0.6195	0.8729	4.8341	0.60
7.874	1.4933	1.5342	0.1318	1.2227	4.8348	0.94

如图 36.1b 所示绘出了变焦移动量，表示为 T（3）和近轴后截距 BFL 的移动量，上表中的 BFL 值是实际值。焦深由下式给出

$$d=\frac{2f^{\#}}{R}$$

式中，R 是分辨率，单位是 lp/mm（线对数/毫米）；$f^{\#}$是系统的 f 数。假设，该系统的 R 是 150lp/mm，d 是 0.0026in，则 BFL 的变化完全在焦深范围之内。图示系统没有渐晕，在整个变焦过程中，保持 $f/5$。畸变相当小。

如图 36.1c 所示是上述焦距位置的 MTF 曲线。注意到，近轴 BFL 随焦距稍有变化，该 MTF 数据曲线是在如图 36.1a 所示公共像面上计算出的。

如图 36.2a 所示是为单透镜反射式照相机（胶片对角线是 43.3mm）设计的光学补偿变焦物镜（所示为短焦距位置）。焦距变化范围是 2.835 ~ 5.709in（72 ~ 145mm），在整个变焦范围内保持 $f/4.5$。表 36.2a 列出了短焦距位置时的物镜结构参数，是 Ikemori 设计（1980）的改进型。第一透镜前表面至像面的距离是变化的，从 9.704in（短焦距位置）到 11.431in（长焦距位置）。焦距、间隔和畸变见表 36.2b。

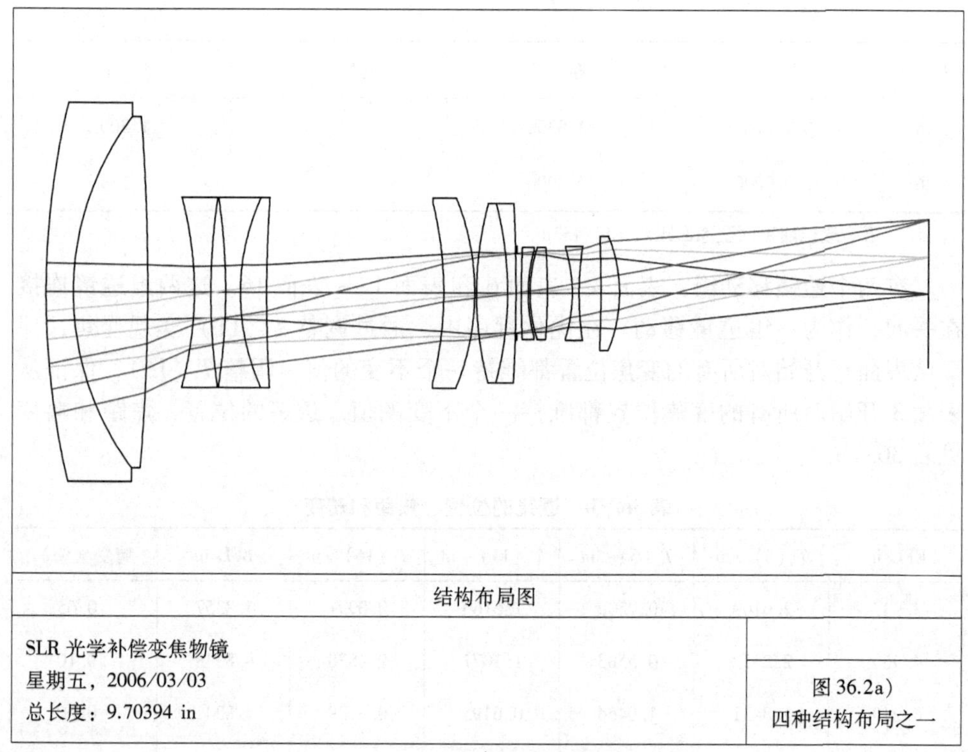
结构布局图
SLR 光学补偿变焦物镜
星期五，2006/03/03
总长度：9.70394 in
图 36.2a)
四种结构布局之一

a）

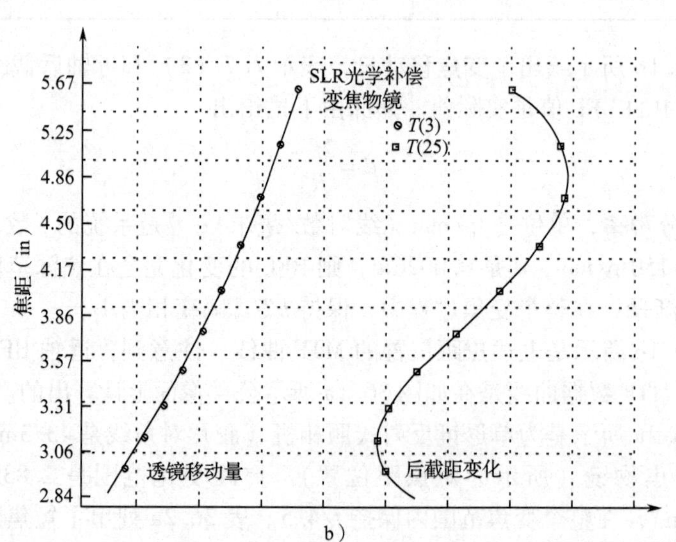
5.67
5.25
4.86
4.50
4.17
3.86
3.57
3.31
3.06
2.84
焦距（in）
SLR光学补偿
变焦物镜
T(3)
T(25)
透镜移动量
后截距变化

b）

图 36.2　变焦范围 72 ~ 145mm 单透镜反射式照相机光学补偿变焦物镜
a）结构布局图　b）变焦移动量

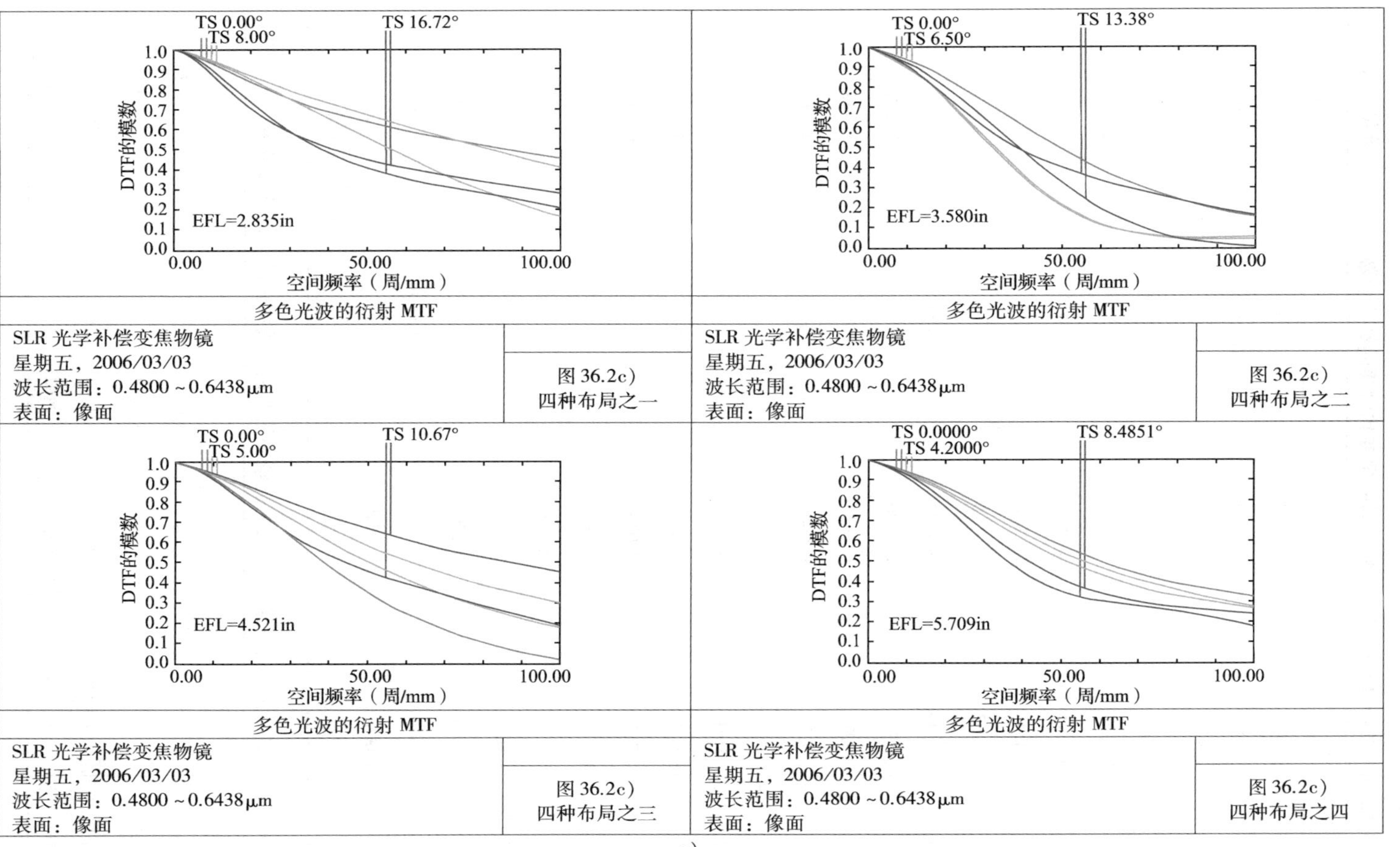

TS 0.00°
TS 8.00°
TS 16.72°
DTF的模数
1.0 0.9 0.8 0.7 0.6 0.5 0.4 0.3 0.2 0.1 0.0
EFL=2.835in
0.00 50.00 100.00
空间频率（周/mm）
多色光波的衍射 MTF
SLR 光学补偿变焦物镜
星期五，2006/03/03
波长范围：0.4800 ~ 0.6438μm
表面：像面
图 36.2c)
四种布局之一
TS 0.00°
TS 6.50°
TS 13.38°
EFL=3.580in
图 36.2c)
四种布局之二
TS 0.00°
TS 5.00°
TS 10.67°
EFL=4.521in
图 36.2c)
四种布局之三
TS 0.0000°
TS 4.2000°
TS 8.4851°
EFL=5.709in
图 36.2c)
四种布局之四
c)

图 36.2　变焦范围 72 ~ 145mm 单透镜反射式照相机光学补偿变焦物镜（续）

c）MTF 曲线

表 36.2a 单透镜反射式照相机光学补偿变焦物镜的结构参数 (单位：in)

表 面	半 径	厚 度	材 料	直 径
1	8.7447	0.3000	SF4	4.100
2	3.1234	0.8196	N-LAF3	3.800
3	-22.7389	0.5217		3.800
4	-3.8212	0.1824	N-SK14	2.060
5	7.0240	0.1641		2.000
6	-6.5778	0.1614	N-SK14	2.000
7	2.4341	0.2930	SF4	2.060
8	15.3932	1.9516		2.060
9	-4.0346	0.3393	N-SK14	1.960
10	-2.6814	0.0200		2.060
11	3.7272	0.3415	N-SK14	1.940
12	-3.7272	0.0900	SF4	1.940
13	-18.0137	0.0080		1.940
14	光阑	0.0500		0.864
15	11.8022	0.0750	N-BAK2	1.000
16	1.7815	0.0203		0.950
17	1.6730	0.1870	N-LAK33	1.000
18	-6.9770	0.2743		1.000
19	-1.6225	0.0750	SF2	0.980
20	3.5322	0.2398		1.020
21	-14.6996	0.2054	N-LAK9	1.140
22	-1.6066	3.3846		1.240
23	0.0000	0.0000		1.603

表 36.2b 单透镜反射式照相机光学补偿变焦物镜的焦距、间隔和畸变

EFL/in	T (3) /in	T (8) /in	T (13) /in	畸变 (%)	长度/in
2.835	0.5217	1.9516	0.0080	-6.06	9.704
3.580	1.1110	1.3623	0.5973	-2.66	10.293
4.521	1.6839	0.7894	1.1702	-0.37	10.866
5.709	2.2491	0.2242	1.7354	1.16	11.431

MTF 数据如图 36. 2c 所示，透镜组移动量和后截距长度的变化量如图 36. 2b 所示。注意，如果增加可变光阑，应额外增大间隔。此外，单透镜反射式照相机作为一种消费产品，大部分摄影者会感到该物镜系统长度太长。尽管机械补偿的凸轮比较复杂，但的确提供了一种非常紧凑的物镜系统。

如图 36. 3a 所示是一个将图像投影在直径为 8in 屏幕上的光学补偿物镜。屏幕到第一块透镜的距离是 30in。表 36. 3a 列出了放大倍率为 12. 5 × 的位置的结构参数，变焦移动量、畸变和放大率见表 36. 3b。

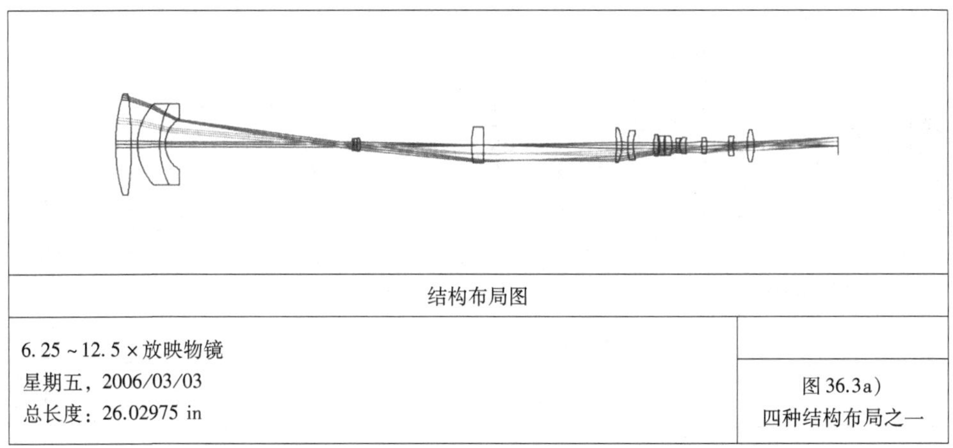
结构布局图
6. 25 ~ 12. 5 × 放映物镜
星期五，2006/03/03
总长度：26.02975 in
图 36.3a)
四种结构布局之一

a)

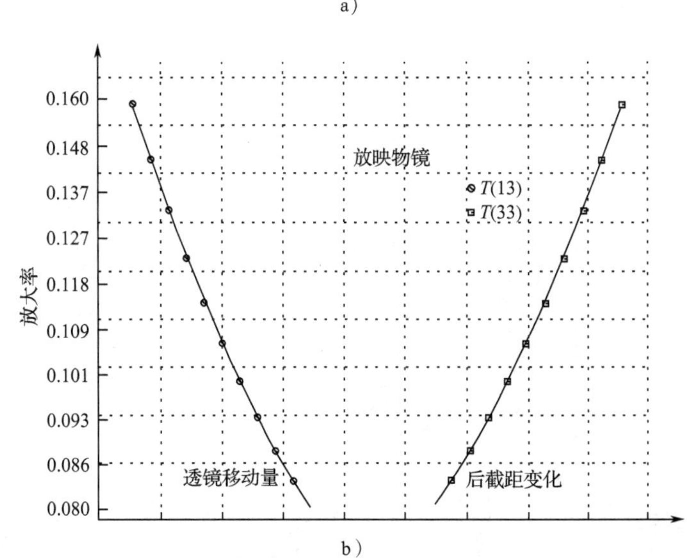
放大率
0.160
0.148
0.137
0.127
0.118
0.109
0.101
0.093
0.086
0.080
放映物镜
T(13)
T(33)
透镜移动量
后截距变化

b)

图 36. 3　6. 25 ~ 12. 5 × 光学补偿投影物镜
a）结构布局图　b）变焦移动量

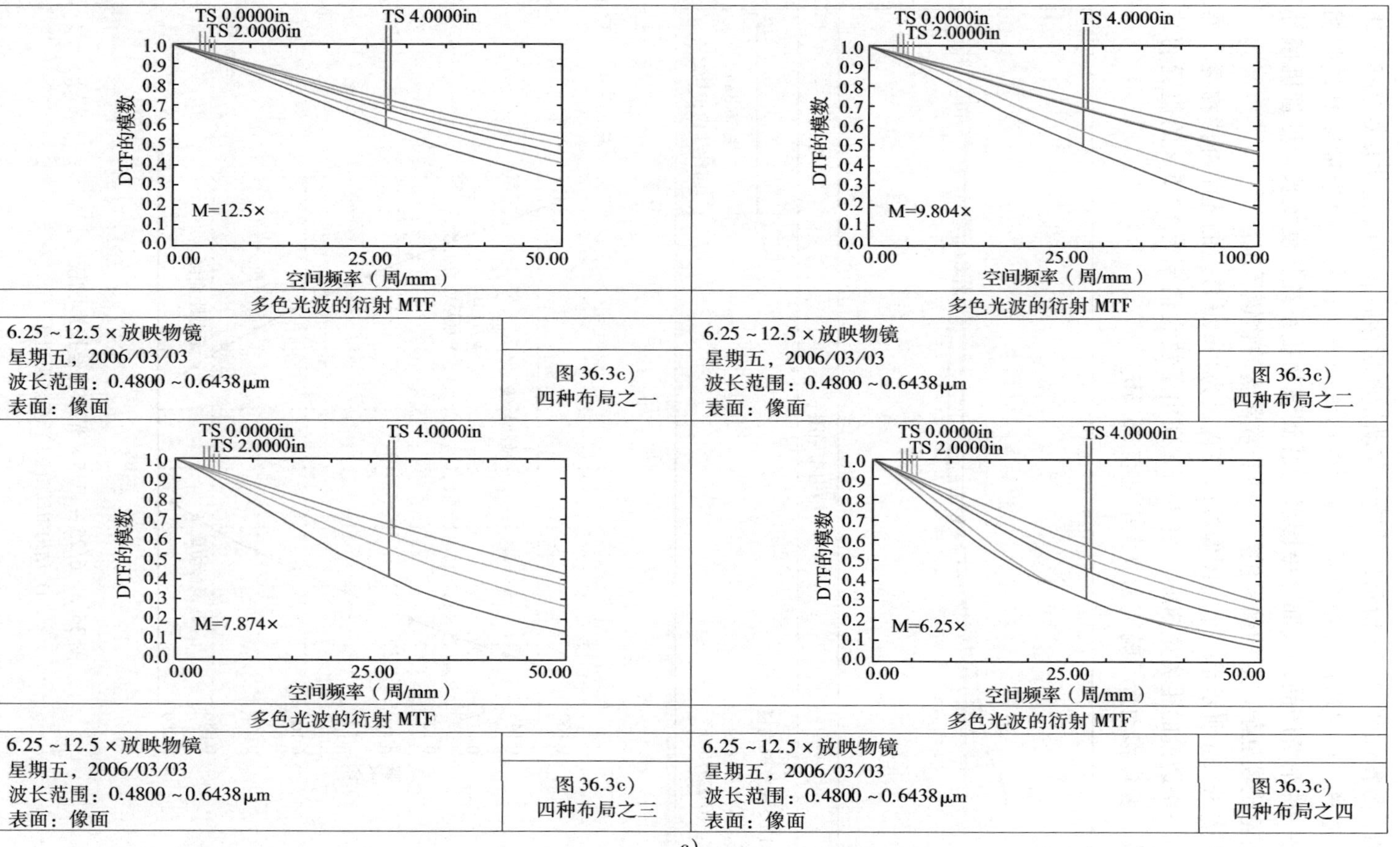

TS 0.0000in
TS 2.0000in
TS 4.0000in
DTF的模数
M=12.5×
0.00 25.00 50.00
空间频率（周/mm）
多色光波的衍射 MTF
6.25～12.5×放映物镜
星期五，2006/03/03
波长范围：0.4800～0.6438μm
表面：像面
图 36.3c)
四种布局之一
TS 0.0000in
TS 2.0000in
TS 4.0000in
DTF的模数
M=9.804×
0.00 25.00 100.00
空间频率（周/mm）
多色光波的衍射 MTF
6.25～12.5×放映物镜
星期五，2006/03/03
波长范围：0.4800～0.6438μm
表面：像面
图 36.3c)
四种布局之二
TS 0.0000in
TS 2.0000in
TS 4.0000in
DTF的模数
M=7.874×
0.00 25.00 50.00
空间频率（周/mm）
多色光波的衍射 MTF
6.25～12.5×放映物镜
星期五，2006/03/03
波长范围：0.4800～0.6438μm
表面：像面
图 36.3c)
四种布局之三
TS 0.0000in
TS 2.0000in
TS 4.0000in
DTF的模数
M=6.25×
0.00 25.00 50.00
空间频率（周/mm）
多色光波的衍射 MTF
6.25～12.5×放映物镜
星期五，2006/03/03
波长范围：0.4800～0.6438μm
表面：像面
图 36.3c)
四种布局之四

c)

图 36.3 6.25～12.5×光学补偿投影物镜（续）

c）MTF 曲线

表36.3a　放大倍率为6.25～12.5的光学变焦投影仪的结构参数　（单位：in）

表　面	半　径	厚　度	材　料	直　径
0	0.0000	30.0000		8.000
1	6.4421	0.5639	N-LAK21	3.640
2	-13.2202	0.2251		3.640
3	2.1033	0.7964	N-LAK21	2.920
4	3.3309	0.2000	F2	2.920
5	1.0715	6.3259		1.820
6	光阑	0.4225		0.185
7	-0.9040	0.0500	F2	0.340
8	2.3249	0.0996	N-LAK21	0.440
9	-1.7977	0.0195		0.440
10	-4.3055	0.0993	N-LAK21	0.400
11	-0.9975	4.0246		0.480
12	3.7164	0.4401	N-LAK21	1.280
13	-12.7012	4.7729		1.280
14	-10.1125	0.1949	N-LAK21	1.240
15	-1.5456	0.2072		1.240
16	2.1324	0.2000	F2	1.060
17	1.3114	0.7434		0.920
18	2.5650	0.1561	N-LAK21	0.760
19	-3.4714	0.0556		0.760
20	-1.0916	0.1500	SF1	0.660
21	6.1375	0.0315		0.700
22	20.9579	0.2501	SF5	0.700
23	-1.0523	0.1564		0.700
24	-1.6450	0.1000	N-LAK14	0.540
25	0.4877	0.0289		0.520
26	0.5258	0.2107	N-LAK21	0.580
27	1.8312	0.5616		0.500
28	9.6178	0.1806	N-LAK21	0.580
29	-1.3403	0.8075		0.580
30	7.0546	0.1506	F2	0.700
31	1.0689	0.5067		0.660
32	2.2313	0.2519	N-LAK21	1.160
33	-1.9815	3.0460		1.160
34	0.0000	0.0000		0.629

注：第一透镜前表面至像面的距离=26.030in。

表 36.3b 变焦移动量、畸变和放大率

放大率	T（13）/in	T（19）/in	T（27）/in	T（33）/in	畸变（%）
12.50	4.7729	0.0556	0.5616	3.0460	-1.94
9.804	4.5801	0.2484	0.3688	3.2388	-0.66
7.874	4.4129	0.4156	0.2106	3.4060	0.26 中视场
6.250	4.2343	0.5942	0.0230	3.5846	-0.52 0.41 中视场

为了保持变焦期间屏幕亮度不变，该系统在屏幕处有一个固定的数值孔径值——0.004in（从屏幕追迹到图像）。MTF 数值曲线如图 36.3c 所示。主要像差是低放大率时的色差和彗差。

应注意到，光学补偿变焦物镜的主要缺点是长度太长（与机械补偿变焦物镜相比而言）。这种物镜系统，多用于投影仪。虽然它有过长的缺点，但没有阻碍它作为照相物镜来使用。还要注意到，变焦过程中后截距会有很大的变化，需要进行调焦。

参考文献

Back, F.（1963）Zoom projection lens, US Patent #3094581.

Grey, D.（1974）Compact eight element zoom lens with optical compensation, US Patent #3848968.

Hiroshi, T.（1983）Bright and compact optical compensation zoom, US Patent #4377325.

Ikemori, K.（1980）Optically compensated zoom lens, US Patent #4232942.

Macher, K.（1969）Optically compensated varifocal objective, US Patent #3451743.

第 37 章　变倍率影印物镜

在静电复印机及类似应用中，物体和像面是固定的，而移动物镜以得到不同的放大率。这类复制物镜（高倍率位置）如图 37.1a 所示。孔径光阑（表面 10）位于倒数第二块透镜的左边。该物镜所成像的尺寸是 13.9in（对角线），对应着标准的 8.5in × 11in 的复印纸，物像距为 54.134in 固定不变。表 37.1a 列出了此物镜系统的结构参数，变化的间隔和畸变数据见表 37.1b。

上述放大率时的 MTF 曲线如图 37.1b 所示。

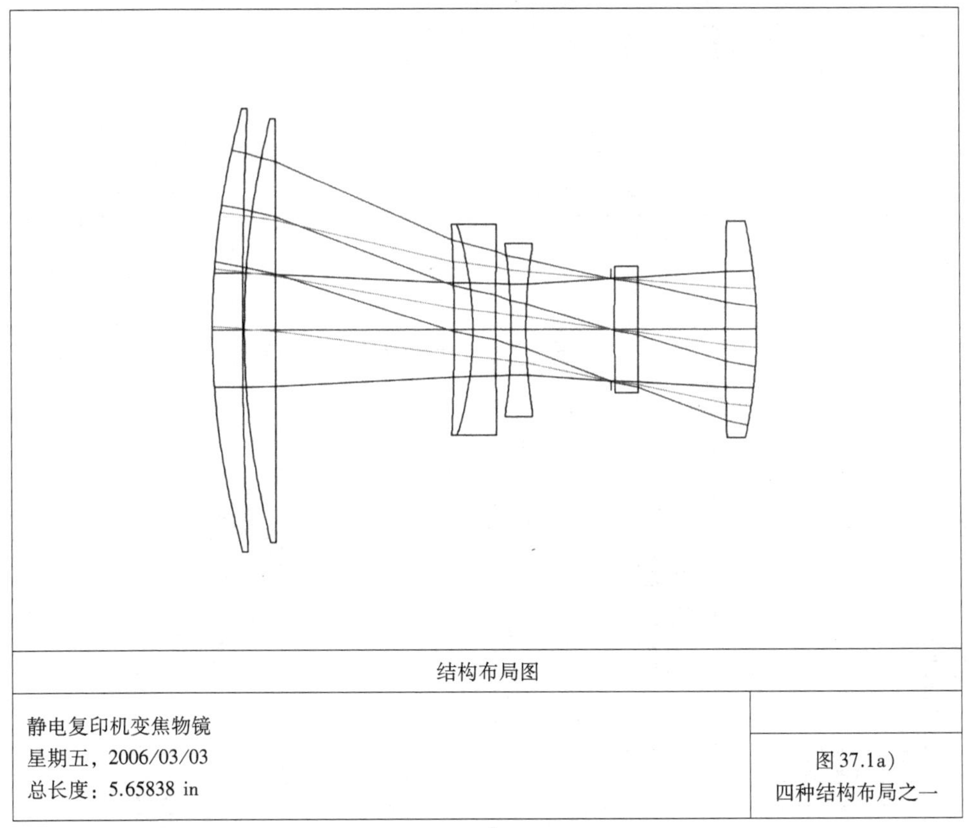

结构布局图
静电复印机变焦物镜
星期五，2006/03/03
总长度：5.65838 in
图 37.1a)
四种结构布局之一

a）

图 37.1　静电复印机变焦物镜

a）结构布局图

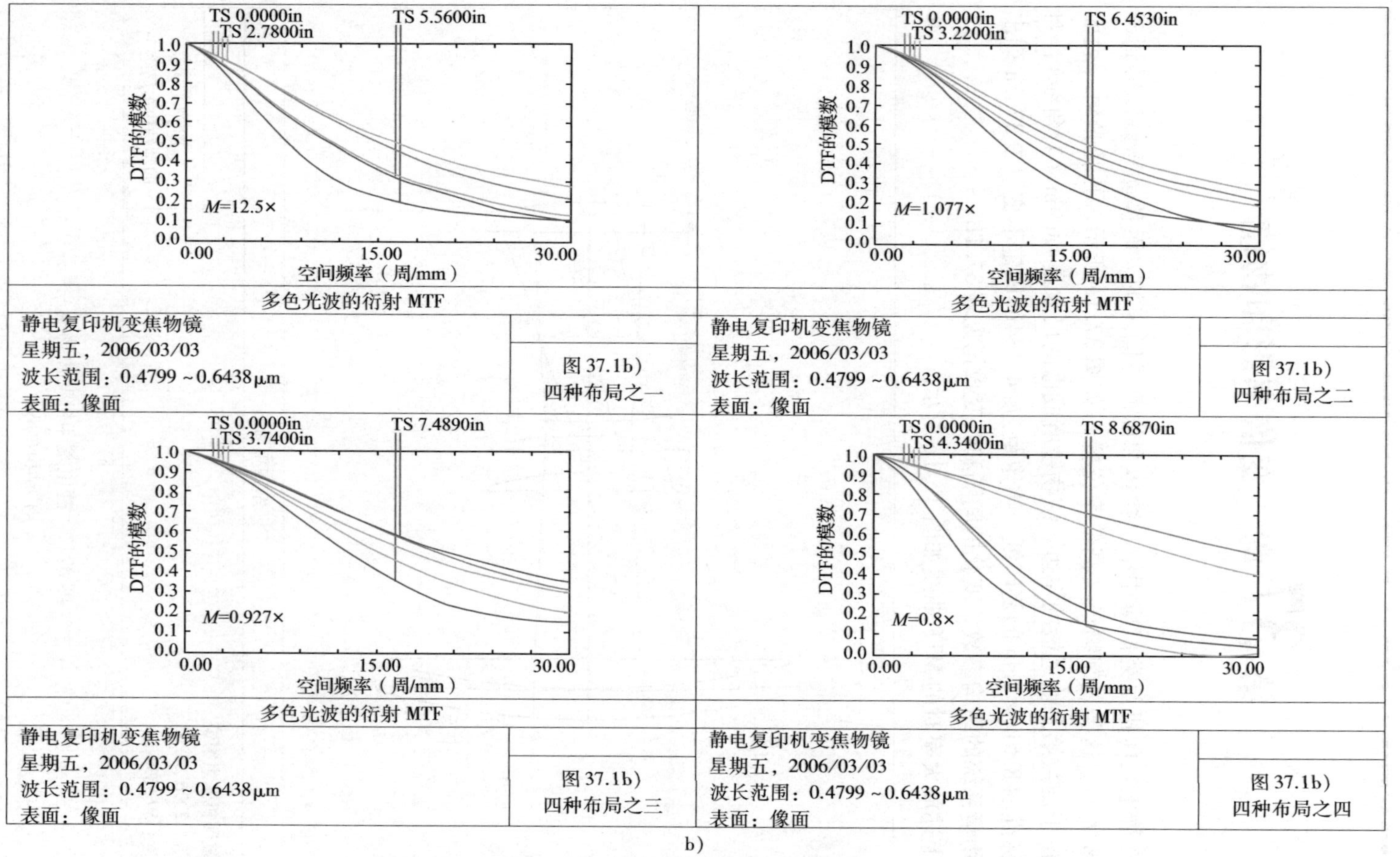

TS 0.0000in
TS 2.7800in
TS 5.5600in
DTF的模数
M=12.5×
空间频率（周/mm）
多色光波的衍射 MTF
静电复印机变焦物镜
星期五，2006/03/03
波长范围：0.4799～0.6438μm
表面：像面
图 37.1b)
四种布局之一
TS 0.0000in
TS 3.2200in
TS 6.4530in
DTF的模数
M=1.077×
空间频率（周/mm）
多色光波的衍射 MTF
静电复印机变焦物镜
星期五，2006/03/03
波长范围：0.4799～0.6438μm
表面：像面
图 37.1b)
四种布局之二
TS 0.0000in
TS 3.7400in
TS 7.4890in
DTF的模数
M=0.927×
空间频率（周/mm）
多色光波的衍射 MTF
静电复印机变焦物镜
星期五，2006/03/03
波长范围：0.4799～0.6438μm
表面：像面
图 37.1b)
四种布局之三
TS 0.0000in
TS 4.3400in
TS 8.6870in
DTF的模数
M=0.8×
空间频率（周/mm）
多色光波的衍射 MTF
静电复印机变焦物镜
星期五，2006/03/03
波长范围：0.4799～0.6438μm
表面：像面
图 37.1b)
四种布局之四
b)

图 37.1　静电复印机变焦物镜（续）

b）MTF 曲线图

表 37.1a　静电复印机变焦物镜（高倍率位置）的结构参数（单位：in）

表　面	半　径	厚　度	材　料	直　径
0	0.0000	21.2744		11.120
1	8.4626	0.3154	N-SK16	4.560
2	47.0276	0.0200		4.560
3	8.9304	0.3228	N-SK16	4.360
4	0.0000	1.8457		4.360
5	-21.7334	0.1933	N-SK16	2.160
6	-3.6312	0.2381	LF5	2.160
7	55.5291	0.1612		1.880
8	-5.9960	0.1544	LF5	1.780
9	5.2889	0.8885		1.640
10	光阑	0.0372		1.051
11	99.3279	0.2502	N-SK16	1.300
12	0.0000	0.8984		1.300
13	40.0443	0.3333	N-SK16	2.220
14	-5.1653	27.2012		2.220
15	0.0000	0.0000		13.905

表 37.1b　变间隔、畸变和放大率

放大率	T（0）/in	T（4）/in	T（9）/in	T（14）/in	畸变（%）
0.800	27.273	1.7890	0.9394	21.208	0.39
0.927	25.424	1.7463	0.8395	23.200	0.33
1.077	23.399	1.7640	0.8238	25.223	0.23
1.250	21.274	1.8457	0.8885	27.201	0.10

该物镜系统有严重的纵向色差，高倍率应用时的纵向色差值是 1.49mm（绿光与红光）。注意，尽管变焦透镜组的运动是在凸轮控制下，属于机械补偿方式，但这类物镜的确改变了系统的总长度。但是其物像距保持不变。

如图 37.2 是一个变倍率复制物镜，详细结构参数见表 37.2a，透镜的间隔和畸变数据见表 37.2b。该物镜系统的固定物像距为 46in，可复印的物体直径是 13.9in。此系统以光阑对称，是 Yamakawa 专利（1997）的改进型。MTF 曲线如图 37.2b 所示。

表 37.2a　变倍率复制物镜的详细结构参数　　（单位：in）

表　面	半　径	厚　度	材　料	直　径
0	0.0000	19.1447		13.900
1	3.0969	0.5069	N-LAK12	1.720

（续）

表 面	半 径	厚 度	材 料	直 径
2	−25.4714	0.2302		1.720
3	−18.8539	0.1200	LF5	1.220
4	3.0492	0.5162		1.100
5	光阑	0.5162		0.500
6	−3.0492	0.1200	LF5	1.100
7	18.8539	0.2302		1.220
8	25.4714	0.5069	N-LAK12	1.720
9	−3.0969	24.1088		1.720
10	0.0000	0.0000		17.251

原文中漏印此表。——译者注

表 37.2b 透镜的放大率、间隔和畸变

放大率	T（0）/in	T（4）/in	T（9）/in	畸变（%）
1.25	19.145	0.516	24.109	−0.048
1.03	21.090	0.794	21.608	−0.006
0.85	23.462	0.624	19.575	0.029
0.70	26.198	0.086	17.916	0.010

原文中漏印此表。——译者注

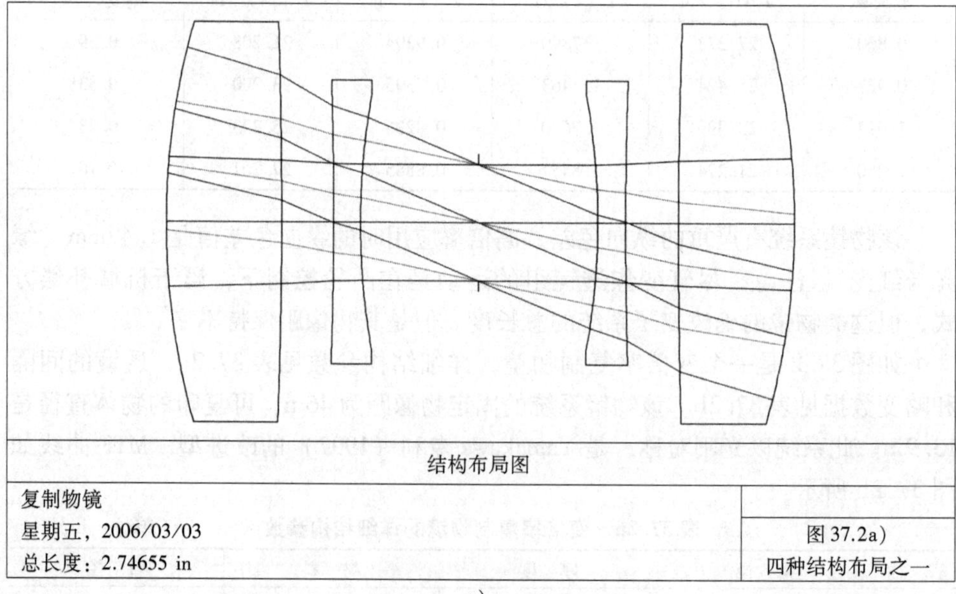
结构布局图
复制物镜
星期五，2006/03/03
总长度：2.74655 in
图 37.2a）
四种结构布局之一

a）

图 37.2 复制物镜

a）结构布局图

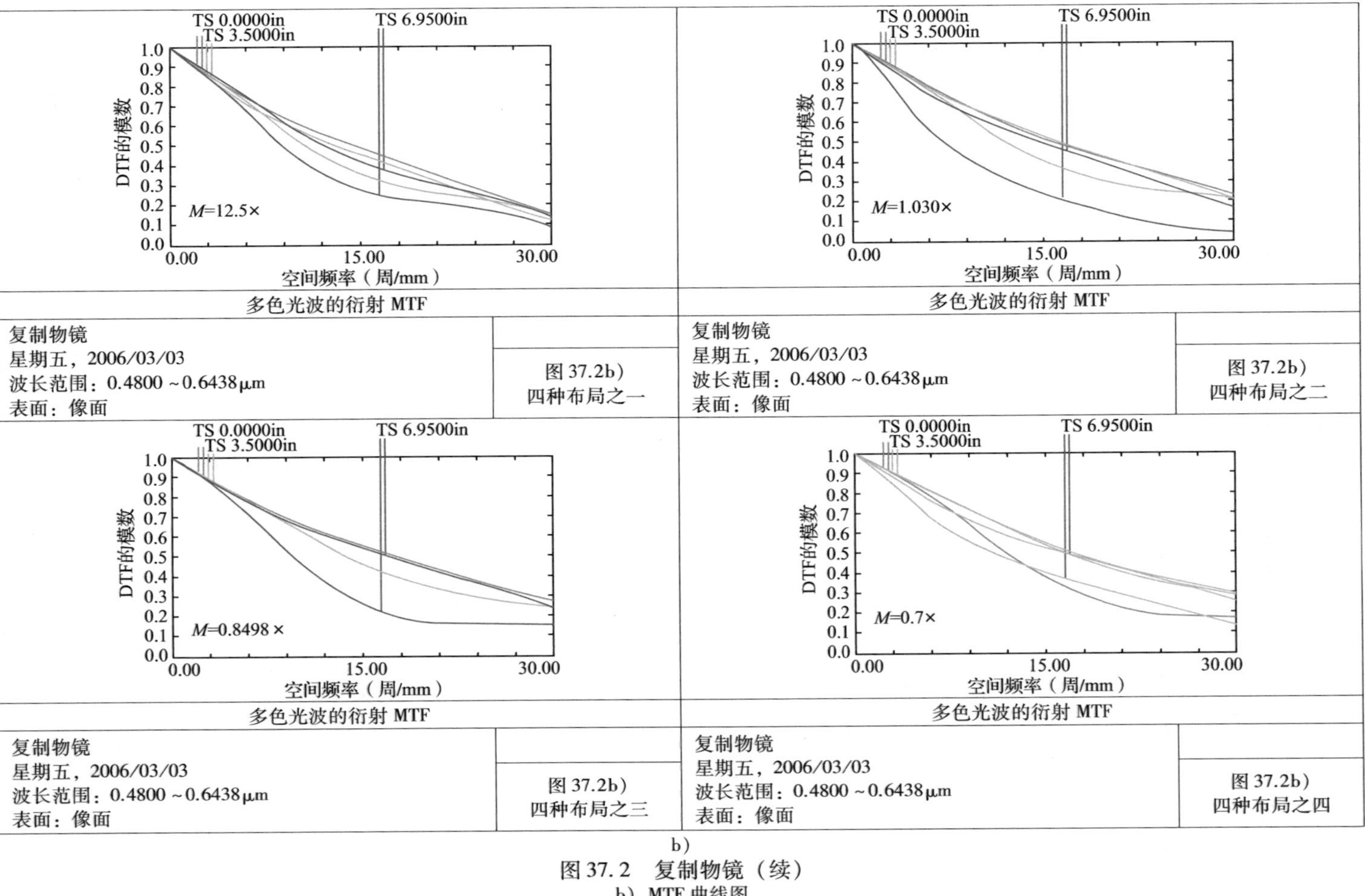

TS 0.0000in
TS 3.5000in
TS 6.9500in
DTF的模数
1.0
0.9
0.8
0.7
0.6
0.5
0.4
0.3
0.2
0.1
0.0
0.00
15.00
30.00
空间频率（周/mm）
多色光波的衍射 MTF
M=12.5×
复制物镜
星期五，2006/03/03
波长范围：0.4800 ~0.6438μm
表面：像面
图 37.2b）
四种布局之一
M=1.030×
图 37.2b）
四种布局之二
M=0.8498×
图 37.2b）
四种布局之三
M=0.7×
图 37.2b）
四种布局之四

b)

图 37.2　复制物镜（续）

b）MTF 曲线图

参 考 文 献

Arai, Y. and Minefuji, N. (1989) Zoom lens for copying, US Patent #4832465.

Harper, D. C., McCrobie, G. L., and Ritter, J. A. (1975) Zoom lens for fixed conjugates, US Patent #3905685.

Yamakawa, H. (1997) Zoom lens system in finite conjugate distance, US Patent #5671094.

第 38 章 可变焦距物镜

可变焦距物镜的产生早于真正的变焦物镜。许多年前从业者就认识到，由正负透镜组成的物镜系统，如改变镜组之间的空气间隔应能够改变其有效焦距。对于放映应用，通过简单调整和重新聚焦就可以使像充满屏幕，因而，采用手动方式改变焦距。

如图 38. 1a 所示是为 35mm 单透镜反射式照相机（18mm×24mm 幅面）放映电影而设计的可变焦距物镜。表 38. 1a 列出了短焦距 1. 417in（36. 0mm）位置的详细结构参数，间隔和焦距值见表 38. 1b（译者注：原文错印为 38. 2b）。

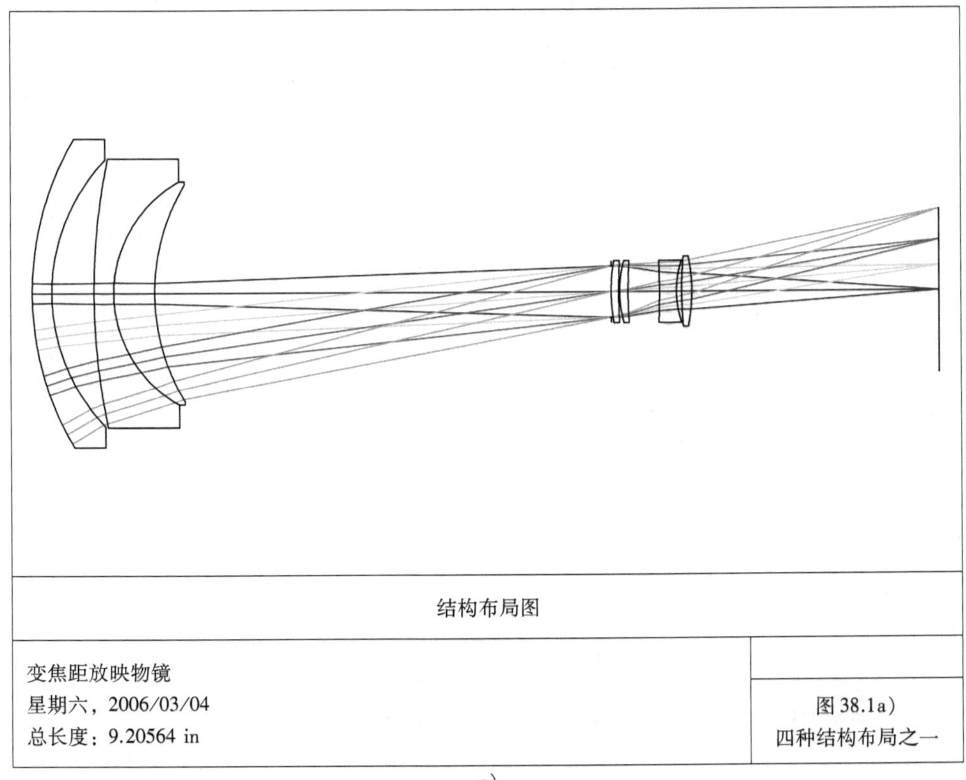
结构布局图
变焦距放映物镜
星期六，2006/03/04
总长度：9.20564 in
图 38.1a)
四种结构布局之一

a)

图 38. 1 单透镜反射式照相机放映物镜

a）结构布局图

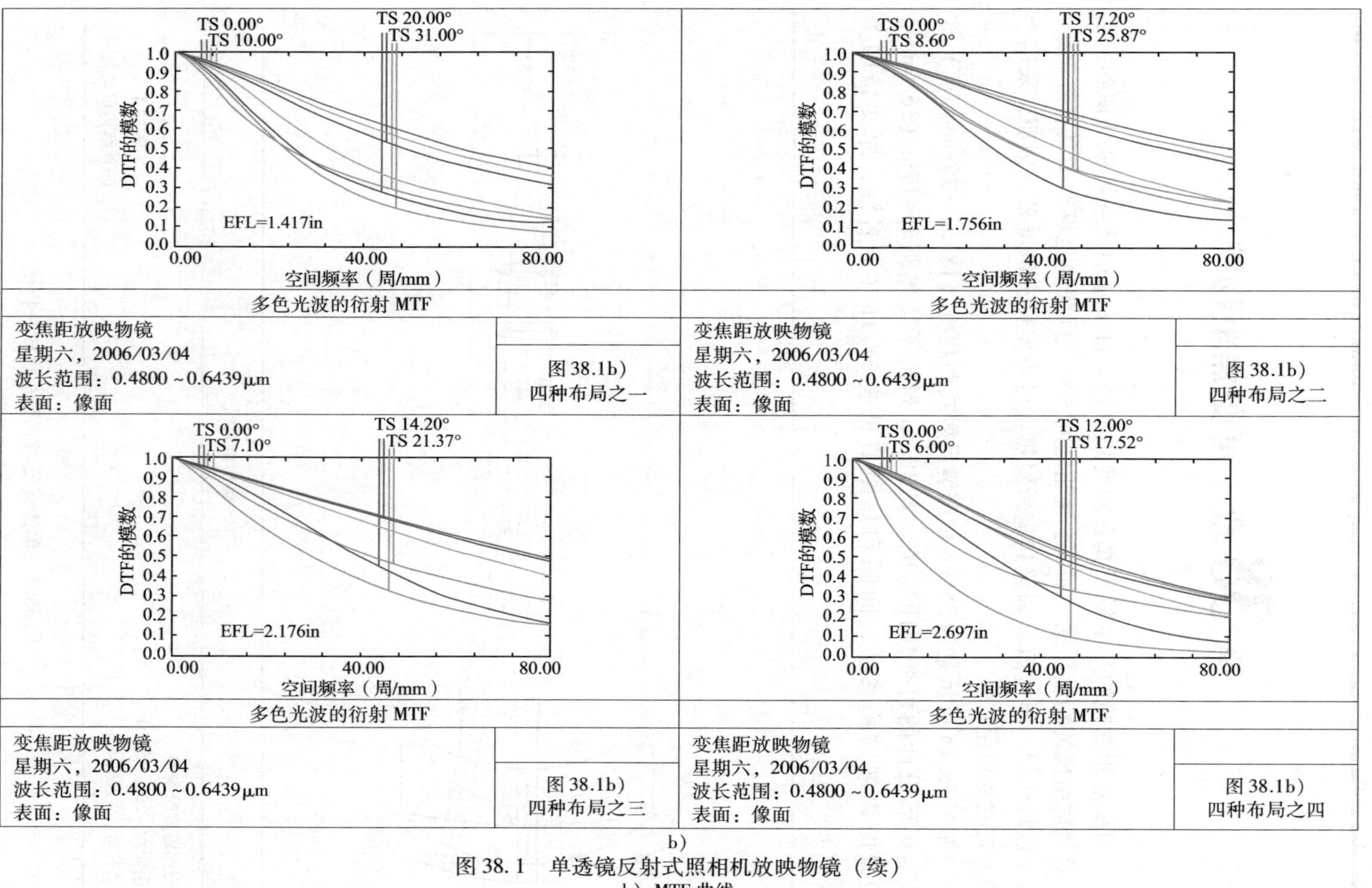
TS 0.00°
TS 10.00°
TS 20.00°
TS 31.00°
1.0 0.9 0.8 0.7 0.6 0.5 0.4 0.3 0.2 0.1 0.0
DTF的模数
EFL=1.417in
0.00 40.00 80.00
空间频率（周/mm）
多色光波的衍射 MTF
变焦距放映物镜
星期六，2006/03/04
波长范围：0.4800～0.6439μm
表面：像面
图 38.1b)
四种布局之一
TS 0.00°
TS 8.60°
TS 17.20°
TS 25.87°
EFL=1.756in
图 38.1b)
四种布局之二
TS 0.00°
TS 7.10°
TS 14.20°
TS 21.37°
EFL=2.176in
图 38.1b)
四种布局之三
TS 0.00°
TS 6.00°
TS 12.00°
TS 17.52°
EFL=2.697in
图 38.1b)
四种布局之四

b）

图 38.1 单透镜反射式照相机放映物镜（续）

b）MTF 曲线

表 38.1a　可变焦距放映物镜的结构参数　　（单位：in）

表　面	半　径	厚　度	材　料	直　径
1	3.0383	0.2000	SF4	3.100
2	1.9289	0.4277		2.680
3	6.5000	0.2000	N-BAF10	2.700
4	1.2770	0.4162	SF4	2.240
5	2.0978	4.6266		2.180
6	光阑	0.0000		0.512
7	1.8348	0.0768	N-LAK33	0.620
8	6.4015	0.0095		0.560
9	1.1214	0.0864	N-SSK5	0.620
10	4.1292	0.3231		0.580
11	-7.5735	0.1743	SF4	0.600
12	0.9410	0.0535		0.620
13	4.1515	0.0994	N-BAF3	0.700
14	-1.8098	2.5122		0.700
15	0.0000	0.0000		1.638

表 38.1b　间隔和焦距

焦距/in	θ[①]/（°）	长度[②]/in	畸变[③]（%）	T（5）/in	BFL/in	$f^{\#}$	出瞳
1.417	31.002	9.2056	-4.02	4.6266	2.5122	7.0	-3.11
1.756	25.869	8.4790	-1.83	3.6388	2.7734	7.58	-3.37
2.176	21.371	8.0182	-0.61	2.8594	3.0920	8.30	-3.69
2.697	17.522	7.7837	0.02	2.2210	3.4960	9.22	-4.09

①全视场的半视场角。

②物镜系统最前面透镜的顶点至像面的长度。

③全视场畸变。

如图 38. 1b 所示是上述焦距的 MTF 曲线。该物镜系统是 Sato 专利（1988）的改进型。与前面讨论的放映物镜的例子一样，其物距设计位在无穷远。建议，要对一个典型的有限远共轭距进行最后的计算。注意，出瞳随焦距变化而移动，所以，必须调整放映聚光镜系统（见表 38. 1b）。

如图 38. 2a 所示是为放映 35mm（对角线 1. 069in）电影设计的可变焦距放映物镜（参考 Angenieux 的文章，1958），详细结构参数见表 38. 2a。表 38. 2b 给出了焦距和透镜的移动量。与上述例子不同，物镜的长度并不随焦距变化而改变。移动内镜组，使焦距从 1. 772in（45mm）变化到 2. 165（55mm）。短焦距位置时，物镜的 $f^{\#}$ 是 3. 80。

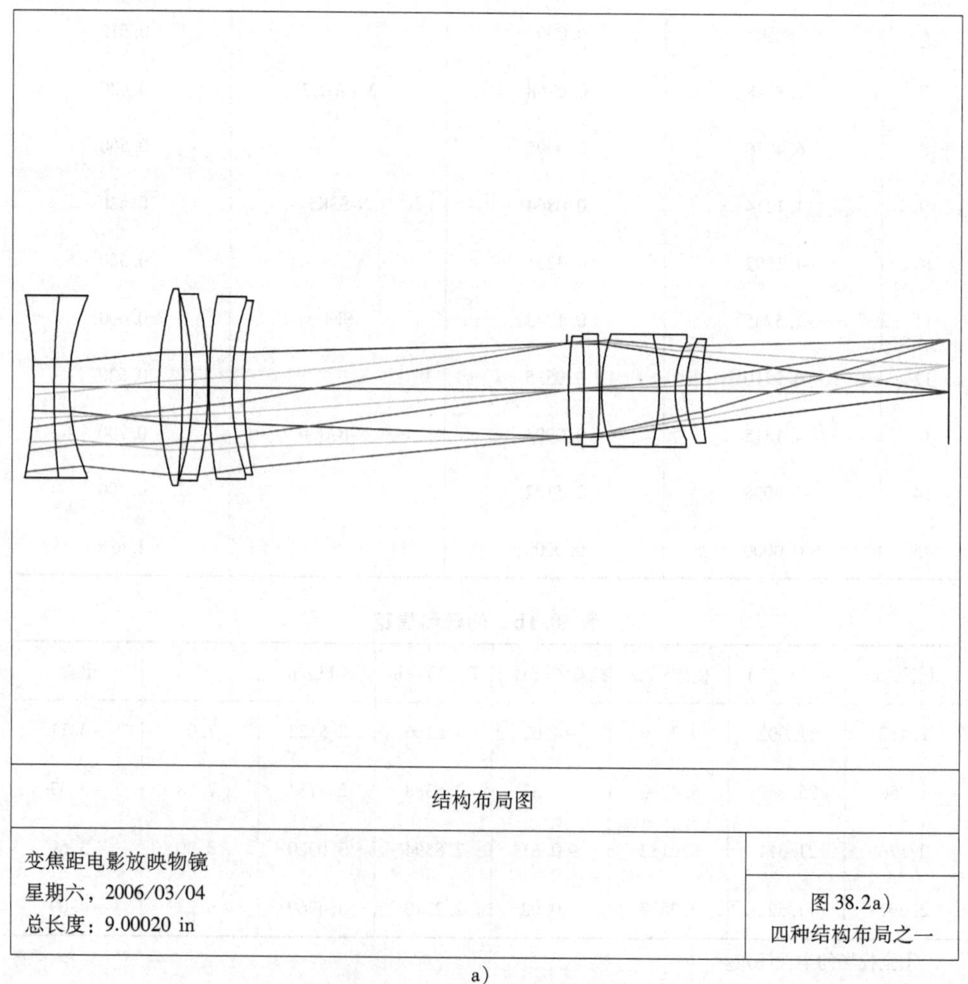
结构布局图
变焦距电影放映物镜
星期六，2006/03/04
总长度：9.00020 in
图 38.2a)
四种结构布局之一

a)

图 38. 2　可变焦距电影放映物镜

a）光学系统图

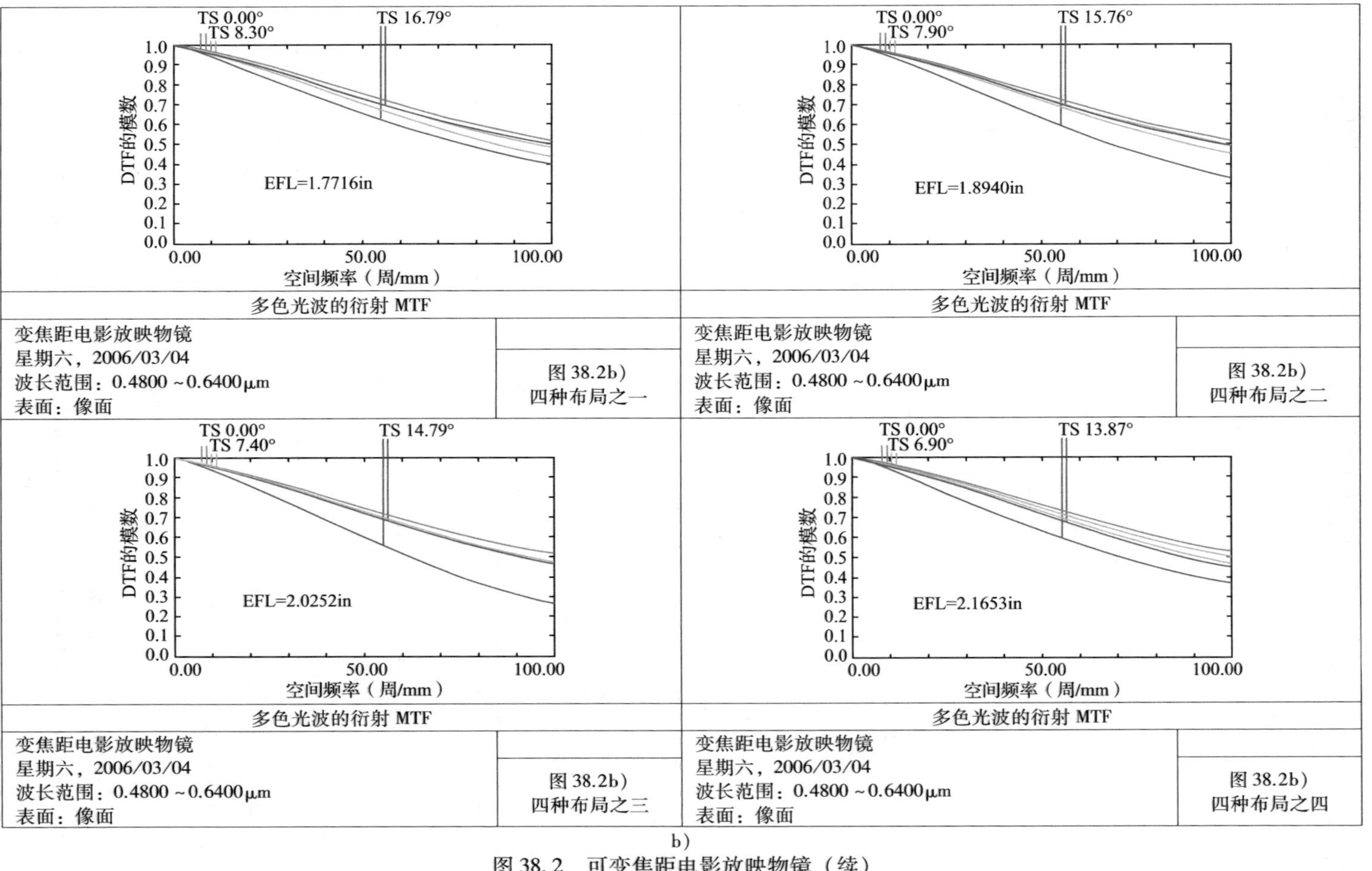

TS 0.00°
TS 8.30°
TS 16.79°
DTF的模数
EFL=1.7716in
空间频率（周/mm）
多色光波的衍射 MTF
变焦距电影放映物镜
星期六，2006/03/04
波长范围：0.4800 ~0.6400μm
表面：像面
图 38.2b）
四种布局之一
TS 0.00°
TS 7.90°
TS 15.76°
EFL=1.8940in
图 38.2b）
四种布局之二
TS 0.00°
TS 7.40°
TS 14.79°
EFL=2.0252in
图 38.2b）
四种布局之三
TS 0.00°
TS 6.90°
TS 13.87°
EFL=2.1653in
图 38.2b）
四种布局之四
b）

图 38.2　可变焦距电影放映物镜（续）

b）MTF 曲线

表 38.2a 可变焦距放映物镜的结构参数 （单位：in）

表面	半径	厚度	材料	直径
1	-4.6286	0.2000	N-LAK7	1.760
2	8.3461	0.1500	SF1	1.760
3	2.2419	0.8863		1.760
4	3.4666	0.2276	N-LAF2	1.900
5	-10.5167	0.0951		1.900
6	-3.2300	0.1500	F5	1.800
7	-3.9679	0.0100		1.760
8	5.2746	0.2247	N-LAK12	1.760
9	2.5992	0.1191	SF1	1.680
10	3.9967	3.1424		1.680
11	光阑	0.0200		0.900
12	4.2640	0.1500	N-BASF2	1.040
13	-7.4193	0.1500	N-LAK12	1.040
14	-7.7031	0.0200		1.080
15	1.7286	0.5532	N-LAK14	1.080
16	-2.3943	0.1547	SF1	1.080
17	1.0825	0.1053		0.940
18	1.2714	0.1500	N-LAK14	1.000
19	2.8182	2.4074		0.960
20	0.0000	0.0000		1.002

注：第一透镜前表面至像面的距离 = 8.916in。

表 38.2b 焦距和透镜移动量

EFL/in	T（5）/in	T（10）/in	BFL/in	畸变（%）	出瞳/in
1.7716	0.0951	3.1424	2.4074	-6.58	-3.144
1.8940	1.0819	2.1555	2.4715	-5.77	-3.208
2.0252	1.9536	2.0252	2.5391	-5.0	-3.275
2.1653	2.7285	0.5090	2.6111	-4.27	-3.348

注意，其后截距随焦距增大而增大。此外，对剧院电影放映系统，$f^{\#}$应小些，以得到足够的屏幕亮度。

参 考 文 献

Angenieux, P.（1958）Variable focal length objective, US Patent #2847907.

Nasu, S., and Tada, E.（2004）Variable-focus lens system, US Patent #6683730.

Sato, S.（1988）Zoom lens, US Patent #4792215.

第 39 章 梯度折射率物镜

在前面章节曾假设，物镜上各点的介质折射率和色散都是相同的。然而，本章讨论的物镜系统，其折射率是变化的，并与介质在物镜中的位置有关。主要阐述两类情况：轴向梯度折射率物镜和径向梯度折射率透镜。

轴向梯度折射率物镜

在具有轴向梯度折射率变化的物镜中，折射率是在光轴方向依其位置变化。描述变化规律的典型公式（Marchand 1978）为

$$n = n_0 + f(z)$$

式中，n_0 是起始位置 Z_0 处的折射率；$f(z)$ 是以起始位置为基准点的指数函数。将一个透镜分割成许多小薄片（ΔZ）进行光线追迹。当光线通过透镜时，就可以确定每片处的 Z 值，并计算出该处的折射率，如图 39.1 所示。对初始系统计算，可以取较厚的薄片，随着设计的深入，减小薄片厚度。所以，设计师可以把给定材料（即 T 值）作为设计变量，即透镜顶点到 Z_0 的距离。

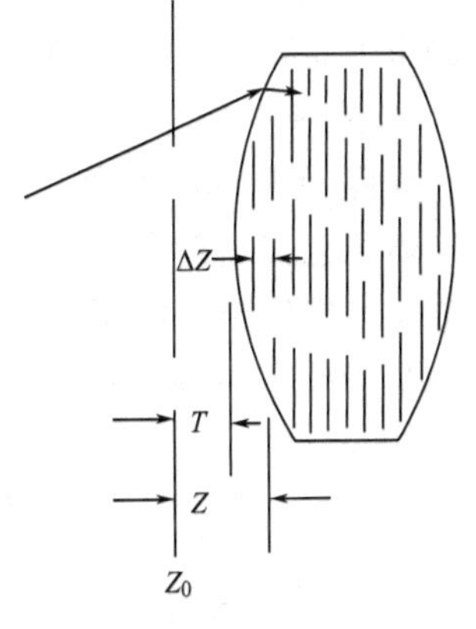
ΔZ
T
Z
Z0
图 39.1 追迹一个具有轴向梯度折射率的透镜

必须在透镜的光学图上标明 T 值。与普通的玻璃材料不同，光学车间不可能对这种毛坯再加工。对轴向梯度折射率透镜，Hunter 和 Walters 列出了（1998）应在光学图纸上标明的一些技术项目。

ZEMAX™ 及大部分较成熟的光学设计软件程序都为设计师提供了几种轴向梯度折射率透镜的设计功能，其中一种是 GRADIUM™ 表面（Lightpath 1996；Hunter 等 1989），如图 39.2 所示是这种材料的折射率曲线图。在利用 GRADIUM™ 材料将目前的设计转换成梯度折射率系统时，一定要记住，所有这些材料都是“火石”类材料，是高折射率和高色散的玻璃。每种材料都有两种类型：从高折射率到低折射率的 P 类；从低折射率到高折射率的 N 类，如图 39.2 所示是 N 类的例子。

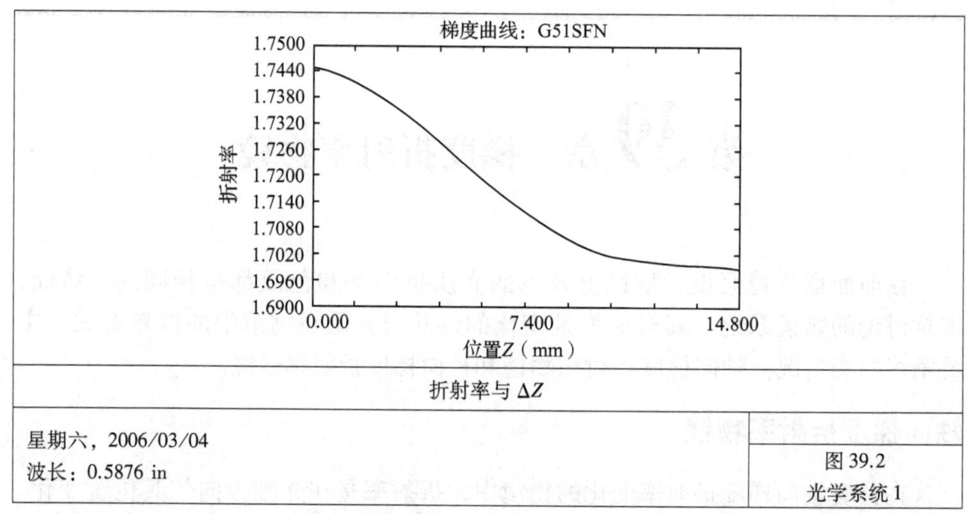
梯度曲线：G51SFN
1.7500
1.7440
1.7380
1.7320
1.7260
1.7200
1.7140
1.7080
1.7020
1.6960
1.6900
折射率
0.000
7.400
14.800
位置Z（mm）
折射率与 ΔZ
星期六，2006/03/04
波长：0.5876 in
图 39.2
光学系统 1

图 39.2 折射率与 ΔZ

设计程序应当首先为设计师绘制出光线交点曲线图。然后，审查当前设计，决定将哪一块“火石”玻璃元件转换成梯度折射率材料，是采用 N 类还是 P 类材料。通过检查光线的交点，并注意最上面的边缘光线在光轴的上方或下方就可以确定上面问题。Wang 和 Moore 阐述了（1990）一种系统法，可以确定初始解。

如图 39.3 所示是一个含有梯度折射率材料（GRADIUM G51SFN）的放映物镜，焦距为 3.0in，$f^{\#}$为 $f/1.8$。表 39.1 列出了详细的结构参数，T 是 0.13945，对应着的名义折射率为 1.7325。与设计 22.1 相比，此物镜减少了一个透镜，但其光学性能完全可以相媲美，焦距、$f^{\#}$和视场与设计 22.1 相同，出瞳至胶片面为 −4.592in。注意，由于该设计为可变光阑留有足够空间，所以，还可以用作照相物镜。

表 39.1 焦距 3.0in、$f/1.8$ 梯度折射率放映物镜的结构参数（单位：in）

表面	半径	厚度	材料	直径
1	2.2450	0.3014	N-LAK33	2.460
2	5.3001	0.0150		2.360
3	1.2863	0.4599	N-LAK33	2.060
4	2.8212	0.1641	SF5	1.840
5	0.7636	0.6442		1.280
6	光阑	0.4939		0.965
7	−1.0987	0.1486	G51SFN	1.140
8	0.0000	0.5506	N-LAK33	1.580
9	−1.3032	0.0150		1.580
10	2.4353	0.5579	N-LAK12	1.680
11	−11.8852	1.4577		1.680
12	0.0000	0.0000		1.058

注：第一透镜前表面至像面的距离 =4.808in，畸变 = −1.19%。

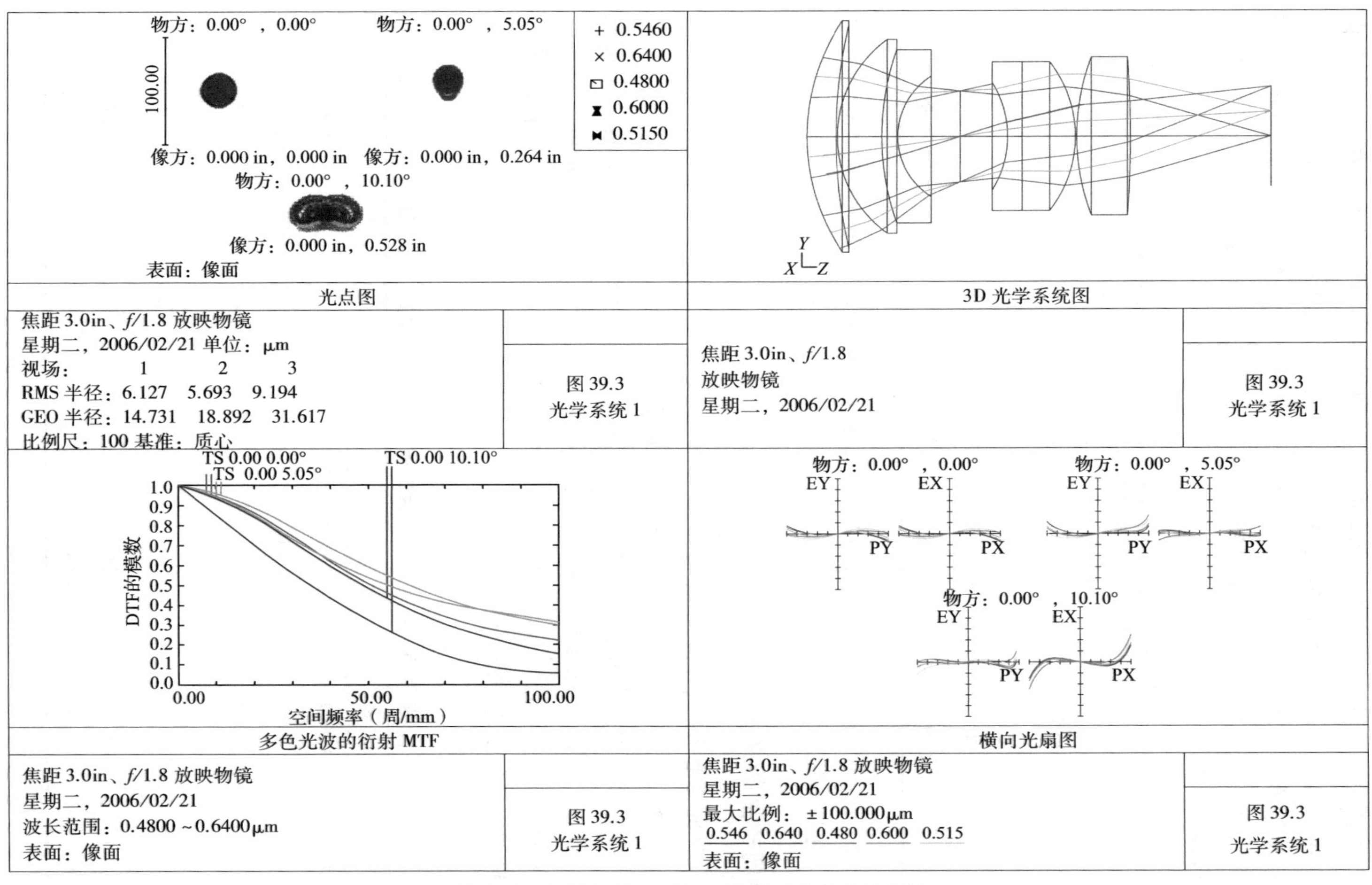
物方：0.00°，0.00°
物方：0.00°，5.05°
100.00
+ 0.5460
× 0.6400
0.4800
0.6000
0.5150
像方：0.000 in，0.000 in
像方：0.000 in，0.264 in
物方：0.00°，10.10°
像方：0.000 in，0.528 in
表面：像面
光点图
焦距 3.0in、f/1.8 放映物镜
星期二，2006/02/21 单位：μm
视场：1 2 3
RMS 半径：6.127 5.693 9.194
GEO 半径：14.731 18.892 31.617
比例尺：100 基准：质心
图 39.3
光学系统 1
Y
X Z
3D 光学系统图
焦距 3.0in、f/1.8
放映物镜
星期二，2006/02/21
图 39.3
光学系统 1
TS 0.00 0.00°
TS 0.00 5.05°
TS 0.00 10.10°
1.0
0.9
0.8
0.7
0.6
0.5
0.4
0.3
0.2
0.1
0.0
DTF的模数
0.00
50.00
100.00
空间频率（周/mm）
多色光波的衍射 MTF
焦距 3.0in、f/1.8 放映物镜
星期二，2006/02/21
波长范围：0.4800 ~0.6400μm
表面：像面
图 39.3
光学系统 1
物方：0.00°，0.00°
物方：0.00°，5.05°
物方：0.00°，10.10°
EY
EX
PY
PX
横向光扇图
焦距 3.0in、f/1.8 放映物镜
星期二，2006/02/21
最大比例：±100.000μm
0.546 0.640 0.480 0.600 0.515
表面：像面
图 39.3
光学系统 1

图 39.3　焦距 3.0in、f/1.8 梯度折射率放映物镜

如图 39.4 所示是焦距 6in、$f/4$ 的物镜，视场为 1.0°，其中含有一个轴向梯度折射率透镜，详细结构参数见表 39.2。注意，由均匀折射率玻璃材料制造的正球形透镜具有球差，所以，边缘光线要比近轴光线会聚得更靠近透镜。使用一个具有负梯度的轴向折射率透镜可以解决该问题，使边缘区域的折射率比中心区域低，因而减小了球差。

表 39.2　焦距 6in、$f/4$ 激光聚焦物镜的结构参数　(单位：in)

表 面	半 径	厚 度	材 料	直 径
0	0.0000	0.100000×10^{11}		0.00
1	4.4701	0.1705	G23SFN	1.500
2	123.6921	5.9069		1.485
3	0.0000	0.0000		0.107

T 是 0.0，参考折射率是 1.7758。从加工角度考虑，第二表面应设计成平面。波长为 0.6328μm。

径向梯度折射率物镜

径向梯度折射率的典型分布公式是

$$n = n_0 + n_{R2}R^2$$

根据该公式，采用径向梯度折射率材料有可能设计出具有光焦度的平板元件。表 39.3 列出了这样的物镜，其有效焦距（在 0.55μm）是 50.0in，材料的径向折射率符合上述公式，$n_0=1.7$，$n_{R2}=-0.05$。（译者注：原文及表 39.3 中都错印为 N）透镜如图 39.5 所示。

表 39.3　焦距 50.0in 径向梯度折射率物镜的结构参数　(单位：in)

表 面	半 径	厚 度	材 料	直 径
0	0.0000	0.100000×10^{11}		0.00
1	光阑	0.0000		2.000
2	0.0000	0.2000	径向梯度折射率 $n_0=1.7$ $n_{R2}=-0.05$	2.000
3	0.0000	49.9592		2.000
4	0.0000	0.0000		0.874

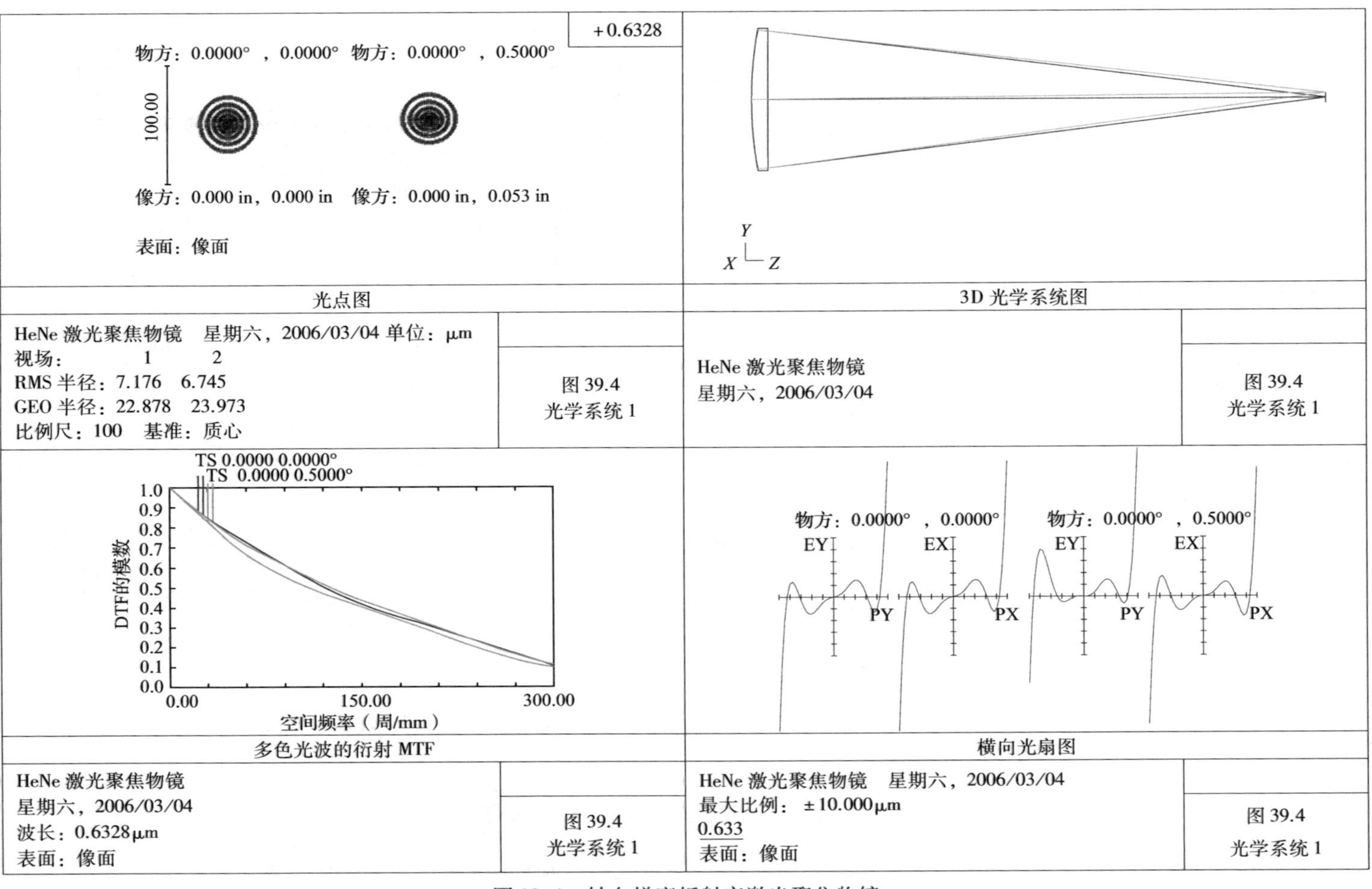

+0.6328
物方：0.0000°，0.0000° 物方：0.0000°，0.5000°
100.00
像方：0.000 in，0.000 in　像方：0.000 in，0.053 in
表面：像面
光点图
HeNe 激光聚焦物镜　星期六，2006/03/04 单位：μm
视场：1 2
RMS 半径：7.176 6.745
GEO 半径：22.878 23.973
比例尺：100　基准：质心
图 39.4
光学系统 1
Y
X Z
3D 光学系统图
HeNe 激光聚焦物镜
星期六，2006/03/04
图 39.4
光学系统 1
TS 0.0000 0.0000°
TS 0.0000 0.5000°
DTF的模数
1.0
0.9
0.8
0.7
0.6
0.5
0.4
0.3
0.2
0.1
0.0
0.00
150.00
300.00
空间频率（周/mm）
多色光波的衍射 MTF
HeNe 激光聚焦物镜
星期六，2006/03/04
波长：0.6328μm
表面：像面
图 39.4
光学系统 1
物方：0.0000°，0.0000°
EY PY EX PX
物方：0.0000°，0.5000°
EY PY EX PX
横向光扇图
HeNe 激光聚焦物镜　星期六，2006/03/04
最大比例：±10.000μm
0.633
表面：像面
图 39.4
光学系统 1

图 39.4　轴向梯度折射率激光聚焦物镜

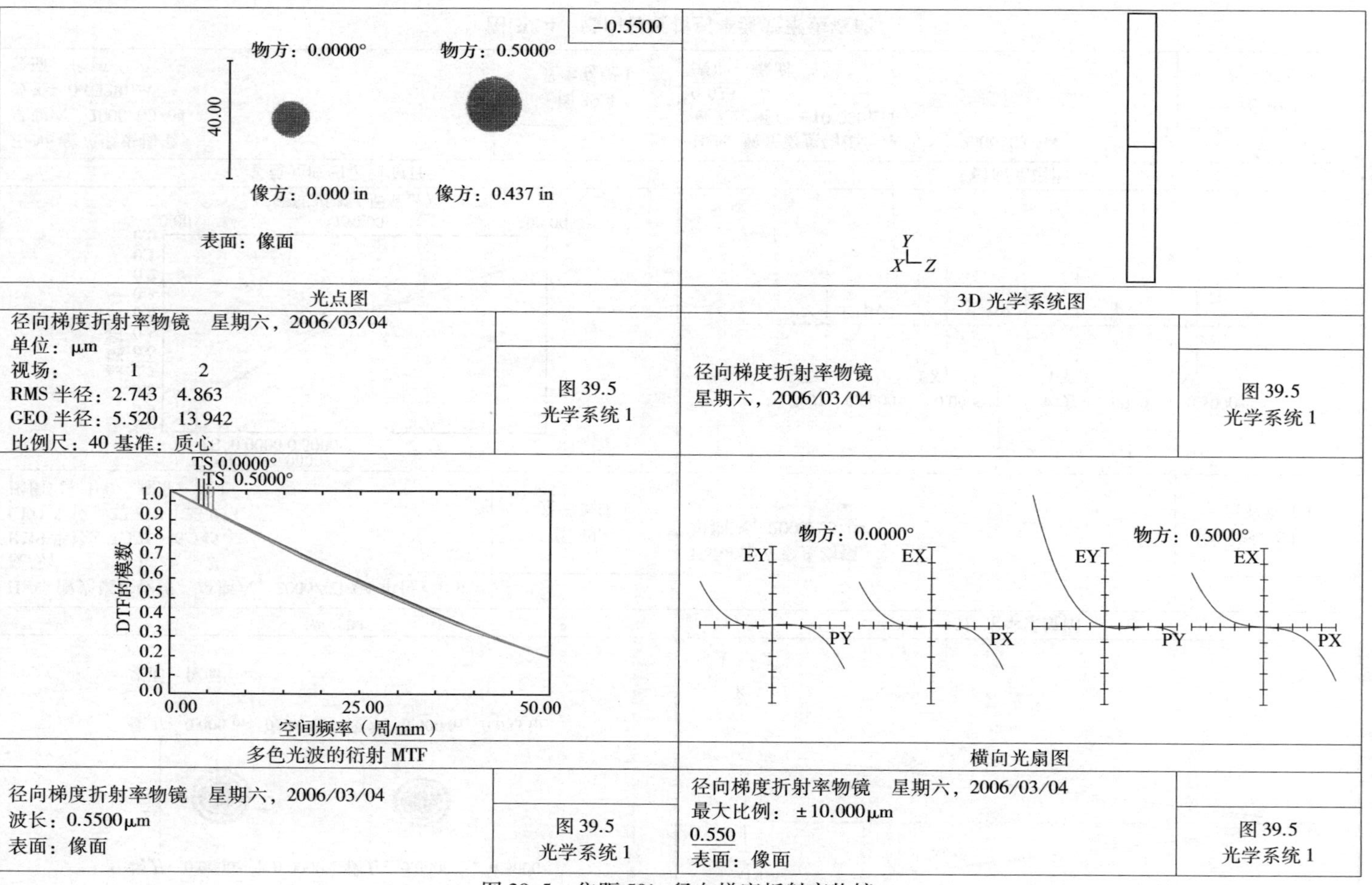

-0.5500
物方：0.0000°
物方：0.5000°
40.00
像方：0.000 in
像方：0.437 in
表面：像面
光点图
径向梯度折射率物镜 星期六，2006/03/04
单位：μm
视场： 1 2
RMS 半径：2.743 4.863
GEO 半径：5.520 13.942
比例尺：40 基准：质心
图 39.5
光学系统 1
Y
X Z
3D 光学系统图
径向梯度折射率物镜
星期六，2006/03/04
图 39.5
光学系统 1
TS 0.0000°
TS 0.5000°
DTF的模数
1.0
0.9
0.8
0.7
0.6
0.5
0.4
0.3
0.2
0.1
0.0
0.00
25.00
50.00
空间频率（周/mm）
多色光波的衍射 MTF
径向梯度折射率物镜 星期六，2006/03/04
波长：0.5500μm
表面：像面
图 39.5
光学系统 1
物方：0.0000°
物方：0.5000°
EY
EX
PY
PX
横向光扇图
径向梯度折射率物镜 星期六，2006/03/04
最大比例：±10.000μm
0.550
表面：像面
图 39.5
光学系统 1

图 39.5 焦距 50in 径向梯度折射率物镜

采用离子交换工艺可以制造出长棒形径向梯度折射率物镜。应用这种装置能够制造非常长、直径非常小的管道镜，应用于医学和工业检查领域（Gradient Lens Corp.，1999）。该物镜系统叫做 SELFOC（自聚焦）物镜，如图 39.6 所示，在管道镜内有 8 个中间像。使用目镜观察时，与一个前置物镜组合可以得到正像（见表 39.4）。

表 39.4　SELFOC 物镜的结构参数　（单位：in）

表　面	半　径	厚　度	材　料	直　径
0	0.0000	0.0800		0.020
1	光阑	2.0546	SLS-1.0	0.040
2	0.0000	0.0255		0.040
3	0.0000	0.0000		0.024

径向梯度折射率材料由 NSG America 公司生产（1999），其折射率符合下面公式

$$n = n_0\left[1.0 - \frac{A}{2}r^2\right]$$

式中，A 和 n_0（译者注：原文错印为大写 N_0）是波长的函数

$$A(\lambda) = \left[K_0 + \frac{K_1}{\lambda^2} + \frac{K_2}{\lambda^4}\right]^2$$

$$n_0 = B + \frac{C}{\lambda^2}$$

如图 39.6 所示是该系统的几何 MTF（有较低的分辨率，所以采用几何 MTF），将平面形式的前表面改变成曲面会使性能稍有提高。

最近，Corning 公司研制出一排径向梯度折射率物镜，应用在光学纤维系统中，在 1.55μm 波长处色散较低（Corning 2003）。选择该波长的原因，是玻璃纤维在该波长处的损耗最小，并在最小色散区域附近（Hecht 1999）。此外，利用稀土铒激光器可以将通过长光纤的信号放大（见表 39.5）。

表 39.5　使用 Corning-GRIN（梯度折射率材料）的激光聚焦物镜的结构参数

（单位：in）

表　面	半　径	厚　度	材　料	直　径
0	0.0000	0.100000×10^{11}		0.00
1	0.0000	0.2000	Corning-GRIN	0.50 光阑
2	0.0000	0.0053		0.002
3	0.0000	0.0000		0.001

直径 10μm 的单模光纤放置在透镜前面 0.0053in 处，如图 39.7 所示是该物镜

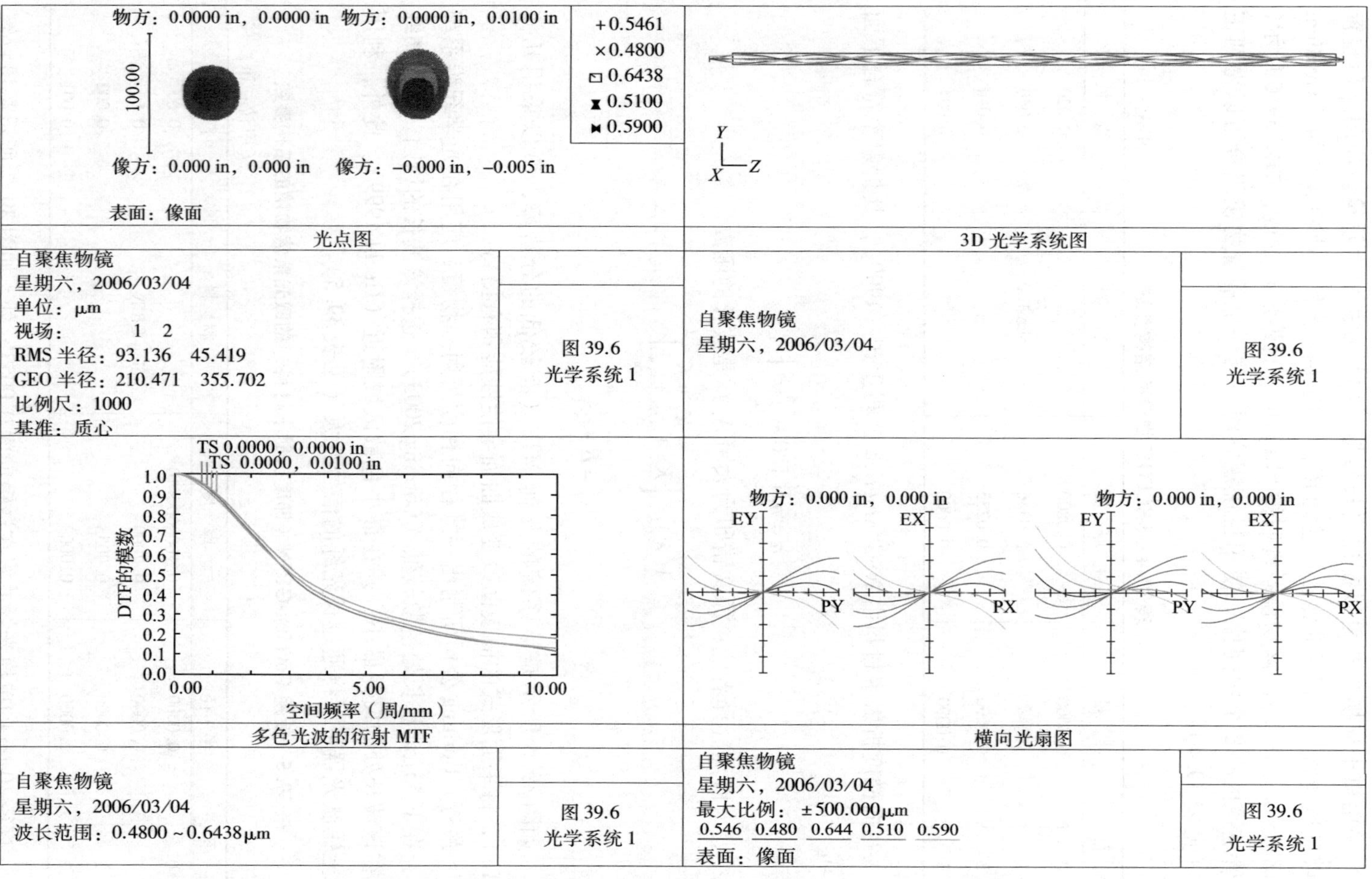

物方：0.0000 in，0.0000 in 物方：0.0000 in，0.0100 in
100.00
像方：0.000 in，0.000 in 像方：-0.000 in，-0.005 in
+0.5461
×0.4800
0.6438
0.5100
0.5900
表面：像面
Y
X
Z
光点图
3D 光学系统图
自聚焦物镜
星期六，2006/03/04
单位：μm
视场： 1 2
RMS 半径：93.136 45.419
GEO 半径：210.471 355.702
比例尺：1000
基准：质心
图 39.6
光学系统 1
自聚焦物镜
星期六，2006/03/04
图 39.6
光学系统 1
TS 0.0000，0.0000 in
TS 0.0000，0.0100 in
DTF的模数
1.0
0.9
0.8
0.7
0.6
0.5
0.4
0.3
0.2
0.1
0.0
0.00
5.00
10.00
空间频率（周/mm）
物方：0.000 in，0.000 in
EY
EX
PY
PX
物方：0.000 in，0.000 in
EY
EX
PY
PX
多色光波的衍射 MTF
横向光扇图
自聚焦物镜
星期六，2006/03/04
波长范围：0.4800 ~ 0.6438μm
图 39.6
光学系统 1
自聚焦物镜
星期六，2006/03/04
最大比例：±500.000μm
0.546 0.480 0.644 0.510 0.590
表面：像面
图 39.6
光学系统 1

图 39.6 SELFOC 物镜

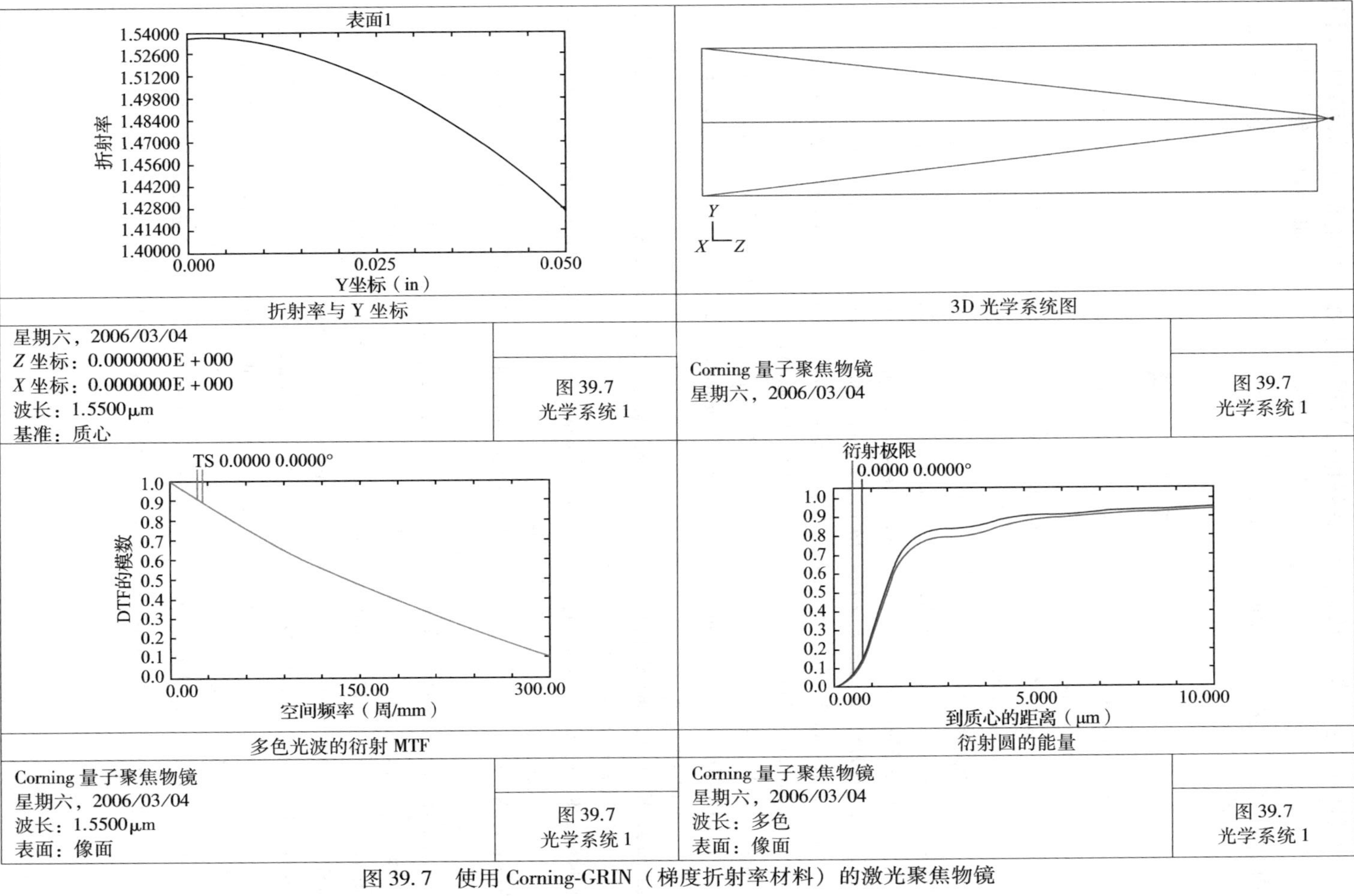

表面1
1.54000
1.52600
1.51200
1.49800
1.48400
1.47000
1.45600
1.44200
1.42800
1.41400
1.40000
折射率
0.000
0.025
0.050
Y坐标（in）
折射率与 Y 坐标
星期六，2006/03/04
Z 坐标：0.0000000E +000
X 坐标：0.0000000E +000
波长：1.5500μm
基准：质心
图 39.7
光学系统 1
Y
X
Z
3D 光学系统图
Corning 量子聚焦物镜
星期六，2006/03/04
图 39.7
光学系统 1
TS 0.0000 0.0000°
1.0
0.9
0.8
0.7
0.6
0.5
0.4
0.3
0.2
0.1
0.0
DTF的模数
0.00
150.00
300.00
空间频率（周/mm）
多色光波的衍射 MTF
Corning 量子聚焦物镜
星期六，2006/03/04
波长：1.5500μm
表面：像面
图 39.7
光学系统 1
衍射极限
0.0000 0.0000°
1.0
0.9
0.8
0.7
0.6
0.5
0.4
0.3
0.2
0.1
0.0
0.000
5.000
10.000
到质心的距离（μm）
衍射圆的能量
Corning 量子聚焦物镜
星期六，2006/03/04
波长：多色
表面：像面
图 39.7
光学系统 1

图 39.7　使用 Corning-GRIN（梯度折射率材料）的激光聚焦物镜

的一些性能，左上图是从中心开始测量的折射率曲线（中心的 $n=1.537$）（译者注：原文错印为大写 N）。圆形衍射斑能量曲线表示，此系统的性能达到准衍射受限水平，进入 10μm 光纤的能量约为 87%，物镜的 NA（数值孔径）是 0.286in。

参考文献

Corning（2003）*Low Chromatic Dispersion of Quantum focus Θ Gradient Index Lens*, Corniong Photonic Materials, corning, NY.

Gradient Lens Corp.（1999）*Data Sheet.* Gradient Lens Corp., Rochester, NY.

Greisukh, G. I. and Stepanovm, S. A.（1998）Design of a cemented, radial gradient-index triplet, *Applied Optics*, 37：2687-2690.

Greisukh, G. I., Bobrov, S. T., and Stepanov, S. A.（1997）*Optics of Diffractive and Gradient Index Elements and Systems*, SPIE Press, Bellingham, WA.

Hecht, J.（1999）*Understanding Fiber Optics*, Prentice Hall, Upper Saddle fiver, NJ.

Hunter, B. V. and Walters, B.（1998）How to design and tolerance with GRADIUM® glass, *International Optical Design Conference, 1998, SPIE*, Volume 3482, p. 801.

Hunter, B. V., Tyagi, V., Tinch, D. A., and Fournier, P.（1989）Current developments in GRADIUM® glass technology, *International Optical Design Conference, 1989, SPIE*, Volume 3482, p. 789.

Krishna, K. S. R. and Sharma, A.（1996a）Chromatic abberrations of radial gradient-index lenses I, *Applied Optics*, 35：1032-1036.

Krishna, K. S. R. and Sharma, A.（1996b）Chromatic abberrations of radial gradient-index lenses I, *Applied Optics*, 35：1037-1040.

Krishna, K. S. R. and Sharma, A.（1996c）Chromatic abberrations of radial gradient-index lenses I, *Applied Optics*, 35：5636-5641.

Lightpath Technologies *Data Sheet*, Lightpath Technologies, albuquerque, NM.

Manhart, P. K.（1997）Gradient refractive index lens elements, US Patent #5617252.

Marchand, E. W.（1978）Gradient index optics. Academic Press, New York.

NSG America *Data Sheet*, NSG America, Sommerset, NJ.（1999）.

Rouke, J. L., Crawford, M. K., Fisher, D. J., Harkrider, C. J., Moore, D. T., and Tomkinson, T. H.（1998）Design of a three element night-vision goggle, *Applied Optics*, 37：622-626.

Wang, D. Y. H. and Moore, D. T.（1990）Systematic approach to axial gradient lens design, *International Lens Design Conference, 1990, SPIE*, Volume 1354, p. 599.

第 40 章　稳态光学系统

有时，希望光学系统的振动不会引起像的运动。例如，安装在直升机上的TV，航船甲板上的观察望远镜（或者高倍率双目望远镜），或者情景剧现场移动着的电影摄像机。采取下列方式可以保证图像稳定。

1. 将一个充满液体的楔形板放置在物镜前面。整个系统运动时，使其中一块平板倾斜，保证图像固定不变（De La Cierva 1965）。一块薄楔形棱镜使光束偏折角 $\theta=\phi(N-1)$，式中，N 是液体的折射率，θ 是偏折角，ϕ 是两平板间的楔形角。采用充满液体楔形板的优点是，可以放置在各种光学系统前面。一般要比其它系统有更大的频率响应宽度。

2. 替换或倾斜一组透镜，以保证不变的成像位置（Furukawa 1976；Hayakawa1998；Suzuki 1999）。

3. 使一块内反射镜（陀螺稳定）倾斜，以保证不变的成像位置（Kawasaki 等 1976；Helm and Flogaus 1981）。

4. 利用一个内棱镜（陀螺稳定）保证不变的成像位置（Humphrey 1969）。这种系统示意性如图 40.1 所示。M_1 是物镜-中继转像系统组件，焦距为 10.0in，用陀螺稳定的棱镜表示为 M_2。带有棱镜组件，并与物镜装调对准后的系统如图 40.2 所示，前物镜焦点处的一块凹面反射镜作为场镜，实际系统则是利用凹面反射镜使光束倾斜，最终目的是将准直后的光束成像在像面上。前物镜与图 2.3 所示的结构一样，而其它两个物镜，简单地说，是该物镜按比例缩放 0.5 倍后得到的。整个系统的有效焦距是 10.0in，所以，若不加以稳定，2°的倾斜角度对应着 0.349in 的图像位移，而采用稳定结构，位移量只有 0.000178in（主光线值）。

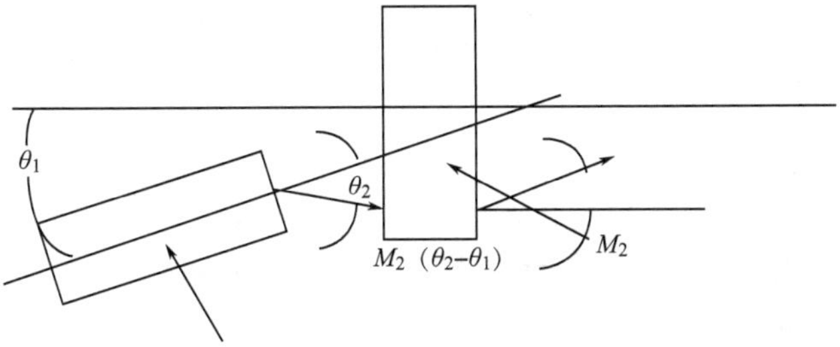

θ_1
θ_2
M_2 $(\theta_2-\theta_1)$
M_2

图 40.1　内棱镜的稳定情况

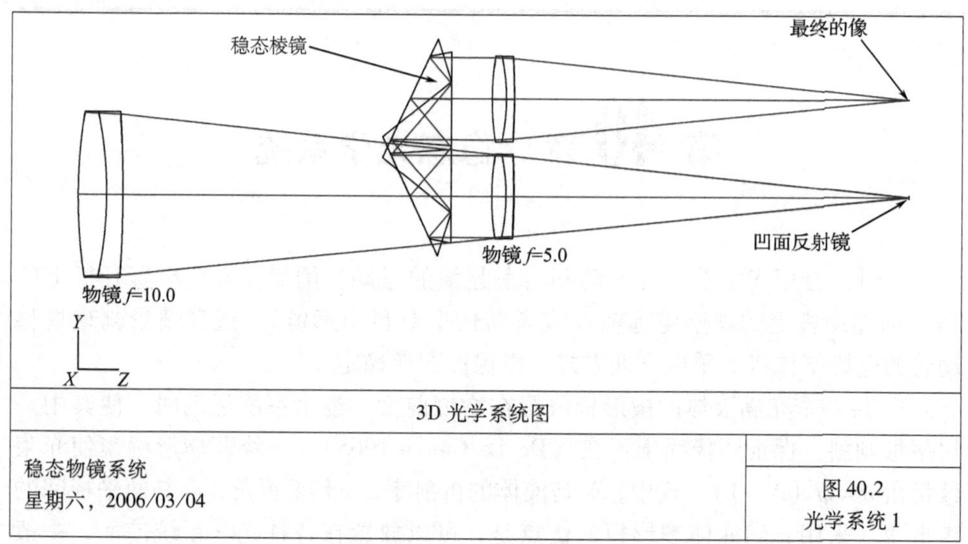

稳态棱镜
最终的像
凹面反射镜
物镜 f=5.0
物镜 f=10.0
Y
X Z
3D 光学系统图
稳态物镜系统
星期六，2006/03/04
图 40.2
光学系统 1

图 40.2 稳态物镜系统

参考图 40.1，有

$$M_1 = \frac{\theta_2}{\theta_1}$$

为了稳定，必须使出射光线对光轴的夹角与倾斜之前相同

$$\theta_1 - M_2(\theta_2 - \theta_1) = 0.0$$

$$\theta_1 - M_2(\theta_1 M_1 - \theta_1) = 0.0$$

$$M_2(M_1 - 1.0) = 1.0$$

由于 M_2 是偶次反射，$M_2 = 1.0$（按照上述的符号习惯）和 $M_1 = 2.0$。下面系统只表示出轴上光束（见表 40.1）。

表 40.1 稳态系统的结构参数 （单位：in）

表 面	半 径	厚 度	材 料	直 径
0	0.0000	0.1000E+11		0.000
1	0.0000	0.0000		0.000
2	6.4971	0.3500	N-BAK1	2.000 光阑
3	-4.9645	0.2000	SF1	2.020
4	-17.2546	9.7627		2.002
5	-6.6660	-4.8663	反射镜	0.040
6	-8.6273	-0.1000	SF1	1.022
7	-2.4823	-0.1750	N-BAK1	1.031
8	3.2486	-0.5000		1.041
9	0.0000	0.0000		0.000
10	0.0000	-0.5000	N-BK7	1.040

（续）

表 面	半 径	厚 度	材 料	直 径
11	0. 0000	0. 0000		0. 000
12	0. 0000	0. 5517	反射镜	1. 144
13	0. 0000	0. 0000		0. 000
14	0. 0000	-0. 7779	反射镜	1. 596
15	0. 0000	0. 0000		0. 000
16	0. 0000	0. 5517	反射镜	1. 144
17	0. 0000	0. 0000		0. 000
18	0. 0000	0. 5000		1. 046
19	0. 0000	0. 0000		0. 000
20	3. 2486	0. 1750	N-BAK1	1. 046
21	-2. 4823	0. 1000	SF1	1. 036
22	-8. 6273	4. 8610		1. 027
23	0. 0000	0. 0000		0. 001

各表面的意义解释如下：

- 利用表面 1、9 和 19 测试系统稳定性（旋转 M_1）。
- 表面 2—4 形成一个焦距为 10. 0in 的前物镜。
- 表面 5 是一个凹面反射镜，其作用相当于场镜。
- 表面 6—8 组成一个准直光学系统，焦距为 5. 0in。
- 表面 10—18 是稳定棱镜 M_2。
- 表面 20—22 是最终成像物镜，焦距为 5. 0in。
- 表面 23 是最终的像，最后，用目镜观察。

5. 使用静水补偿法（Humphrey 1970）。在这种方法中，一块反射镜放置在充满液体的箱中，瞄准线被该反射镜反射，镜体没有运动。若镜体突然运动，输出光束仍然保持稳定。

参 考 文 献

De La Cierva, J. (1965) Image motion compensator, US Patent #3212420.

Furukawa, H. (1976) Image stabilizing optical element, US Patent #3953106.

Hayakawa, S. (1998) Design of image stabilizing optical systems, *Proceedings of SPIE*, Volume 3482, p. 240.

Helm, D. B. and Flogaus, W. S. (1981) Optical scanning system using folding mirrors and with stabilization, US Patent #4249791.

Humphrey, W. E. (1969) Accidental-motion compensation for optical devices, US Patent #3473861.

Humphrey, W. E. (1970) Hydrostatically supported optical stabilizer, US Patent #3532409.

Kawasaki, A. K., Machida, K. H., Furukawa, H., and Ichiyangi, T. (1976) Image stabilized zoom lens system, US Patent #3944324.

Suzuki, K. (1999) Wide angle lens with image stabilizing function, US Patent #5917663.

第 41 章 正常人眼系统

下面阐述最重要的光学装置：人眼。由于眼睛内充满一种非常类似于水的液体，所以很难拆开并测量其参数。许多研究人员测量了活人角膜及死人冻眼的曲率。利用望远镜也可以测量出眼睛内表面的位置，并记录下所研究表面的成像位置。假设给出介质的折射率，就可以计算出表面的实际位置。Gullstrand 对此做了综合研究（1924）。这里的分析就是在此数据基础上进行的，Charman（1995）以及 Emsley（1953）各自文章的表 1 也给出了其结果。

绝大部分眼科的研究工作都以毫米为单位，所以本章不同于其它设计，所有的透镜数据也都以毫米为单位给出，Gullstrands（Allvar，1862—1930，瑞典医学家，曾获 1911 年诺贝尔生理学-医学奖）提供的数据都要经过修正，包括透镜的色散数据、角膜和类似于水的水晶体数据。此外，前角膜表面被修正为非球面（Lotmar 1971）。这种模型要比 Blaker（1983）给出的稍短些（见表 41. 1）。

表 41. 1 正常人眼系统的结构参数 （单位：in）

表　面	半　径	厚　度	材　料	直　径
0	0. 0000	0.100000×10^{11}		
1	7. 7000	0. 5000	角膜	8. 200 非球面
2	6. 8000	3. 1000	水状体	7. 600
3	10. 0000	0. 2730	水状体	6. 000
4	10. 0000	0. 2730	水状体	5. 000 光阑
5	7. 9110	2. 4190	水晶体	7. 000
6	-5. 7600	0. 6350	水状体	7. 000
7	-6. 0000	16. 6424	水状体	7. 000
8	-11. 36431	0. 0000	水状体	12. 000

表中数据是对一个远距离物体聚焦的正常眼睛，借助睫状肌增大目镜弯曲，可以对近距离目标聚焦。可变光阑的肌肉纤维控制入瞳直径，在全暗情况下，可变光阑直径约为 8mm，在亮光下减小为 2mm（见图 41. 1）。

图 40. 1 中，曲线是针对可变光阑直径为 3mm 时绘出的。角膜的非球面数据是

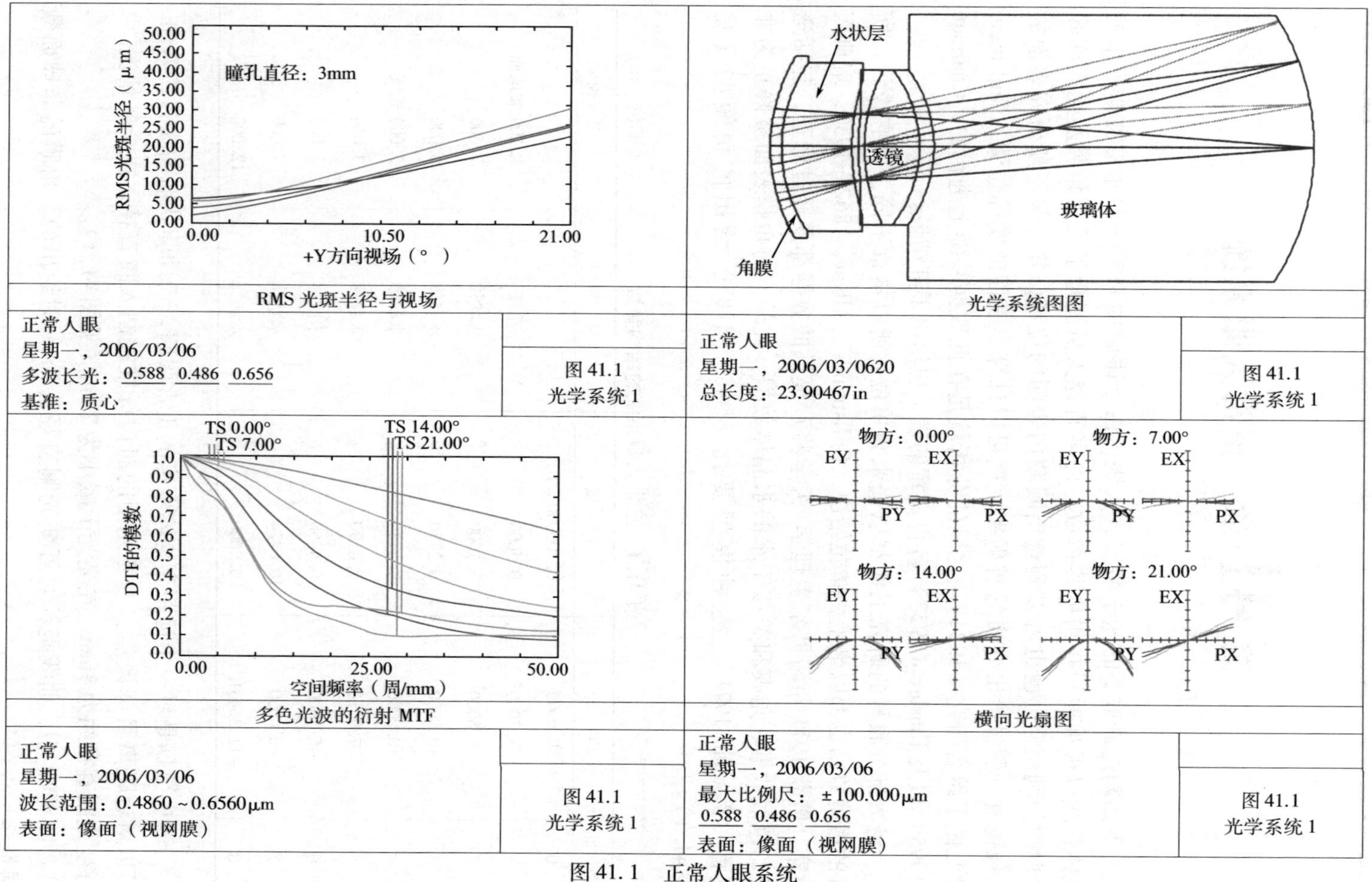
RMS光斑半径（μm）
瞳孔直径：3mm
+Y方向视场（°）
RMS 光斑半径与视场
正常人眼
星期一，2006/03/06
多波长光：0.588 0.486 0.656
基准：质心
图 41.1
光学系统 1
水状层
透镜
角膜
玻璃体
光学系统图图
正常人眼
星期一，2006/03/0620
总长度：23.90467in
图 41.1
光学系统 1
TS 0.00°
TS 7.00°
TS 14.00°
TS 21.00°
DTF的模数
空间频率（周/mm）
多色光波的衍射 MTF
物方：0.00°
物方：7.00°
物方：14.00°
物方：21.00°
横向光扇图
正常人眼
星期一，2006/03/06
波长范围：0.4860 ~ 0.6560μm
表面：像面（视网膜）
图 41.1
光学系统 1
正常人眼
星期一，2006/03/06
最大比例尺：±100.000μm
0.588 0.486 0.656
表面：像面（视网膜）
图 41.1
光学系统 1

图 41.1 正常人眼系统

锥形常数 = −0. 5917424

$A4 = 1.10551 \times 10^{-4}$

$A6 = -9.17369 \times 10^{-6}$

$A8 = 1.000623 \times 10^{-6}$

$A10 = -6.31872 \times 10^{-9}$

根据 Stiles-Crawford 效应（Stiles 1933），通过入瞳边缘的光线并不像中心区的光线那样能有效地影响视网膜的响应。原因是视网膜中杆状细胞和锥状细胞的作用相当于通往神经末梢的光纤导管。入瞳将根据关系式 $A(\rho) = e^{-G^2_\rho}$ 被切趾（式中，G 是切趾因子，ρ 是归化瞳坐标）。如果 G 值采用 0. 34，那么与中心相比，8mm 瞳孔边缘处的强度是 0. 507。

由于透镜中心区的折射率是 1. 406（波长 0. 5876μm），边缘处下降到 1. 386，利用径向梯度折射率公式（Blanker 1980）、上表列出的目镜的结构参数及白昼视觉波长和权重，则计算目镜色散的公式是

$$N_{00} = 1.406 - 0.034 \times 10^{-8} \lambda^2$$

式中，λ 的单位为 nm。

由于目镜与视网膜间的玻璃体材料的折射率几乎和角膜与目镜间的一样，所以，对两种材料都采用水状体的数据。采用 Conrady 公式（1960），可以拟合出角膜和水状体的折射率

$$N = N_0 + \frac{A}{\lambda} + \frac{B}{\lambda^{3.5}}$$

在波长是 0. 5876μm 时，水状体的折射率是 1. 336，角膜的折射率是 1. 376。

材料	N_0	A	B
水状体	1. 32420	0. 0048714	0. 00054201
角膜	1. 26536	0. 0883011	−0. 00616611

有效焦距是 16. 63mm。Goss 给出（2002）的焦距是 16. 5mm。从 3mm 瞳孔直径得到的方均根（RMS）光斑半径曲线图注意到，轴上光斑的半径是 5μm，因此

$$\tan\theta = \frac{0.005}{16.63} = 0.0003$$

所以，$\theta = 1.0$ 弧分，并且在轴外 21°时，光斑半径增大到 25μm，得到的分辨率是 $\theta = 5.0$ 弧分。

人眼会有纵向色差（参考 Charman 资料（1995）中的图 11），与用水制造的简单透镜一样。由于这种限制是受视网膜中央锥状细胞直径的影响，所以无法校正这种色差。

参 考 文 献

Blaker, J. W. (1980) Towards an adaptive model of the human eye, *JOSA*, 70: 220.

Blaker, J. W. (1983) *Applied Optics and Optical Engineering*, Volume 9, Chapter 7, Opthalmic Optics.

Charman, W. N. (1995) Optics of the eye, *Handbook of Optics*, Volume 1, Chapter 24, McGraw Hill, New York.

Conrady, A. E. (1960) *Applied Optics and Optical Design*, *Part 2*, Dover, New York, p. 659.

Emsley, H. H. (1953) *Visual Optics*, *Volume 1*: *Optics of vision*, Butterworths, London. Goss, D. A. and West, R. W. (2002) *Introduction to the Optics of the Eye.* Butterworth- Heinemann, NY.

Gullstrand, A. (1924) *Helmoholtz's Treatise on Physiological Optics*, Optical Society of America, Washington, DC.

Lotmar, W. (1971) Theoretical eye model with aspherics, *JOSA*, 61: 1522.

Stiles, W . S. and Crawford, B. H. (1933) The luminous efficiency of rays entering the eye pupil at different points, *Proc. R. Soc. Lond.* , *B*, 112: 428.

第 42 章 光谱摄像系统

光谱摄像系统广泛应用于各种领域，包括原子光谱学、天文学、血样和尿样分析以及法医检定等（Harrison 等 1948）。

如图 42.1 所示是具有最小偏折角（偏移角）、并用直径为 A 的圆形光束照明的棱镜，从而利用了棱镜的最大孔径，光束平行于底边传播。

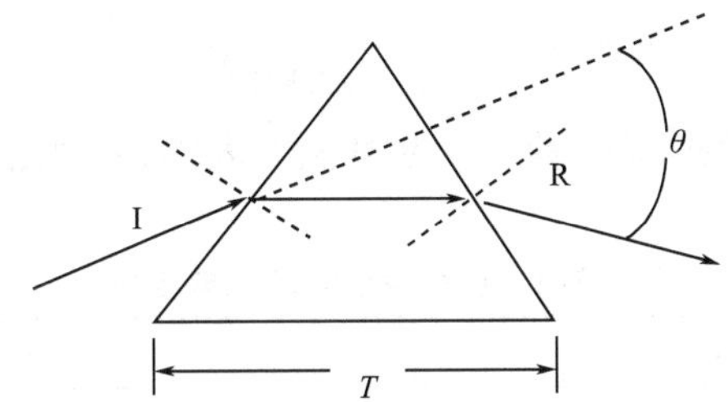
θ
R
I
T

图 42.1 最小偏折角棱镜的折射

如果棱镜的折射率为 N，那么棱镜的角色散是（Harrison 等 1948）

$$\frac{d\theta}{d\lambda}=\frac{dN}{d\lambda}\left[\frac{2\tan I}{N}\right]$$

棱镜的分辨率是

$$\frac{\lambda}{d\lambda}=T\frac{dN}{d\lambda}\frac{1.22}{N}=A\frac{d\theta}{d\lambda}$$

42.1 费里（fery）棱镜

如图 42.2 所示是费里棱镜的应用例子（Miller 等 1948，1949；Warren 等 1997）。实例中认为，光源是一个点，成像为一条线，详细结构参数见表 42.1。

表 42.1 费里棱镜系统的结构参数 （单位：in）

表 面	半 径	厚 度	材 料	直 径
0	0.0000	20.0000		0.000
1	-14.0335	1.0000	硅	3.991 光阑
2	-17.4844	-1.0000	反射镜	4.327
3	-14.0335	-12.8739		4.579
4	0.0000	0.0000		15.977

注：X 方向的 $R2=-16.89774$in，表面 2 相对于光轴倾斜 $-10°$。

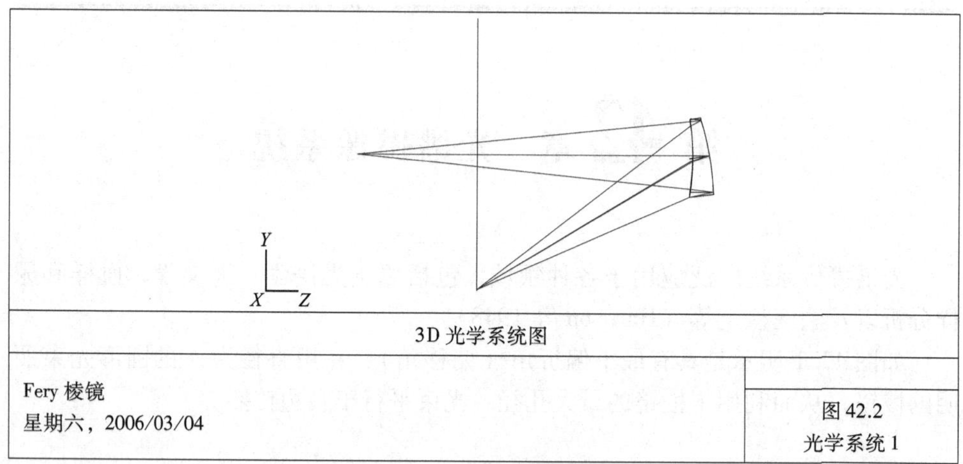
Y
X
Z
3D 光学系统图
Fery 棱镜
星期六，2006/03/04
图 42.2
光学系统 1

图 42.2　费里棱镜

注意，图 42.2 中的表面 2 是一个超环面。表 42.2 列出了各种波长时焦面上狭缝像的 Y 值。

表 42.2　费里棱镜的像高与波长

波长/μm	像高/in
0.4	-7.987
0.5	-7.931
0.6	-7.900

42.2　利特罗（Littrow）棱镜

如图 42.3 所示是利特罗棱镜系统，光束在棱镜上的入射角等于折射角。系统中的 30°棱镜用硅制成（也可用石英晶体，由于反射光束在棱镜中几乎是以平行于自身的方式传播，从而消除了光学旋转），并在背面镀铝，详细结构参数见表 42.3。

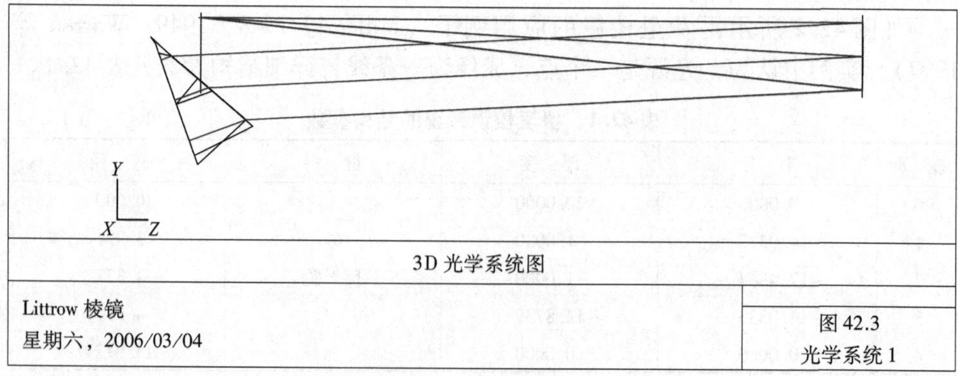
Y
X
Z
3D 光学系统图
Littrow 棱镜
星期六，2006/03/04
图 42.3
光学系统 1

图 42.3　利特罗棱镜

表 42.3　利特罗棱镜的结构参数　（单位：in）

表　面	半　径	厚　度	材　料	直　径	倾斜角/（°）
0	0.0000	20.0000		0.000	
1	-40.0000	-20.0000	反射镜	2.000 光阑	-3.0
2	0.0000	-1.0000	硅	3.790 棱镜	-50.0
3	0.0000	1.1450	反射镜	2.784	30.0
4	0.0000	13.4387		3.216	-30.0
5	-40.0000	-19.9100	反射镜	2.414	50.0
6	0.0000	0.0000		2.369	

注：倾斜角是绕 X 轴。

表面 2 沿 Y 轴位移 -0.75in，而表面 5 沿 Y 轴位移 -14.2663in。表 42.4 列出了各种波长时焦面上狭缝像的 Y 值。

表 42.4　利特罗棱镜的像高与波长

波长/μm	像高/in
0.4	1.1799
0.5	1.0546
0.6	0.8250

注意，在图 42.3 中，物与像是重合的。实际上，物和像是相互垂直地叠在一起。

一般地，棱镜的分辨率远小于光栅的分辨率，但不存在衍射级的叠加问题。光栅方程（Palmer 2000）是

$$m\lambda = d(\sin\alpha + \sin\beta)$$

式中，m 是衍射级；d 是光栅间隔距离；α 是入射光束相对于光栅法线的夹角；β 是衍射光束相对于光栅法线的夹角。其中假设，入射光束垂直于沟槽面（见图 42.4）。

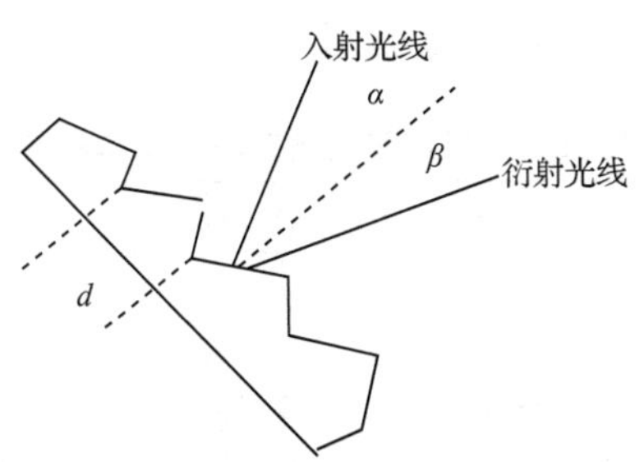
入射光线
α
β
衍射光线
d

图 42.4　平面光栅的衍射

将上述方程相对于 λ 微分就得到角色散（Loewen 1997）

$$\frac{\mathrm{d}\beta}{\mathrm{d}\lambda}=\frac{\sin\alpha+\sin\beta}{\lambda\cos\beta}=\frac{m}{\mathrm{d}\cos\beta}$$

分辨率 R 是

$$R=\frac{\lambda}{\Delta\lambda}=Nm$$

对利特罗布局（$\alpha=\beta$）（见图 42.5）和表 42.5，则有

$$\frac{\mathrm{d}\beta}{\mathrm{d}\lambda}=\frac{2\tan\beta}{\lambda} \tag{42.1}$$

$$2\sin\alpha=\frac{m\lambda}{d}$$

对上述光栅方程，注意到衍射级有叠加，就是说波长 λ 和 $m=1$ 的衍射级与 $m=2$ 和波长 $\lambda/2$ 的衍射级会有同样的衍射角。由下式给出自由光谱区（Loewen 1997）：

$$\Delta\lambda=\frac{\lambda}{m}$$

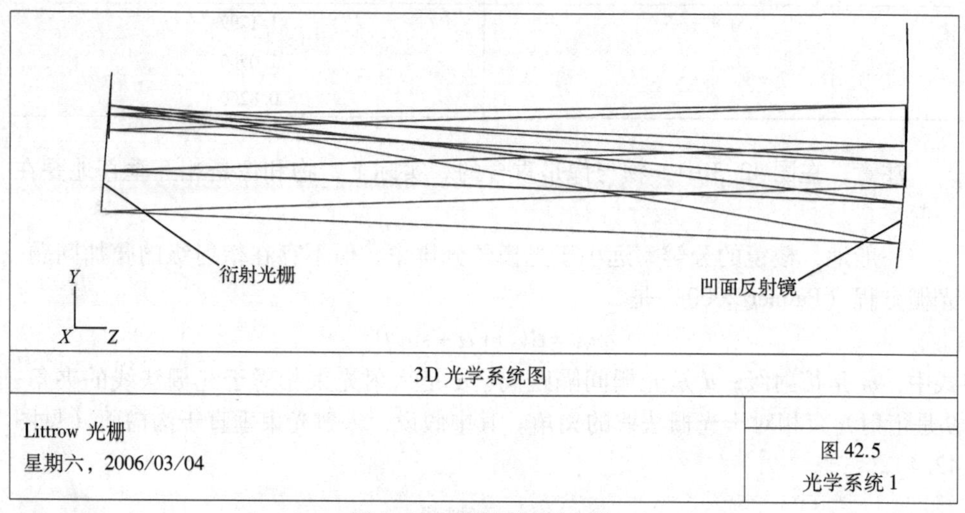
衍射光栅
凹面反射镜
Y
X
Z
3D 光学系统图
Littrow 光栅
星期六，2006/03/04
图 42.5
光学系统 1

图 42.5 利特罗衍射光栅

表 42.5 利特罗光栅系统的结构参数 （单位：in）

表 面	半 径	厚 度	材 料	直 径	倾 斜
0	0.0000	20.0000		0.000	
1	-46.0000	-20.0000	反射镜	2.000 光阑	-2.0
2	0.0000	20.0000	反射镜	3.410 光栅	4.301
3	-40.0000	-19.9328	反射镜	5.991	-2.0
4	0.0000	0.0000		1.421	

利用一块具有预置色散布局的棱镜或使用一块滤光片可以消除衍射级的叠

加。由于分析样本常常是在一种溶剂中，所以有时使用双光束系统（Hollas 2005）。在这种情况下，样本与溶液同在一束光路中，另外一路只含溶液，记录下两束光的比。

参考上面给出的角色散公式（式 42.1），并注意到在 0.5μm 时衍射光束的角度是 4.301°，则角色散就变成 300.846/mm 或者 0.300846/μm。由于凹反射镜的焦距是 20in，并且 $\Delta\lambda$ 为 0.1，所以得到的像高差是 0.6017in，与表 42.6 给出的值一致。

表 42.6 利特罗衍射光栅系统的像高与波长

波长/μm	像高/in
0.4	-0.498
0.5	0.103
0.6	0.705

参 考 文 献

Harrison, G. R., Lord, R. C., and Loofbourow, J. R. (1948) Practical Spectroscopy, Prentice Hall, New York.

Hollas, J. M. (2005) Modern Spectroscopy, John Wiley, NY.

Loewen, E. G. and Popov, E. (1997) Diffraction Gratings and Applications, Marcel Dekker, NY.

Miller, W. C., Hare, G. G., George, K. P., Strain, D. C., and Stickney, N. E. (1948) A new spectrophotometer employing a glass Fery prism, *JOSA* 38: 1102.

Miller, W. C., Hare, G. G., George, K. P., Strain, D. C., and Stickney, N. E. (1949) A new spectrophotometer employing a glass Fery prism, *JOSA* 39: 377.

Palmer, C. (2000), Diffraction Grating Handbook, Richardson Grating Laboratory, Rochester, NY.

Warren, D. and Hackwell, A. (1992) Compact prism spectrograph, US Patent #5127728.

Warren, D., Hackwell, A., and Gutierrez, D. J. (1997) Compact prism spectrographs based on aplanatic principles, *Optical Engineering*, 36: 1174.

第 43 章　衍射光学系统

衍射光学元件可以看作是一种非常薄的、可以改变出射波前位相的器件（或装置）。其最简单的类型就是二元光学元件，其离散型位相的步长交替变化，将零或者 π 相位增加到波前上。这类衍射表面可以施加到一块透镜上，从而有助于校正色差和其它像差（O'Shea 等 2004），其近轴光焦度是波长的线性函数，即

$$\nu = \frac{\lambda_0}{\lambda_{\text{short}} - \lambda_{\text{long}}}$$

该值是负的，且绝对值远比火石玻璃小得多（Buralli 1994），所以用来校正色差非常有效，同时也不会增加 Petzval 和。

在 ZEMAX 设计软件程序中（Moore 2006），采用下面方式对二元光学衍射面建模：用一个多项式表示附加在该表面上的相位

$$\phi = M \sum_{i=1}^{N} A_i \rho^{2i}$$

式中，M 是衍射级；N 是多项式系数的个数；A_i 是系数；ρ 是归一化后的径向孔径坐标。

如图 43.1 所示是一个二元面，附加到一块简单正透镜的后表面上，从而形成一个消色差物镜，详细结构参数见表 43.1。该物镜系统有焦距 20in、$f/6$、视场 1.5°，所以其性能与如图 2.2 所示的双胶合消色差物镜相比，几乎一样。比较这两种物镜的纵向色差，发现双胶合消色差物镜是采用传统方法校正色差，中间波长聚焦后离透镜最近，两端波长最远，然而多于衍射物镜，由于衍射面的反向色散，所以情况恰恰相反。衍射级 $M=1$。

表 43.1　消色差单透镜的结构参数　（单位：in）

表面	半径	厚度	材料	直径
0	0.0000	0.100000×10^{11}		0.00
1	10.9831	0.4000	N-BK7	3.400 光阑
2	0.0000	19.7668		3.400
3	0.0000	0.0000	衍射	0.529

归一化半径为 1 的二元光学面系数：

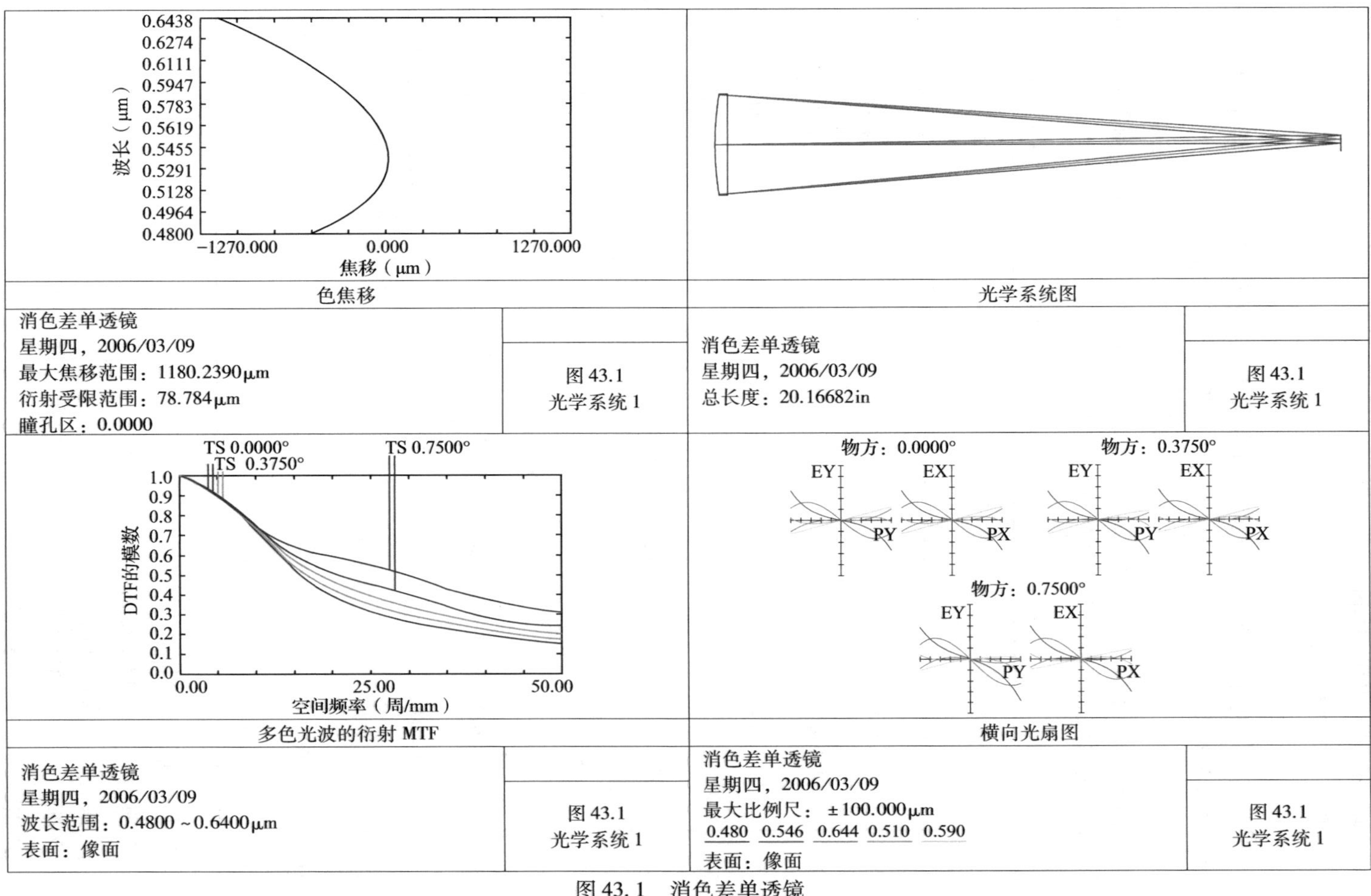
波长（μm）
0.6438
0.6274
0.6111
0.5947
0.5783
0.5619
0.5455
0.5291
0.5128
0.4964
0.4800
−1270.000
0.000
1270.000
焦移（μm）
色焦移
消色差单透镜
星期四，2006/03/09
最大焦移范围：1180.2390μm
衍射受限范围：78.784μm
瞳孔区：0.0000
图 43.1
光学系统 1
光学系统图
消色差单透镜
星期四，2006/03/09
总长度：20.16682in
图 43.1
光学系统 1
TS 0.0000°
TS 0.3750°
TS 0.7500°
DTF的模数
1.0
0.9
0.8
0.7
0.6
0.5
0.4
0.3
0.2
0.1
0.0
0.00
25.00
50.00
空间频率（周/mm）
多色光波的衍射 MTF
消色差单透镜
星期四，2006/03/09
波长范围：0.4800～0.6400μm
表面：像面
图 43.1
光学系统 1
物方：0.0000°
物方：0.3750°
物方：0.7500°
EY
EX
PY
PX
横向光扇图
消色差单透镜
星期四，2006/03/09
最大比例尺：±100.000μm
0.480 0.546 0.644 0.510 0.590
表面：像面
图 43.1
光学系统 1

图 43.1　消色差单透镜

ρ^2 项　　-400.01846

ρ^4 项　　9.6866789

ρ^6 项　　-0.0514924

该面有大的色散，所以正透镜应当有很大的 ν 值。然而，当玻璃材料由N-BK7改为N-FK5，最后变为N-FK51时，像质只是稍有改善。

如图43.2所示是夜视应用的Petzval型物镜，焦距6.39in、视场4°、$f/1.4$，详细结构参数见表43.2。该系统应用于夜视领域，所以，波长范围是0.48～0.863μm，是Haixian设计方案（1998）的改进型。

表43.2　混合夜视物镜的结构参数　（单位：in）

表　面	半　径	厚　度	材　料	直　径
0	0.0000	0.100000×10^{11}		0.00
1	8.8747	0.3965	N-SK5	4.600
2	-111.4373	0.0200		4.600
3	4.8683	0.4181	N-PSK3	4.400
4	15.7334	0.1672		4.340
5	光阑	0.0970		4.338
6	-27.7053	0.3000	SF4	4.330
7	9.2624	1.4531		4.152
8	4.4627	0.6566	N-PSK53	4.000
9	0.0000	4.1999		4.000 二元光学面
10	-0.7670	0.1181	F5	0.534
11	-0.9983	0.0724		0.514
12	0.0000	0.0000		0.450

二元表面的系数是

ρ^2 项　　-437.57506

ρ^4 项　　14.675909

ρ^6 项　　5.153380

ρ^8 项　　-0.659243

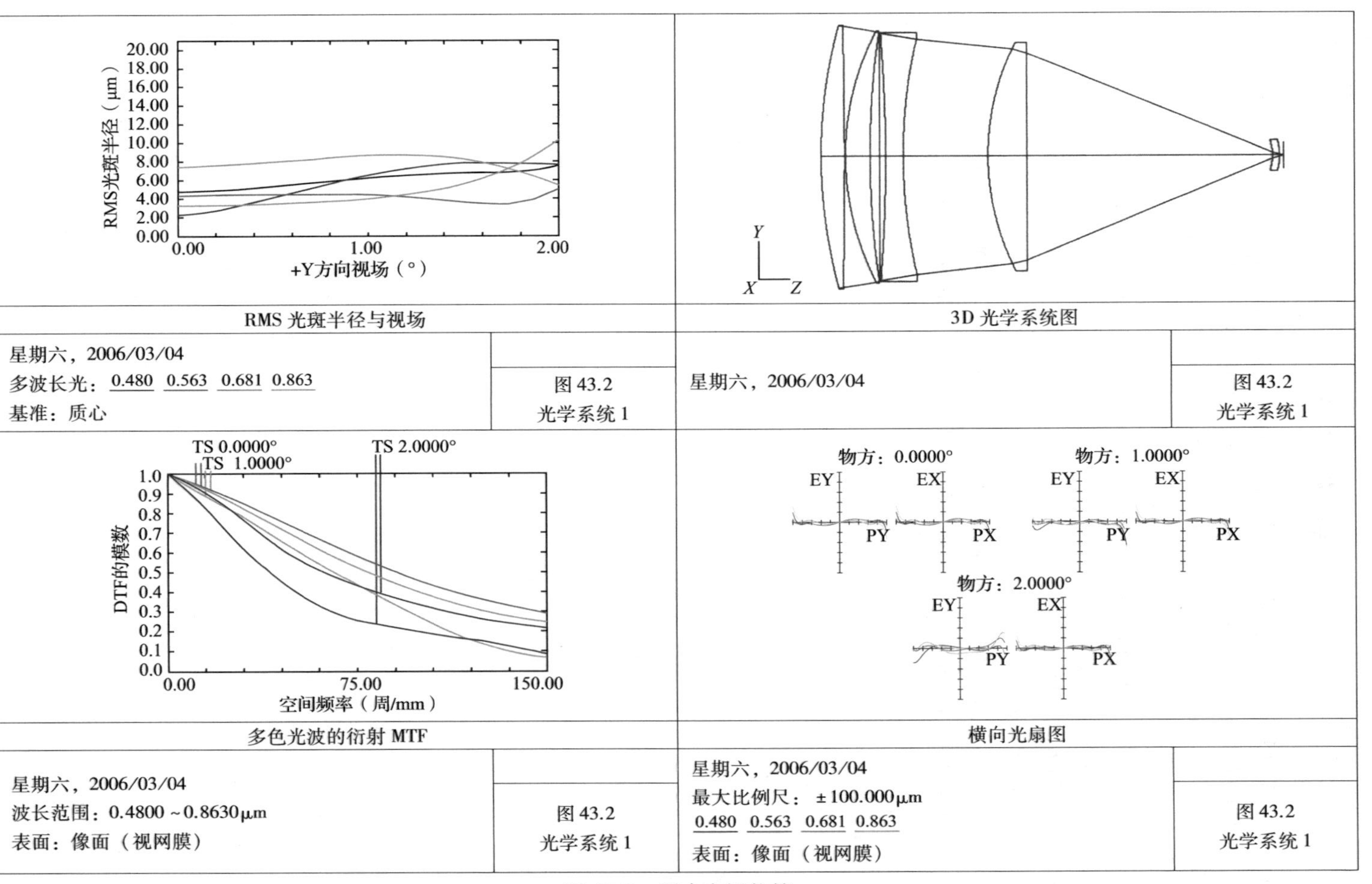
RMS光斑半径（μm）
20.00
18.00
16.00
14.00
12.00
10.00
8.00
6.00
4.00
2.00
0.00
0.00
1.00
2.00
+Y方向视场（°）
RMS 光斑半径与视场
星期六，2006/03/04
多波长光：0.480 0.563 0.681 0.863
基准：质心
图 43.2
光学系统 1
Y
X
Z
3D 光学系统图
星期六，2006/03/04
图 43.2
光学系统 1
TS 0.0000°
TS 1.0000°
TS 2.0000°
DTF的模数
1.0
0.9
0.8
0.7
0.6
0.5
0.4
0.3
0.2
0.1
0.0
0.00
75.00
150.00
空间频率（周/mm）
多色光波的衍射 MTF
星期六，2006/03/04
波长范围：0.4800 ~ 0.8630μm
表面：像面（视网膜）
图 43.2
光学系统 1
物方：0.0000°
物方：1.0000°
物方：2.0000°
EY
EX
PY
PX
横向光扇图
星期六，2006/03/04
最大比例尺：±100.000μm
0.480 0.563 0.681 0.863
表面：像面（视网膜）
图 43.2
光学系统 1

图 43.2 混合夜视物镜

参 考 文 献

Buralli, D. A. (1994) Using diffractive lenses in optical design, *Proceedings of the International Optical Design Conference*, Volume 22, OSA, Washington, DC.

Greisukh, G. I., Bobrov, S. T., and Stepanov, S. A. (1997) *Optics of Diffractive and Gradient Index Elements and Systems*. SPIE Press, Bellingham, WA.

Haixian, Z. (1998) Diffractive objective in night vision goggle, *International Optical Design Conference, 1998, SPIE*, Volume 3482, p. 887.

Moore, K. (2006) *ZEMAX Optical Design Program, User's Guide*. Zemax development Corp., Belleview, WA 98004.

O'Shea, D. C., Suleski, T. J., Kathman, A. D., and Prather, D. W. (2004) *Diffractive Optics, Design Fabrication and Test*, TT62, SPIE Press, Bellingham, WA.

附　　录

附录 A　胶片和 CCD 的规格

规　　格	尺寸（对角线）/in	技术要求
8mm	0.192×0.145（0.241）	PH22.19①
Super 8	0.228×0.163（0.280）	PH22.157①
16mm	0.404×0.295（0.500）相机	SMPTE 7-1994②
	0.380×0.286（0.476）投影仪	SMPTE 233-1998②
Super 16	0.486×0.292（0.567）	SMPTE 201M-1996②
35mm ACADEMY	0.866×0.630（1.069）	SMPTE 59-1998②
ANAMORPHIC	0.866×0.732（1.134）	SMPTE 59-1998②
FULL FRAME	0.981×0.735（1.226）	SMPTE 59-1998②
35mmSLR	1.417×0.945（1.703）	RR-9-1966②
Vistavision	1.486×0.992（1.787）	
65mm/70mm	1.912×0.870（2.101）投影仪	SMPTE 152-1994②
	2.066×0.906（2.256）相机	SMPTE 215-1995②
870 format	1.912×1.434（2.390）	8 perf.（片孔）
10 perf. 70	1.912×1.808（2.631）	
	2.799×2.072（3.482）相机	15 perf. Imax system
IMAX	2.740×1.910（3.340）投影仪	PH22.145①、③、④

注：除了标注的以外，这些都是指照相机孔径的尺寸，投影放映仪的孔径会稍微小些。括号内的值是指一个清晰方形孔径的对角线长度。由于实际孔径板的直角已被磨圆，有效对角线尺寸会稍小些。在 Todd 电影摄影系统中，摄像机使用的胶片宽度为 65mm，放映所用为 70mm 宽的胶片，多余宽度用于多声道的存储。

① 标准源自美国国家标准局，1430 Broadway，New York，NY 10018（已迁移到 25 West Street，New York，NY 10036）。

② 标准源自电影和电视工程师学会，595 W. Harsdale Ave.，White Plains，New York 10607，也来自其它网站：SMPTE. ORG。

③ 资料源自 Shaw，W.，New Large Screen Motion Picture System，SMPTE79，782，1970。

④ 资料源自 Hecht，J.，The amazing optical adventures of Todd-AO，Optics and Photonics News，7，35，1996。

其它格式

其它规格	尺寸（对角线）/in	技术要求
2/3 in 摄像机	0.346×0.260（0.433）	通常有一块1.5mm的面板 $N=1.487$
1/2 in 摄像机	0.183×0.244（0.305）	通常有一块1.5mm的面板 $N=1.487$
1 in 摄像机	0.5×0.375（0.625）	通常有一块2.5mm的面板 $N=1.487$
PLUMBICON	0.673×0.5（0.838）	
1/4 in CCD	0.126×0.094（0.157） 4mm 对角线	
1/3 in CCD	0.189×0.142（0.236） 6mm 对角线	
1/2 in CCD	0.252×0.189（0.315） 8mm 对角线	
2/3 in CCD	0.346×0.260（0.433） 11mm 对角线	
1 in CCD	0.504×0.378（0.630） 16mm 对角线	
DMD	0.535×0.402（0.669） 17mm 对角线	

注：上述规格名称1/2 in、2/3 in 等是以下面事实为基础：摄像管是玻璃的，外径是1.0in。所以，其也称为1.0in 摄像机。一般CCD的纵横比是4/3，某些TV照相机使用16/9的纵横比，因此，2/3 in CCD的尺寸应当是0.378in×0.213in，对角线长度与上述规格相同。

附录 B　法兰距离

安装方式	法兰距离/in	技术要求
C	0. 690	pH22. 76[①]
T	2. 169	
Arriflex	2. 047	（52mmPL 安装）
BNCR	2. 420	
宽银幕电影	2. 030	
尼康	1. 831	
奥林巴斯 OM	1. 819	
Hasselblad	2. 828	
Mamiya Sekor	2. 480	
35mm 和 70mm 放映仪	最小 1. 2	pH22. 28[①]
Contax/Yashica	1. 791	

① 资料源自美国国家标准局，1430 Broadway，New York，NY 10018（译者注：现在的地址是：25 West Street，New York，NY 10036）。

附录 C 有关材料的热性能和机械性能（温度为 20℃）

材　　料	热膨胀系数 /(10^{-6}/℃)	($\Delta N/\Delta T$)/(10^{-6}/℃)(N_0)	密度/(g/cm^3)
As_2S_3	24.6		3.198
BaF_2	18.4	−15.2（0.5μ）	4.83
CaF_2	18.9	−11.2（3.39μ）	3.181
Ge	6.1	403.0（2.25μ）	5.327
IRTRAN1®	10.2		3.18
IRTRAN2®	6.8		4.09
IRTRAN3®	18.7		3.18
IRTRAN4®	7.3	60.0（10μ）	5.27
IRTRAN5®	10.2		3.58
Lexan（莱克桑（聚碳酸酯的商标名））	67.5	−107.0（0.58μ）	1.20
MgF_2	13.1	1.12（0.6328μ）	3.177
N-BK7	7.1	3.0	2.51
Pyrex®（派热克斯玻璃（商标名称））	3.25		2.23
Plexiglas®（树脂玻璃）	67.5	−105.0（0.58μ）	1.18
聚苯乙烯	68.0		1.05
石英	0.52	10.0（0.5μ）	2.201
兰宝石	5.8	13.0（0.55μ）	3.98
Corning 7980（硅）	0.55	10.2（0.546μ）	2.201
Corning ULE®	0.0	0.01	2.21
Si	4.2	151.0（2.55μ）	2.329
ZnS	7.85	41.0（10.6μ）	4.09
ZnSe	7.57	61.0（10.6μ）	5.27
As_2S_3	21.4	9.3（5μ）	3.2
CdTe	5.0	9.8（3.39μ）	5.86
AMTIR−1	12.0	77.0（3.39μ）	4.4
AMTIR−3	13.5	92.0（5μ）	4.67
砷化镓	6.0	216.0（5μ）	5.31
Xeonex®（商标名称）	75.0	70.0	

参考文献

AMTIR-1 and AMTIR-3 (1993) Data sheets, Amorphous Materials, Garland, TX.

Clearinghouse for Federal Scientific and Technical Information, Springfield, VA.

Corning (1985) Low Expansion Material, Corning booklet #7971.

Corning (1998) Fused Silica, Corning booklet HPFS.

Corning ULEΘ (2001) Data sheet, Corning Advanced Material, Corning, NY.

Dynasil (1988) Synthetic Fused Silica Dynasil Catalog 302-M.

Feldman, A., Horowitz, D., and Walker, R. M. (1977) Optical Materials Characterization, AD A 045095.

Heraeus (1999) Quartz Glass Catalog.

Jacobs, S. F. (1987) Dimensional stability of materials useful in optical engineering, *Applied Optics and Optical Engineering*, Volume 10, Academic Press, New York, p. 71.

Kodak Publication U-72 (1971) Kodak IRTRAN optical materials.

Morton Advanced Materials (1995) Infrared Materials brochure, Waburn, MA.

Moses, A. J. (1970) Refractive index of optical materials in the infrared, AD 704555.

Moses, A. J. (1971) *Handbook of Electronic Materials*, *Optical Materials Properties*, Volume 1, Plenum Press, New York.

Tropf, W. J., Thomas, M. E., and Harris, T. J. (1995) Properties of crystals and glasses, *Handbook of Optics*, Volume 2, Chapter 33, McGraw Hill, New York.

Wolf, W. L., Platt, B. C., and Icenogle, W. H. (1976) Refractive index of germanium and silicon as a function of wavelength and temperature, *Appl. Opt.*, 15, 2348.

附录 D 光学设计软件程序的有关资料

公司名称及联系方式	软件名称
Applied Optics Research 8127Mesa Dr. B206 – 102 Austin，TX78759 （360）225 9718www. aor. com	（GLAD）Laser and physical optics
Breault Research Tucson，AZ	（ASAP）
Diginaut Beograd，Yugoslavia	（ADOS）
Engineering Calculations 1377 E. Windsor Rd. #317 Glendale，CA 91205	（KDP）
Gibson Optics 655OneidaDr. Sunnyvale，CA 94087	（OSDP）
Gregory Optics Star Route A Dripping Springs，TX 78620	（OASYS）
High Chiva Systems Flagstaff，AZ	（OLIVE）
Honer Corp. Ontario，Cansda	（OPTIC）
Kidger Optics 9a High Street Crowborough，East Sussex TN6 2QA England	（SIGMA）
Lambda Research 80 Taylor St. Littleton，MA 01640 （978）486 0766	（OSLO，TRACEPRO）
Linos Photonics Milford，MA	（WINLENS）
Riccardi Massimo	（ATMOS 7. 5）

(续)

公司名称及联系方式	软件名称
Via Aminta 68	
44038 Pontelagoscuro	
Ferrara, Italy rmassimo @ alice. it	
Metec	(VOB)
Andover, MA	
Optenso	(OPTALIX)
Herbstweg 9	
86859 Holzhausen	
Igling, Germany	
Optical Dara Solutions	(LENSVIEW)
New York, NY	
Optical Research Associates	(CODE V)
3280 Foothill Blvd. #300	
Pasadena, CA91107	
Optical Systems Design	(SYNOPSIS)
Farnham Pt P. O. Box 247	
East Bombay, ME 04544	
Optikos	(ACCOS)
286 Cardinal Medeiros Ave.	
Cambridge, MA 02141	
Optikwerk	(OPTIKWERK)
Rochester, NY	
Optis	(SOLSTIS)
Toulon Cedex 9, France	
USA Rep. Advanced Photonics	
54 Plymouth Rd.	
White Plains, NY 10603	
Photon Engineering	(FRED)
440 South Williams Blvd. #106	
Tucson, AZ 85711	
RayCad	(RayCad)
77 Scribner Rd.	

（续）

公司名称及联系方式	软件名称
Tyngsboro, MA 01879	
Sarkomand Software	(CYBERAY)
Alexandria, VA	
Schneider Optics	(GAUSSOPT)
Hauppauge, NY	
Science Lab Software	(OPTICS LAB)
Carlsbad, CA	
Sciopt Enterprises	(PARAXIA)
P. O. Box 20637	
San Jose, CA 95160	
Sky Scientific	(DBOPTIC)
P. O. Box 184	
Skyforrest, CA 92385	
Don Small Optics	(SODA)
24271 Verde St.	
El Toro, CA 92630	
Stellar Software	(BEAM4)
P. O. Box 10183	
Berkeley, CA 94709	
Technical Software	(EZ - RAY)
3438 Woodstock Lane	
Mountain View, CA 94040	
Wolfram Research	(OPTICA)
Champaign, IL	
Zemax Developmen Corp.	(ZEMAX)
3001112th Avenue NE Suite 202	
Belleview, WA 99004 8017	
(425) 822 3406 www. zemax. com